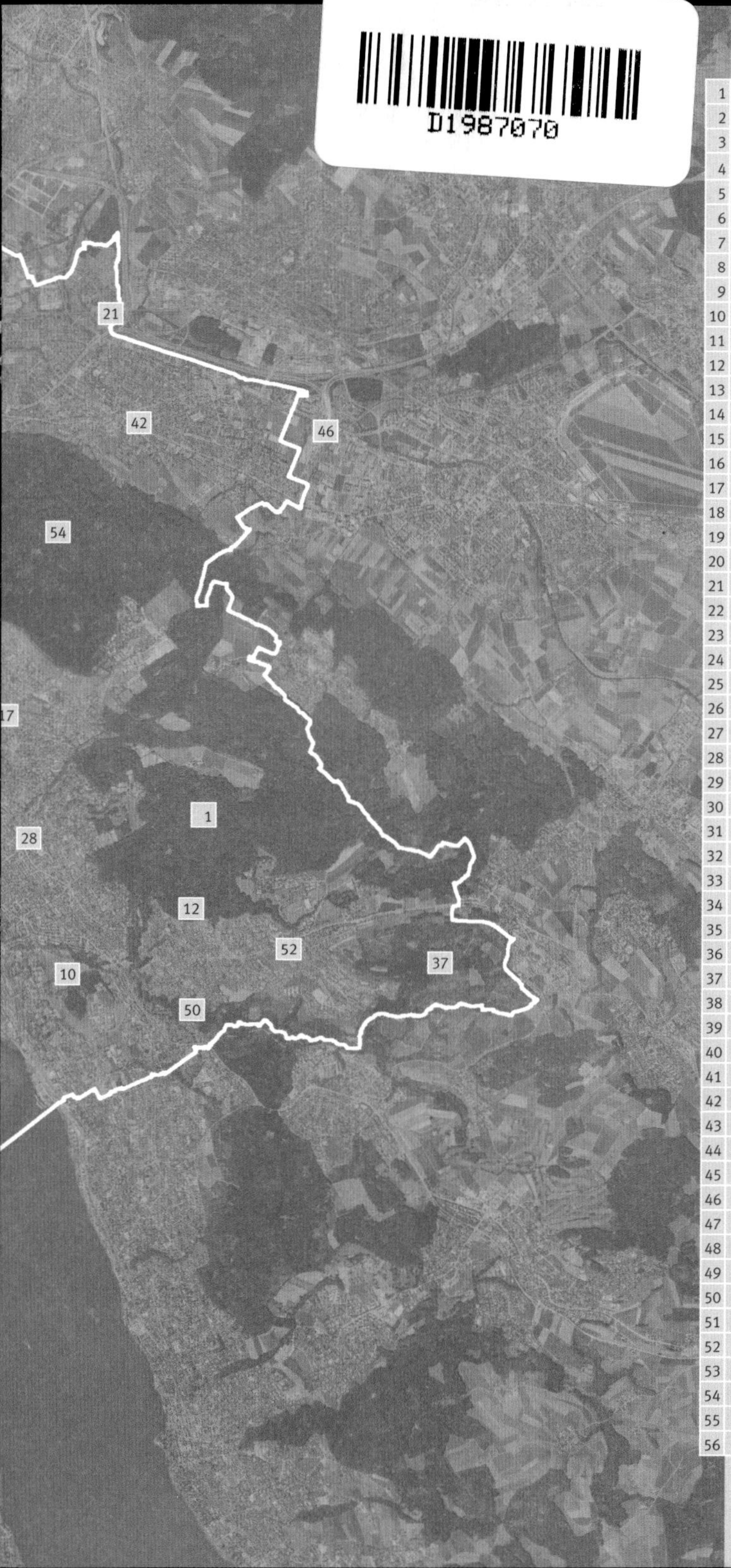

1	Adlisberg
2	Affoltern
3	Altstadt
4	Allmend Brunau
5	Altstetten
6	Ankenweid
7	A 20 (Nordumfahrung)
8	Bahnhofareal
9	Binz
10	Burghölzli
11	Büsisee
12	Elefantenbach
13	Enge
14	Entlisberg
15	ETH Hönggerberg
16	Fallätsche
17	Fluntern
18	Friedhof Nordheim
19	Friedhof Sihlfeld
20	Friesenberg
21	Glatt
22	Gubrist
23	Hänsiried
24	HB Zürich
25	Höckler
26	Höngg
27	Hönggerberg
28	Hottingen
29	Hürstholz
30	Irchel
31	Käferberg
32	Katzenbach
33	Katzenseen
34	Leimbach
35	Limmat
36	Oerlikon
37	Oeschbrig
38	Riedenholz
39	Riesbach
40	Rossweidliegg
41	Schanzengraben
42	Schwamendingen
43	Schwandenholz
44	Seebach
45	Sihl
46	Stettbach
47	Üetliberg
48	Waid
49	Waldegg
50	Wehrenbach
51	Wiedikon
52	Witikon
53	Wollishofen
54	Zürichberg
55	Zürichhorn
56	Zürichsee

Stefan Ineichen, Max Ruckstuhl
Herausgeber

Stadtfauna
600 Tierarten der Stadt Zürich

Haupt

Stefan Ineichen, Max Ruckstuhl *Herausgeber*

Stadtfauna

600 Tierarten der Stadt Zürich

Haupt Verlag
Bern • Stuttgart • Wien

Stadt Zürich
Grün Stadt Zürich

Zu den Herausgebern

Stefan Ineichen (1958), Zürich. Biologe und Schriftsteller. Seit 1989 selbstständig (Naturschutz & Stadtökologie), seit 2000 Projektleiter «NahReisen» (Ausflüge in die Natur der Stadt), Dozent für Siedlungs- und Agrarökologie an der zhaw (Wädenswil).
s.ineichen@bluewin.ch

Max Ruckstuhl (1960), Zürich. Biologe, Fachrichtung Zoologie. Leiter Fachbereich Naturschutz bei Grün Stadt Zürich. Haupttätigkeitsfelder: ökologische Begleitung von Großbauprojekten, Betreuung und Aufwertung von Naturschutzgebieten.
max.ruckstuhl@zuerich.ch

Die Herausgabe dieses Buches wurde durch Grün Stadt Zürich ermöglicht.
www.stadt-zuerich.ch/gsz

Umschlag
Vorne: Scharlachlibelle (Hansruedi Wildermuth), Fuchs (Andy Peemöller), Äsche (Patrick Steinmann), Großmünster (Stefan Ineichen)
Hinten: Kleiner Fuchs (André Rey), Mäusebussard (Marcel Ruppen), Waschbär (Rolf Koepfle), Mauereidechse (Thomas Reich), Kleiner Wasserfrosch (Harald Cigler), Rosenkäfer (Christine Dobler Gross)

Gestaltung und Satz: pooldesign.ch
Lektorat: Claudia Huber, D-Erfurt

1. Auflage: 2010

Bibliografische Information der *Deutschen Nationalbibliothek*
Die Deutsche Nationalbibliothek verzeichnet diese Publikation in der Deutschen Nationalbibliografie; detaillierte bibliografische Daten sind im Internet über http://dnb.d-nb.de abrufbar.

ISBN 978-3-258-07561-7

Printed in Germany
Sämtliche Papiere dieses Werkes sind FSC-zertifiziert.

www.haupt.ch

Inhalt

Artporträts

Geleitwort

Stadt und Natur gehören zusammen. Für die Tiere in der Stadt sind Häuser und Felsenmassive dasselbe, Straßenschluchten oder Runsen, begrünte Flachdächer oder Felsplatten. Die Stadt ist ein Lebensraum mit fast unerschöpflich vielen Biotopen, geprägt von ständigen Veränderungen. Und die Natur ist erfinderisch. Kaum bietet sich in einer Straßen- oder Mauerritze eine Möglichkeit, können sich Pflanzen und Tiere ansiedeln. Der Zürcher Schriftsteller Franz Hohler hat dies in seiner Geschichte von der Rückeroberung der Stadt so formuliert: «Aus der ganzen Stadt trafen Meldungen von neu angelegten Adlernestern ein, der ornithologische Verein erstellte ein Verzeichnis, die Biologen beschäftigten sich mit der plötzlichen Veränderung in den Gewohnheiten dieser seltenen Tiere [...]».

Biodiversität – Reichtum für Zürich

Seit Jahren nimmt Zürich bei der Lebensqualität im internationalen Städtevergleich einen Spitzenplatz ein. Grün- und Freiräume leisten dafür einen maßgeblichen Beitrag. Nachhaltigkeit gehört für den Stadtrat zur politischen Agenda. Die «Strategien Zürich 2025» verlangen unter dem Titel «die nachhaltig ausgerichtete Metropole» auch die Pflege des Naturraums. Die Stadt wird verdichtet. Damit der Siedlungsraum qualitativ hochstehend bleibt, arbeiten wir mit räumlichen Entwicklungsstrategien. Diese stellen eine gute Versorgung mit öffentlichen Grün- und Freiräumen sicher und streichen Zürichs landschaftliche und naturräumliche Qualität hervor.

Umsetzung auf allen Ebenen

Die Legislaturschwerpunkte und das «Grünbuch der Stadt Zürich» bilden die Basis für konkrete Maßnahmen. Der Stadtrat von Zürich hat am 22. Mai 2008 die Deklaration «Countdown 2010» unterzeichnet und sich damit verpflichtet, geeignete Schritte zu unternehmen, um dem Rückgang der Biodiversität entgegenzuwirken und diesen sogar zu stoppen. Damit die Stadt auch künftig einen wichtigen Beitrag zur Biodiversität leisten kann, müssen bestehende Biotope erhalten, gezielt ergänzt und auch vernetzt werden. Die Aktion «10 000 Obstbäume für Zürich», Bachöffnungsprojekte, die Pflanzung neuer Alleen, der Verzicht auf unnötige Bodenversiegelung im Wohn- und Arbeitsumfeld, Dachbegrünungen, der FSC-zertifizierte Waldbau, die biologische Landwirtschaft oder die naturnahe Pflege von städtischen Grünflächen sind Beispiele für die nachhaltige Entwicklung im Grünbereich der Stadt.

Grünes Wissen – Bewusstsein schaffen

Weder der Stadtrat noch einzelne Dienstabteilungen können ohne die tatkräftige Unterstützung von privaten Investoren, Baugenossenschaften oder Grundeigentümern die Ziele eines vielfältigen Lebensraums erreichen. Es braucht auch den Einsatz von Hoch- und Tiefbauarchitekten und Landschaftsplanerinnen, von Hobby- und Profigärtnern, aber auch von Bauern. Weiter ist Überzeugungs- und Bildungsarbeit notwendig. In den Natur- und Waldschulen haben unsere Kinder die Möglichkeit, die verschiedensten Aspekte der Natur zu erleben, sei es im Wald, auf einem Bauernhof, an einem Teich oder Bach. Die Naturerlebnisse sind vielleicht nicht spektakulär, aber in der Stadt doch beeindruckend: Auf Stadtgebiet leben Füchse, Ameisenlöwen, Alpensegler und bisweilen sogar Gämsen. Ja selbst das schnellste Tier der Welt zieht Jahr für Jahr erfolgreich seinen Nachwuchs in Zürich auf: der Wanderfalke!

Natur findet überall statt

Wir alle haben es in der Hand, in der nächsten Umgebung zur Förderung der Biodiversität beizutragen. Das vorliegende Buch über die Stadtfauna zeigt die Vielfalt und damit einen anderen Reichtum unserer Stadt auf. Viele unserer Tiere können Sie in Ihrer nächsten Umgebung beobachten, sei es am Tag, in der Nacht, im Sommer oder im Winter: Natur findet Stadt.

Stadträtin Ruth Genner
Vorsteherin des Tiefbau- und Entsorgungsdepartements

Vorwort

Die Pflanzen- und Tierwelt der mitteleuropäischen Städte hat lange Zeit wenig Beachtung gefunden, da die urbane Landschaft aufgrund der starken Prägung durch menschliche Eingriffe als naturfremd und damit als kaum geeignet für die Entfaltung einer vielfältigen Flora und Fauna empfunden wurde. Natur wurde außerhalb der Städte gesucht, auf dem Land, im Wald, in den Bergen oder in weit entfernten Weltregionen, wo der Zugriff der Zivilisation weniger augenfällig ist.
In den letzten Jahrzehnten setzte jedoch ein Umdenken in der Bewertung der städtischen Lebensräume ein. Untersuchungen in zahlreichen Städten haben gezeigt, dass die Artenvielfalt gerade im Siedlungsbereich erstaunlich groß ist und sich die urbane Flora und Fauna keineswegs nur aus trivialen, allgemein verbreiteten Arten zusammensetzt, sondern auch zahlreiche seltene und gefährdete Arten umfasst. Bei vielen Verwandtschaftsgruppen können im städtischen Raum deutlich höhere Artenzahlen festgestellt werden als etwa in vorwiegend landwirtschaftlich genutzten Gebieten vergleichbarer Größe.
Das Tier- und Pflanzenleben der Städte ist nicht nur wegen seiner großen Vielfalt von besonderer Bedeutung, sondern auch weil in Mitteleuropa unterdessen die Mehrheit der Menschen in städtischen Räumen lebt und arbeitet. Für die meisten lässt sich Natur im Alltag am ehesten im urbanen Wohn- und Arbeitsumfeld erfahren, bestaunen und erleben. Zahlreiche Publikationen zur Flora einzelner Städte erleichtern den Zugang zur urbanen Pflanzenwelt, Literatur, die einen Überblick über die städtische Fauna vermittelt, ist dagegen Mangelware. Dies hängt nicht zuletzt damit zusammen, dass die Fauna der Städte mit Ausnahme einiger attraktiver Verwandtschaftsgruppen, etwa der Vögel und Tagfalter, nur unzulänglich bekannt ist, und die Zahl der Tierarten, die in einer Stadt erwartet werden kann, in der Größenordnung etwa zehn Mal höher liegt als diejenige der Pflanzen (Farne und Blütenpflanzen).
Die vorliegende «Stadtfauna» versucht nun, einen Eindruck von der vielfältigen urbanen Tierwelt zu vermitteln, indem sie ungefähr 600 Arten vorstellt, die in den letzten Jahren in der Stadt Zürich beobachtet werden konnten. Das Spektrum der hier beschriebenen Arten, die weniger als ein Zwanzigstel der gesamten Artenfülle Zürichs ausmachen, reicht vom Süßwasserschwamm bis zur Fledermaus. Ausgangspunkt für die Herausgabe einer Zürcher Stadtfauna ist der trotz immenser Wissenslücken vergleichsweise gute Kenntnisstand bezüglich der in der größten Schweizer Stadt vorkommenden Tierarten, die seit einigen Jahren in einer Datenbank erfasst werden, die von der in der städtischen Dienstabteilung *Grün Stadt Zürich* angesiedelten Fachstelle Naturschutz geführt wird. Diese Datengrundlage,

die über 50 000 Einträge – lokalisierte Fundstellen einer bestimmten Art – umfasst, erlaubt es auch, für viele der hier beschriebenen Tierarten aussagekräftige Verbreitungskarten zu zeigen. Gut bekannt sind die Stadtzürcher Vorkommen der meisten Vögel, Reptilien, Amphibien, Fische, Tagfalter, Heuschrecken und Libellen sowie vieler Säugetiere – Verwandtschaftsgruppen, die auf den folgenden Seiten durch fast sämtliche der seit 1997 regelmäßig oder auch nur vereinzelt beobachteten Arten vertreten sind. Andere meist nur unzulänglich bekannte und teilweise sehr artenreiche Gruppen wie Spinnen, Käfer und Zweiflügler (Fliegen und Mücken) werden durch eine mehr oder weniger große Auswahl nachgewiesener Arten repräsentiert. Die Erarbeitung der «Stadtfauna» wurde durch das Engagement der Stadt Zürich ermöglicht, ganz im Sinne der vom Zürcher Stadtrat unterzeichneten Deklaration *Biodiversity Countdown 2010*, in der sich die Stadt verpflichtet, auch im urbanen Raum natürliche Vielfalt und den Wert der Biodiversität ins öffentliche Bewusstsein zu rücken.

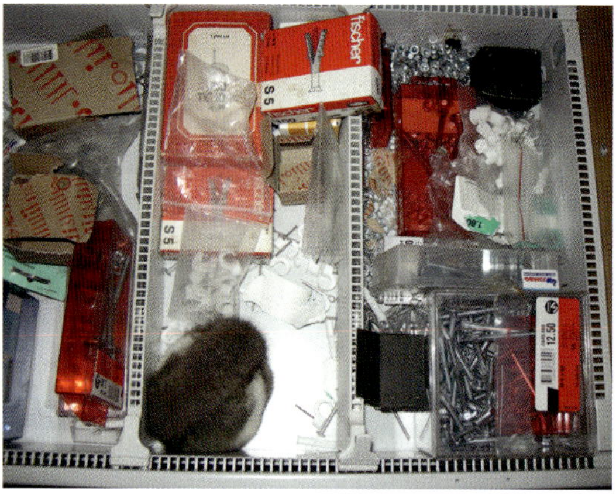

Ein Siebenschläfer verschläft den Tag zusammengerollt in einer Werkzeugkiste in einem Gebäude am Zürcher Stadtrand.

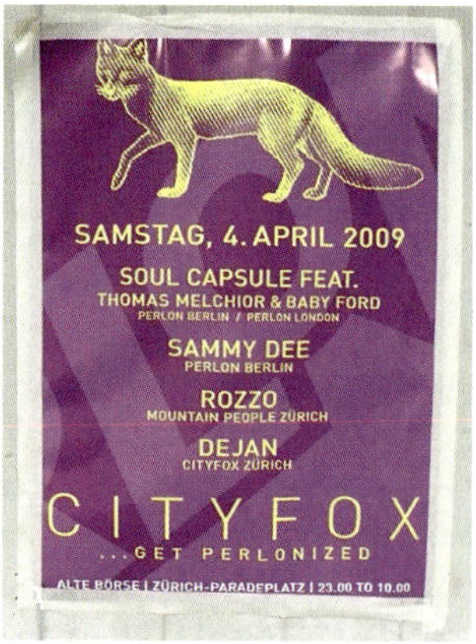

Cityfox: Stadtfauna als Bestandteil der urbanen Kultur.

Geschichte der Stadtfauna auf dem Weg von der Altstadt zur Großstadt

Das Gebiet der heutigen Stadt Zürich liegt in der vom Linthgletscher ausgehobelten Mulde, die von der Üetliberg-Albis-Kette und dem Hügelzug begrenzt wird, der sich vom Pfannenstiel über den Zürichberg und den Hönggerberg bis zum Gubrist erstreckt, und reicht jenseits der Zürichbergkette in den Stadtquartieren Affoltern, Seebach, Oerlikon und Schwamendingen ins Furt- und Glatttal. Der Zürichsee staute sich ursprünglich am Moränenwall, der während des Rückzugs der Vergletscherung im Bereich der heutigen Innenstadt entstanden ist, und entwässert in die Limmat, an deren Ufern das alte Zürich gebaut wurde. Zwischen Üetliberg und Zürichsee befindet sich das Sihltal. Die Sihl, die auf Stadtgebiet in die Limmat fließt, brachte als lange Zeit unberechenbarer Alpenfluss große Mengen von Schotter in die Talmulde und schuf damit die Ebene des Sihlfelds.

Seit dem letzten Viertel des 5. vorchristlichen Jahrtausends bestanden am Seeufer mehrere neolithische Siedlungen. Mit der Bewirtschaftung vorerst kleiner Parzellen innerhalb der vorwiegend von Laubmischwäldern bedeckten Gegend durch sesshafte Bauern begann die Entwicklung einer halboffenen Kulturlandschaft, die bis in die Neuzeit große Teile des heutigen Stadtgebiets prägte. Die durch Ackerbau, Viehwirtschaft und Siedlungen geschaffenen neuartigen Biotope sowie die schon in prähistorischer Zeit bestehenden weitreichenden Handels- und Austauschbeziehungen erlaubten es zahlreichen Tieren aus den Steppen Osteuropas und dem westasiatisch-mediterranen Raum, ihre Verbreitungsareale nach Mitteleuropa auszudehnen. Zu diesen Alteinwanderern (Archäozoen) zählen etwa die Hausmaus, die im Gegensatz zur Waldmaus im Gebiet ursprünglich nicht vertreten war, oder der Haussperling.

Den Kern der heutigen Stadtanlage bildete die spätkeltische Siedlung am Abhang des Lindenhofs, eines Moränenhügels am Limmatufer, der damals innerhalb des Deltas der auf breiter Front in die Limmat mündenden Sihl lag. Das römische Turicum ist durch Funde auf beiden Seiten der Limmat belegt, die schon damals durch eine Brücke an der Stelle der heutigen Rathausbrücke verbunden waren. In den letzten Jahren häufen sich die Hinweise, dass bereits in römischer Zeit Zürichs Wasserlandschaft durch bauliche Maßnahmen kontrolliert und der Seespiegel abgesenkt wurde. Eine der wenigen Inschriften, die aus Zürichs Antike erhalten blieben, berichtet von «ursarii», Bärenjägern, die sich in der Kleinstadt an der Limmat aufhielten und in den Wäldern der Region Bären und anderes Großwild fingen, vielleicht um das Amphitheater der nächst gelegenen größeren Stadt, der Militärstadt Vindonissa (Windisch im Kanton Aargau), zu beliefern. Im Bereich des heutigen Zürcher Stadtgebiets befanden sich, oft etwas erhöht gelegen, mehrere römische Gutshöfe, die großen Teilen der Landschaft jenseits der Limmatauen, der Sihlarme und des Sumpfgebiets im Glatttal ein ländliches Gepräge gaben.

Zürich 1576 – städtische und vorstädtische Lebensräume im Plan von Jos Murer: Gebäude, Einzelbäume, Gärten, Friedhöfe, Reben, Wiesen und Hecken, Schweine vor dem «Spittal» (Predigerkloster) und Hirsche im Stadtgraben.

Zürcher Stadtvögel im 16. Jahrhundert: Storch und Waldrapp aus Konrad Gessners Vogelbuch.

Der Aufstieg des mittelalterlichen Zürich setzte mit dem Bau der Königspfalz auf dem Lindenhof und den karolingischen Stiftungen des Fraumünsters und des Großmünsters im 9. Jahrhundert ein. Ein etwas genaueres Bild der Fauna inner- und außerhalb der Stadt, die im 13. Jahrhundert beidseits der Limmat von einer großen, turmbewehrten Stadtmauer umgeben wurde, zeichnet sich erst zu Beginn der Neuzeit ab, nicht zuletzt dank der zoologischen Publikationen des Zürcher Stadtarztes und Universalgelehrten Konrad Gessner (1516–1565), die zahlreiche Hinweise auf die Fauna der Stadt und ihrer nächsten Umgebung enthalten.

Das Zürich des späten Mittelalters und der frühen Neuzeit war eine Stadt kleinräumiger, geschlossener ökologischer Kreisläufe. Getreide wurde aus einer Distanz von höchstens wenigen Dutzend Kilometern importiert, die übrigen Nahrungsmittel und der Wein stammten zum größten Teil aus Gärten und Rebbergen, die in unmittelbarer Nähe oder sogar innerhalb der Stadt lagen. Organische Abfälle – auch mit Stroh vermischte menschliche Fäkalien – wurden systematisch gesammelt, auf Misthaufen vor den Häusern deponiert, umschwärmt von Fliegen, und wieder in die Gärten ausgebracht. Auch Viehställe waren in der ummauerten Stadt lange Zeit nichts Ungewöhnliches, in den Gassen liefen Schweine herum. In den Dachstöcken, in denen Vorräte gelagert wurden, lebten die in der Region unterdessen längst ausgestorbenen Hausratten *(Rattus rattus)*, auch Dachratten genannt, die nachts oft in lärmigen Jagden von Steinmardern, die Gessner «Tachmarder» oder «Hausmarder» nennt, verfolgt wurden. In den städtischen Gärtchen zeigte sich das «Hussrötele», der Gartenrotschwanz, Grasfrösche galten als «Gartenfrösche» und Erdkröten als «Gartenkrotten». Zur biologischen Schädlingsbekämpfung hielten sich Zürcher Gärtner Waldrappe *(Geronticus eremita)*, die sich von Engerlingen und Maulwurfsgrillen ernährten, wie Konrad Gessner nach dem Sezieren eines toten Waldrapps feststellte. Waldrappe sind heute weltweit nur noch äußerst selten. Zum Schutz von auch als Nahrungsmittel beliebten Kleinvögeln in den Gärten vor der Stadt wurden im 16. Jahrhundert Verordnungen erlassen, mit den modern anmutenden Begründungen, dass sie als Insektenfresser «die wahren Reiniger der Bäume» darstellen und «mit ihrem lieblichen Gesang die Herzen der Menschen erfreuen». Auf einigen städtischen Dächern nisteten Störche, die sich nach Gessner von Fröschen, Eidechsen, Blindschleichen und Schlangen ernährten, die sie in feuchten und trockenen Wiesen rund um die Stadt fanden, und daneben auch Aale und andere Fische verspeisten. In der Limmat schwammen Fischotter und Flussneunaugen – beide heute landesweit ausgestorben – und konnten Lachse («Lächse») gefischt werden, im dichten Netzwerk von Hecken in der vorstädtischen Landschaft lebten zahlreiche Igel und Haselmäuse und im Wald auf dem Burghölzlihügel Wildkatzen: Auch im Raum Zürich wird die Biodiversität um 1800 ihren Höhepunkt erreicht haben.

Im 19. Jahrhundert geriet die bisherige Verteilung von Stadt und Land aus den Fugen. In den 1830er-Jahren wurde beschlossen, die mittelalterlichen Ringmauern, in deren Türmen Iltisse, Steinmarder und Fledermäuse hausten, zu schleifen, ebenso wurden die in der Barockzeit um die erweiterte Stadt gebauten Schanzenanlagen größtenteils beseitigt, an deren Wiesenböschungen Füchse auf Wühlmäuse Jagd machten und Schlingnattern Zauneidechsen zu verschlingen pflegten. Die städtische Bebauung begann sich der Flächen der umliegenden Gemeinden zu bemächtigen, deren Siedlungsentwicklung durch restriktive Regelungen während Jahrhunderten praktisch blockiert war. Im Zuge der Industrialisierung und des Ausbaus eines leistungsfähigen Schienennetzes (ab etwa 1850) sowie der Urbanisierung der Landschaft wuchs Zürich zu einer modernen Stadt mit einem hohen Grad an Diversifizierung der Teilflächen, die verschiedenartige Funktionen erfüllen, unterschiedlich ausgestaltet sind und sich auch hinsichtlich Flora und Fauna deutlich voneinander abheben. Durch die Eingemeindungen von 1893 und 1934 erweiterte sich das Stadtgebiet von der flächenmäßig bescheidenen Altstadt zur heute 92 Quadratkilometer großen Gemeinde.

Das Wachstum der Stadt führte nicht nur zur Überbauung zuvor landwirtschaftlich genutzter Biotope, sondern auch zur Entstehung bisher in der Region nicht bekannter Lebensraumtypen. Im Bahnhofsgelände, heute im Bereich der innerstädtischen

Hitzeinsel gelegen, entstand eine großflächige, trockene Schotterlandschaft, um das Stadtzentrum und die Nebenzentren wurden dichte Wohnquartiere hochgezogen, an den früher mit Rebbergen bedeckten Südhängen entwickelten sich gut durchgrünte Villenquartiere, am Seeufer wurden auf aufgeschüttetem Gelände Quaianlagen erbaut und in das Stadtgebiet eingestreut kleinere und größere Stadtparks und Friedhöfe angelegt.
Auf dem Weg zur Großstadt wurde Zürich von einer Schwalbenstadt zur Seglerstadt. Sowohl Schwalben wie Segler brüten in oder an Gebäuden. Die in der alten Stadt häufigen Mehl- und Rauchschwalben verschwanden bis 1900, als Zürich bereits 150 000 Einwohnerinnen und Einwohner zählte, im eigentlichen Stadtgebiet und wurden im Verlauf der späteren Stadtentwicklung fortlaufend weiter an die Peripherie verdrängt. Im Gegensatz zu den Schwalben, die auf ein reichhaltiges Nahrungsangebot in nächster Nähe des Nistplatzes angewiesen sind, nutzen Mauer- und Alpensegler ihre luftigen Jagdgründe großräumig und können daher Nistplätze auch an innerstädtischen Gebäuden besetzen. Wie die Schwalben wurde in der Folge der Vergroßstädterung der Gartenrotschwanz – Konrad Gessners «Hussrötele» – mit zunehmender Versteinerung der Stadt mehr und mehr an den Rand gedrängt. Im Gegensatz dazu ist der Hausrotschwanz, der bis ins 18. Jahrhundert nur als Vogel felsiger Gebirge bekannt war, in die wachsende Landschaft urbaner Kunstfelsen vorgedrungen und besetzt heute auch vegetationsarme Standorte in der City.
Auch in den gut durchgrünten städtischen Bereichen vollzogen sich auf dem Weg zur Großstadt charakteristische Arealverschiebungen. Um bei den Vögeln zu bleiben: Die Entstehung vielfältig strukturierter Gärten mit offenen Flächen, Bäumen und Gehölzgruppen erlaubte zahlreichen Arten, die in der alten Stadt kaum beobachtet werden konnten, den Einzug. Prominentestes Beispiel dafür ist die Amsel, die noch 1842 erst als Wintergast in den «Kunstanlagen der sogenannten englischen Gärten» bekannt war, 1854 jedoch bereits zu den Brutvögeln gezählt wird. Die damals in Zürich neuartigen Gärten im Landschaftsstil wurden während des 19. Jahrhunderts, als der Rückgang traditioneller Mittelwälder und anderer lichter Wälder einsetzte, von Grünfink, Gelbspötter, Zilpzalp, Trauerschnäpper und weiteren Arten schnell als attraktive Ersatzlebensräume entdeckt.

Klima und Ausbreitung mediterraner Arten

Zürich liegt im Bereich der gemäßigten Klimazone. Die jährliche Niederschlagsmenge bewegt sich zwischen 100 Zentimeter im Nordosten der Stadt und 130 Zentimeter im Sihltal (Leimbach). Die mittlere Jahrestemperatur betrug um die Mitte des 20. Jahrhunderts im damaligen Botanischen Garten an der Pelikanstrasse in der Innenstadt auf 415 Meter über dem Meer etwa neun Grad Celsius und auf dem Üetliberg (870 Meter) sechs Grad Celsius. Zu Beginn des 21. Jahrhunderts lag die Durchschnittstemperatur in der Innenstadt bereits bei ungefähr 10,5 Grad Celsius. Diese Temperaturerhöhung ist einerseits auf die allgemeine Klimaerwärmung zurückzuführen, andererseits auf das ausgeprägte Stadtklima, das im Vergleich zum Umland wärmer und trockener ist und sich in Bodennähe durch verminderte Windgeschwindigkeiten auszeichnet. Nach der 2008 von Klimatologen der Universitäten Basel und Berlin verfassten Studie «Regionale Klimaanalyse der Stadt Zürich» ist im städtischen Raum die Art der Landnutzung «für die Ausprägung des Lokal- und Mikroklimas von großer Bedeutung, insbesondere der Grad der Versiegelung und Verdichtung der Oberfläche durch Bebauung. Im Bereich von Siedlungen bilden sich während der Nachtstunden häufig städtische Wärmeinseln aus, d. h. überbaute Gebiete heben sich durch höhere Temperaturen von ihrer nicht überbauten Umgebung ab. Während heißer Sommertage heizen sich die Asphalt- und Gebäudeflächen stark auf, speichern diese Wärme am Tage und geben sie in der Nacht langsam wieder an die Umgebung ab.» Auch in der kalten Jahreszeit hebt sich die Stadttemperatur deutlich vom Umland ab: «Der im Winter bestehende Wärmeinseleffekt beruht im Wesentlichen auf den Wärmeverlusten der beheizten Gebäude.»
Das trockenwarme Stadtklima wirkt sich auf die Zusammensetzung von Flora und Fauna aus. Arten mit engen Ansprüchen an die Feuchtigkeit ihrer Habitate fehlen im Bereich der innerstädtischen Wärmeinsel, die meisten Amphibien etwa sind nur in der Peripherie zu finden. Die Wärme liebende Mauereidechse dagegen bevorzugt die trockene, heiße Situation in der Stadtmitte. Im Siedlungsgebiet dominieren innerhalb von Verwandtschaftskreisen Spezialisten für trockenwarme Standorte: Unter den im Rahmen des Forschungsprojekts *BiodiverCity* 2006 an drei Dutzend Stellen in Zürichs Stadtgebiet gefangenen Vertretern der artenreichen Gruppe der Rüsselkäferartigen (Curculionidea) dominierte das Kleespitzmäuschen *(Protapion trifolii)*, ein wenige Millimeter großes Käferchen, das dreißig Prozent aller gefangenen Individuen aus der Verwandtschaft der Rüsselkäfer ausmachte. Dieses Käferchen und weitere der vergleichsweise häufig gefangenen Arten wurden zuvor als typisch für im Mittelland selten gewordene, trockene Magerwiesen betrachtet, sind aber offenbar mindestens so charakteristisch für die trockenwarme Situation urbaner Standorte mit wenig spezieller Vegetation.

Lufttemperatur und Wind (West-Lage) (Stadt Zürich)

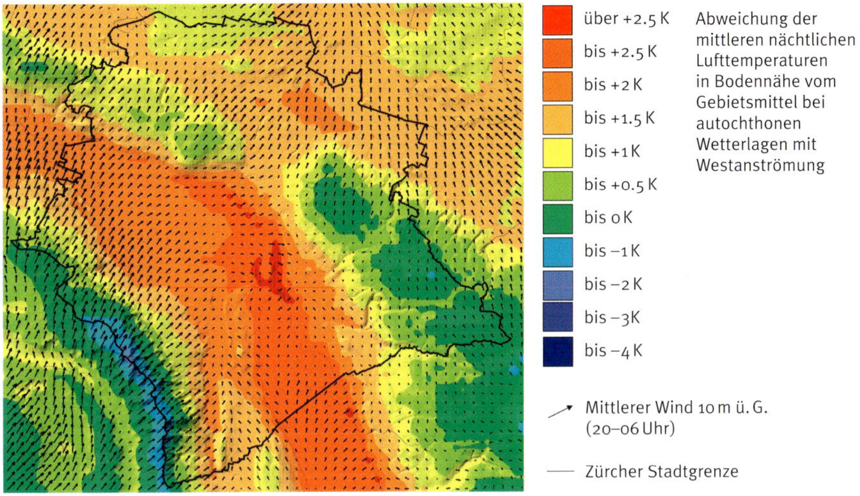

Stadtklima: warm, trocken und windstill. Lufttemperatur und Windstärken in der Stadt Zürich, Abweichungen der mittleren Lufttemperaturen in Bodennähe vom Gebietsmittel bei Westwindlage (Klimaanalyse der Stadt Zürich, 2008).

Die unter dem Einfluss der sich überlagernden Effekte des Stadtklimas und des globalen Klimawandels erhöhte mittlere Jahrestemperatur von 10,5 Grad Celsius in Zürichs Innenstadt entspricht Werten, die vor fünfzig Jahren auf vergleichbarer Meereshöhe im südlichen Tessin gemessen wurden. Seit den späten 1980er-Jahren treten in Zürich vermehrt zuvor in der Region nicht beobachtete Arten auf, die ihren Verbreitungsschwerpunkt im Tessin, auf der Alpensüdseite oder im Mittelmeergebiet haben. So die Südliche Eichenschrecke, die Bernstein-Waldschabe, die inzwischen im Freiland im ganzen Stadtgebiet überaus häufig ist und sich im Sommer durch offene Fenster und Türen oft in Innenräume verirrt, oder die Weißrandfledermaus, der es gelungen ist, in den neu besiedelten Städten nördlich der Alpen schnell wachsende Populationen zu bilden, die bereits begonnen haben, von den urbanen Zentren ins Umland auszustrahlen. Die beiden Wärme liebenden Wildbienenarten Rote und Gehörnte Mauerbiene sind in Zürich bis in die Innenstadt häufig anzutreffen, in der Region dagegen eher selten, und die für das Mittelmeergebiet charakteristische, an eine schwarze Hummel erinnernde Große Holzbiene *(Xylocopa violacea)* lässt sich auch in Städten wie Basel und Zürich beobachten. Der trotz seines Namens primär mediterrane Alpensegler brütet im Kanton schon seit Jahrzehnten fast nur in den Städten Zürich und Winterthur, während die bis vor Kurzem nur aus der Mittelmeerregion und den Schweizer Südtälern bekannte Alpenfledermaus nun auch in Zürich in überraschender Dichte festgestellt wurde. Die Malvenwanze, für die bis 2004 in der Schweiz nur von der Alpensüdseite Nachweise vorlagen, und die 2006 in Zürich zum ersten Mal gefundene Mittelmeer-Ackerschnecke sind weitere Beispiele für die zunehmende Anwesenheit südlicher Arten in der Stadt Zürich. Dass die Stadt nicht nur Ausgangspunkt für die Besiedlung des im Zuge des Klimawandels erwärmten Umlands ist, sondern auch aus der Region Wärme liebende Arten in Richtung Stadt vordringen, zeigen die beiden Tagfalter Karstweißling und Kurzschwänziger Bläuling *(Cupido argiades)*, die Zürich offenbar vom Limmattal her erreichten und im Sommer 2009 zum ersten Mal im Stadtgebiet nachgewiesen werden konnten.

Wärme liebende Arten der Stadtfauna: Kurzschwänziger Bläuling (Cupido argiades), 2009 erstmals in Zürich beobachtet, und Große Holzbiene (Xylocopa violacea), eine Charakterart des Mittelmeergebiets.

Neozoen: Neubürger aus aller Welt

Goldfische, Sonnenbarsche, Seefrösche und Rotwangen-Schildkröten in Teich und Weiher, Neuseeländische Zwergdeckelschnecken in See und Limmat, Spanische Wegschnecken im Garten, Asiatische Marienkäfer am Waldrand, Bisamratten und Waschbären aus Nordamerika: Auch in Zürich machen sich Tiere aus aller Welt breit, ursprünglich nichteinheimische Arten, die durch menschliche Hilfe aus oft weit entfernten Regionen nach Mitteleuropa gelangen konnten. Die Abgrenzung solcher invasiver Arten von Organismen, die ihr Verbreitungsareal auf natürliche Weise vergrößern konnten, ist gerade bei Wärme liebenden Arten mit mediterranem Verbreitungsschwerpunkt, die heute im urbanen Bereich starke Populationen stellen, nicht immer ganz einfach.

Ingo Kowarik definiert in seinem 2003 erschienen Werk über Neophyten und Neozoen in Mitteleuropa biologische Invasion als «durch den Menschen vermittelte Ausbreitung von Organismen in einem Gebiet, das sie zuvor nicht auf natürlichem Weg erreicht haben». Etwas abweichend davon versteht die IUCN (International Union for the Conservation of Nature) 2000 unter invasiven Arten nichteinheimische Arten, die in natürlichen oder halbnatürlichen Ökosystemen oder Habitaten etabliert sind, Veränderungen verursachen und die heimische Biodiversität bedrohen. Neozoen und Neophyten werden Tiere und Pflanzen genannt, deren Ausbreitung in der Neuzeit stattfand, die Alteinwanderer, die sich schon vor 1500 etablieren konnten, werden als Archäozoen beziehungsweise Archäophyten bezeichnet.

Städte sind in verschiedener Hinsicht prädestiniert für die Besiedlung durch invasive Arten: Als Verkehrsknotenpunkte und Handelszentren stehen sie in einem regen Warenaustausch und sind global vernetzt, die klimatischen Bedingungen im Siedlungsraum entsprechen exotischen Arten oft besser als alteinheimischen und die Fragmentierung der Lebensräume favorisiert, wie in der Auswertung des Forschungsprojekts *BiodiverCity* festgestellt wird, Arten mit einem hohen Ausbreitungspotenzial, zu denen auch die invasiven Arten zählen. Neben der Zerstörung von Lebensräumen gilt die biologische Invasion unterdessen als einer der wichtigsten Faktoren, die der Biodiversität gefährlich werden. Auch die in der Stadt Zürich vertretenen Neozoen richten teilweise beträchtliche Schäden an. Pflanzenschädlinge wie die Rosskastanien-Miniermotte, die Platanennetzwanze oder die Wollige Napfschildlaus, denen hier die in ihrem Herkunftsgebiet vorhandenen Antagonisten fehlen, können sich in neu erschlossenen Gebieten ungehindert entwickeln. Konkurrenzstarke «alien species» verdrängen einheimische Arten. So hat die Spanische Wegschnecke die traditionell im Gebiet vorhandene Rote Wegschnecke offenbar schon völlig ersetzt. Die nordamerikanischen Krebse übertragen die Krebspest, die wiederholt ganze Populationen des einheimischen Edelkrebses ausgelöscht hat. Der 2004 im Zürichsee entdeckte Große Höckerflohkrebs dezimiert und verdrängt zahlreiche Arten der an ähnlichen Stellen lebenden Wasserinsekten

und Kleinkrebse. Goldfische und Schmuckschildkröten beseitigen heimische Amphibien und andere Wassertiere. Während biologische Invasionen oft kaum kontrollierbar sind, wäre das im Übrigen illegale Aussetzen von Goldfischen und Schildkröten in Weihern und Teichen absolut vermeidbar.
Andere Neozoen scheinen sich vergleichsweise gut in die hiesigen Lebensgemeinschaften einzufügen. So konnte in den Gebieten Deutschlands, in denen der Waschbär in wesentlich dichteren Populationen etabliert ist als in Zürich, die befürchtete schädliche Auswirkung auf die einheimische Fauna nicht nachgewiesen werden.

Fragmentierung, Vernetzung und Mobilität

Die Lebensräume urbanisierter Landschaften werden durch Gebäude, Straßen und andere versiegelte Flächen zerstückelt. Die verbleibenden Lebensraumfragmente können, selbst wenn sie geeignete Habitatqualitäten aufweisen, aufgrund der Trennwirkung der Verbreitungsbarrieren oft gar nicht erst besiedelt werden oder beherbergen kleine Populationen, denen ein genetischer Austausch mit Artgenossen fehlt und die mit einem hohen Aussterberisiko behaftet sind. Die trennende Wirkung von Straßen beruht nicht nur auf der Bedrohung durch Fahrzeuge, sondern mindestens so sehr auf den im Vergleich zu den bewachsenen Flächen im Umfeld völlig veränderten mikroklimatischen Verhältnissen auf der deckungsfreien, trocken-heißen, versiegelten Fahrbahn und den Störungen durch Licht und Lärm. So werden auch mäßig befahrene Straßen von einer Vielzahl von Tieren kaum überquert. Rötelmäuse und andere Kleinsäuger meiden Straßen ebenso wie größere Laufkäfer oder Wolfsspinnen. Amphibien wiederum sind, wenn sich Laichgewässer und Jahreslebensräume nicht nahe beieinander befinden, bekanntlich auf ihren saisonalen Wanderungen gezwungen, Straßen zu überqueren. Auch auf dem Gebiet der Stadt Zürich werden Jahr für Jahr Grasfrösche und Erdkröten auf ihren Frühjahrswanderungen überfahren, an einzelnen Straßen werden daher Zäune gesetzt, an denen die Tiere eingesammelt und über die Straße gebracht werden. Für Molche, die höchstens fünf Zentimeter hohe Stufen übersteigen können, stellen zudem Randsteine unüberwindliche Hindernisse dar, denen sie folgen müssen, bis sie einen Ausstieg finden oder aber in einen Schacht fallen und in die Kanalisation geraten. Für Igel sind Stufen und Mäuerchen bis etwa zwanzig Zentimeter Höhe noch überwindbar.
Größere Wildtiere werden vornehmlich durch Hauptverkehrsachsen und dicht bebaute Siedlungen in ihrer Mobilität eingeschränkt. Das größte zusammenhängende Areal, das sich teilweise auf Stadtzürcher Gebiet befindet, liegt am Üetliberg und umfasst über 2000 Hektar. Die südwärts mit dem Hügelzug der Albiskette,

dem Sihltal und dem Voralpengebiet verbundenen Wälder am Üetliberg werden gelegentlich von Gämsen und Hirschen besucht, die in ihrer Bewegung Richtung Norden spätestens bei der viel befahrenen Straße über die Waldegg aufgehalten werden. Auch Luchse haben sich vereinzelt schon aus ihren voralpinen Lebensräumen entlang dieser Wälder bis an den Hang des Üetlibergs vorgewagt. Die Wälder des Hügelzugs auf der rechten Seite des Zürichsees und Limmattals sind stärker durch die Zerschneidung von Hauptstraßen betroffen. Rehe, die den Käferberg besiedeln, sind in ihrem Wäldchen praktisch eingeschlossen. Den Wildschweinen, die das Stadtgebiet von Nordosten her erreichen, ist es bisher nicht gelungen, die teilweise eingezäunten Straßen und die durch Hochschulgebäude belegten Flächen zwischen Hönggerberg und Käferberg zu überwinden. Der im Frühjahr 2003 im Berner Jura eingefangene und schließlich am Tössstock ausgesetzte Luchs Turo hat auf seiner Wanderung, die vermutlich eine Heimkehr in den Jura zum Ziel hatte, über den Hügelrücken des an der rechten Zürichseeseite gelegenen Pfannenstiels den Wald auf dem Zürichberg erreicht, ist jedoch beim Versuch, weiter westwärts zu gelangen, in den dicht bebauten Stadtquartieren Oerlikon und Schwamendingen gescheitert. Im Rahmen der Erarbeitung des Naturwertindexes durch *Grün Stadt Zürich* und die *Wildschonrevierkommission der Stadt Zürich*, für den jeder Hektar des Stadtgebiets hinsichtlich biologischer und naturräumlicher Qualität bewertet wurde, ist ermittelt worden, welche Größe die einzelnen Areale innerhalb des Netzes der stark befahrenen Straßen (Kantonsstraßen) erreichen. Erwartungsgemäß ist die Fragmentierung im Zentrum der Stadt und in Oerlikon am stärksten. Im Bahnhofsgebiet und im unteren Limmattal im Westen der Stadt wirkt sich der Einfluss der weitgehend als Hochstraßen geführten Hauptachsen des Straßenverkehrs weniger gravierend aus.

Um den Problemen, die durch die Fragmentierung der Lebensräume entstehen, so weit wie möglich begegnen zu können, wird auch in Zürich versucht, eine Vernetzung durch verbindende Korridore einerseits und Trittsteinbiotope andererseits zu erreichen. Unter Trittsteinbiotopen werden eher kleinflächige Lebensräume verstanden, in denen Arten zwar keine beständigen Populationen bilden können, da gewisse Lebensraumstrukturen fehlen oder die Gebiete zu klein sind, die sich jedoch für einen vorübergehenden Aufenthalt oder eben als Trittstein auf dem Weg zu ausreichend großen und vollständigen Lebensräumen eignen. Als Ergänzung zu anderen Planungsinstrumenten hat *Grün Stadt Zürich* eine Vernetzungskarte erarbeitet, die entlang von bewaldeten Hügelzügen, von offenen Landschaftsräumen, Gewässern, Bahnarealen und von städtischen Grünzügen Verbindungsachsen vorsieht.

Hochstraßen wirken sich als trennende Barrieren weniger gravierend aus als ebenerdige Straßenverkehrsachsen: Europabrücke unterhalb des Rebbergs am Höngger Kirchenhügel.

Auch wenn auf Stadtgebiet in den letzten Jahren viel gebaut wurde und die Bewegungsfreiheit sich ausbreitender Tiere weitere Einschränkungen erfahren hat, so konnten auf der anderen Seite auch bestehende Barrieren aufgehoben und neue Korridore geschaffen werden. Seit 1989 sind auf Stadtgebiet über eine Gesamtlänge von zwanzig Kilometer zuvor unterirdisch geführte Bäche geöffnet worden. Beim Umbau eines ehemaligen Eisenbahnviadukts am Letten in eine Verbindung für Fuß- und Fahrradverkehr wurden fast über die ganze Länge der Brücke Drahtschotterkörbe angebracht, die Mauereidechsen die Passage zwischen Bahnhofsgelände und Lettenareal erleichtern. 2005 konnte die Überdeckung eines 550 Meter langen Autobahneinschnitts eingeweiht werden, der zuvor das Quartier Wollishofen vom Naherholungsgebiet Entlisberg abgetrennt hatte und nun öffentliche Freiräume mit Wiesen und Büschen und Familiengärten trägt. In all diesen Fällen wurden Verbindungen geschaffen, die Lebensräume sowohl für Menschen wie für Tiere vernetzen und aufwerten.

Die Zerschneidung von Lebensräumen und die Barrierewirkung von Straßen und Gebäuden wirkt sich nicht auf alle Arten gleich aus. Für Vögel und viele – nicht alle – flugfähigen Insekten stellen Straßen kaum Hindernisse dar. Besonders mobil sind unter den Insekten diejenigen Arten, die Jahr für Jahr in großer Zahl aus

Fragmentierung der Landschaft: nur am Üetliberg liegt ein zusammenhängender Raum von mehr als 2000 ha Größe, der nicht von Hauptstraßen zerschnitten wird. Arealgrößen: dunkelgrün > 1000 ha, mittelgrün > 500 ha, hellgrün > 100 ha, weiß > 50 ha, rosa > 10 ha, rot < 10 ha. Starke zusätzliche Trennwirkung geht – in der Grafik nicht berücksichtigt – von Gebäuden und den zahlreichen weiteren Straßen aus (Naturwertindex, Grün Stadt Zürich, Wildschonrevierkommission 2004).

dem Mittelmeergebiet über die Alpen und teilweise bis nach Skandinavien fliegen. Die bekanntesten dieser Wanderarten sind Distelfalter, Admiral und das an einen kleinen Kolibri erinnernde Taubenschwänzchen, weitere jährlich von Neuem in Zürich eintreffende Gäste aus dem Süden sind Gammaeule, Windenschwärmer, Feuerlibelle und Gemeine Heidelibelle sowie die Schwebfliegen Mistbiene, Hain-Schwebefliege und Gemeine Stiftschwebefliege.

Besonders Tiere mit geringer Körpergröße werden oft passiv verbreitet und verschleppt, Jungspinnen und ebenso die Jungraupen des Kleinen Frostspanners spinnen lange Flugfäden, an denen sie sich durch die Luft treiben lassen, und bei Blattläusen sind zwischendurch eingeschaltete geflügelte Generationen für die passive Erschließung neuer Wirtspflanzen auf dem Luftweg zuständig. Die Auswertung der Insekten und Spinnen, die im Verlauf des Forschungsprojekts *BiodiverCity* in Zürich an 36 Stellen mit Flug- und Bodenfallen gefangen wurden, ergab auch in stark von Fragmentierung und Isolation betroffenen innerstädtischen Lebensräumen erstaunlich hohe Artenzahlen – vermutlich weil die urbanen Arten danach selektioniert wurden, Fragmentierung zu tolerieren und über ein hohes Besiedlungspotenzial zu verfügen.

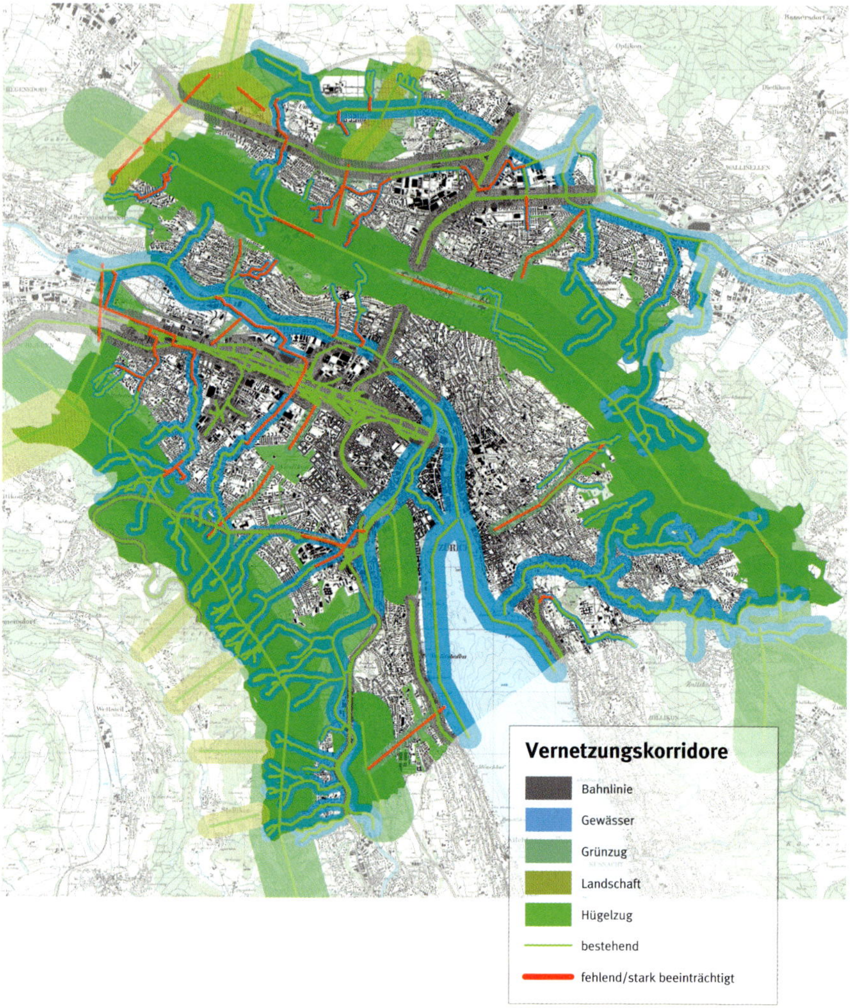

Lebensraumvernetzung in Zürich: Bestehende und potenzielle Verbindungsachsen entlang von bewaldeten Hügelzügen, von offenen Landschaftsräumen, Gewässern, Bahnarealen und von städtischen Grünzügen (Vernetzungskarte Grün Stadt Zürich 2008).

Mobile Arten erschließen auch stark fragmentierte Stadträume: Wildbienennester in Löchern von Backsteinen im Zierstreifen über dem Erdgeschoss eines Hinterhofgebäudes in der Innenstadt beim Helvetiaplatz.

Artenvielfalt

Während die Anzahl der in Zürich vorkommenden Pflanzenarten recht gut bekannt ist – Elias Landolt führt in seiner 2001 veröffentlichten «Flora der Stadt Zürich» über 1200 einheimische und eingebürgerte Blütenpflanzen und Farne auf – so sind wir bei der Fauna auf grobe Schätzungen angewiesen. Die mitteleuropäische Flora darf als weitgehend bekannt betrachtet werden. Neue Arten treten höchstens als Neophyten auf – nichteinheimische Gewächse, denen es gelingt, sich hierzulande zu etablieren – oder in Form von neu definierten Arten innerhalb von durch Fachleute anders gruppierten Verwandtschaftskreisen. Bei der Tierwelt dagegen fehlt oft nicht nur die Kenntnis der Verbreitung bestimmter Arten in einem Gebiet wie der Stadt Zürich, zahlreiche in der Region vorkommende Arten werden der Wissenschaft nach wie vor ganz und gar unbekannt sein und noch auf ihre Entdeckung und Benennung beziehungsweise wissenschaftliche Erstbeschreibung warten. So konnten Ende der 1990er-Jahre bei der Untersuchung von an Totholz lebenden Insekten im Sihlwald vor den Toren Zürichs unter den Zweiflüglern (Fliegen und Mücken) 186 für die Schweiz neue und zwanzig bisher gänzlich unbekannte Arten gefunden werden.

Ein Großteil der Fauna besteht aus kleinen bis winzigen, nur schwierig zu unterscheidenden und sehr unvollständig bekannten Arten, die zu formenreichen Verwandtschaftskreisen wie Fadenwürmern (Nematoden) oder Milben zählen. In Agglomerationen wie Frankfurt, Zürich oder Wien können nach Schätzung des Frankfurter Ökologen Bruno Streit ohne Weiteres rund 20 000 verschiedene Arten von Organismen erwartet werden, Pflanzen und Pilze eingerechnet. Werden die im Vergleich zu Käfern, Zweiflüglern und anderen Tiergruppen eher kleinen Artengruppen betrachtet, bei denen für Zürich die Zahl der vorkommenden Arten bekannt ist oder zuverlässig abgeschätzt werden kann, so stellt sich heraus, dass im Stadtgebiet im Durchschnitt immerhin etwa vierzig Prozent der jeweils landesweit bekannten Arten gefunden werden können. Geht man von etwas mehr als 40 000 Tierarten aus, die für die Schweiz ermittelt wurden, und nimmt an, dass dreißig bis vierzig Prozent davon auch in Zürich vorkommen, so dürfte die Größenordnung der in der Stadt lebenden Tierarten zwischen 12 000 und 16 000 Arten liegen.

	Arten in der Schweiz	**Arten in Zürich**	**Arten Zürich in % der Arten Schweiz**
Landschnecken	231	100	43
Wasserschnecken	52	37	71
Muscheln	30	20	67
Eintagsfliegen	90	34	38
Libellen	80	43	54
Steinfliegen	111	39	35
Heuschrecken	106	31	29
Zikaden	500	180	36
Ameisen	136	50	37
Köcherfliegen	310	110	35
Schnabelfliegen	8	4	50
Tagfalter	200	63	32
Fische	45	27	60
Amphibien	23	12	52
Reptilien	15	6	40
Vögel	195	97	50
Säugetiere	90	40	44
Insgesamt	**2222**	**893**	**40**

Tiergruppen, deren Artenzahl in Zürich bekannt ist oder zuverlässig abgeschätzt (Muscheln, Ameisen, Zikaden) werden kann. In der Schweiz sind über 26 000 Tierarten bekannt, die Gesamtartenzahl wird auf etwa 41 000 geschätzt.

In städtischen Lebensräumen findet sich also eine große faunistische Vielfalt, die diejenige von ländlichen – insbesondere intensiv genutzten – und bewaldeten Gegenden bei vielen, wenn nicht den meisten Artengruppen übertrifft. Das in Zürich nachgewiesene Artenspektrum umfasst keineswegs nur triviale Allerweltsarten, wie Elias Landolt bereits für die Flora feststellen konnte: Ein Sechstel der in Zürich nachgewiesenen Pflanzenarten wird auf der nationalen Roten Liste als selten, gefährdet, stark gefährdet oder vom Aussterben bedroht aufgeführt. Unter den sechzig in den letzten Jahren auf dem Gebiet der Stadt Zürich beobachteten Tagfaltern und Dickkopffaltern gelten 41 landesweit als nicht gefährdet, zwölf werden als gefährdet, vier als stark gefährdet und drei als vom Aussterben bedroht eingestuft. Fast ein Drittel der Stadtzürcher Tag- und Dickkopffalter gilt also gemäß Roter Liste der Schweiz mindestens als gefährdet. Da städtische Lebensräume eine große Zahl auch seltener und gefährdeter Arten beherbergen, kommt der Stadt eine große Verantwortung bei der Erhaltung der Biodiversität zu.
Hinter den Artenzahlen verbergen sich Populationen sehr unterschiedlicher Größe. Gewisse Arten, wie der an Gebäuden nistende Alpensegler, kommen in der Region fast nur in Städten vor oder sind im Siedlungsraum deutlich häufiger als im Umland. So gilt die Mauereidechsenpopulation im Zürcher Bahnhofsgelände als die größte nördlich der Alpen. Igel erreichen in der Stadt zwei- bis dreifach höhere Dichten als in außerstädtischen Räumen und Füchse können in Zürich stellenweise mehr als zehnmal so dichte Bestände erreichen wie im Umland.
Auf der anderen Seite darf nicht vergessen werden, dass viele der hier vorgestellten Arten innerhalb Zürichs Gemeindegrenzen selten oder gar nur von Einzelbeobachtungen bekannt sind und bloß in verschwindend geringen Individuenzahlen vorkommen. Wie im gesamten Mittelland sind seit dem 19. Jahrhundert und in vermehrtem Maß in den letzten Jahrzehnten durch die veränderte Nutzung land- und forstwirtschaftlicher Flächen sowie – in urbanen Regionen noch stärker als an der Peripherie – durch Überbauung mit Gebäuden und Verkehrsanlagen artenreiche Lebensräume großflächig zerstört oder beeinträchtigt worden, was sich im Artenschwund und im Schrumpfen der Verbreitungsareale vieler Tiere ebenso widerspiegelt wie im Rückgang der Individuenzahlen. Für Tagfalter und Heuschrecken wird geschätzt, dass ihre Individuenzahlen im Schweizer Mittelland zu Beginn des 20. Jahrhunderts 100- bis 1000-mal höher lagen als am Ende des Jahrhunderts, ein Einbruch, der sich nicht zuletzt für Vögel, die sich von Großinsekten ernähren, verhängnisvoll auswirkt. Solche Trends machen sich auch in Zürich bemerkbar. Galt der Schachbrettfalter vor hundert Jahren noch als sehr gemein, so ist er unterdessen auch um die Stadt Zürich ein nur noch selten auftretender Indikator für Magerwiesen geworden. Der früher in lichten Wäldern «allenthalben gemeine» Milchfleck aus der Familie der Mohrenfalter ist seit 1950 im Mittelland praktisch verschwunden, fliegt jedoch noch an geeigneten Stellen am Üetliberghang. Schlingnattern, für die auf Stadtgebiet lange Zeit keine verlässlichen Nachweise mehr vorlagen, bis sie vor wenigen Jahren in der Fallätsche wiederentdeckt wurden, konnten von Zoologen des frühen 19. Jahrhunderts noch ohne

Weiteres auf Wiesenböschungen um die Schanzenanlagen im Gebiet des heutigen Stadtzentrums beobachtet werden. Bei Tieren der Gewässer hat teilweise ebenfalls ein dramatischer Rückgang an Individuen stattgefunden. Die auch heute nicht gefährdete Köcherfliege *Hydropsyche pelucidula*, die jedoch den wenigsten Stadtbewohnerinnen und -bewohnern namentlich bekannt sein dürfte, war früher so häufig, dass sie nicht nur einen deutschen Namen erhielt – Badener (Bademer) Mücke –, sondern in der Schwarmzeit «alle Häuser und Mauern am Wasser» bedeckte, in großen Scharen wolkenartig um Turmspitzen flog und, angezogen vom Licht, auch in Innenräumen «durch ihre Menge sehr unangenehm und lästig werden» konnte, wie sich der Zoologe Hans Rudolf Schinz 1842 ausdrückte.

Kleinräumliche Vielfalt – großräumliche Gliederung

Einer der Hauptgründe für die große Artenvielfalt liegt in der Heterogenität städtischer Lebensräume, die wiederum ein Abbild der vielfältigen Nutzungsformen ist, die die meist kleinräumig parzellierten städtischen Teilflächen prägen. In Städten finden sich auf engem Raum Wohnblöcke, Geschäftshäuser und Kleinbetriebe, Verwaltungsgebäude, Industrieanlagen, Villen und Schulen, verbunden durch Netze von Schienen, Straßen und Wegen, eingebettet in Gärten und weitere Umgebungsflächen unterschiedlicher Dimension und ökologischer Qualität, durchsetzt mit Bäumen und ergänzt von Parks, Friedhöfen und anderen Grünanlagen, während sich am Stadtrand großzügige Grünräume anschließen und das Zentrum – nicht nur in Zürich – meist von einem Gewässer durchflossen wird, an dem die Entwicklung der Stadt begann. Städte sind grundsätzlich Orte der Vielfalt. Der großen strukturellen Diversität entspricht eine hohe Biodiversität, die diejenige ausgeräumter Kulturlandschaften naturgemäß übersteigt.
Die verschiedenen Stadträume weisen unterschiedliche naturräumliche Qualitäten auf. 2004 wurde in einem Projekt von *Grün Stadt Zürich* und der städtischen Wildschonrevierkommission versucht, einen Gesamtüberblick über die Naturwerte zu erlangen, indem jedem Hektar des Gemeindegebiets ein Naturwertindex zugeordnet wurde, der aus vorhandenen biologischen und naturräumlichen Daten errechnet wurde. Als Kriterien fanden Angaben zu Fauna, Vegetation, Bodenbedeckung, Lebensraumstrukturen, Raumaspekt (Fragmentierung) sowie Arten- und Biotopvielfalt Beachtung. Hohe Indizes erreichten große Teile des Üetliberghangs, das Bahnhofsareal, das Katzenseegebiet und einige Stellen der Zürichbergkette, besonders an südexponierten Lagen und im mit Hangrieden durchsetzten Wehrenbachtobel.

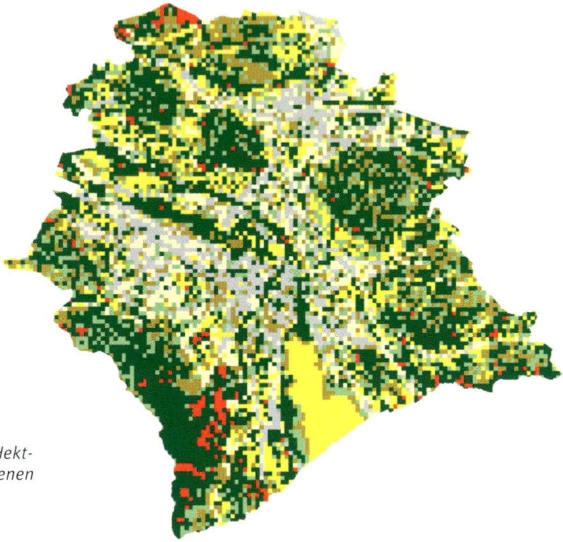

Naturwertindex: Bewertung jedes Hektars des Stadtgebiets nach vorhandenen biologischen und naturräumlichen Daten. Abstufung: rot (wertvollste Flächen), dunkelgrün, hellgrün, olivgrün, dunkelgelb, hellgelb, hellgrau (Grün Stadt Zürich, Wildschonrevierkommission 2004).

Der höchste Wert wurde für eine Fläche zwischen Waldrand und Sihl in der Allmend Brunau ermittelt mit Waldpartien, artenreichen Wiesen und Kleingewässern, der niedrigste beim Bellevue und dem Sechseläutenplatz.

Die große Artenvielfalt der Stadt Zürich erklärt sich – wie teilweise auch die hohe Lebensqualität, die Zürich in Städteratings regelmäßig zugeschrieben wird – nicht zuletzt durch die Ergänzung eigentlich urbaner Räume durch Gewässer, ländliche Gebiete und bewaldete Hügel, die insgesamt vierzig Prozent der 92 Quadratkilometer des Stadtgebiets ausmachen:

Flächenanteile von Stadt, Wald, Land und Wasser auf dem Gesamtgebiet der Stadt Zürich (Quelle: Kantonaler Richtplan).		
Siedlungsraum	55 km²	60 %
Wald	22 km²	24 %
Ländliche Gebiete	9 km²	10 %
Wasser	5 km²	6 %

Versiegelt – von Gebäuden oder undurchlässigen, vegetationslosen Belägen bedeckt – sind 33 Prozent der Stadtfläche, die restlichen zwei Drittel taugen in irgendeiner Form als Lebensraum für Pflanzen und Tiere. Lässt man Wälder und Gewässer beiseite, so zeigt die Aufteilung der städtischen Flächen, dass mehr als die Hälfte auch des unbewaldeten Stadtgebiets Bewuchs trägt:

Flächenaufteilung des Zürcher Stadtgebiets (ohne Wald und Gewässer). Gebäude, Straßen und Plätze belegen knapp die Hälfte der 64 km² messenden Fläche (Quelle: Bodenbedeckung der Stadt Zürich).	
Gebäudegrundflächen	17 %
Straßen, Plätze und befestigter Hausumschwung	30 %
Bahngebiet	2 %
Friedhöfe	2 %
Spiel- und Sportplätze	2 %
Parkanlagen	1 %
Gärten und begrünter Hausumschwung	28 %
Wiesen und Äcker	18 %

Im Folgenden soll versucht werden, einen kurzen Überblick über die Naturräume der Stadt zu geben, ausgehend von der Einteilung in Gewässer, Katzenseegebiet, Üetlibergkette, Hügelzug Adlisberg–Hönggerberg (Zürichbergkette), ländliche Gebiete, Gärten und Parks, Bahn- und Industrieareale sowie Gebäude.

Gewässer

Mit Zürichsee und Katzenseen, den beiden großen Flüssen Limmat und Sihl, dem im 17. Jahrhundert als Teil der Befestigungsanlage gebauten Schanzengraben, der vom See in die Sihl fließt, der Glatt im Nordosten des Stadtgebiets, dem Katzenbach, den Teichen und Weihern sowie zahlreichen Wald- und Stadtbächen verfügt Zürich über eine vielfältige Wasserlandschaft. Bauliche Maßnahmen und die Einleitung von Abwässern haben im Verlauf der letzten beiden Jahrhunderte zu starken Beeinträchtigungen der Lebensräume im und am Wasser geführt. Die Seeuferlinie ist in der zweiten Hälfte des 19. Jahrhunderts durch Aufschüttungen einige Dutzend Meter seewärts verschoben worden, sodass im ganzen Stadtgebiet keine natürlichen Uferzonen, Röhricht- und Sumpfgebiete mehr vorhanden sind. Die Limmat wird im Stadtzentrum zwischen Mauern geführt, bis zum Wehr am Platzspitz, das der Regulierung des Seespiegels dient. Konnten um 1900 noch Seespiegelschwankungen von über drei Meter gemessen werden, so bewegt sich der Pegelstand seit dem Bau des Wehrs in einem Bereich von etwa sechzig Zentimeter. Auch die Sihl hat durch Verbauungen auf Stadtgebiet und die Inbetriebnahme des Sihlsees (1937) viel von ihrer früheren Wildheit und Dynamik verloren. Zudem wird der Unterlauf durch die Ableitung des Wassers aus dem Stausee in den Zürichsee von einem Großteil der alpinen Zuflüsse abgekoppelt. Damit sind auch viele Pflanzen- und Tierarten, die früher entlang der Sihl den Weg von den Bergen in die Stadt gefunden haben, verschwunden, so etwa die im 19. Jahrhundert noch auf Stadtgebiet beobachtete Steinfliege *Perla grandis,* deren Verbreitungsschwerpunkt in alpinen Zonen liegt. Die Glatt, deren Absenkung eine Voraussetzung für die Trockenlegung der großen Sumpfgebiete im nördlichen Teil der Stadt und die bauliche Entwicklung von Oerlikon und Schwamendingen darstellte, fließt in einem gleichförmigen Kanal.

Trotz aller Eingriffe präsentieren sich die städtischen Gewässer für Tiere als vielfältige Lebensräume. Die Sihl gilt im Unterlauf als äußerst artenreich und wird in dieser Hinsicht innerhalb des Kantons nur noch von der – größeren – Thur übertroffen. Die Suche nach Libellen aus der Familie der Flussjungfern (Gomphidae) führte in den letzten Jahren zum Ergebnis, dass vier der fünf in der Schweiz vorkommenden Arten in Zürichs Innenstadt fliegen, an der Sihl zwischen Stauffacherbrücke und Hauptbahnhof oder am Schanzengraben. Alle diese Arten – die Kleine Zangenlibelle, die Gemeine, die Gelbe und die Grüne Keiljungfer – sind auf der Roten Liste der Schweiz als potenziell gefährdet, stark gefährdet oder vom Aussterben bedroht aufgeführt. Auch von der fünften Gomphiden-Art, der Westlichen Keiljungfer (Rote Liste: verletzlich), die sich in stehenden Gewässern entwickelt, liegt eine aktuelle Beobachtung auf Stadtgebiet vor. Im Winterhalbjahr besuchen regelmäßig Eisvögel die Gewässer der Innenstadt, und an der Sihl unter dem Hauptbahnhof brüten seit mindestens 2005 Wasseramseln. Mit anderen Alpenrandseen gilt der Zürichsee als europaweit bedeutendes Überwinterungsgebiet für Wasservögel wie Reiher- und Tafelenten, Haubentaucher oder Blässhühner, die während der kalten Jahreszeit die seit den 1960er-Jahren sehr individuenreichen Wandermuschelpopulationen dezimieren.

Durch Ausdolung und Revitalisierung von städtischen Bächen über eine Länge von zwanzig Kilometer seit den späten 1980er-Jahren und Renaturierungen der Sihl im Rahmen der Ausgleichmaßnahmen beim Bau der Autobahnzubringer zum Üetlibergtunnel sowie im unteren Lauf der Limmat konnte die Qualität der Fließgewässer verbessert werden. Allerdings lässt die Struktur in Flussbett und Uferzone vielerorts noch zu wünschen übrig. Auch die Wasserqualität hat sich seit den 1980er-Jahren deutlich verbessert, nur die Glatt ist noch verhältnismäßig nährstoffreich. Im Stadtgebiet sind fast zwei Drittel der Fischarten der Schweiz anzutreffen, auch Süßwasserschwämme und damit Schwammfliegen sind wieder häufiger geworden, und die dank klarerem Wasser vermehrt gedeihenden Armleuchteralgen führten während der letzten Jahre zu einer Zunahme der Kolbenenten, die sich von diesen Grünalgen ernähren. Probleme bereiten dagegen Neozoen, die einheimische Arten verdrängen, sowie hormonaktive Substanzen, die besonders die Fortpflanzungsfähigkeit von Wassertieren schädigen und im Gegensatz zu den Nährstoffen nicht aus den Abwässern entfernt werden.

Katzenseegebiet

Das Gebiet um die beiden Katzenseen, die auf der Gemeindegrenze im äußersten Nordwesten der Stadt liegen, ist die einzige Gegend Zürichs, wo noch großflächige Feuchtbiotope zu finden sind. Auf Stadtgebiet sind dies besonders die Riedwiesen-, Sumpfwald- und Kleinseenlandschaft im vom Unteren Katzensee durch die Wehntalerstrasse getrennten Hänsiried, das Flachmoor am südlichen Ende des Oberen Katzensees und die mit Hecken, Büschen und Bäumen strukturierten Streuwiesen der Allmend Affoltern. Im Osten schließt der Büsisee an die Allmend an, der als naturnah konzipiertes Rückhalte- und Abwasserreinigungsbecken der Nordumfahrung A20 gebaut wurde. Über den unter der A20 durchführenden, gut fünf Kilometer langen Katzenbach ist das Katzenseegebiet mit der offenen Landschaft zwischen Affoltern und Seebach sowie dem Leutschenbachquartier und der Glatt vernetzt.
Mit seiner artenreichen Moor-, Ried- und Wasservegetation gilt das Katzenseegebiet neben dem Üetliberg als floristisch interessanteste Gegend der Stadt. Auch zahlreiche Tiere kommen im Gebiet der Stadt Zürich nur in der Umgebung der Katzenseen vor, so die Sumpfschrecke, das Widderchen *Zygaena trifolii* oder verschiedene Libellenarten. Ebenso brüten Zwergtaucher, Wasserralle, Feldschwirl, Sumpfrohrsänger und Rohrammer innerhalb der Stadtgrenzen ausschließlich im Katzenseegebiet, auch Zürichs letzte Feldlerchen singen zwischen Büsisee und Katzensee. 2009 versuchte nach über vierzig Jahren Abwesenheit ein Storchenpaar beim Oberen Katzensee zu brüten.

Üetlibergkette

Der knapp 870 Meter hohe Üetliberg im Südwesten der Stadt ist der nördlichste Ausläufer der an das Voralpengebiet anschließenden Albiskette. Der markante Hügelzug mit ausgeprägten Kreten, die in der Falllinie angeordnet und durch Mulden und Tobel voneinander getrennt sind, zeigt sich als sehr vielfältige, abwechslungsreiche und stark bewaldete Naturlandschaft. In den Tobeln fließen zahlreiche Bäche ins Sihltal hinunter und sorgen für eine wirkungsvolle Vernetzung bis weit in die Siedlung hinein und zur Sihl. Am Üetliberg liegt der größte zusammenhängende, nicht von Hauptstraßen zerschnittene Naturraum auf Stadtgebiet. An den Abhängen befinden sich einige der schönsten Naturschutzgebiete wie die von Weitem sichtbare Fallätsche, die Trockenwiesen Ankenweid, Leiterli und Ris und die Feuchtwiesen in der Hueb und der Rossweidliegg. Am Fuß des

Das Hänsiried, ursprünglich ein Teil des Katzensees, seit 1994 ein Flachmoor von nationaler Bedeutung.

Üetlibergs stocken die größten Hochstammobstgärten der Stadt und im nordwestlichen Teil schließt sich die ausgedehnte Schwemmebene der Allmend Brunau an.
Die großräumige und naturnahe Landschaft am Üetliberg bietet Lebensraum für eine vielfältige Tierwelt. So kommen beispielswiese außer der Mauereidechse alle einheimischen Reptilien der Region am Abhang des Zürcher Hausbergs vor: Wald- und Zauneidechse, Blindschleiche, Ringel- und Schlingnatter. Für die Vielfalt der Üetlibergfauna ist das Zusammenspiel von geschlossenen Waldflächen und offenen Stellen von entscheidender Bedeutung. Zahlreiche Arten benötigen für ihre Entwicklung sowohl schattige Stellen oder Waldpflanzen wie auch offene, sonnige Flächen beziehungsweise krautige Pflanzen und blütenreiche Wiesen. In den Jahrzehnten zwischen 1930 und 1970 sind mehrere der vielen Wiesenzungen, die früher bis weit in den Wald hinauf ragten und als Weiden oder Streuwiesen genutzt wurden, aufgeforstet worden, und seit den 1980er-Jahren erfolgte eine Umorientierung von kleinflächiger Rodung auf Einzelstammnutzung – beides Entwicklungen, die den Ansprüchen vieler Tierarten zuwiderlaufen. Waldeidechsen sind selten geworden, auch Waldgrillen, ihre ebenfalls sonnenhungrigen wichtigsten Beutetiere. Die unter der Bezeichnung Rossweidliegg seit 1997 wieder regelmäßig gemähte Lichtung und der aufgelichtete Wald zwischen Rossweidliegg und Talwiese stellen dagegen eine sichtbare Aufwertung der Lebensräume am Üetliberghang dar. Vom Nebeneinander offener und geschlossener Flächen, von Waldpartien und selten gemähten Kraut- und Grassäumen am Wegrand profitieren unzählige Insekten, Käfer, deren Larven

Fallätsche oberhalb Leimbach, Lebensraum für seltene Pflanzen- und Tierarten, viele davon mit Verbreitungsschwerpunkt in Gebirgslagen.

in Totholz leben, die aber als ausgewachsene Tiere Blüten besuchen, ebenso wie Tagfalter, die sowohl auf Waldpflanzen wie auch blütenreiche Wiesen oder Säume angewiesen sind.

Der Erosionstrichter der Fallätsche ist eine der eindrücklichsten Landschaftskammern der Region. Bekannt als Standort von Bergföhren und weiteren Gebirgspflanzen, deren nächst gelegene Vorkommen in den Voralpen liegen, zeigt sich der felsige, licht bewachsene Steil- und Rutschhang auch von faunistischer Seite als Gebiet mit Vorkommen zahlreicher seltener Arten, die in Zürich nur hier gefunden werden (wie die Schlingnatter und die in der Roten Liste gesamtschweizerisch als verletzlich eingestufte Blutrote Raubameise) oder die in der Fallätsche ihre größten Populationen bilden (wie der Milchfleck). Verschiedene Arten, die ihren Verbreitungsschwerpunkt in höheren Lagen haben oder aus dem Mittelland verdrängt wurden und daher zu Bergarten geworden sind, geben der Fallätsche auch faunistisch ein spezielles, schon fast alpines Gesicht: Berg-Sandlaufkäfer, zwei Arten von Singzikaden, die beiden Mohrenfalter Milchfleck und Waldteufel – die gelegentlich auch in anderen lichten Waldbereichen am Üetliberg fliegen –, Berglaubsänger und Kolkrabe. Leider wächst die Fallätsche seit einigen Jahrzehnten zu, was hauptsächlich der Verbauung des Rütschlibachs zugeschrieben wird und vielleicht auch mit den überall im Land sehr hohen Einträgen von Nährstoffen (Stickstoff) durch die Luft zusammenhängt.

Zürichbergkette

Der Hügelzug Oetlisberg–Adlisberg–Zürichberg–Käferberg–Hönggerberg bildet auf der rechten Seite des Zürichsee- und Limmattals die Verlängerung des lang gezogenen Rückens des Pfannenstiels und findet limmatabwärts im Gubrist seine Fortsetzung. Seine höchste Erhebung erreicht er auf dem Loorenkopf bei Witikon mit 701 Meter. Zwischen Zürichberg und Käferberg bildet der Milchbuck am Übergang zwischen Limmatstadt und Glatttalstadt die deutlichste Zäsur in der Kette der mehrheitlich bewaldeten Hügel – etwas entschärft durch den großen, naturnah gestalteten Irchelpark – und auch zwischen Käferberg und Hönggerberg liegt mit der ETH Hönggerberg und der stark befahrenen Verbindungsstraße zwischen den Quartieren Höngg und Affoltern eine einschneidende Trennung vor.
Die Hänge der Zürichbergkette sind meist sanft, die Kuppen flach – die Topografie bleibt insgesamt weniger abwechslungsreich als am Üetliberg. Auch lichte Waldbereiche finden sich nur selten. Flora und Fauna sind im Allgemeinen weniger artenreich als an der Üetlibergkette. Die Wälder der Zürichbergkette zeichnen sich jedoch über weite Bereiche durch vielfältige Laubholzbestände aus, die sich in der Verbreitung des Schwarzspechts ebenso widerspiegeln wie im Vorkommen verschiedener seltener Waldschmetterlinge wie Ulmen- und Eichenzipfelfalter, Großer Schillerfalter und Kleiner Eisvogel. Charakteristisch für die Wälder dieser Hügelkette sind zahlreiche mächtige alte Buchen und Eichen, das Mittelwaldreservat auf dem Hönggerberg, bewusst gefördertes stehendes Totholz und gut durchmischte Strauchgürtel entlang von Waldrändern.
Sehr vielfältig sind Pflanzen- und Tierwelt im Bereich Wehrenbachtobel–Witikon, wo der wilde Wehrenbach, der beim Zürichhorn (als Hornbach) in den See fließt, ein tiefes Tobel in die Waldlandschaft eingeschnitten hat und mehrere Hangriede und ausgedehnte Magerwiesen für eine großartige landschaftliche Vielfalt und eine hohe Biodiversität sorgen.

Ländliche Gebiete

Etwa ein Zehntel der Stadtfläche wird landwirtschaftlich genutzt. Das Land wird von 27 Haupt- und Nebenerwerbsbetrieben und zehn Hobbylandwirten bewirtschaftet. Rund zwei Drittel der Flächen sind im Eigentum der Stadt, der zehn Landwirtschaftsbetriebe gehören: der städtische Gutsbetrieb Juchhof und neun Betriebe, die verpachtet sind und nach den Richtlinien des biologischen Landbaus bewirtschaftet werden. Die ländlichen Gebiete liegen am Stadtrand zwischen Siedlungs- und Waldrand, wo sie als Erholungsgebiete für die Bevölkerung und als Austrittsflächen für das Wild von großer Bedeutung sind. Im Norden der Stadt befindet sich zwischen Affoltern und Seebach ein größerer Landschaftsraum mit ländlichem Charakter, der durch den Katzenbach und die Wälder Hürstholz, Schwandenholz und Riedenholz bereichert wird. Faunistisch wertvoll sind besonders Hecken, Brachen und andere ökologische Ausgleichsflächen sowie die Reste der Magerwiesen an den südexponierten Hängen der Zürichbergkette (besonders am Waidberg und in Witikon) und am Üetliberghang. Einen hohen Stellenwert nehmen im städtischen Naturschutz auch die besonders in Kombination mit mageren Wiesen und gut strukturierten Lebensräumen für die Tierwelt sehr wertvollen Hochstammobstbäume ein, die die Landschaft um die Stadt bis in die erste Hälfte des 20. Jahrhunderts prägten, in verstärktem Maß nach der durch die Reblaus mitverursachten Rebbaukrise am Ende des 19. Jahrhunderts, als eine großflächige Umstellung von Wein- auf Obstbau einsetzte. Seit Mitte des 20. Jahrhunderts verschwanden die Hochstämme im Zuge der Ausdehnung des Siedlungsgebiets und der Rationalisierung der Bewirtschaftung, der die Bäume im Wege standen. Wurden 1951 auf dem Gemeindegebiet noch 45 000 Obstbäume gezählt, waren es 1991 noch ganze 3169. Im Rahmen einer von *Grün Stadt Zürich* lancierten Obstgartenförderung soll die Anzahl der Hochstämme auf Stadtgebiet nun nach und nach wieder auf 10 000 erhöht werden.

Blumenwiese im Friedhof Oerlikon. Der kleine Friedhof im Norden der Stadt bietet Lebensraum für Eichhörnchen, Gartenbaumläufer, Grauschnäpper, Nachtigall-Grashüpfer, Lauchschrecke, Hauhechelbläuling und Mattfleckigen Kommafalter. Seit 1995 gelten für Grünräume in städtischem Besitz Ziele und Richtlinien der Verwaltungsverordnung «Naturnahe Grünflächenpflege»: Kreisläufe schließen, Hilfsstoffe einsparen und Lebensräume aufwerten.

Naturnahe Gärten bieten Lebensraum für Hunderte von Tierarten. Naturgarten mit vielfältiger Pflanzenwelt, einheimischen Gehölzen und Stauden, von selten geschnittenen Krautsäumen begleiteten Hecken, Asthaufen und ungestörten Bereichen.

Gärten und Parks

Im Gegensatz zu den bisher genannten, mehr oder weniger zusammenhängenden, großflächigen Naturräumen sind Gärten und Parks in den Siedlungsraum eingestreut und mit der Gebäudelandschaft verwoben. Auch kleinere, naturnah gepflegte Gärten können eine erstaunlich vielfältige Fauna aufweisen. Was Ulrich Sedlag (2000) in seiner «Tiergeographie» in Bezug auf städtische Gärten feststellt, trifft auch für Zürich zu: «Jedenfalls für Randgebiete mit lockerer Bebauung kann man davon ausgehen, dass sich im Verlaufe einiger Jahre (mit Hilfe einer Reihe von Spezialisten) in einem einzigen Garten nicht weniger als tausend Tierarten nachweisen ließen. Dabei ist unübersehbar, dass von Jahr zu Jahr andere Arten auftreten, darunter solche, die zwischenzeitlich auch bei großer Mühe nicht zu finden sind: Man erlebt hier selbst, wie bedeutsam Ausbreitungsmöglichkeiten sind, um ein Aussterben zu verhindern.» Gärten und Grünanlagen der Kernstädte sind – im Gegensatz zu den meist neueren Anlagen in urbanisierten Agglomerationsgemeinden – oft schon in einer Zeit entstanden, als es zahlreichen Arten der damals noch vielfältigeren Kulturlandschaft der Umgebung möglich war, ohne Weiteres in die städtischen Grünräume einzuwandern. So finden sich in älteren Villengärten und auf Friedhöfen wie Sihlfeld und Nordheim teilweise isolierte Reliktvorkommen von Glühwürmchen, auf dem Friedhof Sihlfeld lebten bis in die 1990er-Jahre auch Zauneidechsen.

Bauliche Verdichtung in Wohnquartieren bedeutet meist nicht nur ein Verlust an Gartenfläche, sondern auch an faunistisch besonders wertvollen alten Strukturen. Zudem verhindert die dünne Humusauflage über den neu gegrabenen Tiefgaragen oft die Ersatzpflanzung von Bäumen, und die Begrünung um die Neubauten erfolgt im Allgemeinen schematisch mit für die einheimische Fauna wertlosen exotischen Gewächsen und Zierrasen.

Die Auswertung des Forschungsprojekts BiodiverCity ergab eine hohe Korrelation der Artenzahl von Insekten und Spinnen mit dem Vorhandensein von ein- bis zweischürigen Wiesenflächen, einer großen Strukturvielfalt und insbesondere auch mit dem Alter des untersuchten Gartens. Auch die Artenzahl der Vögel hängt nach den Ergebnissen des Projekts mit der Heterogenität der Strukturierung des Grünraums zusammen, entscheidend für die Vogelvielfalt ist weiter der Baumbestand. All diese Qualitäten werden durch die auch in Zürich propagierte und praktizierte bauliche Verdichtung gefährdet: Grünflächen gehen verloren, alte, gut strukturierte Gärten werden von Gebäuden und versiegelten Flächen verdrängt, Bäume gefällt und die dünne Überdeckung neu erstellter Tiefgaragen verhindert die Pflanzung von Jungbäumen. Zudem erfolgt die Begrünung sowohl auf neu erschlossenem Bauland wie auch bei baulicher Verdichtung oft schematisch und beschränkt sich häufig auf die naturfremde Bepflanzung mit artenarmen Zierrasen und Kirschlorbeerhecken, Bambus und weiteren exotischen Gewächsen, die für fast alle einheimischen Tiere völlig wertlos sind. Dem durch die bauliche Verdichtung entstehenden Biodiversitätsverlust im eigentlichen Siedlungsbereich kann nur begegnet werden, wenn bei neu angelegten ebenso wie in bestehenden Gärten, Anlagen und Umgebungsgestaltungen konsequent darauf geachtet wird, dass vielfältige Lebensräume entstehen, die sich in den Kontext der Umgebung eingliedern und auf gewachsene Strukturen, alte Biotope und große Bäume Rücksicht nehmen.

Auch in Zürich sind – neben vielen unglücklichen Beispielen – Fälle bekannt, in denen im Zug baulicher Verdichtung oder bei Neubauten die betroffenen Lebensräume sogar aufgewertet werden konnten: durch die Gestaltung abwechslungsreicher, gut strukturierter Außenräume, die Verwendung einheimischer Gehölze, die Anlage artenreicher Wiesen, den Verzicht auf Versiegelung des Bodens, wo immer dies möglich ist, Fassaden- und Dachbegrünung, Nistplatzangebote für gebäudebewohnende Tiere usw.

Bahn- und Industrieareale

Die Lebensräume der Bahnareale zeichnen sich durch ein warmes, meist trockenes Klima aus und durch magere Böden mit einem geringen Anteil an Feinerde. Zudem bieten Böschungen, Mäuerchen, Werkstätten, Schuppen und Gärtchen auf Restflächen und in Randbereichen oft vielfältige ökologische Nischen. Das mitten in der Stadt gelegene Areal zwischen Hauptbahnhof und Bahnhof Altstetten gehört zu den Lebensräumen mit dem höchsten Naturwert. Es beherbergt eine große Mauereidechsenpopulation, bietet Ersatzstandorte für Arten wie die Blauflüglige Sandschrecke, die vor der Verbauung der Flüsse auf Kies- und Sandbänken vorkam, und wird nachgewiesenermaßen von etwa hundert Wildbienenarten besiedelt, was etwa einem Sechstel der in der Schweiz bekannten Arten entspricht. Trotz reger Bautätigkeit im Bahnhofsgelände ist es dank eines Bewertungs- und Ausgleichsmodells, das die SBB und die Stadt in einer gemeinsamen Vereinbarung festgelegt haben, gelungen, den hohen Naturwert zu erhalten, wie Erfolgskontrollen 2004 zeigen konnten. Auch andere vom Schienenverkehr geprägte Areale stellen gut strukturierte, vielfältige Lebensräume dar, so das Gleisdreieck Seebach, wo unter den Amphibien etwa die Pionierarten Gelbbauchunke und Geburtshelferkröte beobachtet werden können. Bahnlinien wie der Strecke zwischen Seebach und Regensdorf kommt ein hoher Stellenwert zu sowohl als verbindender Korridor als auch als Rückgrat von Habitaten für Zauneidechsen, Große Glühwürmchen und verschiedene Arten von Heuschrecken und Tagfaltern. An einigen Strecken wird die Qualität der traditionell von mageren Wiesen bedeckten Bahnböschungen durch die Aufgabe der Unterhaltungsmaßnahmen und die damit einhergehende Verbrachung und Verbuschung der Böschungen zunehmend gemindert.

Großflächige Industrieareale sind in Zürich kaum mehr vorhanden. Die Umnutzung des Industriegebiets im Norden der Stadt (Neu-Oerlikon) ist weitgehend abgeschlossen, diejenige in Zürich-West ist noch im Gange. Bauland liegt in Zürich im Gegensatz zu anderen europäischen Städten fast nirgends brach. Wie in Wohnquartieren geht von der baulichen Verdichtung in gewerblich und industriell genutzten Arealen gerade auch im Umfeld des Bahnhofgeländes die Gefahr aus, dass wertvolle Strukturen und lebendige Restflächen verloren gehen.

Biodiversität auf dem Bahnhofsareal: Entsprechend einem Bewertungs- und Ausgleichsmodell werden bei Umnutzung des SBB-Geländes verlorene Naturwerte durch neu angelegte Lebensraumelemente ersetzt. Magere Wiesen, einheimische Gehölze, Schotterkörbe für Eidechsen und Holzkästen für Wildbienen an einer Bahnböschung in der Nähe der Hohlstrasse.

Artenvielfalt im Straßenraum: extensiv begrünter, ruderaler Verkehrsteiler.

Gebäude

Gebäude leisten durch für Tiere zugängliche Nischen in der Außenhaut, als Brutplätze für Vögel und Quartier für Fledermäuse in kleinen und größeren Hohlräumen sowie durch Begrünung von Fassaden und Dächern einen nicht zu unterschätzenden Beitrag für die urbane Biodiversität. In den durch ihren Orchideenreichtum bekannten Wiesen auf den Dächern des Seewasserwerks Moos in Wollishofen, die seit 1914 bestehen, konnten 2005 36 Spinnen- und 93 Käferarten nachgewiesen werden, außerdem leben Wiesengrashüpfer, verschiedene Dickkopffalter und zahlreiche andere Insekten auf den Dachwiesen des Wasserwerks. Auf den Dächern des Gebäudekomplexes Uetlihof Credit Suisse wurden während der ersten Bauetappe (1975–1980) Magerwiesen und Hecken angelegt, die – abgesehen von der Abfuhr gejäteter Goldruten, Winden und anderer unerwünschter Pflanzen – unter Mitwirkung von Tieren (Destruenten), die organisches Material vor Ort abbauen, in quasi geschlossenen Kreisläufen bewirtschaftet werden. In neuerer Zeit erfolgen Dachbegrünungen extensiv und ohne Humusauflage. Die dabei entstehenden mageren, trockenen Standorte bieten einen gewissen Ersatz für die im intensiv bebauten und zunehmend verdichteten Stadtgebiet unterdessen seltenen Ruderalflächen.

Gebäudebrütende Vögel finden sich an einer Vielzahl von Bauwerken aller Art: Unter dem Zifferblatt des Fraumünsterturms nisten Alpensegler ebenso wie in den Türmen des Großmünsters, wo auch einige Turmdohlen brüten, denen schon bei der Renovierung in den 1930er-Jahren bewusst entsprechende Nischen bereitgestellt wurden. Mauer- und Alpensegler nisten an vielen städtischen Wohn-, Geschäfts- und Verwaltungsgebäuden. Die Falkenkästen an den Hochkaminen der Kehrichtheizkraftwerke Hagenholz und Josefstrasse sind fast jedes Jahr von Wanderfalken besetzt.

Unter den Tieren, die an Hausmauern leben, finden sich Wärme liebende Neozoen wie die Mauerspinne, deren Netze Fassaden fleckig aussehen lassen, oder der zu den langbeinigen Weberknechten (Zimmermännern) zählende Apenninenkanker *(Opilio canestrinii)*, der in einigen mitteleuropäischen Städten eine nah verwandte, einheimische Art aus der gleichen Gattung verdrängt hat und in Zürich 2009 erstmals nachgewiesen wurde. Selbst die Innenräume werden von Tieren besiedelt: Lästige Stechmücken und Fliegen dringen ebenso in die Wohnräume ein wie Bernstein-Waldschaben und andere Zufallsgäste, Schädlinge wie Teppichkäfer, Dörrobstmotten und verschiedene Schaben leben im Innern von Gebäuden und die Populationen der wohl in jedem Haushalt vertretenen Hausstaubmilben erreichen ungeahnte Individuenzahlen.

Außenhaut als Lebensraum: Fassaden- und Dachbegrünung im «Dreieck» (beim Bahnhof Wiedikon).

Der Apenninenkanker (Opilio canestrinii), in vielen europäischen Städten der häufigste «Zimmermann» an Hausmauern, stammt aus Gebüschlebensräumen und Laubwäldern Italiens und ist seit den 1960er-Jahren europaweit in Ausbreitung begriffen.

Wert der Vielfalt – Biodiversität im Wohnumfeld

Auch wenn nicht übersehen werden darf, dass die städtische Tierwelt auf die Vegetation angewiesen ist und dass die pflanzliche Biomasse diejenige der Tiere in Land-Ökosystemen üblicherweise um ein Mehrfaches übersteigt, so besteht Artenvielfalt – nicht nur in Zürich – zahlenmäßig zum größten Teil aus faunistischer Diversität. Die Insekten stellen mehr als die Hälfte aller Arten und die übrigen Tiere ein weiteres Fünftel der Lebewesen, die die Biosphäre bevölkern. Die Erhaltung der biologischen Vielfalt, die neben dem Klimaschutz als zentrale Umweltaufgabe des 21. Jahrhunderts gilt, bedeutet ganz besonders auch die Erhaltung einer vielfältigen Fauna. Biologische Vielfalt, seit der internationalen Konferenz von 1992 in Rio de Janeiro unter dem Begriff Biodiversität bekannt, umfasst jedoch nicht nur die Artenvielfalt, sondern auch die Diversität innerhalb von Arten – die genetische Diversität – sowie die Vielfalt der ökologischen Systeme und Lebensräume auf dem Festland und im Wasser.

Die komplexen Zusammenhänge von Diversität und Stabilität von Ökosystemen sind erst unzulänglich bekannt. Einige Untersuchungen zeigen, dass Systeme mit hoher Diversität produktiver, stabiler und weniger anfällig gegen Störungen sind. Inwiefern dies auch auf urbane Verhältnisse zutrifft, wo verschiedenartige Störungen zum Alltag gehören, entzieht sich vorläufig unserer Kenntnis. Genetische

Diversität gilt als Versicherung für das Überleben einer Art. Wenn sich etwa die klimatische Situation verändert, so sind Populationen im Vorteil, die einen Anteil an genetisch gut an wärmere Durchschnittstemperaturen angepassten Individuen umfassen, die sich auch unter veränderten Bedingungen erfolgreich behaupten und fortpflanzen können. Ähnliche Mechanismen dürften in Ökosystemen eine Rolle spielen, wo in artenreichen Lebensgemeinschaften innerhalb des großen Artenspektrums eher eine Antwort auf Störungen gefunden werden kann als in artenarmen.

Gewisse Ökosystemdienstleistungen sind jedoch auch in urbanen Systemen offensichtlich. Eine Stadt ohne Vegetation wäre eine tote Stadt. Die städtische Vegetation gestaltet urbane Räume, ermöglicht Erholung und Freizeitaktivitäten und reguliert das städtische Klima. Nach einer 2001 veröffentlichten Analyse der Grüngut-Materialflüsse der Stadt Zürich entstehen im Stadtgebiet – die städtischen Wälder nicht eingerechnet – jährlich 127 000 Tonnen Grüngut. Ein Fünftel davon besteht aus Produkten des Acker- und Gartenbaus, die als Nahrungsmittel oder Viehfutter Verwendung finden. Die restlichen 100 000 Tonnen bestehen hauptsächlich aus Holzschnitt, Laub, Schnittgut von Wiesen und Rasen sowie Unkraut und Wechselflor. Davon werden 60 000 Tonnen an der Stelle, wo das Grüngut anfällt, in Prozessen zersetzt, an denen Tiere maßgeblich beteiligt sind. Laub, Rasenschnitt und andere abgetrennte Pflanzenteile werden unter anderem von Regenwürmern zerkleinert und vorverdaut, von Milben, Fadenwürmern und anderen Tieren weiter abgebaut und schließlich von Bakterien und Pilzen zu mineralischen Substanzen umgewandelt, die den Pflanzen wieder als Nährstoffe zur Verfügung stehen. Weitere fast 14 000 Tonnen des Grünguts werden im unmittelbaren Umfeld des Entstehungsorts auf ähnliche Weise unter Mitwirkung von Tieren verwertet: unter Gehölze und Bäume spediertes Laub, zu Asthaufen geschichtetes und in Grünflächen ausgebrachtes, gehäckseltes Schnittgut und in dezentralen Komposthaufen deponiertes Pflanzenmaterial.

Zu den Ökosystemdienstleistungen der urbanen Fauna zählt der Abbau organischer Abfälle. In Zürich werden auf Stadtgebiet (ohne Waldflächen) jährlich 74 000 Tonnen Grüngut vor Ort auf natürliche Weise abgebaut: Anzahl von Tieren aus verschiedenen Gruppen, die auf einem Quadratmeter europäischem Wiesenboden bis zu einer Tiefe von 30 cm leben (Gleich 2000).	
Asseln	200
Ameisen	400
Spinnen	700
Käfer und Käferlarven	900
Zweiflüglerlarven	900
Tausendfüßer (Myriapoda)	1800
Regenwürmer	2 000
Weitere Wenigborster	20 000
Springschwänze	40 000
Milben	120 000
Fadenwürmer (Nematoda)	9 000 000

Auch tote Tiere werden in Wald, Park und Garten schnell beseitigt. Kleinere Wirbeltiere können während der warmen Jahreszeit innerhalb weniger Wochen von Fliegen und Käfern fast vollständig verwertet werden, tote Insekten landen zum großen Teil in Ameisennestern. Nicht nur beim Abbau leistet die städtische Fauna wertvolle Arbeit: Blütenbestäubende Insekten insbesondere aus den Ordnungen der Hautflügler (Bienen, Hummeln und Verwandte) und der Dipteren (Fliegen und Mücken) ermöglichen eine ertragreiche Landwirtschaft und die Vermehrung von Zierpflanzen. Angesichts der Probleme, mit denen die durch die Varroa-Milbe geschädigten Völker der Honigbiene, die zu den wichtigsten Bestäubern zählt, konfrontiert sind, gewinnen Wildbienen, Schwebfliegen und andere blütenbestäubende Insekten an Bedeutung.
Jenseits von Destruktion und Produktion liegt die Bedeutung der Biodiversität im städtischen Raum darin, dass sie einen ausgezeichneten Indikator für attraktive Grünräume darstellt. Verschiedene Untersuchungen wiesen in den letzten Jahren nach, dass auch im Wohnumfeld gut strukturierte, eher naturnahe Landschaften monotonen und damit auch artenarmen Lebensräumen vorgezogen werden. So zeigte eine umfangreiche Befragung im Rahmen des Forschungsprojekts *BiodiverCity*, deren Auswertung 2009 abgeschlossen wurde, dass unter verschiedenen, als Bildmontagen visualisierten Varianten eines Grünraums relativ komplexe, abwechslungs- und strukturreiche Gestaltungsvarianten bevorzugt werden – Grünräume also, die auch eine hohe Biodiversität aufweisen. Robert Home (Eidgen. Forschungsanstalt für Wald, Schnee und Landschaft WSL), der die Befragung durchführte, stellte abschließend fest: «Es wurden viel komplexere Grünräume

Bei einer schweizweiten Befragung wurden unter verschiedenen Gestaltungsformen eines Grünraums im Wohnumfeld von den Befragten abwechslungs- und strukturreiche Varianten bevorzugt – Varianten mit hoher Biodiversität (BiodiverCity, Home 2009).

bevorzugt, als wir erwartet hatten.» Für die Befragten ist es jedoch wichtig, dass die Räume nutzbar bleiben und keinen verwilderten Eindruck machen. Die Akzeptanz für naturnahe Gestaltungsformen lässt sich, so die Ergebnisse der Untersuchung, noch steigern, wenn die Bedeutung gewisser Strukturen für die Biodiversität verständlich gemacht wird. Thomas Sattler, der innerhalb des Projekts *BiodiverCity* die Artenvielfalt von Vögeln, Fledermäusen, Insekten und Spinnen an jeweils etwa drei Dutzend Stellen in Zürich, Luzern und Lugano erforschte, kommt nach mehrjähriger Beschäftigung mit urbanen Lebensräumen und Artenspektren zum Schluss: «Unterdessen bin ich überzeugt, dass der weitaus bedeutendste Grund für den Schutz der städtischen Biodiversität darin liegt, der städtischen Bevölkerung die Gelegenheit zu bieten, Natur zu erleben. Solche Erfahrungen sind von grundlegender Wichtigkeit einerseits für das individuelle Wohlbefinden der Stadtbewohner, andererseits – da persönliche Erfahrungen Werte und Meinungen der Bevölkerung beeinflussen – für politische Entscheidungen, welche den Schutz von Natur und Umwelt ganz allgemein betreffen.»

Zur Auswahl der vorgestellten Arten

Ausgangspunkt für die Veröffentlichung einer Übersicht der Fauna der Stadt Zürich bildet die umfangreiche Datenbank, die von *Grün Stadt Zürich* geführt wird und inzwischen über 50 000 Einträge umfasst. Diese Einträge bezeichnen geografisch lokalisierbare Beobachtungen von meist auf die Art bestimmten Tieren, die auf dem Gebiet der Stadt Zürich von Fachleuten oder anderen zuverlässigen Gewährsleuten beobachtet wurden. Dabei handelt es sich zum kleineren Teil um Zufallsbeobachtungen und Meldungen, die bei der städtischen Fachstelle Naturschutz eingegangen sind, oder um Resultate von Forschungsprojekten, die der städtischen Stelle zur Verfügung gestellt wurden, zum überwiegenden Teil aber um die Ergebnisse von Untersuchungen, die im Auftrag der Stadt erfolgten.
Der Aufbau einer städtischen Naturschutzfachstelle begann in Zürich Mitte der 1980er-Jahre. Kurz darauf entstanden auch die erste flächendeckende Vegetationskartierung und die ersten Inventare von Lebensräumen von Amphibien, Reptilien und anderen Tieren. Für die vorliegende Auswahl wurden faunistische Daten aus dem Zeitraum zwischen 1997 und 2009 verwendet. Bei einigen Artengruppen kann angenommen werden, dass alle oder fast alle ihrer auf Stadtgebiet vorkommenden Vertreter bekannt sind: Dies gilt insbesondere für Libellen, Heuschrecken, Tagfalter, Fische, Amphibien, Reptilien, Vögel – Brutvögel und Wintergäste – und Säugetiere. Für die meisten dieser Arten ist auch die Verbreitung auf dem Gebiet der Stadt Zürich gut genug bekannt, dass aussagekräftige Verbreitungskärtchen erstellt werden konnten, die einen Hinweis auf die regionale Verteilung der Art geben. Dabei sind in einem Raster von Quadraten mit einer Seitenlänge von einem Kilometer Punkte eingetragen, wenn innerhalb des entsprechenden Quadratkilometers seit 1997 mindestens eine zuverlässige Beobachtung vorliegt. Im Vorfeld der Erarbeitung dieser Publikation sind Kenntnislücken, die die Verbreitung gewisser Arten in schlecht untersuchten Gebieten betreffen, zum Teil systematisch geschlossen worden.
Um das Bild der Zürcher Fauna zu erweitern und abzurunden, werden in der vorliegenden «Stadtfauna» nicht nur die gut bekannten, attraktiven Artengruppen vorgestellt, sondern zahlreiche weitere Verwandtschaftskreise, die entweder pauschal beschrieben werden, wie Bärtierchen und Springschwänze, oder durch eine Auswahl besonders häufiger, auffälliger, aber auch seltener oder speziell interessanter Arten repräsentiert werden, wie dies etwa im Falle der Köcherfliegen, Ameisen oder Käfer geschieht.
Die Artporträts wurden nach einem vorgegebenen Schema von mehr als zwei Dutzend auf eine oder mehrere Artengruppen spezialisierten Fachleuten verfasst. Das hier vereinigte Wissen stellt, bei aller Knappheit der Darstellung, einen einzigartigen Überblick über die Fauna einer Stadt dar, die in vielerlei Hinsicht mit der Tierwelt anderer Städte und Ortschaften im urbanisierten Mitteleuropa vergleichbar sein dürfte.

Schwämme, Moostiere, Nesseltiere, Würmer und Bärtierchen

Süßwasserschwämme

Schwämme (Porifera) gehören zu den urtümlichsten mehrzelligen Organismen im Tierreich: Sie existieren schon seit rund 700 Millionen Jahren. Ihre größte Verbreitung haben die heutigen Schwämme mit rund 10 000 Arten im Meer. Sie besiedeln alle Meereszonen von den Polen bis in die Tropen, und auch in der Tiefsee kommen etwa 600 Arten vor. Im Süßwasser leben weltweit nur etwa 150 Arten, fünf davon kommen in der Schweiz in Seen und größeren Flüssen vor.

Die Süßwasserschwämme bilden Überzüge auf harten Unterlagen wie Steinen, Holz oder auch Betonmauern. Bei günstigen Bedingungen können sie Flächen von über einem Quadratmeter bedecken. Die grüne Farbe mancher Schwämme kommt durch eingelagerte einzellige Grünalgen zustande, mit denen sie in Symbiose leben. Schwämme haben keine Sinnesorgane und keine Nervenzellen. Der Schwammkörper wird durch winzige Glasnadeln aufgebaut, die mit einer zähen und elastischen Masse (Spongin) verkittet sind. Durch feine Porenkanäle zirkuliert ein Wasserstrom, der von Kragengeißelzellen (Choanocyten) angetrieben wird. Aus dem Wasserstrom werden feinste Nahrungspartikel ausgesiebt und Sauerstoff aufgenommen.

Im Zürichsee wächst der Finger- oder Geweihschwamm *(Spongilla lacustris)* an Pfeilern von Schiffstegen und an Hafenmolen in 1–4 m Tiefe. Im Katzensee findet man ihn häufig an umgefallenen Bäumen und Holzstücken im Wasser. Im Hochsommer bildet der Fingerschwamm bis zu 25 cm lange verzweigte Auswüchse («Finger»).

In der Limmat und in der Glatt lebt der Flussschwamm *(Ephydatia fluviatilis)*. Er bildet dünne Krusten oder kleine kissenartige Gebilde. Lebende Süßwasserschwämme haben einen typischen stechenden Geruch.

Gegen Ende des Sommers bilden Süßwasserschwämme im Körper winzige runde Kapseln (Gemmulae). Nach der Bildung dieser Kapseln stirbt der Schwammkörper ab und zerfällt. Nur die Gemmulae überdauern die kalte Jahreszeit. Im Frühling brechen die Kapseln auf und entlassen ein Häufchen undifferenzierter Zellen, die im Laufe des Sommers wieder einen Schwammkörper aufbauen.

Spongilla lacustris
Ephydatia fluviatilis

Moostierchen

Moostierchen (Bryozoa) bilden einen eigenen Stamm im Tierreich. Ihre ersten Vertreter lebten bereits vor rund 500 Millionen Jahren. Vor etwa 300 Millionen Jahren entwickelten sie mit etwa 20 000 Arten ihre größte Vielfalt und bildeten ausgedehnte Riffe im Flachwasser warmer Meere. Auch die meisten der heute noch existierenden rund 4500 Arten leben im Meer. Im Süßwasser kommen nur knapp fünfzig Arten vor, davon sind zehn Arten in Mitteleuropa heimisch.

Alle Moostierchen leben als festsitzende Kolonien. Die Einzeltiere der Kolonien sind zwischen 0,5 und 1 mm groß und bestehen aus einem wurmähnlichen Körper mit hufeisenförmiger Tentakelkrone. Der Körper sitzt in einem kästchenartigen Gehäuse. Mit der Tentakelkrone filtern die Tierchen Kleinpartikel aus dem Wasser und nehmen Sauerstoff auf. Bei Gefahr kann die Tentakelkrone eingezogen werden.

Die dicht beisammen stehenden Tentakelkronen einer Kolonie erinnern an Moospölsterchen, was den Tieren ihren Namen eingebracht hat. Die auffälligste und häufigste Art in Zürich ist das Gallertige Moostierchen *(Cristatella mucedo)*. Seine Kolonien wachsen auf Wasserpflanzen, Steinen und an den Wänden von Hafenmolen in ca. 1–3 m Wassertiefe. Die würstchenartigen Kolonien werden 2–20 cm lang und 4–8 mm breit. Hunderte von Moostierkolonien können quadratmetergroße Flächen überziehen.

Die Einzeltiere einer Kolonie leben nur wenige Wochen. Im Spätsommer bilden die Moostierkolonien kleine scheibenförmige Kapseln (Statoblasten), in denen je ein Embryo den Winter überdauert. Der Rest der Kolonie stirbt ab. Die Statoblasten bleiben entweder am Platz der alten Kolonie oder werden vom Wasser verdriftet und an neue Stellen gebracht. Im nächsten Frühsommer brechen die Kapseln auf und ein einzelnes Moostierchen wächst heran. Durch vegetative Vermehrung entsteht rasch eine neue Kolonie.

Neben *Cristatella mucedo* ist im Zürichsee auch *Fredericella sultana*, eine kleinere Moostierchenart, häufig anzutreffen. In Fließgewässern leben verschiedene Arten der Gattung *Plumatella*.

Lange blieben die Moostierchen weitgehend unbeachtet. Seit einigen Jahren rücken sie jedoch stärker ins Interesse, weil ein neu eingeschleppter Fischparasit *(Tetracapsula bryosalmonae)* die Moostierchen als Zwischenwirte benötigt. Nach einer ersten Entwicklungsphase in den Moostierchen befällt der Erreger Fische (hauptsächlich Forellen) und kann dort die Proliferative Nierenkrankheit (PKD) hervorrufen.

Cristatella mucedo
Plumatella sp.

Nesseltiere

Auch die Nesseltiere (Cnidaria) sind ein urtümlicher Tierstamm mit Verbreitungsschwerpunkt im Meer. Sie existieren seit ca. 550 Millionen Jahren und ihre äußere Erscheinung hat sich seither kaum verändert. Zu den Nesseltieren gehören neben unseren Süßwasserpolypen auch alle Quallen, Seeanemonen und Korallen. Alle Vertreter der Nesseltiere sind ähnlich aufgebaut und bestehen aus einem 2-schichtigen Gewebe, das einen sackförmigen «Magen» bildet, der mit einer Mundöffnung ausgestattet ist, die gleichzeitig auch After ist, sowie einem kreisförmigen Kranz von Tentakeln. Das Nervensystem der Nesseltiere besteht aus einem lockeren, netzartigen Geflecht, ein Gehirn ist nicht vorhanden. Da die Tiere nur aus zwei Gewebeschichten bestehen, sind auch keine Atmungsorgane und kein Herz vonnöten, der Sauerstoff kann direkt aus dem Wasser ins Gewebe diffundieren. Einfache Muskeln ermöglichen es den Nesseltieren, sich zu bewegen. Dank des einfachen Körperbaus haben die Nesseltiere eine nahezu uneingeschränkte Regenerationsfähigkeit: Aus jedem kleinsten Gewebestückchen kann sich wieder ein ganzes Tier regenerieren.
Es kommen bei den Nesseltieren zwei Formen vor: Die festsitzenden Polypen, die bäumchenartig von ihrer Unterlage nach oben wachsen, und die freischwimmenden Quallen. Bei unseren Süßwasserpolypen, aber auch bei den Seeanemonen und Korallen der Meere, kommt nur die Polypenform vor. Bei den Quallen finden wir dagegen einen erstaunlichen Generationswechsel: Aus den befruchteten Eiern einer weiblichen Qualle entsteht eine kleine Larve, die sich am Grund festsetzt. Aus der Larve entsteht nun ein festgewachsener Polyp, der oft durch vegetative seitliche Knospungen kleine Tochterpolypen bildet. Im ausgewachsenen Zustand beginnen die Polypen, kleine Scheibchen abzuschnüren, aus denen sich im freien Wasser kleine Quallen bilden, die heranwachsen und geschlechtsreif werden.
Den Namen Nesseltiere verdanken die Tiere ihren hoch entwickelten Waffen: In den Tentakeln der Polypen und Quallen sitzen unzählige winzige Nesselkapseln, die mit einem Deckel und einer Auslöserborste versehen sind. Wird eine solche Borste berührt, springt der Deckel auf und innerhalb einer 1/40 000 Sekunde schießt ein spitzes Stilett mit Widerhaken heraus, das eine kleine Wunde schlägt. Nun wird ein Schlauch in die Wunde gestülpt und ein starkes Nervengift injiziert, das die Beute sofort lähmt. Bei jeder Berührung eines Tentakels werden sehr viele solche Mini-Harpunen abgefeuert. Jede Kapsel kann nur einmal abgefeuert werden, daher müssen laufend neue solcher «Patronen» gebildet werden. Die Nesselkapseln mancher mariner Nesseltiere sind stark genug, um die menschliche Haut zu durchschlagen und schmerzhafte Verletzungen zu verursachen. Die Kapseln unserer Süßwasser-Nesseltiere sind dafür aber zu schwach, sie können dem Menschen nichts anhaben.

Süßwasserqualle

Craspedacusta sowerbyi

Stammt aus Jangtse-Region (China), um 1900 in Europa eingeschleppt, heute weltweit verbreitet.
Lebt bei Temperaturen unter 25 °C als kleiner Polyp an Wasserpflanzen und Steinen. Polypen vermehren sich ungeschlechtlich, bilden kleine Kolonien von 2–8 Tieren. Bei Temperaturen ab 25 °C schnüren sich von den Polypen kleine Quallen ab, die im Freiwasser heranwachsen und maximal etwa 6 Wochen leben. Geschlechtliche Vermehrung der Qualle in Europa bisher nicht nachgewiesen, vermehrt sich wohl nur vegetativ als Polyp. Qualle und Polyp ernähren sich von Kleinplankton, das sie mit ihren Nesselkapseln fangen. Sowohl Qualle wie Polyp sind für Menschen absolut ungefährlich, ihre Nesselkapseln können die menschliche Haut nicht durchdringen.

Qualle bis 2 cm,
Polyp bis höchstens 2 mm.

Quallenform nur bei längeren Hitzeperioden im Hochsommer mit Wassertemperaturen um 25 °C, lebt sonst als winziger Polyp.

Einzige Quallenart in unseren Gewässern, Polyp sehr klein.

Trübe, pflanzenreiche Buchten oder windgeschützte Hafenanlagen. Auch in kleineren Teichen und Weihern.

Zürich: Im Zürichsee nachgewiesen, vermutlich weitere unentdeckte Vorkommen.

Europa: seit ca. 1900

Süßwasserpolyp, Hydra

Hydra sp.

Die Fangtentakel der Polypen fangen Plankton. Für Menschen sind die Nesselkapseln der Süßwasserpolypen harmlos. Die Vermehrung erfolgt hauptsächlich vegetativ durch Knospung von Tochterpolypen, die sich seitlich am Stiel ausbilden. Bei Störung ziehen sich Polypen sofort zu einem kleinen Klümpchen zusammen. Süßwasserpolypen können sich von ihrer Unterlage lösen und sich im Wasser treibend oder im Zeitlupentempo mittels Purzelbäumen auf dem Boden fortbewegen.
Im Zürichsee im Sommer oft Massenvermehrung in Laichkrautwäldern im Flachwasser. Im Winter in Tiefen zwischen 15 und 25 m häufig. Mindestens drei Arten im Zürichsee: *Hydra fusca*, *H. circumcincta* und *H. attenuata*. Die Artbestimmung ist schwierig und mit bloßem Auge nicht möglich.

1–12 mm, Tentakel bis mehrere cm lang.

Ganzjährig

Hellbraune «Bäumchen» aus Fußscheibe, Magenstiel und 3–9 ringförmig um das Mundfeld angeordneten Tentakeln.

Stehende und langsam fließende pflanzenreiche Gewässer, auch Teiche und kleine Weiher. Im Sommer v. a. an Wasserpflanzen, im Winter auf Steinen und Holz.

Zürich: Fehlt in rasch fließenden Bächen, sonst in allen Gewässern anzutreffen.

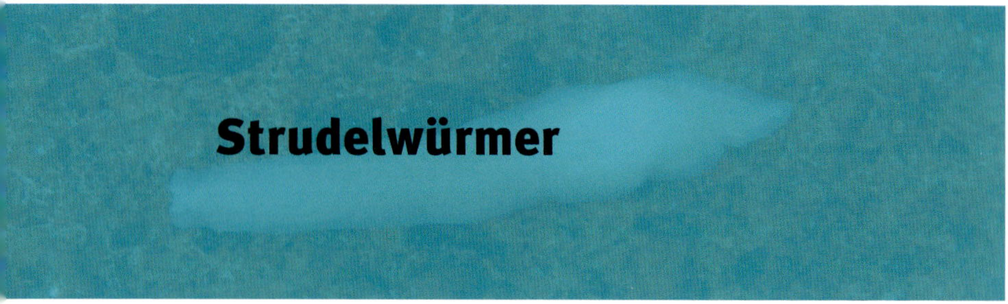

Strudelwürmer

Strudelwürmer (Turbellaria), oft auch als Planarien bezeichnet, zählen zum Tierstamm der Plattwürmer. Sie leben in unseren Breiten mit wenigen Ausnahmen im Wasser. Sie sind abgeplattet und ungegliedert. Atemorgane und Blutgefäße fehlen. Die größten Strudelwürmer werden bloß etwa 25 mm lang. Sie bewegen sich mit bauchseitigen Wimperhaaren fort. Außerhalb des Wassers funktionieren die Wimpern zur Fortbewegung nicht mehr, sie können sich dann aber mit egelartiger Fortbewegung ins Wasser retten. In der Bauchmitte befindet sich ein vorstreckbarer Rüssel, der zugleich Mund und After ist. Vom Rüssel ziehen drei Äste des Darms durch den Körper, einer führt nach vorn und zwei nach hinten. Die meisten Arten haben zwei Augen, die Arten der Gattung *Polycelis* verfügen über eine Reihe kleiner Augen am Vorderrand des Körpers. Mit den Augen können Strudelwürmer die Richtung des Lichteinfalls feststellen, aber keine Bilder sehen.

Strudelwürmer sind Zwitter. Sie legen ihre Eier in braunen kugeligen Kokons verpackt ab, die auf umgedrehten Steinen gut sichtbar sind.

Strudelwürmer haben ein sehr gutes Regenerationsvermögen. Aus abgetrennten Stücken können sich (wenn sie nicht zu klein sind) vollständige Tiere entwickeln. Lange Hungerperioden vermögen sie zu überdauern, indem sie von der Körpersubstanz leben und kleiner werden. Strudelwürmer ernähren sich von kleinen wirbellosen Tieren wie Schnecken, Würmern und Insektenlarven. Die Beute wird mit von der Haut ausgeschiedenem, klebrigem Schleim gefangen. Größere Beutetiere werden außerhalb verdaut, kleinere ganz verschlungen. Von der Haut abgesonderter Schleim dient auch zur Abwehr von Feinden. Fische verschmähen Strudelwürmer.

Die einheimischen Strudelwürmer bewohnen stehende und fließende Gewässer. Die speziellen Ansprüche einiger Arten an die Wasserqualität machen sie zu guten Bioindikatoren (Zeiger für Umweltbedingungen). Als einzige Ausnahme lebt die Landplanarie *(Microplana terrestris)* in feuchten Wäldern. Man findet sie unter Holz und Steinen, z. B. im Üetlibergwald. Sie ist nicht abgeplattet, sondern wurmförmig und ca. 15 mm lang. Auf den ersten Blick kann sie mit einer Nacktschnecke verwechselt werden.

Auf dem Gebiet der Stadt Zürich kommen mindestens zehn Arten vor. In Gewächshäusern kann man exotische Land-Strudelwürmer finden, die aber wegen ihres erhöhten Wärmebedürfnisses den Winter im Freien nicht überleben. Der aus Nordamerika eingeschleppte Gefleckte Strudelwurm *(Dugesia tigrina)* dagegen ist inzwischen in vielen Schweizer Gewässern – auch im Stadtgebiet – zu finden und stellenweise sehr häufig.

Milchweißer Strudelwurm

Dendrocoelum lacteum

Lichtscheu, unter Holz und Steinen versteckt. Ernährt sich von kleinen Wirbellosen wie Insektenlarven oder Würmern. Sogar flinke Tiere wie Asseln und Bachflohkrebse werden erbeutet. Eikokons werden ohne Befestigung abgelegt. Die Art kommt auch in verschmutztem Wasser (Gewässergüte II, mäßig belastet) vor. Durch die Verbesserung der Wasserqualität im Zürichsee und in der Limmat ist der Milchweiße Strudelwurm dort seltener geworden.
Verwandte, augenlose *Dendrocoelum*-Arten leben in Höhlengewässern und im Grundwasser.

Bis 25 mm lang, 6 mm breit.

Ganzjährig, am besten jedoch in der warmen Jahreszeit zu beobachten.

Färbung weiß, der Darm schimmert je nach Inhalt rötlich oder bräunlich durch. Zwei Augen, Vorderende in der Mitte leicht eingebuchtet, seitlich zwei abgerundete «Öhrchen».

Stehende und langsam fließende Gewässer aller Art. Erträgt auch verschmutztes Wasser.

Zürich: Zürichsee, Limmat, Sihl, Glatt.

Bachstrudelwurm

Dugesia gonocephala

Lichtscheu, unter Holz und Steinen versteckt. Ernährt sich von kleinen Wirbellosen wie Insektenlarven und Würmern. In den seitlichen «Öhrchen» befinden sich chemische Sinnesorgane, die dem Auffinden der Beutetiere dienen. Die runden Eikokons werden mit Stielchen am Substrat befestigt.
Besiedelt saubere Bäche (Gewässergüte I–II, gering belastet), erträgt auch wärmeres Wasser, weshalb *Dugesia gonocephala* auch noch in größeren, quellfernen Bächen vorkommt. In kalten Bachoberläufen und Quellen lebt z. B. *Polycelis felina*, die an den beiden Tentakeln und den vielen kleinen Augen am Vorderrand erkennbar ist.

Bis 25 mm lang, 5 mm breit.

Ganzjährig, am besten jedoch in der warmen Jahreszeit zu beobachten.

Färbung auf der Oberseite braun bis grau, Unterseite heller, zwei Augen, Kopf zugespitzt mit seitlichen «Öhrchen».

In sauerstoffreichen, sauberen Fließgewässern.

Zürich: Nicht selten in Waldbächen.

Ringelwürmer

Die lang gestreckten Körper der Ringelwürmer (Annelida) bestehen aus vielen aneinander gereihten Segmenten. In Mitteleuropa leben Ringelwürmer aus vier Klassen, die zwei Klassen der Wenigborstigen Würmer (Oligochaeta) und der Egel (Hirudinea) sind die bekanntesten.
Die *Wenigborstigen Würmer* haben pro Segment vier einzeln stehende Borsten oder Borstenbündel, die an jedem Segment seitlich unten oder seitlich oben stehen. Die wichtigsten Bestimmungsmerkmale der Familien der Oligochaeta sind die Anordnung und die Art der Borsten. Die Wenigborster sind Zwitter, sie legen ihre Eier in Kokons, die von der Haut im Bereich des Gürtels ausgeschieden werden. Die meist sehr kleinen Arten der Familie Naididae können sich auch ungeschlechtlich fortpflanzen, indem sich durch Einschnürung Tierketten bilden, von denen sich nach und nach Einzeltiere abtrennen.
Oligochaeta findet man an Land und in fast allen Gewässern. Die längste einheimische Art ist der bis 30 cm lange und nur 1,5 mm dünne Brunnendrahtwurm *(Haplotaxis gordioides)*. Erkennbar ist er an seinen Körperdimensionen, aber auch daran, dass auf jedem Segment vier einzelne, einspitzige Borsten sitzen. Man findet ihn in Brunnen und Quellen, selten auch in Oberflächengewässern. Er kann mit dem Wasserkalb *(Gordius aquaticus)* verwechselt werden, ebenfalls weißlich, lang und dünn. Bei genauerem Hinschauen sieht man aber, dass das Wasserkalb ein Fadenwurm ist, also nicht segmentiert und borstenlos. Die Zahl der in Zürich lebenden Arten von Wenigborstigen Würmern ist nicht bekannt.
Im Stadtgebiet sind mindestens zehn Arten von *Egeln* vertreten. Egel sind Ringelwürmer mit einer konstanten Segmentzahl, die meistens durch eine zusätzliche äußerliche Ringelung verwischt ist. Die Segmente tragen keine Borsten. Am Hinterende befindet sich eine größere und am Vorderende eine kleinere, oft nicht deutlich abgesetzte Haftscheibe, in der die Mundöffnung liegt. Am Vorderende sind artspezifisch zwei oder mehr einfache Augen vorhanden. Die Körpergröße liegt bei etwa 1–8 cm. Die Egel bewegen sich fort, indem sie die Saugnäpfe im Wechsel festsaugen und vorschieben – eben egelartig. Einige können schlängelnd schwimmen.
Egel sind Zwitter, die Geschlechtsöffnungen liegen auf der Bauchseite. Ihre Lage ist ein Bestimmungsmerkmal. Die meisten Egel legen ihre Eier in Kokons ab, die sie im Bereich des Gürtels ausscheiden, so wie die Regenwürmer. Die flachen, elliptischen, braunen Kokons werden auf Steine geklebt und sind auf umgedrehten Steinen gut sichtbar. Einige Egel betreiben Brutpflege, indem sie ihre Eier und später die Jungen auf der Bauchseite tragen. Die meisten Egel ernähren sich als Räuber oder Parasiten von wirbellosen Tieren. Der auch an Menschen saugende Medizinische Blutegel *(Hirudo medicinalis)* wurde in Zürich nicht nachgewiesen.

Kompostwurm

Eisenia foetida

In Europa weit verbreitete Regenwurmart. Lebt nicht im Boden, sondern in Anhäufungen von organischem Material wie Kompost- und Misthaufen unter Bedingungen, die für andere Regenwurmarten nicht lebenswert sind. Ernährung von organischen Abfällen und damit Beschleunigung des Zersetzungsprozesses. Sehr tolerant gegenüber Hitze. Unter Wärmeentwicklung im Kompost hohe Aktivität und Vermehrungsrate. Der Kompostwurm kann sich mehrmals jährlich paaren, anschließend Ablage von mehreren 3 mm langen Kokons (Eihüllen) mit bis zu elf Eiern, aus denen nach 2–3 Wochen Larven schlüpfen, die den ausgewachsenen Würmern ähnlich sehen. Bei Fischern und Anglern beliebter Köder. Kommerzielle Zucht und Handel. Verwandte Art *Eisenia andrei*, dunkler rötlich.

Länge bis 9 cm, 105 Segmente. 200–600 mg.

Ganzjährig, Ruhephase bei Frost.

Fleischfarben mit purpurnen Ringen.

In Kompost- und Misthaufen, selten in Wiesenböden.

Zürich: Überall an geeigneten Stellen.

Gemeiner Regenwurm, Tauwurm

Lumbricus terrestris

Bekannteste und verbreitetste einheimische Regenwurmart. Lebt in vertikalen, selbst gegrabenen Bodengängen bis 3 m Tiefe. Jungtiere leben in den oberen Bodenschichten und in der Streuauflage. Substrat- und Pflanzenfresser, der sich von vermoderten Pflanzenteilen ernährt, die von der Bodenoberfläche in die Wohnröhren gezogen werden. Kotausscheidung in Form von Wurmhaufen an der Oberfläche. Geschlechtsreife mit einem Jahr, nach Paarung Ablage von Kokons mit je einem Ei. Regenwürmer sind Gradmesser der Bodenqualität. Die intensive Grab- und Durchmischungsarbeit führt zu stabilem, nährstoffreichem Humus und verbessert die Wasserdurchlässigkeit und Durchlüftung der Böden. Wichtige Nahrungsgrundlage für Vögel und Säugetiere (Dachs, Fuchs).

Länge 12–30 cm, bis 180 Segmente. 2–6 g.

Ganzjährig, Ruhephase bei Trockenheit und bei Frost.

Vorne rot, hinten blassrot gefärbt.

In Böden von Laub- und Mischwäldern, Wiesen und in allen landwirtschaftlich genutzten Böden, die nicht zu oft gepflügt werden. Nicht in Böden mit sauerstoffarmen Oberschichten.

Zürich: Überall in geeigneten Böden.

Bis ca. 100 mm lang

Ganzjährig

Färbung rot bis braun und irisiert grünlich. Pro Bündel 2 Borsten, die immer 2-spitzig sind.

Stehende und langsam fließende Gewässer.

Zürich: V.a. in Waldtümpeln.

Glanzwurm

Lumbriculus variegatus

Am Grund des Gewässers, zwischen modernden Laubblättern oder im Schlamm. Wenn man den Glanzwurm stört, zappelt er heftig. Eine verwandte Art ist *Stylodrilus heringianus*: hell, gelblich bis rötlich, Borstenbündel mit zwei 1- bis 2-spitzigen Borsten. Beim ausgewachsenen *S. heringianus* befinden sich in der Region des Gürtels auf der Bauchseite zwei nach hinten gerichtete Fortsätze (Penes), die beim Glanzwurm fehlen. *S. heringianus* lebt in eher sauberen Fließgewässern, so in Waldbächen um Zürich. Der Glanzwurm dagegen erträgt deutlich nährstoffreichere und sauerstoffärmere Gewässer als *S. heringianus*, z. B. ist er in Waldtümpeln mit Laubablagerungen zu finden.

Wenige cm lang, 1 mm dünn.

Ganzjährig

Rot gefärbt. Würmer oft in großer Zahl am Gewässergrund, Vorderende in Bodenröhren, Hinterende bei Sauerstoffmangel in ständiger Bewegung.

Im sandigen oder schlammigen Boden von stehenden und fließenden Gewässern aller Art.

Zürich: In fast allen Oberflächengewässern, häufiger in verschmutztem Wasser.

Schlammröhrenwurm

Tubificidae (*Tubifex* und weitere Gattungen)

Schlammröhrenwürmer haben keine Augen, die Borstenbündel beginnen schon am 2. Segment. Borsten zu mehreren in vier Bündeln, gegabelt oder gekämmt, bei einigen Gattungen am Rücken auch noch Haarborsten. Rotfärbung durch Blutfarbstoff Hämoglobin. Viele Schlammröhrenwürmer sind an nährstoffreiche und auch sauerstoffarme Gewässer angepasst. Wie Regenwürmer ernähren sie sich vom organischen Anteil im Bodenschlamm und den darin lebenden Mikroorganismen. Durch ihre Fresstätigkeit lagern sie die Sedimente von unten nach oben um. Zum Schutz vor Räubern bauen viele Arten kaminartige Röhren aus mit Schleim verbundenen Detrituspartikeln, in denen sie kopfüber stecken. Um sauerstoffreiches Atemwasser herbeizuwedeln, schlängeln sie ihren Hinterleib.

Entenegel

Theromyzon tessulatum

Der Entenegel saugt Blut im Nasen- und Rachenraum von Enten. Hungrige Egel lauern auf Pflanzen unter der Wasseroberfläche auf Wasservögel und dringen, angelockt von den Wellenbewegungen des Vogels, durch den offenen Schnabel oder die Nasenlöcher ein. Andere in Zürich vorkommende Egelarten leben als Außenparasiten, z. B. die Fischegel (Piscicolidae) an Fischen, *Hemiclepsis marginata* an Fischen und Amphibienlarven. Die Rollegel (z. B. *Erpobdella octoculata*), die Schneckenegel (z. B. *Glossiphonia complanata*) und der Vielfraßegel (*Haemopis* sp.) ernähren sich räuberisch und verschlucken ihre Beute (z. B. Mückenlarven, Würmer) ganz.

Bis 50 mm lang und 15 mm breit.

Ganzjährig

Grünlich bis bräunlich, mit Längsreihen von kleinen, gelben Flecken, auch am Körperrand. Augen in vier hintereinander liegenden Paaren.

Stehende und langsam fließende Gewässer.

Zürich: Uferbereich im Zürichsee.

Rollegel

Erpobdella octoculata

Der Rollegel – gelegentlich auch Hundeegel genannt, obwohl er es nicht auf Hunde abgesehen hat – verschlingt Insektenlarven, Würmer und andere Kleintiere. Eiablage in braunen, 3–6 mm langen, elliptischen Kokons, die an Steine oder auch Wasserpflanzen geklebt werden. Schwimmt mit schlängelnden Bewegungen. Es gibt mehrere Arten in der Familie Erpobdellidae, von denen *E. octoculata* eine der häufigeren ist.

In Zürich ebenfalls vorhanden: Vielfraßegel *(Haemopis sanguisuga),* bis 100 mm lang, ernährt sich trotz seines wissenschaftlichen Namens ebenfalls nicht blutsaugend, sondern räuberisch. Schwimmt gut, kann Beutetiere verschlingen, die größer sind er selbst.

Bis 60 mm lang

Ganzjährig, im Winter im Schlamm eingegraben.

Färbung variabel, meist rotbraun mit feiner, gelblicher oder dunkler Fleckung. 8 punktförmige Augen am Vorderende, im Halbkreis angeordnet.

Stehende und langsam fließende Gewässer aller Art, auch in Seen und Teichen.

Zürich: In geeigneten Gewässern häufig.

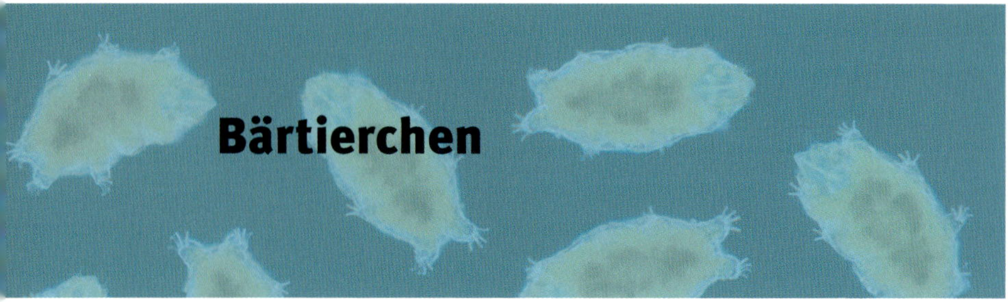

Bärtierchen

Die 8-beinigen, raupenähnlichen Tierchen erinnern durch ihre etwas plumpe Gestalt, die tapsige Fortbewegung und den Kopf mit den kleinen Punktaugen entfernt an winzige Bärchen. Sie sind nur 0,1–0,3 mm groß. Färbung weiß, hellbraun oder rosa. An den Füßen befinden sich hakenartige Krallen. Bärtierchen (Tardigrada) kommen überall vor, wo es zeitweise oder permanent feucht ist. Besonders hohe Dichten von teilweise mehr als 200 Bärtierchen pro Quadratzentimeter leben in wechselfeuchten Moospolstern an Baumstämmen, Mauern oder auf Dachziegeln.

Aufgrund ihrer geringen Größe findet man Bärtierchen erst, wenn man sie mit einer starken Lupe (Binokular) sucht. Unter feuchten Bedingungen krabbeln Bärtierchen aktiv herum. Am Kopf tragen sie einen einziehbaren Stechapparat (Stilett), mit dem sie Algenzellen oder auch Kleintiere anstechen und aussaugen. Bei Trockenheit ziehen sich die Tierchen zusammen und erstarren zu kleinen Tönnchen. In diesem Zustand können sie lange Trockenheit, große Hitze (über 90 °C), enorme Kälte (unter – 200 °C im Labor) und auch sehr hohe Dosen von radioaktiver Strahlung unbeschadet überdauern. Bei günstigen Bedingungen bricht das Tönnchen auf und das Tier wird wieder aktiv.

Weltweit sind bisher etwa 900 Bärtierchenarten beschrieben. Ihre Verwandtschaft mit anderen Tiergruppen ist noch nicht völlig geklärt.

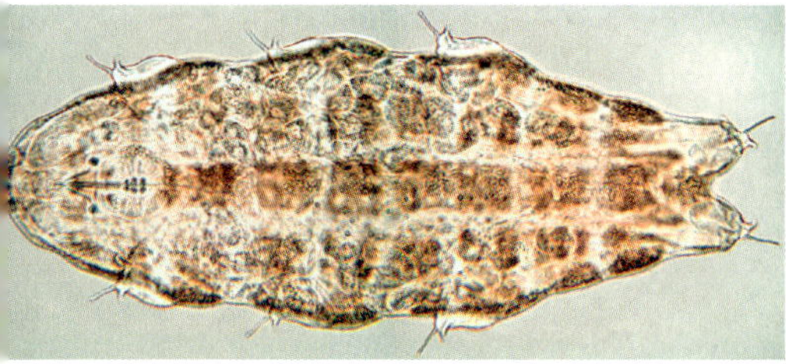

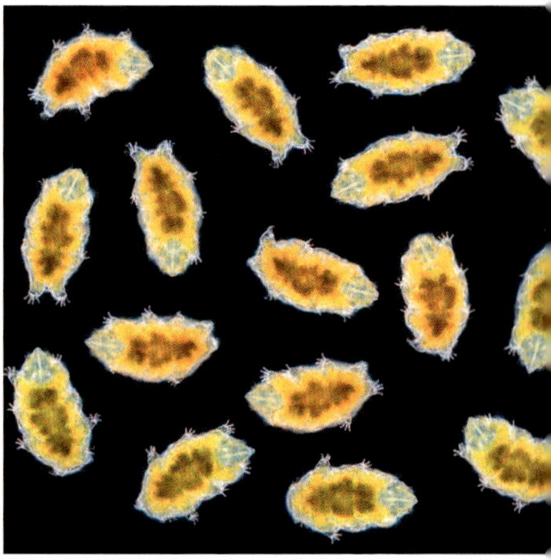

Weichtiere

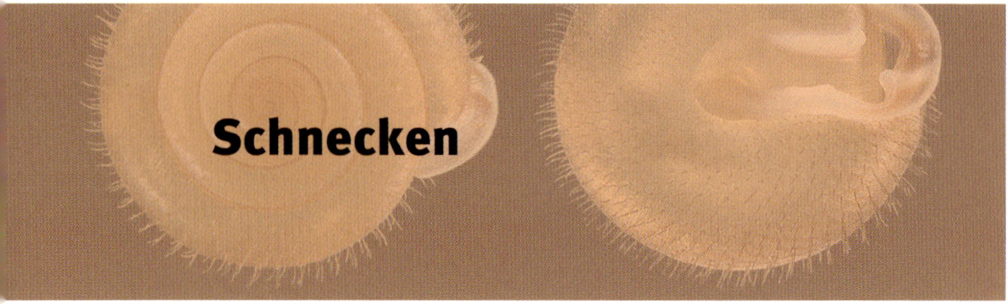

Schnecken

Zwischen den Häusern der Menschenstadt Zürich erstreckt sich mehr oder weniger unbemerkt eine noch viel größere Stadt, deren Häusermeer sich nicht um mühsam ausgehandelte Bauzonen kümmert und auch Grünzonen in Anspruch nimmt: die Schneckenstadt Zürich. Vielen von uns Trampeln offenbart sich ihre Existenz nur dann, wenn es unter dem Schuh knirscht und danach an der Sohle eine zähe, schleimige Masse haftet. Dies ist auch nicht weiter verwunderlich: Die meisten Stadtschnecken sind kleiner als 1 cm, die Größenspanne reicht vom 20 cm großen Schwarzen Schnegel bis hinunter zur 1,5 mm kleinen Punktschnecke. Wer sich die Mühe macht, in diesen Mikrokosmos einzutauchen, wird belohnt: Man begegnet nicht nur nackten und gebänderten, sondern trifft auch auf halbnackte, behaarte, gerippte und mit Stacheln bewehrte Gesellen. Nicht nur die Formenvielfalt ist erstaunlich, auch die Vielfalt besiedelter Lebensräume ist sehr groß – sie reicht vom Blumentopf über Wald und Wiese bis zur Felswand und ritzenreichen Mauer, vom Wasserloch bis zu Limmat und Zürichsee.

Schnecken (Gastropoda) zählen wie die Muscheln zu den Weichtieren. Ihren Körper bewegen sie auf einem muskulösen *Fuß* fort, der Kriechsohle. Am Kopf befindet sich neben Fühlern und Augen der Mund mit der *Radula* oder Raspelzunge. Die inneren Organe liegen im *Mantel*, bei den Nacktschnecken unter dem *Mantelschild* in der vorderen Körperhälfte, bei den Häuschenschnecken gut geschützt im Gehäuse. Dieses besteht in der Regel aus mehreren *Umgängen*, die vom *Apex*, der Gehäusespitze, ausgehend, spiralig um die *Spindel* aufgewickelt sind. Diese ist innen oft hohl. Ist sie beim fertigen Gehäuse unten offen, spricht man von einem offenen *Nabel*, ansonsten ist dieser geschlossen, geritzt oder bedeckt. Der Rand der *Mündung*, der Gehäuseöffnung, ist beim ausgewachsenen Tier bei vielen Arten als *Lippe* ausgebildet, diese ist oft verdickt.

Insgesamt sind für Zürich 100 Landschnecken- (Schweiz 231) und 37 Wasserschneckenarten (Schweiz 52) nachgewiesen. Die Mehrzahl der Arten ist ungefährdet, eine beträchtliche Zahl jedoch gemäß Roter Liste gefährdet oder sogar vom Aussterben bedroht. Die Verbreitung der Schneckenarten in Zürich ist nur ansatzweise bekannt, ein systematisches Inventar fehlt. Gerade für stark gefährdete Arten wäre eine Erfassung ihrer Vorkommen eine Grundvoraussetzung für die Erhaltung ihrer Restbestände – Schnecken sind Teil der Stadtzürcher Biodiversität.

Schnecken lassen sich oft fast ganzjährig beobachten, Nacktschnecken vor allem im Sommer und Herbst.

Flussnixenschnecke

Theodoxus fluviatilis

Auch Gemeine Kahnschnecke oder Fluss-Schwimmschnecke genannt. In der Schweiz nur noch im unteren Zürichsee und der Stadtzürcher Limmat an Steinen und Ufermauern in 0–7 m Tiefe. Zerstreut, aber z. T. über 1000 Tiere pro m^2. Körper ragt beim Kriechen kaum hervor. Zwei langspitzige Fühler, Augen an deren Basis. Getrenntgeschlechtlich, atmet mit Kiemen. Alter: 2–3 Jahre. Die Flussnixenschnecke weidet Kieselalgen auf Steinen usw. ab, deren Panzer mit Reibbewegungen der Radula gegen das harte Substrat zerstört werden, damit die Algen verdaut werden können. Die 1 mm kleinen, runden, weißen Eikapseln enthalten ca. 70 Eier und werden an Steinen, anderem Hartsubstrat oder auf den Gehäusen der Artgenossen abgelegt. Pro Kapsel entwickelt sich meist nur ein Ei zum Jungtier, die übrigen Eier dienen als Nähreier.

Gehäuse: 4,5–6,5 × 6–9 mm, selten etwas größer. Dickwandig, halb eiförmig, Gewinde wenig erhoben; 1⅔–2⅔ Umgänge, rasch zunehmend. Variable, meist dunkelrote bis braunviolette Netz-, Tropfen- oder seltener Zickzackzeichnung auf hellem Grund. Orangeroter Kalkdeckel.

In Gewässern mit steinigem Untergrund. Sauerstoffbedürftig.

Zürich: V. a. zwischen Hafen Riesbach und Zürichhorn, aber auch linkes Seeufer und Limmat.

vom Aussterben bedroht

Italienische Sumpfdeckelschnecke

Viviparus ater

Getrenntgeschlechtlich, atmet mit Kiemen. Körper pigmentiert, mit breitem Fuß; Lange, spitze Fühler, der rechte dient beim Männchen als Penis und ist verdickt. Alter: bis ca. 10 Jahre. Ovovivipar, d. h. die Jungtiere werden lebend geboren, ernähren sich aber vor der Geburt nicht vom Muttertier, sondern von den Nährsubstanzen im Ei. Sie sind schön hintereinander in der Mutter aufgereiht: von der Spitze Richtung Mündung kontinuierlich an Größe zunehmend. Weibchen meist größer und bauchiger als Männchen. Die Tiere äsen Algenaufwuchs ab, ernähren sich von organischem Material im Schlamm oder filtrieren Plankton und Detritus aus dem Atemwasser. Herkunft: Lago Maggiore oder Lago di Lugano, angeblich 1893 am Zürichhorn ausgesetzt.

Gehäuse: 35–45 × 23–34 mm. Kegelförmig, eher stumpfer Apex; 5,5–6 abgeplattete, oft kantige Umgänge; Nabel eng. Oliv bis schwärzlich, mit oder ohne braune Bänder. Mit Horndeckel.

Im Sommer in Uferzone, im Winter im Sediment tieferer Zonen eingegraben.

Zürich: Im Zürichsee verbreitet, in geringer Dichte. Katzenseen unsicher, vielleicht erloschen.

gefährdet

Neuseeländische Zwergdeckelschnecke

Potamopyrgus antipodarum

Gehäuse: 6 × 4mm. Spitz kegelförmig, spitzer Apex; 5,5 leicht gewölbte Umgänge, selten mit fadenförmigem Kiel. Mündung spitz oval. Glänzend gelblich bis rötlich hornbraun, durchscheinend. Horndeckel.

Brandungszone von Seen, 0–10 m Tiefe, oft massenhaft, bis 100 000 Tiere/m^2.

Zürich: Zürichsee, Limmat; vermutlich noch weitere Still- und Fließgewässer. Im Schlamm, auf Sand, an Steinen, Ufermauern und Wasserpflanzen. Häufig.

Zürich: seit 1980

Getrenntgeschlechtlich, Kiemenatmung. Zwei lange spitze Fühler, Augen an deren Basis. Alter: 0,5–2 Jahre. Ovovivipar, d. h. die Tiere sind lebend gebärend, aber die Jungtiere ernähren sich nur von den Nährstoffen des Eis, nicht von der Mutter. Ganzjährig aktiv, auch im Winter Geburt von Jungtieren. In Europa fast nur Weibchen, entsprechend fast nur parthenogenetische Fortpflanzung. Nahrung: offensichtlich hauptsächlich Detritus. Relativ resistent gegen Gewässerverschmutzung, auch im Brackwasser. Wärmebedürftig. Häufig durch Vögel und Schiffe verschleppt. Fischnahrung. Herkunft: Von Neuseeland um 1850 nach England verschleppt, 1887 Erstnachweis in Deutschland, 1980 erstmals im Zürichsee nachgewiesen.

Bauchige Schnauzenschnecke

Bithynia leachii

Gehäuse: 4–6 × 2–4 mm; auch übergroße Exemplare. Kegelförmig; 4–4,5 sehr stark gewölbte, stufig abgesetzte Umgänge. Mündung und verkalkter Deckel auch oben gut gerundet. Nabel eng. Glänzend gelbstichig, durchscheinend.

Unter Steinen, an Wasserpflanzen im Schilfgürtel, 0–3 m Tiefe.

Zürich: Zürichsee, Limmat, eventuell Schanzengraben; zerstreut.

gefährdet

Tier mit schwarzen und gelben Pigmentpunkten; breiter Fuß. Kopf kann rüsselartig vorgestreckt werden. Zwei lange, fadenförmige Fühler, Augen an deren Basis. Alter: ca. 1 Jahr. Getrenntgeschlechtlich. Eiablage Mitte Mai–Juli an vorgängig vom Weibchen gereinigte Steine, Muschelschalen und Pflanzenreste in 2- bis 3-reihigem Laichband mit 20–40 Eiern. Meist überwintern nur Jungtiere. Detritusfresser und Filtrierer. Mit der Verbesserung der Wasserqualität hat sich die Art im Zürichsee seit 1980 wieder deutlich vermehrt. Aktuell in der Schweiz nur bekannt aus dem Urnersee, der oberen Limmat und dem Zürichsee, der für die Erhaltung der Art von zentraler Bedeutung ist. Ähnlich, aber häufiger ist die Gemeine Schnauzenschnecke *(B. tentaculata)*.

Gestreifte Mulmnadel

Acicula lineata

Körper weißlich durchscheinend, Kopf mit rüsselartiger Schnauze und zwei fadenförmigen Fühlern, Augen an deren Basis. Getrenntgeschlechtlich. Die Gestreifte Mulmnadel lebt tief im Mulm verborgen unter Blättern, in morschem Holz, unter Holzstücken und Steinen, zwischen Felsspalten, unter Riedstreu und in Ritzen von trocken gemauerten Stützmauern. Austrocknungsempfindlich. Carnivor, ernährt sich überwiegend von Eiern anderer Schneckenarten. Aufgrund der verborgenen Lebensweise oft übersehen, obwohl verbreitet und häufig. Ähnliche Art: die seltenere und feuchtigkeitsbedürftigere Glatte Mulmnadel *(Platyla polita)* mit vollkommen glattem Gehäuse, stärker gewölbten Umgängen und markant abgesetztem Nackenwulst.

Gehäuse: 2,5–3,3 × 1,1–1,2 mm. Zylindrisch mit stumpfem Apex; 5–6,5 schwach gewölbte Umgänge mit unregelmäßig verteilten, feinen Querrillen. Mündung mit Nackenwulst; zarter, bleicher Deckel. Nabel sehr eng. Rötlich ockerfarben bis braunrot, durchsichtig, stark glänzend.

Laubwälder, Flachmoore und Felsen.

Zürich: In entsprechenden Lebensräumen wohl verbreitet; mäßig häufig.

potenziell gefährdet

Flussnapfschnecke

Ancylus fluviatilis

Körper grau, kaum unter dem Gehäuse sichtbar, mit zwei langen, dünnen, zugespitzten Fühlern, an deren Basis die Augen liegen. Zwitter. Gallertartige, scheibenförmige Laichballen. Die Flussnapfschnecke oder Mützenschnecke weidet diverse Algenarten ab, auch Kiesel- und Blaualgen. Sie braucht sauerstoffreiches Wasser.

Für Zürich sind zwei weitere, ähnliche Napfschneckenarten nachgewiesen: Teichnapfschnecke oder Schilflaus *(Acroloxus lacustris)* mit länglicherem Gehäuse, dessen Spitze nach hinten links gebogen ist, in Teichen mit Wasserpflanzen und in Schilfröhricht (letzter Nachweis 1941). Flache Mützenschnecke *(Ferrissia wautieri)* mit flacherem Gehäuse, Spitze kurz und stumpf, nach hinten rechts gebogen, ebenfalls in Weihern und Röhricht, an Pflanzen und Falllaub.

Gehäuse: 2–3,5 × 3,5–8 mm, selten größer. Mützenförmig, Spitze fast in der Mittelachse, leicht nach hinten rechts gebogen. Gegitterte Oberflächenstruktur, matt. Dünnwandig, durchscheinend, weißlich gelblich bis rotbraun.

An Steinen und Ufermauern.

Zürich: Brandungszone des Zürichsees, in der Limmat, in der Sihl und vermutlich in einzelnen Waldbächen, eventuell im Schanzengraben. Vereinzelt bis recht häufig.

Gekielte Tellerschnecke

Planorbis carinatus

Gehäuse: 1,5–3 × 9–15 mm. Scheibenförmig; 4,5–5 rasch anwachsende Umgänge, mit scharf abgesetztem, mehr oder weniger eingemittetem Kiel. Hell hornfarben, oft durchscheinend, matt glänzend.

In Seen, Kleingewässern und langsam fließenden Gewässern an Steinen, Wasserpflanzen und abgestorbenem Pflanzenmaterial.

gefährdet

Zürich: Uferzone des Zürichsees bis in ca. 18 m Tiefe, Limmat, vermutlich noch in diversen Stillgewässern. Vereinzelt bis relativ häufig.

Tier braunschwarz, mit zwei langen, dünnen, zugespitzten Fühlern, Augen an deren Basis. Wird etwa 2-jährig, Zwitter. Laichballen scheibenförmig, gallertartig. Ernährt sich von Detritus.

Sehr ähnlich ist die in der Schweiz eher seltenere Gemeine Tellerschnecke *(Planorbis planorbis)*, die in seichten Gewässern mit schlammigem Grund sowie in Temporärgewässern lebt. Ihr Gehäuse wirkt dicker als bei der Gekielten Tellerschnecke und ist oft weniger deutlich gekielt. Gehäuseoberseite fast flach, Unterseite leicht eingesenkt. Aktuell in Tümpelgruppe am Adlisberg.

Für Zürich sind noch 12 weitere scheibenförmige Tellerschneckenarten nachgewiesen, die jedoch mit einer Ausnahme alle kleiner sind. Viele davon gelten als stark gefährdet.

Spitzhornschnecke, Spitzschlammschnecke

Lymnaea stagnalis

Gehäuse: 29–54 × 12–27 mm, selten größer. Spitz ahlenförmig ausgezogenes Gewinde, formvariabel; 7,5 Umgänge: erste kaum gewölbt, letztere deutlich aufgeblasen, oft hammerschlägig. Nabel geschlossen. Ockerfarben bis braun, matt.

Stehende und langsam fließende Gewässer.

Zürich: In stehenden Gewässern vom Zürichsee bis zum Tümpel sowie in langsam fließenden Gewässern. Bevorzugt Seichtwasser, im Zürichsee bis 20 m Tiefe. Zerstreut bis häufig.

Körper ockerfarben, braun pigmentiert, Kopf mit breiten Mundlappen und zwei flachen, 3-eckigen Fühlern, an deren innerer Basis die Augen liegen. Kann zwei Jahre alt werden. Zwitter, Eiablage April–Anfang Oktober. Kalk liebend, bevorzugt hohe pH-Werte. Erträgt vorübergehendes Trockenfallen und Durchfrieren des Gewässers. Im Darminhalt von Spitzschlammschnecken wurden 15 % Kieselalgen und 85 % Detritus gefunden. Spitzhornschnecken zählen wie die Tellerschnecken zu den Süßwasserlungenschnecken und holen in Kleingewässern oft an der Wasseroberfläche Luft.

Für Zürich sind drei weitere Schlammschneckenarten nachgewiesen: Ohrschlammschnecke *(Radix auricularia)*, Eiförmige Schlammschnecke *(R. balthica)* und Gemeine Schlammschnecke *(R. labiata)*.

Bauchige Zwerghornschnecke

Carychium minimum

Körper weiß bis gelblich, mit zwei geraden Fühlern, Augen an deren Basis. Bis zu vier Generationen pro Jahr. Zwitter. Begattung einseitig: Ein Tier fungiert als Männchen, das andere als Weibchen, bei dem der Penis zurückgebildet wird. Die sehr großen Eier (0,4 mm) werden einzeln abgelegt. Ernährt sich von abgestorbenem Pflanzenmaterial. Die Aufhebung von Drainagen und die Umwandlung von Nadelholz- in Laubholzpflanzungen im Zürcher Wald würden der Art sehr dienen. Häufig gemeinsam mit der Schlanken Zwerghornschnecke *(C. tridentatum)*, die fast gleich aussieht, jedoch etwas schlanker ist (Durchmesser des Gehäuses meist kleiner als halbe Höhe). Diese lebt ebenfalls in der Streu, ernährt sich ähnlich und ist in Laubwäldern allgemein verbreitet und häufig.

Gehäuse winzig: 1,6–2,2 × 0,9–1,1 mm. Durchmesser meist größer als halbe Höhe. Spindelförmig; 4,5 leicht konvexe Umgänge. Mundsaum verdickt, zurückgeschlagen, «3-zähnig». Nabel geschlossen. Farblos, durchscheinend, Seidenglanz.

In der Streu und an liegendem Totholz in dauernd nassen, kalkreichen Biotopen. Moore, nasse Laubwälder und Landröhrichte.

Zürich: Zerstreute Vorkommen in entsprechenden Lebensräumen.

Kornschnecken

Chondrinidae

Das Roggenkorn lebt am Üetliberg und besiedelt steinige oder felsige Wälder. Sein Gehäuse ist grau oder braun, regelmäßig rippenstreifig und trägt keinen Nackenwulst.
Zwei weitere Vertreter der Familie der Kornschnecken sind in Zürich möglicherweise ausgestorben: die Wulstige Kornschnecke und das Haferkorn. Die gesamtschweizerisch gefährdete Wulstige Kornschnecke (Gehäuse mit Nackenwulst) lebt im oder am Boden von Halbtrockenrasen. Im Wehrenbachtobel konnte 2005 noch ein altes Gehäuse gefunden werden. Das Haferkorn besitzt ein rotbraunes, fein und unregelmäßig gestreiftes Gehäuse und besiedelt warme, kalkreiche Felsen, wo es sich von Flechten ernährt. Der letzte datierte Nachweis aus Zürich stammt vom Üetliberg – von 1801.

Gehäuse: Hoch aufgewunden, walzig-eiförmig bis zylindrisch; 6–10 schwach bis gut gerundete Umgänge. Mund mit 7–8 Zähnen bestückt. Nabel eng. Grau bis bräunlich, matt. Mehrjährig.

Von links: Roggenkornschnecke *(Abida secale)*: 6–8,5 × 2,3–2,8 mm;

Wulstige Kornschnecke *(Granaria frumentum)*: 6,5–8 × 2,7–3 mm;

Westliche Haferkornschnecke *(Chondrina avenacea)*: 6–8 × 2,3–2,5 mm.

Zürich: Üetliberg, Wehrenbachtobel, teilweise sehr selten oder verschwunden.

gefährdet (Wulstige Kornschnecke)

Gehäuse: 2 × 2 mm. Kugelig, mit stumpf-kegeligem Gewinde; 4 gut gewölbte Umgänge, mit regelmäßigen Hautrippchen, die zu stachelartigen Zipfeln ausgezogen sind. Nabel eng und tief. Hellbraun, matt glänzend.

Laub- und Mischwälder, felsige Gebiete, extensiv genutztes Offenland mit Büschen. Im Laub, an liegendem Totholz, unter Rinde, in Spalten, seltener an Steinen.

Zürich: Verbreitet; relativ häufig.

Stachelige Streuschnecke

Acanthinula aculeata

Die winzige Stachelige Streuschnecke (oder Stachelschnecke) gehört zur Familie der Grasschnecken. Ihr Körper ist hell- und dunkelgrau, das größere der beiden Fühlerpaare ist lang und dünn. Die Hautrippen auf dem Gehäuse, insbesondere deren Zipfel, sind empfindlich und brechen oft schon am lebenden Tier ab. Häufig beklebt dieses sein Gehäuse zur besseren Tarnung mit Kot. Die zwittrige Stachelige Streuschnecke erreicht ein Alter von vermutlich einem oder wenigen Jahren. Sie ernährt sich von abgestorbenem Pflanzenmaterial, insbesondere Laub, vielleicht auch von Algen und Flechten. Da die Gehäuse sehr klein sind und die Tiere sich versteckt in der feuchten Streu aufhalten, werden sie oft übersehen, obwohl sie – wie Bodenproben zeigen – weit verbreitet und häufig sind.

Gehäuse: 1,1–1,6 × 2,2–2,7 mm. Flach scheibenförmig; 3 ¼ oft leicht geschulterte Umgänge, mit regelmäßigen, scharfen Hautrippen; letzter Umgang absteigend. Mündung schief gestellt, mit wulstiger Lippe. Nabel sehr weit. Weiß, durchscheinend, Seidenglanz.

Sonnige bis halbschattige Standorte.

Zürich: In unterschiedlichen Lebensräumen von Magerwiesen bis Blumentöpfen; verbreitet und z. T. sehr häufig.

Gerippte Grasschnecke

Vallonia costata

Tier weiß und gelblich, frisst Streu sowie vermutlich Algen und Flechten. Allgemein verbreitet in extensiv genutzten, (halb)offenen, trockenen bis feuchten Lebensräumen mit Gras. Höchste Dichte in trockenen mageren Rasen. Daneben auch in Rabatten, Blumentöpfen und Gewächshäusern, an Mauern, Felsen und Waldrändern. Die Rippen auf dem Gehäuse sind oft schon am lebenden Tier abgerieben, manchmal auch schwach entwickelt. Dann ist eine Verwechslung mit der Schiefen Grasschnecke *(V. excentrica)* oder der Glatten Grasschnecke *(V. pulchella)* möglich, die teilweise gemeinsam mit der Gerippten Grasschnecke vorkommen. Jene besiedelt v. a. extensiv genutzte, frische bis trockene Rasen, diese bevorzugt offene Feuchtgebiete. Beide auch in Blumentöpfen.

Schmale Windelschnecke

Vertigo angustior

Tier weißlich, dunkelgrau. Die Schmale Windelschnecke lebt typischerweise im Moos und in der Krautschicht von kalkreichen Mooren mit konstant hohem Wasserspiegel, hauptsächlich in kalkreichen Kleinseggenrieden, seltener in Pfeifengraswiesen. Aktuell in einem Hangried des Wehrenbachtobels nachgewiesen. In der Schlyfi, wo eine einst vorhandene Riedwiese vor Längerem in eine Gärtnerei umgewandelt wurde, ist sie erloschen. Möglicherweise jedoch noch im oberen Stöckentobel und vermutlich noch in weiteren Flachmooren auf Stadtboden anzutreffen. Die Art steht zurzeit auf der internationalen Roten Liste der IUCN. Maßnahme zur Förderung: Moorregeneration. Im Stadtgebiet sind noch 4 weitere *Vertigo*-Arten nachgewiesen, 3 davon rechtsgewunden.

Gehäuse: 1,6–1,8 × 0,9 mm. Linksgewunden, spindelförmig; 5 gut gewölbte Umgänge, letzter abgeflacht. Mündung mit tief eingekerbtem Außenrand, entspricht Gaumenfalte im Innern, 5–6 Zähne. Basaler Außenhöcker. Rötlich hornfarben, dicht und fein gestreift, Seidenglanz.

Kalkreiche Moore.

Zürich: Sehr lokal im Wehrenbachtobel.

gefährdet

Mittlere Schließmundschnecke

Macrogastra attenuata

Eine der häufigsten Schließmundschnecken-Arten. Mehrjährig, Körper hell- und dunkelgrau. Wie viele andere Schließmundschnecken kriecht die Mittlere Schließmundschnecke bei Regen an nassen Baumstämmen hoch und weidet dort Algen und Flechten ab. Ältere Gehäuse von Schließmundschnecken sind deshalb als Folge der Luftverschmutzung auf der Bauchseite oft vom herablaufenden sauren Regenwasser verätzt. Frisst auch Falllaub.

Auf Stadtgebiet sind 12 weitere, ähnlich aussehende und z. T. gefährdete Schließmundschnecken-Arten nachgewiesen, die fast alle ebenfalls über einen komplizierten Verschlussapparat mit einem Deckelchen (Clausilium) verfügen. Dieses verschließt das Gehäuse, etwas hinter der Mündung, wenn sich die Tiere darin zurückziehen.

Gehäuse: 13–17 × 3,3–3,7 mm. Linksgewunden, keulenförmig; ca. 10–11 Umgänge. Mündung basal gut gerundet, ohne Basalrinne. Rotbraun, stumpf gerippt, ungefähr 5–6 Rippen/mm auf dem vorletzten Umgang.

Laubwälder. An Totholz, Baumstämmen und deren Fuß, im Falllaub.

Zürich: Verbreitet; häufig.

Gehäuse: 0,6–0,8 × 1,2–1,6 mm. Scheibenförmig, schwach erhoben; 3,5 mäßig gewölbte Umgänge, mit tiefer Naht und dicht stehenden Hautrippchen. Mundsaum dünn, zerbrechlich, nicht umgebogen. Nabel groß, offen. Hell hornfarben, Seidenglanz.

Wald, extensiv genutztes Offenland, Felsgebiete, Steinmauern, wohl auch in Gärten. In der Streu, an Totholz, im feuchten Moos.

Zürich: Verbreitet; häufig.

Punktschnecke

Punctum pygmaeum

Tier grau, lange große Fühler. Kleinste europäische Landschnecke, legt im Verhältnis zur Körpergröße die größten Eier. Fortpflanzung auch ohne Partner möglich. Frisch geschlüpfte Schnecken haben einen Gehäusedurchmesser von 0,49 mm und wachsen während ihrer ganzen Lebenszeit, die durchschnittlich 200 Tage beträgt. Während der Lebensdauer werden 1–16, im Mittel 6 Eier abgelegt. Die Punktschnecke wird wegen ihrer Kleinheit gerne übersehen, obwohl sie oft in hohen Dichten vorkommt. So wurden bis zu 173 Tiere pro m^2 gezählt. Sie besiedelt eine große Spannweite von Lebensräumen, die von trockenen, sonnigen Felsfluren und Mauern bis hin zu Mooren und bodensauren Buchenwäldern reicht. Nahrung: Streu, eventuell auch Bodenalgen und Flechten.

Gehäuse: 2,8–3,1 × 5–5,5 mm. Gedrückt, breit ohrenförmig, schmaler Hautsaum; ca. 1 ¾ Umgänge, beim Blick von oben macht der letzte nahezu ⅔ der Breite aus. Fast farblos, durchsichtig, glänzend. Körper gestreckt: 15–21 mm.

Laubwald-Randzonen, Auenwald, Gebüsche, Böschungen, Halbtrockenrasen. Gerne an Totholz.

gefährdet

Zürich: Zerstreut; v. a. im Spätsommer und Herbst zu sehen.

Kurze Glasschnecke

Vitrinobrachium breve

Halbnacktschnecke. Körper dunkelgrau bis schwarz, Nacken oft rötlich. Einjährig. Nahrung: Laubstreu. Bisher nur vereinzelt rechts der Limmat nachgewiesen, so im Wehrenbachtobel, vermutlich weiter verbreitet. Eher in den Randzonen als im Zentrum der Wälder. Oft in gestörten, extensiv genutzten Bereichen. Wie die sehr ähnliche Ohrförmige Glasschnecke *(Eucobresia diaphana)*, die in feuchten Wäldern und Mooren vorkommt, kann sich die Kurze Glasschnecke nicht in ihr Haus zurückziehen. Die Gehäuse der Glasschnecken sind glasartig zart, besitzen wenige, sich rasch erweiternde Umgänge und eine sehr große Mündung ohne Lippe. Der Mantel ist auf der rechten Seite erweitert und bedeckt als verschiebbarer Mantellappen einen Teil des Gehäuses.

Knoblauch-Glanzschnecke

Oxychilus alliarius

Tier blaugrau, langes großes Fühlerpaar. Lebt v. a. räuberisch von anderen Gehäuseschnecken, frisst aber auch Falllaub und Pilze. Bisher nur im Üetlibergwald nachgewiesen, weitere Vorkommen aber denkbar. Häufigkeit, Verbreitung und Gefährdung der Art sind kaum einzuschätzen. Aus der Familie der Glanzschnecken sind für Zürich 8 Arten nachgewiesen, die anhand des Gehäuses teilweise nur schwierig zu unterscheiden sind. Die Knoblauch-Glanzschnecke kann jedoch anhand ihres Geruchs zweifelsfrei identifiziert werden: Stupst man die Tiere etwas gröber oder zwickt sie leicht, verströmen sie einen starken Knoblauchgeruch. Im Siedlungsraum häufig ist die Große Glanzschnecke *(Oxychilus drapernaudi)* mit den Gehäusemaßen 6–7 × 12–14 mm.

Gehäuse: 2,9–3,7 × 5,5–7 mm. Stumpf kegelig erhobenes Gewinde; 4–4,5 schwach gewölbte Umgänge, leicht abgetreppt. Nabel ziemlich weit. Rotbraun, fast glatt, stark glänzend.

Laubwald, evtl. Gärten und Gewächshäuser. An Totholz, im Laub, unter Steinen.

Zürich: Zerstreut und vereinzelt; sicher am Üetliberg.

Boden-Kielschnegel

Tandonia budapestensis

Typisches Merkmal der Familie der Kielschnegel ist eine hufeisenförmige, nach hinten geöffnete Furche auf dem Mantel. Über den ganzen Rücken verläuft zudem ein deutlicher Kiel. In Zürich wurde der Boden-Kielschnegel erstmals 1954 nachgewiesen. Sein ursprüngliches Verbreitungsgebiet wird in den Südostalpen und dem Nordbalkan vermutet, inzwischen ist er über weite Teile Europas verschleppt worden, in der Schweiz erst sporadische Funde. Gut beobachten lässt sich der Kielschnegel unter der Plane des Komposthaufens am Lindenhof. Nahrung: abgestorbenes Pflanzenmaterial, Rüstabfälle, Frischpflanzen. Bei grober Berührung Aussonderung von weißem bis gelblichem, zähem Schleim. Kopulation ab erster Nachthälfte bis zum nächsten Nachmittag oder noch länger.

Gestreckt 50–70 mm. Braun, oliv gelblich grau oder dunkelgrau, netzförmig schwarz gesprenkelt. Kopf und Nacken schwärzlich. Kiel einfarbig hell, oft gelb bis orange. Sohle meist mit dunklerem Mittelstreifen. Ausgestreckt sehr schlank. Schleim farblos bis transparent orange.

Gärten, Familiengärten und Grünanlagen des Siedlungsraums, Felder.

Zürich: Da und dort; sehr verborgen, v. a. nachtaktiv.

Zürich: seit 1954

Bierschnegel, Kellerschnegel

Limacus flavus

Alter: 3–5 Jahre. Ursprünglich wohl aus dem Mittelmeergebiet, aber schon seit früher historischer Zeit in Europa weit verbreitet. Nördlich der Alpen nur in Siedlungen mit frostfreien, feuchten Rückzugsmöglichkeiten. In der Schweiz nur 2 aktuelle Vorkommen bekannt, eines davon in einem Zürcher Hausgarten (Hottingen), wo er unter Totholz und Steinen, im Thermokomposter und im Windfang gefunden wurde. Früher häufig in Bierkellern, wo die Tiere vom ausgelaufenen Bier besonders angelockt wurden. Nahrung: im Keller lagernde Kartoffeln, Speisereste, Papier, Hunde- und Vogelkot, evtl. Grünpflanzen. Sanierung alter Bausubstanz, Ausmerzung «vergessener Flecke» und übertriebener Ordnungssinn gefährden die heimliche Art. Wohl Schutzprogramm nötig.

Gestreckt 70–90 mm, selten größer. Helloliv, bräunlich oder schmutzig gelborange, mit mehr oder weniger verwaschener Tüpfelzeichnung, Jungtiere kontrastreicher. Fühler bläulich oder rötlich. Kiel nur hinten und schwach entwickelt, helle Rückenlinie.

Siedlungsraum mit feuchten Kellern, Mauerritzen und anderen frostfreien Hohlräumen, Kanalisation, Treibhäuser.

potenziell gefährdet

Zürich: Am Tage sehr verborgen, nachtaktiv; vermutlich selten.

Schwarzer Schnegel

Limax cinereoniger

Die Seitenfelder der Sohle sind bei den ausgewachsenen Tieren fast immer grau bis schwarz, das Mittelfeld scharf abgesetzt hellfarbig. Die Jungtiere sind meist braun mit undeutlicher Zeichnung und einfarbiger Sohle. Fortpflanzung mit 1–1 ½ Jahren im Juni/Juli, seltener im August. Dazu steigen die Schwarzen Schnegel bei feuchtem Wetter in der Regel die Baumstämme hoch, heften sich mit der Schwanzspitze fest und stülpen ihre Penes etwa körperlang aus, diese umwickeln sich dann schraubenartig. Eiablage im Spätsommer. Alter: 3 Jahre. Typische Waldart nicht zu kleiner Waldgebiete, die Offenland und Siedlungsraum meidet. Der Schwarze Schnegel ernährt sich von verrottendem Pflanzenmaterial, Pilzen und Algen.

Gestreckt 100–200 mm, selten länger. Graubraun und fleckig gestreift bis ganz schwarz. Eher grob gerunzelt. Mantel meist einfarbig. Kiel erstreckt sich ungefähr über ⅔ des Rückens zwischen Schwanzende und Mantel, meist hellfarbig abgesetzt.

Laubwald, Föhrenwald. An Totholz, in der Laubstreu, an Pilzen.

Zürich: Zürichberg, Adlisberg mit Stöckentobel, Üetliberg. Wohl weiter verbreitet, nicht selten.

Tigerschnegel

Limax maximus

Der Tigerschnegel kann 2–3 Jahre alt werden, Geschlechtsreife mit 1 ½ Jahren. Bei der Paarung kriechen die Partner hintereinander – mit Kopf-Schwanz-Kontakt – auf eine Kante zu, etwa einen Mauervorsprung oder einen Ast, umschlingen sich und seilen sich, während das verschlungene Paar sich um die eigene Achse dreht, an ihren zum gemeinsamen Strang verdrehten Schleimfäden rasch bis zu 40 cm tief ab. Danach stülpen sie frei hängend ihre Penes aus, die sich ebenfalls umschlingen, und tauschen ihre Spermienpakete aus. Breites Lebensraumspektrum: Laub- und Mischwälder, Hecken, Gebüsche, Gärten, Grünanlagen, Ruderalfluren, Materiallager und Mauern. Nahrung: diverse Wirbellose einschließlich anderer Nacktschnecken, Pilze, Flechten, Algen, Rüstabfälle, seltener auch Pflanzen.

Gestreckt 100–200 mm. Ockerfarben oder grau, mit unregelmäßiger, sehr unterschiedlicher dunkler Streifen- oder Fleckenzeichnung. Eher fein gerunzelt. Kiel nimmt ungefähr ⅓ des Rückens zwischen Schwanzende und Mantel ein, meist hellfarbig abgesetzt. Sohle einfarbig.

Siedlungsraum, Offenland, Wald. Bei Tag an Totholz, unter Brettern und Steinen, in Mauern und feuchten Kellern.

Zürich: Verbreitet; mäßig häufig.

Pilzschnegel

Malacolimax tenellus

Sohle gelblich weiß, Sohlenschleim farblos. Körperschleim gelb bis orangefarben, bei Berührung zäh. Einjährig. Eiablage im Spätsommer und Herbst. Jungtiere schlüpfen bei warmfeuchter Witterung nach 3 Wochen und sind im folgenden Spätsommer geschlechtsreif. Typische Waldart. Nachweise vom Zürichberg, Adlisberg mit Stöckentobel, Üetliberg und Käferberg; wohl weiter verbreitet. Wie der Baumschnegel (*Lehmannia marginata*, ebenfalls wachsartig, aber größer und deutlich gebändert) und weitere Nacktschnecken steigt der Pilzschnegel bei nassem Wetter an Baumstämmen hoch, um dort Algen und Flechten abzuweiden. Hutpilze schätzt er besonders und legt mit deren Erscheinen im Spätsommer deutlich an Wachstum zu. Frisst auch Falllaub.

Gestreckt 25–50 mm, selten größer. Blass-, gold- bis bräunlich gelb, wachsartig durchscheinend. Kopf mit Fühlern dunkler, Fühleroberseite dunkelgrau bis schwarz. Jungtiere hell bis grünlich cremefarben. Runzeln wenig erhaben, fein. Schwanzende stumpf gekielt.

Laubwald, Mischwald, Nadelwald. An Pilzen, an Totholz, in der Laubstreu.

Zürich: Verbreitet; nicht selten. Vor allem im Spätsommer und Herbst zu sehen.

Mittelmeer-Ackerschnecke

Deroceras panormitanum

Gestreckt 25–40 mm. Cremefarben bis mittelbraun, manchmal leicht rötlich, auch grau(braun) bis fast schwarz, mit zerstreuten dunklen Flecken oder ohne. Wachsartig durchscheinend. Flach gerunzelt. Schwanzende gekielt. Schleim farblos.

Siedlungsraum: in Gärten, Grünanlagen und Ruderalflächen unter Totholz, Brettern, Steinen usw.

Zürich: seit 2006

Zürich: Vermutlich recht häufig; in Ausbreitung.

Bei der rund 1 ½ Stunden dauernden Paarung nimmt das Vorspiel die längste Zeit ein. Dabei schlagen die Tiere heftig mit dem Schwanz und beißen sich gegenseitig. Schon ab 8 Wochen nach Schlupf geschlechtsreif. Alter: im Schnitt 4 Monate. 2–3 Generationen im Jahr. Diese inzwischen weltweit verschleppte Ackerschnecke stammt ursprünglich aus dem westlichen Mittelmeergebiet. Erstnachweis in der Schweiz 1982, in Zürich 2006. Nahrung: Grünpflanzen, Früchte, abgestorbenes Pflanzenmaterial. In Zürich leben noch 2 weitere *Deroceras*-Arten: der Wasserschnegel *(D. laeve)* in Feuchtgebieten und die allgegenwärtige, in Gärten häufige Genetzte Ackerschnecke *(D. reticulatum)*. Diese ist bräunlich, schwarz genetzt, der Schleim milchig.

Igel-Wegschnecke

Arion intermedius

Gestreckt 15–27 mm. Weißlich, gelblich oder grau, leicht wächsern. Kopf mit Fühlern grau. Mantel und Flanken z. T. mit schwacher, undeutlicher Längsbinde. Sohle gelb bis orange. Schwanzgrube.

Nasse bis frische Laubwälder, Feuchtgebiete, Schilfgürtel; trockener Eichenwald. An Totholz, in morschen Baumstrünken, im Laub, in feuchtem Moos, unter Steinen.

potenziell gefährdet

Zürich: Zerstreut; wohl selten.

Kleinste Wegschneckenart. Beim zügigen Kriechen sind die meisten Rückenrunzeln länglich ausgestreckt und fast gleichmäßig erhoben. In kontrahierter Stellung sind sie verkürzt und verbreitert, sowie mit mehreren kurzen Spitzchen besetzt, was zu einem stacheligen Aussehen führt (v. a. bei Jungtieren). Am einfachsten ist die Igel-Wegschnecke im Seggen-Bacheschenwald, im Bruchwald und in gestörten Feuchtgebietsbereichen zu finden. In trockenen Wäldern kommt es zur Sommerstarre, die die Tiere in kugeligen Erdnestern verbringen – selbst gebaut aus sorgfältig ausgesuchten Erdpartikeln, die mit Schleim verklebt werden. Bisher nur ein Nachweis von 1990 aus einem Buchenwald am Hönggerberg. Einjährig. Oft Selbstbefruchtung. Nahrung: Streu, Pilze.

Spanische Wegschnecke

Arion vulgaris

Einjährig, frisst Nutzpflanzen, Kompost, abgestorbenes Pflanzenmaterial, Streu, Pilze, überfällt gelegentlich selbst große Weinbergschnecken. Die ursprünglich lokale Art der westlichen Iberischen Halbinsel wird häufig vom Mensch verschleppt und hat sich seit 1960 massiv in der Schweiz ausgebreitet (Erstnachweis 1955). Ausgehend vom Siedlungsraum und Landwirtschaftsgebiet in tiefen Lagen dringt sie immer mehr in naturnahe Gebiete und höhere Lagen vor. In Siedlungen und Agrarzonen hat sie inzwischen die einheimische Rote Wegschnecke *(Arion rufus)* vollständig verdrängt. Diese findet man noch in Feuchtgebieten und Wäldern, doch auch hier oft nicht mehr (Zürich: letzter Nachweis 1991 beim Zoo). Adult äußerlich kaum von *A. vulgaris* unterscheidbar.

Gestreckt 80–120 mm. Adulte einfarbig umbra bis rötlich braun bzw. schmutzig orange, seltener leuchtend ziegelrot, Sohle meist dunkelgrau. Jungtiere lebhaft gelb-braun gebändert, unverwechselbar. Fühler schwärzlich. Schwanzgrube.

Überall; in Gärten, Grünanlagen und auf Ruderalflächen, im Landwirtschaftsland, in Feuchtgebieten, im Wald und an Mauern.

Zürich: Verbreitet und sehr häufig.

Zürich: seit ca. 1960

Kantige Laubschnecke

Hygromia cinctella

Tier rein cremefarben oder gelblich oder mit Braun, großes Fühlerpaar lang, dunkel. Frisst Falllaub und anderes abgestorbenes Pflanzenmaterial, aber auch Grünpflanzen. Es ist ungeklärt, ob die Kantige Laubschnecke in der Südwest- und Südschweiz autochthon ist. In der restlichen Schweiz (auch in Zürich) ursprünglich nicht einheimisch, sondern vom Menschen eingeschleppt und wird dementsprechend vorläufig kaum je weit von Siedlungen entfernt beobachtet. So findet man sie etwa im unteren Stöckentobel und im unteren Wehrenbachtobel, nicht aber im Innern des Adlisbergwalds. Dies könnte sich allerdings in Zukunft ändern, denn diese Wärme liebende Art ist nach wie vor in Ausbreitung begriffen – mit Unterstützung des Menschen und der Klimaerwärmung.

Gehäuse: 6–7 × 10–12 mm. Niedrig kegelförmig, Oberseite gewölbt; 5–6 abgeflachte Umgänge, besonders letzter weiß gekielt. Nabel sehr eng, fast ganz bedeckt. Dünnschalig, verlöschend gestreift, weißlich grau bis hornbraun, durchscheinend.

Grün- und Ruderalflächen im Siedlungsraum, Mauern, Hecken, Gebüsche, Hochstaudenfluren, randliche Waldgebiete.

Zürich: Verbreitet; häufig.

Gehäuse: 4–7 × 7–11 mm. Gedrückt kugelförmig, 5–6 gut gerundete Umgänge. Mundsaum flach ausgebreitet, starke lamellenartige Lippe, basal und außen mit Zahn. Ganz ausgewachsene Tiere mit hoher, weißer Schmelzlamelle auf der Mündungswand. Nabel meist vollständig bedeckt. Gekörnelt, borstig behaart, braun.

Feuchter bis frischer Wald, an Totholz, Steinen und Laub.

Zürich: Verbreitet; teilweise häufig.

Maskenschnecke

Isognomostoma isognomostomos

Körper und Sohle grau, Rücken, Kopf und Fühler jedoch schwarz. Die Mündung erinnert an eine grinsende Maske. Die Zähne in der Mündung sollen wie bei anderen Schnecken mit gezähnten Gehäusen räuberischen Käfern und anderen Fressfeinden das Eindringen erschweren. Die Funktion der Haare am Häuschen ist unbekannt. Die Maskenschnecke verschließt sich im Winter mit einem pergamentartigen, weißen Deckel aus verhärtetem Schleim mit eingelagertem Kalziumkarbonat. Wie viele andere Landschnecken stimuliert sie bei der Begattung ihren Partner mit einem 2,2 mm langen Kalkpfeil (Liebespfeil), der im Genitalsystem gebildet wird. Eiablage Ende Juni–Anfang Juli. Mehrjährig. Frisst Laubstreu, gesteinsindifferent, höchste Dichte in feuchten Waldtobeln.

Gehäuse: 7–9 × 12–20 mm. Linsenförmig; 5,5 Umgänge, scharfer Kiel. Mündung schief, Mundsaum abgelöst, stark erweitert mit dünner, weißer Lippe. Nabel weit. Gestreift, gekörnelt, schwach bis mittelbraun opak, mit einem Muster radiär angeordneter Flecke.

Alter Laubwald, Felsen, ritzenreiche Mauern, an Baumstämmen, Totholz, Fels, Steinen und Mörtel.

Zürich: Verbreitet; nicht selten. Sicher am Üetliberg, Adlisberg und Käferberg.

Steinpicker

Helicigona lapicida

Körper grau-braun, am Kopf dunkler, gegen hinten heller, Fühler sehr lang und schwärzlich. Mehrjährig. Die flache Gehäuseform ermöglicht es dem Steinpicker, sich in schmale Spalten von Felsen und Mauern und unter die Rinde von Bäumen zurückzuziehen. Dies ist besonders während des Winters von Nutzen. Ansonsten oft einfach flach angeschmiegt an Baumstämmen, Felsen und Mauern. An Mauern und Felsen gerne in Einbuchtungen oder unter Vorsprüngen. Bei feuchtem Wetter weidet der Steinpicker Algen und Flechten ab. Daher ist er entweder auf alte Bäume mit meist eher glatter Rinde (Buche und Bergahorn) angewiesen, auf Kalk- und Nagelfluhfelsen oder auf spalten- und ritzenreiche, kalkhaltige Mauern (Friedhof Nordheim).

Garten- und Hainbänderschnecke

Cepaea hortensis und *Cepaea nemoralis*

Tier beige bis grau mit mehr oder weniger dunklen Längsbändern und Fühlern. Mehrjährig. *C. hortensis*: Gehäusemündung mit annähernd parallelem Ober- und Unterrand, Lippe weiß (selten braun); eher im Wald, seltener in Gärten und anderen offeneren, trockeneren Habitaten. *C. nemoralis*: Oberrand der Gehäusemündung mehr gerundet, zum Unterrand nicht parallel; Lippe braun (selten weiß); kaum im geschlossenen Hochwald, bevorzugt lichtere Lebensräume. Beide Arten kommen nicht selten gemeinsam vor. Nahrung: Streu und Grünpflanzen, Früchte. Wie häufig eine spezifische Färbungsvariante auftritt, ist vom Aufbau und Typ des Lebensraums sowie vom Suchbild Schnecken fressender Räuber (v.a. Drosseln) abhängig – beides wirkt selektionierend.

Gehäuse: kugelig, Nabel geschlossen. 5–5,5 Umgänge, mit 0–5 dunklen, z.T. verschmolzenen Bändern. Grundfarbe von weiß über gelb, rosa, bis dunkelbraun. *C. hortensis* (links und Mitte): 10–17 × 14–20 mm, *C. nemoralis* (rechts): 10–22 × 18–25 mm, beide selten etwas größer.

Laubwald, Hecken, Gebüsche, Grün- und Ruderalflächen, Mauern, Felsen, Feuchtgebiete und Wiesen. An allen möglichen Strukturen.

Zürich: Beide Arten verbreitet und häufig.

Weinbergschnecke

Helix pomatia

Körper beige bis ockerfarben. Alter: bis über 20 Jahre, Höchstalter 35. Mit 2–5 Jahren ausgewachsen und geschlechtsreif. Eier 2 mm groß, Ablage in selbst gegrabene Erdhöhle. Die Weinbergschnecke ist Wärme liebend, dementsprechend liegen die meisten bekannten Fundmeldungen an den Sonnenhängen rechts der Limmat. Bestandsdichte im geschlossenen Hochwald ist zudem sehr gering. Die höchste Dichte wird im lichten Gebüsch oder in warmen, luftfeuchten Hochstaudenfluren erreicht. Zur Überwinterung graben sich die Weinbergschnecken in lockere Erde ein, scheiden viel Wasser aus und verschließen ihr Gehäuse mit einem rund 1 mm dicken Kalkdeckel, den sie im Frühjahr wieder abstoßen. Nahrung: Pflanzen, bevorzugt im welken Zustand, auch Hundekot.

Gehäuse: 30–50 × 32–50 mm. Kugelig, stumpf kegeliges Gewinde; 5–6 Umgänge, flache Lippe. Nabel geritzt, mehr oder weniger bedeckt. Stumpf rippenstreifig, feine Spirallinien, hellgrau bis ockerfarben, mit dunkleren, verwaschenen Bändern.

Lichte Laubwälder, Waldrand, Gebüsche, Hecken, Weinberge, Mauern, Grünanlagen und Ruderalflächen.

Zürich: Zerstreut; nicht selten.

potenziell gefährdet

Zürcher Schneckenexport

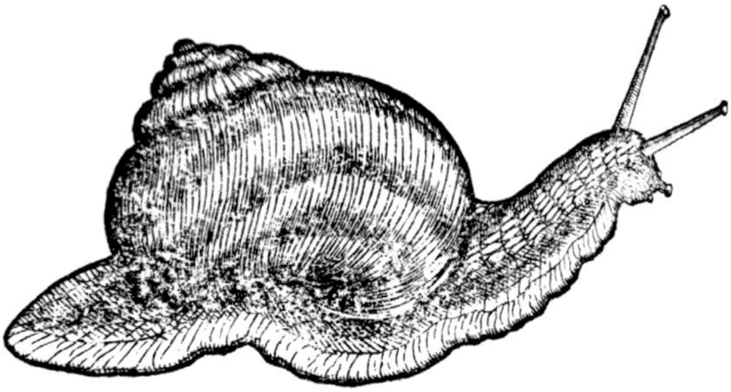

Weinbergschnecke. Holzschnitt aus Konrad Gessners Buch über Fische und Wassertiere in der bei Christoph Froschauer in Zürich 1560 gedruckten Ausgabe.

Bis ins 19. Jahrhundert waren die Hänge um Zürich großflächig mit Rebbergen besetzt, besonders die südexponierten Talflanken rechts der Limmat und des Zürichsees. In diesen Weinbergen und in den angrenzenden Lebensräumen muss es von Weinbergschnecken gewimmelt haben. Die Schnecken wurden eingesammelt, teilweise auch von Züchtern in Schneckengärten aufgezogen, und hauptsächlich in katholische Gebiete in der Region geliefert, wo Weinbergschnecken als Fastenspeise begehrt waren. Noch um 1840 wurden im Kloster Rheinau jährlich 8000 Schnecken verzehrt. Beliebt waren im Kloster laut Quellen aus dem späten 17. Jahrhundert «Schneckhen in Heuslein mit frischem Butter, wenig Brühe und Pfeffer gebraten» und «Schnäcklein mit einer Knoblauch- und Pfefferbrüe gekocht». Um die Schnecken aus der Schale zu lösen, wurde der «Schnäggechröiel», ein zweizinkiges Gabelinstrument, benutzt.

In Fluntern erinnert noch heute die Schneckenmannstrasse an einen Schneckengärtner oder -händler, und bei der Behandlung von Riesbach berichtet Hans Erhard Escher in seiner «Beschreibung des Zürich Sees» von 1692, dass Zürcher «Teckelschnägge» in Holzgefäße wie Fässchen und die für die Befestigung an Saumtieren geeigneten, flacheren «Lägel» verpackt wurden, um nach Italien exportiert zu werden – was allerdings nicht immer gelang:

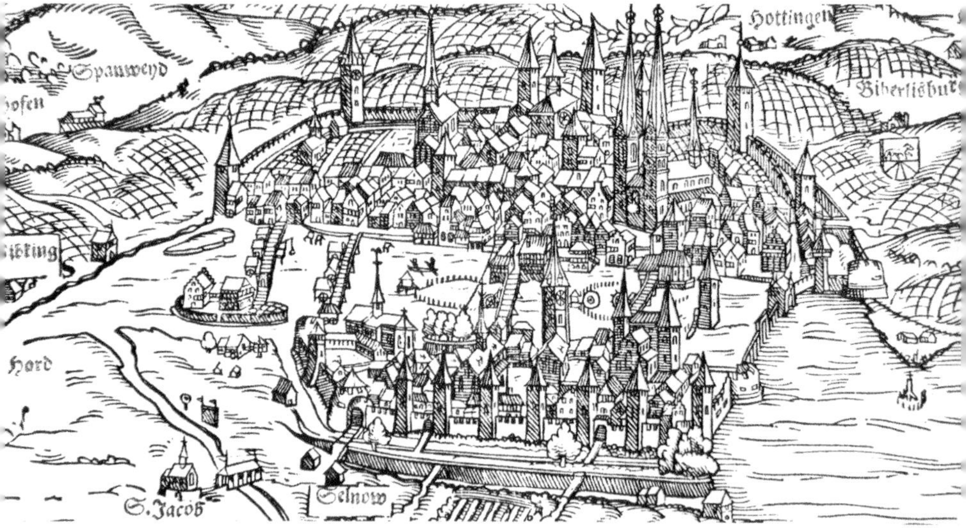

Zürich, umgeben von Weinbergen. Ausschnitt aus Jos Murers Landkarte des Zürcher Gebiets, Holzschnitt (1566).

«Hier/und anderer an dem See gelegnen Orthen hat es viel Schneggenweiden/da dann gegen dem Winter/(wann die Schneggen mit einem weissen harten Deckel wol verschlossen) viel 100. Legelen und Fäßlein mit Schneggen angefüllt in Italien verschickt werden/deren sie sich dann in der Fasten zur Speise bedienen. Es begiebt sich oft/wann die Säumer über den Gotthart kommen und der warme Mittagwind (bey uns der Föhn genannt) wehet/dass die Schneggen sich wegen verspürter wärme widerum aus ihren Häuseren lassen/und weilen sie alsdann in den Legelen und fäslinen wegen des Jasts* nicht mehr raums gnug finden/zersprengen sie dieselbigen/und gehen zu unnutz: dardurch dann die Schneggenhändler öfters zu grossem verlust und schaden kommen.»

* Jast: Gärung, hier in der Bedeutung von Aufquellen.

Muscheln

Muscheln (Bivalvia) haben 2-klappige Schalen, die mit Schließmuskeln fest verschlossen werden können. Die Schalen sind scharnierartig mit Schlosszähnen und mit einem Band (Ligament) aus hornähnlicher Substanz verbunden, bei den Teichmuscheln und Wandermuscheln ausschließlich mit dem Ligament. Das Tier wird von einem Gewebe namens Mantel umhüllt, das nach außen die Schale ausscheidet. Am Schalenrand und auf der Innenfläche wird die Schale in der warmen Jahreszeit erweitert, im Winter gibt es eine Wachstumspause. Diese ist als Linie außen auf der Schale sichtbar. Wie bei den Bäumen kann mit diesen Linien das Alter bestimmt werden. Leicht beschädigte Schalen können vom Mantel von innen her repariert werden. Mit dem zungenförmigen Fuß bewegen sich Muscheln im Zeitlupentempo fort. Der Fuß wird vorgestreckt, verankert, und durch Zusammenziehen des Fußes wird das Tier nachgezogen. Auch die jungen Wandermuscheln kriechen umher, aber wenn sie einen günstigen Platz gefunden haben, kleben sie sich mit Fäden auf dem Substrat fest.

Am Hinterende der Muschel befinden sich die beiden Siphonen. Durch den unteren wird Wasser eingesaugt und durch den oberen strömt es wieder aus. Die Wasserströmung wird von Wimperhärchen erzeugt. Das einströmende Wasser umspült die Kiemen, die der Atmung dienen, und es werden organischer Detritus und Mikroplankton herausfiltriert und auf Wimperförderbändern zum Mund transportiert.

Während Erbsenmuscheln und die Teichmuschel *Anodonta cygnea* Zwitter sind, sind die übrigen Muscheln vorwiegend getrenntgeschlechtig. Die Spermienübertragung geschieht immer über das freie Wasser. Wander- und Körbchenmuscheln haben frei lebende Larven, bei den anderen entwickeln sich die befruchteten Eier in Bruttaschen in den Kiemen. Bei den Kugelmuscheln erfolgt die Entwicklung bis zur Jungmuschel im Elterntier. Großmuscheln (Unionidae) entlassen Tausende spezieller Muschellarven (Glochidien) aus den Kiementaschen. Nur wenig gelangen auf Fische, meist in die Kiemen, wo sie sich festbeißen. Nachdem sie etwa einen Monat auf dem Fisch als Parasiten gelebt und sich zu Jungmuscheln entwickelt haben, lassen sie sich fallen. Der hauptsächliche Zweck dieses Parasitenstadiums ist die Verbreitung durch die Fische.

Die meisten Muscheln leben in größeren Gewässern, Erbsenmuscheln findet man in fast allen Gewässertypen. Von den 30 in der Schweiz bekannten Muschelarten leben gegen 20 Arten auch im Zürcher Stadtgebiet, darunter die im Zürichsee erstmals 1964 nachgewiesene Wandermuschel. Eine Verwandte der Wandermuschel hat es schon bis zum Oberrhein geschafft und wird wahrscheinlich in die Schweiz einwandern. Die asiatische Körbchenmuschel breitet sich seit 2003 in der Schweiz rasch aus und es ist eine Frage der Zeit, bis sie auch im Zürichsee auftaucht.

Wandermuschel, Zebramuschel, Dreikantmuschel

Dreissena polymorpha

Stammt aus dem Einzugsgebiet des Schwarzen und Kaspischen Meers. 1964 erstmals im Zürichsee gesichtet, wird meist an Booten festgeheftet verschleppt. Nach Neubesiedlung eines Gewässers jeweils Massenentwicklung, die allmählich zurückgeht, wenn sich ihre Feinde (z. B. Fische, Wasservögel, Egel, Plattwürmer) auf die neue Beute eingestellt haben. Treibt als Larve im Plankton, bevor sie als Jungmuschel sesshaft wird. Wandermuscheln ernähren sich von organischem Detritus und Mikroplankton. Schäden: Schnittverletzungen bei Badenden durch die scharfkantigen Muscheln; unerwünscht an Booten; Leitungen von Trinkwasserfassungen müssen periodisch mit Chlor behandelt werden, damit Muscheln sie nicht verstopfen; heften sich an Schnecken und Muscheln und machen diesen das Leben schwer.

Maximal 4 cm lang

Ganzjährig

Im Querschnitt 3-eckig, stark hervortretender Wirbel, Schale hellgelb mit dunkler, meist gezackter Bänderung.

In Seen und Flüssen, auf Hartsubstrat festgeheftet.

Zürich: Zürichsee, Limmat, Glatt, Sihl.

Zürich: seit 1964

Große Erbsenmuschel

Pisidium amnicum

Größte einheimische Erbsenmuschel, lebt auf sandigem Grund, im See meist bis in wenige Meter Tiefe. Die Muscheln sind im Sommer meist sehr aktiv und hinterlassen Kriechspuren im Sand, die bei ruhigem Wasser eine Weile als Linien sichtbar bleiben. In einem kleinen Sandhäufchen am Ende der Linie findet man die Muschel. Diese Muschelart hat in den Seen durch die Aufschüttung von Uferzonen viele Lebensräume verloren. Übrige Erbsenmuscheln sehr schwierig zu bestimmen, Schalenform variiert oft beträchtlich innerhalb einer Art. Die sichersten Bestimmungsmerkmale sind die Schlosszähne, die scharnierartig die beiden Schalen verbinden. Die Schalen der etwas größeren Kugelmuscheln sind symmetrisch, d. h. der Wirbel liegt etwa in der Schalenmitte.

Ca. 10 mm lang, 6 mm hoch.

Ganzjährig, jedoch im Winter eingegraben und nicht sichtbar.

Relativ groß (die übrigen Erbsenmuschel-Arten werden höchstens halb so groß), Farbe variabel, stark gerippt. Schale in Seitenansicht asymmetrisch, d. h. der Wirbel (ältester Schalenteil) liegt hinter der Mitte.

Im sandigen Grund von Seeuferzonen, auch in langsam fließenden Flüssen.

Zürich: Zürichsee, Limmat.

gefährdet

Entenmuschel

Anodonta anatina

Die Entenmuschel hat nichts mit Enten zu tun. Getrenntgeschlechtig, Larven parasitieren auf Fischen. Als Wirtsfische nachgewiesen sind Hasel, Blicke, Zander, Flussbarsch und Stichling. Durch die Aufschüttung vieler Seeuferzonen und das Verschwinden vieler Auengewässer an den großen Flüssen hat die Entenmuschel einen Teil ihrer Lebensräume verloren. Die Entenmuschel braucht saubereres Wasser als die Schwanenmuschel *(A. cygnea)*, die in eutrophierten Seen (z. B. Pfäffikersee) als einzige Großmuschel überlebt hat und auch für pflanzenreiche Weiher und Moorseen typisch ist. Großmuscheln leiden unter Bewuchs mit Wandermuscheln, die den aus dem Sediment ragenden Teil mit den Atemöffnungen überwuchern. Neuerdings werden Großmuscheln von Bisamratten (aus Nordamerika eingeschleppt) dezimiert.

Bis ca. 10 cm lang und 6 cm hoch.

In der warmen Jahreszeit sichtbar, im Winter eingegraben.

Schale ohne Schlosszähne. Schale rhombisch-eiförmig, grünlich-gelblich bis braun gefärbt. Vordere Hälfte des Schalenunterrands verdickt, Wirbelfalten schneiden die Anwachsstreifen.

gefährdet

Lebt auf sandigem bis feinkiesigem Grund von Seeuferzonen, meist in wenigen Metern Tiefe, aber auch in Flussauen, die noch mit dem Fluss verbunden sind.

Zürich: Zürichsee, Limmat.

Malermuschel

Unio pictorum

Wie alle Großmuscheln (Unionidae) durchläuft die Malermuschel ein Larvenstadium. Die Larven leben etwa einem Monat lang als Parasiten auf Fischarten, die für den Lebensraum der Malermuschel typisch sind. Als Wirtsfische nachgewiesen sind Alet, Rotauge, Rotfeder, Gründling, Schleie, Flussbarsch und Stichling. Wie viele Bewohner von Uferzonen hat auch die Malermuschel durch Aufschüttungen Lebensräume verloren. An den großen Flüssen gibt es kaum mehr Auengewässer, die sich als Lebensräume eignen.

Die Bachmuschel *(Unio crassus)* kam einst neben Maler- und Entenmuschel in Zürichsee, Flüssen und Bächen vor. Sie ist ein Zeiger für sehr gute Wasserqualität. Zu Beginn des 20. Jh. war sie die häufigste *Unio*-Art, heute in Zürich verschollen.

7–9 cm lang, 3–4 cm hoch.

In der warmen Jahreszeit sichtbar, im Winter eingegraben.

Schalen sind mit Schlosszähnen und -leisten verbunden. Schale lang gestreckt, länger als doppelte Höhe. Färbung gelblich bis braun.

gefährdet

Auf sandigem bis feinkiesigem Grund von Seeuferzonen, meist in wenigen Metern Tiefe, aber auch in Flussauen, die mit dem Fluss verbunden sind.

Zürich: Zürichsee, Limmat.

Krebstiere

Krebse (Crustacea) bilden mit rund 40 000 Arten weltweit eine sehr arten- und formenreiche Gruppe der Gliederfüßer (Arthropoda). Mit wenigen Ausnahmen leben alle Krebse im Wasser, die meisten im Meer. Typisches Merkmal der Krebse ist ein zweiteiliger Körper, der aus einer Kopfbrust und einem gegliederten Schwanz besteht. Am Kopf befinden sich Komplexaugen, zwei Paar Antennen sowie mehrgliedrige kauende Mundwerkzeuge. An jedem Körpersegment befindet sich ein Beinpaar, das entweder zu Scheren, zu Laufbeinen, zu Begattungsorganen oder zu einem flossenartigen Schwanzfächer umgestaltet ist. Bei manchen Kleinkrebsen sind einige Beine zu kiementragenden Atmungsorganen umgebildet.

Der Körper der Krebse ist von einem zähen Chitinpanzer umschlossen, der bei großen Krebsarten noch zusätzlich mit Kalk verstärkt ist. Krebse müssen ihren Panzer in regelmäßigen Häutungen erneuern, da er starr ist und nicht wachsen kann.

Die «typischen» Krebse, zu denen unsere Flusskrebse, aber auch Krabben, Hummer, Langusten und Garnelen gehören, bilden die Klasse der Höheren Krebse (Malacostraca). Daneben gibt es noch weitere wichtige Klassen von kleineren Krebsen. Die Ruderfußkrebse (Copepoda) und Blattfußkrebse (Branchiopoda), zu denen die Hüpferlinge und Wasserflöhe zählen, bilden zusammen mit den bodenlebenden Flohkrebsen (Amphipoda) und Wasserasseln (Isopoda) eine wichtige Nahrungsgrundlage für viele Fischarten.

Die Flusskrebse in unseren Gewässern waren früher als Fastenspeise sehr begehrt, gerieten dann aber nach und nach aus der Mode. Im 19. Jahrhundert wurde der amerikanische Signalkrebs *(Pacifastacus leniusculus)* nach Europa gebracht, später auch der Kamberkrebs *(Orconectes limosus)* und der Rote Sumpfkrebs *(Procambarus clarkii)*. Diese nordamerikanischen Krebse brachten eine Pilzkrankheit nach Europa, die Krebspest *(Aphanomyces astaci)*. Die amerikanischen Krebse können diese Pilzinfektion lange Zeit mit sich tragen, ohne daran zu sterben. Europäische Flusskrebse sterben jedoch kurze Zeit nach einer Infektion. Vielerorts wurden ganze Populationen von einheimischen Krebsen durch diese Infektion dahingerafft. Heute ist der Import, Transport und die Haltung von lebenden fremden Flusskrebsarten verboten.

Wasserassel

Asellus aquaticus

Die Wasserassel ist in den meisten Gewässern zu finden. Sie stellt keine großen Ansprüche an die Wasserqualität und lebt auch in verschmutzten Seen, Teichen und Flüssen. Stellen mit starker Strömung in Bächen werden gemieden. Bei Austrocknen oder Zufrieren von Kleingewässern gräbt sie sich im Boden ein. Sie ist eine Indikatorart für Gewässer der Güteklasse III (stark verschmutzt).

Die Wasserassel ist die einzige aquatische Asselart in der Schweiz. Oft in großer Zahl in Ufernähe am Boden unter Steinen oder zwischen Wasserpflanzen, ernährt sich von verrottendem Laub und toten Kleintieren. Vermehrung ganzjährig. Die Weibchen behalten die bis zu 80 Eier umfassenden Gelege bis zum Schlüpfen der Jungen in einer Bruttasche (Marsupium) am Bauch.

Weibchen 0,8–1,2 cm, Männchen bis 1,8 cm.

Ganzjährig

Färbung grau / braun, hell gesprenkelt. 6 Laufbeinpaare, 2 Antennenpaare. An den Kopf schließen sich 8 flache Körpersegmente an, von denen das letzte zu einer großen Platte umgebildet ist. Bauchseitig am Hinterteil blattförmige Kiemen.

In nicht zu stark fließenden Gewässern.

Zürich: In praktisch allen geeigneten Gewässern.

Kellerassel

Porcellio scaber

Kellerasseln sowie die übrigen Landasseln sind die einzigen Krebstiere, die permanent an Land leben und sich auch an Land fortpflanzen. Wie alle Krebse atmen sie mit Kiemen. Die Kiemenblättchen werden von plattenartigen Strukturen an den Beinen bedeckt, um sie vor dem Austrocknen zu schützen. Zusätzlich hat die Kellerassel noch ein zweites Atemsystem, das aus einfachen Luftröhren in den Beinen besteht. Kellerasseln ernähren sich von Detritus (abgestorbene organische Substanz). Das Weibchen trägt die befruchteten Eier und die Larven in einer flüssigkeitsgefüllten Blase an der Bauchseite etwa 40–50 Tage. Überwinterung versteckt unter Moospolstern, in morschem Holz und unter Steinen.

Bis 2 cm

Von Frühling bis Herbst aktiv.

Färbung schiefergrau. Flacher, ovaler Körper, gegliederter Rückenpanzer mit anschließender Schwanzplatte. 7 Schreitbeinpaare, am Kopf ein langes Antennenpaar.

Häufig an feuchten Stellen unter Steinen, in Falllaub, Komposthaufen, in morschem Holz und unter Moospolstern. Auch in Mauerritzen und an feuchten Stellen in Gebäuden.

Zürich: Im ganzen Stadtgebiet.

Rollassel, Kugelassel

Armadillidium sp.

Bis 1,6 cm

Von Frühling bis Herbst.

Ähnlich Kellerassel, aber Panzer dicker, glatt und glänzend. Dunkelgrau bis schwarz, manchmal mit hellen Sprenkeln. Rollt sich bei Störungen zu einer Kugel zusammen.

An Waldrändern und Ruderalstandorten in der Laubstreuschicht oder unter Steinen. Kann auch an trockenen Standorten vorkommen.

Zürich: Entlang der Limmat und an Waldrändern häufig, vermutlich im ganzen Stadtgebiet verbreitet.

Bei den Rollasseln sind die Atmungsorgane noch stärker an das Landleben und an Trockenheit angepasst als bei anderen Landasseln. Kiemen stark zurückgebildet, Atmung vorwiegend über ein Tracheenlungen-System. Die röhrenartigen Tracheen, die den ganzen Körper durchziehen, sind stellenweise zu lungenartigen Säcken aufgebläht. Dies ermöglicht den Rollasseln, auch an trockenen Sandorten zu leben. Rollasseln ernähren sich ähnlich wie Kellerasseln und sorgen dadurch zusammen mit Regenwürmern für die Mineralisierung von abgestorbenen Organismen. Pro Jahr werden bis zu 3 Bruten ausgetragen (bis 160 Eier in Brusttasche). An geeigneten Stellen oft Massenansammlungen. Im Winter und bei großer Trockenheit im Boden eingegraben. Vorwiegend nachtaktiv.

Edelkrebs

Astacus astacus

Männchen 12–13 cm, selten bis 18 cm; Weibchen 11 cm. Gewicht bis 200 g.

Ganzjährig

Körper einfarbig dunkelbraun. Kräftige Scheren mit roter Unterseite. KEIN heller Fleck im Scherengelenk.

Im Uferbereich von Weihern und in größeren Bächen mit ausreichend Versteckmöglichkeiten. Gern unter freigespülten Wurzeln oder in Löchern von alten Uferverbauungen.

Zürich: Mindestens ein bekanntes Vorkommen.

verletzlich

Nachtaktiv. Tagsüber unter Wurzeln und in Höhlen versteckt, nachts auch außerhalb der Höhle auf Nahrungs- oder Partnersuche. Edelkrebse ernähren sich vorwiegend von Pflanzen und Aas, aber auch von Schnecken und Insekten. Nach der Paarung im Herbst legt das Weibchen 50–400 Eier, die bis zum Schlüpfen der Larven im Mai/Juni in einer Traube unter dem Hinterleib getragen werden.

Der Edelkrebs wurde im Mittelalter sehr geschätzt und in viele Gewässer eingebracht. Infolge der um 1900 mit amerikanischen Krebsen nach Europa eingeschleppten Krebspest vielerorts verschwunden. Die heutigen Restbestände des Edelkrebses sind latent gefährdet durch die weitere Ausbreitung von amerikanischen Flusskrebsen und die Übertragung der Krebspest.

Galizierkrebs

Astacus leptodactylus

Im Zürichsee vorhanden, aber selten. Mindestens ein weiteres Vorkommen im Stadtgebiet. Die ursprüngliche Heimat des Galizierkrebses ist Südosteuropa. Seit Anfang 1900 wurde er in verschiedenen Schweizer Gewässern eingesetzt. Wie der Edelkrebs ist auch der Galizierkrebs durch die Krebspest latent gefährdet. Die Lebensweise des Galizierkrebses ist ähnlich wie diejenige des Edelkrebses. Ebenfalls nachtaktiv, tagsüber unter Wurzeln und in Höhlen versteckt, nachts auch außerhalb der Höhle auf Nahrungs- oder Partnersuche. Der Galizierkrebs stellt etwas geringere Ansprüche an die Gewässerqualität und kommt in einer breiteren Palette von Lebensraumtypen vor. Als nicht einheimische Art unerwünscht.

Männchen 12–15 cm, selten bis 20 cm; Weibchen 13 cm. Gewicht bis 250 g.

Ganzjährig

Färbung ockerbraun bis orange, oft mit dunklen Sprenkeln. Unterseite hell. Scheren lang und schmal, mit körniger Oberfläche.

Uferzone von stehenden Gewässern und in Stillwasserzonen von Flüssen, gerne unter Totholz oder Steinen auf schlammigen Böden.

Zürich: Im Zürichsee selten, im Katzensee häufig.

Schweiz: seit ca. 1900

Signalkrebs

Pacifastacus leniusculus

Ursprünglich aus dem Nordosten der USA. Zwischen 1960 und 1970 nach Skandinavien eingeführt, um die dort zusammengebrochenen Edelkrebsbestände zu ersetzen. Rasche Ausbreitung nach Mitteleuropa, heute in der Schweiz in mehreren Gewässern, auch auf dem Gebiet der Stadt Zürich. Überträger der Krebspest, seine Präsenz gefährdet die einheimischen Krebsbestände. Lebensweise, Fortpflanzung und Ernährung ähnlich wie beim Edelkrebs. Der Signalkrebs erträgt höhere Wassertemperaturen und stellt geringere Ansprüche an die Lebensraumqualität, benötigt jedoch höheren Sauerstoffgehalt. Bei Sauerstoffmangel kann der Signalkrebs in der Nacht das Gewässer verlassen und am Ufer sitzend atmen oder sogar über Land marschierend ein neues Gewässer aufsuchen.

Männchen 10–16 cm; Weibchen 12 cm. Gewicht bis 200 g.

Ganzjährig. Tag- und nachtaktiv.

Körper einfarbig braungrau, manchmal bläulich. Kräftige Scheren mit roter Unterseite. Typischer heller Signalfleck im Scherengelenk.

An steinigen oder schlammigen Stellen in Seen, Weihern, Flüssen und Bächen. Bevorzugt in 1–5 m Tiefe.

Zürich: Vorhanden.

Schweiz: seit ca. 1970er-Jahren

Roter Sumpfkrebs

Procambarus clarkii

Männchen 7–11 cm, Weibchen bis 13 cm.

Ganzjährig. Nachtaktiv. Tagsüber in Höhlen versteckt. Kann in feuchten Herbstnächten das Gewässer verlassen und an Land umherwandern.

Schlanker Krebs. Scheren mit hellroten Warzen und Dornen. Grundfärbung dunkelrot. Kann auch in grünlichen Farbvarianten auftreten.

Zürich: seit ca. 1990

In lehmigen, pflanzenreichen Weihern.

Zürich: Vorhanden.

Stammt aus Louisiana (USA). Um 1990 in der Schweiz ausgesetzt, u. a. auch auf dem Gebiet der Stadt Zürich. Durch aktive Bekämpfungsmaßnahmen konnte eine Population in der Nähe der Stadt Zürich stark dezimiert, aber nicht völlig ausgelöscht werden.

Gräbt bis zu 1 m tiefe Wohnröhren, in denen er auch ein Trockenfallen des Gewässers mehrere Monate überdauern kann. Kann sich das ganze Jahr über fortpflanzen, Weibchen kann pro Jahr bis zu 600 Eier ausbrüten. Jungtiere wachsen rasch. Innerhalb weniger Jahre kann die Bestandsdichte daher stark ansteigen. Besiedlung neuer Gewässer nach längeren nächtlichen Wanderungen an Land. Die Präsenz des Sumpfkrebses gefährdet einheimische Krebsbestände durch die Übertragung der Krebspest.

Bachflohkrebs

Gammarus pulex

Meist zwischen 0,8–1,2 cm, maximal bis 2 cm lang.

Ganzjährig

Seitlich schwimmender Kleinkrebs, einheitlich grau oder hellbraun. Rücken bogenförmig gekrümmt.

In Bächen und Flüssen unter Steinen, Totholz, in unterspülten Wurzelbärten von Ufergehölzen und in Falllaubansammlungen. In stehenden Gewässern seltener.

Zürich: In den meisten Bächen häufig, stellenweise Massenansammlungen unter Steinen.

Körper in 10 Segmente gegliedert (mit je einem Beinpaar), Kopf mit 2 Antennenpaaren und 2 dunklen Komplexaugen. Ernährt sich von Pflanzenmoder und Aas. Fortpflanzung während des ganzen Jahres. Die Männchen klammern sich an die kleineren Weibchen und halten sie mehrere Tage fest. Nach der Paarung tragen die Weibchen ihre 20–40 Eier bis zum Schlupf der Jungen in einer Bruttasche am Bauch. Während des Wachstums häuten sich die Tiere mehrmals. Flohkrebse sind wichtige Nährtiere für Forellen.

Auch in mäßig verschmutzten Gewässern, solange genügend Sauerstoff vorhanden. Indikatorart für Gewässer der Güteklasse II (mäßig belastet). Eine weitere, sehr ähnliche Flohkrebsart *(Gammarus fossarum)* kann an den selben Stellen wie *G. pulex* vorkommen.

Großer Höckerflohkrebs

Dikerogammarus villosus

Räuberischer Flohkrebs aus der Region zwischen Schwarzem und Kaspischem Meer, nach der Öffnung des Rhein-Main-Donau-Kanals im Jahr 1992 mit Frachtschiffen in den Rhein eingeschleppt. Erstfund bei Basel im Jahr 2000, seither rasche Ausbreitung. Klammert sich gern an Bootsrümpfen und Wassersportgeräten fest und kann so unbemerkt in neue Gewässer transportiert werden.
Oft hohe Bestandsdichten (bis über 2000 Tiere pro m^2). Unerwünschte Neuart. Kann einheimische Wasserinsekten und Kleinkrebse stark dezimieren oder ganz verdrängen. Bekämpfung in bereits besiedelten Gewässern nicht möglich. Priorität muss der Verhinderung der weiteren Ausbreitung zukommen (z. B. Reinigen von Sportbooten und Wassersportgeräten vor dem Versatz).

Bis 2,5 cm; größter Flohkrebs in unseren Gewässern.

Ganzjährig

Ähnlich Bachflohkrebs, aber deutlich größer. Färbung hellbraun mit dunkler Querstreifung. 2 spitze, kleine Höcker am Hinterleib vor dem Schwanz.

An steinigen Uferzonen von Seen und größeren Flüssen.

Zürich: Im Zürichsee seit etwa 2004/2005; Limmat und Schanzengraben seit 2006.

Zürich: seit 2004

Wasserflöhe

Daphnia sp.

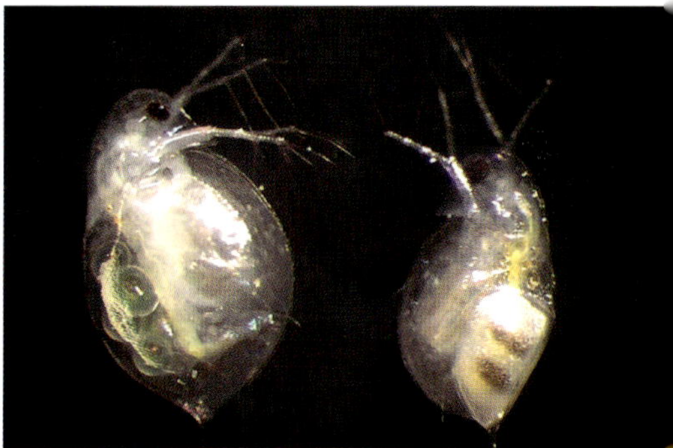

Mit ihren Ruderantennen bewegen sich Wasserflöhe ruckartig fort. Sie fressen einzellige Algen (Phytoplankton) und dienen selbst vielen Fischarten als Nahrung. In Mitteleuropa leben ca. 90 Wasserfloharten, die sich z. T. auch miteinander kreuzen und Mischlinge (Hybriden) bilden. Zu den häufigen Arten im Zürichsee gehören *Daphnia galeata* und *D. hyalina* und v. a. die Mischlinge dieser beiden Arten. Außerdem kommen *D. cucullata* und *Bosmina* sp. häufig vor. In Teichen und Weihern leben oft auch *Daphnia pulex* und die bis 6 mm große *D. magna*.
Wasserflöhe reagieren empfindlich auf Schadstoffe im Wasser. Diese Eigenschaft wird beim «Daphnientest» benutzt, um beispielsweise die Trinkwasserqualität zu überwachen.

1–3 mm; einzelne Arten auch größer, bis maximal 6 mm.

Ganzjährig. Im Sommer oft massenhaft.

Körper von durchsichtiger, rundlicher, 2-klappiger Schale umschlossen.
Im Bauchraum 5 Beinpaare. Am Kopf ein bewegliches, dunkles Komplexauge und 2 große verästelte Ruderantennen.

Im offenen Wasser von Seen und Weihern. Auch in temporären Tümpeln.

Zürich: In allen geeigneten Gewässern.

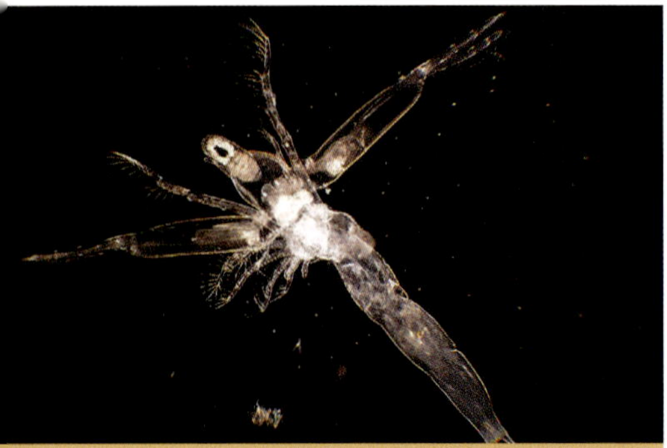

1 cm

Ganzjährig. Im Sommer manchmal Massenvermehrung im Zürichsee.

Völlig durchsichtiges, schlankes Planktonkrebschen mit einem großen Komplexauge am Kopf und zwei langen, beborsteten Schwimmantennen.

Im offenen Wasser von stehenden Gewässern mit gutem Zooplanktonangebot.

Zürich: Im Zürichsee häufig, im Sommer manchmal massenhaft.

Glaskrebschen

Leptodora kindtii

Ernährt sich räuberisch von Wasserflöhen und Rädertierchen, die mit dem gut entwickelten Komplexauge erspäht und den korbartigen Brustbeinen gepackt werden. Während des Sommers entwickeln sich ohne Paarung und Befruchtung laufend Jungtiere im Brutsack des Weibchens (Parthenogenese). Sexuelle Fortpflanzung erst im Herbst. Nach der Paarung werden Eier ins Wasser abgegeben, die aber erst im folgenden Frühling schlüpfen.
Leptodora kindtii ist der einzige Vertreter der Glaskrebschen. Es gehört zusammen mit den Wasserflöhen innerhalb der Krebstiere zur Ordnung der Krallenschwänze (Onychura).

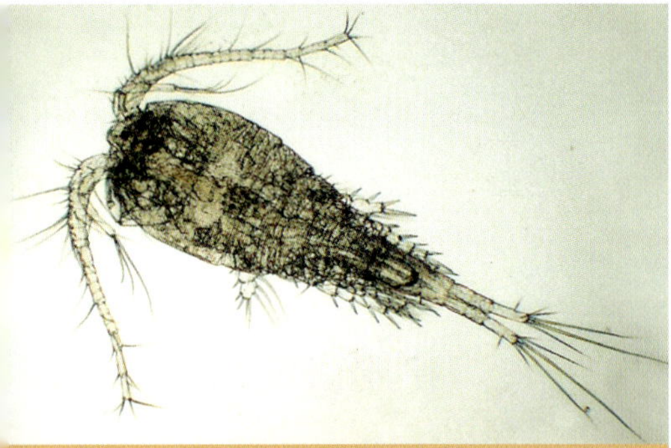

Bis 2,6 mm

Ganzjährig

Tropfenförmiger Körper; ovale Kopfbrust und schlank zulaufender Hinterleib mit 2 fein verästelten Anhängen. Ein Komplexauge auf der Stirn, 2 große Antennen seitlich am Kopf.

Planktonreiches Wasser von Tümpeln, Weihern und Seen, auch in größerer Tiefe, teilweise sogar im Grundwasser.

Zürich: In allen geeigneten Gewässern.

Hüpferlinge

Cyclops sp.

Weibchen oft mit 2 traubenartigen Eipaketen am Hinterleib. Aus den Eiern schlüpfen kleine Larven (Nauplien), die erst nach mehreren Häutungen ihre typische Hüpferlingsgestalt annehmen. Fortpflanzung ganzjährig, bei höherer Wassertemperatur schnellere Vermehrung und oft Massenauftreten. Bei gutem Nahrungsangebot (Algen, Feinpartikel) lagern die Tiere im Körper Fettreserven in Form von orangefarbenen Ölkügelchen ein. Antennen und Hinterleibsanhänge dienen als Schwebehilfen.
In Mitteleuropa rund 20 Hüpferlingsarten. Im Zürichsee ist v. a. *Cyclops abyssorum* häufig. Weitere in Zürich vorkommende Arten sind *C. bohater*, *C. vicinus* sowie verschiedene Arten der Gattungen *Mesocyclops* und *Eudiaptomus*. Im Grundwasser kommt *Acanthocyplos* sp. vor.

Spinnentiere

Die Spinnentiere (Arachnida) sind eine sehr vielgestaltige Gruppe der Gliedertiere. Allen gemeinsam sind Luftatmung und das Fehlen von Antennen und Flügeln. Der Körper ist im Grundbauplan zweiteilig und besteht aus dem Hinterleib und dem aus Kopf und Brust bestehenden Vorderkörper, der die punktförmigen Augen, die Mundwerkzeuge und meist vier Laufbeinpaare trägt.
Die einheimischen Spinnentiere werden in fünf Gruppen unterteilt: Webspinnen (Araneae), Afterskorpione (Pseudoscorpiones), Skorpione (Scorpiones), Weberknechte (Opiliones) und Milben (Acari).
Die *Webspinnen* tragen an ihrem Körperende Spinndrüsen, mit denen sie Spinnseide herstellen können. Diese wird bei manchen Arten zum Bau von Fangnetzen verwendet, bei anderen Arten dient sie lediglich zum Bau eines Wohngespinstes, eines Eikokons oder als Sicherungsfaden. Spinnseide besteht aus Eiweißen und ist das reißfesteste Material, das wir kennen – über 100-mal reißfester als Nylon und rund 6-mal reißfester als ein Faden aus Stahl! Alle Webspinnen leben räuberisch, meist von Insekten und anderen Spinnen. Die Beute wird mit zu Giftklauen umgewandelten Mundwerkzeugen getötet. Bei einigen größeren Arten kann der Biss auch für Menschen schmerzhaft sein, doch gibt es keine gefährlichen einheimischen Spinnen. In der Schweiz leben knapp tausend Webspinnenarten, aus der Stadt Zürich sind bisher weit über hundert Arten bekannt geworden.
Die *Afterskorpione* sind 1–5 mm große, wenig bekannte, skorpionähnliche Tiere, die meist in der Bodenstreu oder in Vogelnestern leben und sich von winzigen Insekten und Milben ernähren. Bei uns gibt es rund 25 Arten.
Skorpione sind in der Stadt Zürich eigentlich nicht heimisch, sondern kommen nur südlich der Alpen vor. Sie werden aber regelmäßig eingeschleppt. Bisher wurden drei Skorpionarten in der Stadt Zürich gefunden – alles kleine, harmlose Arten aus Südeuropa. Ob sich einzelne Populationen halten können, ist nicht bekannt.
Weberknechte sind eher kleine Spinnentiere, bei denen Vorder- und Hinterkörper miteinander verschmolzen sind. Bei den meisten Arten sind die Beine extrem stark verlängert. Giftdrüsen fehlen. Die meisten Weberknechte sind Allesfresser, einige ernähren sich rein räuberisch von kleinen Schnecken, Würmern oder Insektenlarven. Heimisch sind rund fünfzig Arten.
Die *Milben* bilden die vielgestaltigste und weitaus artenreichste Gruppe der Spinnentiere. Alle Arten sind klein, manche werden nur 0,1 mm groß. Bezüglich Lebensraum, Lebensweise und Ernährung kommen alle möglichen Spezialisierungen vor. Viele Arten leben parasitisch auf anderen Tieren, andere haben sich ans Wasserleben angepasst.
Die Spinnentiere der Stadt Zürich wurden bisher nicht systematisch untersucht, am besten weiß man über die Webspinnen und die eingeschleppten Skorpione Bescheid.

Tapezierspinne

Atypus affinis

Tapezierspinnen sind die einzigen mitteleuropäischen Vertreter der Vogelspinnen-Verwandtschaft und damit unsere urtümlichsten Spinnen. Im Gegensatz zu den modernen Spinnen, die ihre Giftklauen senkrecht zur Körperachse bewegen, also beißen, bewegt die Verwandtschaft der Vogelspinnen die Giftklauen parallel zur Körperachse. Sie stechen also. Ein weiteres Merkmal dieser urtümlichen Spinnen ist die lange Lebensdauer: Tapezierspinnen können bis zu 10 Jahre alt werden und sich in dieser Zeit mehrfach fortpflanzen.

Tapezierspinnen bauen am Boden einen fingerartigen Fangschlauch, der mit einer unterirdischen Röhre in Verbindung steht. Nachts sitzt die Spinne im Fangschlauch und zieht Tiere, die darüber klettern, in diesen hinein.

Körperlänge 10–15 mm, mit Giftklauen bis über 20 mm.

Erwachsene ganzjährig

Männchen tiefschwarz, Weibchen und Jungtiere dunkelbraun, mit den großen, nach vorn gerichteten Giftklauen. Nur schwer von 2 weiteren Arten der Gattung zu unterscheiden.

Trockene, warme Magerwiesen, Böschungen und Säume.

Zürich: Nur vereinzelt nachgewiesen, genaue Verbreitung nicht bekannt.

Mauerspinne

Dictyna civica

Die Mauerspinne zählt zur Familie der Kräuselspinnen (Dictynidae) und versieht – wie die Finsterspinne – ihre Spinnfäden mit feinen Kräuselfäden, die klebrige Fadenschlingen bilden, in denen sich Insektenbeine sofort verfangen. Andere Spinnen dagegen arbeiten meist mit Klebfäden. Wärme liebende Art, scheint aus Südeuropa zu stammen und sich in Städten nördlich der Alpen nordwärts auszubreiten. Die kleine Spinne baut an Fassaden – oft unter Fenstersimsen und an windgeschützten Stellen – kreisrunde Netze von etwa 5 cm Durchmesser, die die Fassade im Verlauf der Zeit schmutzig aussehen lassen. Besiedelt gerne grob verputzte Fassaden mit kleinen Vertiefungen und solche, wo durch nächtliche Außenbeleuchtung viele Insekten angezogen werden.

Körperlänge Weibchen 3–3,5 mm, Männchen 2,5–3 mm.

Erwachsene mindestens April–Juni

Kleine Spinne mit weißgrauer Behaarung, besonders an den Seiten des Hinterleibs und in der Mitte des Vorderkörpers. Meist sind nur Netze feststellbar.

An Hauswänden.

Zürich: Verbreitet.

Zürich: seit wenigen Jahrzehnten

Körperlänge 6–8 mm

Erwachsene fast das ganze Jahr über, vom Herbst bis zum nächsten Sommer.

Vorderkörper dunkel rotbraun, vorne glänzend, Hinterkörper heller, mit schwarzem Längsfleck. Einige sehr ähnliche Arten.

In einer Vielzahl von Lebensräumen: in Mauer- und Felsritzen, unter Steinen, unter der Rinde abgestorbener Bäume; auch in Gebäuden.

Zürich: Keine genauen Vorkommen bekannt, mit Sicherheit überall häufig.

Fenster-Finsterspinne

Amaurobius fenestralis

Wie alle Finsterspinnen baut sie ein lockeres, dem Untergrund anhaftendes Fangnetz aus sogenannter Kräuselwolle: extrem fein aufgesplissene Spinnseide, die durch Adhäsionskräfte zwischen den Molekülen die Beute festhält. Man erkennt diese Spinnseide an ihrer weißen, im frischen Zustand bläulichen Farbe.
Finsterspinnen betreiben eine bemerkenswerte Art der Brutfürsorge: Wenn die Jungen aus dem Ei geschlüpft sind, beginnt das Weibchen, seinen eigenen Körper mit Verdauungssäften zu zersetzen und stirbt. Die Jungspinnen versammeln sich anschließend um den toten Körper der Mutter und saugen ihn aus.

Körperlänge 4–6 mm

Erwachsene Frühling–Herbst

Anhand ihres speziellen Körperbaus und der Färbung unverwechselbar.

Bei uns streng an Gebäude gebunden, wo sie sich beispielsweise in Kellern aufhält.

Zürich: Nachgewiesen im Stadtzentrum, wird oft übersehen; wohl verbreitet und häufig.

Speispinne

Scytodes thoracica

Die heimliche, nachtaktive Speispinne baut keine Fangnetze, sondern überwältigt ihre Beute auf eine ganz spezielle Art: Sie schleicht bis auf etwa 2 cm an ihr Beutetier heran und bespeit es mit einem sofort härtenden Leim, den sie in speziellen Drüsen in ihren Giftklauen produziert. Ist die Beute bewegungslos auf der Unterlage festgeklebt, nähert sich die Speispinne und verabreicht ihren Giftbiss.
Bei milder Witterung im Sommer kann die Speispinne auch außerhalb von Gebäuden beobachtet werden. In Südeuropa lebt sie oft im Freien unter Steinen.

Große Zitterspinne

Pholcus phalangioides

Baut unregelmäßige Raumnetze, meist in Ecken und Winkeln des Raums. Bei Störungen versetzt die Spinne ihr Netz in schnelle, zitternde Schwingungen, was ihr den deutschen Namen eingebracht hat. Im Gegensatz zu fast allen anderen Spinnen ist die Zitterspinne gegenüber Artgenossen meist sehr friedlich. Oft berühren sich die Fangnetze benachbarter Spinnen, und gelegentlich können an einem großen Beutetier sogar mehrere Spinnen fressen.
Eiablage im Sommer, die Weibchen tragen das rosa gefärbte Eipaket bis zum Schlüpfen der Jungen vor sich her. Mit einer Lebenserwartung von bis zu 3 Jahren gehört sie zu den langlebigeren einheimischen Spinnen.

Körperlänge 7–10 mm

Erwachsene vorwiegend im Frühling und Sommer, Weibchen auch ganzjährig.

Erwachsene Tiere sind anhand ihres Körperbaus, ihrer Größe und ihres Lebensraums unverwechselbar.

Bei uns ausschließlich in Gebäuden, oft in Kellern. In Südeuropa auch in Höhlen.

Zürich: In der ganzen Stadt weit verbreitet und häufig.

Kugelspinne

Theridion sp.

Die *Theridion*-Arten zählen zur Familie der Kugelspinnen, der noch weitere Gattungen angehören. *Theridion impressum* und mehrere andere Arten aus dieser Gattung besitzen ein sehr hoch entwickeltes Brutpflegeverhalten. Wenn die Jungen im August schlüpfen, werden sie von der Mutter zuerst mit vorverdauter Nahrung von Mund zu Mund gefüttert. Später erhalten sie von der Mutter ganze Beutetiere, die sie fängt und tötet. Bald nach dem Schlüpfen der Jungen stirbt die Mutter jedoch. Bevor sie das mütterliche Netz verlassen, saugen die Jungspinnen die tote Mutter aus – die letzte Nahrung, die sie von der Mutter erhalten.

T. impressum: Weibchen 3,5–5,5 mm, Männchen 2,5–4 mm.

Erwachsene Juli/August

Kugelförmig hochgewölbter Hinterkörper meist gemustert auf heller Grundfarbe; mehrere sehr ähnliche Arten, die sich anhand äußerer Merkmale nicht sicher unterscheiden lassen.

Je nach Art sehr unterschiedlich: Ruderalflächen, Wegränder, Waldränder, Gebüsch, Gärten, Gebäude.

Zürich: Vom Waldrand bis zur Innenstadt; 3 Arten bekannt, darunter *Theridion impressum*.

Körperlänge 5–7 mm

Erwachsene August–Oktober

Anhand des dunklen, nach vorn gegabelten Mittelstreifens auf dem Vorderkörper gut zu erkennen. Hinterkörper oben hell mit dunklem, seitlich gezacktem Längsstreifen.

In fast allen Lebensräumen sehr häufig: Wiesen, Waldränder, Gärten, Gebüsch, Wälder usw.

Zürich: Wohl überall in geeigneten Lebensräumen verbreitet und häufig.

Baldachinspinne

Linyphia triangularis

Linyphia triangularis ist eine der größten Vertreterinnen der Baldachinspinnen (Familie Linyphiidae), die bei uns mit über 400 Arten mit Abstand die artenreichste Spinnenfamilie ist. *L. triangularis* baut wie viele ihrer Verwandten ein Baldachinnetz, das im herbstlichen Morgentau in der Vegetation sehr auffällig ist. Es besteht aus einem horizontalen Netzteppich, unter dem die Spinne lauert, und unregelmäßigen, vertikalen Stolperfäden, die vom Netzteppich nach oben gespannt werden. Fliegt ein Insekt über das Netz, kollidiert es mit den Stolperfäden, stürzt auf den Netzteppich und wird von der Spinne gepackt.

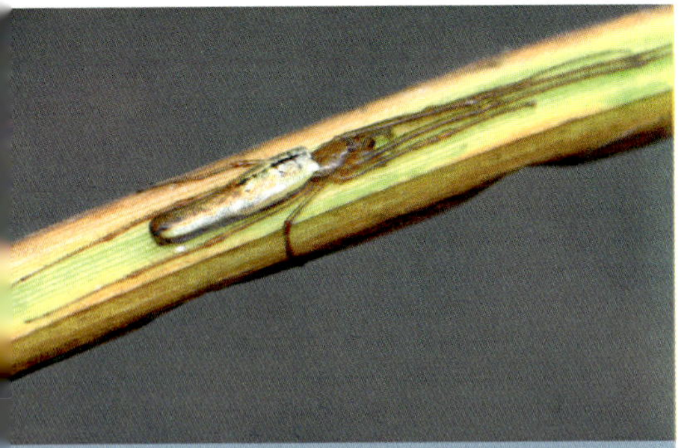

Körperlänge Weibchen 10–12 mm, Männchen 6–9 mm.

Erwachsene Mai–August

Lang gestreckt, anhand der Färbung der Vorderkörperunterseite (dunkel mit einem hellen, lanzettförmigen Längsstrich) und des Lebensraums unverwechselbar.

Ausschließlich in der sonnigen Ufervegetation entlang von Gewässern.

Zürich: Keine konkreten Angaben; in der Ufervegetation von Bächen und Weihern aber mit Sicherheit weit verbreitet.

Streckerspinne

Tetragnatha extensa

Baut ein schräges, manchmal fast horizontales Radnetz in der Ufervegetation, oft über dem Wasser. Die Netze der Streckerspinnen fallen durch ihre freie Nabe auf. Die Tiere ruhen in einer typischen Haltung in der Vegetation: Die vorderen beiden Beinpaare werden gerade nach vorn, das hintere gerade nach hinten gestreckt, und mit dem dritten Beinpaar halten sie sich auf der Unterlage fest.
Streckerspinnen haben auffällig lange Giftklauen. Besonders ausgeprägt ist dies bei reifen Männchen. Um sich gefahrlos mit den größeren Weibchen paaren zu können, fixieren sie damit die Giftklauen des Weibchens.

Herbstspinne

Metellina segmentata

Baut Radnetze in der Vegetation, meist ziemlich nahe über dem Boden. Tagsüber lauert die Spinne meist im Netzzentrum.
Zur Paarungszeit im September und Oktober hält sich das Männchen am Rand des Netzes eines reifen Weibchens auf. Verfängt sich ein Beutetier im Netz, eilt das Männchen herbei, umwickelt die Beute mit Spinnseide und überreicht sie dem Weibchen als Brautgeschenk. Nach der Paarung baut das Weibchen einen grünlichen Eikokon und befestigt ihn in der Vegetation.

Körperlänge 6–9 mm

Erwachsene August–Oktober

Hinterleib hell, oben mit blattähnlicher, braunrötlicher Zeichnung. Kann mit der sehr ähnlichen *Metellina mengei* verwechselt werden, die aber bereits im Frühsommer erwachsen ist.

In fast allen Lebensräumen sehr häufig: Wiesen, Waldränder, Gärten, Wälder usw.

Zürich: Vermutlich überall in geeigneten Lebensräumen verbreitet und häufig.

Gartenkreuzspinne

Araneus diadematus

Wohl die bekannteste und auffälligste Spinne, deren große, kunstvolle Fangnetze auch mitten in der Stadt, etwa an Geländern entlang der Limmat, angetroffen werden können. Tagsüber sitzt die Kreuzspinne meist kopfüber im Netzzentrum und lauert auf Beute. Wo Kreuzspinnen v. a. nachts Beute machen, etwa in der Nähe von hellen Straßenlampen, haben sie ihre Aktivitätszeit umgestellt und sind nachtaktiv geworden.
Das Weibchen baut nach der Paarung im Spätsommer oder Herbst einen gelblichen, kugeligen Eikokon, in dem die Jungspinnen überwintern. Die Gartenkreuzspinne braucht 2 Jahre für ihre Entwicklung.

Körperlänge Weibchen 12–17 mm, Männchen 5–10 mm.

Erwachsene August–Oktober

Trotz variabler Grundfärbung anhand der auffälligen, hellen Kreuzzeichnung auf dem Hinterkörper leicht zu erkennen.

In ganz unterschiedlichen Lebensräumen, in der Kraut- und Strauchschicht offener und halboffener Lebensräume. Häufig auch in Gärten, an Brückengeländern usw.

Zürich: Im ganzen Stadtgebiet verbreitet und häufig.

Körperlänge Weibchen 13–16 mm, Männchen 7–10 mm.

Erwachsene ganzjährig, am häufigsten Juli–Oktober.

Etwa so groß wie Gartenkreuzspinne, Grundfarbe schwarz- bis rotbraun, Blattzeichnung auf dem stark abgeplatteten Hinterleib.

Fast überall in offenen Lebensräumen, wo sie enge Spalten als Schlupfwinkel findet. Oft auch an Gebäuden.

Zürich: Genaue Verbreitung unbekannt; im ganzen Stadtgebiet verbreitet und häufig.

Spaltenkreuzspinne

Nuctenea umbratica

Baut ähnliche Fangnetze wie die Gartenkreuzspinne. Die Netze der Spaltenkreuzspinne sind aber oft noch größer und nie symmetrisch, sondern haben das Zentrum in Richtung des Schlupfwinkels der Spinne verschoben, in dem sie den Tag verbringt. Mit Einbruch der Dunkelheit baut sie ein neues Fangnetz und hält sich die ganze Nacht über im Netzzentrum auf, um Nachtfalter oder Köcherfliegen zu erbeuten. Wegen ihrer nächtlichen Aktivität ist sie weniger auffällig als die meist tagaktive Gartenkreuzspinne.

Körperlänge Weibchen 4,5–8,5 mm, Männchen 3,5–4,5 mm.

Erwachsene Mai–August

Hinterkörper glänzend gelblich grün, mit mehreren feinen schwarzen Punkten. Von einigen nah verwandten, aber seltenen Arten nur schwer zu unterscheiden.

In ganz unterschiedlichen Lebensräumen, auf Bäumen, Sträuchern und in der Krautschicht von offenen Lebensräumen, entlang von Waldwegen, oft auch in naturnahen Gärten.

Zürich: Vom Waldrand bis ins Stadtzentrum.

Kürbisspinne

Araniella cucurbitina

Die Kürbisspinne baut ihr kleines Radnetz meist horizontal oder schräg auf Blättern oder sogar größeren Blumen wie Margeriten, indem sie es an den Blatträndern oder an den Spitzen der Blütenblätter befestigt. Die Spinne sitzt mit dem Bauch nach oben in der Nabe des Netzes. Will ein Insekt auf dem Blatt oder auf der Blüte landen, gerät es unweigerlich in das Fangnetz und bleibt an den Fangfäden kleben.

Die Jungspinnen schlüpfen im Spätsommer und Herbst und überwintern halbwüchsig an Zweigen.

Wespenspinne

Argiope bruennichi

War vor 100 Jahren in Europa noch auf das Mittelmeergebiet bis in die Südschweiz beschränkt, hat sich in der Zwischenzeit aber rasend schnell nach Norden ausgebreitet und unterdessen bereits Südschweden erreicht.
Baut ihre Netze an sonnigen Stellen wenig über dem Boden zwischen Grashalmen und Stauden. Hier fängt sie überwiegend Heuschrecken, manchmal auch Honigbienen und andere Insekten.
Die kleinen Männchen werden nach der kurzen Paarung normalerweise von den Weibchen getötet und verspeist. Dann baut das Weibchen einen gut 3 cm großen Kokon, der Hunderte von Eiern enthält, verankert ihn in der Vegetation und stirbt. Die Jungspinnen schlüpfen im darauf folgenden Juni aus dem Kokon und entwickeln sich in nur 2 Monaten zur erwachsenen Spinne.

Körperlänge Weibchen 14–17 mm, Männchen mit 4–6 mm viel kleiner.

Erwachsene August/September

Groß, mit gelb-schwarz-weiß gestreiftem Hinterleib, Netz in der Mitte mit senkrechtem Gespinstband in Zickzackform.

Sonnige Ruderalflächen, Brachen, Ränder von Riedwiesen, auch in Gärten.

Zürich: An zahlreichen Stellen beobachtet.

Schweiz: seit frühem 20. Jh

Labyrinthspinne

Agelena labyrinthica

Die Labyrinthspinne lauert im hintersten Teil ihres Netzes, meist am Eingang einer Rückzugsröhre. Gelangt ein Beutetier auf das Netz, kann sie die Beute exakt lokalisieren und blitzschnell packen.
Während der Paarungszeit im Juli suchen die Männchen die Weibchen in ihren Netzen auf. Ist das Weibchen paarungsbereit, verfällt es anfänglich in eine Starre, die dem Männchen eine ungestörte Paarung erlaubt. Nach erfolgter Paarung erwacht das Weibchen und stürzt sich blitzschnell auf das Männchen, um es zu töten und zu verspeisen. Nur selten gelingt den Männchen die Flucht. Nach einem Monat fertigt das Weibchen einen weißen Eikokon an, deponiert ihn in der Rückzugsröhre ihres Netzes und stirbt. Die Jungspinnen schlüpfen im folgenden April.

Körperlänge 8–14 mm

Erwachsene Juli/August

Typische Netze: große, bis 50 cm breite Trichternetze, die meist tief in der Vegetation angelegt werden.

Sonnige, trockene Stellen mit niedriger Vegetation wie Böschungen, Waldränder, Wegränder, auch in Gärten.

Zürich: Nur vereinzelt nachgewiesen, sicher aber an geeigneten Orten häufig.

Körperlänge 10–18 mm. Männchen erreichen mit ihren Beinen eine Spannweite von bis zu 10 cm.

Erwachsene Weibchen ganzjährig, erwachsene Männchen Juli–Oktober.

Sehr langbeinige Spinne mit auffällig langen Spinnwarzen, nur schwer von nah verwandten Arten zu unterscheiden.

Meist in Gebäuden, aber auch an regengeschützten Felsen und Mauern oder in Höhlen.

Zürich: Genaue Verbreitung unbekannt, jedoch überall sehr häufig.

Hausspinne

Tegenaria atrica

Die Hausspinne baut an ungestörten Orten in Ecken oder hinter Möbeln ein großes, deckenartiges Netz. Wird über längere Zeit keine Beute gemacht, wechselt sie an einen neuen Ort. Dort baut sie ein neues Netz oder übernimmt ein anderes, bereits bestehendes. Dabei kann sie auch kleinere Artgenossen aus dem Netz vertreiben. Jagdweise und Paarung sind ähnlich wie bei der Labyrinthspinne, doch wird das Männchen nach der Paarung vom Weibchen nicht getötet. Im Gegensatz zu den meisten Spinnenarten, die nur 1 oder 2 Jahre alt werden und deren Weibchen sich nur einmal im Leben fortpflanzen, können weibliche Hausspinnen bis zu 6 Jahre alt werden und sich mehrmals fortpflanzen.

Körperlänge 8–14 mm

Erwachsene ganzjährig

Dunkle, kurzbeinige Spinne mit auffällig langen Spinnwarzen; Verwechslung mit nah verwandten Arten möglich.

Am Boden frischer und feuchter Wälder, unter Steinen, abgebrochenen Ästen, zwischen Moos und an ähnlichen Stellen.

Zürich: Verbreitung nicht näher bekannt; in den Wäldern wohl verbreitet und häufig.

Erd-Finsterspinne

Coelotes terrestris

Die Spinne baut ein sehr kleines Trichternetz mit etwa 5 cm Durchmesser und lauert nachts auf Beute. Tagsüber ruht sie unter Steinen oder in Erdlöchern.
Nach der Paarung im Sommer baut das Weibchen einen kleinen Eikokon, aus dem im Juli oder August die Jungspinnen schlüpfen. Die Mütter betreiben eine intensive Brutfürsorge und füttern die Jungspinnen anfänglich mit vorverdauten Teilen ihrer Beute. Dabei wird die Mutter von den Jungspinnen regelrecht angebettelt. Später fangen die Jungspinnen ihre eigene Beute im mütterlichen Netz, und erst wenn die Mutter stirbt, verlassen sie es und bauen sich ihr eigenes Netz.

Listspinne

Pisaura mirabilis

Wie die Wolfsspinnen ist auch die Listspinne ein frei umherschweifender Jäger ohne Fangnetz. Interessant ist ihr Balzverhalten: Bevor ein reifes Männchen auf Weibchensuche geht, sucht es sich ein Brautgeschenk. Das ist meistens ein Beutetier, das mit Spinnseide schön verpackt wird. Manchmal werden aber auch bloß trockene Pflanzenteile eingepackt. Bei einem Weibchen angekommen, wird der Spinnendame das Brautgeschenk angeboten. Wenn sie es annimmt und hineinbeißt, kann sich das Männchen ungestört paaren. Nach der Paarung frisst das Weibchen oft am Brautgeschenk weiter. Es gibt aber auch Schlaumeier, die der Paarungspartnerin das Brautgeschenk wieder entreißen, es neu verpacken und dem nächsten Weibchen anbieten.

Körperlänge 10–15 mm

Erwachsene Mai–Juli

Recht langbeinige, gelb- bis dunkelbraune Spinne mit hellem Mittelstrich auf dem Vorderkörper.

Sonnige Waldränder, Magerwiesen und Säume. Bei Sonnenschein oft auf Brennnesselblättern.

Zürich: Nur wenige Beobachtungen, an geeigneten Orten wohl verbreitet.

Gerandete Jagdspinne

Dolomedes fimbriatus

Eine der größten mitteleuropäischen Spinnen. Dank Wasser abweisender Haare an den Füßen kann sie geschickt über die Wasseroberfläche laufen, aber auch sehr gut tauchen. Erwachsene immer am Wasser, Jungtiere oft auch etwas abseits in feuchten Riedwiesen. Tagaktiv, lauert bei Sonnenschein am Ufer oder auf dem Wasser zwischen Wasserpflanzen auf Beutetiere wie verschiedene Insekten, aber auch kleine Frösche. Kaulquappen und kleine Fische werden tauchend erbeutet. Die Beute wird mit einem Giftbiss innerhalb weniger Sekunden getötet, an Land geschleppt und verzehrt.

Paarung im Mai und Juni, Spinnen sterben spätestens Anfang Herbst des 2. Lebensjahrs. Jungtiere schlüpfen im Spätsommer und überwintern zweimal, bevor sie im Mai erwachsen werden.

Körperlänge 15–22 mm, Spannweite der Beine bis gegen 8 cm.

Erwachsene Mai–Juni, Weibchen bis August.

Groß, mit markanter Zeichnung – mittel- bis dunkelbrauner Körper mit 2 weißen Längsbinden.

Pflanzenreiche Ufer von stehenden Gewässern, Moortümpel.

Zürich: Im Katzenseegebiet, vermutlich auch an anderen sonnigen, pflanzenreichen Weihern.

Körperlänge je nach Art 5–9 mm

Erwachsene je nach Art bereits im März oder im Sommer.

Meist braune Jagdspinnen, die 29 einheimischen Arten sind nur schwer zu unterscheiden.

Lebensräume artspezifisch. In sonnigen, offenen Lebensräumen wie Wiesen und Weiden, Riedflächen, an Waldrändern, in Gärten, aber auch auf Äcker oder Kiesflächen.

Zürich: Bisher 7 verschiedene Arten an ganz unterschiedlichen Orten beobachtet.

Wolfsspinne

Pardosa sp.

Wie fast alle Wolfsspinnen bauen auch die Vertreter der Gattung *Pardosa* keine Fangnetze, sondern sind aktive Jäger am Boden, die kleine Insekten wie Fliegen, Mücken und Springschwänze erbeuten. Im Frühling gehören sie an sonnigen Tagen in Wiesen oder an Waldrändern zu den häufigsten und auffälligsten Spinnen.
Das Weibchen trägt den rundlichen Eikokon an Spinnwarzen fixiert mit sich herum. Geht der Eikokon verloren, wird gelegentlich «Ersatz» gesucht und z. B. ein kleines Schneckenhaus an die Spinnwarzen geheftet.
Nach dem Schlüpfen werden die Jungspinnen bis zur nächsten Häutung auf dem Rücken des Weibchens herumgetragen. Erst dann verlassen sie die Mutter und gehen selbstständig auf die Jagd.

Körperlänge Weibchen 7–10 mm, Männchen 3–5 mm.

Erwachsene Mai–Juli

Unverwechselbar aufgrund von Körperform und Färbung.

Sonnige, blütenreiche Wiesen, Ruderalflächen und Waldränder.

Zürich: Nur wenige Nachweise, dürfte aber an geeigneten Orten verbreitet und nicht selten sein.

Veränderliche Krabbenspinne

Misumena vatia

Die Weibchen dieser Krabbenspinne sind farblich außerordentlich variabel. Sie können von weiß über grüngelb bis leuchtend gelb gefärbt sein und haben oft 2 grünlich graue oder leuchtend rote, schmale Längsbinden. Als Lauerjäger sind sie auf gleichfarbigen Blüten hervorragend getarnt. Oft beobachtet man, dass weiße Tiere auf den weißen Blütenblättern, gelbe dagegen im gelben Zentrum von Margeritenblüten lauern.
Die mittelgroßen Krabbenspinnen können selbst so wehrhafte Blütenbesucher wie Honigbienen oder Hummeln überwältigen, indem sie ihnen mit den Vorderbeinen sanft die Flügel fixieren und sie mit einem gezielten Biss direkt ins Zentralnervensystem augenblicklich töten.

Zebra-Springspinne

Salticus scenicus

Wie alle Springspinnen besitzt die Zebra-Springspinne 2 stark vergrößerte, nach vorn gerichtete Augen, mit denen sie ein sehr scharfes, 3-dimensionales Bild erhält. Sie beschleicht ihre Beutetiere – etwa Blattläuse oder kleine Fliegen – und springt sie aus einer Distanz von rund 1 cm an. Dabei ist sie immer mit einem Sicherungsfaden mit der Unterlage verbunden, der sie vor Abstürzen schützt.

Zebra-Springspinnen haben ein auffälliges Balzverhalten, bei dem sich konkurrierende Männchen auch Scheinkämpfe liefern können.

Körperlänge 5–7 mm

Erwachsene Mai–August

Kurzbeinige, flinke Spinne mit schwarz-weiß gestreiftem Hinterleib. Verwechslung mit 2 seltenen, nah verwandten Arten möglich.

Fast immer an und in Gebäuden, meist an sonnigen Hausmauern.

Zürich: Wenige Nachweise, jedoch in der ganzen Stadt verbreitet und häufig.

Bücherskorpion

Chelifer cancroides

Bücherskorpione gehören zu den Pseudoskorpionen und sind heimliche, unauffällige Tiere, die man nur selten zu Gesicht bekommt. Meist halten sie sich in engen Spalten und Ritzen oder zwischen alten Büchern auf, wo sie Jagd auf kleine Insekten und Spinnentiere machen: Springschwänze, Haus- und Staubmilben, auch Bettwanzen. Die Beute wird mit den Scheren ergriffen und mit einem Giftapparat, der sich an der Scherenspitze befindet, getötet.

Für den Menschen sind die Winzlinge völlig harmlos und machen sich durch das Vertilgen von Schädlingen nützlich. Halten sich gelegentlich an Fliegenbeinen fest, um Ortswechsel vorzunehmen. In Gefangenschaft bis zu 3 Jahre alt, über die Lebenserwartung in der Natur ist nichts bekannt.

Körperlänge 2,5–4,5 mm

Erwachsene ganzjährig

Winziges Tier, das mit seinen Scheren an einen Skorpion erinnert, jedoch ohne Stachelschwanz. Mehrere ähnliche Arten.

Alle möglichen, eher trockenen Lebensräume, z. B. unter der Rinde abgestorbener Bäume, in Vogelnestern. Oft in Gebäuden, wo sie beispielsweise zwischen alten Büchern leben.

Zürich: Wenige Nachweise, jedoch weit verbreitet, bis ins Stadtzentrum anzutreffen.

Zimmermann, Weberknecht

Phalangium opilio

Körperlänge 4–7 mm, Beinlänge bis 4 cm.

Erwachsene Juni–November, vermutlich eine Generation pro Jahr.

Langbeiniges Spinnentier mit für einige Zimmermänner typischer Gestalt, nur schwer von zahlreichen ähnlichen, verwandten Arten zu unterscheiden.

Verschiedene sonnige, offene Lebensräume: Wiesen, Wegränder, Gärten.

Zürich: Nur vereinzelte Daten vorhanden, aber an geeigneten Orten sicher verbreitet.

Vertreter der Ordnung der Weberknechte (auch Zimmermänner genannt). *Phalangium opilio* ist eine häufige Art im urbanen Raum, wo strukturierte Grünanlagen vorhanden sind, die nicht zu Tode gepflegt werden. Tagaktiv, im Unterschied zu den meisten anderen Weberknechten auch bei Sonnenschein. Eiablage im Herbst in den Boden. Die Jungtiere, die meist im Frühling schlüpfen, halten sich in der Bodenstreu auf, später leben sie auf Gebüschen und an Hausmauern, die Erwachsenen überwiegend am Boden.

Ernährt sich räuberisch von kleinen Insekten und Spinnentieren, die mit den Kieferzangen gefasst und zerquetscht werden. Die Männchen kämpfen zur Paarungszeit mit hornartigen Verlängerungen auf den Kiefertastern um die Gunst der Weibchen.

Rote Samtmilbe

Trombidium holosericeum

Bis 4 mm, eine der größten heimischen Milben.

April–September, Adulte v.a. im Frühjahr, Larven im Spätsommer.
Bei Sonnenschein am Boden und an Mauern.

Weichhäutig, mit dichter, scharlachroter Behaarung.

Vorwiegend in oberen Bodenschichten unterschiedlicher Lebensräume, im Wald, an Waldrändern, in Weinbergen, in Gärten usw., an offenen Bodenstellen und alten Mauern.

Zürich: Weit verbreitet, häufig.

Samtmilbenlarven parasitisch (saugend) etwa an Tagfaltern, Heuschrecken und Weberknechten, wo sie als leuchtend rote Anhängsel auffallen (s. Bild S. 167). Nymphen (8-beinige ältere Jungtiere) und ausgewachsene Samtmilben leben räuberisch und machen sich als Vertilger von Rebläusen und anderen Schädlingen nützlich.

Milben (Acari) können sehr unterschiedlich in Erscheinung treten: Viele beteiligen sich als Bodenorganismen an wichtigen Nährstoffkreisläufen, andere gelten als Nützlinge (Raubmilben), weitere treten als Pflanzenschädlinge auf (Spinnmilben usw.), bilden Gallen (an Blättern von Ahorn, Linde usw.) oder leben parasitisch wie der Holzbock und die winzige Herbstmilbe *(Neotrombicula autumnalis)*, deren Stiche beim Menschen starken Juckreiz auslösen können.

Totengräbermilbe

Poecilochirus necrophori

Diese Milbe lebt in einer symbiotischen Beziehung zum Totengräber-Käfer: In einem späten Jugendstadium (sog. Deutonymphen) setzen sich Totengräbermilben oft in größerer Zahl auf Totengräber, die zu den Aaskäfern zählen, und lassen sich vom Käfer zu Tierleichen transportieren, die dieser für die Aufzucht seiner Brut im Boden einzugraben pflegt. Beim Aas angekommen verlassen die Milben den Käfer und machen sich über Fliegeneier her, die bereits am toten Körper abgelegt worden sind. Die Eier werden angestochen und ausgesaugt. Innerhalb weniger Stunden können sämtliche Fliegeneier vernichtet werden. Auch bereits geschlüpfte Jungmaden werden überwältigt. Die Beseitigung der konkurrierenden Fliegen erlaubt dem Käfer eine erfolgreiche Fortpflanzung.

1 mm

Frühjahr und Sommer

Gelbbraun, oft in Gruppen an Totengräber-Käfern (*Necrophorus* sp.).

Wälder und Waldränder, wo auch Totengräber vorhanden sind.

Zürich: Wohl nicht selten, am Üetliberg auf Schwarzhörnigem Totengräber (*Necrophorus vespilloides*) beobachtet.

Kugelmilbe

Hydrachna globosa

Häufigster und auffälligster Vertreter der rund 70 heimischen Wassermilbenarten (Hydrachnellae). Die ausgewachsenen Wassermilben jagen Wasserflöhe, die sie mit ihren winzigen Giftklauen töten und anschließend aussaugen. Die Eier werden an Wasserpflanzen geklebt. Die Entwicklung der Jungtiere verläuft über ein erstes Larvenstadium zu einem ersten Puppenstadium, aus dem eine Nymphe schlüpft. Die Nymphe gleicht äußerlich dem Adulttier, ist aber noch nicht geschlechtsreif. Erst nach einem zweiten Puppenstadium schlüpft die geschlechtsreife Milbe.
Die Larven der meisten Wassermilben leben parasitisch an verschiedenen Wasserinsekten, vor allem an Wasserläufern und Zuckmückenlarven. Einige Arten parasitieren in Teich- und Flussmuscheln.

Bis 3 mm

Im Hochsommer oft massenhaft.

Blutrot gefärbter, kugelrunder Körper mit 8 Ruderbeinen.

Pflanzenreiche Uferzonen von Seen und Weihern.

Zürich: An allen geeigneten Gewässern.

Holzbock (Zecke)

Ixodes ricinus

Larven 0,8–0,9 mm, fast durchsichtig, Nymphen 1,4–1,6 mm, Adulte 4–6 mm.

Der Körper schwillt während einer Blutmahlzeit stark an, Weibchen können bis auf Erbsengröße (über 1 cm) anwachsen.

Hauptaktivität Februar–Oktober, ab 7 °C.

Grau oder rotbraun, mit Schild auf dem Rücken. Larve 3, Nymphe und Adulte 4 Beinpaare. Mundwerkzeug (Rostrum) mit Widerhaken.

Sitzt in der niedrigen Vegetation auf Grashalmen oder Büschen, nicht höher als 1,5 m über dem Boden, und wartet auf vorbeikommende Wirte (Reptilien, Vögel, Säugetiere oder Menschen).

Zürich: In Wäldern, an Waldrändern, auch in Parks und Privatgärten, kann überall vorkommen.

Merkblatt:

→ www.stadt-zuerich.ch/schaedlingsbekaempfung

→ www.bag.admin.ch, Suche «Zecken»

Zecken zählen innerhalb der Spinnentiere zu den Milben. Verglichen mit anderen Milben sind sie jedoch meist größer und leben länger. Weltweit sind über 800 Zeckenarten bekannt, in der Schweiz kommen 30 Arten vor. Alle Zecken ernähren sich als Ektoparasiten ausschließlich von Blut. Die bekannteste Art ist der Holzbock *(Ixodes ricinus)*. Zecken, die noch kein Blut gesaugt haben, sind flach. Ihr Körper ist in zwei Teile geteilt: den Stechapparat und den ovalen Körper mit den Beinen. Fühler haben sie keine, dafür auf dem vordersten Beinpaar das Haller'sche Organ, womit sie Geruch und Feuchtigkeit wahrnehmen können. Deshalb sitzen sie auf der Wirtssuche auch immer mit ausgestreckten Vorderbeinen auf den Grashalmen.

Am häufigsten findet man den Holzbock in Laubwäldern mit dichtem Unterholz, auf Waldlichtungen und an Waldwegen, er kann jedoch auch in Gärten und Parks auftreten, da Wildtiere – wie Vögel, Mäuse, Fuchs und Marder – die Zecken verbreiten. Weil Zecken keine feste Haut haben, brauchen sie eine feuchte Umgebung, um nicht zu vertrocknen. Am liebsten halten sie sich in der Laubschicht auf. Die Anzahl gefundener Zecken variiert stark von Jahr zu Jahr und hängt vor allem von den Temperaturen und Niederschlägen im Frühling ab. Ist der April sehr trocken, gibt es wenig Zecken, weil sie an der Trockenheit sterben.

Der Entwicklungszyklus des Holzbocks erstreckt sich bei uns über 2–3 Jahre. Das Weibchen legt mehrere Tausend Eier, die daraus schlüpfenden 6-beinigen Larven klettern auf Grashalme und warten auf vorbeikommende Wirte, eher kleinere Wirbeltiere wie Eidechsen, Vögel oder Mäuse. Nach der Blutmahlzeit verwandeln sie

sich in 8-beinige Nymphen, die ebenfalls einmal Blut aufnehmen müssen, um sich anschließend zur ausgewachsenen, geschlechtsreifen Zecke zu entwickeln. Die männlichen Zecken benötigen keine weitere Blutaufnahme und sterben gleich nach der Paarung, während die Weibchen ein drittes und letztes Mal ein meist größeres Wirbeltier befallen, beispielsweise einen Menschen.

Der Holzbock kann verschiedene Krankheiten übertragen. Gefährlich sind besonders die Lyme-Borreliose und die Frühsommer-Hirnhautentzündung (FSME). Deshalb ist es sehr wichtig, sich nach dem Aufenthalt im Freien auf Zecken abzusuchen und Zecken so schnell wie möglich zu entfernen.

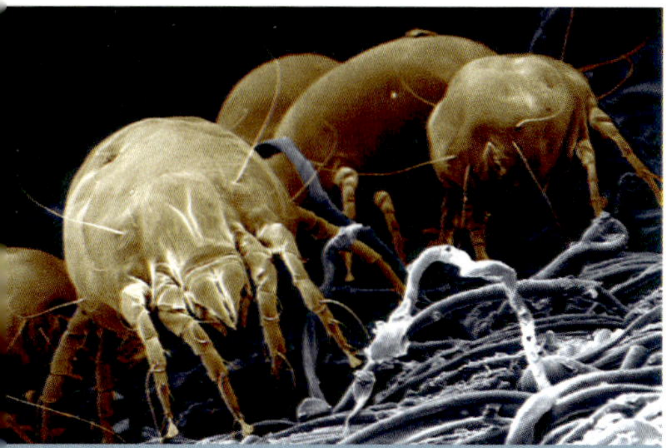

Hausstaubmilbe

Dermatophagoides pteronyssinus und *farinae*

Ca. 0,3 mm

Ganzjährig

Ovale, gedrungene Milbe, mikroskopisch.

In Kissen, Decken, Matratzen, Polstermöbeln und Teppichen.

Zürich: Praktisch in jedem Haushalt, auch in öffentlichen Gebäuden.

Weltweit verbreitet, ursprünglich möglicherweise aus den Tropen, da optimale Wachstums- und Vermehrungsbedingungen bei 25 °C und einer relativen Luftfeuchtigkeit von 70–80 % liegen. Hausstaubmilben ernähren sich von menschlichen Hautschuppen, die zur Verjüngung der Haut abgestoßen werden (täglich etwa 1 g pro Person). Symbiose mit Wärme liebenden Schimmelpilzen, die Enzyme ausscheiden, welche für die Milbe giftige Fettanteile der Schuppen vorverdauen; Pilzsporen werden von Staubmilben verbreitet. In fast jedem Haushalt, besonders in Betten (optimale Temperatur- und Feuchtigkeitsverhältnisse). Kann Allergien auslösen, die Allergene finden sich konzentriert in den winzigen Kotkügelchen, die die Filter normaler Staubsauger passieren können.

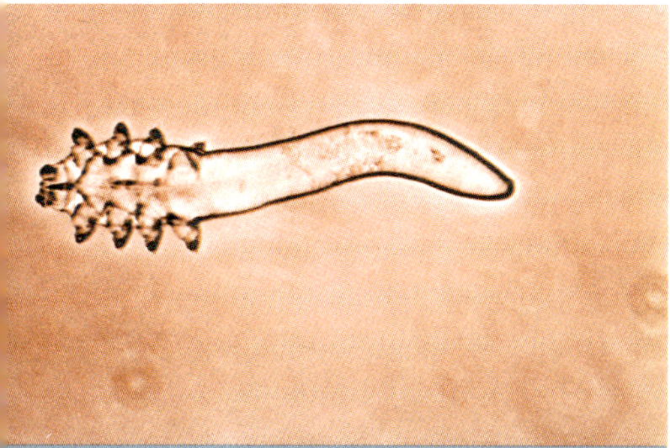

Haarbalgmilbe

Demodex folliculorum

0,1–0,4 mm

Ganzjährig

Länglich, 8 Stummelbeine im vorderen Körperteil, fast durchsichtig, mikroskopisch.

In den Haarfollikeln von Menschen.

Zürich: Praktisch an jedem Menschen.

Haarbalgmilben entwickeln sich im Haarbalg (Haarfollikel), der länglichen Einstülpung der Oberhaut, an deren unterem Ende die Haarwurzel liegt, halten sich mit ihren kurzen, starken Beinen am Haarschaft fest und ernähren sich vornehmlich vom Talg, der von in die Haarfollikel mündenden Drüsen gebildet wird. Daneben werden auch andere fetthaltige Substanzen aufgenommen (Kosmetika). Lebenszyklus dauert gut 2 Wochen. Meist nachts verlassen ausgewachsene Haarbalgmilben den Balg und gelangen auf die Haut, wo sie sich paaren. Übertragung von Mensch zu Mensch, Befall meist schon im Kindesalter. Besonders an Stirn und Kinn, in Wimpern und Brauen, auch am Gesäß. Im Normalfall völlig harmlos.

Tausendfüßer

Tausendfüßer oder Tausendfüßler (Myriapoda) sind lang gestreckte, flügellose Gliedertiere, deren Rumpf nicht in Brust und Hinterleib unterteilt ist, sondern aus zahlreichen, mehr oder weniger gleichförmigen Körpersegmenten besteht. Trotz ihres Namens haben sie nie tausend Füße, sondern höchstens 750 (375 Beinpaare), meist aber deutlich weniger. Sie leben am oder im Boden. Bei einigen Arten ist beim Schlüpfen aus dem Ei bereits die volle Segmentzahl ausgebildet und die Segmente wachsen im Verlauf der Entwicklung und differenzieren sich aus, während bei anderen Arten beim Schlüpfen erst wenige Segmente und Beinpaare ausgebildet sind, deren Zahl im Verlauf der Entwicklung zunimmt.

Über unsere Tausendfüßer wissen wir bisher erst wenig. Aus der Stadt Zürich gibt es noch keine Untersuchung zu dieser Tiergruppe. Aus der ganzen Schweiz sind bisher rund 215 Arten bekannt geworden.

Man unterteilt die Myriapoden in vier Gruppen: Hundertfüßer (Chilopoda, gut 50 Arten in der Schweiz), Doppelfüßer (Diplopoda, etwa 130 Arten), Wenigfüßer (Pauropoda, etwa 20 Arten) und Zwergfüßer (Symphyla, etwa 15 Arten). Vorgestellt werden im Folgenden je zwei Arten der Hundertfüßer und der Doppelfüßer.

Die *Hundertfüßer* besitzen an jedem Körpersegment nur ein Beinpaar und haben meist einen abgeflachten Körper. Sie ernähren sich räuberisch von Würmern, Insekten und anderen Kleintieren, die sie mit ihren kräftigen Giftklauen töten. Größere Arten können auch den Menschen schmerzhaft beißen.

Doppelfüßer dagegen tragen an jedem Körpersegment zwei Beinpaare. Zu ihnen zählen die klassischen Tausendfüßer mit ihrem lang gestreckten, im Querschnitt runden Körper. Sie ernähren sich überwiegend von abgestorbenem Pflanzenmaterial, seltener auch von lebenden Pflanzenteilen, und besitzen keine Giftklauen.

Wenigfüßer sind winzige, weniger als 1 mm große Tausendfüßer, die am Boden in der Streuschicht und unter Steinen oder Holz leben und sich von Pilzfäden oder winzigen Kleintieren ernähren.

Die *Zwergfüßer* schließlich sind ebenfalls kleine, bis maximal 10 mm lange Arten, die in der Streuschicht oder im Boden leben und sich vorwiegend von Algen und Bakterien ernähren. Wie die Wenigfüßer sind sie blind.

Trotz einer gewissen äußeren Ähnlichkeit sind diese vier Gruppen nicht näher miteinander verwandt. Die Hundertfüßer bilden eine sehr eigenständige Gruppe, während die drei anderen Gruppen den Insekten nahe stehen.

An geeigneten Orten können Tausendfüßer eine Dichte von rund tausend Tieren pro Quadratmeter Boden erreichen. Viele Arten spielen als Verwerter von toter organischer Materie eine wichtige bodenbiologische Rolle und tragen wesentlich zur Humusbildung bei.

Gemeiner Steinläufer

Lithobius forficatus

Nachtaktiver Hundertfüßer, ernährt sich räuberisch von Insekten und Spinnen. Die Beute wird mit den Antennen ertastet und mit einem Giftbiss getötet. Große Tiere können auch den Menschen schmerzhaft beißen.
Lebenserwartung 5–6 Jahre; auch erwachsene Tiere häuten sich noch. Vor allem unter Steinen und unter der Rinde abgestorbener Bäume.
Verwechslung mit verwandten, meist kleineren Arten möglich.

Körperlänge 20–32 mm

Erwachsene ganzjährig

Dunkel rotbrauner, großer Steinläufer.

In sehr vielen Lebensräumen, oft auch in Gärten und Parks. Unter Holz und Steinen.

Zürich: Im Mittelland weit verbreitet, Verbreitung in Zürich nicht näher bekannt.

Erdläufer

Geophilus electricus

Erdläufer zählen zu den Hundertfüßern, sind flinke, blinde Räuber und ernähren sich überwiegend von Regenwürmern, aber auch von Insekten, die sie mit den Antennen aufspüren und mit einem Giftbiss töten. Sie können Beutetiere überwältigen, die 20-mal schwerer sind als sie selbst. Erdläufer werden mit 2–3 Jahren geschlechtsreif und haben eine Lebenserwartung von 5–6 Jahren. *Geophilus electricus* besitzt ausgewachsen 63–73 Beinpaare, ein Paar pro Körpersegment. Er kann mit 2 verwandten Arten verwechselt werden, die etwa gleich viele Beinpaare besitzen.
Bei Gefahr sondert er ein leuchtendes Wehrsekret ab und hinterlässt auf dem Boden eine leuchtende Spur.

Körperlänge 40–45 mm

Erwachsene ganzjährig

Lang gestreckter, schmaler Hundertfüßer, braunbeige.

In der Bodenstreu, unter Steinen und in Erdspalten verschiedener Lebensräume.

Zürich: Im Mittelland weit verbreitet, Verbreitung in Zürich nicht näher bekannt.

Körperlänge 6–17 mm

Erwachsene ganzjährig

Färbung variabel, meist marmorierte, helle bis leuchtend rote Zeichnung auf dunklem Grund.

Am Boden von Laubwäldern und Waldrändern, auch in Gärten. Halten sich unter Laubstreu, liegenden Holzstücken und Steinen auf.

Zürich: Im Mittelland weit verbreitet, Verbreitung in Zürich nicht näher bekannt.

Gesprenkelter Saftkugler

Glomeris klugii

Saftkugler sind Doppelfüßer, ernähren sich von verrottenden Pflanzenteilen. Bei Gefahr rollen sie sich zu einer festen Kugel ein und sondern am Rücken ein sehr bitteres Wehrsekret ab, das sie für die meisten Räuber ungenießbar macht. Für die Entwicklung zum erwachsenen Tier brauchen sie 2–4 Jahre, ihre Lebenserwartung beträgt bis zu 12 Jahre.
Glomeris klugii kann nicht nur mit ähnlichen, verwandten Arten verwechselt werden, sondern auch mit den Rollasseln (*Armadillidium* sp.), die zu den Krebstieren zählen und sich ebenfalls kugelförmig einrollen können. Während beim Saftkugler alle Segmente weitgehend gleichförmig sind, sind die hintersten Segmente der Rollassel deutlich verschmälert.

Körperlänge 5–15 mm

Erwachsene ganzjährig, v. a. im Frühling aktiv.

Gräulich braun, schlank, mit 30–59 Segmenten.

In Gärten, Parkanlagen, Gewächshäusern; oft in Komposthaufen. Auch in Laubwäldern.

Zürich: Im Mittelland weit verbreitet, Verbreitung in Zürich nicht näher bekannt.

Zweizähniger schwarzgetüpfelter Schnurfüßer

Choneiulus palmatus

Dieser Doppelfüßer lebt am Boden in der Streuschicht und unter Holz. *Choneiulus palmatus* ernährt sich von verrottenden Pflanzenteilen, morschem Holz, aber auch von lebenden Grünpflanzen. Bei Gefahr sondern die Tiere ein übel riechendes Wehrsekret ab. Sie sind mehrjährig. Verwechslungsmöglichkeit mit 2 verwandten Arten.

Insekten

Die Insekten (Insecta), auch Kerbtiere oder Kerfe genannt, bilden eine Klasse der Gliedertiere, zu denen auch Spinnentiere, Krebstiere und Tausendfüßer gezählt werden. Die Insekten stellen die artenreichste Tiergruppe überhaupt dar, alleine in der Schweiz leben schätzungsweise mehr als 30 000 Arten, von denen allerdings erst gut zwei Drittel bekannt, benannt und beschrieben sind. Die Zahl der in Zürich vorkommenden Arten ist nicht bekannt, dürfte aber über 10 000 liegen.
Die Namen «Insekten» (lateinisch für eingeschnitten) und «Kerbtiere» beziehen sich auf die meist deutlich voneinander abgesetzten Körperteile Kopf, Brustteil (Thorax) und Hinterleib (Abdomen).
Der Kopf trägt neben den je nach Ernährungsweise unterschiedlich ausgestalteten Mundwerkzeugen Sinnesorgane wie die Antennen (Fühler), die Träger des Geruchssinns, und die oft großen Facettenaugen, die ein unscharfes Bild liefern, jedoch eine ausgezeichnete zeitliche Auflösung erlauben. Daneben sind häufig Ocellen (Einzelaugen) vorhanden, die Helligkeitsunterschiede wahrnehmen.
Der Thorax ist mit Bewegungsorganen ausgestattet und besteht normalerweise aus drei Segmenten, die mit je einem Beinpaar versehen sind. Auch die beiden Flügelpaare, über die viele Insekten verfügen, sind am Brustteil verankert.
Der Hinterleib trägt bei ausgewachsenen Insekten keine Gliedmaßen, teilweise jedoch Anhänge. Im Abdomen liegen innere Organe wie der Verdauungstrakt, die Geschlechtsorgane und ein schlauchförmiges Herz, welches das Blut (Hämolymphe) durch den Körper pumpt. Durch seitliche Öffnungen in Brust und Hinterleib gelangt Atemluft in die verzweigten Tracheenschläuche, die das Gewebe mit Sauerstoff versorgen.
Ein Teil der Insekten macht eine vollständige Metamorphose (Verwandlung) durch mit den vier Stadien Ei, Larve, Puppe und Imago (Bezeichnung für das voll entwickelte ausgewachsene Tier; Mehrzahl Imagines). Bei anderen Gruppen fehlt das Puppenstadium, die Larven von Arten mit unvollständiger Metamorphose sehen nach dem Schlüpfen den adulten (ausgewachsenen) Formen oft schon recht ähnlich. Da die chitinhaltige, äußerste Körperschicht mehr oder weniger starr ist, müssen während des Wachstums Häutungen vorgenommen werden.
Insekten spielen ihrer großen Vielfalt entsprechend eine äußerst wichtige Rolle in Ökosystemen und besiedeln alle möglichen Lebensräume im Wasser, zu Land und in der Luft. Ein großer Teil der in Zürich vertretenen Insektenordnungen wird im Folgenden vorgestellt – Gruppen wie Libellen, Heuschrecken und Tagfalter vollständig, andere Artengruppen durch einige typische, häufige oder spezielle Vertreter. Weitere auch in Zürich nachgewiesene Insektenordnungen fehlen, so etwa die mit den Silberfischchen verwandten Felsenspringer (Archaeognatha), die beispielsweise in der Fallätsche beobachtet werden können, oder die als Pflanzenschädlinge bekannten Thripse (Fransenflügler, Thysanoptera). Die systematische Zusammenstellung auf der folgenden Seite gibt einen Überblick über die hier vorgestellten Insektengruppen.

Systematik der Insekten

Ungeflügelte Insekten (Apterygota): urtümliche flügellose Insekten

- Fischchen (Zygentoma)
- Springschwänze (Collembola)

Geflügelte Insekten (Pterygota): Insekten, die grundsätzlich geflügelt sind, einige Ordnungen haben im Laufe der Entwicklung ihre Flügel verloren.

Hemimetabole Insekten: Insekten mit unvollkommener Verwandlung. Jungtiere (Larven, besonders ältere Stadien auch Nymphen genannt) gleichen oft ausgewachsenen Tieren, kein Puppenstadium.

- Eintagsfliegen (Ephemeroptera)
- Libellen (Odonata)
- Steinfliegen (Plecoptera)
- Ohrwürmer (Dermatptera)
- Schaben (Blattodea)
- Heuschrecken (Orthoptera)
- Staubläuse (Psocoptera)
- Tierläuse (Phthiraptera)
- Schnabelkerfe (Hemiptera)
  - Wanzen (Heteroptera)
  - Zikaden (Homoptera)
  - Pflanzenläuse (Sternorrhyncha)

Holometabole Insekten: Insekten mit vollkommener Entwicklung. Entwicklung zum ausgewachsenen Tier läuft über Larvenstadien und Verpuppung. Larven (Raupen, Maden usw.) gleichen erwachsenen Tieren meist nicht.

- Netzflügler (Neuroptera)
- Käfer (Coleoptera)
- Hautflügler (Hymenoptera)
  - Pflanzenwespen (Symphyta)
  - Legimmen (Apocrita Parasitica)
  - Stechimmen (Apocrita Aculeata)
    - Bienen und Wespen
    - Ameisen
- Zweiflügler (Diptera): Fliegen und Mücken
- Flöhe (Siphonaptera)
- Köcherfliegen (Trichoptera)
- Schnabelfliegen (Mecoptera)
- Schmetterlinge (Lepidoptera)
  - Tagfalter
  - weitere Schmetterlinge (Kleinschmetterlinge und Nachtfalter)

Silberfischchen

Ausgewachsene Tiere ohne Schwanzanhänge 7–10 mm

In Gebäuden ganzjährig, im Freiland inaktive Phase unter 4 °C.

Stromlinienförmig, flügellos, ganzer Körper von feinen, grauen Schüppchen bedeckt.

Lebensraum hauptsächlich in warmer Bodennähe, natürlicherweise in Ameisen-, Vogel- und Wespennestern. Dringen oft in Häuser ein.

Zürich: Im gesamten Stadtgebiet.

Merkblatt → www.stadt-zuerich.ch/schaedlingsbekaempfung

Silberfischchen, Zuckergast

Lepisma saccharina

Das Silberfischchen ist weltweit verbreitet, die Hauptverbreitung ist tropisch bis subtropisch. Die nach ihrer grauen Beschuppung benannten Silberfischchen gehören zur Insektenordnung der Fischchen (Zygentoma), die den entwicklungsgeschichtlich alten Urinsekten zugeordnet wird. Silberfischchen sind nachtaktiv, haben keine Flügel, verfügen über 2 lange Fühler am Kopf und 3 Anhänge am Schwanz.

Bemerkenswert ist die indirekte Samenübertragung: Das Männchen baut an einem rechten Winkel einen Spinnfaden und legt das Samenpaket direkt darunter ab. Das nachfolgende Weibchen muss den Körper wegen des Fadens senken und findet so das Paket. Im Freiland werden die Eier im Mai gelegt, im Juni schlüpfen die Jungen. Da keine Metamorphose stattfindet, schlüpft aus dem Ei ein winziges Silberfischchen, das mit jeder Häutung ein bisschen wächst. Auch ausgewachsene Tiere häuten sich weiterhin.

Im Haus fühlen sie sich in feuchter Umgebung wohl (relative Luftfeuchte über 75 %), z. B. in Badezimmern oder in feuchten Ritzen und Spalten, und können sich unter Umständen gut vermehren. In geringer Dichte sind sie weitgehend harmlos, in großer Zahl können sie lästig werden und erhebliche Fraßschäden anrichten, weil sie zucker- und stärkehaltige Materialien wie Papier, (gestärkte) Textilien, Tapetenleim usw. abraspeln. Sie vermögen aber auch von Hautschuppen und toten Insekten zu leben.

Springschwänze

Springschwänze

Collembola

Springschwänze können hell oder dunkel gefärbt sein und werden wegen ihrer geringen Größe oft übersehen. Sie besitzen keine Flügel, haben aber meist eine Sprunggabel am Unterleib, mit der sie sich von einer Oberfläche ungezielt über beachtliche Distanzen wegkatapultieren können. Daneben bewegen sie sich auf den Beinchen laufend fort.
Springschwänze gelten als die häufigsten Insekten überhaupt. In 1 m^2 humusreichen Bodens können bis in eine Tiefe von 30 cm 400 000 Individuen leben. Nach den Milben bilden die Collembolen damit die individuenreichste Gruppe unter den Bodentieren. Die meisten Arten ernähren sich von zerfallenden pflanzlichen Stoffen und spielen eine sehr wichtige Rolle beim Abbau organischer Stoffe. Nicht nur im Falllaub und im meist etwas feuchten Boden sind Springschwänze zu finden: Auch auf der Oberfläche stehender Gewässer leben Collembolen und selbst im Schnee lassen sich – auch in der Region Zürich – im Winter gelegentlich große Ansammlungen von Schneeflöhen *(Ceratophysella sigillata)* beobachten – nicht zu verwechseln mit dem ebenfalls als Schneefloh bezeichneten Winterhaft *(Boreus westwoodi)* aus der Ordnung der Schnabelfliegen.
Fossilfunde lassen vermuten, dass die zu einer eigenen Ordnung (Collembola) gehörenden Springschwänze zu den ältesten landlebenden Tieren zählen. Die 7900 weltweit bekannten Arten durchlaufen als Urinsekten keine Metamorphose.

0,25–10 mm, viele Arten sind kleiner als 2 mm.

Ganzjährig

Flügellos, meist winzig, Färbung unterschiedlich, oft sprungfähig (Sprunggabel).

Am und im Boden, auch auf begrünten Dächern und gelegentlich in Blumentöpfen.

Zürich: Im ganzen Stadtgebiet.

Merkblatt ⇢ www.stadt-zuerich.ch/schaedlingsbekaempfung

Eintagsfliegen

Die geflügelten Stadien der Eintagsfliegen (Ephemeroptera) leben höchstens ein paar Tage. Die Mundwerkzeuge sind verkümmert, ihr Darm ist luftgefüllt. Sie haben vier durchsichtige Flügel, die sie in Ruhestellung senkrecht nach oben halten. Der Larvenkörper gliedert sich in Kopf, drei Brustsegmente und einen zehngliedrigen Hinterleib. Am Kopf befinden sich zwei fadenförmige Fühler, zwei Komplexaugen und drei Ocellen (Einzelaugen). Die Tarsen (Füße) haben eine einzige Kralle. Am Hinterleib befinden sich blatt- oder fadenförmige Tracheenkiemen und in der Regel drei Schwanzfäden.
Die Larven entwickeln sich in fließenden oder stehenden Gewässern. Sie ernähren sich von Algen und abgestorbenen Pflanzenresten. Einige Arten können sehr gut schwimmen, andere klettern in der Unterwasservegetation herum oder leben eingegraben. Für viele ist eine hydrodynamische Körperform charakteristisch, die es ihnen erlaubt, sich in Zonen starker Strömung aufzuhalten. Im Verlauf der meist einjährigen Entwicklung entsteht unter der Larvenhaut allmählich das geflügelte Tier, erkennbar an den immer größer werdenden «dreieckigen Taschen», Flügelscheiden genannt. Im letzten Larvenstadium (Nymphe) schimmern die aufgefalteten Flügel grau-schwarz durch die nun durchsichtige Haut. Die Verwandlung zum geschlechtsreifen, geflügelten Insekt geschieht in zwei Etappen: Die Nymphe schwimmt dazu an die Wasseroberfläche. Dort platzt die Haut an einer Naht an Kopf und Brust. In Sekundenschnelle zwängt sich die Subimago aus der Larvenhaut und fliegt an Land, wo sie sich nach wenigen Minuten oder Tagen ein zweites Mal zur Imago häutet. Die Subimago unterscheidet sich von der Imago durch ihre undurchsichtigen Flügel, deren Ränder von Haaren gesäumt sind.
Die Männchen tanzen in großen Schwärmen, die in erster Linie dem Anlocken der Weibchen dienen. Dazu steigen sie senkrecht nach oben und lassen sich danach mit ausgebreiteten Schwanzanhängen und Flügeln wieder sinken. Einst verdunkelten solche Schwärme durch die schiere Menge fast den Himmel. Die Männchen haben große Komplexaugen und finden die Weibchen optisch. Diese fliegen in den Schwarm und werden sofort von einem Männchen gepackt, worauf die Paarung noch in der Luft stattfindet. Zur Eiablage fliegen die Weibchen ein Stück flussaufwärts, um dadurch die Strecke auszugleichen, welche die Eier durch Abdrift bis zum Absinken auf den Gewässergrund stromabwärts zurücklegen. Larven sind Futter für räuberische Steinfliegenlarven und Fische; Imagines werden von Fischen, Spinnen, Fledermäusen und Vögeln gefressen.
Weltweit sind bis heute etwa 2800 Arten beschrieben. In der Schweiz sind 90, in der Stadt Zürich 35 Arten nachgewiesen, von denen jedoch vier, die in Limmat oder See lebten, seit dem 19. Jahrhundert verschollen sind.

Eintagsfliege

Ecdyonurus venosus

Die Larven entwickeln sich den Winter über im Gewässer und schlüpfen zwischen Frühjahr und Sommer. Sie ernähren sich von Algen, die sie mit ihren Mundwerkzeugen nachts von Steinoberflächen abschaben. Dazu besitzen die Mundwerkzeuge verhornte Borsten und Kämme. Tagsüber halten sie sich unter größeren Steinen auf und sind so besser vor ihren Fressfeinden, räuberischen Steinfliegenlarven und Fischen, geschützt. Die Larven sind gute Zeiger für die Wasserqualität. Ist diese schlecht, fehlen die Tiere. Die Gattung *Ecdyonurus* gehört zum sogenannten Klammertyp, dem charakteristischen Larventypen bei den Eintagsfliegen. Obwohl schwimmfähig, bleiben die Larven stets im direkten Kontakt mit dem Substrat, in dem sie sich mit den gut ausgebildeten Krallen festhalten. Dem Klammertyp gehören jene Vertreter der Eintagsfliegen an, die in mäßiger bis starker Strömung leben. Zu diesen gehört auch die Gattung *Rhithrogena*, deren Körper eine noch stärkere Anpassung an dieses Milieu zeigt (siehe dort). Für die Häutung zur Subimago kriecht die Nymphe an Pflanzen oder Steinen halb aus dem Wasser. Dies geschieht während des Tages und kann leicht beobachtet werden. Die Tanzschwärme der Männchen bilden sich nur bei sonnigem Wetter am Nachmittag und dauern bis zum Abend. Man findet sie oft in einiger Entfernung vom Wasser über Waldwegen oder Waldrändern. Die Tatsache, dass die Schwärme immer wieder an bestimmten gleichartigen Plätzen beobachtet werden können, führt zur Annahme, dass sich die Männchen zum Schwärmen optisch an Geländemarken orientieren. Die Weibchen legen bis zu 6000 Eier.

Larve bis 15 mm; Männchen 11–15 mm, Weibchen 12–18 mm.

Larven Dezember–Juli/August; Imagines März–Oktober.

Larve: Körper keilförmig, stark abgeplattet; hell mit dunkleren Flecken. Großer Kopf mit großen Komplexaugen (oben). Seitenrand der Vorderbrust zu weit nach hinten reichenden Lappen ausgezogen. Am Hinterleib eiförmige bewegliche Kiemen. 3 Schwanzfäden. Imago: Hinterleib rotbraun. Vorderflügel groß, Hinterflügel viel kleiner. Mittlerer Schwanzfaden fehlt. Männchen mit langen Vorderbeinen, großen kugeligen Augen und 2 kleinen Zangen an der Hinterleibsspitze.

Fließgewässer

Zürich: in Waldbächen rund um die Stadt und, zusammen mit 2 weiteren Arten *(E. dispar, E. torrentium)*, in Sihl und Limmat. Die 4. Art der Gattung, *E. helveticus*, lebt nur in Waldbächen.

Larve und Imago ca. 11 mm

Larven März–Juni, Imagines Mai–Juni (Juli).

Larve: Körper stark abgeplattet, hellbraun. Unbewegliche blattförmige Kiemen am Hinterleib. Beine mit dunklem Fleck auf der Mitte der Schenkel. 3 Schwanzfäden. Imago: Basis der Vorderflügel bis etwa zur Hälfte mit braunem Fleck. 2 Schwanzfäden.

Bäche und kleine Flüsse.

Zürich: In den Waldbächen rund um die Stadt.

Eintagsfliege

Rhithrogena picteti

Die Larven halten sich bevorzugt an Stellen mit starker Strömung auf. Ihr trapezförmiger Körperquerschnitt erlaubt es ihnen, sich an die Steine anzuschmiegen. So befinden sie sich in der sogenannten Grenzschicht, in der die Fließgeschwindigkeit geringer ist. Hilfreich ist ferner der spezielle Bau der Kiemen: das erste Kiemenpaar ist größer und berührt sich unter der Bauchseite und bildet so eine Art Saugnapf. Weiden Algen ab, die auf der Oberfläche von Steinen wachsen. Am Nachmittag bis in die Dämmerung bilden die Männchen Tanzschwärme in Gewässernähe, um die Weibchen anzulocken.

2 verwandte Arten *(R. semicolorata, R. germanica)* in der Sihl.

Larve und Imago 5–9 mm

Larven Frühjahr–Herbst; Imagines April–November.

Larve: Körper drehrund, schlank, hellbraun-grünlich mit dunkleren Flecken. Seitlich am Hinterleib 7 Paar rundliche Kiemen. Imago: Vorderflügel mit gemustertem Streifen entlang Vorderkante, Hinterflügel rückgebildet.

Stehende und langsam fließende Gewässer.

Zürich: Zürichsee, Katzensee, Weiher, auch Gartenweiher und Moorgewässer (Hänsiried).

Eintagsfliege

Cloëon dipterum

Larven in Fließgewässern bevorzugt in Unterwasservegetation, wo die Strömung weniger stark ist. Ernähren sich von abgestorbenen Pflanzenteilen und von Algen. Durch Auf- und Abschlagen des Hinterleibs können sie schnell schwimmen. Im Fangnetz zappeln sie wie Fische. Männchen leben nur wenige Tage. Augen des Männchens 2-geteilt: Der obere Teil ragt zylinderförmig nach oben (Turbanaugen). Die Weibchen ruhen nach der Paarung 2 Wochen in der Vegetation. In dieser Zeit entwickeln sich in den Eiern die Larven. Danach fliegt das Weibchen zum Wasser zurück und legt 600–700 Eier. Im Kontakt mit dem Wasser befreien sich die Larven sofort aus ihren Hüllen. Nach ca. 20 Häutungen sind sie ausgewachsen. 1–2 Generationen pro Jahr.

Eintagsfliege

Baëtis rhodani

Larven unter Steinen oder im Gewirr der Unterwasservegetation, ernähren sich von abgestorbenen Pflanzenresten. Können gut schwimmen. Mehrere Generationen pro Jahr, daher Larven ± ganzjährig zu finden. Zur Eiablage kriecht das Weibchen unter die Wasseroberfläche und klebt die Eier auf die Unterseite von Steinen. Beim Eintritt ins Wasser werden die unbenetzbaren Flügel passiv um den Hinterleib gerollt. Dadurch entsteht zwischen Körper und Flügel eine Luftschicht, die als Atemvorrat längeres Verweilen unter Wasser ermöglicht. Der ganze Vorgang dauert etwa 15 Minuten.

B. rhodani ist die häufigste und am weitesten verbreitete Art. In den Zürcher Fließgewässern 3 weitere Arten der Gattung *Baëtis: B. alpinus, B. fuscatus* und *B. lutheri.*

Larve 9–11 mm, Imago 9 mm.

Larven Januar–Herbst; Imagines März–November.

Larve: Körper tropfenförmig, gelblich mit braunen Flecken; 3 lange, dicht behaarte Schwanzfäden. Augen seitlich. Am Hinterleib 7 Paar ovale Kiemen. Imago: Körper dunkelbraun, Hinterflügel sehr klein. 2 Schwanzfäden, geringelt. Männchen mit gelben Turbanaugen.

Fließgewässer jeglicher Größe.

Zürich: Limmat, Sihl sowie kleinere Bäche.

Maifliege

Ephemera danica

Larven tragen 2-zipflige, federförmig beborstete Kiemen oben am Hinterleib und 3 kurze Schwanzfäden, mit dichtem Haarsaum besetzt. Mundwerkzeuge der Larve mit dolchartigen Fortsätzen, die den Kopf überragen. Kräftige Beine, die vorderen zu Grabbeinen umgestaltet. Die Larven graben sich mit den Vorderbeinen und den Mundwerkzeugen im feinen Sediment ein und ernähren sich von abgestorbenem Pflanzenmaterial. Ihre Entwicklung dauert 2 Jahre. Man findet die Imagines ab und zu in der Ufervegetation unmittelbar am Gewässerrand; die Männchen bilden keine großen Schwärme. Die Weibchen streifen die Eier im Flug an der Wasseroberfläche ab. Maifliegen sind bei den Fliegenfischern beliebte Vorbilder für deren künstlich hergestellten «Fliegen».

Larve und Imago ca. 23 mm

Larven ganzjährig, Imagines Mai/Juni.

Larve: Körper wenig abgeplattet und lang, gelblich gefärbt. Letzte Hinterleibssegmente mit kommaförmigen, braunschwarzen Flecken. Imago: Körperzeichnung ähnlich, Flügel gelblich mit dunklen Flecken.

Bäche und Flüsse mit sandig-kiesigem Grund, seltener in Seen.

Zürich: Im Katzenbach und in Wiesengräben, weniger häufig in Waldbächen.

Libellen

Libellen (Odonata) faszinieren durch ihre riesigen Facettenaugen, ihren lang gestreckten, oft bunt gefärbten Hinterleib und ihre manchmal tollkühnen Flugkünste. Die beiden großen Flügelpaare entspringen dem muskulösen Brustteil, die sechs Beine sind auffallend kurz und bedornt. Sie eignen sich kaum zum Laufen, vielmehr wird mit ihnen Beute aus der Luft gegriffen oder der Paarungspartner festgehalten. Die Larven besitzen eine mit langen, spitzen Haken bewehrte, ausklappbare Fangmaske. Innerhalb der Ordnung Libellen werden zwei Gruppen unterschieden. Kleinlibellen sind zierlich und legen in Ruhestellung ihre gleich geformten Flügel schräg nach oben zusammen, während die Großlibellen kräftiger sind und ihre Flügel – die beiden Flügelpaare sind ungleich geformt – weit ausladend ausbreiten.

Libellen durchlaufen eine unvollständige Metamorphose: Die Entwicklung erfolgt vom Ei über mehrere Larvenstadien direkt – ohne Puppenstadium – zur geflügelten Imago, dem geschlechtsreifen Alttier. Nach dem Schlupf bleibt die Exuvie (Larvenhaut) als leere Hülle am Schlupfort zurück.

Weltweit sind gegen 6000 Libellenarten bekannt, in der Schweiz leben etwa 80 Arten und Unterarten, wovon sich etwa 60 regelmäßig fortpflanzen. Im Stadtgebiet von Zürich sind aktuell 43 verschiedene Libellenarten nachgewiesen, von denen vermutlich 35 bodenständig sind.

Libellen sind für ihre Entwicklung ans Wasser gebunden. Sie besiedeln nahezu alle Gewässertypen. Grundsätzlich benötigen sie eine gute Wasserqualität, in manchen Fällen auch naturnahe, flache Gewässerufer mit spezifischem Pflanzenbewuchs und ein bestimmtes Bodensubstrat. In Fließgewässern ist eine heterogene Sohlenstruktur mit entsprechend unterschiedlichen Strömungen für viele Arten von Bedeutung. Durch die Veränderung der Larvenlebensräume – Verbauung von Quellgewässern, Bächen, Flüssen und Seeufern, Zerstörung von Hoch- und Flachmooren – sind viele Libellenarten regional ausgestorben oder selten geworden und in ihrer Existenz gefährdet.

Libellen sind keine Nahrungsspezialisten. Als Larven fressen sie kleine Wasserlebewesen wie Würmer, Schnecken, Wasserflöhe, Flohkrebse und Insektenlarven. Die Imagines sind geschickte Jäger und fangen im Flug Mücken und Fliegen, manchmal auch größere Beutetiere. Diese finden sie an besonnten, struktur- und damit insektenreichen Stellen wie Waldrändern, auf Lichtungen, Magerwiesen oder in naturnahen Gärten.

Viele Libellenarten kommen schlecht mit Fischbesatz zurecht, da ihre Larven von den Fischen gefressen werden. In vielen Weihern in der Stadt werden leider Goldfische oder auch einheimische Seefische eingesetzt, was zum Verschwinden gewisser Libellenarten führt.

Gebänderte Prachtlibelle

Calopteryx splendens

Die Gebänderte Prachtlibelle ist an größeren, langsam strömenden, krautreichen Fließgewässern mit von Hochstauden gesäumten, gehölzarmen und besonnten Ufern zu finden, so an Limmat, Sihl und Glatt, am Leutschenbach, Katzenbach, Wehrenbach und Elefantenbach. Besonders dichte Bestände findet man linksufrig an der Limmat zwischen Hardeggsteg und Europabrücke, ebenso an der Glatt von der Stadtgrenze bis Aubrugg.
Die Eier werden mit der Legescheide in dicht unter der Wasseroberfläche liegende Triebe und Wurzeln von Wasserpflanzen und feinen Baumwurzeln eingestochen. Der Ort der Eiablage wird von einer Sitzwarte aus (Ufervegetation) vom Männchen, das sein Revier verteidigt, bewacht. Die Larvenentwicklung dauert 1–2 Jahre.

Kleinlibelle, 45–48 mm.

Mitte Mai–Ende August. Überwinterung als Larve.

Männchen metallisch blaugrün, Weibchen metallisch grünlich. Beim Männchen ist nur der Mittelteil der Flügel metallisch blaugrün gefärbt. Typisch ist der schmetterlingshafte Flug.

Wenig bis nicht bestockte und eher breite Bäche sowie Flüsse und Gräben.

Zürich: An allen größeren Fließgewässern.

Blauflügel-Prachtlibelle

Calopteryx virgo

Im Gegensatz zur Gebänderten besiedelt die Blauflügel-Prachtlibelle eher schmale, kühle und schnell fließende Gewässer, die auch durch Gehölze zumindest teilweise beschattet sein können. In Zürich lebt sie an wenigen kleinen, an der Peripherie gelegenen Fließgewässern oder Gräben in kleinen Populationen: Rütschlibach, Leiterli, Glatt, Leutschenbach und Katzenbach. Interessanterweise konnte die Art auch im Stadtzentrum am Schanzengraben nachgewiesen werden, obwohl sie an der Sihl und der Limmat fehlt. Es ist unklar, ob es sich hier um eine kleine isolierte Population oder um zugeflogene Tiere handelt.
Larvenentwicklung ähnlich wie bei der Gebänderten Prachtlibelle.

Kleinlibelle, 45–49 mm.

Anfang Mai–September. Überwinterung als Larve.

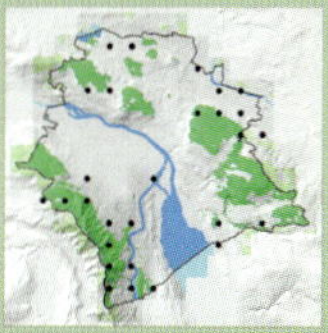

Männchen metallisch blaugrün, Weibchen metallisch bräunlich. Beim Männchen sind beinahe die gesamten Flügel metallisch blaugrün gefärbt. Schmetterlingshafter Flug.

Wald- und Wiesenbäche, Gräben und kleinere Flüsse.

Zürich: Recht selten; in einigen Fließgewässern am Stadtrand, Schanzengraben.

Gemeine Winterlibelle

Sympecma fusca

Kleinlibelle, 34–39 mm.

Imagines ganzjährig, am häufigsten April–Mai und August–September. Überwintert als Imago.

Unscheinbar hellbraun mit dunkler, kupferfarbener Zeichnung.

Flache, gut besonnte Ufer kleiner Seen, Altarme, Weiher und Teiche mit Schilf oder Seggen locker bewachsenen Ufern.

Zürich: Nicht selten; an entsprechenden Gewässern mit naturnaher Umgebung auch mitten im Siedlungsraum.

Die größte Population der Gemeinen Winterlibelle im Stadtgebiet lebt an den Katzenseen und am Büsisee, kleinere Populationen lassen sich im Botanischen Garten, im Irchelpark oder in der Allmend Stettbach beobachten. Die Winterlibelle legt ihre Eier in der Regel an horizontal liegende, oft frei schwimmende, abgestorbene Halme und Blätter ab, manchmal auch an grüne Pflanzenteile. Die Larvenentwicklung dauert etwa 2 Monate.
Dank der Überwinterung als Imago kommen für die Larven auch wintertrockene Tümpel als Lebensraum in Frage. Überwinternde Libellen findet man an Waldrändern sowie auf Ödland, in Lichtungen, Kiesgruben und Familiengärten an trocken Gräsern und Kräutern; sie sind oft mit Tautröpfchen benetzt.

Gemeine Weidenjungfer

Lestes viridis

gefährdet

Kleinlibelle, 34–39 mm.

Juli–Oktober. Überwinterung als Ei.

Metallisch grün bis kupferfarben.

Mit Weiden oder Erlen bestandene Weiher, Teiche und langsam fließende Bäche mit randständigen Weichhölzern, deren Äste über das Wasser ragen.

Zürich: Nicht selten, vorwiegend an Fließgewässern, aber auch an Weihern am Waldrand oder im Wald. Dichteste Bestände am Katzenbach.

Die Gemeine Weidenjungfer legt die Eier unter die Rinde von Weiden- und Erlenästen ab, wo sie überwintern. Die im Frühling schlüpfenden Larven lassen sich von den Ästen ins Wasser fallen. Die Larvenentwicklung dauert etwa 3 Monate.
Zum Schutz der Weidenjungfer sollen Weiher, Teiche und langsam fließende Bäche mit Weiden und Erlen an den Ufern erhalten bleiben und Pflege und Schnitt der Ufergehölze immer abschnittweise erfolgen, da die Eier in den Zweigen überwintern.

Blaue Federlibelle

Platycnemis pennipes

Die dichtesten Bestände der Blauen Federlibelle sind auf Stadtgebiet am rechten Limmatufer zwischen Hardeggsteg und Europabrücke zu finden. Weitere, kleinere Populationen leben an der Sihl, am Katzenbach, im Wehrenbachtobel und am Segentobelbach.
Eiablage an Unterwasservegetation oder an im Wasser stehenden Krautpflanzen, dicht unter der Wasseroberfläche. Die Larve benötigt zu ihrer Entwicklung 1–2 Jahre.
Die Schienen der mittleren und hinteren Beinpaare sind federartig verbreitert.

Kleinlibelle, 35–37 mm.

Mai–September. Überwinterung als Larve.

Männchen hellblau, Weibchen weißlich, mit grünem oder cremefarbenem Stich.

Charakterart der Flussauen. Besonnte Teiche, Altarme, Gräben und langsam fließende Bäche und Flüsse mit üppiger Krautvegetation.

Zürich: Nicht selten; bisher vorwiegend an Fließgewässern gefunden.

Frühe Adonislibelle

Pyrrhosoma nymphula

Die Frühe Adonislibelle gehört zusammen mit der Hufeisen-Azurjungfer zu den häufigsten Kleinlibellen der Stadt und ist in nahezu jedem naturnahen Gebiet mit entsprechenden Gewässern zu finden. Es werden auch Waldweiher und Stehgewässer in Familiengärten und auf Friedhöfen besiedelt. Eiablage an Unterwasservegetation oder dicht unter der Wasseroberfläche an im Wasser stehenden Krautpflanzen. Die Entwicklung ihrer wie bei allen Kleinlibellen zierlichen Larven dauert 1–2 Jahre.

Kleinlibelle, 33–36 mm.

April–Anfang Juli. Überwinterung als Larve.

Leuchtend rot, schwarze Zeichnung auf der Oberseite des Hinterleibs. Beine schwarz.

Generalist. Besonnte Weiher, Altarme, Gräben und langsam fließende Bäche und Flüsse mit üppiger Krautvegetation. Auch im Siedlungsgebiet in Gartenweihern.

Zürich: Weit verbreitet; häufig.

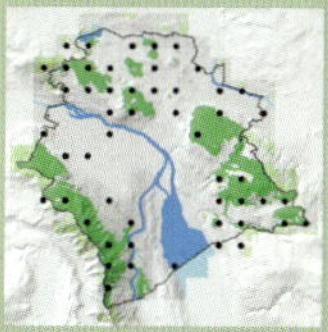

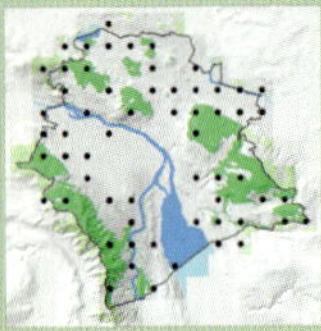

Kleinlibelle, 33–35 mm.

Mai–August. Überwinterung als Larve.

Männchen hellblau, schwarze Zeichnung auf der Oberseite des Hinterleibs. Hufeisenförmige Zeichnung auf dem 2. Hinterleibssegment des Männchens. Weibchen meist grünlich, mit durchgehender schwarzer Zeichnung auf der Körperoberseite.

Nährstoffreiche Kleingewässer.

Zürich: Weit verbreitet und häufig.

Hufeisen-Azurjungfer

Coenagrion puella

Die Hufeisen-Azurjungfer ist zusammen mit der Frühen Adonislibelle die häufigste Kleinlibelle der Stadt. Sie besiedelt verschiedene stehende, meist nährstoffreichere und üppig mit Krautvegetation bewachsene Kleingewässer, die zumindest teilweise besonnt sind, und kommt auch mitten im Siedlungsgebiet vor. Sie tritt an jedem naturnahen Stehgewässer auf, das nicht vollständig beschattet ist, ebenso an Teichen und Gewässern in Gärten, Familiengärten, Parkanlagen und auf Friedhöfen.
Eiablage an Unterwasservegetation oder dicht unter der Wasseroberfläche an im Wasser stehende Krautpflanzen. Larvenentwicklung: 1–2 Jahre.

potenziell gefährdet

Kleinlibelle, 34–38 mm.

Mai–September. Überwinterung als Larve.

Azurblau, schwarze Zeichnung auf der Oberseite des Hinterleibs. Y-förmige Zeichnung auf dem 2. Hinterleibssegment des Männchens, die mit etwas Fantasie einer fliegenden Fledermaus ähnelt.

Meist in stehenden, pflanzenreichen Gewässern.

Zürich: Selten; nur Büsisee, Katzenseen und Riedweg.

Fledermaus-Azurjungfer

Coenagrion pulchellum

Die Fledermaus-Azurjungfer lebt in Altarmen, großen Torfstichen, Teichen, Weihern, Seebuchten und Kleinseen mit üppiger Unterwasservegetation und ausgedehntem krautigem Uferbewuchs, der teilweise durch Gehölze beschattet wird. Seltener besiedelt sie auch Gräben und andere langsam fließende Gewässer. Eiablage an im Wasser treibenden, lebenden oder toten Pflanzen, dicht unter der Wasseroberfläche, Larve entwickelt sich innerhalb von 1–2 Jahren.

Kleines Granatauge

Erythromma viridulum

Das Kleine Granatauge gilt als Art mit mediterranem Verbreitungsschwerpunkt und besiedelt Altarme, Teiche, Weiher und Kleinseen mit ausgedehnter Tauchblattvegetation, seltener auch Gräben und langsam strömende Fließgewässer. In Zürich nur aus 4 Gebieten bekannt: Büsisee, Dunkelhölzli, Irchelpark und Botanischer Garten.

Das Kleine Granatauge hält sich selten in Ufernähe auf und legt seine Eier in untergetauchte sowie über das Wasser ragende, meist feingliedrige Pflanzenteile ab. Die Larvenentwicklung dauert ein Jahr.

Kleinlibelle, 26–32 mm.

Juni–Oktober. Überwinterung als Larve.

Azurblau; ausgedehnte schwarze Zeichnung auf Oberseite des Hinterleibs. Augen beim Männchen leuchtend granatrot, beim Weibchen grün. Letztes Hinterleibssegment des Männchens mit X-förmiger Zeichnung.

Meist in pflanzenreichen Stillgewässern.

Zürich: Relativ selten; nur an 4 Stellen nachgewiesen.

Becher-Azurjungfer

Enallagma cyathigerum

Die Unterscheidung der sehr ähnlichen Azurjungfer-Arten erfolgt nach den namensgebenden Zeichnungen auf dem 2. Hinterleibssegment (hinter Flügelansatz) der Männchen. Die Becher-Azurjungfer lebt in Weihern, Teichen, Seen und Flüssen und steigt in den Alpen bis in Höhen von 1800 m. Im Stadtgebiet ist sie etwa in der Burgwies oder in der Schlyfi zu finden, ebenso in größeren Garten- und Parkweihern, aber auch an einer Stelle am Limmatufer unterhalb des Hardeggstegs. Dichteste Bestände am Büsisee. Eiablage an vom Gewässergrund aufstrebende Pflanzenstängel. Die Larvenentwicklung dauert in der Regel ein Jahr, in kühlen Gewässern bis zu 4 Jahren. In klimatisch günstigen Jahren werden 2 Generationen hervorgebracht.

Kleinlibelle, 29–36 mm.

Mitte Mai–Oktober. Überwinterung als Larve.

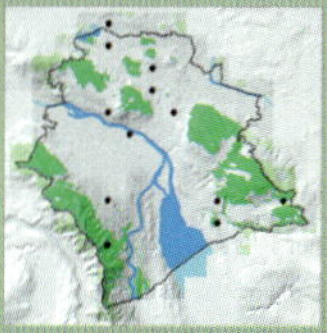

Azurblau, schwarze Zeichnung auf der Oberseite des Hinterleibs. Becherförmige Zeichnung auf dem 2. Hinterleibssegment des Männchens.

Besiedelt verschiedene stehende oder langsam fließende Gewässer mit offener Wasserfläche.

Zürich: Relativ häufig; lebt an verschiedenen Weihern und an der Limmat.

Kleinlibelle, 30–34 mm.

Mai–Mitte Oktober. Überwinterung als Larve.

Hinterleib oberseits schwarz, 8. Hinterleibssegment (fast am Körperende) jedoch vollkommen blau.

Besiedelt verschiedene stehende und langsam fließende Gewässer, die zumindest teilweise besonnt sind.

Zürich: Häufig; an fast jedem größeren Gewässer.

Große Pechlibelle

Ischnura elegans

Die häufige Große Pechlibelle besiedelt Weiher, Teiche, große Torfstiche, Kiesgrubengewässer und Seen ebenso wie Flüsse und Gräben. In Zürich kommt sie in den meisten größeren Gewässern vor, scheint aber an der Sihl und im Schanzengraben zu fehlen. Auch in größeren Garten- und Parkweihern anzutreffen. Auf dem Friedhof Eichbühl lebt sie in künstlich angelegten Wasserbecken.

Die Eier werden an im Wasser treibende tote Pflanzenteile oder auch an senkrechte Sprosse von Wasserpflanzen abgelegt, die Larvenentwicklung dauert 1–2 Jahre.

Kleinlibelle, 26–31 mm.

Mai–Mitte Oktober. Überwinterung als Larve.

Grundfarbe des Männchens blass hellblau, beim Weibchen variabel (orange, später graugrün). Beide oberseits schwarz, Männchen am 9. und teilweise 8. Hinterleibssegment hellblau.

Besiedelt flache Weiher im Pionierstadium, Pfützen, Fahrspuren, Kiesgrubengewässer und im Sommer temporär überflutete Standorte.

Zürich: Nur Allmend Katzensee und Werdinsel.

Kleine Pechlibelle

Ischnura pumilio

Pionierart, entwickelt sich in kurzlebigen Kleinstgewässern, gelegentlich auch in Gräben und weiteren langsam fließenden Gewässern. Auf der Allmend Katzensee in kleinen, mit Wasser gefüllten Vertiefungen des Flachmoors.

Die Eier werden in lebende oder tote Pflanzenteile oder auch direkt ins Bodensubstrat abgelegt. Die Larvenzeit dauert nur 6–7 Wochen, was der Art ermöglicht, 2 Generationen pro Jahr hervorzubringen und sich auch in temporären, zeitweise austrocknenden Gewässern zu entwickeln.

Förderung durch die Anlage und Erhaltung von flachen Gewässern im Pionierstadium und mit im Sommer für mehrere Wochen überfluteten Zonen.

Scharlachlibelle, Späte Adonislibelle

Ceriagrion tenellum

Die Scharlachlibelle ist in der ganzen Schweiz sehr selten. Sie besiedelt Kalkflachmoore mit Sickerquellaufstößen, wassergefüllten Schlenken (Vertiefungen) und Wagenspuren, außerdem Verlandungszonen im Schneidebinsenröhricht, sofern ein Flach- oder Übergangsmoor oder ein Großsegenried angrenzt. Eiablage in lebende oder tote, aufrecht stehende oder auf dem Wasser treibende Pflanzenteile oder auch direkt ins Bodensubstrat. Die Larvenentwicklung dauert 1 Jahr.

Zur Erhaltung dieser in der Schweiz stark gefährdeten Art sind strenger Schutz und gezielte Pflege von heute besiedelten Lebensräumen erforderlich. Förderung von Schlenken und kleinen, mit Wasser gefüllten Vertiefungen über Kalkschlammgrund in Flachmooren.

Kleinlibelle, 25–35 mm.

Ende Mai–Anfang August. Überwinterung als Larve.

Leuchtend rot. Weibchen oft mit ausgedehnter schwarzer Zeichnung auf der Oberseite des Hinterleibs. Beine hellrot.

Moore, Verlandungszonen, Kleinstgewässer.

Zürich: Nur von den Katzenseen bekannt.

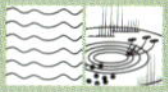

stark gefährdet

Westliche Keiljungfer

Gomphus pulchellus

Großlibelle, einzige Vertreterin der Familie der Flussjungfern, die sich vorwiegend in Stillgewässern entwickelt: in vegetationsarmen Kleinseen, Altarmen von Flüssen, großen Grubengewässern, kleinen Moorseen, aber auch in langsam strömenden Fließgewässern. Ursprüngliche Lebensräume waren vermutlich vegetationsarme Stillwasserrinnen in Flussauen. In der Stadt Zürich wurde in jüngster Zeit nur ein einzelnes Männchen dieser Art im Höckler beobachtet. Es ist unklar, ob sich die Art in Zürich fortpflanzt und entwickelt.

Die mit einer gallertartigen Hülle ausgestatteten Eier werden über der Wasseroberfläche abgeworfen und sinken zum Gewässergrund, wo sie sich festkleben. Die Entwicklungszeit der Larve beträgt 3, manchmal auch nur 2 Jahre.

Großlibelle, 47–50 mm.

Mai–August. Überwinterung als Larve.

Hell graugrün, frisch geschlüpfte Tiere gelb, mit ausgedehnter schwarzer Zeichnung. Beim Männchen ist das Hinterleibsende im Gegensatz zu den übrigen Flussjungfern nicht keilartig verbreitert. Gelb-schwarz gestreifte Beine.

Vorwiegend in Stillgewässern.

Zürich: Einzelbeobachtung im Höckler.

verletzlich

Gelbe Keiljungfer

Gomphus simillimus

Großlibelle, 45–50 mm.

Juni–August. Überwinterung als Larve.

Gelb, mit ausgedehnter schwarzer Zeichnung. Beim Männchen ist das Hinterleibsende keilartig verbreitert. Gelb-schwarz gestreifte Beine.

Unter- und Mittellauf von naturnahen, großen, warmen und klaren Flüssen mit sandigem Untergrund.

vom Aussterben bedroht

Zürich: Einzelbeobachtung an der Sihl.

In der Stadt Zürich wurde in jüngster Zeit nur ein einzelnes Männchen der Gelben Keiljungfer an der Sihl beobachtet (Stauffacher-Quai beim Bahnhof Selnau). Es ist unwahrscheinlich, dass sich diese Art in Zürich fortpflanzt und entwickelt. Das einzige in Mitteleuropa bekannte Entwicklungsgebiet der Art liegt am Hochrhein an der Grenze zwischen der Schweiz und Deutschland.

Die klebrigen Eier werden an der Wasseroberfläche abgestreift, verdriften im Wasser einige Meter und bleiben am Bodensubstrat hängen. Die Entwicklungszeit der Larve beträgt 3–5 Jahre.

Die Gelbe Keiljungfer benötigt naturnahe, teilweise besonnte, krautige, teilweise gehölzreiche Fließgewässer mit strukturreichen Ufern und Sohlen.

Gemeine Keiljungfer

Gomphus vulgatissimus

Großlibelle, 45–50 mm.

Mai–Mitte August. Überwintert als Larve.

Männchen graugrün, Weibchen gelb, beide mit ausgedehnter schwarzer Zeichnung. Männchen und frisch geschlüpfte Weibchen mit keilartig verbreitertem Hinterleibsende. Lückenlos schwarze Beine.

Mittel- und Unterlauf von naturnahen Flüssen mit kiesig-sandigem Untergrund, größere Bäche und Kanäle.

potenziell gefährdet

Zürich: Einzelbeobachtung an der Sihl.

An Flüssen, seltener an flachen Seeufern mit häufiger Wellenbewegung. In der Stadt Zürich wurde in jüngster Zeit nur ein einzelnes Männchen der Gemeinen Keiljungfer beobachtet (an der Sihl oberhalb Stauffacherbrücke). Es ist unklar, ob sich die Art in Zürich fortpflanzt und entwickelt.

Das Weibchen der Gemeinen Keiljungfer streift ihre klebrigen Eier an der Wasseroberfläche ab, sie verdriften im Wasser einige Meter und bleiben dann am Bodensubstrat hängen. Die Entwicklungszeit der Larve beträgt gewöhnlich 3, manchmal nur 2 und selten auch 4 Jahre.

Die Gemeine Keiljungfer braucht naturnahe, teilweise besonnte, teilweise von Ufergehölz begleitete Fließgewässer mit strukturreichen Ufern und Sohlen.

Kleine Zangenlibelle

Onychogomphus forcipatus

Die Kleine Zangenlibelle, die wie die Keiljungfern zur Familie der Flussjungfern zählt, entwickelt sich in der Sihl, Limmat, Glatt und am Schanzengraben. Die klebrigen Eier werden paketweise dicht über der Wasseroberfläche abgeworfen, verdriften im Wasser einige Meter und bleiben am Bodensubstrat kleben. Die Entwicklungszeit der Larve beträgt gewöhnlich 3 Jahre, selten auch 4–5 Jahre. Im Juni und Juli kann man am Schanzengraben vor dem Gebäude der Migros City bei schönem Wetter vom Holzsteg aus schlüpfende Libellen beobachten oder Larvenhäute an den senkrechten Ufermauern und Stegpfosten finden.
Diese Libelle benötigt bewaldete oder bestockte, naturnahe Fließgewässer mit heterogener Sohlenstruktur und flachen, besonnten Kiesufern und -bänken.

Großlibelle, 46–50 mm.

Juni bis August. Überwinterung als Larve.

Männchen graugrün, Weibchen gelb, mit ausgedehnter schwarzer Zeichnung. Männchen mit dunkel gefärbter, auffälliger Hinterleibszange.

Naturnahe, rasch fließende, kiesig-sandige Flüsse, größere Bäche, seltener auch Seeufer.

Zürich: Relativ häufig; an allen größeren Fließgewässern vertreten.

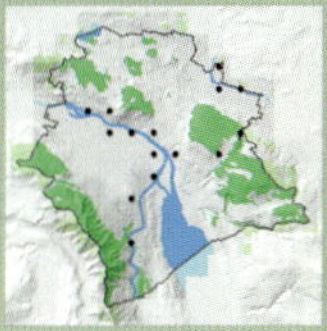

potenziell gefährdet

Grüne Keiljungfer

Ophiogomphus cecilia

Auf Stadtgebiet wurden bisher 3 einzelne Männchen der gemäß Roter Liste landesweit stark gefährdeten Grünen Keiljungfer beobachtet – im Stadtzentrum an der Sihl bei der Gessnerbrücke und in 2 verschiedenen Waldlichtungen am Üetliberg. Die Grüne Keiljungfer dippt ihre klebrigen Eier paketweise auf die Wasseroberfläche, worauf diese im Wasser einige Meter verdriften und dann am Bodensubstrat kleben bleiben. Die Entwicklungszeit der Larve beträgt 3 oder mehr Jahre.
Förderung: naturnahe, flachufrige Fließgewässer mit sandiger bis kiesiger Sohle und teilweise beschattendem Gehölzgürtel (max. 60 %).

Großlibelle, 50–60 mm.

Juni–Oktober. Überwinterung als Larve.

Brust grün, Hinterleib gelb, mit ausgedehnter schwarzer Zeichnung. Männchen mit keulenartig verbreitertem Hinterleibsende.

Mittellauf naturnaher, teilweise bestockter Flüsse mit sandigem Untergrund und kühlem Wasser.

Zürich: Sihl, Waldlichtungen am Üetliberg.

stark gefährdet

Blaugrüne Mosaikjungfer

Aeshna cyanea

Großlibelle, 67–76 mm.

Juli–Anfang Oktober. Überwinterung als Larve.

Weibchen grün, Männchen grün und blau, mit ausgedehnter schwarzer Zeichnung.

Besiedelt meist kleinere, stehende oder langsam fließende, besonnte bis stark beschattete Gewässer verschiedener Art. Häufig auch im Siedlungsgebiet an Garten- und Parkweihern.

Zürich: Häufig.

Anspruchsloseste und anpassungsfähigste Großlibelle, zählt wie die anderen Mosaikjungfern, die Königslibelle und der Schilfjäger zur Familie der Edellibellen. In der Stadt Zürich häufig anzutreffen. Sie dringt überall dort ins Siedlungsgebiet vor, wo geeignete Gewässer vorhanden sind. Gelegentlich bringen Katzen im Spätsommer einige Blaugrüne Mosaikjungfern nach Hause, die sie erbeutet haben, wie etwa in Hottingen beobachtet wurde.
Die Eier werden vom Weibchen meist einige Zentimeter oberhalb des Wasserspiegels in Moos oder feuchte Erde abgelegt. Die Entwicklung der Larve dauert gewöhnlich 2 Jahre, oft auch nur ein Jahr. Die Blaugrüne Mosaikjungfer profitiert von der Anlage kleinerer stehender Gewässer aller Art.

Braune Mosaikjungfer

Aeshna grandis

Großlibelle, 70–77 mm.

Juni–Oktober. Überwinterung als Larve.

Rotbraun, mit gelber Zeichnung beim Weibchen, mit gelber und blauer Zeichnung beim Männchen. Bräunlich getönte Flügel.

Stehende, seltener auch langsam fließende Gewässer, die zumindest teilweise besonnt sind: größere Weiher und Teiche, Altarme, Kleinseen, breite Gräben.

Zürich: Nicht selten an Teichen und Kleinseen.

Die Braune Mosaikjungfer ist im Gebiet der Stadt Zürich an größeren, gehölzreichen, eher älteren Teichen, Weihern und Kleinseen zu finden: am Burgwiesweiher, am Riedweg, im Botanischen Garten, an den Katzenseen. Am häufigsten lässt sie sich beim Jagen an Waldrändern und in Waldlichtungen, zum Beispiel am Üetliberg, beobachten.
Die Eier der Braunen Mosaikjungfer werden in lebende oder tote, angefaulte Pflanzenteile abgelegt. Die Entwicklungszeit der Larve beträgt in der Regel 2–3 Jahre.

Keilfleck-Mosaikjungfer

Aeshna isoceles

Die Flügel der Keilfleck-Mosaikjungfer sind im Gegensatz zu denen der ähnlichen Braunen Mosaikjungfer farblos. Ein weiteres Merkmal von *Aeshna isoceles* ist der auffällige gelbe Keilfleck auf der Oberseite des 2. Hinterleibssegments, dem sie ihren Namen verdankt. In Zürich fliegt sie an sonnigen und gut bewachsenen Weihern, Kleinseen, in einem Fall wurde sie auch an einem Graben gesehen (Dunkelhölzli, Friedhof Nordheim, Büsisee und Binzmühlebach). Wie die Braune Mosaikjungfer kann sie bei der Jagd auch in den Waldlichtungen am Üetliberg beobachtet werden. Eiablage in lebende oder tote, angefaulte Pflanzenteile, Entwicklungszeit der Larve 1–2 Jahre.

Großlibelle, 62–66 mm.

Mai–August. Überwinterung als Larve.

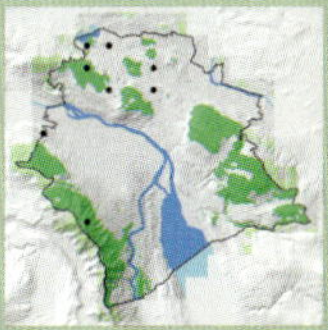

Hellbraun, mit feiner schwarzer Zeichnung auf dem Hinterleib. Leuchtend grüne Augen.

Stehende, seltener auch langsam fließende, üppig mit Schilf oder Rohrkolben bewachsene, eher warme Gewässer der tiefen Lagen: größere Weiher, Altarme, Kleinseen, breite Gräben.

Zürich: Relativ selten an üppig bewachsenen, gut besonnten Gewässern.

Große Königslibelle

Anax imperator

Die Große Königslibelle bevorzugt spärlich bewachsene Gewässer, kann sich aber auch in stärker bewachsenen Weihern entwickeln. Auch im Siedlungsgebiet in größeren Garten- und Parkweihern. In der Stadt Zürich fliegt sie oft an denselben Gewässern wie die Blaugrüne Mosaikjungfer. Sie kann innerhalb und außerhalb des Siedlungsgebiets fast an allen größeren Weihern beobachtet werden. Die Eier werden vom Weibchen in lebende oder tote, angefaulte Pflanzenteile abgelegt, die Entwicklungszeit der Larve beträgt 1–2 Jahre.

Wie bei allen Großlibellen sind – im Gegensatz zu den Kleinlibellen – die beiden Flügelpaare der Königslibelle verschieden geformt und können nicht über dem Rücken zusammengeklappt werden.

Großlibelle, 66–84 mm.

Mai–September. Überwinterung als Larve.

Brust einfarbig grün. Hinterleib beim Weibchen blaugrün mit braunem Längsstreifen, beim Männchen hellblau mit schwarzem Längsstreifen.

Besiedelt stehende, gut besonnte und eher warme Gewässer mit einer offenen Wasserfläche: Weiher, Teiche, Torfstiche, Baggerseen, Altarme, Kleinseen, Gräben.

Zürich: Häufig.

Früher Schilfjäger

Brachytron pratense

Kleine Großlibelle. Besiedelt stehende oder langsam fließende Gewässer mit einer breiten Verlandungszone aus Schilf, Binsen und Seggen sowie teilweise beschattenden Gehölzen: Altarme, Weiher, Teiche, Kleinseen, breite Gräben und größere Torfgewässer.

Der Frühe Schilfjäger legt seine Eier dicht unter der Wasseroberfläche in abgestorbene Wurzelteile von Schilf, Binsen, Seggen oder Rohrkolben ab. Die Larve benötigt für ihre Entwicklung 2, seltener 3 Jahre.

Großlibelle, 54–63 mm.

Mai–Anfang Juli. Überwinterung als Larve.

Grundfarbe beim Weibchen grün, beim Männchen grün und blau, beide mit ausgedehnter schwarzer Zeichnung. Brust auffallend dicht behaart.

Typische Art der Flussauen.

Zürich: Selten, entwickelt sich nur an den Katzenseen und im Gebiet Hönggerberg. Einzelbeobachtung in einem Hangried am Üetliberg.

Gestreifte Quelljungfer

Cordulegaster bidentata

Typische Art der offenen Quellfluren und Quellbereiche von Waldbächen sowie der Hangquellmoore in Waldlichtungen oder in Waldnähe. In höheren Lagen zunehmend außerhalb des Waldes. Auf dem Gebiet der Stadt Zürich ist die Art nur vom Üetliberg und vom Gebiet um Adlisberg und Wehrenbach bekannt, wo sie allerdings recht häufig ist: in Hangrieden und an Waldbächen am Üetliberg, bei Wehrenbach, Elefantenbach (Stöckentobelbach) und Hegibach.

Eiablage erfolgt aus dem Schwirrflug durch Einstechen des Hinterleibs in das Feinsediment seichter Wasserstellen. Larvenentwicklung dauert 4–6 Jahre.

Für die Gestreifte Quelljungfer ist die Erhaltung und Förderung von naturnahen Quellfluren und Hangrieden wichtig.

potenziell gefährdet

Großlibelle, 69–78 mm.

Mai–Anfang Oktober. Überwinterung als Larve.

Schwarz, mit gelben Binden an der Brust (Thorax) und gelben Flecken am Hinterleib. Im Gegensatz zu *C. boltonii* fehlt 4. gelber Streifen in Seitenansicht des Brustteils.

Quellfluren und Hangquellmoore in Waldnähe.

Zürich: Lokal ziemlich häufig an Üetliberg, Adlisberg und beim Wehrenbach.

Zweigestreifte Quelljungfer

Cordulegaster boltonii

In der Stadt Zürich ist die Zweigestreifte Quelljungfer nicht selten und aus allen größeren Wäldern bekannt.
Sie legt ihre Eier aus dem Schwirrflug durch Einstechen des Hinterleibs in das Feinsediment seichter Wasserstellen ab. Die Larvenentwicklung dauert 4–5 Jahre.

Großlibelle, 74–80 mm.

Mitte Juni–Anfang September. Überwinterung als Larve.

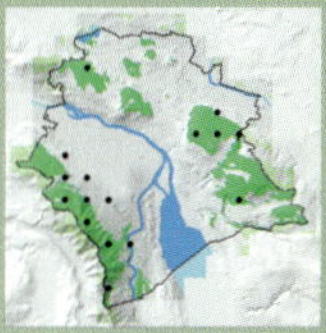

Schwarz, mit gelben Binden an der Brust (Thorax), gelbe Flecke am Hinterleib. Im Gegensatz zu *C. bidentata* 4. gelber Streifen in der Seitenansicht des Thorax.

Typische Art der sommerkühlen Oberläufe kleiner Bäche. Wiesenbäche und Gräben, Bäche im lichten Wald, in der Nähe von Waldlichtungen oder Waldrändern.

Zürich: Nicht selten.

Falkenlibelle

Cordulia aenea

Die Falkenlibelle besiedelt größere und eher tiefe Weiher, Teiche, Altarme und Kleinseen mit offener Wasserfläche sowie gut ausgebildeter Unterwasser- und Verlandungsvegetation. Auf dem Gebiet der Stadt Zürich fliegt sie in den größeren Feuchtgebieten und an Gewässern im Wald oder in dessen Nähe: Katzenseen, Wehrenbachtobel, Detschwingen, Rüti Baal, Resiweiher, im Moos, in der Allmend Brunau und am Üetliberg.
Die Eier werden aus dem Flug mit Dippbewegungen an der Wasseroberfläche abgetupft. Die Larve benötigt für ihre Entwicklung 2–3 Jahre.

Großlibelle, 47–55 mm.

Mai–August. Überwinterung als Larve.

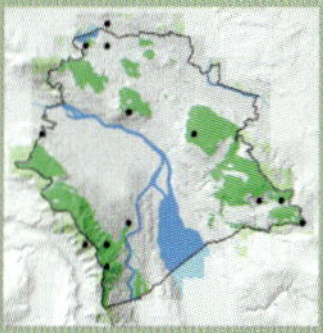

Metallisch dunkelgrün bis kupferfarben, Augen leuchtend smaragdgrün. Hinterleib des Männchens im hinteren Teil keulenartig verdickt. Legescheide im Gegensatz zu den beiden folgenden Smaragdlibellen-Arten kaum sichtbar.

In Stillgewässern mit Ufer- und Unterwasservegetation.

Zürich: Nicht selten.

Gefleckte Smaragdlibelle

Somatochlora flavomaculata

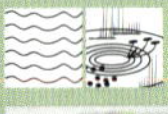

Großlibelle, 45–54 mm.

Ende Mai–September. Überwinterung als Larve.

Brust metallisch dunkelgrün, Hinterleib schwarz. Jedes Hinterleibssegment mit einem Paar gelber Flecke, die sich im Alter zunehmend verdüstern. Legescheide des Weibchen deutlich sichtbar und rechtwinklig abstehend.

Moore, Sumpfwiesen, Verlandungszonen.

Zürich: Relativ selten; nur an Katzenseen und Büsisee.

Bei den beiden Smaragdlibellen ist der Hinterleib des Männchens nur in der Mitte etwas verdickt – im Gegensatz zur keulenartigen Verdickung bei der Falkenlibelle. Die Gefleckte Smaragdlibelle fliegt über Flachmooren und Sumpfwiesen mit eingestreuten Kleingewässern sowie über dicht verwachsenen Verlandungszonen von Flüssen und Seen, langsam fließenden Gräben und Bächen.
Eiablage über flachem Wasser, oft in dichter Vegetation versteckt. Larvenentwicklung dauert 3 Jahre. Larvengewässer mit Schlammgrund können zeitweise austrocknen, ohne dass die Tiere Schaden nehmen.

Glänzende Smaragdlibelle

Somatochlora metallica

Großlibelle, 50–55 mm.

Ende Mai bis Ende September. Überwinterung als Larve.

Grundfarbe metallisch goldgrün. Lange Legescheide des Weibchens im Gegensatz zur Falkenlibelle auffällig und steht rechtwinklig ab (Bild: frisch geschlüpfte Libelle mit Exuvie).

Meist größere Gewässer in Waldnähe.

Zürich: Selten.

Besiedelt Altarme, Seen und größere Teiche mit eher steilen Ufern und oft ohne gut ausgebildete Verlandungszone, seltener auch an Gräben, Bächen und Flussabschnitten mit schwacher Strömung zu finden. Die Entwicklungsgewässer liegen oft im Wald oder in Waldnähe, im Offenland sind sie größtenteils bestockt.
Die Eiablage erfolgt durch wippende Bewegungen auf die Wasseroberfläche oder auf feuchtes Substrat nahe der Wasserlinie. Larvenentwicklung 2- bis 3-jährig.
In Zürich kann die Glänzende Smaragdlibelle aktuell nur am Büsisee und in einem größeren Waldteich am Käferberg beobachtet werden. Es ist unklar, ob sich die Art auch dort entwickelt.

Plattbauch

Libellula depressa

Auffälligstes Merkmal des Plattbauchs ist der ungewöhnlich breite Hinterleib. Beide Geschlechter tragen seitlich gelbe Randmonde an den mittleren Hinterleibssegmenten. Der Plattbauch besiedelt als Pionierart vegetationsarme, seichte Stehgewässer sowie periodisch trocken fallende Vertiefungen in Flachmooren und Wiesen, Lehmtümpel in Kiesgruben, frische Torfgewässer und Flutmulden entlang von Fließgewässern. Im Siedlungsgebiet an frisch geschaffenen Garten- und Parkweihern.

Die Eiablage erfolgt aus der Luft, durch wippende Bewegungen, auf schwimmende Algenwatten und Wasserpflanzen oder auf die freie Wasseroberfläche. Die Larvenentwicklung dauert zwischen 3 Monaten und 2 Jahren; in Tieflagen eine Generation pro Jahr.

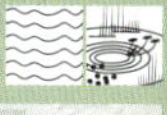

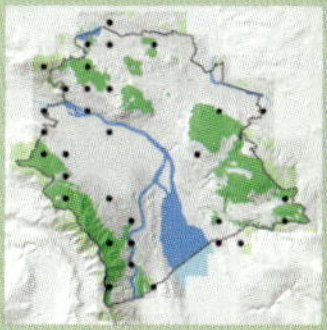

Großlibelle, 39–48 mm.

Ende April–Anfang September. Überwinterung als Larve.

Grundfarbe dunkelbraun. Männchen mit breitem, oberseits hellblau bereiftem Hinterleib; dieser ist beim Weibchen hellbraun bis graubraun.

Pionierart in vegetationsarmen Kleingewässern.

Zürich: Häufig; in nahezu allen naturnahen Feuchtgebieten und an fast jedem besonnten und nicht zu stark zugewachsenen Gartenweiher.

Spitzenfleck

Libellula fulva

Der Spitzenfleck bewohnt stehende und langsam fließende Gewässer wie Kleinseen, Teiche, Weiher, Altarme und Kanäle. Typischerweise an größeren Gewässern mit Schilfröhrichtsaum, teilweise beschattenden Gehölzen und gut ausgebildeter Unterwasservegetation.

Die Eier werden vom Weibchen aus dem Flug über seichten Wasserstellen in Bereichen mit Schilfröhricht oder Seggenhorsten abgeworfen oder an der Wasseroberfläche abgestreift. Die Larvenentwicklung dauert vermutlich 2 Jahre.

Großlibelle, 42–45 mm.

Mai–August. Überwinterung als Larve.

Brust braun, Hinterleib beim Männchen hellblau bereift, beim Weibchen rotbraun bis gelbbraun gefärbt. Beide mit blaugrauen Augen. Flügelspitzen dunkel getönt (beim Männchen nur schwach ausgeprägt).

Charakterart der Auen des Tieflands.

Zürich: Ziemlich selten; vor allem um Katzenseen.

Vierfleck

Libellula quadrimaculata

Großlibelle, 40–48 mm.

Mai–August. Überwinterung als Larve.

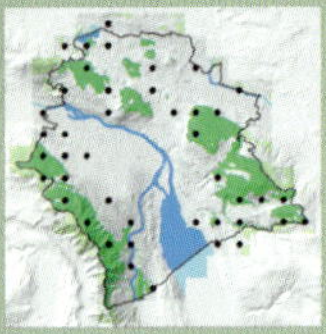

Je ein dunkler Flügelfleck am Vorderrand der Mitte sowie an der Spitze jedes Flügels. Grundfarbe in beiden Geschlechtern gelbbraun bis düster braungrau, Hinterleibsspitze schwarz.

Vegetationsreiche stehende oder langsam fließende Gewässer.

Zürich: Häufig; in den meisten naturnahen Feuchtgebieten verbreitet.

Charakterart für vegetationsreiche stehende oder langsam fließende Gewässer: Kleinseen, Weiher, Teiche, Altarme, Gräben mit freier Wasserfläche, teils besonnten Verlandungszonen und teils beschattenden Gehölzen, im Siedlungsgebiet in Weihern von Parkanlagen und Gärten. Innerhalb der Stadt Zürich besucht der Vierfleck verschiedene naturnahe Gebiete mit entsprechenden Gewässern, so den Botanischen Garten, Haus- und Familiengärten, Friedhöfe und ehemalige Materialabbaugebiete.
Die Weibchen des Vierflecks dippen die Eier über seichte Stellen auf die Wasseroberfläche. Larvenentwicklung benötigt meist 2 Jahre, seltener ein oder 3 Jahre.

Südlicher Blaupfeil

Orthetrum brunneum

Großlibelle, 41–49 mm.

Juni–August. Überwinterung als Larve.

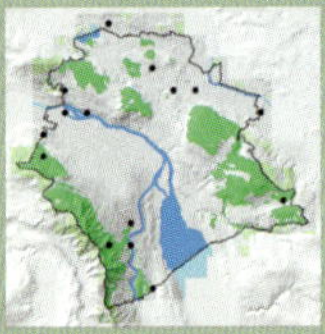

Männchen blau, Weibchen graubraun. Im Gegensatz zum Kleinen Blaupfeil weiße Stirn (beim Männchen mit Blaustich), Männchen meist mit blauem Thorax.

Pioniergewässer mit kahlen Stellen.

Zürich: Relativ häufig.

Südliche Pionierart. Fliegt an vegetationsarmen, langsam fließenden Gräben, Bächen und Quellfluren mit kahlen Stellen, etwas seltener an stehenden Pioniergewässern in Kies- und Lehmgruben und Tümpeln von Hochwasserrückhaltebecken. Auch an neu angelegten Gartenweihern. Der Südliche Blaupfeil profitiert vom warmen Stadtklima und der Eingriffsdynamik in die Gewässer des Siedlungsgebiets. Als eine der ersten Libellenarten besiedelt er neu entstandene Weiher oder frisch ausgedolte Bäche und ausgebaggerte Gräben. Er findet aber auch in den rechteckigen Betonwasserbecken auf dem Friedhof Eichbühl geeignete Lebensbedingungen.
Die Eier werden aus dem Flug an der Wasseroberfläche abgestreift. Dauer der Larvenentwicklung: 1–2 Jahre.

Großer Blaupfeil

Orthetrum cancellatum

Der Große Blaupfeil besiedelt stehende und langsam fließende Gewässer mit größeren offenen Wasserflächen und besonnten, eher spärlich bewachsenen Ufern: Weiher, Teiche, Seen, Grubengewässer und breite Gräben. Im Siedlungsgebiet an größeren Garten- und Parkweihern, lebt in Zürich auf manchem naturnahen Friedhof, Park oder Garten mit entsprechenden Gewässern. Diese Libelle fliegt auch am Binzmühlebach und am Katzenbach und tupft ihre Eier aus dem Flug an der Wasseroberfläche ab. Die Larvenentwicklung dauert 1–3 Jahre. Ähnliche Art: Östlicher Blaupfeil *(O. albistylum)*, 2009 erstmals in Zürich beobachtet (Katzensee).

Großlibelle, 44–45 mm.

Ende Mai–Anfang September. Überwinterung als Larve.

Brust (Thorax) beim Männchen dunkelbraun, Hinterleib bis zur Mitte blau und zur Spitze hin schwarz. Weibchen gelb bis bräunlich, mit 2 schwarzen wellenförmigen Längsstreifen auf der Oberseite des Hinterleibs.

Offene Gewässer mit besonnten Ufern.

Zürich: Häufig; dringt weit ins Siedlungsgebiet vor.

Kleiner Blaupfeil

Orthetrum coerulescens

Der Kleine Blaupfeil besiedelt Quellaufstöße in Hangrieden, Gräben in Flachmooren, Wiesenbäche, seltener auch Rinnsale und Tümpel in Kiesgruben. In Zürich nur aus 4 Gebieten bekannt: Wehrenbachtobel, Gyrhaldenbächlein, Katzenbach und Binzmühlebach.
Die Eier werden aus dem Flug über seichten Wasserstellen abgelegt. Die Larvenentwicklung dauert 2 Jahre.
Förderung: Erhaltung von besonnten Quellfluren (allenfalls beschattende Gehölze entfernen), Gräben in Flachmooren nötigenfalls aufstauen und abschnittsweise zeitlich gestaffelt pflegen.

Großlibelle, 36–45 mm.

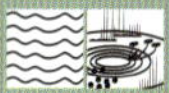

Juni–Anfang September. Überwinterung als Larve.

Brust beim Männchen dunkelbraun, ohne oder mit schwacher blauer Bereifung, Hinterleib bis zur Spitze blau. Weibchen gelb- bis olivbraun, mit feiner dunkler Linie oben auf dem Hinterleib. Stirn im Gegensatz zum Südlichen Blaupfeil dunkelbraun.

potenziell gefährdet

Typische Art der Quellfluren.

Zürich: Selten.

Feuerlibelle

Crocothemis erythrea

Großlibelle, 36–45 mm.

Mitte Mai–Anfang Oktober. Überwinterung als Larve.

Männchen feuerrot, Weibchen gelbbraun mit feiner dunkler Linie oben auf dem Hinterleib. Breiter Hinterleib (Unterschied zu Heidelibellen), abstehende Legeklappe des Weibchens und rote Färbung des Männchens (Unterschied zu Blaupfeilen).

Besonnte, eher kahle Stillgewässer.

Zürich: Relativ selten.

Typische Art des Mittelmeergebiets, dort weit verbreitet. Wanderlibelle, fliegt in warmen Sommern in Mitteleuropa ein, wo sie stellenweise heimisch geworden ist. Die Feuerlibelle ist an gut besonnten, eher flachen Stillgewässern mit lückiger Ufer- und Unterwasservegetation zu finden, also an Weihern, Altarmen von Flüssen und Grubengewässern mit offenen Wasserflächen. In Zürich bisher nur in wenigen Gebieten beobachtet: Autobahneinfahrt Wollishofen, Büsisee und Katzenbach.
Die Eier werden aus dem Flug an seichten Wasserstellen im Bereich von Schilfröhricht oder Unterwasservegetation abgegeben. Larvenentwicklung innerhalb eines Jahres.

Blutrote Heidelibelle

Sympetrum sanguineum

Großlibelle, 34–39 mm.

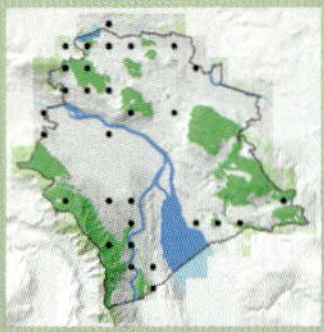

Juli–September. Überwinterung als Ei, vermutlich teilweise auch als Larve.

Männchen leuchtend blutrot, Hinterleib leicht keulenförmig. Weibchen gelbbraun, Hinterleib ohne sichtbare Legeklappe. Schwarze Beine.

Verschiedenartige Gewässer.

Zürich: Häufig; bis weit ins Siedlungsgebiet.

Besiedelt Seeufer mit Verlandungszonen, Weiher, Altarme, Kiesgruben- und Moorgewässer, Gräben, langsam fließende Flüsse und Bäche. Optimale Gewässer sind teilweise bestockt, haben eine breite Verlandungszone und schwankende Wasserstände. Die Blutrote Heidelibelle lebt auch an Park- und Gartenweihern und dringt weit ins Siedlungsgebiet vor: in Zürich in Parkanlagen, Gärten und auf Friedhöfen, in Industriegebieten und im Hauptbahnhofareal.
Eiablage auf den schlammigen Boden trockengefallener Gewässer oder Gewässerbereiche. Larvenentwicklung dauert nur 6–10 Wochen.

Große Heidelibelle

Sympetrum striolatum

Die Große Heidelibelle ist eine ursprünglich mediterrane Art, kommt aber auch in Mitteleuropa vor. Wandert in günstigen Jahren in großer Zahl aus dem Mittelmeergebiet ein. Besiedelt verschiedenartige stehende und langsam fließende, bevorzugt vegetationsarme Gewässer. Auch im Siedlungsgebiet an Garten- und Parkweihern. Sie dringt weit ins Stadtgebiet vor und kann im Hauptbahnhofareal, in Parkanlagen, Gärten, auf Friedhöfen und in Industriegebieten beobachtet werden. Die Große Heidelibelle fliegt auch an fließenden Gewässern wie Binzmühlebach und Katzenbach.
Die Eier werden aus dem Flug auf das Wasser getupft, manchmal auch auf den schlammigen Boden trockengefallener Gewässerbereiche abgelegt. Larvenentwicklung dauert 12–15 Wochen.

Großlibelle, 35–44 mm.

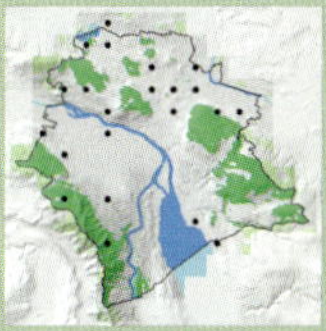

Mitte Juni–Anfang November. Überwinterung als Ei, teilweise auch als Larve.

Brust beim Männchen braun mit großen gelblichen Seitenflecken (Unterschied zu *S. vulgatum*), Hinterleib leuchtend ziegelrot. Weibchen gelbbraun, mit schräg abstehender Legescheide.

Verschiedene, meist vegetationsarme Gewässer.

Zürich: Häufig; bis weit ins Siedlungsgebiet.

Gemeine Heidelibelle

Sympetrum vulgatum

Diese in Mitteleuropa häufige Art ist auch in der Stadt Zürich häufig und dringt teilweise ins Siedlungsgebiet vor, wo sie im Botanischen Garten, in der ehemaligen Lehmgrube Binz, im Irchelpark oder auf dem Friedhof Enzenbühl beobachtet werden kann.
Die Gemeine Heidelibelle wirft ihre Eier aus dem Flug an möglichst vegetationsfreie Stellen ins Wasser oder tupft sie an der Wasseroberfläche ab. Die Larvenentwicklung dauert ein Jahr, bei einem Teil der Larven 2 Jahre.

Großlibelle, 35–40 mm.

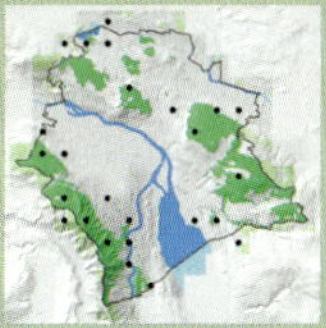

Mitte Juli–Anfang Oktober. Überwinterung als Ei (oder Larve).

Brust beim Männchen einheitlich braun, Hinterleib leuchtend ziegelrot. Weibchen gelbbraun, rechtwinklig abstehende Legescheide. Keine gelblichen Flecke an den Thoraxseiten (Unterschied zu Großer Heidelibelle).

Verschiedene stehende und langsam fließende Gewässer.

Zürich: Häufig; nicht nur am Stadtrand, auch im Siedlungsgebiet an Garten- und Parkweihern.

Steinfliegen

Die Steinfliegen (Plecoptera) werden auch Uferfliegen oder Frühlingsfliegen genannt. Die geflügelten Insekten (Imagines) sind eintönig dunkelbraun bis schwarz gefärbt, mitunter gelb gezeichnet. Die vier Flügel sind in Ruhe flach über den Hinterleib gelegt oder der Länge nach leicht um ihn gerollt.

Der Larvenkörper gliedert sich in Kopf, drei Brustsegmente und einen 10-gliedrigen Hinterleib, der mit zwei Schwanzanhängen endet. Am Kopf befinden sich zwei Fühler, zwei Komplexaugen und drei Ocellen (Einzelaugen). Die Tarsen (Füße) haben zwei Krallen. Manche Arten haben Tracheenkiemen am Beinansatz, unter dem Hals oder zwischen den Schwanzanhängen. Die Larven bewegen sich laufend fort und schwimmen nur selten, wobei sie seitlich schlängeln.

Der typische Lebensraum der Larven sind kühle Bäche mit klarem Wasser und steinig-kiesigem Grund, die sich auch im Sommer nicht stark erwärmen. Die Larven sind ein- bis mehrjährig. Sie wachsen unter zahlreichen Häutungen und werden dabei der Imago zunehmend ähnlich, es fehlt ein Puppenstadium. Ähnlich den Eintagsfliegen entwickeln sich die Flügel in Flügelscheiden. Bei der Häutung zur Imago verlassen sie das Wasser (Emergenz) und kriechen auf Steine, Baumstämme oder an Mauern empor. An Land platzt die Larvenhaut an einer Naht an Kopf und Brust und die Imago schlüpft, meist im Schutze der Dunkelheit. Zurück bleibt die leere Larvenhülle (Exuvie), die längere Zeit vor Ort verbleibt.

Die Imagines halten sich in der Nähe ihrer Brutgewässer auf, wo sie exponiert auf Blättern ruhen oder sich im Pflanzengewirr verbergen. Es gibt auch winteraktive Arten, die auf Schnee herumlaufen. Die Geschlechter finden sich durch Trommelsignale; die Männchen laufen bei der Suche nach Weibchen eilig umher, trommeln mit dem Hinterleib auf Halme oder Blätter, verharren kurz, trommeln erneut, flattern ein paar Meter weiter. Die Weibchen antworten mit einem eigenen Signal, das beim Männchen sofort Suchverhalten auslöst. Ihre Lebensdauer beträgt 2–5 Wochen, wobei die Weibchen in der Regel eine längere Lebenserwartung haben, weil ihre Eier z. T. erst reifen müssen. Werden sie nicht gefressen, können sie mehrere Monate alt werden.

In der Stadt Zürich verdanken wir zahlreiche Nachweise von Steinfliegen dem Arzt und Insektenforscher Friedrich Ris (1867–1931), dessen Sammlung heute in der ETH Zürich aufbewahrt wird. Weltweit sind etwa 2200, in der Schweiz 111 und auf Zürcher Stadtgebiet 39 Arten bekannt.

Steinfliege

Brachyptera risi

Die Larven verkriechen sich zwischen den Steinen im Bachbett und fressen Algen, die sie mit ihren Mundwerkzeugen von den Steinoberflächen abraspeln. Die Entwicklung dauert ein Jahr und braucht mehrere Häutungen, genaue Zahl nicht bekannt. Die Larven, Steinfliegen generell, gelten als gute Indikatoren für die Beurteilung der Wasserqualität. *B. risi* gehört nicht zu den sehr «heiklen» Vertretern, sie toleriert schwache bis mäßige organische Belastungen, wenn es genügend Sauerstoff im Wasser gibt.
Die Verwandlung zur Imago geschieht nachts oder am frühen Morgen auf Steinen, die aus dem Wasser ragen oder am Ufer. Die Imagines findet man deshalb häufig am Vormittag auf Steinen, wo sie oft kopfunter neben der Exuvie sitzen. Später verstecken sie sich unter Steinen oder zwischen Falllaub nahe am Gewässer. Sie fressen Flechten, Pollen, Algen und abgestorbene Pflanzenteile und trinken Wasser. Die Weibchen sind erst nach der Nahrungsaufnahme paarungsbereit. Bei der Paarung reitet das Männchen auf und krümmt seinen Hinterleib rechts oder links seitlich am Weibchen vorbei und dann unter dessen Hinterleib. Die Paarung dauert einige Minuten bis Stunden. Bereits begattete Weibchen verweigern in der Regel eine erneute Paarung. Die Eier werden bei z. T. auffälligen Flügen über dem Gewässer abgegeben. Hierbei berührt die Spitze des Hinterleibs die Wasseroberfläche, worauf die Eier ins Wasser gespült werden. *B. risi* legt bis zu 4 Eiballen, insgesamt ca. 1400 Eier. Zwischen den einzelnen Ablageflügen verstreichen 8–10 Tage.
Die beiden Schwesterarten, *Brachyptera monilicornis* und *B. trifasciata*, die früher vermutlich in der Limmat und/oder der Sihl zu Hause waren, sind dort seit dem 19. Jh. nie mehr gefunden worden. Beide Arten stehen in der Schweiz auf der Roten Liste.

Larve 7–10 mm; Imago 7–12 mm; Flügelspannweite 20–27 mm.

Larven im Winter bis Mai; Imago März–Juni.

Larve: Dunkelbraun, robust, mittelgroß, lange Fühler und Schwanzanhänge. Unterseite hell. Flügelscheiden stehen winklig vom Körper ab. Ohne Tracheenkiemen, Beine ohne Schwimmborsten. Imago: Braun gefärbt, Flügel rauchig braun mit schwarzen Bändern, umhüllen den Körper etwa bis zur Seitenlinie. Ohne Schwanzanhänge.

Fließgewässer jeglicher Größe.

Zürich: In allen Tobelbächen häufig, auch in der Sihl.

Larve und Imago ca. 9–16 mm

Larven Januar–Sommer, Imagines April–August.

Larve: Länglich, gelblich mit dunklen Flecken. Ohne Tracheenkiemen. Flügelscheiden nicht abstehend. 2 lange Schwanzanhänge. Beine mit Borstensaum.
Imago: Gelb mit gelblichen Flügeln. Auf dem Kopf charakteristischer hufeisenförmiger Fleck. 2 Schwanzanhänge.

Fließgewässer jeglicher Größe.

Zürich: In den Waldbächen, der Sihl und der Limmat.

Steinfliege

Isoperla grammatica

Die räuberischen Larven leben zwischen und unter den Steinen und jagen alles, was kleiner ist als sie. Mit ihrem Borstensaum an den Beinen können sie gut schwimmen. Sie benötigen sauerstoffreiches und kühles Wasser. Ihre Entwicklung dauert ein Jahr, danach verlassen sie das Wasser, paaren sich und leben nur wenige Wochen in Gewässernähe. Die Weibchen tragen die befruchteten Eier in einem großen Ballen am Ende des Hinterleibs. Die Eiablage geschieht im Flug durch Abstreifen der Eier an der Wasseroberfläche. Die Eier sinken sofort zu Boden, wo sie dank spezieller Vorrichtungen am Substrat haften bleiben. Im Laufe seines Lebens produziert das Weibchen bis zu 5 Gelege mit insgesamt bis zu 350 Eiern.

Larve 15–35 mm; Weibchen 19–22, Männchen 11–16 mm.

Larven ganzjährig; Imago Mai–Juli.

Larve: Dunkelbraun mit hellen Flecken auf Kopf und Hinterleib. Weißliche Kiemenbüschel am Ansatz der Beine und zwischen den Schwanzfäden.
Imago: Dunkelbraun bis fast schwarz, ähnlich der Larve. Männchen mit verkürzten Flügeln. 2 Schwanzanhänge.

Fließgewässer

Zürich: In der Sihl.

Steinfliege

Dinocras cephalotes

Larven unter größeren Steinen, ernähren sich räuberisch und fressen andere Insektenlarven wie die von Eintags- und Köcherfliegen sowie Zuckmücken. Die Entwicklung dauert 3 Jahre, daher stets verschieden große Larven nebeneinander. Imago schlüpft nachts, entgeht so ihren Fressfeinden (Vögeln und Fledermäusen). Die Verwandlung dauert mehrere Minuten, weil sich die Flügel durch Aufpumpen mit Blut nur langsam entfalten. Frisch geschlüpfte Tiere anfänglich blass, erst nach ein paar Stunden ausgefärbt. Oft werden die Tiere bereits kurz nach der Emergenz von Milben besiedelt, die sich von Körpersäften ernähren. Die kurzflügligen Männchen können nicht fliegen, sie laufen in Gewässernähe herum, trommeln und locken so die Weibchen an.

Steinfliege

Leuctra prima

Larven von *L. prima* im kiesigen Boden kühler Waldbäche, ernähren sich von abgestorbenen Pflanzenresten, entwickeln sich in einem Jahr zur Imago. Wie der Name sagt, ist es die erste Steinfliege im Jahr, die bereits im Januar schlüpft und dann besonders gut auf Schnee zu beobachten ist, oft > 50 m vom Gewässer entfernt. Nach der Paarung müssen die Weibchen für die Eireifung viel fressen, z. B. Algenaufwuchs und Flechten an Baumstämmen. Ihr Gewicht nimmt dabei um bis zu 50 % zu. Nach mehreren Wochen Rückkehr ans Gewässer zur Eiablage, meist an einen weiter bachaufwärts gelegenen Abschnitt. Damit wird das im Laufe des Larvenstadiums auftretende Verdriften kompensiert. Bei der Eiablage werden die Eier im Flug ins Wasser abgestreift.

Larve 5–8 mm; Imago 6–9 mm.

Reife Larven ab Dezember, Imago Januar–April.

Larve: Länglich, nadelförmig, braun, mit Borsten an den Beinen und den 2 Schwanzanhängen. Flügelscheiden parallel zum Körper.
Imago: Schwarz; Flügel rauchig, umhüllen den Körper etwa bis zur Seitenlinie. 2 kurze Schwanzanhänge.

Fließgewässer

Zürich: In den Waldbächen rund um die Stadt.

Steinfliege

Nemoura marginata

Larven im Gewässer häufig unter Totholz oder im Falllaub, seltener unter Steinen, ernähren sich von abgestorbenen Pflanzenteilen. Sind selbst wiederum Beute für räuberische Larven von Stein- und Köcherfliegen wie *Isoperla grammatica, Dinocras cephalotes* und *Rhyacophila dorsalis*. Verwandte Arten besiedeln sogar überrieselte Felsen, wo sie an senkrechten Wänden im dünnen Wasserfilm herumlaufen. Imagines sitzen auf der Ufervegetation nahe am Wasser. An schönen sonnigen Tagen starten die Weibchen von dort zu kurzen Eiablageflügen. Larven und Imagines der beiden nah verwandten Gattungen *Protonemura* und *Amphinemura*, die in den Zürcher Bächen ebenfalls vorkommen, ähnlich; die Larven jedoch mit schlauch- oder büschelförmigen Halskiemen.

Larve und Imago 6–8 mm; Flügelspannweite 14–18 mm.

Larve Februar–Juli; Imago April–August.

Larve: Dunkelbraun. Fühler so lang wie Schwanzfäden. Ohne Tracheenkiemen. Körper gedrungen, kräftig, mit zahlreichen Borsten. Flügelscheiden schräg nach außen gerichtet.
Imago: Braun. X-förmige Aderstruktur im Vorderflügel. Kurze Schwanzanhänge.

Fließgewässer, auch kleine Rinnsale.

Zürich: In fast allen Bächen, Sihl und Limmat.

Ohrwürmer

9–20 mm

Männchen (rechts): vereinzelt im Frühjahr, häufig August–Dezember; Weibchen: Mai–Oktober, ab Mitte September begeben sie sich in Winterquartiere.

Kastanienbraun, seitlich hellbraun, Beine gelblich, kurze Flügeldecken, typische Zangen am Hinterleib.

Verschiedenartige Lebensräume mit vielen Schlupfwinkeln und stets relativ hoher Luftfeuchtigkeit: Hecken, Gebüsche, Feldgehölze, Säume, Gärten, Obstgärten, Wälder, Rebberge.

Zürich: Häufig; genaue Verbreitung unbekannt. Mehrere verwandte Arten, etwa Kleiner Ohrwurm *(Labia minor)*.

Gemeiner Ohrwurm

Forficula auricularia

Die Ohrwürmer (Dermaptera) stellen eine eigene Insektenordnung dar. Typisch für die «Ooremüggler» sind die zu kräftigen Zangen ausgebildeten Anhänge am Hinterleib. Diese sind beim Weibchen mehr oder weniger gerade, beim Männchen dagegen erinnern sie an ein Nadelöhr oder die Form eines Ohrs, weshalb die Tiere als Heilmittel gegen Ohrenkrankheiten Verwendung fanden und verdächtigt wurden, in Ohren zu schlüpfen. Die Hinterleibszange kann zur Selbstverteidigung, als Hilfswerkzeug beim Entfalten der Flügel und zum Ergreifen der Beute dienen und kommt beim Männchen auch bei der Paarung zum Einsatz.

Die Spitzen der gefalteten Hinterflügel ragen unter den verkürzten, derben Vorderflügeln hervor. Das Entfalten und Zusammenlegen der Flügel ist mühsam, Ohrwürmer fliegen nur selten.

Der Ohrwurm nimmt sowohl pflanzliche (zarte Pflanzenteile wie Blüten, Pollen, Samen, Früchte) als auch tierische Nahrung (kleine Insekten, deren Gelege und Larven) zu sich. Als Nützling im Garten und Obstbau ernährt er sich von Schädlingen wie Blattläusen, Birnblattsaugern und Spinnmilben. Erwachsene Tiere fressen bis zu 120 Blattläuse pro Nacht. Als Liebhaber von Früchten kann er aber auch selbst zum Schädling werden, etwa bei massenhaftem Auftreten in reifen Weintrauben.

Ohrwürmer sind dämmerungs- und nachtaktiv und orientieren sich v. a. mit ihren langen, dauernd bewegten Fühlern. Tagsüber verstecken sie sich in engen Verstecken wie in durch Blattlausbefall eingerollten Blättern, in Rindenritzen, Stielgruben von Äpfeln oder in Blüten.

Im Sommer und Herbst paaren sie sich mehrmals mit verschiedenen Partnern. Die Weibchen legen meist erst im Frühjahr 20–90 ovale, weißliche Eier in eine Erdhöhle. Meist überwintern nur die Weibchen. Sie schützen ihr Gelege vor Fressfeinden, belecken und wenden die Eier, um Pilzbefall und Austrocknung vorzubeugen. Die im Frühjahr geschlüpften Larven werden während der ersten 1–2 Larvenstadien mit herausgewürgter Nahrung individuell und z. T. von Mund zu Mund gefüttert. Ohrwurm-Mütter bevorzugen ihre gesündesten Jungen. Da nur wenige Larven das Erwachsenalter erreichen, lohnt es sich für die Mütter, sich v. a. um die kräftigsten Jungtiere zu kümmern. Die Larven verlassen die Bruthöhle im Juni. Im Alter von 5–6 Monaten (ca. Ende Juli) sind Ohrwürmer erwachsen.

Nach altem Aberglaube kriechen Ohrwürmer in die Ohren schlafender Menschen, durchtrennen das Trommelfell und legen ihre Eier im Gehirn des Menschen ab. Sie sollen Geschwülste, Entzündungen und sogar Taubheit erzeugen. Früher wurden pulverisierte Ohrwürmer zur Behandlung von Ohrleiden und Taubheit eingesetzt. Und wenn jemand absichtlich nicht hören wollte, so hieß es: «Häsch wider d Ooremüggler dine!»

Ansiedeln von Ohrwürmern

Ohrwürmer benötigen geeignete Versteckplätze, die auch künstlich geschaffen werden können: Tontopf (∅ 10–12 cm) mit Holzwolle oder Heu und Moos füllen. Zum Schutz vor Vögeln und anderen Feinden Öffnung mit verzinktem Hühnergitter abdecken: Hühnergitterrondell schneiden, dessen ∅ ca. 6 cm größer ist als der Topfdurchmesser, überständigen Gitterrand um den Topf biegen. Zur Fixierung wird ein 40 cm langer Draht durch das Entwässerungsloch am Topfboden geschoben, bis er zur Hälfte aus dem Abdeckungsgitter hervorragt, dann umgebogen und zurückgestoßen. Befestigung mit der Öffnung nach unten an Ast anliegend, damit Ohrwürmer bequem hineinspazieren können.

Werden die Ohrwurmnester nicht genügend schnell besiedelt, können diese ein paar Tage in einen mit Blattläusen befallenen Strauch gehängt werden. Anschließend wird der Topf zu einer mit Schädlingen befallenen Pflanze gebracht. Ohrwürmer können auch mit Wellkartongürteln, die ab Mai für ca. 2 Wochen an Hochstamm-Obstbäumen angebracht werden, eingesammelt und umgesiedelt werden.

Schaben

Die meisten Leute assoziieren mit Schaben oder Kakerlaken unangenehme, ekelerregende und krabbelnde Insekten, die Keime verschleppen. Dabei führen die meisten der weltweit über 3600 bekannten Schabenarten ein unauffälliges Leben in der Vegetation (v. a. in der Laubstreu) und haben dort als Allesfresser eine wichtige Funktion beim Abbau organischer Biomasse.

Der Schaben-Bauplan ist seit 250 Mio. Jahren erfolgreich: Versteinerte Schaben aus dem Erdaltertum sehen ihren heutigen Verwandten sehr ähnlich. Schaben erkennt man üblicherweise schnell an der abgeflachten Form, den bedornten Beinen und den langen Fühlern. Aus den Eiern, die bei den meisten Schabenarten in Eihüllen (Ootheken) dicht nebeneinander aufgereiht sind, schlüpfen Nymphen, die den Adulten ähnlich sehen. Diese häuten sich mehrmals, bevor sie geschlechtsreife Männchen oder Weibchen werden.

Die heute in Zürich sehr häufige Bernstein-Waldschabe hatte ursprünglich eine mediterrane Verbreitung und gilt im südlichen Tessin als eine der Charakterarten. Irgendwann in der 2. Hälfte des 20. Jh. begann sie sich nördlich der Alpen auszubreiten. Heute ist die Bernstein-Waldschabe in den niederen Lagen der ganzen Schweiz verbreitet und breitet sich auch in Süddeutschland (Stuttgart, Freiburg i. B.) aus. Andere Waldschaben-Arten wie *E. lapponicus, E. lucidus* und *E. sylvestris* findet man in Zürich kaum im eigentlichen Siedlungsgebiet.

Die bekanntesten Schaben sind diejenigen, die bei uns gar nicht einheimisch sind, sich aber im dauerwarmen Klima unserer Wohnungen wohl fühlen. Gemeinsam ist diesen Arten, dass sie mit trockener Umgebung zurechtkommen, nachtaktiv sind und den Tag in Ritzen verbringen. Außerdem sind sie anspruchslos bezüglich Nahrung: Alles, was abgeschabt und aufgenommen werden kann, wird angenommen.

Neben den hier vorgestellten Arten werden vereinzelt die großen Amerikanischen Schaben *(Periplaneta americana)*, Australischen Schaben *(Periplaneta australasiae)* und *Periplanea brunnea* eingeschleppt. Eine Ausbreitung dieser Arten in größerem Ausmaß hat in Zürich bisher nicht stattgefunden.

Außer der Bernstein-Waldschabe müssen alle Schabenarten bekämpft werden, da sie sich sonst in Häusern und ganzen Siedlungen ausbreiten. Nicht nur können sie schädliche Keime verschleppen, es gibt viele Leute, die allergisch gegen Schaben sind. Auf die Allergene im Kot und in der Cuticula (Haut der Schaben) reagieren (je nach Studie) ca. 15–20 % der städtischen Bevölkerung allergisch. Die Bekämpfung muss von einer professionellen Schädlingsbekämpfungsfirma durchgeführt werden (siehe Porträts).

Merkblätter ⟶ www.stadt-zuerich.ch/schaedlingsbekaempfung

Orientalische Schabe

Blatta orientalis

Am wohlsten fühlt sich die Orientalische Schabe (auch Küchenschabe) in feuchten Kellern und in Küchen von Altbauten. Im Hochsommer nachts auch an Außenfassaden bis unters Dach und in Innenhöfen zu beobachten. In Gebäuden und in der Kanalisation kann sie lange Wanderungen unternehmen. Die Entwicklungsdauer beträgt bis zu 2 Jahre. Aufgrund ihrer versteckten Lebensweise wird die Art spät entdeckt, kann sich stark vermehren und sehr lästig werden. Sie muss bekämpft werden (siehe Deutsche Schabe). Nachdem die Orientalische Schabe bis ins 19. Jh. in Europa die dominierende Kakerlakenart war, konnte sich mit Aufkommen von Zentralheizungen die Deutsche Schabe stark vermehren und so der Küchenschabe den Rang ablaufen.

Weibchen 22–28 mm, Männchen 21–25 mm (ohne Fühler).

Ganzjährig in Gebäuden; nachtaktiv.

Färbung einheitlich dunkelbraun bis fast schwarz. Männchen mit verkürzten Flügeln. Weibchen haben nur Flügelstummel.

In Gebäuden, mehrheitlich in Altbauten, landwirtschaftlichen Betrieben wie Schweinemästereien, Restaurants, häufig in Kellern und unteren Geschossen. Auch in der Kanalisation.

Zürich: Am häufigsten in den Stadtkreisen 1, 4 und 5.

Deutsche Schabe

Blattella germanica

Auch Schwabenkäfer genannt, nachtaktiv, verstecken sich tagsüber gerne gemeinsam in Küche und Badezimmer in warmen und feuchten Winkeln und Ritzen. Nur in Gebäuden, im Freien nicht zu beobachten.

Was weltweit beobachtet wird, findet auch in Zürich statt: Der Bestand der Deutschen Schabe ist in den letzten Jahren stark zurückgegangen. Fachleute führen dies v.a. auf verbesserte Bekämpfungsmethoden zurück: Seit den 1990er-Jahren werden Schaben mit Ködergelen bekämpft, die von Fachleuten in kleinen Portionen von ca. 1 ml im ganzen Raum verteilt werden.

Die Deutsche Schabe ist ein Hygieneschädling, der bekämpft werden muss. Die Bekämpfung sollte von einem geprüften Schädlingsbekämpfungsunternehmen mit eidgenössischem Fachausweis durchgeführt werden.

Ohne Fühler 10–15 mm

Ganzjährig

Färbung gelbbraun, auf Halsschild 2 schwarze Längsstreifen, die sich bei den Nymphen über den Hinterleib fortsetzen.

In Gebäuden, wo das Klima dauerwarm ist.

Zürich: In Gebäuden auf dem ganzen Stadtgebiet; nimmt ab.

Braunbandschabe

Supella longipalpa

Nur in Gebäuden, ganzjährig. Braunbandschaben können sich in Bürohäusern vermehren und über Akten weiterverschleppt werden. Nachtaktiv, tagsüber in warmen Winkeln versteckt, so in Elektrogeräten, Computern, Kaffeemaschinen und Kabelkanälen. Auch unter Namen wie «Computerbug», Fernsehschabe oder Möbelschabe bekannt.

Ausgehend von Zentralamerika hat sich die Braunbandschabe im frühen 20. Jh. in den USA immer weiter nach Norden ausgebreitet. Gleichzeitig erobert sie Europa, tritt 1910 in Südfrankreich auf, 1960 in Großbritannien und 1965 in Genf. Nach anfänglich starker Zunahme nehmen die Bestände in der Stadt Zürich wohl infolge der neuen Bekämpfungstechnik in ähnlichem Maße wie bei der Deutschen Schabe wieder ab. Bekämpfung: Siehe Deutsche Schabe.

Ohne Fühler 10–13 mm

Ganzjährig

Männchen gelb-rötlich, Weibchen rötlich braun, mit Flügeln, die den Hinterleib nicht vollständig bedecken. Nymphen mit braunem Querband auf Hinterleib.

In Gebäuden mit dauerwarmem Klima.

Zürich: In Gebäuden im ganzen Stadtgebiet.

Zürich: seit 1960er-Jahren

Bernstein-Waldschabe

Ectobius vittiventris

Tagaktiv, fliegt bei warmen Temperaturen ab 25 °C gern. 1989 in Zürich erstmals gefunden, seither starke Zunahme der Individuenzahl. Erst 2004 wurde erkannt, dass es sich dabei nicht um die Lapplandschabe *(E. lapponicus)* handelte, von der bekannt ist, dass sie in Skandinavien in Häuser eindringt. Die Beratungsstelle Schädlingsbekämpfung der Stadt Zürich brauchte lange, um der Bevölkerung klar zu machen, dass Waldschaben nicht bekämpft werden müssen. Sie sind bei uns einheimisch und können sich im Haus wegen zu großer Trockenheit nicht vermehren. Entwicklung vermutlich 2-jährig; Zucht im Terrarium bisher noch nicht gelungen.

10–14 mm (ohne Fühler)

Mai–November; auch im Winter zu beobachten, sobald die Temperaturen steigen.

Bernsteinfarben ohne auffällige Zeichnung auf dem Halsschild (bestes Unterscheidungsmerkmal zur Deutschen Schabe).

Hecken, niedrige Vegetation, um Häuser, versteckt sich auch an Kunststoff (Grüntonnen), an Fassaden, dringt über Fensterritzen usw. häufig in Häuser ein.

Zürich: Im ganzen Stadtgebiet bis in die Innenstadt.

Zürich: seit 1989

Vier Schaben im Spiegel der Welt- und Stadtgeschichte

Anhand von schriftlichen Quellen ist die Frühgeschichte der Schaben nur schwer zu enträtseln: Bevor sich Carl von Linnés (1707–1778) System der mit wissenschaftlichen Namen bezeichneten Tier- und Pflanzenarten durchsetzte, konnte unter «Schabe» genauso gut ein Kleinschmetterling, ein Brotkäfer oder ein anderes lästiges Hausinsekt verstanden werden. Noch heute werden Motten im Haushalt umgangssprachlich «Schaben» genannt. Schon zu Linnés Zeiten begann sich die Orientalische Schabe mit dem aufblühenden Schiffshandel aus ihren vermutlich tropischen Herkunftsgebieten über die Hafenstädte der halben Welt zu verbreiten. Der Zürcher Insektenforscher J. C. Füsslin kennt *Blatta orientalis* 1775 aus der Südschweiz, nicht jedoch aus Zürich. Um die Mitte des 19. Jh. ist die Orientalische Schabe in Zürich bereits allgegenwärtig, sowohl in Wohnhäusern als auch in Bäckereien, Industrie- und Gewerbebetrieben. Für die Ausbreitung der Küchenschabe wirkte sich – neben dem Kolonialwarenhandel – besonders die gleichmäßige Erwärmung der Innenräume förderlich aus: Waren in der alten Stadt meist nur gerade die Küchen geheizt, so verfügte in den neuen, großstädtischen Wohnungen der seit der 2. Hälfte des 19. Jh. boomenden Stadt fast jeder Raum über einen Ofen. Mit der Durchsetzung der Zentralheizung im Wohnbau des 20. Jh. entstand ein durchgängig trocken-warmes Innenraumklima, das wiederum der Deutschen Schabe besser gefällt als der an etwas feuchtere Bedingungen gewöhnten Küchenschabe. Dem anhaltenden Trend zu einem zunehmend trocken-warmen Raumklima entspricht der Vormarsch der an noch extremere Klimaverhältnisse angepassten Braunbandschabe in Büro und Wohnhaus. Auch das Außenraumklima wird – besonders in der Stadt – tendenziell heißer und trockener: Kein Wunder also, dass sich seit dem späten 20. Jh. bei uns auch im Freiland vermehrt Arten aus südlichen Regionen wohlfühlen, so die inzwischen in allen Stadtteilen lebende Bernstein-Waldschabe.

Küchenschabe am Kochherd: Schabkarton des Zürcher Comiczeichners Thomas Ott (1999).

Heuschrecken

Heuschrecken (Orthoptera) zählen zu den auffälligsten und interessantesten Insekten. Sie sind durch verdickte, an das Springen angepasste Hinterbeine und spezielle Organe zur Lauterzeugung gekennzeichnet. Sie sind teilweise sehr groß und haben differenzierte, artspezifische Gesänge entwickelt.
Wie alle Insekten tragen auch Heuschrecken ein hartes Außenskelett aus Chitin, das unflexibel ist. Daher müssen sich Heuschrecken für die Entwicklung zum ausgewachsenen Tier (Imago) bis zu 15-mal häuten. Heuschrecken zählen zu den Insekten mit einer unvollständigen Metamorphose (ohne Puppenruhe). Die Entwicklung verläuft vom Ei über mehrere Larvenstadien zur meist geflügelten, oft flugfähigen Imago.
Weltweit sind etwa 15 000 Heuschreckenarten bekannt. In Europa sind über 1000 Arten gemeldet. Die Schweiz, mit ihrer besonderen Lage im Alpenraum, umfasst verschiedene Faunenregionen, ist reich an Heuschreckenarten und beheimatet eine endemische (nur hier vorkommende) Heuschreckenart: die erst 1989 auf den Churfirsten entdeckte Schweizer Goldschrecke *(Podismopsis keisti)*. Von den in der Schweiz beobachteten 106 Heuschreckenarten sind in Zürich 31 bekannt, die sich in der Natur fortpflanzen.
Heuschrecken besiedeln verschiedene, bevorzugt wärmebegünstigte Lebensräume: Wiesen, Krautsäume, Ruderalflächen, Waldränder, Bäume, Büsche usw. Sie fressen pflanzliche oder tierische Nahrung oder beides. Sie sind meist keine Nahrungsspezialisten.
Heuschrecken sind anspruchsvoll in Bezug auf das Mikroklima und die Bewirtschaftung. Wiesenbewohnende Arten ertragen in der Regel nicht mehr als ein bis maximal drei Wiesenschnitte pro Jahr. Mit jedem Schnitt nimmt die Artenvielfalt ab. Die intensive Landwirtschaft und Grünflächenpflege mit nicht selten vier, fünf oder noch mehr Schnitten sind für Heuschrecken verheerend. Bei den Heuschrecken ist daher wie bei vielen anderen Tieren ein drastischer Rückgang der Arten- und Individuenzahl zu verzeichnen. Letzteres ist für viele Vogelarten problematisch, da Heuschrecken wichtige Eiweißlieferanten für die Jungenaufzucht darstellen.
Aufgrund ihrer hohen Spezialisierung an ihren Lebensraum und der vergleichsweise geringen Mobilität sind die Heuschrecken wichtige und aussagekräftige Indikatoren für Lebensraumqualität und -veränderung.
Man unterscheidet zwei Unterordnungen: die der Langfühlerschrecken, zu denen die Familien der Laubheuschrecken, der Grillen und der Maulwurfsgrillen zählen, und die Unterordnung der Kurzfühlerschrecken, die die in Zürich vertretenen Familien der Dornschrecken und Feldheuschrecken umfasst.

Gemeine Sichelschrecke

Phaneroptera falcata

Die Nahrung der Gemeinen Sichelschrecke besteht aus verschiedenen Blüten und Blättern, besonders gerne scheint sie weiße Doldenblüten zu fressen. Die Eier werden in Blätter von Laubgehölzen abgelegt. Unscheinbarer, leiser Gesang. Flugtüchtige Art.
Die Sichelschrecke lebt in Zürich nur in einigen wenigen siedlungsfernen Magerwiesen, die meist am Waldrand liegen: Riedweg, Büsisee, Reservoir Lyren, Albisgüetli, Allmend Stettbach, Waid und Schießplatz Probstei.

Männchen 12–17 mm, Weibchen 15–18 mm.

Ungeflügelte Larven ab Mai, flugfähige Imagines Juli–Anfang Oktober. Überwinterung als Ei.

Grün mit dunklen Punkten, auffallend schlank, elegant. Lange Flügel, Hinterflügel ragen unter Deckflügeln hervor. Weibchen mit gebogener, fein gezähnter Legeröhre.

Gut besonnte, extensiv genutzte Magerwiesen oder Ruderalflächen mit einzelnen Laubgehölzen.

Zürich: Selten, am Stadtrand.

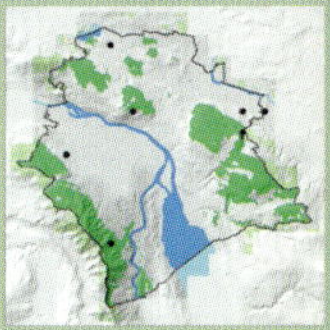

verletzlich

Laubholz-Säbelschrecke

Barbitistes serricauda

Diese eigentlich relativ häufige Art wird nur sehr selten beobachtet, da sie nachtaktiv ist, nur leise singt und sich meist hoch oben in den Baumkronen aufhält. Zuverlässig lässt sie sich nachts mit einem Ultraschall-Detektor nachweisen. Die eher plump wirkende Laubholz-Säbelschrecke ernährt sich von Blättern und kleinen Insekten wie Blattläusen.
In der Stadt Zürich ist sie wohl an vielen sonnenexponierten, strukturreichen Waldrändern verbreitet und häufiger als es die Karte zeigt. Wie Sichel- und Schwertschrecke ist die Säbelschrecke nach der Form der Legeröhre benannt. Die Legeröhre, die zur Eiablage dient, ist ein Unterscheidungsmerkmal der Laubheuschrecken zu den Feldheuschrecken.

Männchen 14–20 mm, Weibchen 17–24 mm.

Larven ab Mai, Imagines Juli–Anfang Oktober. Überwinterung als Ei.

Grundfarbe grün mit dunklen Punkten, Unterseite gelb. Extremitäten oft rötlich. Flügel zu kleinen Schüppchen reduziert. Seitlich je ein gelber Streifen über Auge, Halsschildseiten und Flügel. Weibchen mit gebogener, gezähnter Legeröhre.

Besonnte Waldränder, Lichtungen und Hecken.

Zürich: Südexponierte Waldränder.

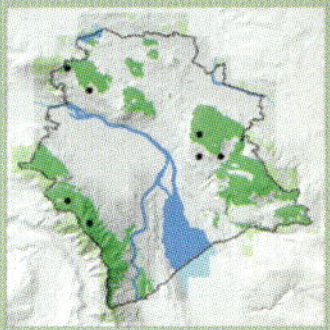

Punktierte Zartschrecke

Leptophyes punctatissima

Wie alle Langfühlerschrecken trägt die Zartschrecke sehr lange, feine Fühler, die länger sind als der Körper. Die Nahrung der Punktierten Zartschrecke besteht aus Blättern verschiedener Laubhölzer und Kräuter, ebenso aus Pollen. Bei warmem, sonnigem Wetter hält sie sich gerne hoch oben in den Baumkronen auf. Bei wechselhaftem Wetter lässt sie sich auf einem Blatt sitzend aufwärmen. Besonders Jungtiere im Garten auch an Kräutern, Himbeeren und anderen Gewächsen. Eier werden in die Rinde von Gehölzen abgelegt. Unscheinbarer, leiser Gesang: «tick».

Arten wie die Punktierte Zartschrecke können durch die Anlage von besonnten Hecken und Waldrändern sowie naturnahen Gartenbau mit Laubgehölzen gefördert werden.

Männchen 10–14 mm, Weibchen 13–17 mm.

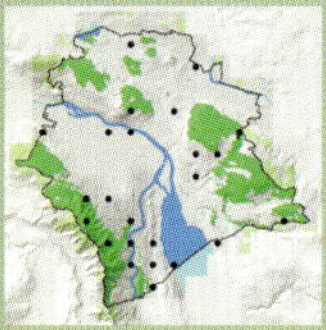

Larven ab Mai, Imagines Juli–Anfang Oktober. Überwinterung als Ei.

Grün, dunkle Punkte, Fühler und Beine oft rötlich. Flügel zu kleinen Schüppchen reduziert. Gelber Augenstreif. Weibchen mit gebogener Legeröhre. Braune Rückenbinde (beim Weibchen nur schmal).

Besonnte Waldränder, Lichtungen, Hecken und Gärten. Nicht auf Nadelgehölzen.

Zürich: An Waldrändern und auch in Gärten vermutlich recht verbreitet.

Gemeine Eichenschrecke

Meconema thalassinum

Die nachtaktive Gemeine Eichenschrecke ernährt sich ausschließlich von kleinen Insekten. Die Männchen trommeln mit den Hinterbeinen auf eine Unterlage, z. B. ein Blatt, um die Aufmerksamkeit der Weibchen auf sich zu lenken. Die Eier werden in die Rinde von Laubgehölzen abgelegt. Verbreitung nur ungenügend bekannt, wird als nachtaktive Art nur selten beobachtet.

Gelegentlich gelangt eine vom Licht angelockte Gemeine Eichenschrecke durch ein geöffnetes Fenster in Wohnungen oder Autos und bringt überraschte Städterinnen und Städter zum Staunen oder zum Schreien.

Förderungsmöglichkeiten: Erhaltung und Anlage von Hecken, Waldrändern und naturnahen Gärten mit Laubgehölzen.

Männchen 12–15 mm, Weibchen 11–15 mm.

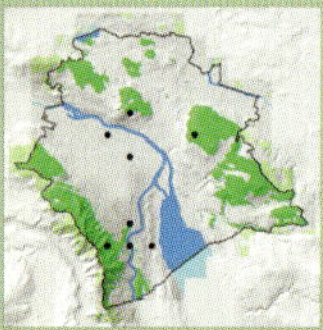

Larven ab Mai, Imagines Ende Juni–Anfang November. Überwinterung als Ei.

Glasig hellgrün; zierlich. Flügel lang, die Hinterknie erreichend. Gelber Streifen über Kopf, Halsschild und Flügel. Weibchen mit gebogener, ungezähnter Legeröhre.

Waldränder, Lichtungen, Hecken und Gärten. Nicht auf Nadelgehölzen.

Zürich: Vermutlich fast flächendeckend verbreitet.

Südliche Eichenschrecke

Meconema meridionale

Die Südliche ist wie die Gemeine Eichenschrecke nachtaktiv und ernährt sich von kleinen Insekten, aber auch von pflanzlicher Kost. Auch sie legt ihre Eier in die Rinde von Laubgehölzen. Die Männchen der Südlichen Eichenschrecke trommeln ebenfalls mit den Hinterbeinen auf Blätter, um die Weibchen auf sich aufmerksam zu machen. Noch häufiger als die Gemeine zeigt sich die Südliche Eichenschrecke im Spätsommer vom Licht angelockt bei geöffnetem Fenster in Wohnungen.

Die ursprünglich mediterrane Art ist erst in den 1980er-Jahren in die Nordschweiz eingewandert. Sie hält sich ohne Weiteres an fahrenden Autos und Motorrädern fest, auch das Festhalten und Mitsurfen an Auto-Heckscheibenwischern scheint beliebt zu sein.

Männchen 11–13 mm, Weibchen 12–16 mm.

Larven ab Mai, Imagines Juli–Ende November. Überwinterung als Ei.

Glasig hellgrün. Flügel zu kleinen Schüppchen reduziert. Gelber Streifen über Kopf, Halsschild und Flügel. Weibchen mit gebogener, ungezähnter Legeröhre. Zierlich mit sehr langen Fühlern.

Waldränder, Lichtungen, Hecken und Gärten. Nicht auf Nadelgehölzen.

Zürich: Vermutlich fast flächendeckend verbreitet.

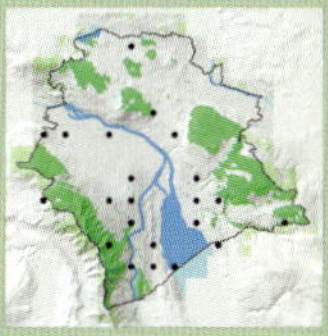

Zürich: seit Ende 1980er-Jahre

Langflüglige Schwertschrecke

Conocephalus fuscus

Die Nahrung dieser flugtüchtigen Schwertschrecke besteht aus Gräsern, Kräutern und kleinen Insekten. Gesang: feines, anhaltendes «zrzrzrzrzrzr...». Eier werden in hohle Pflanzenstängel abgelegt.

Kommt in Zürich nicht nur in den größeren naturnahen Riedgebieten vor, sondern auch auf mäßig trockenen Magerwiesen. Wo geeignete Lebensräume in ausreichender Größe vorhanden sind, werden diese auch mitten im Siedlungsgebiet besiedelt. So kann man dieser schweizweit bedrohten Art etwa im Irchelpark, in der ehemaligen Lehmgrube Binz oder am Binzmühlebach bei ihrem Werbegesang zuhören.

Wie für andere Arten, die in Pflanzenstängeln überwintern, ist es für die Langflüglige Schwertschrecke entscheidend, dass Altgrasbestände über Winter belassen werden.

Männchen 12–18 mm, Weibchen 13–18 mm.

Larven ab Mai, Imagines Juli–Anfang Oktober. Überwinterung als Ei in Pflanzenstängeln.

Grün; brauner Streifen über Kopf, Halsschild und Flügel. Flügel lang (bis Hinterknie).Weibchen mit gerader, ungezähnter Legeröhre. Spitzer Scheitel.

Riedwiesen und Hochstaudenfluren, entlang von Gewässern, selten auch in mäßig trockenen Wiesen.

Zürich: Vorwiegend in größeren naturnahen Riedgebieten.

verletzlich

Große Schiefkopfschrecke

Ruspolia nitidula

Männchen 20–30 mm, Weibchen 24–33 mm.

Larven ab Mai, Imagines Juli–Anfang Oktober. Überwinterung als Ei.

Hellgrün, selten auch braun. Flügel auffallend lang, die Hinterknie weit überragend. Weibchen mit gerader, ungezähnter Legeröhre. Auffallend spitzer Scheitel.

potenziell gefährdet

Magere Riedwiesen.

Zürich: Je ein einzelnes Männchen konnte im Ried bei den Katzenseen und im Hangried Ris beobachtet werden.

Die flugtüchtige, in Zürich erst an 2 Stellen nachgewiesene Große Schiefkopfschrecke ernährt sich von Gräsern und Kräutern sowie von kleinen Insekten. Gesang: anhaltendes, durchdringendes Sirren. Die Eier werden in den Boden oder in Blattscheiden verschiedener Gräser und Seggen abgelegt.

Die Schiefkopfschrecke ist auf die Erhaltung und Förderung extensiv genutzter Riedwiesen angewiesen, ebenso auf das Belassen von Altgrasbeständen, da ihre Eier teilweise in Blattscheiden überwintern.

Grünes Heupferd

Tettigonia viridissima

Männchen 28–36 mm, Weibchen 32–42 mm.

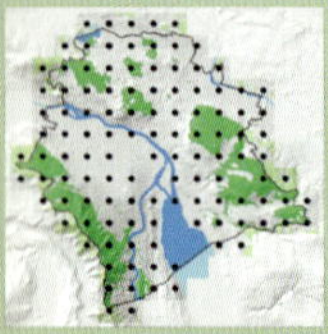

Larven ab Mai, Imagines Ende Juni–Anfang Oktober. Überwinterung als Ei.

Grün; brauner Streifen über Kopf, Halsschild und Flügel. Flügel lang, die Hinterknie weit überragend. Weibchen mit gerader, ungezähnter Legeröhre. Scheitel ungefähr rechtwinklig. Flugtüchtige Art.

Waldränder, Hecken, Wiesen, Ruderalflächen, Gärten.

Zürich: Fast flächendeckend verbreitet.

Ernährt sich vorwiegend von Insekten, teilweise auch von Kräutern. In Zürich konnte die Art beim Verzehr einer Großen Königslibelle *(Anax imperator)* beobachtet werden. Gesang bis lange in die Nacht hinein: lautes anhaltendes «zi–zi–zi–zi...»; einziges Tier, das in Spätsommernächten «grillenartig» singt. Dieser Gesang ist heute nicht mehr aus dem Zürcher Stadtsommer wegzudenken. Die Eier werden in den Boden abgelegt. Jungtiere oft in der Krautschicht, ältere Tiere bis in die Baumkronen.

Benötigt strukturreiche Lebensräume mit offenem Boden (Eiablage), Gräsern und Kräutern (Larven) sowie Laubgehölze als Aufenthaltsraum für die ausgewachsenen Tiere. Förderung durch Erhaltung und Anlage von naturnahen Gärten, Hecken, Waldrändern und Wiesen.

Warzenbeißer

Decticus verrucivorus

Die Nahrung des heute v. a. auf Wiesen der Voralpen und Alpen verbreiteten Warzenbeißers besteht vorwiegend aus kleinen Insekten, aber auch aus Gräsern und Kräutern. Singt nur bei Sonnenschein, Gesang besteht aus lauten, scharfen Versen «zick-zick-zick...». Die Eier werden in offene Bodenstellen abgelegt. Die Entwicklungszeit der Eier beträgt mindestens 2 Jahre.

In die Hand genommen pflegen Warzenbeißer wie andere größere Heuschrecken zu beißen und einen bräunlichen Verdauungssaft von sich zu geben. Ihren Namen erhielt diese Laubheuschrecke vom Volksglauben, dass sie Warzen abbeißen und verätzen kann.

Männchen 26–34 mm, Weibchen 27–42 mm.

Ungeflügelte Larven ab Mai, flugfähige Imagines Ende Juni–Anfang Oktober. Überwinterung als Ei.

Grün mit gelbbrauner Zeichnung. Flügel lang, die Hinterknie erreichend. Weibchen mit leicht gebogener, ungezähnter Legeröhre. Massige Tiere mit auffallend gedrungenem Körperbau.

Kurzrasige Mager- oder Riedwiesen.

Zürich: Nur in einem Waldried am Üetliberg nachgewiesen.

potenziell gefährdet

Westliche Beißschrecke

Platycleis albopunctata albopunctata

Die Westliche Beißschrecke scheint sich seit einigen Jahren auszubreiten und könnte schon bald in der Stadt Zürich bodenständig werden. Bisher ist jedoch erst ein einzelnes Männchen bei der ETH Hönggerberg beobachtet worden. Ihre Nahrung besteht hauptsächlich aus Samen von Gräsern und Kräutern sowie aus Pollen, Blütenblättern und kleinen Insekten. Gesang: anhaltendes «zri-zri-zri...». Die Eier werden in hohle Pflanzenstängel und in den Boden abgelegt.

Förderungsmaßnahmen: Erhaltung und Neuanlage von extensiv genutzten, trockenen Magerwiesen, Belassen von Altgrasbeständen, da die Eier der Beißschrecke teilweise in Pflanzenstängeln überwintern.

Männchen 16–32 mm, Weibchen 20–24 mm.

Ungeflügelte Larven ab Mai, flugfähige Imagines Ende Juni–Anfang Oktober. Überwinterung als Ei.

Grundfarbe braun, Flügel braun mit hellen Flecken. Kopf und Halsschild oberseits oft hellbraun. Flügel lang, die Hinterknie erreichend.

Trockene, südexponierte Magerwiesen und Weiden.

Zürich: Bei der ETH Hönggerberg.

potenziell gefährdet

Zweifarbige Beißschrecke

Metrioptera bicolor

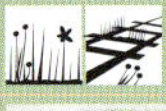

Männchen 14–17 mm, Weibchen 15–18 mm.

Ungeflügelte Larven ab Mai, geflügelte Imagines Juli–Anfang Oktober. Überwinterung als Ei.

Grün; hellbrauner Streifen über Kopf, Halsschild und Flügel. Deckflügel kurz, die Körpermitte erreichend. Weibchen mit gebogener, ungezähnter Legeröhre.

verletzlich

Trockene südexponierte Magerwiesen.

Zürich: Bahnbort bei den Katzenseen, Einzelfund beim Tobelhof.

In der Stadt Zürich ist nur eine Population der Zweifarbigen Beißschrecke bekannt, an einer Bahnböschung bei den Katzenseen. Bei einem 2. Nachweis handelt es sich um eine Einzelbeobachtung eines langflügligen Männchens. Wie bei einigen anderen kurzflügligen Heuschrecken treten auch bei dieser Art gelegentlich langflüglige, flugfähige Einzeltiere auf.

Die durch ihre grün-braune Körperfärbung in der Wiese gut getarnte Zweifarbige Beißschrecke frisst Gräser und Kräuter sowie kleine Insekten. Gesang: gut hörbares, aber feines «zizizizi...». Benötigt extensiv genutzte, trockene Magerwiesen und ist darauf angewiesen, dass Altgrasbestände über Winter belassen werden, da sich dort die überwinternden, in hohle Pflanzenstängel abgelegten Eier befinden.

Roesels Beißschrecke

Metrioptera roeseli

Männchen 15–18 mm, Weibchen 16–22 mm.

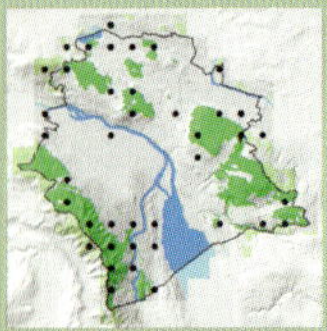

Larven ab April, Imagines Ende Juni–Anfang Oktober. Überwinterung als Ei.

Hellbraun oder grün, Unterseite gelb. Halsschildseiten mit breitem, gelbem Saum. Deckflügel beim Weibchen verkürzt, erreichen beim Männchen die Hinterleibsmitte. Weibchen mit kurzer, leicht gebogener, ungezähnter Legeröhre. Selten auch langflüglige, flugfähige Tiere.

Extensiv genutzte, trockene bis feuchte Wiesen, Weiden und Krautsäume.

Zürich: Wiesen am Stadtrand.

Häufigste Wiesenbewohnerin unter den Langfühlerschrecken, benannt nach August Johann Roesel von Rosenhof, einem Insektenforscher des 18. Jh. Gesang: lang anhaltendes, gleichförmiges, hohes Sirren «sssssss...». Besiedelt extensiv oder wenig intensiv genutzte Wiesen und Säume, vermag in Intensivwiesen nicht zu überleben. Nahrung: Gräser und Kräuter, Larven fressen auch kleine Insekten. Die Eier werden in hohle Pflanzenstängel oder in den Boden abgelegt.

In der Stadt Zürich ist Roesels Beißschrecke noch relativ häufig, scheint jedoch auf größere landwirtschaftlich genutzte Gebiete angewiesen zu sein. Die dichtesten Vorkommen befinden sich in den größeren Flachmooren wie z. B. an den Katzenseen.

Gemeine Strauchschrecke

Pholidoptera griseoaptera

Die Gemeine Strauchschrecke dürfte fast flächendeckend in jedem Quadratkilometer des Stadtgebiets vorkommen. Beim Schaffhauserplatz etwa lebt sie sogar in reinen Ziergehölz-Rabatten, zwischen Wohnhäusern und stark befahrenen Straßen.
Ihre Nahrung besteht aus Gräsern, Kräutern und kleinen Insekten. Die Eier werden in markhaltige Pflanzenstängel, Blattscheiden von Gräsern, verrottendes Holz oder in den Boden abgelegt. Gesang: scharfes, in größeren Abständen wiederholtes «zri», das an Weg- und Waldrändern, im hohen Gras, in Krautsäumen und sogar aus Bäumen vom Nachmittag bis spät in die Nacht vorgetragen wird. Die Lauterzeugung erfolgt wie bei allen Langfühlerschrecken (Laubheuschrecken und Grillen) durch das Aneinanderreiben der Flügel.

Männchen 15–20 mm, Weibchen 16–20 mm.

Ungeflügelte Larven ab Mai, geflügelte Imagines Juli–Anfang Oktober. Überwinterung als Ei.

Grau- oder dunkelbraun, Unterseite gelb. Halsschildseiten mit sehr dünnem, hellem Saum. Flügel beim Männchen hell, stark verkürzt, beim Weibchen zu Schüppchen reduziert.

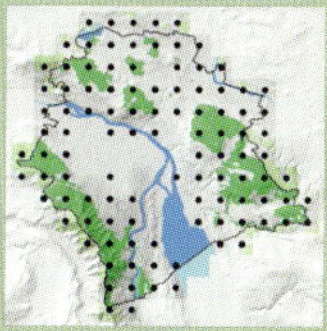

Waldränder, Lichtungen, Hecken, feuchte Wiesen, Krautsäume, Gärten.

Zürich: Weit verbreitet.

Feldgrille

Gryllus campestris

Auf Stadtgebiet relativ selten, eine größere Population nur im Bereich Wehrenbachtobel-Witikon. Am Höngger- und am Waidberg konnte die Feldgrille erfolgreich angesiedelt werden. Feldgrillen leben in selbst gegrabenen, unverzweigten Wohnröhren (bis 40 cm lang) und fressen Gräser und Kräuter. Eiablage in den Boden. Gesang: auf große Distanzen bis weit in die Nacht hinein hörbares, wohlklingendes «gri-gri-gri...». Im Gegensatz zu den übrigen Heuschreckenarten, die im Sommer und Herbst singen, singt die Feldgrille nur im Frühling (bis Juni).
Selten ist in warmen Sommernächten im Freien auch die Hausgrille (Heimchen, *Acheta domesticus*) zu hören, die als Futter für Terrarientiere im Umlauf ist und gelegentlich in feuchten, warmen Kellern lebt.

Männchen 18–26 mm, Weibchen 19–27 mm.

Ungeflügelte Larven August–April, geflügelte Imagines Mai–Juli. Überwinterung als Larve im letzten Stadium.

Schwarz, glänzend. Flügel leicht verkürzt, an der Basis hellbraun. Weibchen mit gerader, am Ende verdickter Legeröhre. Selten treten auch langflüglige, flugfähige Tiere auf.

Südexponierte, lückige und meist trockene Wiesen und Weiden.

Zürich: Recht selten, am Stadtrand.

Waldgrille

Nemobius sylvestris

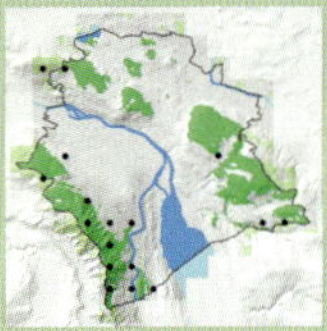

Männchen 7–10 mm, Weibchen 9–11 mm.

Larven August–Mai, Imagines Juni–Oktober. Überwinterung als Larve.

Dunkelbraun, mit heller Zeichnung. Flügel beim Männchen leicht, beim Weibchen stark verkürzt.

Lichte, sonnendurchflutete Wälder, Waldlichtungen, südexponierte Waldränder, buschreiche Magerwiesen.

Zürich: Waldlichtungen und Waldränder.

Flinke, kleine Grillen, die sich meist am Boden im Falllaub aufhalten und sich bei Störung schnell verstecken. Ernährung vegetarisch, Eiablage in den Boden. Gesang: leise vorgetragenes, weiches «grü-grüüü-grüü...», das oft bis in die Nacht hinein zu hören ist.
In der Stadt Zürich ist die Waldgrille in besonnten Waldlichtungen oder Waldrändern nicht selten. Die dichtesten Vorkommen befinden sich am Üetliberg. Die Waldgrille profitiert von Auflichtungen (lichter Wald). Wird gerne von Waldeidechsen gefressen.

Sumpfgrille

Pteronemobius heydenii

verletzlich

Männchen 5–6 mm, Weibchen 5,5–7 mm.

Ungeflügelte Larven August–April, geflügelte Imagines Mai–Oktober. Überwinterung als Larve.

Dunkelbraun bis schwarz, mit undeutlicher heller Zeichnung. Flügel beim Männchen nur leicht, beim Weibchen etwas stärker verkürzt.

Magere, lückige Riedwiesen, in der Innerschweiz auch trockene Magerwiesen.

Zürich: V. a. um Katzenseen.

Die dichtesten Vorkommen der Sumpfgrille befinden sich in Zürich um die Katzenseen. Im Stadtgebiet ist diese kleine Grille seit einiger Zeit aus einem weiteren Feuchtgebiet bekannt. Vor Kurzem wurde zusätzlich die ehemalige Lehmgrube Binz spontan neu besiedelt, was auf eine gute Wanderfähigkeit der Art schließen lässt.
In der ersten Zeit nach der Reifehäutung besitzen alle Individuen lange Flügel, die sie jedoch später bis auf Stummel abwerfen. Art daher für kurze Zeit flugtüchtig.
Nahrung: Gräser und Kräuter. Eiablage in den Boden. Gesang: leises, kurzes und anschwellendes Sirren, «srrrri-srrrri...».

Maulwurfsgrille

Gryllotalpa gryllotalpa

Die Nahrung der meist im Boden lebenden Maulwurfsgrille besteht vorwiegend aus Würmern und Insektenlarven, bei Nahrungsknappheit auch aus Wurzeln, Gräsern, Kräutern und Kulturpflanzen. Die Eier werden in selbst gezimmerten Bruthöhlen abgelegt, die Larven bis zur 4. Häutung vom Weibchen gepflegt und bewacht.
Gesang: lange anhaltendes, wohlklingendes «rrrrüüüü...». Fast ausschließlich nachts vorgetragen, bis etwa um Mitternacht.
Früher waren die wenig geschätzten «Werren» oder «Gaartechräps» in Feld und Garten weit verbreitet und oft zahlreich, unterdessen sind ihre Bestände nicht zuletzt infolge moderner Bodenbearbeitungsmethoden stark zurückgegangen.

Männchen 35–45 mm, Weibchen 40–50 mm.

Ganzjährig in den unterschiedlichsten Stadien. Die Larve benötigt 2–3 Jahre für die Entwicklung.

Grundfarbe verschiedene, dunkle Brauntöne. Vorderflügel verkürzt, Hinterflügel voll entwickelt. Flugtüchtige Art.

Riedwiesen, Bach- und Grabenufer, feuchte Fettwiesen und bewässerte Kulturen.

Zürich: Katzenbach, Riedweg, ETH Hönggerberg, Wehrenbachtobel und Ziegelhütte.

Säbeldornschrecke

Tetrix subulata

Dornschrecken sind winzige Heuschrecken, deren Halsschild dornartig über den Rücken nach hinten verlängert ist.
Die Säbeldornschrecke besiedelt eher feuchte, offene Lebensräume, die entweder in Waldlichtungen, am Waldrand oder neben Ufergehölzen liegen.
Ihre Nahrung besteht vorwiegend aus Gräsern, Moosen, Farnen, Flechten und Pflanzenresten. Die Eier werden in Wurzelfilz, Laubstreu, Moos oder einfach in den Boden abgelegt.

Männchen 10,5–12,5 mm, Weibchen 12,5–15 mm.

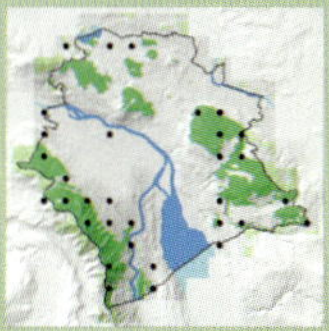

Ganzjährig Tiere in den unterschiedlichsten Stadien.

Grau oder braun. Flügel lang, flugfähige Art. Dorn stark verlängert, in der Regel den Hinterkörper deutlich überragend.

Riedwiesen, Feuchtwiesen, Waldlichtungen, Waldränder, landwirtschaftliche Kulturen, Gärten.

Zürich: Häufig in offenen, eher feuchten Lebensräumen.

Langfühlerdornschrecke

Tetrix tenuicornis

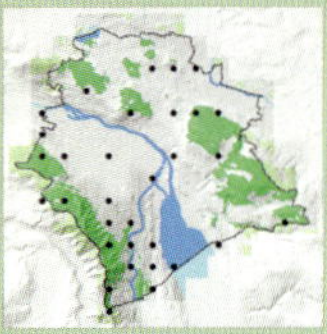

Männchen 8–10 mm, Weibchen 9–12,5 mm.

Ganzjährig in unterschiedlichen Stadien.

Grau oder graubraun, oft 2 dunkle Flecke auf dem Halsschild. Flügel verkürzt. Halsschild meist bis zum Hinterleibsende verlängert.

Vegetationslose, erdige oder kiesige Stellen unterschiedlichster, eher trockener Lebensräume: Waldränder, Materialabbaugebiete, Wiesen, Weiden, landwirtschaftliche Kulturen und Gartenbeete.

Zürich: Häufig, wird oft übersehen.

In der Stadt Zürich wird die Langfühlerdornschrecke vorwiegend in Gärten, an Bahnböschungen, Weiden und Wiesen mit heterogener Vegetationsstruktur sowie auf Ruderalflächen angetroffen. Sie wird oft übersehen, da sie klein und unscheinbar ist und wie alle Vertreter der Familie der Dornschrecken keine Laute erzeugt, und ist weit häufiger als die Verbreitungskarte vermuten lässt.

Die Langfühlerdornschrecke ernährt sich hauptsächlich von Moosen, Gräsern und Kräutern und legt ihre Eier in Wurzelfilz, Laubstreu und Moos oder einfach in den Boden ab.

Sie profitiert von der Erhaltung und Förderung von Lebensräumen mit besonnten, vegetationsfreien Bodenstellen.

Blauflüglige Sandschrecke

Sphingonotus caerulans

verletzlich

Männchen 14–25 mm, Weibchen 22–30 mm.

Larven ab Mai, Imagines Juli–Oktober. Überwinterung als Ei.

Grau oder bräunlich, mit dunkler Zeichnung. Hinterflügel (nur im Flug sichtbar) an der Basis hellblau.

Pionierart auf vegetationsarmen Kies- und Sandbänke in dynamischen Flussauen, in Sand- und Kiesgruben, auf Bahnarealen, unverdichtete Kiesflächen, auch auf Flachdächern.

Zürich: Geleisefeld.

In der Stadt Zürich lebt eine große Population der Blauflügligen Sandschrecke auf dem Geleisefeld des Hauptbahnhofs. Eine kleine Subpopulation konnte sich auf einem etwa 5000 m^2 großen Flachdach beim Gaswerk etablieren.

Trockenheit liebende Art. Frisst verschiedene Gräser und Kräuter. Eiablage in vegetationsarme, sandige Bodenstellen. Werbegesang des Männchen «rrrrrr», Flugschnarren bei beiden Geschlechtern. Flugtüchtige Art, die neu entstandene Lebensräume schnell besiedeln kann. Die am Boden gut getarnten Tiere sind im Flug durch ihre blauen Hinterflügel sehr auffällig. Bei der Landung schlagen sie einen Haken im rechten Winkel zur Flugbahn.

Schutzmaßnahmen: Erhaltung und Förderung von unverdichteten Kies- und Sandflächen.

Lauchschrecke

Mecostethus parapleurus

Die Lauchschrecke lebt in Zürich vorwiegend in Riedwiesen, Hangrieden und an Gewässerufern, etwas seltener auch in Magerwiesen. Eine isolierte Population existiert auf einer relativ kleinen Magerwiese an der Gloriastrasse mitten im Siedlungsgebiet.

Meist stumm, ernährt sich von Gräsern und Kräutern. Die Eier werden in den Boden abgelegt. Lauchschrecken sind mit ihrem schwarzen Seitenstreifen im Gewirr der Grasblätter gut getarnt und bleiben bei Annäherung zunächst unbeweglich sitzen, um sich dann in einem Flugsprung zu retten. Nach der Landung an einem Grashalm klettern die Tiere an der abgewandten Seite rückwärts am Stängel nach unten.

Männchen 17–21 mm, Weibchen 25–28 mm.

Ungeflügelte Larven ab Mai, Imagines Juli–Anfang Oktober. Überwinterung als Ei.

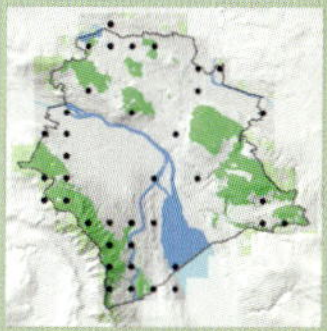

Hellgrün; 2 schwarze Streifen ziehen sich von den Augen über die Halsschildseiten. Flügel voll entwickelt, flugfähige Art.

Flachmoore, Gewässerufer, extensiv genutzte, feuchte bis trockene Wiesen.

Zürich: Recht häufig.

Sumpfschrecke

Stethophyma grossum

Eine der farbenprächtigsten einheimischen Heuschrecken. Die Nahrung der Sumpfschrecke besteht aus Gräsern, Seggen und Binsen. Die Männchen erzeugen Knips-Laute (wie ein Nagelknipser): «Tick–tick–tick...». Die Eier werden in den Boden oder zwischen Gräsern abgelegt, benötigen zu ihrer Entwicklung viel Feuchtigkeit.

Förderung durch Erhaltung von extensiv genutzten Riedwiesen und die Anlage von naturnahen Gewässerufern.

Männchen 12–21 mm, Weibchen 26–30 mm.

Ungeflügelte Larven ab Mai, flugfähige Imagines Ende Juni–Anfang Oktober. Überwinterung als Ei.

Gelb bis olivgrün, oft auch violette Partien. Je ein gelber Streifen an den unteren Flügelrändern. Flügel voll entwickelt, flugfähige Art.

Flachmoore, Gewässerufer.

verletzlich

Zürich: In den Rieden der Katzenseen und an den Ufern des Katzenbachs, Einzelnachweis Allmend Brunau.

potenziell gefährdet

Männchen 16–19 mm, Weibchen 22–28 mm.

Ungeflügelte Larven ab Mai, geflügelte Imagines Ende Juni–Anfang Oktober. Überwinterung als Ei in Pflanzenstängeln.

Männchen hellgrün, Weibchen hellbraun, mit metallischem Glanz. Flügel beim Weibchen schuppenartig verkümmert, beim Männchen nur leicht reduziert, die Hinterleibsspitze nicht erreichend.

Saumstandorte.

Zürich: Riede der Katzenseen, Ufer des Katzenbachs, Üetliberg.

Große Goldschrecke

Chrysochraon dispar

Die Große Goldschrecke ist auf Saumstandorten zu finden – auf Schlagfluren, mit Gehölzen oder Hochstauden durchsetzten Flachmooren, an Gewässerufern, seltener auch in langgrasigen, busch- und saumreichen Magerwiesen. In Zürich hauptsächlich um Katzensee und Katzenbach, weitere Nachweise stammen aus einer Christbaumkultur beim Albisgüetli (Frischbaum-Verkauf in der Weihnachtszeit) und weiteren Lichtungen am Üetliberg.
Nahrung: Gräser, Kräuter und Laubblätter. Gesang: kurze, abrupt endende Verse: «Zezezeze». Die Eier werden in Pflanzenstängel abgelegt. Dazu führt das Weibchen ihren Hinterleib in eine Bruchstelle eines Pflanzenstängels ein, verlängert den Hinterleib teleskopartig und legt die Eier eingebettet in einem Schaumkokon ab.

Männchen 13–17 mm, Weibchen 20–24 mm.

Ungeflügelte Larven ab Mai, flugfähige Imagines Juni–Anfang Oktober. Überwinterung als Ei.

Färbung variabel. Grundfarbe grün, olivgrün, oder gelbbraun. Flügel voll entwickelt.

Flachmoore, Waldlichtungen, feuchte bis mäßig trockene Wiesen. Auch in Fettwiesen.

Zürich: Selten; nur aus 3 Waldrieden am Üetliberg bekannt.

Bunter Grashüpfer

Omocestus viridulus

Der Bunte Grashüpfer ist eine Charakterart der Wiesen und Weiden der Voralpen und Alpen, im Mittelland selten. Die Männchen erzeugen lange anhaltende, rhythmische Verse, die an einen tuckernden Motor erinnern: «Tic-tac-tuc-tic-tac-tuc...». Wie bei den meisten Feldheuschrecken entstehen die Lautäußerungen der Grashüpfer durch das Aneinanderreiben von Flügeln und Hinterschenkeln. Die Nahrung besteht aus Gräsern, Kräutern, Seggen, Binsen und Moosen. Eiablage in den Boden oder im oberirdischen Wurzelfilz von Krautpflanzen.

Rote Keulenschrecke

Gomphocerippus rufus

Die Rote Keulenschrecke zählt zu den häufigsten Heuschreckenarten der Stadt und kommt in fast jeder Wiese, auf den meisten Baubrachen und in vielen Gärten und Grünanlagen vor. Die Männchen erzeugen anschwellende Verse: «Schischischischischi». Die Rote Keulenschrecke frisst Gräser, Kräuter und Binsen und legt ihre Eier in den Boden oder im oberirdischen Wurzelfilz von Gräsern ab.
Heuschrecken werden oft von parasitischen Milben befallen, die sich am Rücken zwischen den Flügeln oder am Rand des Halsschilds festhalten. Diese Milbenlarven fallen am Wirtstier als rote Punkte auf (Bild) und ernähren sich vom Körpersaft der Heuschrecke, was diese nicht stark zu beeinträchtigen scheint.

Männchen 14–16 mm, Weibchen 17–23 mm.

Ungeflügelte Larven ab Mai, flugfähige Imagines Juli–Ende November. Überwinterung als Ei.

Färbung variabel. Grundfarbe braun, grau oder rötlich. Flügel voll entwickelt. Auffälligstes Merkmal: verdickte, an der Spitze weiße Fühler.

Verschiedenartige, eher trockene und sonnige Lebensräume: Wald- und Heckenränder, Wiesen, Brachflächen, Gärten und Friedhöfe.

Zürich: Häufig; weit verbreitet.

Nachtigall-Grashüpfer

Chorthippus biguttulus

Zählt in der Stadt Zürich zu den häufigsten Heuschreckenarten und ist, sofern entsprechende Lebensräume vorhanden sind, bis weit ins Siedlungsgebiet hinein in scheinbar isolierten Gebieten anzutreffen. Die Art bewohnt verschiedene extensiv genutzte, warme und meist trockene Lebensräume: Magerwiesen und -weiden, Brachen, Ruderalflächen, Ackersäume, Waldränder, aber auch Flachmoore, Gärten und Friedhöfe.
Ihre Nahrung besteht aus wasserreichen Gräsern wie Knaulgras und Glatthafer. Anschwellende, klappernde Verse: «Schrr, schrrrr...». Die Eier werden in den Boden abgelegt.
In der Schweiz mehrere Zwillingsarten, mit denen der Nachtigall-Grashüpfer leicht verwechselt werden kann, von denen in Zürich jedoch nur der Braune Grashüpfer vorkommt.

Männchen 13–16 mm, Weibchen 16–21 mm.

Ungeflügelte Larven ab Mai, flugfähige Imagines Juli–Anfang Oktober. Überwinterung als Ei.

Färbung variabel. Grundfarbe graubraun oder braun, Rücken manchmal grün oder rostrot. Flügel voll entwickelt. Hinterleibsspitze rot oder gelbbraun. Typisch sind die weiß nachgezeichneten, winklig geknickten Halsschildseitenkiele.

Hauptsächlich in extensiv genutztem Grünland.

Zürich: Häufig; weit verbreitet.

Brauner Grashüpfer

Chorthippus brunneus

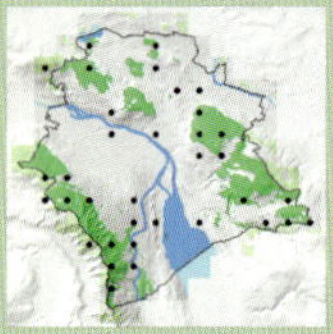

Männchen 13–18 mm, Weibchen 17–25 mm.

Larven ab Mai, flugfähige Imagines Ende Juni–Anfang Oktober. Überwinterung als Ei.

Färbung variabel, graubraun oder braun, oft kontrastarm. Flügel voll entwickelt. Hinterleibsspitze rot oder gelbbraun. Typisch sind die weiß nachgezeichneten, winklig geknickten Halsschildseitenkiele.

Vor allem warme, meist trockene Wiesen.

Zürich: Vorwiegend an Waldrändern, in Waldlichtungen und in Schlagfluren.

Der Braune Grashüpfer, eine Zwillingsart des Nachtigall-Grashüpfers, bewohnt ähnlich wie dieser verschiedene warme und meist trockene Lebensräume mit heterogener Vegetationsstruktur und offenen Bodenstellen, so Magerwiesen und -weiden, Brachen, Ruderalflächen, Ackersäume, Waldränder, Schlagfluren, ebenso Flachmoore und Gärten. In Zürich ist er außer in waldnahen Lebensräumen auch etwa in Wiesen und Weiden, Brachen, Ruderalflächen und Gärten zu finden. Im Siedlungsgebiet lebt er nur in größeren naturnahen Gebieten: im Botanischen Garten und der ehemaligen Lehmgrube Binz. Vom Nachtigall-Grashüpfer anhand des Gesangs zu unterscheiden: Der Braune Grashüpfer erzeugt kurze, oft von 2 Männchen abwechselnd vorgetragene Verse: «Srrrt–srrrt–srrrt...».

Wiesengrashüpfer

Chorthippus dorsatus

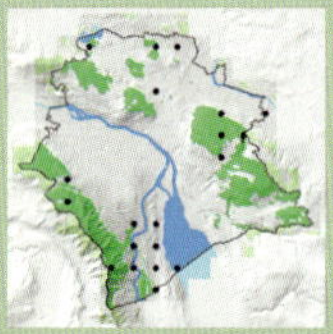

Männchen 14–18 mm, Weibchen 19–25 mm.

Ungeflügelte Larven ab Mai, flugfähige Imagines Ende Juli–Anfang Oktober. Überwinterung als Ei.

Färbung variabel. Grundfarbe braun oder olivgrün, der Rücken ist oft grün. Flügel voll entwickelt.

Wenig intensiv genutzte, feuchte bis mäßig trockene Wiesen, Flachmoore und Gewässerufer.

Zürich: Relativ selten in Wiesen, auch in Gärten und auf dem Dach der Filteranlage Moos in Wollishofen.

Der Wiesengrashüpfer lebt einerseits in feuchten Lebensräumen wie bei den Katzenseen, am Katzenbach und am Sagentobelbach. Andererseits findet man ihn etwa in Wollishofen auch in mäßig trockenen Wiesen. Die größte Zürcher Population findet sich auf den wiesenartigen Flachdächern der Filteranlage Moos, die durch ihren Orchideenreichtum bekannt sind. Gesang: kurze Verse: «Zäzäzäschrrrrr, zäzäzäschrrrrr...». Die Eier werden zwischen Gräsern einige Zentimeter über dem Boden abgelegt.

Gemeiner Grashüpfer

Chorthippus parallelus

Der Gemeine Grashüpfer ist, sofern Wiesen vorhanden sind, bis weit ins Siedlungsgebiet hinein anzutreffen und besiedelt scheinbar isolierte Gebiete wie die Wiese zwischen Uraniastrasse und Hauptwache der Stadtpolizei. Wie viele Heuschrecken sehr variabel gefärbt, Grundfarbe grün, gelbgrün, selten aber auch braun oder violett. Beide Geschlechter sind in der Regel nicht flugfähig. Selten treten langflüglige, flugfähige Tiere auf. Gesang: relativ rasch vorgetragene Verse – «Zäzäzäzäzä». Nahrung: Gräser und Kräuter. Eiablage in den Boden.

Männchen 13–16 mm, Weibchen 18–22 mm.

Larven ab Mai, Imagines Ende Juni–Anfang Oktober. Überwinterung als Ei.

Färbung variabel. Typisch sind grüne Tiere mit braunem Rücken. Flügel beim Weibchen verkürzt (bis zur Mitte des Hinterleibs), beim Männchen voll entwickelt.

Verschiedene trockene bis feuchte Wiesen, Flachmoore, auch intensiv genutzte Fettwiesen, Gärten und Friedhöfe.

Zürich: Nahezu flächendeckend verbreitet.

Sumpfgrashüpfer

Chorthippus montanus

Sehr ähnlich wie Gemeiner Grashüpfer, auch Färbung ähnlich variabel. Der Sumpfgrashüpfer weist etwas längere Hinterflügel auf als der Gemeine Grashüpfer. Wie bei der Zwillingsart treten selten auch langflüglige, flugfähige Tiere auf. Die Nahrung des Sumpfgrashüpfers besteht aus Gräsern und Seggen. Der Gesang besteht aus relativ langsam vorgetragenen Versen: «Zä-zä-zä-zä-zä». Die Eier werden in den Boden oder in den Wurzelfilz von Gräsern abgelegt.

Männchen 13–16 mm, Weibchen 17–25 mm.

Larven ab Mai, Imagines Ende Juni–Anfang Oktober. Überwinterung als Ei.

Färbung variabel, typisch sind grüne Tiere mit braunem Rücken. Flügel beim Weibchen verkürzt, beim Männchen voll entwickelt.

Extensiv genutzte Flachmoore und Gewässerufer.

verletzlich

Zürich: Nur in drei Flachmooren (Katzenseen, Hueb und Wehrenbachtobel), teilweise in großen Populationen.

Staubläuse

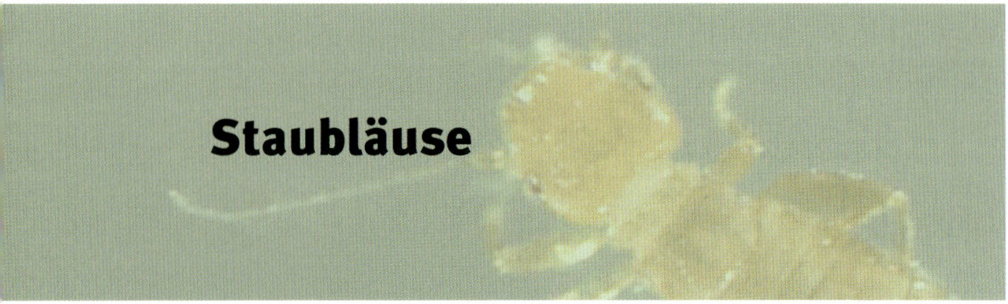

Körpergröße ca. 1–6 mm, häufige Arten ca. 1–2 mm.

In Gebäuden ganzjährige Vermehrung.

Klein, gräulich bis bräunlich und unscheinbar, z. T. geflügelt.

An Steinen, unter Rinden, in Nestern, in der Laubstreu usw. In Gebäuden an feuchten Wänden, Büchern, hinter Bodenleisten usw., in zu feucht gelagertem Getreide.

Zürich: Überall.

Merkblatt ⟶ www.stadt-zuerich.ch/schaedlingsbekaempfung

Staublaus

Psocoptera

Staubläuse sind weder eigentliche Läuse wie die zu den Tierläusen (Phthiraptera) zählende Kopflaus, noch leben sie von Staub – ihren Namen haben sie wohl von ihrer unscheinbaren Gestalt, ihrer oft gräulichen Färbung und ihrer «staubhaften» Winzigkeit. Sie bilden eine eigene Ordnung (Psocoptera) innerhalb der Insekten. Es gibt Arten mit Flügeln, andere sind flügellos oder haben Flügelansätze. Manche Arten haben lange Fühler. Einige Arten können springen.

In der Schweiz sind 101 Arten bekannt, darunter die in Innenräumen häufigen Arten *Dorypteryx domestica* und Bücherlaus (*Liposcelis* sp.). Sie ernähren sich v. a. von Pilzen und Algen. Viele Arten können sich durch Parthenogenese (ohne Männchen) schnell vermehren, wenn genügend Nahrung vorhanden ist und die Feuchtigkeit mindestens 75 % beträgt. Dies ist häufig in Neubauten der Fall, wenn die Betonmauern noch nicht vollständig ausgetrocknet sind. Staubläuse sind in Häusern weit verbreitet, auch in Altbauten, fallen aber aufgrund der geringen Größe und blassen Farbe meistens nicht auf. Zum Problem werden sie, wenn die BewohnerInnen Atemwegserkrankungen bekommen: Staubläuse und deren Exkremente können – selten – Allergien auslösen. Die Anwendung von Insektiziden ist zur Beseitigung von Staubläusen wenig geeignet, viel eher sollten die Bedingungen geändert werden, die für das Wachstum von Schimmelpilzen förderlich sind. Wenn sich kein Schimmel mehr entwickeln kann, wird auch die Vermehrung der Staubläuse gestoppt.

Tierläuse

Kopflaus

Pediculus humanus capitis

2–3,5 mm

Ganzjährig

Körper länglich oval, flügellos. Kopf schmaler als Brustsegmente. Kräftige Klammerbeine mit großen Klauen an den Füßen zum Festklammern an Haaren. Stechend-saugende Mundwerkzeuge, in Ruhestellung im Mundkegel versenkt. Larven sehen den Adulten ähnlich.

Ausschließlich auf behaarten Köpfen; sehr wirtsspezifisch, nur auf Menschen.

Zürich: In allen Stadtkreisen.

→ www.kopflaus.ch

Kopfläuse zählen zu den Tierläusen (Ordnung Phthiraptera, Unterordnung Anoplura). Sie saugen 2- bis 3-mal pro Tag Blut, ausschließlich auf dem Kopf von Menschen. Ohne menschliches Blut sterben sie nach spätestens 2 Tagen. Sie sind lichtscheu. Die optimale Temperatur liegt bei 29–34 °C. Weibchen kleben 3–4 Eier (Nissen) pro Tag mittels wasserunlöslicher Substanz dicht an der Kopfhaut an einzelne Haare, bevorzugt hinter den Ohren und im Nackenbereich. Larvenentwicklung in ca. 17 Tagen, als Adulttier kann eine Laus noch etwa 20–30 Tage leben. Übertragung v. a. bei Kindern durch Körperkontakt von Kopf zu Kopf, Läuse können nicht wie Flöhe hüpfen. Kopfläuse übertragen keine Krankheiten.

Bei Kopflausbefall Behandlung mit medizinischem Shampoo und Nissenkamm, danach 2-mal wöchentlich das Haar mit Nissenkamm und Haarspülung auf Läuse kontrollieren.

Die Kleiderlaus *(Pediculus humanus corporis)* unterscheidet sich nur durch die durchschnittlich längere Körpergröße und ihr abweichendes Verhalten. Nissen werden nicht an Haare, sondern an Fasern der Unterwäsche geklebt, wo sich die Kleiderläuse auch in großen Gruppen aufhalten. Sie können bis zu 7 Tage ohne Blutsaugen überleben. Im Gegensatz zur Kopflaus, die keine Krankheiten überträgt, kann die Kleiderlaus eine Reihe von Krankheiten übertragen, z. B. das Fleckfieber. Vorkommen bei uns sehr selten im Randständigenmilieu.

Ebenfalls zu den echten Tierläusen gehört die etwas kleinere, breitere, krabbenartige Filz- oder Schamlaus *(Phthirus pubis)*, die sich in der Körperbehaarung (Schamhaare, seltener auch in Achselbehaarung, Augenbrauen usw.) aufhält. Entsprechend der dickeren Haare sind auch die Endklauen ihrer Beine kräftiger und größer. Übertragung erfolgt beim Geschlechtsverkehr. Filzläuse sind keine Krankheitsüberträger.

Wanzen

Wanzen (Heteroptera) sind charakterisiert durch einen Saugrüssel, zweigeteilte Vorderflügel (ledriger und membranöser Teil) und durch Drüsen, die sich bei Larven auf der Rückenoberseite und bei ausgewachsenen Tieren an der Brustunterseite befinden und in einer Öffnung enden.
Wanzen haben eine stechend-saugende Ernährungsweise. Es gibt Pflanzensaftsauger, Räuber und «Gemischtköstler». Einige Arten sind sehr wirtsspezifisch, d.h. sie ernähren sich von einer einzelnen Wirtsart, auf der sich ihre gesamte Entwicklung abspielt.
Die beiden Flügelpaare der Wanzen sind sehr unterschiedlich. Die Hinterflügel sind membranös und werden unter den Vorderflügeln eingefaltet. Die von oben sichtbaren Vorderflügel sind vorne ledrig und hinten membranös und dienen den Tieren zur Stabilisierung während des Flugs. Der membranöse Teil wird als Membran bezeichnet und hat oftmals eindeutige Erkennungsmerkmale, beispielsweise eine ganz typische Musterung.
Hinter dem Kopf befindet sich der sogenannte Halsschild, der bei den verschiedenen Wanzenfamilien ganz unterschiedlich aussehen kann. Angeschlossen daran sieht man das dreieckige Schildchen. Dieses ist oftmals ziemlich klein, bei manchen Wanzenfamilien – etwa den Baumwanzen – jedoch sehr groß, zugespitzt und leicht erkennbar.
Die Drüsen der Wanzen produzieren ein mehrheitlich übel riechendes Sekret. Dieses kann von den Tieren aktiv verspritzt werden: eine ideale Abwehrmethode.
Wanzen haben eine unvollständige Entwicklung (Hemimetabolie). Aus dem Ei schlüpft eine kleine Larve, die wächst, sich vier- bis fünfmal häutet und mit jeder Häutung der ausgewachsenen Wanze ähnlicher wird.
Wanzen sind in den unterschiedlichsten Lebensräumen zu finden. Sie kommen auf krautigen Pflanzen, Sträuchern und Bäumen vor und sind somit in ganz Zürich anzutreffen. Die hier vorgestellten Wanzenarten stellen nur eine kleine Auswahl der in Zürich vorkommenden Arten dar.
Die Bestimmung von Wanzen ist nicht ganz einfach. Anhand von Fotos lassen sich nur die wenigsten Tiere bis zur Art bestimmen. Vor allem Vertreter aus der Familie der Weichwanzen sind praktisch nicht ohne die Untersuchung der Genitalien bis auf Artniveau bestimmbar.

Gemeiner Wasserläufer

Gerris lacustris

Der Gemeine Wasserläufer bewohnt sowohl kleinste stille als auch langsam fließende Gewässer. Man findet flügellose, kurzflüglige und langflüglige Tiere mit fließenden Übergängen. In den Alpen kommt diese Art bis über 1500 m ü. M. vor. Sie ernährt sich ausschließlich von anderen Insekten, die auf die Wasseroberfläche fallen oder die sie mit einem kleinen Sprung von der Wasserfläche aus erbeuten. Zum Aussaugen der Beute wird diese mit den Vorderbeinen festgehalten.
Die Tarsen (Füße) der Mittel- und Hinterbeine sind mit einem speziellen Drüsensekret «eingefettet», sodass die Tiere nicht ins Wasser einsinken. Neben den auf der Wasseroberfläche lebenden Arten gibt es verschiedene weitere Wanzen, die im Wasser leben.

8–10 mm

Mai–Spätsommer. Adulte überwintern.

Auf der Oberfläche stehender wie auch langsam fließender Gewässer.

Zürich: Häufig auf Wassergräben, Bächen und Teichen.

Platanennetzwanze

Corythucha ciliata

Ausgewachsene Tiere und Larven sitzen in den Sommermonaten auf der Unterseite von Platanenblättern. Die Platanennetzwanze ernährt sich vom Saft der Blätter, saugt bevorzugt entlang der Blattadern und hinterlässt auf der Blattunterseite deutlich sichtbare, kleine, tupfenartige, schwarze Kotflecken. Die Saugaktivität der Wanzen verursacht eine Gelbfärbung der Blätter. Bei starkem Befall kann es bereits im Sommer zum Blattabwurf kommen.
Da die Tiere so klein und leicht sind, werden sie gerne vom Wind verweht. An sonnigen Sommertagen «tanzen» sie in Schwärmen um die Bäume.
Überwinterung unter der losen Borke der Platanen, oft zusammen mit anderen Wanzenarten, wie zum Beispiel der Gartenwanze. Ursprünglich aus Nordamerika.

Ca. 3,5 mm

Mai–Spätherbst. Adulte überwintern.

Weißlich schimmernd, filigran, mit netzartiger Flügelstruktur (rechts im Bild Larve).

An Platanen, auf der Blattunterseite; überwintert unter der Borke der Platanen.

Zürich: In Anlagen und Alleen, bis in die Innenstadt.

Zürich: seit ca. 1990er-Jahren

4–5 mm

Mai–Spätsommer. Adulte überwintern.

Zierlich, schwarz-braun mit gestreiften Schenkeln und Schienen und leuchtend gelbem Schildchen.

Auf Brennnesseln.

Zürich: Weit verbreitet.

Vagant

Liocoris tripustulatus

Diese kleine herumwirbelnde Wanze gehört zur Familie der Weichwanzen. Die auch als Nesselwanze bekannte Art ernährt sich von Brennnesseln, ist relativ häufig und überall anzutreffen, wo es Brennnesseln gibt. Sie saugt an den Blüten dieser Pflanzen. Man findet sie sowohl an sonnigen Stellen als auch an eher feuchten Standorten, sogar im Wald. Sie kann gelegentlich auch auf anderen krautigen Pflanzen angetroffen werden. Dabei ist unklar, ob es sich um weitere Nahrungspflanzen handelt oder ob die Kräuter aus anderen Gründen aufgesucht werden.

15–19 mm

Juni/Juli–Spätsommer. Da Larven wie auch Adulte längere Zeit ohne Nahrung auskommen können, kann die Generationsdauer bis zu 3 Jahre betragen.

Larve gräulich, klebrig mit allerlei Staub oder Sand bedeckt; ausgewachsene Tiere dunkelbraun, schlanke Gestalt.

Räuberisch lebend, herumstreifend auf der Suche nach kleineren Insekten und anderen Gliedertieren.

Zürich: Vorhanden; Verbreitung nicht bekannt.

Maskierter Strolch

Reduvius personatus

Der Maskierte Strolch verdankt seinen deutschen Namen der stark klebrigen Körperoberfläche seiner Larven, an der Staubpartikel und Sandkörner der Umgebung kleben bleiben. Dadurch ist die Larve perfekt vor Feinden geschützt und kann ungehindert auf die Jagd nach kleinen Insekten gehen. Die Art findet man in nicht mehr benutzen Vogelnestern, in Taubenschlägen oder auch in menschlichen Behausungen. Nachtaktiv, dringt an lauen Sommerabenden, vom Licht angezogen, oft in Wohnungen oder Häuser ein. Vorsicht ist geboten, wenn man einen Maskierten Strolch in die Hand nimmt: Mit seinem starken Saugrüssel kann er auch die menschliche Haut durchstechen. Dies ist unangenehm und vergleichbar mit einem Wespenstich, jedoch völlig ungefährlich.

Bettwanze

Cimex lectularius

Bettwanzen saugen Blut an Menschen und Haustieren und können über ein halbes Jahr ohne Blutmahlzeit auskommen. Sie verbreiten sich passiv über Reisegepäck oder Gebrauchtmöbel, können aber auch aktiv von befallenen Wohnungen in andere laufen. Etwa 20 % aller Menschen zeigen auf Bettwanzenstiche keine Reaktion. Bis heute ist nicht bekannt, ob Bettwanzen Krankheiten übertragen können.
Die Bekämpfung ist sehr anspruchsvoll und muss durch eine Fachfirma ausgeführt werden. Herkömmliche Insektensprays führen nicht zu einer Befallstilgung, da Bettwanzen sich in Spalten und Ritzen verstecken und so nur schwer zugänglich sind. Meist werden Bettwanzen mit einer klassischen Sprühbehandlung bekämpft. Eine alternative, sehr gute Methode ist die Wärmebehandlung. Dabei wird der Raum während mindestens 24 Stunden auf über 50 °C aufgeheizt. Dies führt zu einer irreversiblen Denaturierung des Körpereiweißes und zum Absterben der Bettwanzen.

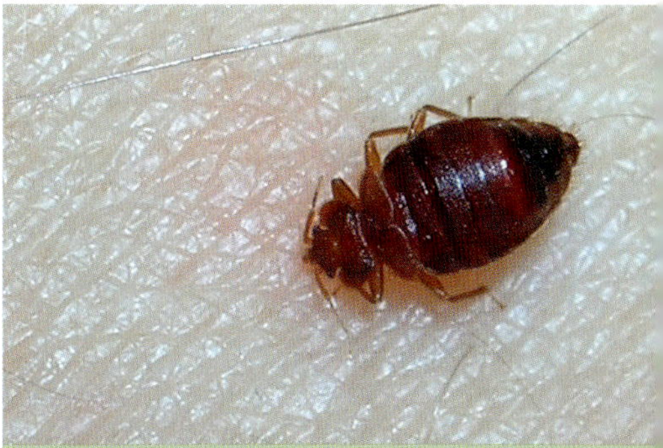

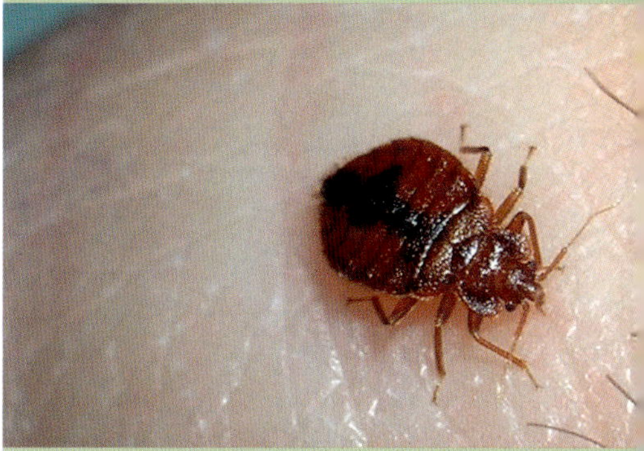

Larven ab 1 mm, Adulte 6–8 mm.

Ganzjährig

Oval, flügellos, rotbraun, Körper abgeflacht. Saugrüssel in Ruhestellung unter den Körper geklappt, wird erst beim Stich aufgerichtet. Larven sehen den Adulten ähnlich.

Ausschließlich in Wohnungen, nachtaktiv, tagsüber versteckt v. a. in Bettnähe, z. B. am Bettgestell, unter Matratzen, hinter Bildern, Nachttischchen, Tapeten usw.

Zürich: In allen Stadtkreisen mit zunehmender Tendenz.

Merkblatt ⇢ www.stadt-zuerich.ch/schaedlingsbekaempfung

Birkenwanze

Kleidocerys resedae

4,5–6,0 mm

Ende März–Oktober. Adulte überwintern.

Bräunlich schimmernd mit klaren Punktgruben auf der Körperoberseite; Membran stark glänzend; im vorderen Teil des Halsschilds 2 deutliche schwarze Querstreifen.

Auf Birke und Erle.

Zürich: Verbreitet auch in Gärten und Parks.

Die Birkenwanze aus der Familie der Bodenwanzen lebt auf Birke und Erle, wo sie an den Samen saugt. Sie ist in der ganzen Schweiz verbreitet. Kann bei Störung zirpen. Im Alpenraum über 2000 m ü. M. lebt sie auf anderen Wirten: Man findet die Birkenwanzen ab dieser Höhe auf Alpenrosen. Die Birkenwanze kommt z. T. in sehr großen Populationen vor, die man oft schon von Weitem riechen kann. Vor allem im Hochsommer und Herbst dringt sie gelegentlich in Häuser ein, wo sie aufgrund ihres unangenehm riechenden Drüsensekrets als Lästling wahrgenommen wird.

Malvenwanze

Oxycarenus lavaterae

4,8–6,0 mm

April–Spätherbst, manchmal bis Dezember. Adulte und Larven überwintern.

Schwarz-orangerot mit stark glänzender Membran.

Auf Malven- und Lindengewächsen.

Zürich: Verbreitung nicht genau bekannt.

Zürich: seit wenigen Jahren

Diese ursprünglich mediterran verbreitete Vertreterin der Familie der Bodenwanzen war in der Schweiz bis 2004 nur von der Alpensüdseite bekannt. Im Winter 2004/2005 war ein eindrückliches Massenauftreten der Malvenwanze auf der Alpennordseite (in Basel und Umgebung) festzustellen. Seit dieser Zeit hat sich die Malvenwanze auch auf der Alpennordseite etablieren können. Sie lebt an Pflanzen der Familien der Malven- und Lindengewächse, sowohl an holzigen als auch krautigen Arten. Die Wanze saugt an den Samen und ist ein reiner Pflanzensaftsauger.

Feuerwanze

Pyrrhocoris apterus

Die Feuerwanze ist eine von zwei in der Schweiz vorkommenden Arten der Familie der Feuerwanzen. Auf der Alpennordseite gehört sie zu den wohl bekanntesten Wanzen überhaupt. Man trifft sie v.a. an sonnenexponierten Stellen, meist in sehr großer Anzahl. Fast ganzjährig präsent, erscheint selbst im Dezember oder Januar beim ersten Sonnenstrahl.
Große Ansammlungen von Feuerwanzen findet man besonders oft unter Lindenbäumen, aber auch an krautigen oder holzigen Malvengewächsen. Sie saugen an Samen, aber auch an toten Insekten, Insekteneiern oder gar Wirbeltieraas. Um sich wohl zu fühlen, braucht die Feuerwanze Winkel, Ritzen und Spalten, in denen sie sich verkriechen kann. Feuerwanzen sind sehr standorttreu.

9–12 mm

Praktisch das ganze Jahr hindurch. Adulte überwintern.

Ausgewachsene Tiere feuerrot mit 2 deutlichen schwarzen Punkten auf den Vorderflügeln. Larven rot mit schwarz gezeichneten Drüsenöffnungen in der Mitte des Rückens und mit schwarzen Flügelanlagen.

An Linden- und Malvengewächsen.

Zürich: Unter Bäumen, in Gärten und auf Plätzen weit verbreitet bis ins Stadtzentrum.

Lederwanze

Coreus marginatus

Häufigster Vertreter der Familie der Lederwanzen. Bevorzugte Nahrungspflanzen sind Ampfer-, seltener Knötericharten. Die Larven saugen hauptsächlich an Blättern, die Adulten hingegen an unreifen Früchten. Da sich die Fruchtstände des Ampfers bräunlich verfärben, sind die Tiere durch ihre ebenfalls bräunliche Färbung perfekt getarnt. Das Weibchen legt die Eier an den unteren Blättern der Wirtspflanzen ab. Die ausgewachsenen Tiere sind bei sonniger Witterung sehr flugaktiv, dann sind sie auf allerlei Pflanzenarten anzutreffen. Man findet Lederwanzen oftmals auch an reifen Beeren saugend. Werden sie aufgeschreckt, so fällt beim Auffliegen der hell-orange aufleuchtende Rücken des Tiers auf.

11–15 mm

April–Spätherbst. Adulte überwintern.

Braun gefärbte Wanzen von ledrigem Erscheinungsbild; orange-schwarze Fühler.

Lebt an Knöterichgewächsen, bevorzugt an Ampferarten.

Zürich: Verbreitet in weiten Teilen des Stadtgebiets.

16–20 mm

Ganzjährig. Adulte überwintern.

Einzige bei uns auftretende Wanzenart mit blattartig verbreiterten Hinterschienen.

Auf Nadelbäumen.

Zürich: Vorhanden; Verbreitung wenig bekannt.

Zürich: seit wenigen Jahren

Nordamerikanische Kiefernwanze

Leptoglossus occidentalis

Diese ursprünglich aus Nordamerika stammende Wanze aus der Familie der Lederwanzen wurde 1999 erstmals in Europa nachgewiesen (Italien). In der Schweiz stammt der Erstfund von 2002 aus dem Kanton Tessin. Neueste Nachweise zeigen, dass sich die Art bereits über die ganze Schweiz ausgebreitet hat. Die Nordamerikanische Kiefernwanze lebt auf Nadelbäumen. Neben Arten aus der Familie der Kieferngewächse wird auch Wachholder aus der Familie der Zypressengewächse besiedelt. Die Wanze saugt bevorzugt an den Samen der Nadelbäume. Die Eier werden in Reihen an den Nadeln abgelegt.

Die Nordamerikanische Kiefernwanze fällt oft erst im Herbst auf, wenn sich die Tiere auf der Suche nach einem Überwinterungsort in Wohnräume verirren.

6,5–8,5 mm

Frühjahr–Spätherbst. Adulte überwintern.

Braun-schwarz mit stark glänzender Membran.

Auf Korbblütlern, an eher trockenen Standorten.

Zürich: Blütenreiche Wiesen und Gärten.

Punktierte Porenwanze

Stictopleurus punctatonervus

An dieser Wanze aus der Familie der Glasflügelwanzen fällt die glasig schimmernde Membran auf, der auch die Familie ihren deutschen Namen verdankt.

Die Punktierte Porenwanze macht einen ziemlich robusten Eindruck und ist eher unscheinbar dunkel gefärbt. Sie bevorzugt krautige Pflanzen, speziell aus der Familie der Korbblütler. Sie ist an geeigneten Standorten recht häufig.

Binden-Keulert

Rhopalus subrufus

Wie bei allen Vertretern der Familie der Glasflügelwanzen fallen auch an dieser Art die glasig schimmernden Flügel auf. Sie hat relativ große Augen und macht einen ziemlich «robusten» Eindruck. Sie ernährt sich von verschiedenen Pflanzen und zeigt eine Vorliebe für Arten aus der Familie der Storchschnabelgewächse und Lippenblütler. An sonnigen Sommertagen findet man diese ziemlich flinke Glasflügelwanze an geeigneten Stellen recht häufig.

6,5–7,7 mm

Frühjahr–September. Adulte überwintern.

Rötlich glänzend, hell schimmernd.

In der Krautschicht offener bis mäßig feuchter Standorte.

Zürich: Vorhanden, Verbreitung wenig bekannt.

Beerenwanze

Dolycoris baccarum

Die Beerenwanze, die zu den Baumwanzen zählt, trifft man, wie ihr deutscher Name schon andeutet, auf reifen Beeren. Vor allem Himbeeren und Brombeeren haben es ihr angetan. Man findet sie auch auf anderen Früchten und Samen verschiedener krautiger und holziger Pflanzen, ebenso an Gräsern. Oftmals sieht man die Wanzen nicht auf den Früchten sitzen, sondern nimmt ihre Gegenwart erst beim Verzehr einer Beere wahr, die ganz deutlich nach dem Drüsensekret schmeckt, das die Beerewanze aufgrund von «Stress» versprüht hat. Sehr junge Larven sind knallrot, ältere Larven unscheinbar bräunlich gefärbt.

10–12 mm

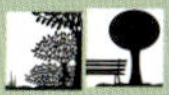

Ab Juli. Adulte überwintern. Eine Generation pro Jahr.

Rötlich mit einem deutlich grünlich gelben Schildchen. Ziemlich «struppighaarige» Körperoberseite.

An trockenen wie auch an eher feuchten Standorten, Gärten und Parks.

Zürich: Vielerorts am Stadtrand und in Gärten.

11–14 mm

Ab Mai das ganze Jahr hindurch. Adulte überwintern. Eine Generation pro Jahr.

Deutlich grün gefärbt, im Herbst braun oder rötlich braun.

Trockene und feuchte Standorte, auf Laubhölzern und auch an krautigen Pflanzen. Bevorzugt auf beerentragenden Pflanzen wie Himbeeren und Brombeeren.

Zürich: In Parks, Gärten und im Landwirtschaftsgebiet.

Grüne Stinkwanze

Palomena prasina

Die Grüne Stinkwanze ist eine Vertreterin der Familie der Baumwanzen. Die meisten Baumwanzen sind groß und leicht als Wanzen zu erkennen. Das Besondere an dieser Baumwanzenart ist ihr jahreszeitlich bedingter Farbwechsel: Die Tiere sind im Sommer grün gefärbt und verfärben sich gegen Herbst bräunlich rot. Überwinterung als ausgewachsene, bräunlich rote Wanze, die sich nach der Überwinterung wiederum grün färbt. Oft sieht man die Grüne Stinkwanze im Garten auf Himbeerstauden sitzen. Ihre Anwesenheit wird oft erst beim Verzehr einer übel schmeckenden Himbeere bemerkt, die nach dem Drüsensekret der Wanze schmeckt – ein Zeichen dafür, dass sich irgendwo eine «gestresste» Wanze versteckt.

12–15 mm

Adulte Ende Juni–September/Oktober. Larven überwintern.

Deutlich rot gefärbte Beine; Gesamteindruck rötlich braun; vordere Halsschildspitzen ausgezogen; gelb-orange Schildchenspitze.

Bevorzugt an Laubbäumen.

Zürich: Weit verbreitet, bis in die Innenstadt.

Rotbeinige Baumwanze

Pentatoma rufipes

Diese Baumwanzenart ernährt sich vom Saft der Knospen oder jungen Triebe ihrer Wirtspflanzen wie Birke, Hasel, Eiche, Linde und Buche. Daneben saugt sie auch an Eiern, Larven und Puppen verschiedener Insekten. Die Rotbeinige Baumwanze ist eine sehr gute Fliegerin. Sie wird in der Dämmerung und nachts von künstlichem Licht angezogen und verirrt sich so auch gerne in Wohnungen und Häuser.

Der Schweizer Entomologe Emil Frey-Gessner schreibt 1866 in seinem Katalog der Schweizer Wanzen, dass diese Baumwanze nach faulen Äpfeln mit beginnendem Moschusgeruch rieche, und meint weiter, dass einige dieser Wanzen – mit viel Zucker verrieben – ein feines Parfüm abgeben würden, dem Patschuli nicht unähnlich.

Gartenwanze

Rhaphigaster nebulosa

Die Gartenwanze ernährt sich einerseits von Pflanzensäften und Beeren, andererseits aber auch von Insekten. Diese Baumwanzenart kommt stellenweise in großen Populationen vor. Vor allem im Herbst kann sie sich auf der Suche nach einem geeigneten Überwinterungsort in Massen in Häuser und Wohnungen verirren. Im Freiland bieten Platanen mit ihrer losen Borke gute Überwinterungsplätze. Die Gartenwanze überwintert oftmals zusammen mit anderen Wanzenarten, z. B. mit der Platanennetzwanze.
Verwechslung mit der neu eingeschleppten Marmorierten Baumwanze möglich. Die dunkel punktierte Membran der Gartenwanze ist aber ein gutes Unterscheidungsmerkmal.

13–16 mm

Adulte März–Ende August/September. Adulte überwintern.

Bräunlich gefärbt mit schwarzer Musterung, Membran deutlich dunkel punktiert; 4. und 5. Fühlerglied an der Basis mit hellem Ring.

Bevorzugt an Laubgehölz, aber auch auf Nadelbäumen oder krautigen Pflanzen.

Zürich: Gesamtes Stadtgebiet, bis ins Zentrum.

Ostasiatische Baumwanze

Halyomorpha halys

Stammt aus Asien, 2007 erstmals in Europa festgestellt. Der Erstfund stammt aus der Schweiz, aus Zürich. Bis Ende 2008 zahlreiche Funde aus der Region Zürich, nicht aber aus der restlichen Schweiz.
Die Ostasiatische Baumwanze kommt auf verschiedenen Pflanzenarten vor. In der Schweiz wurde sie auf verschiedenen Zierpflanzen (z. B. *Buddleja davidii*, *Aralia elata*, *Stewartia pseudocamellia*, *Campsis grandiflora*) und auf einheimischen Baumarten (wie Bergahorn) festgestellt. Kann auf Obstbäumen und Ziersträuchern zum Schädling werden.
Im Herbst suchen die ausgewachsenen Tiere eine geschützte Stelle zum Überwintern. Dabei gelangen sie oftmals in Häuser und Wohnungen.
Leicht mit einigen bräunlich gefärbten einheimischen Baumwanzenarten zu verwechseln.

12–17 mm

Adulte Mai/Juni–September. Adulte überwintern.

Ältere Larven mit deutlichen weißen Ringen an den Schienen; ausgewachsene Tiere bräunlich mit schwarzen Streifen auf der Flügelmembran.

Auf einer Vielzahl von Pflanzen, auch auf Obstbäumen und Ziersträuchern.

Zürich: In Anlagen und Gärten.

Zürich: seit 2007

Zikaden

Systematisch gesehen bilden die Zikaden zusammen mit Blattläusen, Blattflöhen, Schildläusen, Mottenschildläusen und Wanzen die Ordnung der Schnabelkerfe (Hemiptera). Ihnen gemeinsam ist der stechend-saugende Mundapparat. Typisch für die Zikaden ist das dachförmige Zusammenlegen der Flügel in der Ruhelage. Die Hinterbeine der Zikaden sind zu Sprungbeinen umgewandelt, die es den Tieren erlauben, ähnlich wie Heuschrecken bei Störungen davonzuspringen. Alle Zikaden ernähren sich von Pflanzensäften. Deshalb kommen diese Insekten bei uns in praktisch allen von Pflanzen besiedelten Lebensräumen in meist großer Individuenzahl vor.

Die Eier werden mit dem Legebohrer in lebendes oder abgestorbenes Pflanzenmaterial abgelegt. Viele Zikaden überwintern im Eistadium, aber auch Larval- und Adultüberwinterer sind bekannt. Die Entwicklung erstreckt sich über fünf Larvalstadien, wobei die Jungtiere bereits große Ähnlichkeit mit den Erwachsenen (Adulten) aufweisen, allerdings noch flugunfähig sind. Sie ernähren sich ebenfalls von Pflanzensäften. Die Mehrheit der einheimischen Zikaden haben ein bis zwei Generationen pro Jahr. Die Entwicklung der großen Singzikaden dagegen dauert mehrere Jahre.

Unsere einheimischen Tiere sind meist klein und unauffällig. Nur wenige mitteleuropäische Zikadenarten sind größer als 1 cm, die überwiegende Mehrheit der Arten hat eine Körperlänge von höchstens 5 mm und gehört zur Familie der Kleinzikaden. Nur die Singzikaden – in Zürich vertreten durch die Bergzikaden – produzieren für uns hörbare Töne.

Die meisten der 35 000 weltweit beschriebenen Zikadenarten leben in den Tropen und Subtropen, in Mitteleuropa dürften etwa 900 Arten vorkommen. Trotz der großen Artenzahl und ihrer ökologischen Bedeutung innerhalb der Nahrungsketten ist diese Insektengruppe selbst bei Naturinteressierten weitgehend unbekannt. Hauptgründe dafür sind sicherlich die erwähnte geringe Körpergröße der allermeisten mitteleuropäischen Arten und ihre schwierige Bestimmbarkeit. Dank der geografischen und klimatischen Vielfalt der Schweiz, die eine artenreiche Flora ermöglicht, konnten landesweit bislang ca. 500 Zikadenarten nachgewiesen werden.

Während für Schmetterlinge und Heuschrecken auch in städtischen Gebieten relativ viele Daten vorliegen, gibt es für Zikaden so gut wie keine Angaben. Laut einer 2001 publizierten Untersuchung sind im Kanton Basel-Stadt 143 Zikadenarten nachgewiesen worden. Durch weitere unpublizierte Aufsammlungen dürfte sich die Zahl inzwischen auf ca. 180 erhöht haben. Für die Stadt Zürich kann mit einer ähnlichen Anzahl gerechnet werden.

Pechader-Bergzikade

Cicadetta montana

Nahe Verwandte der mediterran bekannten Singzikaden. Erst 2004 wurde erkannt, dass es sich bei der «Bergzikade» um einen Komplex von (in der Schweiz) mindestens 3 Arten mit unterschiedlichen Paarungsgesängen handelt. Gesang: lang gezogenes, anschwellendes Sirren nahe der hörbaren Grenze (max. Lautstärke bei 16 kHz). Singt meist nur bei vollem Sonnenschein und Windstille. Larve mit mehrjähriger Entwicklung im Boden, ausgewachsenes Tier lebt nur wenige Wochen. Saugt Pflanzensäfte vorwiegend an Gehölzen. Sehr schwierig zu beobachten, da gut getarnt und sehr scheu.
2009 wurde in der Fallätsche die ähnliche Honigader-Bergzikade (*Cicadetta cantilatrix*, Gesang: Folge von kurzen, gesteigerten Sirrlauten) entdeckt, die erst 2 Jahre zuvor wissenschaftlich beschrieben worden war.

Männchen 17–20, Weibchen 18–23 mm (ohne Flügel).

Mitte Mai–Mitte Juli

Schwarzer Körper mit braunorangen Ringen am Hinterleib, glasige Flügel mit dunklen Adern.

Lichte Trockenwälder (v. a. Waldföhrenbestände), strukturreiche Waldränder entlang von Magerwiesen.

Zürich: Sehr selten, nur am Üetliberg (Fallätsche, Bernegg oberhalb Albisgüetli).

Echte Käferzikade

Issus coleoptratus

Die Echte Käferzikade zählt zur Familie der Käferzikaden (Issidae). In Mitteleuropa sind nur etwa 10 Arten aus verschiedenen Gattungen bekannt. Nördlich der Alpen kommt eine weitere, ähnliche Art vor *(Issus muscaeformis)*, die in Städten jedoch selten anzutreffen ist.
Die für ihr Leben an Gehölzen farblich gut getarnte Echte Käferzikade ernährt sich wie alle Zikaden von Pflanzensäften. Eine Generation pro Jahr. Die Junglarven überwintern in der Laubstreu, auch in Efeu und an anderen Pflanzen.

6–7,5 mm

Ende Mai–Mitte Oktober

Kompakte, käferförmig gebaute Zikade. Körper grau, Flügel mit ausgeprägter Netzzeichnung.

Sehr polyphage Art, oft auf hartblättrigen Pflanzen (Efeu, Buchs, Eibe, Eichen).

Zürich: Wälder und Gärten, oft an efeubewachsenen Hauswänden und in Lauben.

5,5–7 mm

Ende Mai–Anfang November

Ovale Körperform, Färbung sehr variabel, von völlig schwarz über grau bis hellbraun, oft mit Streifen- oder Fleckenzeichnungen auf den Flügeln.

In unterschiedlichen Biotopen auf vielen verschiedenen Pflanzen.

Zürich: Sehr häufig in Wiesen, sofern diese nicht zu oft gemäht werden.

Wiesenschaumzikade

Philaenus spumarius

Aufgrund der Größe und ovalen Körperform ist die Wiesenschaumzikade eindeutig zu erkennen. Andere Schaumzikaden-Arten in Mitteleuropa sind entweder deutlich größer oder schlanker.

Die Jungtiere entwickeln sich in selbst produzierten Schaumgebilden an den Stängeln verschiedener Kräuter und Gräser. Das Schaumnest, das die Jungtiere vor Feinden und Austrocknung schützt, wird auch als «Kuckucks-Speichel» bezeichnet, da das Auftreten zeitlich mit dem Erscheinen des Kuckucks im Frühjahr zusammenfällt. Der Name des Wiesenschaumkrauts *(Cardamine pratensis)*, an dem sich Wiesenschaumzikaden entwickeln können, leitet sich vermutlich von den Schaumhüllen der Zikadenlarven ab.

9–11 mm

Anfang Mai–Mitte Juli

Rot-schwarze Flügelzeichnung, hinterste Flügelbinde stark gebogen.

In eher feuchten Wiesen an Gräsern und Kräutern.

Zürich: Häufig in Wiesen und Weiden sowie an Wegrändern am Stadtrand.

Gemeine Blutzikade

Cercopis vulnerata

Häufigste der 4 in der Schweiz vorkommenden Blutzikaden. Die Larven entwickeln sich in selbst produzierten Schaumgebilden im Wurzelbereich. Die rot-schwarze Färbung der ausgewachsenen Tiere dient als Warnung gegenüber Fressfeinden. Wie bei den ebenfalls rot-schwarz gefärbten Marienkäfern tritt beim Ergreifen ein Reflexbluten auf. Die an den Beinen austretende Hämolymphe (Insektenblut) riecht unangenehm und ist für andere Tiere vermutlich auch leicht giftig.

Rhododendronzikade

Graphocephala fennahi

Die Rhododendronzikade ist aufgrund ihrer charakteristischen Färbung in unseren Gegenden unverwechselbar. Sie kann beim Sonnenbad auf Blättern beobachtet werden, begibt sich bei Störung auf die Blattunterseite. Diese ursprünglich aus Nordamerika stammende Zikadenart wurde Anfang der 1930er-Jahre mit Zierpflanzen nach Südengland verschleppt. Erst ab ca. 1960 schaffte die Rhododendronzikade den Sprung auf den europäischen Kontinent, wo sie sich rapide ausbreitete. In der Schweiz erstmals 1971 in Dielsdorf dokumentiert.
Eiablage in die Knospen, dabei wird oft ein ebenfalls aus Nordamerika stammender Pilz übertragen. Infizierte Knospen werden gräulich und vertrocknen, bleiben noch einige Jahre an der Pflanze haften.

8–9 mm

Mitte Juli–Mitte Oktober

Oberseite lebhaft grün mit roten Streifen auf den Flügeln, Unterseite gelb.

Entwicklung ausschließlich auf verschiedenen Rhododendren. Erwachsene auch auf anderen Pflanzen anzutreffen.

Zürich: Sehr häufig in großen Rhododendron-Beständen (Parkanlagen, Privatgärten).

Zürich: seit 1970er-Jahren

Kräuter-Blattzikade

Eupteryx melissae

Auch Eibisch-Blattzikade genannt. Stellvertretend für zahlreiche ähnliche Kleinzikadenarten. Alleine aus der Gattung *Eupteryx* sind in der Schweiz etwa 25 Arten bekannt. Körperzeichnung oft variabel, daher ist eine sichere Bestimmung bei Kleinzikaden meist nur anhand der männlichen Genitalien möglich. Einige *Eupteryx*-Arten sind auf bestimmte Wirtspflanzen spezialisiert.
Die Anwesenheit von Kleinzikaden zeigt sich meist durch kleine, helle Punkte auf Pflanzenblättern (oft an Küchenkräutern wie Salbei, Minze oder Melisse). Die Punkte sind von den Zikaden leergesaugte Pflanzenzellen. Bei Massenauftreten können die Zikaden die Pflanzen so sehr schwächen, dass diese eingehen (bekannt ist z. B. die Rosenzikade *Edwardsiana rosae*).

2,5–3 mm

Ende Mai–Anfang Oktober

Grundfärbung hell gelbgrünlich, braune Flecke auf den Flügeln, mehrere schwarze Punkte auf Kopf, Halsschild und an den Seiten.

Blattzikaden leben auf verschiedenen Kräutern, oft an Lippenblütlern, gerne auch an Brennnesseln.

Zürich: An geeigneten Stellen fast im ganzen Stadtgebiet.

Pflanzenläuse

Pflanzenläuse (Sternorrhyncha) gehören mit den nah verwandten Zikaden und Wanzen zu den Schnabelkerfen (Hemiptera). Alle Pflanzenlausarten verfügen über einen im Brustbereich liegenden Saugrüssel, mit dem sie den Pflanzen Saft entziehen. Da sie dabei im Verhältnis zu anderen Nährstoffen zuviel Zucker erhalten, scheiden sie diesen in Form von Honigtau wieder aus – in stark befallenen Pflanzenkulturen bis zu 300 kg pro ha. Pflanzenläuse sind in der Regel höchstens ein paar Millimeter groß. Von den weltweit 8000 bekannten Pflanzenlausarten leben in Mitteleuropa über 1000.

Die Pflanzenläuse werden in vier Gruppen unterteilt: Blattflöhe (Psyllina), Mottenschildläuse (Aleyrodina), Blattläuse (Aphidina) und Schildläuse (Coccina).

Ausgewachsene *Blattflöhe* können dank ihrer vergrößerten Hinterbeine gut springen, sind aber trotz großer Flügel meist schlechte Flieger.

Der Körper und die beiden Flügelpaare der *Mottenschildläuse* sind mit einem weißen, mehlartigen Wachsstaub bedeckt, weshalb sie auch als Weiße Fliegen bezeichnet werden.

Blattläuse besitzen auf dem Ende ihres Rückens fast immer sogenannte Siphone (Rückenrohre), aus denen sie Hämolymphe, Honigtau oder Pheromone abgeben können. Es gibt geflügelte und ungeflügelte Blattlausformen. Die verschiedenen Arten haben oftmals überraschend komplizierte Lebenszyklen. Die Entwicklungszeit der Blattläuse beträgt teilweise nur 7 bis 14 Tage. In einem trockenen, warmen Frühling vermehren sie sich besonders rasant. In naturnahen Gärten tragen Nützlinge wie Marienkäfer, Florfliegen, Schwebfliegen, Schlupfwespen, Ohrwürmer, Wanzen, Vögel und viele andere Tiere zur Dezimierung der Blattläuse bei.

Der Name der *Schildläuse* leitet sich vom deckelähnlichen Rückenschild ab. Dieser von Hautdrüsen gebildete Schild dient als wirksamer Schutz vor Witterungseinflüssen und natürlichen Feinden. Einige Schildlausarten wurden schon vor Jahrhunderten als Nutztiere gehalten. In Europa wurden seit der Eisenzeit Kermesläuse *(Dactylopius coccus)* für die Erzeugung von Karminrot gezüchtet. In Mittel- und Südamerika wird der Farbstoff aus der Cochenille-Schildlaus *(Coccus cacti)* extrahiert, der als Lebensmittelfarbstoff zum Beispiel in Campari oder Lippenstiften Verwendung findet. Die in Süd- und Südostasien beheimatete Lackschildlaus *(Kerria laccifera)* liefert den Schellack, aus dem in der ersten Hälfte des 20. Jh. Schallplatten hergestellt wurden. Heute wird er in der Möbelpflege, für Musikinstrumente (Geigen) sowie in der Lebensmittelindustrie als Überzugsmittel E 904 zum Beispiel für Schokoladendragees verwendet.

Gemeiner Birnblattsauger

Cacopsylla pyri

Birnblattsauger – in der Schweiz durch mehrere Arten vertreten – zählen zu den Blattflöhen. Ausgewachsene *Cacopsylla pyri* überwintern an Obstbäumen und in deren Nähe unter Rindenschuppen und werden schon im Vorfrühling aktiv. Eiablage am Holz und an Knospen, später an Blüten und jungen Blättern. Larven schlüpfen während der Blüte, saugen gruppenweise an Blättern und Trieben. Befall führt teils zu Deformation von Blättern und Trieben, ausgeschiedener Honigtau ist Nährboden für Rußtaupilze. Mehrere Generationen pro Jahr. Die Schwarze Blumenwanze *(Anthocoris nemoralis)* ist ein wichtiger natürlicher Feind der Birnblattsauger. Bekämpfung auch durch Förderung von Ohrwürmern, die den Befall nachgewiesenermaßen einzudämmen vermögen.

Ausgewachsen bis 3 mm

Ganzjährig an Birnbäumen oder in deren Nähe.

Adulte mit durchsichtigen, dachförmig an den Körper gelegten Flügeln; überwinternde Weibchen dunkel, gestreift, im Sommer heller.

An Birnbäumen, selten an Apfelbäumen.

Zürich: Niederstammanlagen und Hochstämme im Stadtrandgebiet.

Weiße Fliege

Trialeurodes vaporariorum

Die Weiße Fliege ist trotz ihres Namens keine Fliege, sondern eine Art aus der Familie der Mottenschildläuse. Sie wurde vermutlich mit Pflanzentransporten aus Südamerika eingeschleppt. Die hohe Vermehrungsrate lässt sie zum Schädling für Gewächshaus und Zimmerpflanzen werden. Die Tiere werden nicht nur durch ihre Saugtätigkeit schädlich, sondern auch durch die Ausscheidung von Honigtau, der auf der Pflanze kleben bleibt und für schwarze Schimmelpilze ideale Wachstumsbedingungen schafft. Bekämpfung: regelmäßige Kontrollen der obersten, jüngsten Blätter. Bei schwachem Befall einzelner Pflanzen kann das Kühlstellen (unter 16 °C) bereits helfen. Das Ausbringen spezifischer Schlupfwespen *(Encarsia formosa)* hat sich sehr gut bewährt.

1,5 mm

Ganzjährig

Weiß bepuderte, kleine Fluginsekten auf der Unterseite von Blättern.

Im Haus und in Gewächshäusern, besonders an Zierpflanzen.

Zürich: Im ganzen Stadtgebiet.

1–2 mm

April–Herbst

Tiere sehr klein. Gallen unverkennbar: zuerst grünlich, später braun, ananasförmig, nussgroß.

Gallen an End- und Seitentrieben von Fichten, Wirtswechsel zu Lärchen.

Zürich: Überall, wo Fichten wachsen, in Wald, Garten und Park.

Grüne Fichtengallenlaus

Sacchiphantes viridis

Komplexer 2-jähriger Lebenszyklus, der auf Fichten beginnt: Aus befruchtetem Ei schlüpft Muttertier, das Pflanzensaft saugt und in schützender, wachsender Galle ungeschlechtlich Hunderte von Nachkommen erzeugt. Aus den Gallen fliegt eine geflügelte Lausgeneration aus, die auf Lärchen fliegt, wo ungeschlechtliche, flügellose Nachkommen erzeugt werden, die als Larven auf Lärchen überwintern (ohne Gallbildung). Im nächsten Frühling entstehen daraus geflügelte Geschlechtstiere, die auf Fichten zurück fliegen. Nach der Paarung legt jedes Weibchen ein einziges befruchtetes Ei. Daraus schlüpft noch im Herbst ein ungeflügeltes weibliches Tier, das nach Überwinterung ungeschlechtlich zahlreiche Nachkommen erzeugt – und der Zyklus beginnt von Neuem.

Ca. 2 mm

Im Frühjahr und Sommer auf Rosen. Überwinterung als Ei.

Tropfenförmiger Körper, grün oder rosa.

Auf Rosen, Wirtswechsel auf Korbblütler.

Zürich: Gärten und Parks, Rosenrabatten, häufig.

Große Rosenblattlaus

Macrosiphum rosae

Gerne an jungen Rosenknospen, richtet an der ganzen Pflanze großen Schaden an: Knospen, Blätter und Triebe verkümmern.

Zyklus einjährig: Im Frühling schlüpfen aus den Dauereiern flügellose Weibchen. Durch ungeschlechtliche Vermehrung (Parthenogenese) entstehen bei trockenwarmer Witterung in kurzer Zeit Hunderte von Jungen, die ihrerseits schon nach etwa 14 Tagen parthenogenetisch Junge erzeugen. Die im Frühling massenhaft auftretenden Tiere sind flügellos. Erst im Sommer werden geflügelte Weibchen geboren, die einen Wirtswechsel vornehmen können und auf Karden, Skabiosen oder andere Korbblütler fliegen. Im Herbst entstehen hier Männchen und Weibchen. Diese (geflügelten) Weibchen legen nun wieder befruchtete Dauereier auf Rosen ab.

Wollige Napfschildlaus

Pulvinaria regalis

Aus Asien eingeschleppt, in Europa erstmals 1964 bemerkt, in der Schweiz 1992.
Lebenszyklus: Ende April/Anfang Mai legt das Weibchen an Stämmen und unter Hauptästen bis zu 2000 Eier, die in Wachswolle unter dem braunen Schild des Weibchens deponiert werden. Fortpflanzung ungeschlechtlich, obwohl hin und wieder Männchen auftreten. Larven schlüpfen im Juni/Juli, wandern in die Krone auf die Unterseite der Blätter und beginnen zu saugen. Im Herbst Wechsel von den Blättern auf die Zweige, wo sie überwintern. Ab April saugen sie dort weiter, häuten sich zum Adulttier und wandern abwärts zu dicken Ästen und zum Stamm, legen ihre Eier und sterben.
Hohes Vermehrungspotenzial, innerhalb weniger Jahre können große Teile der Baumrinde mit weißen Flecken bedeckt sein. Weitere mögliche Symptome: welke Blätter und vorzeitiger Blattfall. Keine Gefährdung ausgewachsener Bäume. Schwächung des Baums allenfalls bei langjährigem Befall oder in Kombination mit anderen Faktoren wie Trockenheit oder anderen Schadinsekten.
Verbreitung der Wolligen Napfschildlaus v. a. durch befallenes Pflanzenmaterial, teilweise auch durch Wind oder Vögel.
Zur Eindämmung der Ausbreitung sollte das Schnittgut befallener Bäume sofort verpackt und verbrannt werden. Nach der Eiablage im Mai können die Gelege mit einem leichten Wasserstrahl von der Rinde gespritzt werden. Damit sterben auch die meisten Eier ab, die optisch störenden Wachshüllen verschwinden. Einsatz chemischer Pflanzenschutzmittel nicht empfehlenswert, weil damit auch Nützlinge abgetötet werden. Die gezielte Freisetzung von Nützlingen (Marienkäfer, Schlupfwespen) scheint in Deutschland Erfolg versprechend zu sein.

Schild des ausgewachsenen Weibchens bis 8 mm lang.

Ganzjährig auf Wirtsbaum. Überwinterung als Larve.

Weiße Wachshäufchen, teilweise bedeckt von braunem Schild, an Baumstämmen.

An Laubholz, v. a. Linde *(Tilia)*, Ahorn *(Acer)*, Rosskastanie *(Aesculus)*.

Zürich: Im eigentlichen Stadtgebiet, häufig an Straßenbäumen, etwa an den Linden der Bahnhofstrasse.

Zürich: seit 1990er-Jahren

Netzflügler

Die Netzflügler (Neuroptera) sind eine sehr alte Insektenordnung, aus deren Vorfahren sich auch die Käfer entwickelten. Bei den meisten Netzflüglerfamilien haben nur wenige Arten bis heute überlebt. Gemeinsam ist allen Netzflüglern, dass die Larven Saugzangen besitzen, mit denen sie weichhäutige Kleintiere anstechen und aussaugen. Aber die einzelnen Familien der Netzflügler haben ganz unterschiedliche und zum Teil sehr ausgefallene Lebensweisen entwickelt.

In der Schweiz leben acht der weltweit 18 Neuropterenfamilien und immerhin sechs davon sind im Stadtgebiet von Zürich heimisch. Die häufigsten sind die Grünen Florfliegen (Familie Chrysopidae; s. Porträt), die in der biologischen Schädlingsbekämpfung weltweit eine wichtige Rolle spielen. Ebenfalls häufig und artenreich sind die etwas kleineren Braunen Florfliegen (Familie Hemerobiidae), auch Taghafte oder ihrer Ernährung entsprechend Blattlauslöwen genannt. Wesentlich kleiner (3–4 mm) sind die weiß gepuderten Staubhafte (Familie Coniopterygidae), die Milben und Insekteneier fressen. Viel spektakulärer sind die Ameisenlöwen (Familie Myrmeleontidae; s. Porträt) oder der Bachhaft (Familie Osmylidae; s. Porträt). Die ausgefallenste Lebensweise unter den Zürcher Netzflüglern haben sicher die Schwammfliegen (Familie Sisyridae; s. Porträt), deren Larven sich von Süßwasserschwämmen und Moostierchen in sauberen Gewässern ernähren.

Vor 1900 kam am Üetliberg und wohl auch in den sonnigen Weinbergen am Zürichberg und in Höngg der farbenprächtige Schmetterlingshaft (Familie Ascalaphidae) vor. Die tagaktiven Adulten jagen wie die Libellen Insekten im Flug, sehen aber wie gelbschwarze Schmetterlinge aus. Auch wurden in Zürich schon vereinzelte Fanghafte (Familie Mantispidae) gefunden, doch handelt es sich dabei vermutlich um eingeschleppte Individuen. Die Adulttiere sehen aus wie kleine Gottesanbeterinnen *(Mantis religiosa)* und erbeuten Insekten auf dieselbe Weise. Zwei Mantispidenarten kommen in der Schweiz im Tessin und im Südjura vor. Ihre Entwicklung ist abenteuerlich: Die winzigen Larven schlüpfen auf Büschen aus gestielten Eiern und lassen sich zu Boden fallen. Dort warten sie, bis eine Wolfsspinne vorbeikommt und erklimmen deren Bein. Nur wenn es ein Weibchen ist, das einen Eikokon trägt, ist die Larve erfolgreich. Sie bohrt sich in den Kokon und saugt allmählich die noch ungeborenen kleinen Spinnen aus.

Bachhaft

Osmylus fulvicephalus

Die Familie Osmylidae ist weltweit verbreitet, allerdings nur mit etwa 100 Arten. In Europa gibt es nur eine einzige Art. Der Bachhaft ist mit einer Flügelspannweite von etwa 5 cm ein relativ großes Insekt, doch sieht man ihn selten, denn er fliegt nur nachts und nur kurze Strecken im langsamen Flatterflug entlang kleiner Waldbäche. Am ehesten findet man Bachhafte unter Brücken über Bäche, in denen die Larven amphibisch leben. Mit ihren langen, dünnen Saugzangen saugen diese am Uferrand im nassen Moos und unter Steinen Insektenlarven aus.

Flügelspannweite bis 6 cm

Adulte Mai–Juni

Groß, mit gefleckten Flügeln und rotem Kopf.

Zürich: An einigen schattigen Waldbächen im Naherholungsbereich am Stadtrand. Im Wehrenbachtobel, am Elefantenbach, Wolfbach, aber auch in Witikon und in Schwamendingen wurde der eindrucksvolle Bachhaft schon beobachtet.

gefährdet

Schwammfliegen

Sisyra nigra und *Sisyra terminalis*

Adulte Schwammfliegen auf der Unterseite von Blättern und Zweigen, die im Uferbereich über dem Wasser hängen. Nahrung: winzige Insekten und Milben. Eiablage so, dass die Larven nach dem Schlüpfen direkt ins Wasser fallen. Sie schwimmen zum Grund und suchen einen Süßwasserschwamm, auf dem sie künftig leben. Sie saugen die Schwammzellen aus, häuten sich 3-mal, ehe sie an Land kriechen und sich dort verpuppen. Viele Larven verhungern, bevor sie einen Schwamm finden, oder werden von Fischen gefressen, daher legen die Weibchen Hunderte von Eiern. Da Süßwasserschwämme auf sauberes Wasser angewiesen sind, sind Schwammfliegen gute Zeiger für die Wasserqualität. 1960–1980 in der Schweiz entsprechend selten, heute beide Arten wieder häufiger.

5–6 mm

Adulte Mai–September (2 Generationen)

Braun oder schwarz gefärbt, Vorderflügel ohne Queradern. *S. terminalis* mit weißer Fühlerspitze.

Zürich: Am Seeufer und Schanzengraben eher *Sisyra nigra*, an Bächen und kleinsten Rinnsalen eher *S. terminalis;* in der Limmat beide Arten; zuweilen abends in der City auch an hell erleuchteten Schaufenstern. An der Sihl bisher nicht festgestellt, da dort vermutlich die zeitweiligen Hochwasser den Schwämmen zusetzen.

gefährdet *(Sisyra terminalis)*

Larve (Ameisenlöwe) bis 14 mm, adulte Ameisenjungfer bis 8 cm Flügelspannweite.

Larventrichter ganzjährig, Adulte fliegen nachts von Mai bis August.

Libellenähnlich; Flügel bei *Euroleon nostras* gefleckt, bei *Myrmeleon formicarius* nicht. Larve oval, in Trichter verborgen.

Zürich: Beide Arten bauen Trichter im lockeren, regengeschützten Sand unter Baumstrünken an Waldrändern oder entlang von überdachten, sonnigen Hausmauern, unter Balkonen und Brücken; recht häufig anzutreffen.

Ameisenlöwe

Myrmeleon formicarius und Euroleon nostras

Ameisenlöwen nennt man die Trichter bauenden Larven der libellenähnlichen Ameisenjungfern. Beim Trichterbau gräbt sich die Larve rückwärts im Sand ein, wobei sie sich im Kreis dreht und mithilfe ihrer bedornten Saugzangen Sand aus dem entstehenden Trichter wirft. Gerät eine Ameise in den Trichter, versucht der Ameisenlöwe, sie mit den Zangen zu erfassen, bevor sie aus dem rutschigen Trichter fliehen kann. Er wirft energisch Sand aus dem Trichter, sodass der herunterrieselnde Sand das Opfer immer wieder nach unten zieht. Mit einem starken Gift aus der Saugzange tötet der Ameisenlöwe die Ameise, zieht sie in den Sand und saugt sie aus. Dann wirft er die leergesaugte Ameise aus dem Trichter und wartet geduldig auf die nächste.

14–20 mm

Adulte ganzjährig

Grazil, Augen schillernd («Goldöigli»), wie das Laub von Mai bis September grün, von Oktober bis April braun.

Zürich: Überall, wo die Larven Blattläuse fressen können. Gilt als Nützling. Im Herbst und im frühen Frühling kommen an warmen Abenden die Florfliegen ans helle Fenster oder gar in die Stube. Im Winter in rotbrauner Tarnfärbung (*carnea* heißt fleischfarben) oft in großer Zahl in Scheunen oder im Estrich.

Florfliege

Chrysoperla carnea

Bis vor 20 Jahren hießen fast alle grünen Florfliegen in der Kulturlandschaft der Nordhemisphäre *Chrysoperla carnea*. Heute wissen wir, dass es sich um einen Komplex von sogenannten kryptischen Arten handelt, die man äußerlich fast nicht unterscheiden kann. In Zürich leben 3 Arten dieses Komplexes, die alle etwa gleich häufig sind: *Chrysoperla carnea* entwickelt sich an Gras, Kräutern und Büschen und überwintert gerne in Häusern, *C. pallida* lebt nur auf Bäumen und *C. lucasina* hat keinen bevorzugten Lebensraum, überwintert aber mit Vorliebe in Efeu. Wie der immergrüne Efeu bleibt *C. lucasina* auch im Winter grün. Auch Florfliegenarten, die auf Nadelhölzern überwintern, wechseln die Farbe nicht.

Die kleine Passion

Der sonnige Duft, Septemberluft,
Sie wehten ein Mücklein mir aufs Buch,
Das suchte sich die Ruhegruft
Und fern vom Wald sein Leichentuch.
Vier Flüglein von Seiden fein
Trug‘s auf dem Rücken zart,
Drin man im Regenbogenschein
Spielendes Licht gewahrt!
Hellgrün das schlanke Leibchen war,
Hellgrün der Füsschen dreifach Paar,
Und auf dem Köpfchen wundersam
Sass ein Federbüschen stramm;
Die Äuglein wie ein gold‘nes Erz
Glänzten mir in das tiefste Herz.
Dies zierliche und manierliche Wesen
Hatt‘ sich zu Gruft und Leichentuch
Das glänzende Papier erlesen,
Darin ich las, ein dichterliches Buch;
So ließ den Band ich aufgeschlagen
Und sah erstaunt dem Sterben zu.
Wie langsam, langsam ohne Klagen,
Das Tierlein kam zu seiner Ruh,
Drei Tage ging es müd und matt
Umher auf dem Papiere;
Die Flügelein von Seide fein,
Sie glänzten alle viere.
Am vierten Tage stand es still,
Gerade auf dem Wörtlein «will!»
Gar tapfer stand‘s auf selbem Raum,
Hob je ein Füßchen wie im Traum;
Am fünften Tage legt‘ es sich,
Doch noch am sechsten regt‘ es sich;
Am siebten endlich siegt‘ der Tod,
Da war zu Ende seine Not.
Nun ruht im Buch sein leicht Gebein,
Mög‘ uns sein Frieden eigen sein!

Gottfried Keller, aus: Sämtliche Werke in sieben Bänden. Band I: Gedichte. Hrsg. von Kai Kauffmann. Deutscher Klassiker Verlag, Frankfurt a. M. 1995, S. 686 f.

Käfer

Die Käfer (Coleoptera) bilden die artenreichste aller Insektenordnungen. Während weltweit etwa 350 000 Arten beschrieben worden sind, in Mitteleuropa um die 8000 Arten vorkommen (davon 1400 Kurzflügler, 1100 Rüsselkäfer, 600 Blattkäfer, 500 Laufkäfer) und in der Schweiz ungefähr 6400, so ist die Anzahl der in Zürich lebenden Käferarten nicht bekannt. Die Stadtzürcher Käferfauna ist im Vergleich zu anderen Insektengruppen schlecht untersucht. Aus der relativ gut bearbeiteten Familie der Laufkäfer sind auf dem Gebiet der Stadt zirka 150 Arten nachgewiesen. Allein im Rahmen des nationalen Forschungsprojekts *BiodiverCity* sind 2006 an 36 Stellen im Zürcher Stadtgebiet 46 verschiedene Laufkäfer gefangen worden, daneben auch 59 Rüsselkäfer-, 21 Spitzmausrüssler- und 20 Marienkäferarten. Hier wird also nur eine kleine Auswahl der in Zürich vorkommenden Arten vorgestellt.

Käfer zählen zu den Insekten mit vollständiger Entwicklung, sie durchlaufen alle vier Stadien vom Ei über Larve und Puppe zum ausgewachsenen Insekt (Imago). Im Gegensatz zu den meisten anderen Insektengruppen verfügen Käfer nicht über zwei Paar Flugflügel: Während die Hinterflügel dem Käfer zum Fliegen dienen, ist das andere Flügelpaar stark chitinisiert und schützt als verhärtete Flügeldecke die häutigen Flugflügel und meist auch den Hinterleib.

Unter den Käfern gibt es zahlreiche Fleischfresser, die mit kräftigen Kiefern ihre Beute packen und Verdauungssekrete in die erzeugte Wunde pumpen, worauf sich das Innere des Opfers verflüssigt und aufgesaugt wird. Andere Arten sind reine Pflanzenfresser, darunter der in Zürich heute nicht mehr aktuelle Maikäfer, der früher in so großer Zahl über das Laub der Waldbäume auf dem Hügel zwischen Wipkingen und Affoltern herfiel, dass dieser den Namen Käferberg erhielt. Andere Arten wiederum sind Allesfresser oder machen sich nützlich als Verwerter von Mist und Aas und tragen so zur schnellen Rückführung organischer Abfälle in die natürlichen Kreisläufe bei.

Käfer besiedeln auch in Zürich alle möglichen Lebensräume. Die Wälder und insbesondere die Waldränder verfügen über eine reiche Käferfauna, Hecken und Wiesen werden gerne von Blütenbesuchern aufgesucht, Gewässer und Feuchtgebiete werden ebenso von Käfern bewohnt wie offene, trockenwarme Flächen. Selbst im Innern von Gebäuden entwickeln sich Käfer wie etwa der Veränderliche Scheibenbock, dessen Larven unter der Rinde des Brennholzes in der Beige neben dem Kamin leben, oder Teppich- und Pelzkäfer, die Textilien, Leder und andere Materialien schädigen können.

Feld-Sandlaufkäfer

Cincindela campestris

Der schön gefärbte Feld-Sandlaufkäfer lebt räuberisch von allerlei Insekten und anderen Kleintieren, die blitzschnell überfallen und getötet werden. Fliegt bei Störung schnell auf und landet abrupt in wenigen Metern Entfernung. Braucht offene, sonnige Flächen und unversiegelte Feld- und Waldwege. Larven in senkrechten, selbst gegrabenen Wohnröhren, die mit Kopf und Halsschild abgeschlossen werden. Kommt eine Ameise oder ein anderes Beutetier in die Nähe, wird es ruckartig gepackt und in die Röhre hinunter gezerrt. Zur Überwinterung wird die Wohnröhre verschlossen. Verpuppung im nächsten Sommer, nach 3 Wochen schlüpft der Käfer, der nach einem weiteren Winter fortpflanzungsfähig ist. Überwintert zuweilen auch 2- bis 3-mal als Larve.

10,5–14,5 mm

April–Oktober

Metallisch grüne Flügeldecken mit kleinen, cremefarbenen Flecken. Mehrere Lokalformen mit unterschiedlicher Färbung und Punktung.

Offene, sandige Stellen auf Feldwegen, Äcker, trockene, lehmige Hänge und kahle, sonnige Flächen im Wald.

Zürich: Stadtrand- und Waldgebiete, sicher am Üetliberg, in der ehemaligen Lehmgrube Binz, bei Witikon und Höngg.

Berg-Sandlaufkäfer

Cicindela silvicola

Lebensweise ähnlich wie Feld-Sandlaufkäfer. Das Vorkommen dieser in Mitteleuropa meist montanen Art beschränkt sich im Gebiet der Stadt Zürich auf die Fallätsche, ein steiles Rutschgebiet am Üetliberg, das sich floristisch wie faunistisch durch Arten mit Verbreitungsschwerpunkt in höheren Lagen auszeichnet. Der Berg-Sandlaufkäfer ist leicht mit dem in Zürich ebenfalls nachgewiesenen Kupferbraunen Sandlaufkäfer *(Cicindela hybrida)* zu verwechseln, von dem er sich durch eine feine Behaarung der Stirn, die Beborstung des ersten Fühlerglieds und die Form der Flügeldeckenbinden unterscheidet.

12–16 mm

April–August

Flügeldecken braungrünlich metallisch mit gewellten hellen Binden.

Sonnige, trockene Hänge, lehmige und kiesige Böden, Abbruchkanten und Hangrutschungen.

Zürich: Nur von der Fallätsche bekannt.

18–28 mm

März–Mai, August–Oktober.

Gedrungen gebauter, violettbrauner Laufkäfer mit wenigen, in Längsrichtung verlaufenden Punktstreifen auf den Flügeldecken. Meist mit rotvioletten Flügeldeckenrändern.

Wälder, Waldränder, auch Hecken, Gärten, Wiesen, Felder, gerät wie etwa *C. coriaceus* gelegentlich in feuchte Keller und Gebäude.

Zürich: In Wäldern und am Stadtrand recht häufig.

Hainlaufkäfer

Carabus nemoralis

Einer der häufigsten Arten der Gattung *Carabus*, nach der die Familie der Laufkäfer (Carabidae) benannt ist, die fast ausschließlich räuberische, mehrheitlich flugunfähige und nachtaktive Arten umfasst. Der Hainlaufkäfer ist jedoch auch tagsüber aktiv. Er hält einen Sommerschlaf und überwintert als Käfer. Frühjahrsbrüter. Auch die nachtaktiven Larven laufen über den Boden und leben räuberisch. Die größeren Carabiden bewegen sich in begrüntem Gelände, auch auf Kieswegen, meiden jedoch Straßen und dringen meist nicht weit ins Stadtgebiet vor. Weitere größere Arten: Goldglänzender Laufkäfer (*C. auronitens*, goldgrün mit dunklen Längsrippen), Lederlaufkäfer (*C. coriaceus*, schwarz mit lederartig gerunzelten Flügeldecken).

Amara aenea: 6,5–8,5 mm

Frühjahr–Herbst

Erzfarbener Kanalkäfer *Amara aenea* (häufigste Art): klein, oval, meist kupferfarben, die ersten 3 Glieder der sonst dunklen Fühler sind gelbrot.

Sonnige, meist trockene Böden, Grünflächen, Straßenränder.

Zürich: Häufig, nicht nur am Stadtrand.

Kanalkäfer, Kamelläufer

Amara sp.

Metallisch glänzender Käfer mit fein gerillten Flügeldecken, Halsschild an der Basis eingedrückt. Tagaktiv. Während größere Laufkäfer vorwiegend am Stadtrand getroffen werden können, dringen kleinere Arten bis weit in die Innenstadt vor. Wie andere Vertreter der innerstädtischen Laufkäferfauna liebt der Kanalkäfer Wärme und Trockenheit und ernährt sich nicht nur räuberisch: Neben kleinen Insekten nimmt er gerne Grassamen und andere pflanzliche Kost zu sich. Der etwas größere, meist blauschwarz glänzende, rotbeinige Schnellläufer *Harpalus rubripes* ist eine weitere im Stadtgebiet häufige, Wärme liebende Laufkäferart, die ebenfalls auch Samen frisst.
Wie der Hainlaufkäfer wurde der Erz-Kanalkäfer aus Europa nach Nordamerika eingeschleppt.

Kleiner Bombardierkäfer

Brachinus explodens

Bombardierkäfer verfügen über die Fähigkeit, Fressfeinde durch ein explosionsartig ausgestoßenes, fast 100 °C heißes Gemisch von Wasserdampf, Sauerstoff und Chinonen abzuschrecken, das in einer Explosionskammer mithilfe von Katalysatoren aus Wasserstoffperoxid und Hydrochinon entsteht. Schon Heinrich Rudolf Schinz, Professor für Naturgeschichte an der 1833 gegründeten Universität Zürich, fand den kleinen, bunten Laufkäfer «nicht selten» unter Steinen: «Man findet oft mehrere beisammen», schrieb er 1842. «Berührt man ihn, so hebt er den Hinterleib auf und gibt, unter einem hörbaren Platzen, einen blauen Dunst von sich, der, wenn er in die Augen spritzt, schmerzt. Er kann diese Schüsse mehrere Male wiederholen, daher der Name Bombardierkäfer.»

5–7,5 mm

Frühjahr–Herbst

Kleiner, 2-farbig rot-blau gefärbter Laufkäfer.

Sonnige, trockene Wiesen und Ruderalflächen, unter Steinen an Trockenhängen, in Weinbergen, Ackerrändern.

Zürich: Mehrfach nachgewiesen (Hönggerberg, Europa-Brücke, Kirche Fluntern).

Gemeiner Gelbrandkäfer

Dytiscus marginalis

Der Gelbrandkäfer rudert mit den Hinterbeinen im Gleichschlag, durchstößt mit dem Hinterleibsende die Wasseroberfläche und nimmt Atemluft in den Raum zwischen Hinterleib und Flügeldecken auf. Luftvorrat reicht für 10–20 Minuten. Eier werden in Wasserpflanzen abgelegt (eingestochen), Larven werden 5–6 cm lang, holen ebenfalls mit dem Hinterleib Atemluft von der Wasseroberfläche, schwimmen eher langsam und lauern deshalb in der Vegetation ihrer Beute auf (Wasserasseln, Libellenlarven, Kaulquappen usw.). Verpuppung an Land. Gelbrandkäfer fliegen besonders nachts und landen gelegentlich auf beleuchteten Verkehrsflächen und Glasdächern, die sie für Wasserflächen halten. Es gibt zahlreiche weitere, meist kleinere im Wasser lebende Käferarten.

27–35 mm

Frühjahr–Herbst

Großer, stromlinienförmiger, flacher Schwimmkäfer; Flügeldecken und Halsschild gelb gerandet.

Teiche und Tümpel, auch Wassergräben mit starkem Pflanzenbewuchs.

Zürich: In zahlreichen natürlichen und künstlichen Kleingewässern.

potenziell gefährdet

Gerippter Totenfreund

Thanatophilus sinuatus

9–12 mm

April–Oktober

Flacher, ovaler, schwarzer Aaskäfer mit längs gerippten Flügeldecken und Beulen auf dem Halsschild.

Wälder, Gärten.

Zürich: Wohl nicht selten; genaue Verbreitung unbekannt.

Sowohl die voll entwickelten Käfer wie auch die Larven des Totenfreunds ernähren sich von Aas. Käfer tagaktv, flugfähig, werden von Verwesungsgeruch angelockt. Sie sind nicht wählerisch hinsichtlich Tierart und Verwesungsgrad. Eiablage in vom Weibchen gegrabene, wenige Zentimeter tiefe Erdhöhlen. Auch in Zürich weitere Arten der Familie der Aaskäfer, so der Schwarzfühlerige Totengräber (*Necrophorus vespilloides*, orange-schwarze Flügeldecken, vorwiegend im Wald, s. S. 107). Ebenso Arten, die sich trotz Familienzugehörigkeit nicht von Aas ernähren, wie der Vierpunkt-Raupenjäger (*Xylodrepa quadripunctata*, gelbbeige mit 4 schwarzen Flecken), der in Eichenwäldern im Gebüsch zu finden ist (Zürich: am Hönggerberg) und u.a. Frostspannerraupen frisst.

Schwarzer Moderkäfer

Ocypus olens

22–32 mm

April–Oktober

Schwarz, groß, kräftige Kiefer, kurze Flügeldecken.

Feuchte Mischwälder, Auen, Hecken, Gärten.

Zürich: Wohl nicht selten; genaue Verbreitung unbekannt.

Zählt zu den Kurzflüglern, einer artenreichen Käferfamilie von Räubern und Fäulnisfressern mit kurzen Flügeldecken, die nur den vordersten Teil des Hinterleibs bedecken. Die Flügel sind darunter zusammengefaltet. Kurzflügler sind meist flugfähig.

Der Schwarze Moderkurzflügler wird auch Stinkender Kurzflügler genannt, da er bei Gefahr ein widerliches Sekret abgibt. Bei Bedrohung richtet er den Hinterleib auf und spreizt die Kieferzangen, vermag menschliche Haut durchzubeißen. Meist nachtaktiv, nicht selten auch tagsüber unterwegs, frisst Regenwürmer, Nacktschnecken und andere Kleintiere. Bei Tag oft im Laub, unter Holz oder unter Brettern. Überwintert als Larve oder ausgewachsener Käfer, eine Generation pro Jahr.

Ameisenbuntkäfer

Thanasius formicarius

Der Ameisenbuntkäfer läuft an warmen Tagen schon im zeitigen Frühjahr ameisenartig rasch am Boden, auf Baumstrünken und Holzbeigen herum. Während ihres 3-monatigen Lebens können die ausgewachsenen Käfer täglich 3 Borkenkäfer verzehren, denen zuerst die Beine weggebissen werden, bevor sie innerhalb von etwa 10 Minuten ausgefressen werden. Eiablage im Frühling unter Rindenschuppen von Föhren und anderen Nadelbäumen. Die zu Beginn borstig behaarte Larve ernährt sich zunächst von abgestorbenem organischem Material, später fängt die rosa gefärbte Buntkäferlarve Borkenkäfer sowie deren Puppen und Larven, die sie in ihren Gängen erbeutet. Überwinterung als Altlarve, als Puppe oder als voll entwickelter Käfer.

7–11 mm

Fast ganzjährig

Schwarz und rotbraun gefärbter Käfer mit 2 weißen gewellten Querbinden auf den Flügeldecken.

Wälder mit Nadelbäumen, auch Grünanlagen.

Zürich: Nachgewiesen am Üetliberghang (Ankenweid) und im Hardhof, wo Föhren wachsen.

Roter Weichkäfer

Rhagonycha fulva

Käfer flugfähig. Bei Sonnenschein oft auf Doldenblüten (Wilde Möhre, Bärenklau), wo auch die Paarung stattfindet, die mehrere Stunden dauert. Ernährt sich v. a. von kleinen Insekten (Blattläusen). Eiablage am Boden. Larve dunkel, samtig behaart, frisst Larven von Fliegen und anderen Insekten sowie Regenwürmer. Larve häutet sich mehrmals, überwintert und verpuppt sich im folgenden Frühsommer.

Auch in Zürich mehrere weitere Vertreter der Familie der Weichkäfer (u. a. verschiedene Arten der Gattung *Cantharis*). Körper und Flügeldecken der Weichkäfer sind nur schwach chitinisiert, daher wenig verhärtet. Weichkäferlarven kommen bei warmem Wetter gelegentlich auch im Winter zum Vorschein und laufen dann als «Schneewürmer» auf dem Schnee herum.

7–11 mm

Mai–August

Lang gestreckt, rotorange bis -braun. Flügeldecken hinten dunkel.

Blütenreiche Wiesen, auch Waldwiesen und -ränder, Felder, Ruderalvegetation, gelegentlich in Gärten.

Zürich: Stadtrandgebiet.

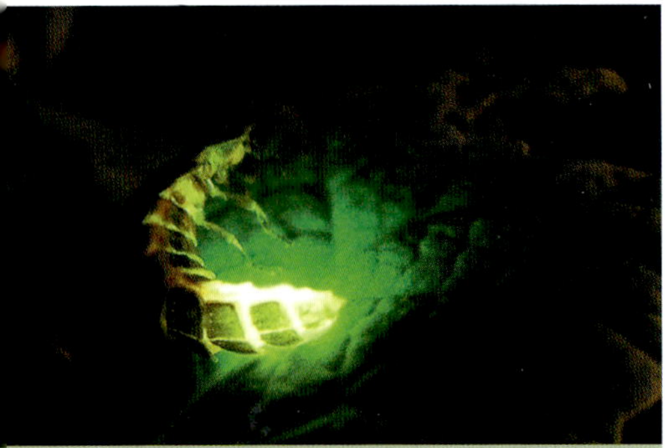

Großes Glühwürmchen

Lampyris noctiluca

Bei Einbruch der Dunkelheit beginnen Weibchen an Böschungen oder in krautiger Vegetation, oft an Weg-, Wald- und Heckenrändern, zu leuchten und machen damit Männchen auf sich aufmerksam, die auf Suchflügen nach Paarungspartnerinnen Ausschau halten. Licht wird in speziellen Leuchtorganen produziert (Biolumineszenz). Nach der Paarung am Boden Ablage von mehreren Dutzend Eiern, aus denen nach etwa 4 Wochen Larven schlüpfen, die während 2–3 Jahren bis zu gut 2 cm Größe anwachsen und sich dabei mehrmals häuten. Larven ernähren sich von Nackt- und Häuschenschnecken, haben ebenfalls 2 feine, punkförmige Leuchtorgane am Hinterleib. Larven für zahlreiche Fressfeinde ungenießbar und giftig, weshalb Biolumineszenz als Warnlicht für Fressfeinde interpretiert wird.

In Zürich noch erstaunlich weit verbreitet, wie Kartierungen in den letzten Jahren ergeben haben. Kommt bis in zentrumsnahe, abwechslungsreich gestaltete, naturnah bewirtschaftete und oft ältere Gartenanlagen vor. Indikator für gut strukturierte, meist artenreiche Biotope.

Weitere Leuchtkäferarten: Italienischer Leuchtkäfer *(Luciola italica):* Männchen und Weibchen weiß blinkend, einzige bekannte Schweizer Fundorte nördlich der Alpen im Parc Bourget in Lausanne und bei der Kreuzkirche in Zürich. Kurzflügelleuchtkäfer *(Phosphaenus hemipterus)* mit Larven, die besonders in Spätsommernächten bis in die Morgenstunden fein leuchten; ausgewachsene Tiere unscheinbar, kaum leuchtend. Kleiner Leuchtkäfer *(Lamprohiza splendidula):* in deutschen und österreichischen Städten (Wien) verbreitet, in der Schweiz nördlich der Alpen nur in Schaffhausen in großer Zahl, fehlt in Zürich.

Weibchen 15–20, Männchen 10–12 mm.

Juni–Juli, stellenweise auch schon im Mai und bis in den Spätsommer.

Weibchen ungeflügelt, mit leuchtendem Hinterleib, Männchen ohne Leuchtorgan, flugfähig, ähnelt Weichkäfer.

Waldränder, Heckensäume, Feuchtgebiete, Wiesen, Gärten und Parkanlagen.

Zürich: Stadtrandgebiet, aber auch vielerorts im Siedlungsraum in älteren Gärten und Anlagen.

⟶ www.gluehwuermchen.ch

Leuchtkäfer leiden unter der Zunahme von Kunstlicht. Neben der direkten Beleuchtung wirkt sich auch der Widerschein an der Wolkendecke negativ aus, der über der Stadt ohne Weiteres die Helligkeit einer klaren Vollmondnacht erreicht. Licht unterdrückt die Aktivität der bei Dunkelheit aktiven Larven und erschwert die Wahrnehmung der biolumineszenten Signale. Männchen weichen direktem Licht aus, Weibchen, die sich zufällig im Lichtschein eines Beleuchtungskörpers platziert haben, sterben daher meist unverpaart nach etwa 2-wöchigem Leuchten an der gleichen Stelle.

5–7,5 mm

Mai–August

Klein, flach. Männchen leuchtend grün, Weibchen 2-farbig, mit grünmetallischen Flügeldecken und goldgrünem oder messingfarbenem Halsschild.

Gebüsche, Waldränder, Obstgärten, gelegentlich in Gärten.

Zürich: Gut durchgrünte Stadtgebiete auf beiden Seiten des Limmattals.

Zierlicher Prachtkäfer

Anthaxia nitidula

Käfer flugfähig, tagaktiv, ernährt sich hauptsächlich von Pollen. Auf Wildrosenblüten, anderen blühenden Sträuchern und gelbblühenden Wiesenblumen. Larven mehrjährig, entwickeln sich unter der Rinde von frisch ausgetrockneten Ästen von Kirschen, Schlehen und anderen Rosengewächsen.

In Zürich weitere Prachtkäferarten, so der Vierpunkt-Kiefernprachtkäfer *(A. quadripunctata)* und der Schweizer Prachtkäfer *(A. helvetica)*, beide düster bronze schimmernd schwarz, entwickeln sich mehrheitlich an Fichten und anderen Nadelhölzern. In Süddeutschland und der Nordschweiz hat der grüne, schwarzgefleckte Wachholderprachtkäfer *(Palmar festiva)* in den letzten Jahren einen Wirtswechsel vorgenommen und begonnen, Thuja-Hecken zu befallen, die teilweise absterben.

2–4,5 mm

Ganzjährig, draußen ab Mai.

Klein, breit oval; oft sehr bunt.

Gebäude (v. a. Larven), Käfer im Freien oft auf Blüten.

Zürich: Ganzes Stadtgebiet.

Merkblatt ⇢ www.stadt-zuerich.ch/schaedlingsbekaempfung

Teppichkäfer, Blütenkäfer

Anthrenus sp.

Mehrere ähnliche Arten: Wollkraut-Blütenkäfer (*Anthrenus verbasci*, 3 weiße Bänder auf Flügeldecken), Braunwurz-Blütenkäfer (*A. scrophulariae*, rote Schuppen am Rand der Flügeldecken), Museumskäfer (*A. museorum*, Grundfarbe schwarz). Käfer Blütenbesucher, fressen Nektar und Pollen. Larven lichtscheu, braun, behaart, mit Haarbüscheln am Hinterende. Larven helfen in der Natur, tote Insekten und Kadaver mit Fell oder Federn zu beseitigen, und machen sich in Gebäuden als Schädlinge an Teppichen, Pelzen, Polstermöbeln, Wolle, Seide, Federn, Horn und an Insektensammlungen bemerkbar. Ähnlich leben: Dunkler Pelzkäfer (*Attagenus megatoma*, länglich oval, einfarbig), Gefleckter Pelzkäfer (*A. pellio*, mit 2 weißen Punkten auf den Flügeldecken).

Siebenpunkt

Coccinella septempunctata

Das Weibchen des Siebenpunkt-Marienkäfers legt im Mai oft in der Nähe einer Blattlauskolonie bis zu 800 Eier ab. Die Larven können bis zu ihrer Verpuppung über 600 Blattläuse vertilgen. Die rundliche, runzlige Puppe klebt an Blättern. Entwicklungszeit vom Ei bis zum Käfer je nach Witterung und Nahrungsangebot 1 oder 2 Monate. Bei Bedrohung sondern Käfer aus Poren an den Beinen ihr gelbes Blut ab, das für einige Fressfeinde giftig und abstoßend wirkt (Warnfarbe). Käfer überwintert unter Baumrinde, Laub oder Nadelstreu, Moos und Graspolstern. Als Blattlausvertilger seit Langem populärer «Glückskäfer». Auch in Zürich zahlreiche weitere Marienkäferarten, etwa Zweipunkt (*Adalia bipunctata*, meist rot mit 2 schwarzen Punkten).

5,5–8 mm

Frühjahr–Herbst

Marienkäfer; Flügeldecken rot mit 7 schwarzen Punkten.

Wiesen, Gärten, Wegränder, Wälder.

Zürich: Von der Innenstadt bis zum Wald, häufigste einheimische Marienkäferart.

Asiatischer Marienkäfer

Harmonia axyridis

Der Asiatische Marienkäfer ist größer als die meisten einheimischen Marienkäfer und trägt vielfach eine «W»- oder «M»-förmige Zeichnung auf dem Kopf (selten in 4 Striche aufgelöst oder bei mehrheitlich schwarzen Käfern zu einem schwarzen Trapez aufgefüllt). Ursprünglich aus Ostasien, zur biologischen Schädlingsbekämpfung in Nordamerika und Europa v. a. in Gewächshäusern eingesetzt. Seit 1999 Freilandpopulationen in Frankreich, in Zürich seit 2006. Entwicklung vom Ei zum Käfer in rund 3 Wochen möglich. Larven nach 1. Häutung mit orangefarbenen Seitenstreifen. Sehr gefräßig, machen anderen Blattlausjägern Konkurrenz, greifen diese auch an. Käfer suchen im Herbst oft in Massen Überwinterungsmöglichkeiten in Gebäuden (USA: «Halloween Ladybird»).

6–8 mm

Frühjahr–Herbst

Größer als die meisten anderen Marienkäferarten; Färbung unterschiedlich, oft rot, mit 0–19 Punkten, «W»-förmige schwarze Zeichnung auf dem Kopf.

Alle Lebensräume.

Zürich: Von der Innenstadt bis zum Wald, dominierende Marienkäferart.

Zürich: seit 2006

Scharlachroter Feuerkäfer

Pyrochroa coccinea

14–18 mm

Mai–Juni

Mittelgroß; Flügeldecken und Halsschild scharlachrot, Kopf schwarz.

Wälder, Waldränder, Lichtungen, Gärten; an Blüten, im Gebüsch und Krautsaum, auf Holz.

Zürich: Stadtrandgebiet, auch gut durchgrünte Wohngebiete; nicht selten.

Die Käfer, die im Frühsommer zu beobachten sind, ernähren sich von Honigtau, Nektar, Blütenstaub und süßen Baumsäften (an frischen Baumstümpfen). Männchen mit kammartigen Fühlern, Fühler der Weibchen gesägt. Auffällig rote Warnfarbe, verfügen zur Abwehr von Feinden über Drüsen, die stark giftige, cantharidinhaltige Substanz absondern. Larven abgeflacht, gelblich, leben unter der Rinde geschädigter Laubbäume, wo sie Larven von Bock-, Prachtund Borkenkäfern jagen. Verpuppung nach 2–3 Jahren.

Auch die beiden anderen mitteleuropäischen Feuerkäferarten sind in Zürich zu finden: der Rotköpfige Feuerkäfer *(P. serraticornis)*, dessen Kopf rot gefärbt ist, und der kleinere, unscheinbarere Orangefarbene Feuerkäfer *(Schizotus pectinicornis)*.

Waldmistkäfer

Anoplotrupes stercorosus

12–19 mm

Frühjahr–Herbst

Groß; schwarz mit metallischblauem Anflug.

Wald und Waldwege, auch Weiden.

Zürich: Wälder, Stadtrand.

Der Waldmistkäfer oder Rosskäfer ist etwa auf Waldwegen anzutreffen, die auch als Reitwege benutzt werden und mit Pferdeäpfeln belegt sind. Er ernährt sich von faulenden Pilzen, toten Insekten, Pferde-, Kuh- und Schafmist sowie von Menschenkot. Die Käfer bauen für den Eigenbedarf kurze Nahrungsröhren unter dem Kot, in die sie sich bei Gefahr mit angezogenen Beinen fallen lassen. Der Mist dient auch als Larvennahrung. Nach der Paarung baut das Weibchen unter dem Kothaufen einen 20–40 cm tiefen Stollen in die Erde, von dem mehrere Seitenstollen abzweigen, die vom Weibchen mit «Mistwürsten» bestückt und einem Ei belegt werden. Die engerlingartigen Larven überwintern im Bau, verpuppen sich im folgenden Sommer und schlüpfen im Herbst.

Junikäfer

Amphimallon solistitiale

Auch als Sonnwendkäfer oder Brachkäfer (Brachmonat Juni) bekannt, häufigster Vertreter einer Gruppe ähnlicher Arten. Fliegt beim Eindunkeln oft in großer Zahl um Büsche und Bäume. Larven (Engerlinge) fressen an den Wurzeln von Rasen- und Wiesenpflanzen. Befall erfolgt gerne in kurz geschnittenen Zierrasen, die bei der Eiablage eine gute Lande- und Startbahn für die etwas plump fliegenden Käfer bilden. Käfer werden von Fledermäusen und Eulen gefressen, Larven von Dachsen ausgegraben.
Der Maikäfer *(Melolontha melolontha)* – einst ein gefürchteter Schädling – ist in Folge veränderter Wirtschaftsweise (Umstellung auf Ackerbau mit häufigem Umbruch), der Überbauung von Wiesen und der chemischen Bekämpfung (1950er-Jahre) auch in Zürich nur noch selten anzutreffen.

14–18 mm

Mitte Juni–Ende Juli

«Kleiner Maikäfer»; gelbbraun, mit feiner Behaarung.

Wiesen, Felder und Gärten.

Zürich: Stadtrand- und Wohngebiete; recht häufig.

Pinselkäfer

Trichius sp.

Behaarung und Färbung verleihen dem Pinselkäfer ein hummelähnliches Aussehen, was ihn vor Fressfeinden schützen kann. In Zürich sind 2 Arten nachgewiesen, die sehr schwierig zu unterscheiden sind: *Trichius fasciatus* und *T. sexualis*. Die ausgewachsenen Käfer besuchen Blüten von Doldengewächsen, Korbblütlern, Brombeeren und anderen Gewächsen, die Larven leben im modernden Holz von Laubbäumen. Da Pinselkäfer für ihre Entwicklung sowohl Gehölze als auch blütenreiche Wiesen benötigen, bewohnen sie abwechslungsreiche Lebensräume wie lichte Wälder, Waldrandzonen und strukturreiche, naturnahe Park- und Gartenanlagen.

9–13 mm

Mai–Juli

Mit Ausnahme der mattschwarz-quittengelb gebänderten Flügeldecken lang und wollig behaart; auf Blüten.

Wiesen in Waldnähe, Gärten, Grünanlagen.

Zürich: U. a. Burghölzli, Hönggerberg, Friedhof Sihlfeld, Wiesen am Üetlibera-hang.

14–20 mm

April–Oktober, besonders Mai–Juni.

Groß; metallisch dunkelgrün bis goldgrün glänzend, oft mit kleinen weißen Querlinien auf den Flügeldecken.

Waldränder, Hecken, Gärten.

Zürich: Stadtrand- und Wohngebiete; recht häufig.

Rosenkäfer

Cetonia aurata

Im Gegensatz zu anderen Käfern fliegen die Rosenkäferartigen mit geschlossenen Flügeldecken, die mit einer seitlichen Einbuchtung versehen sind, aus der die Flügel hervorgestreckt werden. Käfer oft auf Blüten (Rosen, Holunder, Weißdorn, Schneeball, Pfingstrosen usw.), ernähren sich von Pollen, Nektar, Staub- und Blütenblättern sowie Baumsäften. Larven ähneln den Engerlingen von Mai- und Junikäfern, entwickeln sich im Gegensatz zu diesen im Siedlungsbereich jedoch in Komposthaufen, wo sie zur Verrottung des organischen Materials beitragen. Gelegentlich auch in Blumenkistchen, wo die Larven bei starkem Befall Pflanzenwurzeln schädigen können. Überwintert nach 1–2-jähriger Entwicklung als Puppe in einem Kokon aus Erde, Holz- und Kotteilchen.

10–19 mm

Juni–September

Männchen mit gelbbraunen Flügeldecken und schwarzem Halsschild; Weibchen größer, Halsschild und Flügeldecken rotbraun.

Lichte Wälder, Waldränder und -wiesen, Gärten und Parks.

Zürich: Einer der häufigsten Bockkäfer, fehlt in der Innenstadt.

Rothalsbock

Corymbia rubra

Männchen oft auf Blüten, besonders von Dolden- und Korbblütlern, Weibchen mehr am Brutholz, an alten Wurzelstöcken und Stämmen von Nadelbäumen. Larven in morschem Holz, früher schädlich in Telefonstangen. Wie viele andere Käfer ist der Rothalsbock auf ein Nebeneinander von blütenreichen Wiesen und Totholz angewiesen. Ein Fünftel der Schweizer Käferarten sind Holzbewohner (s. Widderbock, Feuer-, Pinsel-, Pracht-, Ameisenbuntkäfer und Buchdrucker).

Der Rothalsbock zählt zu der nach ihren langen Fühlern benannten Familie der Bockkäfer. Ebenfalls recht häufig ist der Veränderliche Scheibenbock *(Phymatodes testaceus)*: 8–14 mm, Flügeldecken in unterschiedlichem Farbton von beige bis blauschwarz, kann sich in im Haus gelagertem Kaminholz entwickeln.

Echter Widderbock

Clytus arietis

Einer der häufigsten Bockkäfer, dessen Name sich auf die gehörnartige gelbe Zeichnung in der vorderen Flügelhälfte bezieht. Käfer auf Klafterholz, Holzhaufen, Sträuchern und Blüten, fliegen bei Störung schnell auf. Die Larven des Gemeinen Widderbocks entwickeln sich in totem Laubholz, besonders in Buchentotholz, auch an getrocknetem Buchenbrennholz.
Die Fühler des Echten oder Gemeinen Widderbocks sind gegen Ende verdickt und verdunkeln zur Spitze hin, während beim ähnlichen Schmalfühlerigen Widderbock *(Clytus lama)*, der in Zürich ebenfalls vorkommt, die Fühler einheitlich gefärbt und nicht verdickt sind. Mehrere weitere gelbschwarz gefärbte Bockkäferarten, so der häufige, variabel gefärbte Gefleckte Schmalbock (*Leptura maculata*, 14–20 mm).

7–14 mm

Mai–Juli

Bockkäfer; schwarz mit gelber Zeichnung an Halsschild und Flügeldecken.

Waldränder und Waldwege, Obstgärten, auch Parks und Gärten.

Zürich: Stadtrand, gut durchgrünte, ältere Wohnquartiere.

Lilienhähnchen

Lilioceris lilii

Die ausgewachsenen Käfer sind an Liliengewächsen zu finden (Türkenbund, Maiglöckchen, Salomonssiegel usw.) und fressen Laub- und Blütenblätter der Futterpflanzen. Die Larven, die sich ebenfalls von den Blättern der Liliengewächse ernähren, schützen sich vor Sonnenlicht und Feinden mit einem schleimigen, braunschwarzen Kotmantel. Bei starkem Befall an Gartenlilien können Lilienhähnchenlarven, die nach Entfernung unfähig sind, zur Wirtspflanze zurückzukriechen, mit scharfem Wasserstrahl abgespritzt werden. 1–3 Generationen im Jahr, Überwinterung als Puppe in einem Kokon oder als Käfer. Der Bezeichnung «Hähnchen» bezieht sich darauf, dass die Käfer bei Gefahr zirpen können.

6–7 mm

April–September

Klein; breiter Hinterleib; Halsschild und Flügeldecken glänzend rot, Kopf schwarz.

Lichte Laubwälder, Gärten.

Zürich: Wald und Wohngebiete, auch dichtbebaute; recht häufig.

9–11 mm

Mai–August

Erinnert an lang gezogenen Marienkäfer – schwarzer Kopf, rote Flügeldecken mit einem Punktepaar an den Schultern und 2 meist breiten Flecken hinter der Mitte.

Waldränder, Feldgehölze, Gärten, auch offene Naturwiesen.

Zürich: Nicht häufig beobachtet, sicher in der Waid und beim Burghölzli.

Ameisen-Sackkäfer

Clytra laeviuscula

Die adulten Ameisen-Blattkäfer oder -Sackkäfer fressen an Trieben und Blättern von Weide, Esche und Steinobst. Die Weibchen lassen ihre mit Kotschuppen beklebten Eier, die winzigen Koniferenzapfen ähneln, von Grashalmen in der Nähe von Ameisennestern (Gattungen *Formica* und *Lasius*) fallen. Die Eier werden von Ameisen ins Nest getragen, wo die Larven schlüpfen. Diese schützen sich durch eine harte, sackartige Kothülle, in die sie sich bei Gefahr zurückziehen können, und ernähren sich von Resten der Beutetiere der Ameisen sowie von toten Ameisen. Entwicklung in 2–4 Jahren. Verwechslung möglich mit der ähnlich lebenden Art *Clytra quadripunctata*: hintere Flecke meist kleiner, Halsschild deutlich punktiert (bei *C. laeviuscula* fast glatt).

8–14 mm

April–Ende August

Schwarzer oder bräunlicher Rüsselkäfer mit kurzem, vorne verbreitetem Rüssel und gefurchten Flügeldecken, flugunfähig.

Verschiedene Lebensräume, insbesondere Gärten, auch an Topfpflanzen.

Zürich: Besiedelt zusammen mit nah verwandten Arten fast das gesamte Stadtgebiet.

Gefurchter Dickmaulrüssler

Otiorhynchus sulcatus

Ab April beginnen die Käfer, die zur artenreichen Familie der Rüsselkäfer zählen, zu schlüpfen. Dämmerungs- und nachtaktiv, verstecken sich tagsüber an schattigen Stellen. Randfraß hinterlässt an Blättern halbmondförmige Einbuchtungen. Es treten nur weibliche Tiere auf, Vermehrung erfolgt parthenogenetisch (ohne Paarung). Weibchen legen 500–1000 Eier, aus denen nach 2–3 Wochen die Larven schlüpfen, die durch Wurzelfraß weit größere Schäden anrichten als die adulten Käfer. Auch in Zürich weitere Vertreter der gleichen Gattung. Verbreitung mit Handel von Gartenpflanzen. Dickmaulrüssler befallen unterschiedliche Gewächse, etwa Azaleen, Begonien, Bergenien, Cotoneaster, Flieder, Kirschlorbeer, *Prunus*-Arten, Reben und Rhododendren.

Haselnussbohrer

Curculio nucum

Ausgewachsene Käfer fressen an Laub und Früchten verschiedener Bäume, nicht nur an Haselsträuchern. Zur Fortpflanzung jedoch auf Hasel angewiesen: Im Mai und Juni nagen die Weibchen mit ihrem Rüssel junge Haselnüsse an und legen ein Ei in die Frucht. Das Loch in der noch nicht verhärteten Schale wächst zu und die Käferlarve lebt gut geschützt von der reifenden Nuss. Nachdem die ausgefressene Nuss zu Boden gefallen ist, bohrt die Larve ein etwa 2 mm großes Loch in die Schale und zwängt sich ins Freie. Die Larve überwintert im Boden und verpuppt sich meist im folgenden Frühjahr. Die Puppe kann bis zu 3 Jahren überliegen.
Ganz ähnlich entwickelt sich der etwas kleinere Eichelbohrer *(Curculio glandium)*, der zur Fortpflanzung Eicheln benötigt.

6–8 mm

April–Oktober, besonders Mai–Juni.

Brauner, gelblich beschuppter Käfer mit lang gezogenem Rüssel, Fühler an Rüsselmitte.

Waldränder, Hecken, Gärten.

Zürich: Recht häufig.

Buchdrucker

Ips typographus

Häufigste Borkenkäferart, befällt hauptsächlich Fichten. Besonders anfällig sind gleichaltrige Reinbestände nach schockartiger Schädigung (Sturm, Trockenheit). Jährlich normalerweise 2 Generationen. Eiablage im Frühling und Sommer in Einischen entlang eines geraden Muttergangs zwischen Rinde und Holz. Larven fressen sich dann quer zum Muttergang weiter. Überwinterung meist als Käfer. Lockstofffallen dienen mehr der Überwachung der Aktivität als einer Reduktion der Käferbestände. Kontrolle eher durch Beseitigung von Brutbäumen. Natürliche Feinde wie Spechte, Schlupfwespen, Ameisenbunt- und Feuerkäfer können bei optimalen Entwicklungsbedingungen (geschädigte Bäume, trockenwarme Witterung) Massenvermehrung des Buchdruckers nicht verhindern.

4–5,5 mm

Schwarmzeiten April/Anfang Mai, Ende Juni/Juli und September.

Kleiner, walzenförmiger, braunschwarzer, behaarter Käfer.

Wälder mit Fichtenbeständen.

Zürich: Verschiedene Wälder am Stadtrand.

Hautflügler

Die Hautflügler (Hymenoptera) sind eine sehr vielgestaltige und äußerst artenreiche Insektengruppe. Hymenopteren verfügen meist über zwei Flügelpaare, verschiedene Arten sind jedoch flügellos. Bei ihrer Entwicklung machen sie eine vollständige Verwandlung mit Verpuppung durch, ihre Larven sind raupen- oder madenförmig. Bei uns leben fast 10 000 Arten.

Zu ihnen gehören mit den Bienen die wichtigsten Blütenbestäuber, dadurch kommt den Hautflüglern eine herausragende ökologische und auch ökonomische Bedeutung zu. Zahlreiche Arten haben eine soziale Lebensweise entwickelt und bilden neben Männchen und Weibchen auch geschlechtslose Arbeiterinnen aus.

Hautflügler werden in drei Hauptgruppen unterteilt: Pflanzenwespen (Symphyta), Legimmen (Apocrita Parasitica) und Stechimmen (Apocrita Aculeata).

Die *Pflanzenwespen* zeichnen sich im Gegensatz zu den anderen Hautflüglern durch das Fehlen einer Wespentaille aus. Sie besitzen keinen Giftstachel. Ihre Larven sind meist raupenförmig und ernähren sich von Pflanzen oder Holz, die Erwachsenen besuchen oft Blüten.

Die madenförmigen Larven der meisten *Legimmen* parasitieren andere Insekten und spielen für die biologische Schädlingsbekämpfung eine große Rolle. Wenige Arten parasitieren auch Spinnen, weitere ernähren sich als Larven von Pflanzen. Legimmen verfügen über keinen Giftstachel, die Weibchen vieler Arten jedoch über einen sehr langen, auffälligen Eilegestachel. Bekannteste Vertreter sind die Schlupfwespen.

Zu den *Stechimmen* gehören die bekanntesten Hautflügler: Bienen, Wespen und Ameisen. Manche Arten wie die Honigbiene bilden hoch komplexe Staaten. Besonders ausgeprägt ist die Staatenbildung bei den Ameisen. Bei allen Arten besitzen die Weibchen und allenfalls auch die Arbeiterinnen einen Giftstachel. Stechfreudig sind aber nur die Arbeiterinnen weniger staatenbildender Arten, solitär lebende Arten stechen meist nur im äußersten Notfall. Ihre Larven sind madenförmig, ernähren sich von Insekten und Spinnen (die meisten Wespen und Ameisen) oder Nektar und Pollen (Bienen). Mit der Honigbiene gehört in diese Gruppe auch das einzige mitteleuropäische Insekt, das domestiziert wurde.

Der Wissensstand über die Hautflügler der Stadt Zürich ist je nach Gruppe sehr unterschiedlich. Gute Kenntnisse gibt es zu den Bienen, Ameisen, Grab- und Faltenwespen. So wurden bisher mindestens 160 Bienenarten in der Stadt Zürich nachgewiesen, was mehr als einem Viertel aller Schweizer Arten entspricht. Allein im Bahnareal zwischen dem Hauptbahnhof und dem Bahnhof Altstetten wurden 96 Wildbienenarten nachgewiesen. Kaum bekannt ist dagegen die Verbreitung der Legimmen und Pflanzenwespen.

Rosen-Bürsthornwespe

Arge rosae

Vertreter der Pflanzenwespen, die sich von anderen Hautflügern durch das Fehlen der Wespentaille unterscheiden. *Arge rosae* legt die Eier gruppenweise auf die Triebspitze von Rosenbüschen. Dadurch verkümmert der Trieb und bildet keine Blüten mehr. Die Larven sehen – wie bei anderen Blattwespen auch – Schmetterlingsraupen sehr ähnlich, besitzen aber 5 Paar Bauchbeine (Schmetterlingsraupen 0–4 Paare). Sie fressen Rosenblätter vom Rand her bis auf die Blattrippen und können dadurch v. a. im Mittelmeergebiet auf Kulturrosen schädlich sein. Die Wespen lassen sich oft auf Doldenblüten beobachten.

Körperlänge etwa 10 mm

Flugzeit Mai und Juli–August. 2 Generationen pro Jahr.

Bürsthornwespen (Argidae) als solche leicht bestimmbar (fehlende Wespentaille, nur 3 Fühlerglieder, das letzte stark verlängert). Eigentliche Arterkennung jedoch schwierig.

Verschiedene trockenwarme Lebensräume, oft im Siedlungsraum in Gärten.

Zürich: Vereinzelte Nachweise, die ganze Verwandtschaft der Bürsthornwespen ist bisher aber sehr ungenügend untersucht.

Gichtwespe

Gasteruption assectator

Gichtwespen zählen zu den Legimmen und sind Brutschmarotzer bei verschiedenen solitären Wildbienen, vielleicht auch bei Wespen. Ihre Biologie ist aber noch wenig bekannt. *G. assectator* parasitiert sicher Nester von Maskenbienen *(Hylaeus)*, vermutlich auch die von Löcherbienen *(Heriades)* und vielleicht Mauerbienen *(Osmia)*. Das Weibchen platziert mit seinem Eilegestachel ein oder mehrere Eier in das Wirtsnest. Die geschlüpfte Gichtwespenlarve frisst zuerst das Ei oder die Larve des Wirts, danach den Futtervorrat.

Am einfachsten lassen sich Gichtwespen an Nisthilfen für Wildbienen beobachten. Gelegentlich sieht man sie auch beim Blütenbesuch, meist auf Doldenblütlern.

Körperlänge 8–11 mm

Flugzeit April–Oktober. Vermutlich meist 2 Generationen pro Jahr.

Gattungsmerkmale: Keulenförmige Schenkel der langen Hinterbeine, nach hinten verdickter Hinterleib. Arten im Feld schwer zu unterscheiden.

Besiedelt alle möglichen Lebensräume, regelmäßig auch im Siedlungsbereich.

Zürich: Nur vereinzelte Funde bekannt, als häufigste Art der Gattung wohl weiter verbreitet.

Riesenschlupfwespe

Dolichomitus mesocentrus

Körperlänge 30–40 mm, Weibchen mit dem körperlangen Eilegebohrer 60–80 mm.

Flugzeit September–Oktober. 1 Generation pro Jahr.

Große Schlupfwespe mit dunklem Körper und orangefarbenen Beinen. Lässt sich im Feld nicht von mehreren sehr ähnlichen verwandten Arten unterscheiden.

Waldränder und Waldlichtungen mit Totholz, gelegentlich auch im Siedlungsbereich.

Zürich: Bisher nur vereinzelt Funde bekannt.

Riesenschlupfwespen gehören wie die vorige Art zu den Legimmen. Sie parasitieren die Larven von großen Insekten, die sich im Totholz entwickeln, namentlich von Bockkäfern und vermutlich auch Holzwespen. Das Weibchen kann die Wirtslarve in einer Tiefe von bis zu 3 cm mit dem Geruchssinn exakt lokalisieren und mit ihrem langen Eilegebohrer zielgenau ein Ei auf ihr ablegen. Die Schlupfwespenlarve frisst die Wirtslarve auf, verpuppt sich und schlüpft im nächsten Herbst.

Gemeine Goldwespe

Chrysis ignita

Körperlänge 4–13 mm

Flugzeit April–Oktober

Goldwespen (Familie Chrysididae) sind leuchtend metallisch, oft sehr bunt gefärbt. Unterscheidung einzelner Arten im Feld meist unmöglich.

Besiedelt alle möglichen Lebensräume, häufig auch im Siedlungsbereich.

Zürich: Einige ältere Nachweise, dürfte aber im ganzen Stadtgebiet verbreitet sein.

Obwohl *Chrysis ignita* bei uns die häufigste Goldwespenart ist, herrscht über ihre Biologie große Unklarheit – möglicherweise verbergen sich unter ihrem Namen mehrere Arten mit unterschiedlicher Biologie. Wie alle Goldwespen ist sie ein Brutschmarotzer bei anderen, solitären Hautflüglern. Als Wirte werden in der Literatur Lehmwespen der Gattungen *Ancistrocerus* und *Odynerus*, Grabwespen (Sphecidae) sowie Mauer- und Pelzbienen (Gattungen *Osmia* und *Anthophora*) genannt. Die Goldwespe dringt in das Nest des Wirts ein und legt ein Ei hinein. Die Larve frisst zuerst das Ei oder die Larve des Wirts, danach seinen Futtervorrat. Die erwachsenen Wespen besuchen nur selten Blüten und decken ihren Nektarbedarf v. a. mit Honigtau von Blattläusen.

Frühlings-Wegwespe

Anoplius viaticus

Das Weibchen der Frühlings-Wegwespe erbeutet größere Wolfsspinnen, die sie mit einem Stich lähmt. Anschließend wird ein Loch in sandigen Boden gegraben, die Spinne hineingezogen und mit einem Ei belegt. Daraus schlüpft bald die Wespenlarve, die die Spinne innerhalb weniger Tage auffrisst und sich dann verpuppt. Im Spätsommer schlüpfen die Wespen und paaren sich. Während die Männchen nach der Paarung sterben, überwintern die Weibchen in einem unterirdischen Versteck und gehen im nächsten Frühling auf Wolfsspinnenjagd. Gelegentlich kann man die Wespen auf Blüten beobachten, v. a. auf Wolfsmilch.

Körperlänge Weibchen 9–14 mm, Männchen etwas kleiner.

Flugzeit April–September. 1 Generation pro Jahr.

Schwarz, charakteristische Hinterleibsfärbung (halbmondförmige, orange-rote Binden auf den ersten 3 Segmenten).

Sonnige und warme Lebensräume mit sandigen Böden, z. B. Kies- und Sandgruben.

Zürich: Ein älterer Nachweis vom Zürichberg, dürfte aber auch anderswo an geeigneten Orten vorkommen.

Gemeine Wespe

Vespula vulgaris

Staatenbildende Art, die in Maus- und Maulwurfsgängen große Wabennester anlegt. Die Staaten umfassen eine Königin und 1000–10 000 Arbeiterinnen. Bei staatenbildenden Wespen überwintern nur begattete Weibchen (junge Königinnen), alle anderen Tiere gehen im Herbst ein. Ernährt sich hauptsächlich von zuckerhaltigen Pflanzensäften und Insekten.

Verhält sich v. a. in Nestnähe sehr aggressiv und alarmiert beim Stechen mit einem Alarmstoff Artgenossinnen. Kann auch abseits des Nests lästig sein, indem sie an süßen Lebensmitteln nascht.

Wespen der Gattung *Vespula* haben im Vergleich zu *Dolichovespula* ein kürzeres Gesicht, die Gemeine Wespe meist mit ankerförmiger Zeichnung. Ebenfalls häufig im ganzen Stadtgebiet: Deutsche Wespe *(Vespula germanica)*.

Körperlänge Königinnen 16–19 mm, Arbeiterinnen 11–14 mm.

Flugzeit Arbeiterinnen Ende Mai–Oktober, junge Königinnen und Drohnen erscheinen ab Mitte August.

Variabel gefärbt. Kann leicht mit nah verwandten Arten verwechselt werden.

Besiedelt alle möglichen offenen und halboffenen Lebensräume, sehr häufig auch im Siedlungsbereich.

Zürich: Zahlreiche Nachweise, v. a. am Rand des Siedlungsraums.

Sächsische Wespe

Dolichovespula saxonica

Staatenbildende Art, die in Estrichen, Schuppen oder Baumhöhlen rundliche, graue Wabennester mit 10–25 cm Durchmesser baut, die von einer Hülle umgeben sind. Die Staaten umfassen neben der Königin meist 100–300 Arbeiterinnen.

Ernähren sich vom Speichelsekret ihrer Larven, im Spätsommer oft auch von Blütennektar und reifen Früchten. Larven werden mit Insekten und Spinnen gefüttert. Ist sehr friedfertig und geht nicht an süße Lebensmittel. Da die Nester der friedfertigen *Dolichovespula*-Arten meist weniger versteckt angebracht sind, werden fälschlicherweise oft ihre Nester anstelle derjenigen der angriffslustigeren *Vespula*-Arten beseitigt.

Körperlänge Königinnen 15–18 mm, Arbeiterinnen 11–14 mm.

Flugzeit Arbeiterinnen Juni–September, junge Königinnen und Drohnen erscheinen ab Ende Juni.

Sowohl die Wespen selbst als auch ihre Nester können mit wenigen anderen, nah verwandten Arten verwechselt werden.

Kommt häufig im Siedlungsbereich und in anderen offenen Lebensräumen vor.

Zürich: V. a. in gut durchgrünten Quartieren verbreitet.

Hornisse

Vespa crabro

Staatenbildende Art, die meist in Baumhöhlen oder auch Vogelnistkästen bis 60 cm große, von einer Hülle umgebene Wabennester baut. Ein Volk umfasst neben der Königin meist 100–700, ausnahmsweise bis 1700 Arbeiterinnen. Hornissen ernähren sich von Blütennektar und anderen zuckerhaltigen Flüssigkeiten und jagen Insekten, mit denen sie ihre Brut aufziehen. Sind 22 Stunden pro Tag aktiv und jagen auch nachts bei fast völliger Dunkelheit.

Hornissen sind ausgesprochen friedlich und können selbst in Nestnähe problemlos beobachtet werden, wenn man sich ruhig verhält. Ihr Stich ist nicht gefährlicher oder schmerzhafter als der anderer Wespen.

Körperlänge Königinnen 25–35 mm, Arbeiterinnen 18–25 mm.

Flugzeit Arbeiterinnen Mai–Oktober, junge Königinnen und Drohnen erscheinen ab Mitte August.

Wegen ihrer Größe und der charakteristischen gelb-schwarz-rotbraunen Färbung unverwechselbar.

Besiedelt verschiedene offene und halboffene Lebensräume mit alten Baumbeständen. Oft auch im Siedlungsbereich.

Zürich: In gut durchgrünten Stadtteilen verbreitet.

Gallische Feldwespe

Polistes dominulus

Staatenbildende Art, baut kleine, maximal 10 cm große Wabennester ohne Hülle in kleinen Hohlräumen oder Estrichen. Ein Nest enthält in der Regel etwa 30 Arbeiterinnen und ein bis mehrere Königinnen. Die reifen, begatteten Königinnen überwintern und gründen im nächsten Frühling einen neuen Staat, oft gemeinsam mit anderen Königinnen. Nur eines der Weibchen, die sogenannte Alpha-Königin, erzeugt aber Nachwuchs, während die anderen Königinnen Nahrung herbeischaffen, also mit den gleichen Aufgaben wie die Arbeiterinnen betraut sind. Gallische Feldwespen sind auch in Nestnähe recht friedfertig.

Körperlänge Königinnen 13–18 mm, Arbeiterinnen 12–15 mm.

Flugzeit Arbeiterinnen Juni–September, junge Königinnen und Drohnen ab Ende Juli.

Vorderstes Fühlerglied vollständig gelborange. Im Feld Verwechslung mit anderen Arten der Gattung möglich.

Verschiedene trockenwarme Lebensräume, häufig auch im Siedlungsbereich.

Zürich: Zahlreiche Nachweise im ganzen Stadtgebiet.

Pillenwespe

Eumenes coronatus

Solitäre Art. Baut halbkugelförmige, einzelne Lehmnester an sonnige Steine. Das Nest wird mit Schmetterlingsraupen versorgt und mit einem Ei belegt. Möglicherweise wird das fertige, verschlossene Nest anschließend mit einer Schicht aus Holzpapier überzogen, doch ist nicht restlos erwiesen, dass sich diese Beobachtung auf unsere Art bezieht. Allgemein ist sehr wenig über die Biologie und das Verhalten der Art bekannt, da sie sich im Gelände nicht bestimmen lässt.

Körperlänge ca. 10–12 mm

Flugzeit Ende Mai–Ende September

Eumenes mit schwarzgelbem Körper, kugeligem Brustteil, langem, vorne dünnem Hinterleib. Einzelne Arten schwierig zu unterschieden.

Verschiedene sonnige Lebensräume, auch im Siedlungsbereich.

Zürich: Wenige, meist ältere Nachweise, dürfte aber vielerorts verbreitet sein.

Große Lehmwespe

Delta unguiculata

Körperlänge Weibchen 20–26 mm, Männchen 16–20 mm.

Flugzeit Juni–August

Groß, Brustteil kugelig, Hinterleib im vorderen Teil dünn, auffällig schwarz-rot-gelbe Färbung. Unverwechselbar.

Trockenwarme Lebensräume mit Felsen, Mauern oder Häusern. Bei uns meist im Siedlungsbereich.

Zürich: In der Umgebung des Hauptbahnhofs, breitet sich offenbar stark aus und ist auch in anderen Stadtteilen zu erwarten.

Solitäre Art. Baut halbkugelförmige, gut 1 cm große Lehmnester an sonnigen, großen Steinen, Mauern und Hausfassaden, meist mehrere Meter über Boden. In jedes Nest wird ein Ei gelegt, und anschließend werden 2–3 gelähmte Nachtfalterraupen als Proviant für die Larve eingetragen. Bis zu 7 solcher Nester werden in einer Gruppe angelegt, die am Schluss mit einem Lehmmantel überzogen wird. Das fertige Nest sieht dann aus wie ein angetrockneter, fast faustgroßer Lehmklumpen.

Schornsteinwespe

Odynerus spinipes

Körperlänge 10–13 mm

Flugzeit Anfang Mai–Ende Juli

Lässt sich nur sehr schwer von anderen Arten der Gattung unterscheiden, die aber alle sehr viel seltener sind. Charakteristikum der Gattung sind in erster Linie die «Schornsteine» ihrer Nesteingänge.

Verschiedene warme und sonnige Lebensräume, auch im Siedlungsbereich.

Zürich: Im Bahnareal zwischen Hauptbahnhof und Zürich-Altstetten nachgewiesen.

Solitäre Art. Gräbt Gänge in sandigen, vegetationsfreien Böden, meist an vertikalen Anrissen und Abbruchkanten, an regengeschützten Stellen auch auf horizontalen Flächen. Das Aushubmaterial wird in kleinen Klumpen locker zu einer auffälligen, bis 5 cm langen, wasserhahnartig gekrümmten Eingangsröhre verbaut. Für den Nestverschluss wird ein Teil dieses Röhrenmaterials wieder verwendet. Nistet oft in größeren Gemeinschaften mit bis zu 300 Nestern pro m^2. Als Larvennahrung werden Rüsselkäferlarven aus der Gattung *Hypera* eingetragen.

Bienenwolf

Philanthus triangulum

Solitäre Art. Gräbt bis über 1 m tiefe Gänge in sandige, horizontale bis senkrechte, vegetationsfreie Böden. Nistet oft in größeren Aggregationen, wobei die Nesteingänge nur wenige Zentimeter auseinander liegen können. Als Larvennahrung werden ausschließlich Honigbienen eingetragen, die beim Blütenbesuch blitzschnell überfallen und mit einem Stich gelähmt werden. Wird irrtümlich eine falsche Bienenart attackiert, merkt das der Bienenwolf in Bruchteilen von Sekunden und lässt wieder vom Opfer ab. Auch seinen eigenen Nektarbedarf stillt er, indem er Honigbienen tötet und den erbrochenen Kropfinhalt der Biene aufleckt.
Der Buntkäfer *Trichodes apiarius*, dessen Larven räuberisch in Bienennestern leben, wird ebenfalls als Bienenwolf bezeichnet.

Körperlänge 13–17 mm

Flugzeit Mitte Mai–Mitte September

Kopf und Brustteil mehrheitlich schwarz, Hinterleib gelb mit schwarzen Streifen, Gesicht mit gelblich weißer «Fledermauszeichnung»; Weibchen mit langen Grabborsten an den Vorderschienen.

Trockenwarme und sonnige Lebensräume mit sandigen Bodenstellen, oft auch im Siedlungsbereich.

Zürich: Mehrere Nachweise, verteilt über das ganze Stadtgebiet.

Bienenjagende Knotenwespe

Cerceris rybyensis

Solitäre Art. Baut etwa 7 cm lange, senkrechte Gänge in vegetationsfreie sandige oder lehmige Böden. Oft kommt es zu größeren Nestansammlungen auf kleinem Raum. Die Knotenwespe trägt verschiedene kleinere Wildbienen wie Sandbienen oder Furchenbienen als Larvennahrung ein und legt das Nest häufig in der Nähe von Wildbienennestern an. Erbeutete Wildbienen werden fliegend zum Nest transportiert, meist in mehreren kurzen Etappen von nicht mehr als 1 m Länge.

Körperlänge 6–12 mm

Flugzeit Anfang Juni–Mitte September

Hinterleib mit sehr unregelmäßig angeordneten gelben Binden, gelbe Hinterschienen. Kann nur mit wenigen seltenen Verwandten verwechselt werden.

Verschiedene warme und sonnige Lebensräume, oft auch im Siedlungsbereich.

Zürich: Zahlreiche, meist ältere Nachweise, verteilt über das ganze Stadtgebiet.

Körperlänge 7–9 mm

Flugzeit Mai–August

Kropfsammler (ohne äußeren Sammelapparat), schwarz; Weibchen mit 2 senkrechten länglichen Gesichtsflecken; Männchen mit großer weißer Gesichtsmaske. Verwechslung möglich.

Ruderalflächen, Bahnareale, Kiesgruben und Gärten mit Vorkommen der Futterpflanzen.

Zürich: Bahnareal zwischen dem Hauptbahnhof und Zürich-Altstetten, auch an anderen Orten beobachtet.

Reseda-Maskenbiene

Hylaeus signatus

Solitäre Art. Nistet in vorhandenen kleinen Hohlräumen ganz unterschiedlicher Art: im Boden, in Trockenmauern, in Totholz oder in hohlen Pflanzenstängeln. Auch verlassene Nester anderer Wildbienenarten können besiedelt werden. Blütenbesuch ausschließlich auf Resede (*Reseda luta* und *R. luteola*). Kann in sonnigen Gärten durch Anpflanzen von Resede leicht angesiedelt werden.

Körperlänge 8–10 mm

Flugzeit Juni–September

Dichte Behaarung besonders an Kopf und Brustteil; Beinsammler. Kann im Feld nicht von verwandten Seidenbienen unterschieden werden.

Sonnige, trockenwarme Lebensräume wie Ruderalflächen oder Kiesgruben.

Zürich: Einzelne Nachweise aus dem Bahnareal zwischen dem Hauptbahnhof und Zürich-Altstetten sowie von weiteren Stellen.

gefährdet

Seidenbiene

Colletes similis

Solitäre Art. Steht in der Schweiz auf der Roten Liste. Das Nest wird in vegetationsfreien Steilwänden, Abbruchkanten oder in vegetationsfreien oder -armen Stellen auf ebenen oder schwach geneigten Flächen angelegt.
Besucht ausschließlich Korbblütler, besonders Rainfarn *(Tanacetum vulgare)*, aber auch weitere Arten wie Schafgarbe oder Geruchlose Kamille.

Weiden-Sandbiene

Andrena vaga

Solitäre Art. Nistet in selbst gegrabenen Löchern im Sand, die bis 60 cm tief hinabführen können. Die Nester werden an ebenen, vegetationsarmen oder -freien Stellen angelegt, meist in Aggregationen, die unter Umständen mehrere 1000 Nester umfassen können. Kann auch kleine Sandflächen nutzen wie das Auswurfsmaterial von Dachsbauten. Pro Nest werden meistens 4–8 Brutzellen angelegt, die je ein Ei enthalten.
Besucht ausschließlich blühende Weidenkätzchen.

Körperlänge 11–15 mm

Flugzeit März–Mai

Beinsammler; Weibchen mit grauweißer Behaarung von Kopf und Brust sowie glänzend schwarzem Hinterleib.

Flussauen, Sand- und Kiesgruben. Kann auch in anderen Lebensräumen vorkommen, ist aber immer auf Sandböden und Weidengehölze angewiesen.

Zürich: Nachweise entlang der Sihl und in Zürich-Nord.

Rotpelzige Sandbiene

Andrena fulva

Solitäre Art. Nistet in selbst gegrabenen Löchern in der Erde, die bis über 50 cm tief hinabführen können. Die Nester werden meist an Stellen mit spärlicher oder fehlender Vegetation angelegt. Manchmal kann es zu Aggregationen von mehreren Hundert Nestern kommen (bis 50 Nester / m^2).
Die Art besucht ganz unterschiedliche Blüten, hat aber eine deutliche Vorliebe für Johannisbeeren. Die Männchen umschwärmen häufig Gebüsche.
Im Stadtgebiet ist eine Vielzahl von weiteren Sandbienenarten beobachtet worden.

Körperlänge 9–13 mm

Flugzeit April–Mai

Beinsammler; Weibchen sind an pelziger, anfänglich leuchtend gelbroter, später graubräunlicher Behaarung der Oberseite gut zu erkennen.

Verschiedenartige Lebensräume wie Waldränder, Hecken oder Magerwiesen, besonders häufig in Gärten und Parks.

Zürich: Zweifellos weit verbreitet und häufig, konkrete Nachweise liegen aber nur wenige vor.

Braunfilzige Furchenbiene

Halictus scabiosae

Soziale Art, steht in der Schweiz auf der Roten Liste. Nest an vegetationsarmen oder -freien, ebenen bis schwach geneigten Stellen im Boden. Die befruchteten Weibchen überwintern gemeinsam im Geburtsnest. Im Frühling übernimmt eines der Weibchen die Rolle der Königin und legt Eier, während die anderen Weibchen als «Hilfsweibchen» Nektar und Pollen heranschaffen. Vor dem Schlüpfen der Arbeiterinnen werden die Hilfsweibchen von der Königin vertrieben und gründen ein eigenes Nest. Besucht verschiedene Blüten, v. a. aber Korbblütler wie Disteln oder Flockenblumen. Mehrere weitere Arten der Gattung *Halictes* im Stadtgebiet nachgewiesen.

Körperlänge 12–15 mm

Flugzeit Ende April bis etwa September. Junge Weibchen überwintern.

Furchenbienen mit Längsfurche auf der Oberseite des letzten Hinterleibssegments; Beinsammler. Einzelne Arten teilweise nur sehr schwer zu unterscheiden.

Sonnige, trockenwarme Lebensräume wie Ruderalflächen oder Kiesgruben.

gefährdet

Zürich: Einzelne Nachweise aus dem Bahnareal bei Zürich-Altstetten sowie aus weiteren Stadtteilen.

Gemeine Furchenbiene

Lasioglossum calceatum

Bei uns soziale Art, in kühleren Regionen dagegen solitär. Nistet in selbst gegrabenen Gängen im Boden, die sie an ebenen oder schwach geneigten, meist nur spärlich bewachsenen Stellen anlegt. Die befruchteten, überwinternden Weibchen legen im Frühling ein neues Nest an, in dem sich zuerst Arbeiterinnen entwickeln. Ab dem Hochsommer werden dann Männchen und Weibchen produziert.
Besucht eine große Vielzahl verschiedener Blüten.
Zahlreiche weitere *Lasioglossum*-Arten in Zürich nachgewiesen.

Körperlänge 8–10 mm

Flugzeit März–Oktober

Beinsammler. Im Feld nicht von ähnlichen Furchenbienenarten zu unterscheiden.

Besiedelt ganz unterschiedliche Lebensräume des Offenlands. Oft auch in Gärten und Parks.

Zürich: Zahlreiche Nachweise aus dem ganzen Stadtgebiet.

Blutbiene

Sphecodes ferruginatus

Brutparasit bei einzelnen Furchenbienen-Arten (*Lasioglossum*-Arten; mindestens 2 dieser Arten leben sozial). Die befruchteten Weibchen überwintern und suchen im Frühling das Nest einer Wirtsbienenart auf. Dort vertreiben oder töten sie die Wirtsbienen, zerstören ihre Brut und legen die eigenen Eier auf den Nahrungsvorrat. Die Art ist beim Blütenbesuch wenig wählerisch und besucht ganz unterschiedliche Blüten.
Offenbar ist *Sphecodes ferruginatus* die häufigste der 9 in der Stadt Zürich nachgewiesenen Blutbienenarten.

Körperlänge 7–10 mm

Flugzeit Mai–Juni (Weibchen), Juli–September (Männchen und Weibchen). Befruchtete Weibchen überwintern.

Kuckucksbiene, kein Sammelapparat. Im Feld nicht von anderen Blutbienen zu unterscheiden. Unerfahrene Beobachter können sie auch mit gewissen Furchen- und Wespenbienen verwechseln.

In allen Lebensräume, wo Wirtsbienen vorkommen, häufig auch im Siedlungsbereich.

Zürich: Mehrere Nachweise im Limmattal und an seinen Hängen.

Rote Mauerbiene

Osmia bicornis

Solitäre Art. Nistet in ganz unterschiedlichen Hohlräumen: Löcher im Totholz, hohle Pflanzenstängel, Mauerritzen, Fensternuten usw. Nimmt sehr gerne Nisthilfen in Gärten und auf Balkons an und ist hier oft die häufigste Wildbiene (Bambusröhrchen oder Bohrungen im Holz, Innen-∅ 5–6 mm). Zellwände und Nestverschluss aus feuchter Erde, Nestverschluss je nach Mörtel grau oder gelblich. Besucht sehr viele verschiedene Blüten, auch Blüten, die von anderen Bienen kaum genutzt werden (z. B. Eichen).
Neben der Roten und der Gehörnten Mauerbiene weitere *Osmia*-Arten auf Stadtgebiet nachgewiesen, auch die Zweifarbige Mauerbiene *(Osmia bicolor)*, die ausschließlich in leeren Schneckenhäuschen nistet.

Körperlänge 8–13 mm

Flugzeit März–Juni

Bauchsammler. Weibchen ziemlich gut erkennbar: graubraun behaarte Brust, erste 3 Segmente der Hinterkörper-Oberseite orangebraun, hintere 3 Segmente schwarz behaart, Bauchbürste gelbbraun.

Waldränder, Obstgärten, sehr häufig im Siedlungsbereich in Gärten und Parks.

Zürich: Im ganzen Stadtgebiet; eine der auffälligsten und häufigsten Wildbienen der Stadt.

Gehörnte Mauerbiene

Osmia cornuta

Körperlänge 10–15 mm

Flugzeit März–Mai

Bauchsammler; unverwechselbar dank bedeutender Größe und auffällig schwarz-roter Färbung; Männchen zusätzlich mit weiß behaartem Kopfschild.

Vorwiegend im Siedlungsgebiet, in Städten und Dörfern.

Zürich: Im ganzen Stadtgebiet, auch im Zentrum.

Solitäre Art. Nistet in verschiedenen vorhandenen Hohlräumen in großen, vertikalen Flächen: Mauerritzen, Felsspalten usw. Besiedelt auch Nisthilfen, wenn sie an einer Hausfassade oder größeren Mauer angebracht werden (Bambusröhrchen oder Bohrungen im Holz, Innen-∅ 8–9 mm, Tiefe 20–25 cm). Zellwände und Nestverschluss (grau oder gelblich) aus feuchter Erde. Weibchen wie bei der Roten Mauerbiene mit 2 deutlichen Hörnchen an der Stirn.
Besucht sehr viele verschiedenen Blüten. Entsprechend ihrer frühen Flugzeit sammelt sie beispielsweise sehr häufig auf Weiden, Ahorn, Kirschen oder Schwarzdorn.

Löcherbiene

Heriades truncorum

Körperlänge 6–8 mm

Flugzeit Mitte Juni–Mitte September

Bauchsammler; zylindrischer, schwach behaarter Körper, Hinterleib mit schmalen, weißen Binden. Im Feld nicht von weiterer in Zürich ebenfalls vorkommender Löcherbienenart zu unterscheiden.

Waldränder, Obstgärten, Hecken; oft auch im Siedlungsraum in Gärten.

Zürich: Zahlreiche Nachweise aus dem ganzen Stadtgebiet.

Solitäre Art. Nistet in röhrenförmigen Hohlräumen im Totholz (Insektenfraßgänge) und in hohlen Pflanzenstängeln, v. a. in Brombeerstängeln. Besiedelt häufig Nisthilfen wie Bambusröhrchen oder Bohrungen in Holzklötzen, bevorzugter Innen-∅ 3–3,5 mm. Verschließt den Nesteingang mit Harz.
Besucht ausschließlich Korbblütler wie Disteln und Flockenblumen.

Hahnenfuß-Scherenbiene

Chelostoma florisomne

Solitäre Art. Das Nest wird in röhrenförmigen Hohlräumen im Totholz angelegt, meist in alten Käferfraßgängen. Nimmt gerne Nisthilfen an: Bambusröhrchen oder Bohrungen in Holzklötzen, bevorzugter Innen-∅ 3,5 mm. Nestverschluss aus mit Nektar (und Speichel?) getränktem Sand oder Lehm mit einzelnen kleinen Steinchen.
Besucht ausschließlich die Blüten von Hahnenfuß in der Umgebung des Nests (maximale Distanz 150 m). Die Männchen schlafen gelegentlich in Hahnenfuß-Blüten.

Körperlänge 7–11 mm

Flugzeit Anfang Mai–Ende Juni

Bauchsammler; schwarz, schwach behaart. Kann nur von Spezialisten sicher erkannt werden.

Waldränder, Obstgärten, sehr häufig auch in Gärten und Parks.

Zürich: Mehrere Nachweise aus der ganzen Stadt.

Schwarzbäuchige Blattschneiderbiene

Megachile nigriventris

Solitäre Art. Nistet in selbst genagten Gängen in morschem Holz. Die Brutzellen werden seitlich, hinten und vorne mit Blattstücken ausgekleidet, die diese Blattschneiderbiene an verschiedenen Laubbäumen, aber auch an Rosen und Weidenröschen sammelt.
Besucht ausschließlich Schmetterlingsblütler wie Rot- und Weißklee, Hornklee, Platterbsen oder Luzerne. Weitere Arten von Blattschneiderbienen in Zürich vorhanden.

Körperlänge 12–16 mm

Flugzeit Juni–August

Bauchsammler; Weibchen gut zu erkennen anhand ihrer Größe, der gelbbraunen Behaarung von Vorderkörper und vorderem Teil des Hinterkörpers sowie der schwarzen Bauchbürste.

Waldränder, Obstgärten, auch in Gärten.

Zürich: Vereinzelte Nachweise, im Zentrum wie am Stadtrand.

Große Wollbiene

Anthidium manicatum

Solitäre Art. Nistet in verschiedenen vorgefundenen Hohlräumen wie Erdlöchern, Steinspalten oder Trockenmauern. Besiedelt gerne auch geeignete Nisthilfen. Nestkammer wird mit Pflanzenwolle gefüllt, die an stark behaarten Pflanzen wie Ziest, Königskerzen oder Quitten gesammelt und mit pflanzlichen Drüsensekreten von Pippau, Habichtskraut, Gartengeranien u.a. imprägniert wird.

Die Große Wollbiene nutzt verschiedene Nektar- und Pollenquellen. Besonders beliebt sind Hauhechel, Ziest, Fingerhut und Leinkraut. An den Pollensammelstellen der Weibchen richten die Männchen kleine Territorien ein, die sie heftig gegen andere Fluginsekten verteidigen, wobei sie sogar Honigbienen schwer verletzen können.

Körperlänge Weibchen 11–12 mm, Männchen 14–18 mm.

Flugzeit Mitte Juni–Anfang Oktober

Bauchsammler; gelbschwarze Zeichnung des Hinterleibs erinnert etwas an Wespen, behaart. Kann mit anderen Wollbienen verwechselt werden.

Vorwiegend im Siedlungsgebiet, in Gärten und Parks.

Zürich: Zahlreiche Nachweise aus der ganzen Stadt.

Gemeine Pelzbiene

Anthophora plumipes

Solitär. Nistet in selbst gegrabenen Löchern in senkrechten Steilwänden, Abbruchkanten usw., gelegentlich auch in schwach geneigten oder horizontalen, vegetationsfreien Böden. Nestgänge meist nur 3–5 cm tief. An günstigen Orten legen oft zahlreiche Weibchen ihre Nester an, sodass Aggregationen von über 100 Nestern entstehen können.

Die sehr gut und schnell fliegende Pelzbiene nutzt Blüten auch weitab von ihrem Niststandort, oft mehr als 100 m entfernt. Sie besucht verschiedene Blüten, besonders gerne Lungenkraut und Schlüsselblumen, aber auch Apfel, Birne usw. Die Männchen lassen sich in Gärten oft an Blaukissen (Aubretien) beobachten.

Körperlänge 14–15 mm

Flugzeit März–Anfang Juni

Beinsammler; graubraun oder schwarz behaart, etwas hummelartig. Kann mit anderen Pelzbienen verwechselt werden.

In fast allen offenen Lebensräumen, wo geeignete Nistmöglichkeiten vorhanden sind.

Zürich: Zahlreiche Nachweise aus der ganzen Stadt.

Wespenbiene

Nomada fabriciana

Brutparasit bei verschiedenen Sandbienen (Gattung *Andrena*), am häufigsten bei der Zweifarbigen Sandbiene *(Andrena bicolor)*, die in der Stadt Zürich weit verbreitet ist. Am einfachsten lässt sich *Nomada fabriciana* an den Nestern der Zweifarbigen Sandbiene beobachten. Nektarsuche auf verschiedenen Blüten: Weiden, Huflattich, Fingerkraut, Flockenblumen u.a.

Körperlänge 7–10 mm

Flugzeit März–Mai und Juni–August (2 Generationen).

Kuckucksbiene, daher kein Sammelapparat. Hinterleib rot, unbehaart, Brustteil schwarz. Kann nicht nur mit anderen *Nomada*-Arten, sondern auch leicht mit Blutbienen (Gattung *Sphecodes*) verwechselt werden.

In vielen verschiedenen Lebensräumen wie Hecken, Waldränder, Gärten und Parks.

Zürich: Mehrere Nachweise aus dem ganzen Stadtgebiet.

Ackerhummel

Bombus pascuorum

Soziale Art, die Staaten umfassen 80–150 Tiere. Nistet in verschiedenen größeren Hohlräumen, sowohl unter- als auch oberirdisch (Mausnester, Vogelnistkästen, in Grasbüscheln usw.). Wie bei anderen Hummeln treten im Frühjahr zuerst die überwinterten Jungköniginnen auf, suchen einen Nistplatz, widmen sich dem Nestbau und legen ihre Eier ab. Die Arbeiterinnen, die sich daraus entwickeln, fliegen einige Wochen später und sind deutlich kleiner als die Königin. Die Ackerhummel nimmt gerne Hummelnistkästen an. Das Nest besteht aus einer etwa 4 cm großen Kugel aus Moos, Gras oder Tierhaaren, deren Innenseite mit Wachs abgedichtet wird. Besucht zahlreiche verschiedene Blüten.

Körperlänge 9–18 mm

Flugzeit März–November. Junge Königinnen überwintern.

Beinsammler; Behaarung meistens am Brustteil gelbrot, an Hinterleib vorne schwarz, hinten gelbrot. Kann mit anderen Hummeln verwechselt werden.

In fast allen offenen Lebensräumen, häufig auch in Gärten und Parks.

Zürich: Ganzes Stadtgebiet.

Dunkle Erdhummel

Bombus terrestris

Soziale Art, die Staaten umfassen 100–600 Tiere. Nest fast immer unterirdisch, meist in alten Mausnestern, manchmal bis 1,5 m tief im Boden. Besucht zahlreiche verschiedene Blüten. Eine der häufigsten und verbreitetsten der 12 Hummelarten, die bisher in Zürich nachgewiesen wurden. Auch die ähnliche Helle Erdhummel *(Bombus lucorum)* mit ähnlicher Farbmusterung, jedoch zitronengelben Binden, ist in der Stadt verbreitet.

Körperlänge 11–23 mm

Flugzeit März–Oktober. Junge Königinnen überwintern.

Beinsammler; Behaarung schwarz, an Hinterleibsende weiß, mit 2 braungelben Binden hinter dem Kopf und im vorderen Teil des Hinterleibs; auch andere Färbungsvarianten. Kann mit anderen Hummeln verwechselt werden.

In fast allen offenen Lebensräumen, häufig auch in Gärten und Parks.

Zürich: Häufig im ganzen Stadtgebiet.

Steinhummel

Bombus lapidarius

Soziale Art, die Staaten umfassen 100–300 Tiere. Nistet gerne unter größeren Steinen oder Mauern aber auch in anderen größeren Hohlräumen, sowohl unter- als auch oberirdisch. Lässt sich mit Hummelnistkästen leicht im Garten ansiedeln. Das Nest ist eine Kugel aus Moos, Gras, Tierhaaren oder Vogelfedern, die meist mit einer Wachsschicht überzogen ist.
Besucht zahlreiche verschiedene Blüten.

Körperlänge 12–22 mm

Flugzeit April–Oktober. Junge Königinnen überwintern.

Beinsammler; Königin und Arbeiterin schwarz behaart, hintere Hinterleibshälfte rot. Auch hier Verwechslungsmöglichkeiten mit selteneren, sehr ähnlichen Hummeln.

In fast allen offenen Lebensräumen, häufig auch in Gärten und Parks.

Zürich: Häufig im ganzen Stadtgebiet.

Bärtige Schmarotzerhummel

Psithyrus barbutellus

Brutparasit bei der Gartenhummel *(Bombus hortorum)*, gelegentlich auch bei anderen Hummelarten. Überwinterte Weibchen dringen im Frühling in Nest der Gartenhummel ein, fressen Eier des Wirts und legen ihre eigenen Eier hinein. Dabei werden sie heftig von den Arbeiterinnen der Gartenhummel attackiert, die aber der Schmarotzerhummel unterlegen sind. Im Sommer schlüpfen dann die jungen Männchen und Weibchen der Schmarotzerhummel, die von den Arbeiterinnen der Gartenhummel aufgezogen wurden.

Besucht als Nektarquellen im Sommer und Herbst vorwiegend Disteln, Flockenblumen und Skabiosen, die Weibchen im Frühling Löwenzahn.

Schmarotzerhummeln *(Psithyrus)* fallen immer durch den fehlenden Sammelapparat und das sehr träge Verhalten auf Blüten auf.

Körperlänge 15–20 mm

Flugzeit Ende April–Ende Juli (Weibchen), Anfang Juli–September (Männchen und Weibchen). Befruchtete Weibchen überwintern.

Kuckucksbiene; träge Hummel, im Gesicht behaart. Lässt sich im Feld nicht sicher bestimmen.

Überall, wo ihr Hauptwirt, die Gartenhummel, vorkommt: blütenreiche Wiesen, Waldränder, Obstgärten; oft im Siedlungsbereich in Gärten und Parks.

Zürich: Mehrere Nachweise, verteilt über das ganze Stadtgebiet.

Honigbiene

Apis mellifera

Hochsoziale Art, Staaten mit bis zu 80 000 Arbeiterinnen. Wildform in hohlen Bäumen und in Felshöhlen, wurde 5000 v. Chr. in Anatolien domestiziert, heute weltweit verbreitet. In den gemäßigten Breiten wichtigster Bestäuber von Blütenpflanzen. Besucht sehr breites Spektrum von Blüten, ist sehr konkurrenzstark, kann viele Wildbienenarten verdrängen. In einem botanischen Garten in Deutschland verdoppelte sich die Zahl der Wildbienenarten, nachdem ein Honigbienenvolk entfernt wurde.

Durch Produktion von Honig und Wachs sowie Bestäubung von Kulturpflanzen große wirtschaftliche Bedeutung. Im Gegensatz zu den Wildbienen stechfreudig. Ihr Gift ist rund 10-mal stärker als das der Hornisse und kann bei allergischen Menschen zum Tod führen.

Körperlänge 11–18 mm

Flugzeit März–Oktober

Beinsammler. Kann mit ein paar ähnlichen Wildbienenarten verwechselt werden, ihr Sammelapparat ist aber charakteristisch.

Ursprüngliche Wildform wahrscheinlich in lichten Wäldern, domestizierte Völker in allen offenen und halboffenen Lebensräumen.

Zürich: Domestizierte Formen im ganzen Stadtgebiet. «Wilde» Honigbienen sind entflogene domestizierte Völker.

Wildbienenförderung im Garten und auf dem Balkon

Die Artenvielfalt der Wildbienen ist beeindruckend: Etwa 600 der weltweit 20 000 Wildbienenarten kommen in der Schweiz vor. Fast die Hälfte davon lebt im Siedlungsraum und somit auch vor unserer Haustüre. Schon im Februar finden sich zahlreiche Arten ein: Die oft haarigen, bunten oder glänzenden Bienen sind bereits an den ersten Krokussen im Garten oder an den Blüten des Aprikosenbaums zu beobachten.

Während Honigbienen große Völker bilden und unterschiedlichste Pflanzen als Nahrungsquelle nutzen können, sind die meisten Wildbienen Einzelgänger mit hohen Ansprüchen an ihren Lebensraum, die auf spezielle Futterpflanzen und besondere Strukturen zum Nisten angewiesen sind. So gibt es Bienen, die zur Eiweißversorgung auf die Blüten ganz bestimmter Pflanzenarten (z. B. Glockenblumen) als Pollenlieferanten spezialisiert sind. Etwa 70 % der Bienenarten nisten im Boden, die anderen nutzen je nach Art hohle oder markhaltige Pflanzenstängel, Mauerritzen, Käferfraßgänge, Morschholz, ja sogar leere Schneckenhäuser für die Aufzucht ihrer Nachkommen.

Viele Wildbienenarten sind in ihren Beständen gefährdet oder gar vom Aussterben bedroht, da ihr natürlicher Lebensraum verschwindet. Die Bienen leiden Mangel an geeigneten Futterpflanzen und Nistplätzen. Verantwortlich dafür sind die intensive Landwirtschaft, die Ausbreitung des menschlichen Siedlungsraums und die fehlende Toleranz, der Natur im Sinne naturnaher Garten- und Umgebungsgestaltung mehr freien Lauf zu lassen.

Wir alle können mithelfen, unsere Wildbienen, die da heißen Zottelbienen, Blattschneiderbienen, Mauerbienen, Maskenbienen, Wollbienen, Kuckucksbienen usw., zu fördern. Eine künstliche Nisthilfe, die selber gebaut oder von verschiedenen Herstellern (s. Adressen im Anhang) gekauft werden kann, erlaubt es uns, die faszinierende und hochinteressante Welt der Wildbienen aus nächster Nähe gefahrlos zu beobachten, denn Wildbienen sind harmlos und greifen niemals an. Nisthilfen können zum Beispiel auf einem Balkon aufgestellt oder an einer sonnenexponierten und regengeschützten Hauswand angebracht werden.

Nisthilfen lassen sich mit einfachen Mitteln selber herstellen: Gerne werden horizontal hingelegte, hohle Pflanzenstängel von Schilf, Bambus, Nachtkerzen usw. angenommen. In Hartholzstücke können Löcher gebohrt werden, mit einem Durchmesser von 2–10 mm und der 10-fachen Tiefe des Durchmessers, damit möglichst viele verschiedene Wildbienen die Nisthilfen nutzen können. Die Hohlgänge müssen hinten geschlossen sein, und die Nisthilfen müssen im Winter an ihrem vor der Witterung geschützten Standort im Freien belassen werden.

Gartenbesitzer können viel für Wildbienen – und für zahlreiche andere Tiere – tun, indem sie vorzugsweise einheimische Blumen und Sträucher pflanzen, eine Ecke im Garten sich selbst überlassen und auf übereifriges Jäten von Kiesplätzen und Bodenfugen verzichten. Blüten von Obst- und Beerensträuchern werden ebenfalls gerne besucht – Wildbienen leisten wichtige Dienste bei der Bestäubung von Wild- wie auch von Kulturpflanzen. Auch im öffentlichen Raum können Wildbienen nachhaltig gefördert werden, indem vielfältige Lebensräume erhalten oder neu geschaffen werden.

Folgende Fördermaßnahmen sind besonders wichtig:

- artenreiche Blumenwiesen in städtischen Grünflächen wie in Parks, auf Friedhöfen und in Gärten
- einheimische Blütengehölze
- unverfugte Plattenwege und Trockenmauern
- Toleranz gegenüber Wildpflanzen auf ungenutztem Land, an Wegrändern usw.
- kein Einsatz von Unkrautvertilgungsmitteln

Wildbienen kennenzulernen, verspricht spannende Beobachtungen und das Entdecken einer enormen Vielfalt von Lebensweisen.

Ameisen

Wie Bienen, Faltenwespen und weitere Familien gehören auch die Ameisen zu der Gruppe von Hautflüglern, die wir Stechimmen nennen. Diese verfügen über einen Wehrstachel, der allerdings bei vielen Ameisen reduziert ist. Von unseren vier einheimischen Unterfamilien können nur Stechameisen und Knotenameisen stechen, nicht aber Drüsenameisen und Schuppenameisen.
Ameisen bilden mehrjährige Kolonien (Staaten) mit drei sich ergänzenden Kasten im selben Nest: Königinnen, flügellose Arbeiterinnen und kurzlebige Männchen. Junge Königinnen und Männchen schwärmen zu gegebener Zeit bei vielen Arten massenhaft aus dem Nest und fliegen ab zum Hochzeitsflug. Nach diesem Schwarmereignis verliert eine junge, nun aber befruchtete Königin ihre Flügel und gründet im Normalfall selbstständig ein Nest (Kolonie). Die ersten Larven zieht sie bis zu deren Verpuppung noch selbst auf, überlässt dann aber den aus den Puppen schlüpfenden, sterilen Arbeiterinnen alle Arbeiten außer der Eiablage. Die Königinnen einiger Arten gründen ihre Nester nicht selbstständig, sondern sozialparasitisch auf Kosten artfremder Kolonien, deren Königin sie oft umbringen und deren Arbeiterinnen sie stets für sich arbeiten lassen, also versklaven. Bei manchen Arten können sich zudem von einem Mutternest Tochterkolonien abspalten, wie bei der Honigbiene. Dieser Weg führt oft zu einer Superkolonie miteinander vernetzter, kooperierender Nester. Im Übrigen kann ein Nest nur eine (Eier legende) Königin enthalten oder mehrere.
Die meisten Ameisen leben räuberisch von allerlei Gliederfüßern und sammeln gleichzeitig den Honigtau von Pflanzenläusen, die sie hegen wie Milchkühe. Pflanzensamen werden meist nur eingetragen, wenn sie mit einem fetthaltigen Anhängsel (Elaiosom) versehen sind, wie etwa bei Veilchen *(Viola)*. Die Ameisen fressen nur die Elaiosomen, während die eigentlichen Samen keimen können. Arbeiterinnen fast aller Ameisen sind fähig, Nestgenossinnen herbeizuholen, wenn sie eine ergiebige Nahrungsquelle gefunden haben. Meistens legen sie dazu eine Duftspur von Nahrungsquelle zu Nest. Folgen der Duftspur zahlreiche Ameisen, spricht man von einer Ameisenstraße.
Von den 136 Ameisenarten, die in der Schweiz (Mitteleuropa: 172) nachgewiesen sind, dürften rund fünfzig auch in der Stadt Zürich vorkommen. Einige sind selten, andere (sehr) häufig, insgesamt aber ist praktisch das ganze Stadtgebiet von Ameisen besiedelt.

Vierpunktameise

Dolichoderus quadripunctatus

Nistet in stehendem Totholz oder unter Borke, manchmal auch in Holzpfählen. Nest mit weniger als 300 Arbeiterinnen und nur einer Königin. Bildet manchmal bis zu 10 m entfernte, königinnenlose Außenposten. Das Leben der Arbeiterinnen spielt sich v. a. auf Bäumen ab. Dort jagen sie hauptsächlich kleine Gliederfüßer, besuchen Blüten und sammeln auch verstreute Honigtautropfen. Es werden aber keine Pflanzenläuse gehegt. Schwarmzeit Juli–September. Junge Königin gründet Kolonie selbstständig, also weder sozialparasitisch noch mithilfe von Arbeiterinnen aus dem Mutternest. In Zürich höchstens mit Zweifarbiger Wegameise *(Lasius emarginatus)* oder Stöpselkopfameise *(Camponotus truncatus)* zu verwechseln. Am leichtesten zu finden an Nussbäumen *(Juglans regia)*.

Arbeiterin 3–4 mm, Königin 4–5 mm, Männchen 4,5–4,8 mm.

März–Oktober

Kopf und Hinterleib schwarz, Brustteil braunrot, 4 weißliche Punkte an der Hinterleibsbasis.

Laub- und Mischwälder, auch Feldgehölze und Einzelbäume. Sogar auf Zaunpfählen u. a. Nutzholz, aber nirgends schädlich. Meidet Nadelbäume.

Zürich: Häufig in allen Stadtwäldern, auch auf manchen Bäumen der Innenstadt.

Schwarze Nomadenameise

Tapinoma erraticum

Nistet am Boden, wechselt Neststandort aber mehrmals im Jahr. Nest enthält bis zu 10 000 Arbeiterinnen und 20 Königinnen. Winternester häufig mit Erdhügel. Ernährung vielseitig, mit Schwergewicht auf erbeuteten Gliederfüßern. Kann sich dank Wehrdrüsensekreten oft gegen andere Ameisenarten durchsetzen. Schwarmzeit Juni–Juli. Paarung am Boden. Junge Königinnen fliegen offenbar selten, wodurch die Fähigkeit der Art, neue Lebensraumflächen zu erschließen, eingeschränkt wäre. Koloniegründung wohl häufig durch Tochternestbildung. Ohne starke Lupe nicht zu unterscheiden von Breitkerbiger Nomadenameise *(Tapinoma ambiguum)*. Erinnert ferner an dunkel gefärbte Wegameise *(Lasius)*, jedoch ohne Reusenkranz-Behaarung an Hinterleibsspitze.

Arbeiterin 2,5–4 mm, Königin 4–6 mm, Männchen 3,4–5 mm.

März–Oktober

Schwärzlich, sich hektisch bewegend. Hält Hinterleib oft aufrecht. Schuppe zwischen Brust und Hinterleib kaum sichtbar, wie bei *Dolichoderus*.

Sonnige, extensiv genutzte Wiesen und Weiden, sehr lichte Wälder, Rebberge, auch Ruderalfluren.

Zürich: Bis jetzt bekannt aus Fallätsche und vom Burghölzlihügel. Alte Meldung aus dem Kasernenareal.

Arbeiterin 3,2–7,5 mm, Königin und Männchen 6,5–11 mm.

März–Oktober

Grauschwärzlich, silbrig schimmernd, langbeinig und großäugig.

Ursprünglich vegetationsarme Kies- und Sandbänke. Nun auch Ruderalfluren von Kiesgruben, Industriebrachen und Bahnanlagen. Sogar auf versiegelten Böden.

Zürich: Auffällig und häufig in allen Stadtkreisen. Leicht zu bemerken auf Gehsteigen, öffentlichen Plätzen, Schulhöfen usw.

Urbane Uferameise

Formica fuscocinerea

Nest im Boden, mit höchstens wenigen 1000 Arbeiterinnen, aber stets mehreren Königinnen. Die schnellen Arbeiterinnen entfernen sich auf der Suche nach Gliederfüßern und Aas oft mehr als 100 m vom Nesteingang und besteigen bei der Hege von Pflanzenläusen auch Bäume. In Ruderalfluren mit Hornklee *(Lotus corniculatus)* werden auch Larven des Idas-Bläulings *(Lycaeides idas)* betreut. Schwarmzeit Juni–September. Koloniegründung selbstständig. Bildet in Kiesgruben oft Superkolonien. Wird kaum je versklavt.

Areal weltweit auf den Alpenraum (unterhalb 1200 m ü. M.) und seine Ausläufer beschränkt. Ähnliche Arten: Wald-Hilfsameise *(Formica fusca)*, Wiesen-Hilfsameise *(Formica cunicularia)*, ferner die allerdings kleinere Schwarze Wegameise *(Lasius niger)*.

Arbeiterin 3,2–7,5 mm, Königin und Männchen 6,5–11 mm.

März–Oktober

Wie Urbane Uferameise, aber nicht einfarbig, sondern rötlich gemustert, wenn auch mitunter nur eng begrenzt. Zwischen Brust und Hinterleib ein Stielchenglied, wie immer bei *Formica* und *Lasius*.

Wiesen und Weiden, auch in Parks und Gärten.

Zürich: Weit verbreitet in Parkanlagen und Wiesen. Nachweise aus einzelnen Hausgärten.

Wiesen-Hilfsameise

Formica cunicularia

Nest im Boden, mit höchstens 2000 Arbeiterinnen und 1–10 Königinnen. Arbeiterinnen sind schnell, finden neue Nahrungsquellen häufig als erste, müssen sie dann aber oft volksreicheren Arten (Wegameisen, Wiesen-Waldameise) überlassen. Arbeiterinnen erbeuten allerlei Wirbellose und hegen Pflanzenläuse, auch auf Bäumen. Schwarmzeit Juni–Juli. Koloniegründung selbstständig. Keine Superkolonien. Die Art kann von temporären (Wiesen-Waldameise) oder permanenten (Blutrote Raubameise) Sozialparasiten versklavt werden.

Ähnliche Arten: Borstige Hilfsameise *(Formica rufibarbis)*, Wald-Hilfsameise *(Formica fusca)*, Moor-Hilfsameise *(Formica picea)*. Auch Schwarze Wegameise (*Lasius niger*), wobei diese kleiner und langsamer.

Rote Waldameisen

Formica polyctena und Formica rufa

Die beiden Arten kreuzen sich oft, bilden fruchtbare Mischlinge. Nest mit Materialhügel (Nadeln usw.) über Baumstrunk; bei *F. rufa* (Foto) 1–10 Königinnen, bis zu 100 000 Arbeiterinnen, bei *F. polyctena* 100(0)e Königinnen, bis zu 1 Mio. Arbeiterinnen. Schwarmzeit April–Juni. Nestgründung nie selbstständig, sondern nur Tochternestbildung oder sozialparasitisch auf Kosten der Wald-Hilfsameise *(Formica fusca)*. Bei *F. polyctena* oft Superkolonien, bei *F. rufa* kaum. Waldameisen erbeuten Wirbellose und sammeln Honigtau von Pflanzenläusen auf Bäumen. Ähnlich: Wiesen-Waldameise *(Formica pratensis)*, Blutrote Raubameise *(F. sanguinea)*. Schutzempfehlungen: Günstig exponierte Waldpartien lichten. Zugunsten von Spechten keine Schutzgitter für Nesthügel anbringen.

Arbeiterin 4–9 mm, Königin und Männchen 9–12 mm.

März–Oktober

2-farbig schwarz (Kopf) – rot (Brustteil) – schwarz (Hinterleib). Augen kleiner als bei Hilfs- und Uferameisen. Kein Stachel, nur Ameisensäure.

Lichte Wälder, *F. polyctena* mehr im Innern, häufiger bei Fichten, *F. rufa* mehr an Rändern und auf Lichtungen.

Zürich: Zerstreut und selten in den Gebieten Üetliberg, Adlisberg, Hönggerberg und Katzensee.

potenziell gefährdet

Blutrote Raubameise

Formica sanguinea

Nester im Boden, mit jeweils weniger als 10 000 Arbeiterinnen und wenigen Königinnen. Arbeiterinnen jagen Wirbellose, hegen Pflanzenläuse und überfallen Nester von Hilfsameisen (*Formica fusca, F. cunicularia* usw.). Dabei rauben sie Puppen, aus denen im Raubameisen-Nest Arbeiterinnen schlüpfen, die als Sklaven zu arbeiten beginnen. Schwarmzeit Juni–Juli. Koloniegründung sozialparasitisch; begattete junge Königinnen kehren oft zum Mutternest zurück, schließen sich einem Sklavenraubzug an, töten dabei die Königin des überfallenen Nests und übernehmen dieses samt übrig gebliebener Arbeiterinnenschaft. Kontakte zum Mutternest bleiben jeweils bestehen und so bildet sich allmählich ein Netzwerk kooperierender Kolonien, eine Superkolonie.

Arbeiterin 4–9 mm, Königin und Männchen 9–11 mm.

März–Oktober

Ähnlich wie Rote Waldameise, aber eine Spur kleiner und Kopf röter.

Lichte Wälder, offenes und halboffenes Brachland, extensive Kulturlandschaft und Moore. Meidet nur ausgeräumte Kulturlandschaft, dichte Wälder und Siedlungen.

Zürich: Bislang nur aus Fallätsche bekannt. Dort dient die Wald-Hilfsameise (*Formica fusca*, auch auf Foto) als Sklavenart.

gefährdet

Zweifarbige Wegameise

Lasius emarginatus

Nistet zwischen Felsen, in Mauerritzen und morschem Totholz. Befällt jedoch keine frischen Balken. Nest ähnlich wie bei Glänzendschwarzer Holzameise *(Lasius fuliginosus)* mit Pilzkarton verstärkt, oft mit über 10 000 Arbeiterinnen, aber nur einer Königin. Schwarmzeit Juli–August. Nestgründung selbstständig. Keine Superkolonien. Arbeiterinnen jagen in einem Nestradius von bis zu 40 m nach Gliederfüßern, suchen Aas und melken auf Bäumen und Spalierpflanzen Honigtau von Pflanzenläusen. Manchmal dringen sie dabei durch offene Fenster oder andere Spalten auch in Küchen vor.
Ähnliche Art: Braune Wegameise *(Lasius brunneus)*, die auch in frischen Balken zu nisten vermag.

Arbeiterin 2–5 mm, Königin 6,6–10 mm, Männchen 3–5 mm.

März–Oktober

Auffällig schwärzlich (Kopf) – rot (Brustteil) – schwärzlich (Hinterleib), sonst ähnlich wie Schwarze Wegameise.

Ursprünglich Felsfluhen, lichte Wälder, nun zunehmend in Siedlungen.

Zürich: Ziemlich häufig und sich ausbreitend in wohl allen Stadtkreisen. Südexponierte Mauern, Hauswände, sonnige Waldränder und Einzelbäume.

Gelbe Wiesenameise

Lasius flavus

Nest oft mit grasdurchwachsenem Erdhügel, bis zu 100 000 Arbeiterinnen, aber nur 1–10 Königinnen. Zeitweise Superkolonien, die aber meist bald zu autonomen Einzelnestern zerfallen. Arbeiterinnen kommen selten an Oberfläche, hegen v. a. unterirdische, Honigtau liefernde Wurzelläuse. Diese werden bei Eiweißbedarf gefressen und als Eier überwintert. Schwarmzeit Juli–September. Nestgründung vorwiegend selbstständig durch Grüppchen anfänglich kooperierender, später sich zerstreitender junger Königinnen. Nester können durch die Winterameise *(Lasius mixtus)* versklavt werden.
Ähnliche Arten: *Lasius myops*, auch Schattenameisen (*Lasius umbratus*, *L. sabularum* usw.), deren unterirdisch lebende Arbeiterinnen man aber kaum zu Gesicht bekommt.

Arbeiterin 1,7–4 mm, Königin 7–9,2 mm, Männchen 3–4 mm.

März–Oktober

Einfarbig honiggelb. Augen viel kleiner als bei dunklen Wegameisen.

Wiesen und Weiden, auch grasige Gärten und sehr lichte Wälder (z. B. Föhrenwälder). Meidet zu stark gedüngte, zu oft gemähte und extrem trittbelastete Flächen.

Zürich: Trittgeschützte Randbereiche von landwirtschaftlich genutzten Wiesen. Auch Waldlichtungen. In Parks und Gärten selten geworden.

Glänzendschwarze Holzameise

Lasius fuliginosus

Nest meist in Baumstammbasis oder Wurzelwerk, mit über 100 000 Arbeiterinnen und mehreren Königinnen. Kartonartiger Nestbausubstanz wird soviel Honigtau beigemischt, dass tragende Neststrukturen von Schlauchpilzen (Ascomycota) durchwachsen und stabilisiert werden. Superkolonien häufig. Arbeiterinnen unterhalten Wegnetz zu Pflanzenlauskolonien (z. B. *Stomaphis quercus*) an Wurzeln und Rinde. Daneben jagen und sammeln sie wie andere Ameisen auch. Schwarmzeit Juni–August. Nestgründung nie selbstständig. Entweder Tochternestbildung oder sozialparasitisch auf Kosten von Schattenameisen (u. a. *Lasius umbratus* und *L. sabularum*), die ihrerseits schon sozialparasitisch gründeten, auf Kosten etwa der Schwarzen Wegameise *(Lasius niger)*.

Arbeiterin 4–6 mm, Königin 5–6,8 mm, Männchen 4–5 mm.

März–Oktober

Glänzend schwarz. Nur Extremitäten aufgehellt. Kein Stachel, aber Ameisensäure sowie weitere, nach Citronell riechende Drüsenwehrsekrete.

Wälder und Feldgehölze, auch Einzelbäume. Selten auch im Gebälk älterer Gebäude.

Zürich: In allen Wäldern zu erwarten. Verstreut und eher selten auch in kleineren Gehölzen des Siedlungsbereichs.

Schwarze Wegameise

Lasius niger

Nest im Boden, manchmal mit Erdhügel; mit bis zu 50 000 Arbeiterinnen, aber nur einer Königin. Arbeiterinnen suchen nach Gliederfüßern, Aas und v. a. Honigtau. Die entsprechenden Blattlauskolonien können mit Erde ebenso überdacht werden wie die zuführenden Wege, sodass meterlange Galerien entstehen wie bei Termiten. Schwarmzeit Juli–August. Koloniegründung selbstständig. Keine Superkolonien. Die Art kann von Schattenameisen (*Lasius sabularum* und *L. umbratus*) versklavt werden.

Ähnliche Arten: *Lasius platythorax*, ferner auch schwächer behaarte Wegameisen (z. B. *Lasius paralienus*) sowie die allerdings größeren, langbeinigeren und großäugigeren Ufer- und Hilfsameisen.

Arbeiterin 2–5 mm, Königin 7–10 mm, Männchen 3,5–5 mm.

März–Oktober

Dunkelbraun, nur Brustteil mitunter eine Spur heller.

Sehr anpassungsfähig. Als Kulturfolgerin auch in intensiv genutzten Äckern, Wiesen, Weiden, Gärten und sogar Balkonrabatten. Meidet Wälder und Feuchtgebiete zugunsten von *Lasius platythorax*.

Zürich: Sehr häufig in allen Stadtkreisen. Selbst in Vorgärten, Baumscheiben und großen Blumentöpfen.

Arbeiterin 2–2,5 mm, Königin 3,5–5 mm, Männchen 3 mm.

In Gebäuden ganzjährig.

Matt honiggelb, nur Hinterleib glänzender und hinten dunkler. Keulenförmige Fühlerspitze 3-gliedrig. Stachel harmlos.

Wohnblöcke, Einkaufszentren, Hotels.

Zürich: Zerstreut in einzelnen Wohnblöcken sämtlicher 12 Stadtkreise, dank der Beratungsstelle Schädlingsbekämpfung der Stadt Zürich aber unter Kontrolle.

Pharaoameise

Monomorium pharaonis

Bereits im 19. Jh. aus Indien eingeschleppt. Kann bei uns nur in frostsicheren Gebäuden überdauern. Nistet an schwer zugänglichen Stellen wie Steckdosen oder Leitungsschächten, hierzulande aber noch nirgends in Spitälern, Bäckereien oder Waschsalons. Volkreiche Kolonien und Superkolonien mit Tausenden von Königinnen. Die winzigen Arbeiterinnen suchen nach Küchenabfällen, Vorräten, auch Aas. Giftköder können Königinnen nicht direkt erreichen, da diese sich indirekt von Sekreten ihrer Larven ernähren. Schwarmzeit Juni–Oktober, aber normalerweise keine Hochzeitsflüge. Begattungen am Boden oder an Wänden.
Ähnliche Arten: Braunrote Blütenameise (*Monomorium floricola*, in tropischen Pflanzen wie *Tillandsia*), Diebsameise (nicht in Gebäuden).

Arbeiterin 4–6 mm, Königin 6,5–7,5 mm, Männchen 4–5 mm.

März–Oktober

Bräunlich rot. Bewegungen bedächtig. Stachel sticht spürbar. Gift harmlos, außer bei Allergikern.

Frische bis feuchte Lebensräume, Wiesen, Ackerland, Saumbiotope, Moore, Waldränder, Gärten und Stadtparks.

Zürich: Häufigste rote Ameise. In allen Parks, Friedhöfen und nicht zu kleinen Gärten sämtlicher Stadtkreise. Auch an Waldrändern und auf Wiesen. Nester oft unter flachen Steinen.

Rote Gartenameise

Myrmica rubra

Nest an unterschiedlichen Orten (Boden, Pflanzenpolster, morsches Holz), im hohen Gras manchmal mit Erdhügel, enthält über 1000 Arbeiterinnen und mehr als 10 Königinnen. Mancherorts Superkolonien. Arbeiterinnen tragen Gliederfüßer, Aas und Honigtau ein, auch von Wurzelläusen. Schwarmzeit August–September. In gewissen Populationen treten neben normalen Königinnen auch kleine (sog. Mikrogynen) auf, die zwar geflügelt, sonst aber kaum größer als Arbeiterinnen sind. Heute betrachtet man sie als innerartliche Sozialparasiten, aus denen sich über kurz oder lang eine eigene Art entwickeln dürfte.
Ähnliche Arten: Wald-Knotenameise *(Myrmica ruginodis)* und weitere Knotenameisen (*Myrmica rugulosa*, *M. sabuleti*, *M. scabrinodis* usw.).

Diebsameise

Solenopsis fugax

Nest im Boden, normalerweise mit mehr als 100 000 Arbeiterinnen und mehreren Königinnen. Superkolonien möglich. Arbeiterinnen weitgehend unterirdisch, jagen Bodentierchen und hegen Wurzelläuse. Oft treiben sie auch schmale Gänge in artfremde Ameisennester, um deren Brut zu stehlen. Verfolger sind zu groß, um abziehende Diebe in deren Gängen verfolgen zu können. Schwarmzeit August–Oktober. Koloniegründung selbstständig oder durch Tochternestbildung. Keine Sklavenhaltung, da die erbeutete Fremdbrut gefressen wird.
Ähnliche Arten: Pharaoameise (ist jedoch langbeiniger und lebt stets in Häusern), Schmalbrustameisen (*Leptothorax*, *Temnothorax* – die in Zürich vertretenen Arten aber mit größeren Augen und einem Dornenpaar hinten am Brustteil).

Arbeiterin 1,4–2,5 mm, Königin 5–7 mm, Männchen 4–5 mm.

März–Oktober

Arbeiterinnen honiggelb, am Kopf etwas dunkler. Augen sehr klein. Keulenförmige Fühlerspitze 2-gliedrig. Stachel kaum spürbar.

Sonnige Ruderalfluren, Wiesen, Weiden und Gärten. Meidet grobkörnige Böden (z. B. Kies).

Zürich: Weit verbreitet auch in sonnigen Hausgärten der Siedlungszone. Am ehesten unter flachen, gut besonnten Steinplatten zu finden.

Nussameise

Temnothorax nylanderi

Nistet nahe oder auf Bodenoberfläche in Totholz, Borke, Eichengallen oder hohlen Nüssen (Eichel, Haselnuss, Walnuss). Nest meist mit weniger als 100 Arbeiterinnen und nur einer Königin. Keine echten Superkolonien, denn Mutternest kooperiert höchstens mit einigen königinnenlosen Außenposten. Arbeiterinnen jagen nach Kleingetier in Streuschicht und Rindenklüften, hegen aber keine Pflanzenläuse, erbeuten sie höchstens. Schwarmzeit Juli–September. Koloniegründung selbstständig.
Auf Bäumen v. a. mit *Temnothorax affinis* und allenfalls *T. corticalis* zu verwechseln, am Boden oder auf liegendem Totholz mit einer Reihe weiterer Schmalbrustameisen (*T. unifasciatus*, *Leptothorax acervorum*). Am ehesten im unteren Stammbereich von Eichen zu entdecken.

Arbeiterin 2–3 mm, Königin 3,5–5 mm, Männchen 2,5–3 mm.

März–Oktober

Arbeiterinnen ungleichmäßig braun, Hinterleib teilweise schwärzlich. Zwischen Brust und Hinterleib 2 Stielchenglieder, wie auch bei *Myrmica*, *Solenopsis* und *Monomorium*.

Ursprünglich Waldränder und eher trockene, lichte Laub- und Mischwälder. Heute auch in Park und Garten.

Zürich: Häufigste Schmalbrustameise an Waldrändern und in Hausgärten.

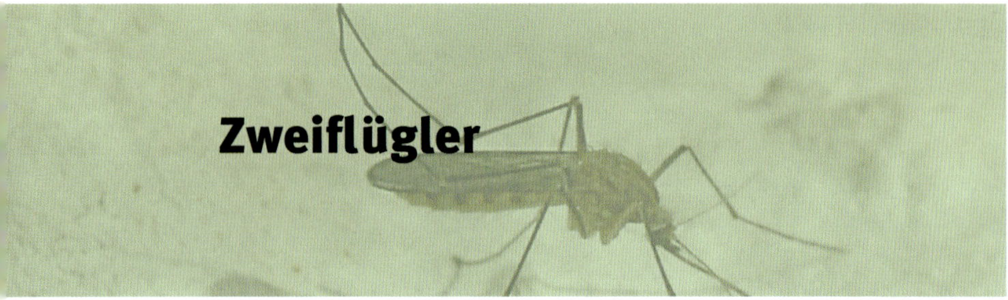

Zweiflügler

Im Gegensatz zu anderen geflügelten Insekten besitzen die Zweiflügler (Diptera) nur ein Flügelpaar. Die Hinterflügel sind zu winzigen, gestielten Schwingkölbchen umgeformt, die den Flug stabilisieren. Die Zweiflügler werden in zwei Gruppen eingeteilt: Fliegen – mit gedrungenem Körper, häufig mit Borsten, und kurzen Fühlern – und Mücken – feine, langbeinige Tiere mit längeren Antennen, die oft mit Hörorganen versehen sind.

Viele Arten verfügen über große Facettenaugen, die eine ausgezeichnete zeitliche Auflösung der Bewegungen ($^{1}/_{200}$ Sek.) erlauben. Die räumliche Auflösung dagegen ist eher schlecht und unscharf, so werden Spinnennetze im Flug übersehen. Die Mundwerkzeuge der Zweiflügler sind je nach Art zum Saugen, Lecken oder Stechen geeignet.

Fliegen und Mücken machen eine vollständige Entwicklung mit den Stadien Ei, Larve, Puppe und Vollinsekt durch. Viele Larven (Maden) sind beinlos.

Die Zweiflügler bilden eine der größten Artengruppen der heimischen Fauna. In der Schweiz sind gegenwärtig fast 7000 Arten bekannt. Dass unsere Kenntnisse lückenhaft sind, zeigt die Arbeit einer Wissenschaftlerin der Eidg. Forschungsanstalt für Wald, Schnee und Landschaft (WSL), die im Sihlwald vor den Toren Zürichs 1998 bei einer Untersuchung der Insekten in Totholz zwanzig neue, bisher noch nicht beschriebene Fliegen- und Mückenarten entdeckte.

Zweiflügler spielen in Ökosystemen eine wichtige Rolle bei der Zersetzung toter organischer Substanzen, ebenso als Nahrung für zahlreiche Wasser- und Landtiere sowie bei der Bestäubung. Sie treten in sämtlichen Biotopen auf, in Gewässern, Wäldern und auf Wiesen ebenso wie in Innenräumen. Viele Arten sind sehr mobil, gewisse Schwebfliegenarten wandern wie Zugvögel über große Distanzen. Zahlreiche Zweiflügler sind Kulturfolger und vermutlich schon in urgeschichtlicher Zeit nach Mitteleuropa gelangt. Fliegen beschäftigen die Menschheit seit biblischen Zeiten, wo der orientalische Gott Beelzebub als «Herr der Fliegen» mit dem Teufel gleichgesetzt wurde, bis zu Hugo Loetscher, der in seinem Erzählband «Die Fliege und die Suppe» (1989) vom Ende einer Stubenfliege in einem Teller Beutelsuppe berichtet. Mit der Trockenlegung von Sumpfgebieten und dem Bau der Kanalisation gingen seit dem 19. Jh. viele Mücken und Fliegen stark zurück. Während früher Mistbienen, Stuben-, Schmeiß-, Fleisch- und Abortfliegen auch in städtischen Häusern massenweise vorkamen, so treten Fliegen und Mücken im Stadtgebiet heute nur noch vereinzelt auf.

Riesenschnake

Tipula maxima

Larven der Riesenschnake wurmförmig, bis 5 cm, entwickeln sich unter vermoderndem Falllaub im flachen Uferbereich kleiner Fließgewässer. Neben der Riesenschnake weitere, schwer unterscheidbare Schnakenarten. Schnaken gelangen gelegentlich in Wohnungen; besitzen jedoch keine stechenden Mundwerkzeuge. Beine brechen leicht an vorbestimmten Bruchstellen ab, was Flucht ermöglichen kann. Eier werden in feuchte Erde abgelegt, Larven ernähren sich von Falllaub und Pflanzenwurzeln. Meist einjährige Entwicklung. Einige Arten können in Wiesen und Gemüsefeldern in großer Dichte auftreten und Schäden anrichten. Schnakenlarven sind wichtige Beutetiere für zahlreiche räuberische Insekten, verschiedene Vögel und Insektenfresser wie Spitzmäuse und Maulwürfe.

Flügelspannweite 55–65 mm, Spannweite der Füße bis zu 12 cm.

Mai–September

Größter einheimischer Zweiflügler, am Flügelvorderrand mit 3 scharf begrenzten Flecken.

An Waldbächen.

Zürich: Waldgebiete am Stadtrand.

Abortfliege

Psychoda sp. und weitere Arten

Abortfliegen, die auf Wänden umherlaufen und nur kurze, sprungartige Flüge vollführen, erinnern an winzige Motten. Flügel behaart und beschuppt, Antennen schwarz-weiß geringelt. Eiablage an die Oberfläche des Bakterienbelags von Siphons, Abläufen oder Toiletten, wo die Larven von organischem Material leben. Früher häufig, durch Putzmittel stark zurückgedrängt.

Abortfliegen zählen zur Familie der Schmetterlingsmücken. Zahlreiche verwandte Arten in Kläranlagen, Ställen, Drainageröhren und unter Brücken. Auch an der Bestäubung des Aronstabs sind Schmetterlingsmücken beteiligt, die durch Harngeruch der «Blüte» angelockt und in der Fliegenkesselfalle an Stempel und Staubblättern vorbeigeführt werden, bevor sie wieder entlassen werden.

1–5 mm

Ganzjährig

Dicht behaarte, kleine Mücke, Grundfarbe graubraun, mit abstehenden Flügeln.

Toiletten, Keller.

Zürich: Zerstreut im ganzen Stadtgebiet.

5–7 mm

Frühjahr–Herbst, v. a. im Hoch- und Spätsommer.

Gelblich braun beschuppte Stechmücke, Weibchen nachtaktive Blutsauger.

Häufig auch in Wohnungen.

Zürich: Ganzes Stadtgebiet.

Gemeine Stechmücke

Culex pipiens

Larven in Kleinstgewässern (Regentonnen, Gartenteiche), ernähren sich als Filtrierer. Hängen oft mit Atemröhre (am Hinterleib) schräg unter Wasseroberfläche, ständig in Bewegung, bei Störungen schlängeln sie zum Gewässergrund. Puppe bleibt beweglich, hängt meist unter Oberfläche. Mücken oft weit vom Entwicklungsort der Larven entfernt. Männchen saugen Nektar, Weibchen Blut von Warmblütern, Reptilien und Amphibien. Männchen tanzen in Schwärmen, in die die Weibchen hineinfliegen. Flügelschlagfrequenz des Weibchens tiefer (300 Hz) als Flugton des Männchens (500 Hz). Weitere Stechmücken: Wald- und Wiesenmücken der Gattung *Aedes*, etwas seltener Fiebermücke *Anopheles*, bis ins 19. Jh. auch in der Zürichseeregion Überträgerin von Malariaerregern.

7–8 mm

Mehrere Generationen im Sommerhalbjahr

Gelblich weiße, fein behaarte Mücke, Kopf unter buckligem Thorax versteckt, hält Vorderbeine unter ruckartigen Bewegungen in die Luft (Name).

Larve in langsam fließenden Bächen in offenem Wiesengelände, Mücken in der Nähe, auch an beleuchteten Fensterscheiben.

Zürich: Zahlreiche Zuckmückenarten in allen Gewässern.

Ufer-Zuckmücke

Chironomus riparius

Eine von vielen Zuckmückenarten, die fließende und stehende Gewässer jeder Größe besiedeln. Larven («rote Würmer») im Schlamm, je nach Art 1–20 mm lang, oft in selbst gebauten Gespinströhren. Ernähren sich von Planktonalgen, organischen Abfallstoffen oder frischem Pflanzengewebe. Auch parasitisch, u. a. in Schwämmen oder Moostierchenkolonien. Am Grund von Seen stellenweise mehrere 1000/m², oft über die Hälfte der gesamten tierischen Biomasse, wichtige Fischnahrung. Puppe steigt zur Wasseroberfläche, wo die Mücke schlüpft. Ausgewachsene Mücken nehmen keine Nahrung zu sich. Männliche Zuckmücken tanzen in Gewässernähe in riesigen Schwärmen, in die die Weibchen hineinfliegen. Paarung sitzend oder im Flug. Eiablage noch am gleichen Abend.

Märzmücke

Bibio marci

Märzmücken oder Märzfliegen zählen zu den Haarmücken, die plumper gebaut sind als andere Mücken und feine Behaarung tragen. Bei den Männchen sind auch die großen Augen, die fast den ganzen Kopf einnehmen, behaart. Weibchen mit kleineren Augen. Mücken nehmen Pflanzensäfte und Honigtau (von Blattläusen) zu sich. Balzflug: Männchen schweben in der Abendsonne vor Büschen langsam auf und ab. «marci» im wissenschaftlichen Namen bezieht sich auf St. Markus, da diese Mücken um den Markustag (25.4.) gehäuft auftreten. Maden gelblich braun, leben im Kompost oder im obersten Zentimeter der Bodenschicht von verrottenden Substanzen, können bei großer Dichte auch Pflanzenwurzeln befallen und schädlich werden.

8–10 mm

März–Juni

Schwarz, mit schwarzer Behaarung, fliegenartig.

Gärten und Parks, Waldränder.

Zürich: Weit verbreitet.

Gelbbauch-Trauermücke

Sciara analis

Im Hochsommer oft zahlreich auf Doldenblüten. Ausgewachsene Trauermücken leben nur wenige Tage. Larven fressen Laub, organisches Material und Pflanzenwurzeln. Mehrere Generationen pro Jahr.
Ähnliche, schwierig zu unterscheidende Arten. Einige der nach der schwarzen Färbung so genannten, meist sehr kleinen Trauermücken entwickeln sich selbst in Wohnungen in Blumentöpfen und Hydrokulturen. Auch Pilze können von Trauermückenlarven befallen werden. In den Wäldern zählen Trauermückenlarven zu den wichtigsten Laubzersetzern und können dort innerhalb der Zweiflügler zahlenmäßig die dominierende Gruppe darstellen.

4–5 mm

Mai–August

Flügel und Körper schwarz, Bauch gelb.

Feuchte, warme und schattige Lebensräume innerhalb und außerhalb der Stadt, Gewächshäuser.

Zürich: Weit verbreitet.

Buchengallmücke

Mikiola fagi

Mücke 4–5 mm, Gallen bis 12 mm lang.

Mücken Ende März–Anfang April, Gallen bis in den Herbst.

Längliche, zugespitzte Gallen auf Blattnerven von Buchen.

Gallen auf Buchenblättern in Wäldern und gelegentlich auch in Grünanlagen.

Zürich: Regelmäßig in Wäldern, auch in Parks.

Schon bald nach dem Schlüpfen paaren sich die Gallmücken, die nur selten zu sehen sind, und die Weibchen legen 200–300 Eier auf Blattknospen und Triebspitzen der Buche. Um die geschlüpften Larven bildet sich ein Wall, der zu einer geschlossenen Galle zusammenwächst. Die etwa 3–4 mm lange Larve ernährt sich vom pflanzlichen Gewebe der rötlichen Galle. Im Herbst lösen sich die Gallen von den Blättern, Überwinterung der Larve in der geschlossenen Galle in der Laubstreu. Verpuppung in März. Die Gallen der etwas selteneren Buchenblattgallmücke *(Hartigiola annulipes)* sind kugelig und behaart. Auch Vertreter anderer Artengruppen können auf verschiedenen Pflanzen Gallbildung hervorrufen (Gallwespen, -läuse, -milben).

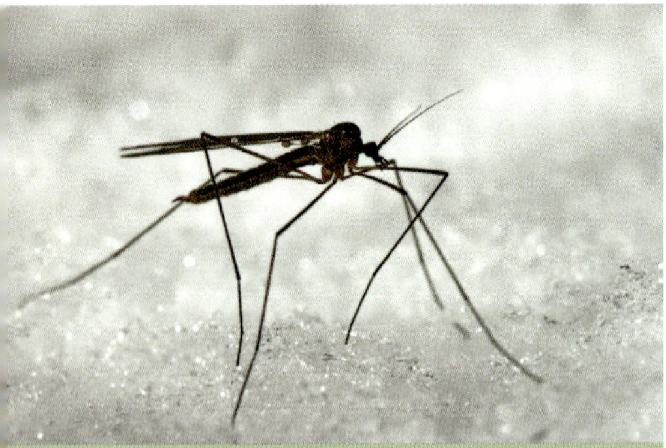

Wintermücke

Trichocera hiemalis

Körper bis 4,5 mm, Flügel bis über 6 mm lang.

Mücken v. a. im Herbst und im Frühjahr, auch im Winter.

Mittelgroße, langbeinige Mücken, in kalter Jahreszeit in Tanzschwärmen.

Wälder, Gärten und Parkanlagen, Keller.

Zürich: In allen Stadtteilen.

Im Herbst und im Frühling, aber auch an milden, sonnigen Wintertagen bilden die männlichen Wintermücken auffällige Tanzschwärme. Wintermücken stechen nicht, sind als Blütenbesucher etwa auf Weidenkätzchen zu finden. Die Familie der Wintermücken zählt zu den wetterhärtesten Insektengruppen. Glycerinähnliche Frostschutzmittel erlauben Aktivität auch bei Temperaturen von wenig über 0 °C, daher verbreitet bis ins Hochgebirge auf 3000 m Höhe und im Norden bis nach Nordgrönland und Spitzbergen. Die gelblich weißen Larven entwickeln sich in verrotteten Pflanzenteilen, faulenden Kartoffen oder alten Pilzen.

Regenbremse

Haematopota pluvialis

Bremsen («Brämen») sind meist große Fliegen mit abgeplattetem Hinterleib. Sie fliegen schnell, fast geräuschlos und landen weich. Nur die Weibchen stechen und saugen Blut. Dabei wird ein gerinnungshemmendes Sekret in die Wunde gespritzt. Bremsen lassen sich, wenn bemerkt, im Gegensatz zu Stechmücken ohne Fluchtversuch erschlagen. Stiche schmerzhaft. Regenbremse befällt Mensch und Vieh. Besonders bei schwülem Wetter aktiv, auch bei feinem Regen oder vor Niederschlag, daher Name Regenbremse (auch Gewitterbremse). Männchen Blütenbesucher. Larven leben im feuchten Boden, überwintern und verpuppen sich im Frühjahr. Rinder- und Pferdebremsen (*Tabanus*-Arten) können wesentlich größer werden.

8–12 mm

Juni–August

Augen mit regenbogenfarbenen Zackenbinden, Flügel grau marmoriert, Hinterleib gemustert.

Feuchtes, offenes, parkartiges Gelände, auch an Waldrändern.

Zürich: Besonders in Stadtrandgebieten.

Hummelschweber

Bombylius major

Woll- oder Hummelschweber können wie Schwebfliegen in der Luft stehen bleiben. Haarpelz gelblich, hinter den Augen dunkel, ältere Tiere teils kahl. Blütenbesucher (Weiden, Taubnesseln), saugen Nektar. Weibchen streuen ihre Eier fliegend um Eingänge von Wildbienennestern. Larven ernähren sich zunächst von Futtervorräten im Bienennest, dann von den Bienenlarven. Verbreitet von Nordafrika bis Lappland. Auch in Zürich weitere braun und schwarz gefärbte Arten aus der Familie der Schweber.

Körperlänge ca. 1 cm, Rüssel bis 7,5 mm.

April–Mitte Mai

Hummelartig dicht behaart, langer, nach vorne gestreckter Saugrüssel, Flügelvorderkante mit durchgehender, gezackter, scharf begrenzter Zeichnung.

Waldränder, Lichtungen und Gärten.

Zürich: In allen gut durchgrünten Stadtteilen.

Buckelfliege

Phoridae (Familie)

Artenreiche Familie. Larven entwickeln sich an verwesendem organischem Material, an Abfall, Kompost, Pilzen, Aas oder wie Schmetterlingsmücken (s. Abortfliege) an Bakterienbelägen in Abläufen. Gewisse Arten leben auch an menschlichen Leichen (Sargfliegen). Entwicklung wie bei den meisten Insekten temperaturabhängig, daher treten Buckelfliegen in der warmen Jahreszeit oft massenhaft auf. Stechen nicht, können aber durch Keimübertragung gefährlich sein und sollten deshalb in Lebensmittelbetrieben bekämpft werden. Da sie bei Störung oft mit ruckartigen Bewegungen herumrennen, werden Buckelfliegen auch Rennfliegen genannt.

0,5–6 mm, oft 3–4 mm.

Fast ganzjährig

Kleine Fliegen mit buckelartig gekrümmtem Brustteil, oft grauschwarz.

Verschiedenartige Lebensräume, insbesondere auch Toiletten und Kläranlagen.

Zürich: Fast im gesamten Stadtgebiet.

Hain-Schwebfliege

Episyrphus balteatus

Eine der häufigsten Schwebfliegen, Blütenbesucher. Im Herbst fliegen Hain-Schwebfliegen in großer Zahl über die Alpen in den Süden. Im Frühjahr besiedeln Schwebfliegen aus dem Süden die Gebiete nördlich der Alpen bis Skandinavien, wo es ihnen für Überwinterung zu kalt ist. Bei uns jedoch Überwinterung begatteter Weibchen möglich, so ist die «Winter-Schwebfliege» gelegentlich an warmen Wintertagen zu beobachten. Eiablage in Blattlauskolonie. Larven transparent, tagsüber träge, in Morgen und Abendstunden aktiv, vertilgen Blattläuse und Blattwespenlarven. Blattläuse werden mit Mundwerkzeugen durchbohrt, in die Höhe gerissen und innerhalb von ca. 1 Minute ausgesaugt. Viele Schwebfliegenlarven vertilgen täglich bis zu 80 Blattläuse.

7–12 mm

Fast ganzjährig

Eher kleine Schwebfliege mit charakteristischem Streifenmuster auf dem Hinterleib («schwarzer Schnurrbart»).

Wiesen, offenes Gelände, auch Gärten.

Zürich: Häufig am Stadtrand und in Wohngebieten.

Gemeine Stiftschwebfliege

Sphaerophoria scripta

Auch Langbauch-Schwebfliege genannt. Wie bei anderen Arten dieser Gattung wird Thorax (Brustteil) auf dem Rücken hinten von einem gelben, halbmondförmigen Schildchen abgeschlossen. Beine gelb. Besonders im Hochsommer häufig auf Blüten, wo sie Pollen und Nektar aufnimmt, Wanderart (wie Hain-Schwebfliege). Larven Blattlausvertilger.
Schwebfliegen vermögen in der Luft stehen zu bleiben und sind oft wespen- oder bienenartig gefärbt (Mimikry), weshalb sie etwa von Vögeln bei der Nahrungssuche als vermeintlich stechende Insekten gemieden werden.

9–12 mm

März–Oktober

Lang gestreckte, sehr schmale Schwebfliege mit markanter schwarzgelber Zeichnung.

Wiesen, offenes Gelände, auch Gärten.

Zürich: Häufig.

Mistbiene

Eristalis tenax

Eine der häufigsten Schwebfliegen, mehrere ähnliche Arten. Körper teilweise behaart. Blütenbesucher, gerne auf Korb- und Doldenblütlern. Ebenfalls Wanderungen über Hunderte von Kilometern vom Süden bis in den hohen Norden, im Herbst wieder südwärts. Fliegen können in unseren Breiten auch in hohlen Bäumen und ähnlichen Verstecken überwintern. 2–3 Generationen pro Jahr. Larven «Güllewürm» etwa 20 mm lang, weißlich, entwickeln sich in Wasseransammlungen am Rand von Misthaufen, auch in Jauche. Als «Rattenschwanzlarve» am Hinterende mit einem bis 4 cm langen Atemrohr ausgestattet, das bis zur Wasseroberfläche reicht. Strudelnde Mundwerkzeuge, mit denen Schlammteile als Nahrung herbeibefördert werden. Verlässt zur Verpuppung das Wasser.

14–16 mm

Frühsommer–November

Bienenartig aussehender, dunkelbrauner Zweiflügler, 2 große, orange Flecke an den Seiten des zweiten, oft auch des dritten Hinterleibsegments.

Besonders um viehwirtschaftlich genutztes Gebiet.

Zürich: Landwirtschaft und Gärten am Stadtrand.

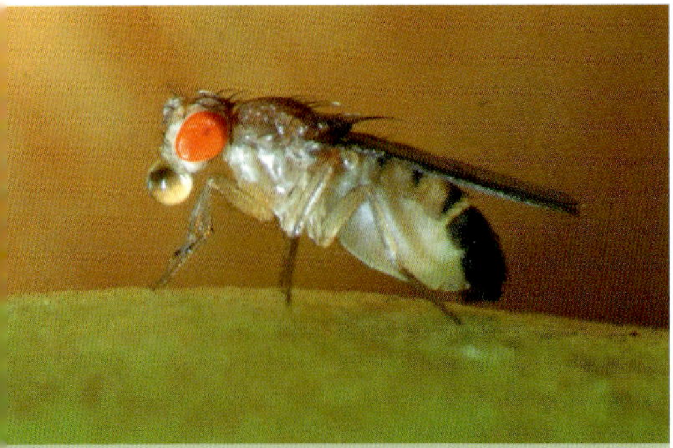

2 mm

Frühjahr–Herbst

Kleine, gelbliche Fliege mit roten Augen und schwarzer Hinterleibsspitze.

In Innenräumen, gerne an gärenden Früchten, an Kompost- und Abfallkübeln. Zahlreiche *Drosophila*-Arten auch im Freiland, im Wald.

Zürich: Ganzes Stadtgebiet.

Kleine Taufliege

Drosophila melanogaster

Fliegen schlüpfen am Morgen, wenn Tau vor Austrocknung schützt (Name). Die Weibchen der Tau-, Frucht- oder Essigfliege werden schnell begattet und können schon einen Tag später bis zu 400 Eier ablegen, Larven schlüpfen oft sofort aus und verpuppen sich nach 5–10 Tagen. Larven leben von Mikroorganismen in gärenden Substanzen. Wegen der schnellen Entwicklung, der geringen Chromosomenzahl (4) und den außerordentlich großen Chromosomen, die in der Speicheldrüse zu finden sind, seit 1910 beliebtes Versuchstier in der Genforschung. Kosmopolit. Ähnliche, ebenfalls weit verbreitete, teilweise etwas größere Arten.

2 mm

Frühjahr–Herbst

Kleine, schwarzgelb gefärbte Fliegen, Thorax längs, Hinterleib quer gestreift.

Wiesen, an hohen hellen Gebäuden in der Nähe von Wiesen.

Zürich: Bis in die Innenstadt.

Gemeine Halmfliege

Thaumatomyia notata

Larven leben von Wurzelläusen und gallenbewohnenden Blattläusen. Verpuppung im Erdboden. 2 Generationen pro Jahr. Ein Teil der Puppen überwintert, ebenso überwintern ausgewachsene Fliegen in Scharen in Spalten und Ritzen von Gebäuden sowie in Zwischenwänden von Dachböden. Beim Anflug im September oder Oktober sind die geeigneten Gebäude oft schwarz von Fliegen. Über Generationen werden dieselben Winterquartiere angeflogen, meist hohe helle Gebäude in der Nähe von Wiesen. Invasion gelegentlich nach der Installation vorgehängter Fassaden. Massenanflug kann lästig sein, ist aus hygienischer Sicht jedoch unbedenklich. Von Jahr zu Jahr starke Populationsschwankungen.

Stubenfliege

Musca domestica

Aufdringliche Fliege, die Zuckerkrümel mit Speichel löst und auftupft, aus der Kaffeetasse trinkt und Schlafenden über Gesicht und Hände läuft. Weltweit mit Mensch vergesellschaftet. Potenzieller Überträger von Krankheitskeimen. Made Allesfresser, kann sich an Kot oder Aas entwickeln, ebenso räuberisch leben oder parasitisch an Schnecken und Insekten.
Tönnchenpuppen rotbraun. Bis zu 15 Generationen jährlich.
Ähnliche Arten: Kleine Stubenfliege (*Fannia canicularis*, 4–7 mm, ebenfalls in Wohnungen, jedoch nicht aufdringlich, kreist gerne um Lampen), Herbst- oder Stallfliege (*Musca autumnalis*, sehr ähnlich wie *M. domestica*, häufig, jedoch nicht in Innenräumen), Wadenstecher (*Stomoxys calcitrans*, sticht Mensch und Vieh, bei Ställen).

7–8 mm

Frühjahr–Herbst

Schwarz, Thorax mit weißgrauen Längsstreifen, Hinterleib vorne und unten gelblich.

In der Nähe von Menschen, in Wohnungen.

Zürich: Ganzes Stadtgebiet.

Rinderfliege

Mesembrina meridiana

Zählt wie die Stubenfliege zu den Echten Fliegen, ähnliche Körperform wie Stubenfliege. Rinderfliegen nehmen vornehmlich Nektar zu sich und sind auf Blüten, Baumstämmen und Blättern zu finden. Ausgewachsene Tiere werden maximal 30–40 Tage alt. Eiablage an Dung von Säugetieren, besonders an frischen Kuhfladen. Aus den gut 1 mm langen Eiern schlüpfen schon nach etwa einem Tag Larven, die sich von Kot, organischen Abfällen und nicht zuletzt von Larven anderer Fliegen ernähren, die sich im Rinderdung entwickeln. Mehrere Generationen pro Jahr.

Körperlänge 10–12 mm

März–Oktober

Körper glänzend schwarz, Backen und Flügelwurzel auffällig gelborange.

Wiesen und Waldränder bei Rinder- und Pferdeweiden.

Zürich: Landwirtschaft und Gärten am Stadtrand.

Gelbe Dungfliege

Scatophaga stercoraria

6–12 mm

März–Oktober

Pelzige, gelbe oder grünlich gelbe Fliege, meist an Dung.

Viehweiden, Ställe.

Zürich: Landwirtschaft und Gärten am Stadtrand.

Fliegen treffen, gegen den Wind fliegend, beim noch warmen Kuhfladen ein. Auch an Kot anderer Tiere. Paarung im Gras. Eier mit 2 Seitenlappen, damit sie nicht zu tief im Dung versinken (Atmung, Nutzung der Sonnenwärme zur Reifung des Eis). Larven ernähren sich vom Kot, von Insekteneiern und Larven anderer Fliegen und Insekten, die in tierischen Exkrementen leben. Verpuppung und Überwinterung im Boden. Fliegen auf Blüten, auch räuberisch, verzehren etwa kleine Fliegen.

Blaue Schmeißfliege

Calliphora vomitoria

10–14 mm

Frühjahr–Herbst

Große, dunkle Fliege mit glasklaren Flügeln, stahlblau («Blauer Brummer»), metallisch glänzender Hinterleib.

Überall, auch in Wohnungen.

Zürich: Gesamtes Stadtgebiet.

Eiablage an Fleischwaren, Aas, Milchprodukte, an verdorbene Lebensmittel, Abfälle, menschliche und tierische Exkremente. Kann pathogene Keime übertragen. Larven fakultative Wundparasiten, greifen gesundes Gewebe nicht an, deshalb der Wundheilung förderlich. Seit 1917 (Erster Weltkrieg) werden steril aufgezogene Larven zur Behandlung schwer heilender Wunden eingesetzt, besonders bevor Penicillin zur Verfügung stand (seit 1940er-Jahren).
Tote Körper werden, wenn zugänglich, schnell von Schmeißfliegen und anderen Fliegen besiedelt, die daher in der Kriminalistik eine gewisse Rolle spielen. Nach Naturforscher Carl von Linné werden 3 Fliegen mit einem toten Pferd so schnell fertig wie ein Löwe.
Mehrere sehr ähnliche Arten.

Kaiser-Goldfliege

Lucilia caesar

Junge Fliegen sind stahlblau, später tendiert die Farbe zu Grün und im Alter zu Kupferrot. Flügel alter Fliegen sind oft zerfetzt. Goldfliegen zählen zu den Schmeißfliegen. Sie sitzen gerne an der Sonne, besuchen Blüten und übel riechende Substanzen. Eiablage an Kadavern im Fell oder an anderen versteckten Stellen. Maden schlüpfen nach einem Tag, Verpuppung nach einer Woche im Boden. Puppen tönnchenförmig, rötlich, wie bei Stubenfliege. Wie bei *Calliphora*-Arten Entwicklung an offenen Wunden möglich.
Ähnliche, nur über die Unterscheidung der Genitalien sicher zu bestimmende Arten der gleichen Gattung, etwa Fischgoldfliege *(Lucilia sericata)*, deren rosa Maden als Angelköder Verwendung finden.

7–11 mm

Mai–Oktober

Am ganzen Körper grün-golden glänzend.

Überall, fliegt regelmäßig auch in Wohnungen.

Zürich: Ganzes Stadtgebiet.

Graue Fleischfliege

Sarcophaga carnaria

Häufigste Art einer Gattung, deren Männchen nur über die Begattungsorgane unterscheidbar sind. Weibchen oft unbestimmbar, wenn sie sich nicht gerade mit einem Männchen einer bekannten Art paaren. Eiablage an Aas, etwa toten Regenwürmern, auch an offenen Fleischwaren: «macht das Fleisch lebendig». Larven schlüpfen sofort und verflüssigen das Fleisch mit ausgeschiedenen Enzymen. Die im Nahrungsbrei eingetauchten Maden strecken die Atemöffnungen am Hinterende an die Luft. Fliegen nehmen Zucker aus Früchten, Nektar, Honigtau usw. auf.

7–17 mm

April–Oktober

Mittelgroße, oft kräftige Fliege von grauer Grundfarbe, helle Längsstreifen am Thorax, Schachbrettmuster am Hinterleib.

Überall, auch in Wohnungen.

Zürich: Im gesamten Stadtgebiet, von Siedlungsraum bis in den Wald.

Flöhe

Flöhe (Siphonaptera) bilden innerhalb der Insekten eine eigene Ordnung. Sie sind ungeflügelt, verfügen dank ihrer kräftigen Hinterbeine teilweise über ein enormes Sprungvermögen und sind mit ihrer seitlich abgeplatteten Körperform ausgezeichnet an das Leben als blutsaugende Parasiten im Haar oder im Gefieder ihrer Wirte angepasst. Weltweit sind etwa 2500 Arten bekannt, in Mitteleuropa kommen etwa siebzig Floharten vor. Sie unterscheiden sich durch ihre Vorlieben für bestimmte Wirte und sind meist nur von Fachleuten auseinanderzuhalten. Als größter Floh gilt der etwa 6 mm lange Maulwurfsfloh *(Hystrichopsylla talpae)*, der nicht nur Maulwürfe befällt, sondern auch Spitzmäuse und erdbewohnende Mäuse.

Im Gegensatz zu anderen Parasiten wie Zecken oder Stechmücken, bei denen nur die ausgewachsenen Weibchen Blut saugen, machen sich bei den Flöhen sowohl die weiblichen wie auch die männlichen Tiere als Blutsauger bemerkbar. Der Saugvorgang erfolgt im Kopfstand, oft wird nebeneinander mehrmals zugestochen. Flohstiche können schmerzhaft jucken. Im Gegensatz zu Läusen können frisch geschlüpfte Flöhe Monate lang hungern. Flöhe saugen 10- bis 20-mal mehr Blut, als ihr Magen aufzunehmen vermag, und scheiden überschüssiges Blut wieder aus, was kleine braune Flecke in der Wäsche, am Boden oder im Nest des befallenen Tiers hinterlassen kann. Dieser Flohkot ist auch Bestandteil der Nahrung der madenförmigen Flohlarven, die sich aus den oft Hunderten von Eiern entwickeln, die ein Weibchen fallen lässt. Die Larven ernähren sich aber auch von modernden Pflanzenresten, Hautschuppen, Schimmelpilzen und anderen pflanzlichen und tierischen Substanzen und Abfallstoffen. Unter günstigen Bedingungen kann die Entwicklung vom Ei über Larve und Puppe zum ausgewachsenen Floh in wenigen Wochen erfolgen, bei kalten und weniger feuchten Verhältnissen dauert sie bis zu acht Monate.

Der klassische Menschenfloh *(Pulex irritans)*, der zusammen mit dem Rattenfloh als Überträger von Pestbakterien angesehen wird und in Flohzirkussen vorgespannt vor winzige Kutschen Jahrhunderte lang auf Jahrmärkten und an Volksfesten zur Schau gestellt wurde, ist heute sehr selten geworden. Grund dafür ist die veränderte Situation im «Nest» der Menschen: In fugenlosen Bodenbelägen fehlen die Stellen, wo sich die Larven ungestört im feuchten Schmutz entwickeln konnten, und die Einführung des Staubsaugers führte am Boden und in Teppichen zur Beseitigung des Substrats für die Larven. Besonders aber übersteigt die Trockenheit in modernen, zentralgeheizten Wohnungen die tödliche Grenze für die Flohlarven, die eine relativ hohe Luftfeuchtigkeit benötigen.

Katzenfloh

Ctenocephalides felis

Der Katzenfloh ist weltweit für 80 % aller Flohprobleme verantwortlich, er ist Zwischenwirt verschiedener Bandwürmer und kann bakterielle und virale Krankheiten wie Tularämie, Pseudotuberkulose, Salmonellose, Fleckentyphus übertragen. Sein Lebenszyklus dauert 14–140 Tage, je nach Temperatur und Feuchtigkeit. Eine Flohpopulation besteht nur zu 5 % aus Adulten, 10 % sind Puppen, 35 % Larven und 50 % Eier. Neben Katzenflöhen können verschiedene andere Floharten wie z. B. Vogel-, Igel-, oder Fledermausfloh auftreten. Daher ist jeweils eine genaue Artbestimmung (durch Fachleute) sehr wichtig, weil nur so das Problem an der Quelle bekämpft werden kann.

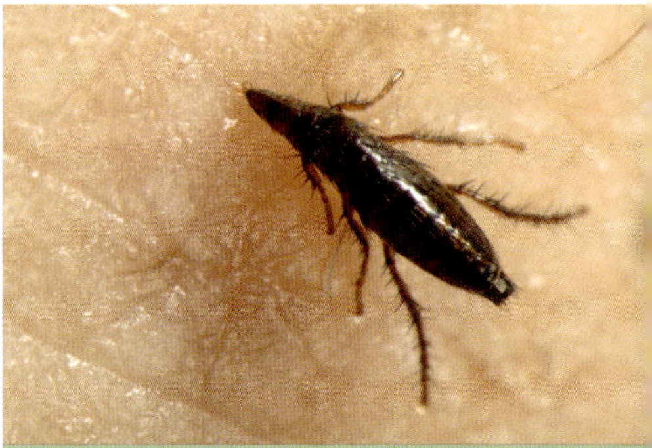

Larven 2–5 mm, Puppen 5 mm, Adulte 2–3 mm.

Ganzes Jahr

Larve: Borstiger, augenloser «Wurm». Adulte: Körper seitlich abgeflacht, dunkelbraun, hinterstes Beinpaar sehr lang und kräftig, enormes Sprungvermögen.

Weltweit, nicht sehr wirtsspezifisch, kann sich auf über 50 Wirtsarten von Blut ernähren und fortpflanzen, auch auf Menschen. Häufig an Hund, Fuchs, Dachs, Steinmarder, Mäusen.

Zürich: In allen Stadtkreisen.

Merkblatt ⇢ s. Vogelfloh

Vogelfloh

Ceratophyllus gallinae

Der Vogelfloh befällt viele Vogelarten, saugt auch an Hühnern. Häufig in Nistkästen anzutreffen. An warmen Frühlingstagen warten Vogelflöhe oft beim Einflugloch des leeren Nests auf anfliegende Vögel, die befallen werden könnten. Der Aktionsradius der Vogelflöhe beträgt mehrere Meter, manchmal können Flöhe aus Vogelnestern also auch in Häusern auftreten. Säugetiere (auch Menschen) sind nur Gelegenheitswirte, zur Fortpflanzung benötigen Vogelflöhe Vogelblut.
Neben *Ceratophyllus gallinae* gibt es in Zürich weitere Arten von Vogelflöhen.
Zur Vorbeugung soll im Spätherbst oder im Winter bei Temperaturen um den Gefrierpunkt das Nestmaterial aus leeren Nistkästen entfernt und entsorgt werden (im Kehricht, nicht auf dem Kompost).

Larven bis 2–5 mm, Adulte 1,2–3 mm.

Besonders im Frühjahr auch an Menschen.

Aussehen ähnlich wie Katzenfloh, ebenfalls dunkelbraun, meist kleiner (als schwarzer Punkt wahrnehmbar).

An Vögeln; befällt gelegentlich auch Menschen und andere Säugetiere.

Zürich: In allen Stadtkreisen.

Merkblatt ⇢ www.stadt-zuerich.ch/schaedlingsbekaempfung

Köcherfliegen

Köcherfliegen (Trichoptera) sind weder als Larve noch als ausgewachsenes Tier (Imago) irgendwie auffällig. Oft sind sie schwarz, bräunlich oder gelblich gefärbt, manchmal mit einer charakteristischen Zeichnung versehen. Durch die Behaarung der Flügel unterscheiden sie sich von den nah verwandten Schmetterlingen. Die vier Flügel tragen sie in Ruhestellung dachartig auf dem Hinterleib. Auch besitzen sie keinen Saugrüssel, sondern haben Mundwerkzeuge, mit denen sie Wasser und Nektar aufsaugen oder lecken können. Die Imago hat lange Fühler, die sie stets nach vorne streckt. Die raupenähnliche Larve trägt außer den drei Beinpaaren an der Brust ein Paar hakenförmige, beinähnliche Nachschieber am Ende des Hinterleibs. Sie dienen der Verankerung im Köcher oder im Substrat. Die Larven laufen entweder frei herum oder sitzen in ortsfesten oder transportablen Gehäusen, Köcher genannt. Manche spinnen Netze. Die Entwicklung verläuft über ein Puppenstadium. Die ältesten Köcherfliegen stammen aus dem oberen Perm, d. h., sie existieren bereits seit ca. 260 Mio. Jahren.
Köcherfliegenlarven besiedeln alle Gewässertypen von der Quelle bis zum Fluss, vom Tümpel bis zum See; manchen Arten genügt sogar ein dünner Wasserfilm auf Gestein oder Falllaub. Nur zwei Arten leben als Larven an Land. Sie ernähren sich von Algen und Wasserpflanzen oder nagen an Rinden von im Wasser liegendem Holz, andere leben räuberisch. Viele Arten fertigen aus allerlei Materialien kunstvolle Köcher an. Grundlage aller Köcher ist eine an beiden Enden offene Seidenröhre, die – je nach Art – mit verschiedenen Baumaterialien bekleidet wird. Der hintere Teil des Köchers ist der älteste, während am vorderen ständig weitergearbeitet wird. Die Larve verbringt ihr ganzes Leben im gleichen Köcher, in dem sie sich auch häutet, insgesamt fünfmal. Das hintere Ende des Köchers wird mit einem Gespinst verschlossen, in dessen Mitte sich eine Öffnung befindet, durch die das Atemwasser strömt. Die Larven verlassen ihr Gehäuse nur notgedrungen, da der äußerst weiche Hinterleib einer schützenden Hülle bedarf. Alle Larven, ob sie frei oder in transportablen Köchern leben, bauen Puppenköcher und befestigen diese an einer strömungsgünstigen Stelle. Nach zwei bis vier Wochen Puppenruhe klettern die gut beweglichen Puppen an die Wasseroberfläche und häuten sich zur Imago. Die meisten Arten sind dämmerungs- oder nachtaktiv. Manche Arten fallen durch Tanzschwärme auf. Die Eier werden einzeln in Ritzen von Steinen oder Holz abgelegt oder in Gelegen vom Weibchen tauchenderweise am Substrat befestigt. Manche umgeben ihren Laich mit Gallerte, die im Wasser aufquillt. Die Entwicklung bis zur Imago dauert ein Jahr.
In der Schweiz sind 310, auf Zürcher Stadtgebiet bis dato 110 Arten bekannt.

Badener Mücke

Hydropsyche pellucidula

Die Larve baut ein unregelmäßiges, röhrenförmiges Wohngespinst an Steinen an strömungsgünstigen Stellen im Gewässer (ca. 30 cm/Sek.) und spinnt vor der Öffnung ein Fangnetz mit etwa 10 mm Durchmesser. Dieses ist zwischen Steinchen aufgespannt, sein Rahmen manchmal mit Pflanzenteilen verstärkt. Das Fangnetz ist mit winzigen Leimtröpfchen besetzt, sodass feinste Algen, die mit der Strömung mitgetragen werden, hängen bleiben. Dort wachsen diese zu dichten Belägen heran, die von der Larve von Zeit zu Zeit in gleicher Weise wie eine Steinoberfläche abgeweidet werden. Larven oft in großen Dichten, werden sehr gerne von Fischen gefressen, daher auch Nachbildung zur Verwendung als Köder für Fliegenfischer. Die 1989 im Rhein gefangenen 10 t Äschen habe schätzungsweise mehr als eine Milliarde Larven gefressen!

Die Männchen bilden in der Abend- und Morgendämmerung dichte Schwärme und erreichen mit 25 km/h erstaunliche Fluggeschwindigkeiten. Die Weibchen fliegen in solche Schwärme hinein, werden von den Männchen gepackt, die dann mit den Partnerinnen zur Paarung in die Ufervegetation fliegen. Zur Eiablage tauchen die Weibchen ins Wasser und befestigen die Eier unter Steinen.

Im 19. Jh. soll die jedermann bekannte «Badener Mücke» jeweils zu Tausenden alle Quaigeländer und Häusermauern längs der Limmat bedeckt haben und nachts soweit herumgeflogen sein, dass man sie morgens bis hoch an den Zürichberg hinauf massenhaft an den Häusern gefunden habe. Sie werden vom Licht angezogen und sollen damals abends die angezündeten Gaslaternen in unglaublicher Menge umschwärmt haben. Noch heute findet man sie an beleuchteten Schaufenstern entlang der Limmat, zusammen mit anderen Arten, die sich ebenfalls in der Limmat oder im See entwickelt haben.

Larve: 12–20 mm; Imago: Flügelspannweite bis 35 mm.

Larven Februar–Oktober; Imagines Mai–Oktober.

Larve: Kopf dunkelbraun, oben mit hellem Fleckenmuster; alle 3 Brustsegmente dorsal mit dunkelbraun verhornten Platten. 1. Beinpaar kürzer. Hinterleib rötlich braun mit weißen Kiemenbüscheln. Nachschieber beinartig lang, 2-gliedrig mit Borsten an der Basis. Köcherlos.
Imago: Kopf ohne Ocellen (Einzelaugen). Flügel düster braun mit schwarzen Flecken.

Fließgewässer

Zürich: In Limmat und Sihl.

Larve: 15–20 mm; Imago: Flügelspannweite bis 22 mm.

Larven März–September; Imagines Mai–Oktober.

Larve: Weichhäutig; nur 1. Brustsegment dorsal mit Hornplatte. Imago: Kopf mit sehr großen Komplexaugen, ohne Ocellen. Fühler etwas länger als der Vorderflügel. Flügel braun, ohne auffällige Flecke.

Kleinere Fließgewässer, auch Rinnsale.

Zürich: In kleineren Waldbächen rund um die Stadt.

Köcherfliege

Plectrocnemia conspersa

Die Larven haben einen braunen Kopf mit dunklen Punkten, einen rötlichen, kiemenlosen Hinterleib und beinartige, lange Nachschieber. Sie bauen sackförmige, grobe Fangnetze mit gegen die Strömung gerichteter Öffnung. Mit der Zeit färben sich diese Gespinstmassen durch Schlammpartikel braun. Im hinteren Drittel des Gespinstes befindet sich die etwa 5 mm breite, zwischen Steinen verborgene Wohnröhre. Mit dem Netz fängt die Larve allerlei Bodengetier, das sie überwältigt und frisst. Sie ernährt sich auch von ins Wasser gefallenen Insekten. Die Puppen sitzen in lockeren, verborgenen Gespinsten, in die Steinchen unterschiedlicher Größe eingebaut sind. Die Imago ist dämmerungs-, respektive nachtaktiv; sie fliegt nur in Gewässernähe.

Larve: 2 cm; Imago: ca. 4 cm Flügelspannweite.

Larven März–Juli; Imagines Juli–September.

Larve: Kopf braun mit schwarzen Punkten, «Wangen» hell. Die ersten beiden Brustsegmente dorsal mit braunen verhornten Platten.
Imago: Kopfoberseite mit großen Komplexaugen und 3 Ocellen. Flügel dunkelbraun mit kleinen, hellen Flecken.

Bäche und kleine Flüsse.

Zürich: In allen Waldbächen und in der Sihl.

Köcherfliege

Potamophylax cingulatus

Die Larven verkriechen sich gerne unter größeren Steinen oder laufen in kleinen Kolken herum, wo das Wasser weniger schnell fließt. Nahrung: abgestorbene Pflanzenreste und Rinde von ins Wasser gefallenen Zweigen. Köcher der Junglarven aus kleineren Falllaubstückchen, die der älteren Larven aus kleinen Steinchen. Dieser Köcher konisch, leicht abgeflacht, unten mit kleineren Steinchen als oben. Manchmal findet man leere Köcher auf größeren Steinen mitten im Bach – Überbleibsel einer Wasseramsel-Mahlzeit. Zur Verpuppung befestigt die Larve den Köcher mit Spinnsekret unter größeren Steinen; unter geeigneten Steinen meist zahlreiche Puppen. Die Imagines fliegen in der Dämmerung.

Köcherfliege

Limnephilus lunatus

Die Larve trägt auf der Kopfoberseite dunkelbraune Punkte und 3 dunkle, senkrecht nach unten verlaufende Streifen. Nur auf den ersten beiden Brustsegmenten mit dorsal verhornten Platten, auf dem dritten 6 kleinere Plättchen mit Borsten. Zwischen den Vorderbeinen nach vorne gerichteter Sporn. Die Larve baut ihren Köcher aus abgestorbenen Pflanzenteilen wie Schilf, Falllaub oder Gras, selten aus kleinen Steinchen, je nach dem, was sie in der Umgebung an Baumaterial findet. Die Bauelemente werden ohne bestimmten Plan mit Spinnsekret zu einer Röhre zusammengefügt. Oft überragen einzelne Teile den Köcher. Die Larve lebt im Pflanzengewirr der Unterwasservegetation, ernährt sich von abgestorbenen Pflanzenresten. Die Imagines fliegen in der Dämmerung.

Larve: 15–20 mm; Imago: ca. 35 mm Flügelspannweite.

Larven März–September; Imagines Juni–Oktober.

Larve: Kopf hellbraun; Hinterleib weißlich mit fädigen Kiemenbüscheln.
Imago: Kopfoberseite mit großen Komplexaugen und 3 Ocellen, Flügel braun mit hellen Flecken, Körper gelblich.

Stehende und langsam fließende Gewässer.

Zürich: Im See, in Weihern und Moorgewässern (Hänsiried), auch im Katzensee.

Köcherfliege

Sericostoma personatum

Die Larven bauen dünnwandige, leicht konische und leicht gebogene Köcher aus Sandkörnern mit glatter Oberfläche. Sie leben zwischen und unter den Steinen am Gewässergrund, ernähren sich von Algen und Pflanzenresten. Sie sind nachtaktiv. *S. personatum* ist empfindlicher gegenüber Gewässerverschmutzungen als die sehr ähnliche *Odontocerum albicorne*, mit der sie verwechselt werden kann. Beide Arten kommen manchmal im gleichen Gewässer vor. Sie unterscheiden sich dadurch, dass *O. albicorne* ein kleines Steinchen ans hintere Ende ihres Köchers klebt. Auch ist ihr Kopf gelb gefärbt und trägt einen ankerähnlichen Fleck zwischen den Augen. Die Imagines beider Arten fliegen tagsüber in Gewässernähe, setzen sich ab und zu auf Steine, Büsche oder Gras.

Larve: bis 15 mm; Imago: ca. 2,5 cm Flügelspannweite.

Larven März–August; Imagines Mai–September.

Larve: Kopf dunkelbraun. Hinterleib mit Kiemenbüscheln, die aus mehreren Fäden bestehen.
Imago: Schwärzlich mit goldglänzenden Haaren, Kopf ohne Ocellen. Alle Segmente des Hinterleibs tragen dorsal und ventral braune Platten.

Fließgewässer

Zürich: In allen kleineren Bächen, auch in der Sihl.

Larve: 6 mm; Imago: ca. 16 mm Flügelspannweite.

Larven April–September; Imagines Juni–September.

Larve: Kopf gelblich ohne Zeichnung; Hinterleib grünlich mit büschelförmigen Kiemen.
Imago: Außer den großen Komplexaugen keine Ocellen. Lange, schmale, braun gefärbte Flügel mit 2 weißen Flecken. Sehr lange, geringelte Fühler.

Seen und Flüsse.

Zürich: Im Zürichsee und in Sihl und Limmat.

Köcherfliege

Ceraclea dissimilis

Köcher aus Sandkörnern, dorso-ventral abgeflacht, stark konisch.
Die Larven überwintern im 2. Larvenstadium. Sie sitzen zwischen Steinen an Stellen mit stärkerer Strömung oder in der Wellenschlagzone der Seeufer. Ihr Köcher ist so konstruiert, dass er wenig Angriffsfläche für die Strömung bietet. Die Öffnung ist nach unten gerichtet, sodass man den Kopf der Larve von oben nicht sehen kann. Sie ernähren sich vermutlich von Algen und frischen Pflanzenteilen. Die Imagines fliegen in der Dämmerung. Sie werden vom Licht angelockt. Deshalb kann man sie oft an Lichtquellen in Gewässernähe beobachten, manchmal an der Scheibe beleuchteter Schaufenster, wie etwa entlang der Limmat.

Larve: bis 11 mm; Köcher: bis 20 mm; Imago: ca. 20 mm Flügelspannweite.

Larven März–Oktober; Imagines Juni–September.

Larve: Kopf uniform dunkelbraun; 4-kantiger, aus zugeschnittenen Pflanzenteilen gebauter Köcher.
Imago: Körper stark behaart; Kopf ohne Ocellen; Fühler so lang wie der Vorderflügel, braun. Flügel breit und dicht behaart.

gefährdet

Flüsse, sehr selten in Seen.

Zürich: In Limmat und Sihl sowie im Zürichsee.

Köcherfliege

Lepidostoma hirtum

Die Larve baut anfänglich ihren zylindrischen Köcher aus Sandkörnern. Erst später fährt sie mit Pflanzenteilen fort und es entsteht allmählich die typische 4-kantige Form. Im Frühjahr findet man deshalb häufig Köcher mit beiden Baumaterialien, hinten Sand, vorne Pflanzenteile. Die Larve lebt zwischen den Steinen am Gewässergrund oder in Moos- und Algenpolstern. Sie weidet Algenbeläge ab und frisst abgestorbene Pflanzenteile. Die Imagines fliegen in der Dämmerung. Das Weibchen wirft ihren Laichballen im Flug über der Wasseroberfläche ab. Im Wasser quillt dieser sofort kugelig auf, sinkt ab und bleibt dann am Boden haften.

Köcherfliege

Rhyacophila dorsalis

Bei dieser köcherlosen Larve trägt nur das 1. Brustsegment oben eine Hornplatte, Körper sonst weichhäutig, grünlich. Kiemenbüschel seitlich vom 2. Brustsegment an bis zur Hinterleibsspitze. Die Larven sind Räuber, die nachts frei herumlaufen und v.a. Insektenlarven nachstellen. Um nicht verdriftet zu werden, spannen sie einen Sicherheitsfaden an das Substrat. Vor der Verpuppung bauen sie aus größeren Steinchen ein ovales, an einen Stein gesponnenes Gehäuse. Darin befindet sich ein brauner Kokon. Die Weibchen legen die Eier einzeln in Ritzen von Steinen und Holz. Sie sitzen in der Ufervegetation und fliegen tagsüber bis in die Nacht.

Larve: 20–22 mm; Imago: Flügelspannweite bis 29 mm.

Larven Februar–November; Imagines April–November.

Larve: Kopf gelb mit schwarzer Zeichnung, schlank. Augen sehr weit vorne am Kopf. Hinterleib mit langen Nachschiebern, diese mit großen Klauen. Köcherlos. Imago: Flügel und Körper bräunlich gefärbt mit schwachem Fleckenmuster.

Fließgewässer aller Größen.

Zürich: In kleineren und größeren Bächen, in Sihl und Limmat.

Köcherfliege

Enoicyla pusilla

Die Larven leben am Trockenen in der Laubstreu schattiger, luftfeuchter Wälder oder kriechen an Baumstämmen empor wie ihre Schwesterart *E. reichenbachi*, die ebenfalls in Zürich nachgewiesen ist. Ihr Köcher besteht aus Sandkörnern, durchsetzt mit kleinen Pflanzenteilchen, mit rauer Oberfläche, ist leicht konisch und leicht gebogen. Sie ernährt sich von zerkleinerten abgestorbenen Pflanzenteilen. Die Männchen findet man tagsüber auch an Bächen im Wald. Das Weibchen ist flügellos! Man nimmt an, dass sich diese landlebenden Köcherfliegen aus wasserbewohnenden Vorfahren entwickelt haben.

Larve: 6 mm; Imago: Flügelspannweite bis 10 mm.

Larven März–September; Imagines August–Oktober.

Larve: Kopf dunkelbraun mit langen Borsten. 1. Brustsegment stark, 2. Brustsegment dorsal schwach verhornt. 1. Hinterleibsegment mit 3 Höckern. Keine Kiemenfäden. Imago: Unscheinbar braun, klein. Hinterleib mit Hornplatten auf der Ober- und Unterseite. Weibchen flügellos.

Laubwälder

Zürich: Vermutlich weit verbreitet.

Schnabelfliegen

Die Mecoptera heißen Schnabelfliegen, weil sie einen stark verlängerten Vorderkopf haben. Sowohl die Adulten wie die im Boden lebenden, raupenähnlichen Larven ernähren sich räuberisch oder sie fressen Moos oder Detritus (abgestorbenes pflanzliches Material und tote Gliedertiere).
Von den weltweit etwa 500 Arten kommen in der Schweiz nur acht vor, die sich zudem auf drei Familien verteilen – also eine äußerst artenarme, reliktäre Insektenordnung. Die Schnabelfliegen gelten entwicklungsgeschichtlich als die Basis großer Insektenordnungen wie der Schmetterlinge und Fliegen.
In Zürich kommen mindestens drei Arten der Familie Panorpidae (Skorpionsfliegen, s. Porträt) vor. Skorpionsfliegen, die auf Stadtgebiet an Waldwegen und jedem schattigen Waldrand zu beobachten sind, fressen am liebsten tote oder halbtote Insekten, und am besten scheinen diese zu schmecken, wenn sie aus einem Spinnennetz gestohlen sind.
Die Familie Boreidae ist in der Region mit dem Winterhaft (*Boreus westwoodi*, s. Porträt) vertreten. Dieser Winterhaft – auch als Schneefloh oder Schneehaft bekannt – ist im Gegensatz zu fast allen übrigen Insekten im Winterhalbjahr aktiv, auch Paarung und Eiablage finden in der kalten Jahreszeit statt. Er ist flugunfähig, die Flügel des Männchens sind zu hakenförmigen Organen umgewandelt, mit denen das Weibchen bei der Paarung festgehalten wird. Von der dritten in der Schweiz vorkommenden Mecopterenfamilie, den schnaken-ähnlichen Bittacidae (Mückenhafte), wurde in den letzten fünfzig Jahren in der Schweiz nur noch *Bittacus italicus* sehr selten im Tessin gefunden. Früher kamen zwei *Bittacus*-Arten im sandigen Schwemmland großer Alpenflüsse verbreitet vor, könnten also auch um Zürich einmal heimisch gewesen sein.

Skorpionsfliege

Panorpa communis

Auffälligstes Merkmal der Skorpionsfliegen ist der Kopulationsapparat der Männchen, der einem Skorpionsstachel ähnlich sieht. Hält man ein Männchen mit den Fingern oder einer Pinzette fest, tut es so, als wollte es mit dem Hinterleibsende zustechen. Doch da ist kein Stachel und kein Gift – alles nur Bluff. Offenbar hat sich diese Stachelimitation über die Jahrmillionen evolutiv gelohnt. Wie in verschiedenen anderen Insektenordnungen erkennen sich die Geschlechter der gleichen Art mithilfe eines arteigenen Vibrierens des Hinterleibs, das sich über Blätter und Zweige ausbreitet. Das Männchen überreicht dem größeren, gefräßigeren Weibchen zur Kopulation eiweißhaltige Sekretkügelchen, um nicht selber gefressen zu werden.

Flügelspannweite bis 30 mm

Adulte fliegen von Mai bis September (2 Generationen).

Männchen mit stachelähnlicher Hinterleibsspitze.

Zürich: In schattigen Gebüschen an feuchten Waldrändern, in Gärten, Stadtparks und auf Friedhöfen. – Die etwas kleinere *Panorpa germanica*, mit weniger intensiv gefleckten Flügeln, ist in und um Zürich fast ebenso häufig wie *P. communis*. Eine seltenere 3. Art, *P. cognata*, wurde schon 1886 vom Zürichberg gemeldet.

Schneefloh

Boreus westwoodi

In Europa leben nur 2 Arten, die beide schon in der Schweiz gefunden wurden. Allerdings ist umstritten, ob *Boreus hiemalis* (Wallis und Puschlav) und *B. westwoodi* (ganze Schweiz) tatsächlich getrennte Arten sind. Die Larven entwickeln sich im Moos, wo sie Moos und Detritus fressen. Die Adulttiere verbringen die sonnigen Wintertage z. T. auf dem Schnee, wo sie erfrorene Insekten und Spinnen fressen. Daher der Name Schneefloh. Mit dem Gletscherfloh oder anderen, im Winter zuweilen auf dem Schnee in Massen auftretenden Springschwänzen ist der Schneefloh nicht verwandt.

Körperlänge 3,5–4,5 mm

Adulte von Oktober bis April

Körper hellbraun bis bronzefarben. Flügellos, hüpfen wie winzige Grillen.

Zürich: Im Stadtgebiet am ehesten in höheren Lagen an besonnten Waldrändern; sehr selten beobachtet, aber vermutlich übersehen.

Schmetterlinge

Schmetterlinge (Lepidoptera) faszinieren durch ihre bunten Farben, schillernden Lichteffekte, ihre Leichtigkeit und Flüchtigkeit. Sie sind durch zwei Paar mit Schuppen besetzter Flügel gekennzeichnet. Für die bunten Farben sind Pigmente, für die schillernden Lichteffekte die besondere Oberflächenstruktur der Schuppen verantwortlich.
Schmetterlinge zählen zu den Insekten mit einer vollständigen Metamorphose (mit Puppenruhe). Die Entwicklung der Schmetterlinge verläuft vom Ei über mehrere Larvenstadien (Raupe) zur Puppe und schließlich zum geflügelten Falter.
Zur außerordentlich artenreichen Ordnung der Schmetterlinge zählen weltweit 127 Familien und etwa 180 000 Arten. Nachfolgend werden alle auf dem Gebiet der Stadt Zürich bekannten Tagfalter (inklusive Dickkopffalter sowie Rotwidderchen) vorgestellt, während die Familien der meist nachtaktiven Schmetterlinge (Nachtfalter) nur durch einige ausgewählte Arten vertreten sind.

Tagfalter

In der Schweiz kommen etwa 200 tagaktive Schmetterlingsarten vor (Dickkopffalter sowie Rot- und Grünwidderchen eingerechnet), in Zürich sind aktuell 63 Arten nachgewiesen, darunter sind jedoch zwei Wanderfalter, die nur in trockenwarmen Sommern einfliegen und bisher keine dauerhaften Populationen bilden konnten (Geschwänzter Blasenstrauchbläuling und Geranienbläuling).
Besonders artenreiche Tagfalter-Lebensräume sind ungedüngte Wiesen und Weiden, Flachmoore, Wildkrautfluren, Waldränder und lichte Wälder. Tagfalter sind Nahrungsspezialisten, fressen als Raupe oft auf einer ganz bestimmten Pflanzenart und haben als Falter meist klare Vorlieben für bestimmte Blüten. Nicht selten benötigen die verschiedenen Stadien unterschiedliche Lebensräume oder Strukturen. Solche Schmetterlingsarten brauchen nebeneinander eine Kombination von verschiedenen Lebensräumen in einer bestimmten Qualität und stellen somit hohe Ansprüche an die Landschaft. Dies macht sie zu hervorragenden Indikatoren für die ökologischen Qualitäten eines Landschaftsraums.
Viele Wiesenarten reagieren empfindlich auf frühe, häufige und großflächige Mahd. Ihre wenig mobilen Stadien (Eier, Raupen, Puppen) werden durch Kreiselmähwerke, Mähaufbereiter und Silage mechanisch eliminiert, während den Faltern die Saugpflanzen abhanden kommen. In den meist dichten und gleichförmigen Wäldern fehlt es zahlreichen Waldschmetterlingen an Licht und Wärme. Auch die intensive Grünflächenpflege wirkt sich für Tagfalter verheerend aus. Bei den Tagfaltern ist besonders im Mittelland wie bei vielen anderen Tieren ein drastischer Rückgang der Arten- und Individuenzahl zu verzeichnen.

Schwalbenschwanz

Papilio machaon

Diese vagabundierende, mobile Art ist auch in der Stadt Zürich häufig, kommt in fast jedem naturnahen Gebiet vor und dringt weit ins Siedlungsgebiet ein. Sie ist an Waldrändern und extensiv genutzten Wiesen ebenso zu finden wie an Bahnanlagen, in naturnahen Parks, auf Friedhöfen und in Gärten.
Der Schwalbenschwanz legt die Eier an die Blätter der Futterpflanzen seiner Raupen ab, die sich an den Blättern und Blüten von verschiedenen Doldenblütlern wie Wilde Möhre, Fenchel und Karotte entwickeln («Rüebliraupe»). Verpuppung an Pflanzenstängeln. Die Falter besuchen viele verschiedene Blüten wie Rotklee, Löwenzahn und diverse Disteln.
Förderung: Erhaltung und Anlage von extensiv genutzten, ungedüngten Wiesen und Krautsäumen.

Flügelspannweite ca. 70 mm

April–Oktober. 2 Generationen pro Jahr. Überwinterung als Puppe.

Sehr großer Falter. Gelb mit vorwiegend schwarzer, aber auch blauer und roter Zeichnung. Auffällige Schwanzspieße an den Hinterflügeln.

Trockene bis feuchte Wiesen und Weiden, Waldränder, Ruderalflächen.

Zürich: Häufig, bis weit ins Stadtgebiet hinein.

Senfweißling

Leptidea sinapis/reali

Sesshafte, wenig mobile Art. Im Stadtgebiet nicht selten, meist in wenig intensiv genutzten Wiesen in Waldnähe, teilweise auch im Siedlungsraum. Sie konnte etwa in der ehemaligen Lehmgrube Binz, bei einer Wohnsiedlung der Familienheimgenossenschaft (Hegianwandweg) und auf den Geleisefeldern des Hauptbahnhofs beobachtet werden.
Der Senfweißling legt seine Eier auf die Blattunterseite der Futterpflanzen ab – die Nahrung der Raupe besteht aus Blättern und Blüten der Wiesenplatterbse, seltener werden auch andere Schmetterlingsblütler gefressen. Verpuppung an Pflanzenstängeln. Die Falter besuchen Blüten wie Hornklee, Wiesenplatterbse und Wickenarten.
Förderung: Erhaltung und Anlage von wenig intensiv genutzten, ungedüngten Wiesen und Krautsäumen.

Flügelspannweite ca. 40 mm

April–Oktober. 2–3 Generationen pro Jahr. Überwinterung als Puppe.

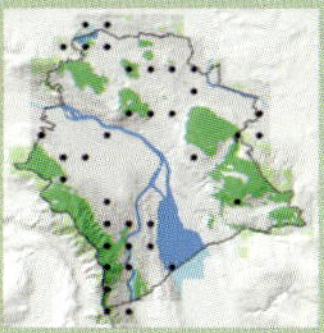

Kleiner, fragiler Falter mit weißer bis cremefarbener Grundfarbe und grau gezeichneter Flügelspitze. Abgerundeter Flügelschnitt, auffällig v. a. an der Spitze des Vorderflügels.

Frische bis feuchte Wiesen und Weiden, Waldränder und Hecken.

Zürich: Nicht selten in wenig intensiv genutzten Wiesen.

Gemeiner Heufalter

Colias hyale

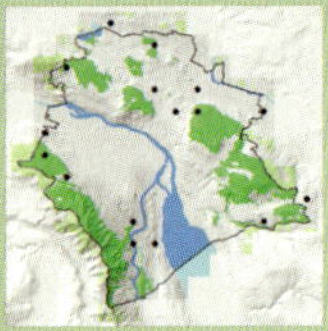

Flügelspannweite ca. 45 mm

Mai–Oktober. 3 Generationen pro Jahr. Überwinterung als Raupe.

Mittelgroßer Falter mit hellgelber (Männchen) bis cremefarbener (Weibchen) Grundfarbe und oberseits schwarz gezeichneten Flügelrändern. Fleck in Form einer 8 auf dem Hinterflügel.

Generalist. Frische bis trockene Wiesen und Weiden. Auch im Siedlungsgebiet. Vagabundierende, mobile Art.

Zürich: Nicht selten, v. a. am Stadtrand.

Der Gemeine Heufalter unterscheidet sich vom Postillon *Colias crocea* im schwarzen Flügelsaum auf der Vorderflügeloberseite, der beim Heufalter vor der unteren Flügelecke endet. Meist in wenig intensiv genutzten Wiesen an der Peripherie, selten auch im Siedlungsgebiet, so auf dem Friedhof Nordheim und auf einer Schafweide an der Bellariastrasse.
Die Eier werden an die Blätter der Futterpflanze gelegt. Die Nahrung der Raupe (grün, mit schmaler, gelblicher Seitenlinie) besteht aus den Blättern und Blüten von verschiedenen Schmetterlingsblütlern wie Luzerne, Klee- und Wickenarten. Die Verpuppung findet an Pflanzenstängeln statt. Die Falter besuchen verschiedene Blüten wie Rotklee, Luzerne, Flockenblumen und Disteln.

Postillon, Goldene Acht

Colias crocea

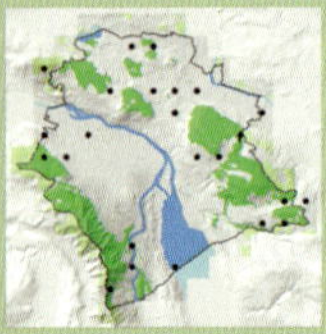

Flügelspannweite ca. 48 mm

April–Oktober. 3 Generationen pro Jahr. Überwinterung als Raupe.

Mittelgroßer Falter, hellgelb (Weibchen) bis orange (Männchen), mit oberseits schwarz gezeichneten Flügelrändern. Fleck in Form einer 8 auf dem Hinterflügel. Vorderflügeloberseite: Schwarzer Flügelsaum umrundet die untere Flügelecke.

Generalist. Frische bis trockene Wiesen und Weiden.

Zürich: Nicht selten, am Stadtrand.

Sehr mobiler Wanderfalter, der jedes Jahr aus dem Süden über die Alpen zuwandert und im Winter normalerweise wieder ausstirbt. In jüngster Zeit scheint die Art zunehmend erfolgreich nördlich der Alpen überwintern zu können. In der Stadt Zürich ist die Art nicht selten, kommt meist in wenig intensiv genutzten Wiesen an der Peripherie vor und dringt selten auch ins Siedlungsgebiet ein: z. B. Friedhof Nordheim und Schipfer (Wollishofen).
Raupen fressen Blätter und Blüten von verschiedenen Schmetterlingsblütlern wie Luzerne, Klee- und Wickenarten, Goldregen und Blasenstrauch. Eiablage an Futterpflanzen, Verpuppung an Pflanzenstängeln. Falter besuchen Blüten von Pflanzen wie Rotklee, Luzerne, Flockenblumen und Disteln.

Zitronenfalter

Gonepteryx rhamni

Der Zitronenfalter ist einer der ersten Frühlingsfalter und kommt in Zürich an den meisten Waldrändern und Waldlichtungen vor. Gelegentlich dringt er auch ins Siedlungsgebiet ein, so in der ehemaligen Lehmgrube Binz und in den Gärten der Wohnsiedlungen am Üetliberghang. Seine Raupe ernährt sich an Faulbaum und Kreuzdorn, die Eier werden an die Blätter der Futterpflanzen gelegt. Verpuppung an Pflanzenstängeln oder unter Blättern. Die Falter besuchen verschiedene Blüten (Blutweiderich, Kriechender Günsel, Gundelrebe und Disteln) und schalten im Hochsommer eine mehrwöchige Flugpause ein. Überwinterung als Falter in Wurzelstöcken, Holzbeigen, im Efeubewuchs am Fuß von Bäumen oder unter Brombeerstauden.

Flügelspannweite ca. 60 mm

März–November. Eine Generation pro Jahr. Überwinterung als Falter.

Großer Falter mit zitronengelber (Männchen) bis blassgelber (Weibchen) Grundfarbe. Geschwungene Form der Vorderflügelspitze, keinerlei graue oder schwarze Zeichnung.

Waldränder, lichter Wald, Hecken. Auch im Siedlungsgebiet. Vagabundierende, mobile Art.

Zürich: Nicht selten.

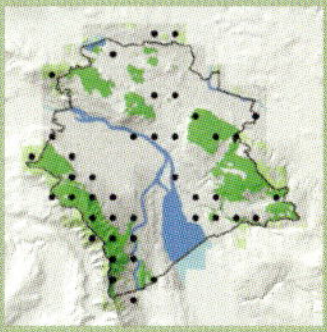

Baumweißling

Aporia crataegi

Der Baumweißling lebt an Waldrändern, im lichten Wald, an Hecken mit angrenzenden extensiv genutzten Wiesen oder Weiden. Vagabundierende, mobile Art. Bis vor wenigen Jahren hatte der Baumweißling das Mittelland geräumt, breitet sich aber in jüngster Zeit wieder aus. Im Stadtgebiet nur am Entlisbergkopf nachgewiesen.

Die gelben Eier werden in Gruppen an die Blätter der Futterpflanzen gelegt, an Weißdorn, seltener auch an andere verholzte Rosengewächse. Die behaarten, bräunlichen Raupen überwintern gemeinsam in einem Gespinst aus zusammengesponnenen Blättern. Verpuppung an Pflanzenstängeln. Die Falter besuchen mit Vorliebe rot- bis blauviolette Blüten von verschiedenen Distelarten, Natternkopf, Luzerne, Knautie, Rotklee und Wiesensalbei.

Flügelspannweite ca. 60 mm

Juni–Juli. Eine Generation pro Jahr. Überwinterung als Raupe.

Großer, unverkennbarer Falter mit weißer Grundfarbe und schwarzen Flügeladern.

Gebüsch- und Saumgesellschaften.

Zürich: Nur Einzelnachweis.

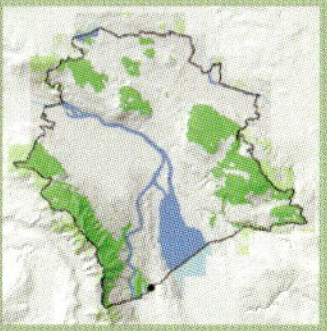

gefährdet

Großer Kohlweißling

Pieris brassicae

Flügelspannweite ca. 55 mm

April–Oktober. 2–3 Generationen pro Jahr. Überwinterung als Puppe.

Großer Falter mit weißer bis hellgelber Grundfarbe, schwarzen Flecken und einer oberseits schwarzen Vorderflügelspitze, die unterseits gelb durchschimmert.

Nicht mehr ganz häufiger Kulturfolger.

Zürich: Häufig, im Stadtrandgebiet, in naturnahen Bereichen auch im Siedlungsraum.

Ähnelt Kleinem Kohlweißling und Karstweißling, ist jedoch größer. Im Gegensatz zu diesen beiden Arten ist der Innenrand der oberseits schwarzen und unterseits gelben Vorderflügelspitze beim Großen Kohlweißling gerundet.
Bewohnt Waldränder, lichten Wald, Wiesen, Acker- und Gemüsebaugebiete, Familiengärten und andere Gärten. Auch im Siedlungsgebiet. Vagabundierende, mobile Art.
Nahrung der schmutzig gelben, schwarz gefleckten Raupe besteht aus kultivierten Kohlgewächsen (Weiß- und Rotkohl, Rosen- und Blumenkohl, Wirsing u. a.), aber auch wilde Kreuzblütler werden mit Eiern belegt. Verpuppung an Steinen oder Mauern. Falter an verschiedene Blüten von Löwenzahn, Wiesensalbei, Luzerne, Rotklee, Flieder usw.

Kleiner Kohlweißling

Pieris rapae

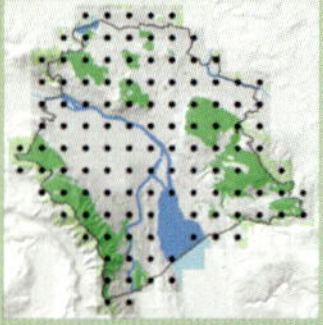

Flügelspannweite ca. 45 mm

März–Oktober. 2–4 Generationen pro Jahr. Überwinterung als Puppe.

Mittelgroßer Falter mit weißer bis hellgelber Grundfarbe, schwarzen Flecken und einer oberseits schwarzen Vorderflügelspitze.

Häufiger Kulturfolger. Acker- und Gemüsebaugebiete, Gärten. Vagabundierende, mobile Art.

Zürich: Häufigste Tagfalterart der Stadt, flächendeckende Verbreitung bis in die urbansten Gebiete.

Im Unterschied zum Großen Kohlweißling mit eher geradem Innenrand der schwarzen Vorderflügelspitze. Vom Karstweißling unterscheidet sich der Kleine Kohlweißling dadurch, dass der schwarze Vorderflügelspitzenfleck seitlich nicht bis auf die Höhe des Flecks in der Flügelmitte hinunter läuft.
Die Eier werden in Gruppen an die Blätter der Futterpflanzen gelegt. Die Nahrung der mattgrünen Raupen («Chabiswürm») besteht vorwiegend aus kultivierten Kohlgewächsen wie Weiß- und Rotkohl, Rosen- und Blumenkohl, Wirsing u. a, auch wilde Kreuzblütler werden mit Eiern belegt. Die Verpuppung findet an Pflanzen, Steinen oder Mauern statt. Die Falter besuchen viele verschiedene Blüten.

Karstweißling

Pieris mannii

Unterscheidet sich vom Kleinen Kohlweißling dadurch, dass der schwarze Vorderflügelspitzenfleck seitlich bis auf die Höhe des Flecks in der Flügelmitte hinunter läuft.
Ursprünglich nur im Wallis, im Tessin und in der Region Genf, 2008 in die Nordschweiz eingewandert. In den Zentral- und Südalpen in trockenwarmen, felsigen und buschreichen Abhängen. Auf der Alpennordseite im Siedlungsgebiet, pflanzt sich in Steingärten und fugenreichen Böschungsmauern mit Polsterpflanzen fort. Vagabundierende, mobile Art.
Nahrung der Raupe in der Nordschweiz (soweit bekannt): Immergrüne Schleifenblume *(Iberis sempervirens)*, Rucola. Verpuppung an Pflanzenstängeln, Steinen oder Mauern.

Flügelspannweite ca. 42 mm

April–Oktober. Vermutlich 4 Generationen pro Jahr. Überwinterung als Puppe.

Mittelgroßer Falter mit weißer bis hellgelber Grundfarbe, schwarzen Flecken und einer oberseits schwarzen Vorderflügelspitze.

Trockenwarme, felsige Hänge, auch Steingärten und Mauern.

Zürich: Seit 2008 in der Region, seit 2009 auf Stadtgebiet (Waid). Früher nur in der Süd- und Zentralschweiz.

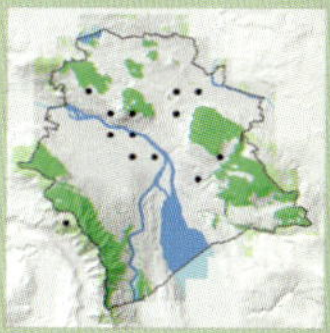

stark gefährdet

Zürich: seit 2009

Grünaderweißling

Pieris napi

Eine der häufigsten Tagfalterarten der Stadt Zürich, auch unter dem Namen Rapsweißling bekannt, besiedelt Waldränder, lichten Wald, Wiesen, Acker- und Gemüsebaugebiete und Gärten, kommt auch mitten in der Stadt vor. Vagabundierende, mobile Art.
Die Eier des Grünaderweißlings werden einzeln oder in Gruppen an die Blätter der Futterpflanzen gelegt. Die Nahrung der mattgrünen Raupe besteht aus vielen verschiedenen Kreuzblütlern, darunter auch Kulturpflanzen wie Weißkohl oder Blumenkohl. Die Verpuppung findet an Pflanzenstängeln statt. Die Falter besuchen viele verschiedene Blüten.

Flügelspannweite ca. 42 mm

April–Oktober. 3 Generationen pro Jahr. Überwinterung als Puppe.

Mittelgroßer Falter mit weißer bis hellgelber Grundfarbe, schwarzen Flecken, oberseits schwarzer Vorderflügelspitze. Flügeladern auf den Flügelunterseiten graugrün bestäubt.

Häufiger Kulturfolger.

Zürich: Häufig; Verbreitung flächendeckend bis in die urbansten Gebiete.

Aurorafalter

Anthocharis cardamines

Von anderen Weißlingen ist der Aurorafalter durch die graugrün marmorierte Hinterflügelunterseite zu unterscheiden. Lebt an Waldrändern, im lichten Wald, in Waldlichtungen, auf waldnahen Wiesen und an Säumen. Vagabundierende, mobile Art. Eine der häufigsten Tagfalterarten der Stadt Zürich. Besiedelt sämtliche Wälder und landwirtschaftlich genutzten Gebiete, ebenso größere naturnahe, gehölzreiche Gebiete im urbanen Raum: Hardhof, Kantonsschule Rämibühl oder Friedhof Sihlfeld.
Eiablage einzeln an Blütenstiele der Futterpflanzen: viele verschiedene Kreuzblütler wie Wiesenschaumkraut, Bitteres Schaumkraut, Spring-Schaumkraut oder Knoblauchshederich. Verpuppung an Pflanzenstängeln. Falter besuchen bevorzugt die Blüten des Wiesenschaumkrauts.

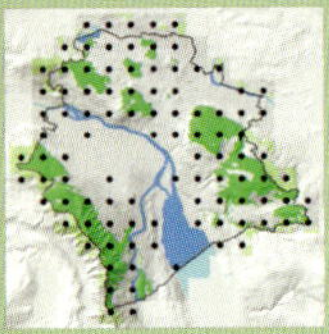

Flügelspannweite ca. 42 mm

Frühlingsfalter: April–Juni. Eine Generation pro Jahr. Überwinterung als Puppe.

Mittelgroßer Falter, Grundfarbe weiß, schwarze Flecke, oberseits schwarze Vorderflügelspitze. Männchen durch großen, leuchtend orangefarbenen Fleck im Vorderflügel unverkennbar; Weibchen im Flug leicht mit anderen Weißlingen zu verwechseln.

Waldränder, waldnahe Wiesen und Säume.

Zürich: Häufig.

Großer Schillerfalter

Apatura iris

Lebt heimlich, in Zürich liegen aus den letzten 10 Jahren gerade einmal 8 Falter-Beobachtungen vor. Als Raupe im Winter vergleichsweise einfach zu finden. Wohl in allen großen Waldgebieten vertreten: Nachweise besonders aus dem Üetliberggebiet, weitere von den Katzenseen und vom Zürichberg. Bewohnt Schlagfluren und Windwurfflächen, lichten Wald oder Wälder mit inneren Waldrändern, Lichtungen, breiten Waldwegen und Waldschneisen. Vagabundierende, mobile Art.
Raupe erinnert mit ihren 2 langen Kopfhörnern an grüne Nacktschnecke, entwickelt sich an Salweide, möglicherweise auch an weiteren Weidenarten. Falter besucht kaum Blüten, saugt vielmehr an Wasserpfützen auf unversiegelten Waldstraßen, an Baumsäften, Exkrementen oder Aas.

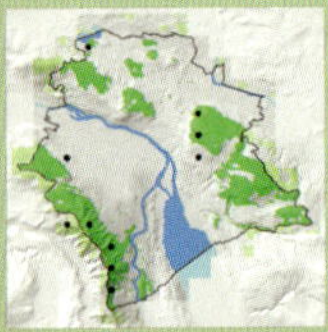

gefährdet

Flügelspannweite ca. 65–70 mm

Mitte Juni–Mitte August. Eine Generation pro Jahr. Überwinterung als Raupe an kleinen Salweiden.

Sehr großer Falter. Flügel in Braun, beidseits mit weißen Flecken und Bändern. Vorderflügelunterseite und Hinterflügeloberseite mit orangerotem Augenfleck. Männchen oberseits mit blauviolettem Schillerglanz.

Typische Art des Pionierwalds.

Zürich: Selten.

Kleiner Eisvogel

Limenitis camilla

Auf Stadtgebiet ist der Kleine Eisvogel in den lichtungsreichen Bachschluchtwäldern des Wehrenbachs und des Elefantenbachs sowie am Üetliberg relativ häufig, in den übrigen Waldgebieten eher selten. Mobile Art.

Eiablage auf die Blattoberseite der Futterpflanze. Die Nahrung der gelbgrünen, rot bedornten Raupe besteht aus Blättern der Roten Heckenkirsche, möglicherweise auch von weiteren Geißblattarten. Die Raupe überwintert in einem zusammengesponnenen Blattröhrchen an den untersten Zweigen der Raupenfutterpflanze. Verpuppung an Zweigen. Die Falter saugen vorwiegend an Ausscheidungen von Blattläusen und besuchen selten Blüten (Wasserdost, Disteln).

Förderung durch Erhaltung gebüschreicher Laubwälder mit besonnten Lichtungen.

Flügelspannweite ca. 50 mm

Mitte Juni–Mitte August. Eine Generation pro Jahr. Überwinterung als Raupe.

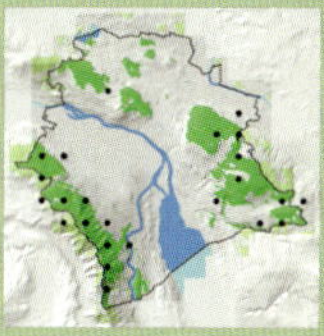

Mittelgroßer Falter. Grundfarbe Flügel braun, beidseits mit weißen Flecken und Bändern.

Typische Waldart. Wälder mit schattigen, luftfeuchten Stellen und besonnten Lichtungen, Waldwegen und Waldrändern.

Zürich: V. a. im Wald am Üetliberg und um Wehrenbach und Elefantenbach.

Großer Fuchs

Nymphalis polychloros

Mobile, vagabundierende Art. Im Gegensatz zum Kleinen Fuchs ist die Basis der Hinterflügeloberseite kaum abgedunkelt. In der Stadt Zürich ist der Große Fuchs aktuell nur aus wenigen Gebieten bekannt: z. B. Waldrand am Lyrenweg (Altstetten), Fallätsche und Waidberg.

Raupen leben gesellig in einem Gespinst auf Salweiden, Kirsch-, Birn- oder Apfelbäumen. Verpuppung an Felsen, Steinen oder Wurzelstöcken. Falter saugen vorwiegend an feuchten Bodenstellen oder überreifen Früchten und besuchen selten auch Blüten der Salweide. Überwinterung als Falter in Wurzelstöcken, Holzbeigen oder Ähnlichem. Eine Generation pro Jahr.

Benötigt Waldränder und Lichtungen mit Salweiden, insektizidfreie Obstproduktion.

Flügelspannweite ca. 55 mm

Mitte März–Mitte Mai, neue Generation Juli–Oktober.

Großer Falter. Flügeloberseiten orangebraun mit schwarzen Flecken, Hinterflügelsaum mit blauen Halbmondflecken. Flügelunterseiten dunkelbraun marmoriert.

Waldränder, Waldlichtungen, Schlagfluren, lichter Wald, Obstgärten.

gefährdet

Zürich: Recht selten.

Tagpfauenauge

Inachis io

Flügelspannweite ca. 55 mm

März–Oktober. 2 Generationen pro Jahr. Überwinterung als Falter.

Großer unverkennbarer Falter. Flügeloberseiten weinrot mit 2 blauen und 2 roten Augenflecken. Flügelunterseiten dunkelbraun marmoriert.

Verschiedene gehölz- und saumreiche Lebensräume.

Zürich: Flächendeckend verbreitet

Bewohnt lichten Wald, Waldränder, Waldlichtungen, Hecken, Feuchtgebiete, Flussufer und Gärten. Mobile, vagabundierende Art. In Zürich dringt das Tagpfauenauge, sofern geeignete größere naturnahe Lebensräume vorhanden sind, auch ins Siedlungsgebiet vor. Unter anderem in der ehemaligen Lehmgrube Binz, an Sihl und Limmat.
Die Eier werden in Gruppen an die Blattunterseite von Brennnesseln gelegt. Die samtschwarzen Raupen («Tüüfelschatze») leben gesellig in einem Gespinst an Brennnesseln. Verpuppung an der Futterpflanze oder an Felsen, Steinen oder Wurzelstöcken. Falter saugt bevorzugt an Wasserdost, Staudenholunder, Disteln, Flockenblumen und Salweide. Falter überwintert in Wurzelstöcken, Holzbeigen oder Ähnlichem.
Benötigt blütenreiche Staudenfluren mit vielen Brennnesseln.

Admiral

Vanessa atalanta

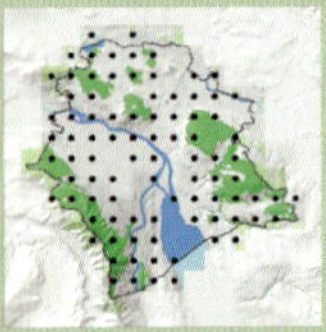

Flügelspannweite ca. 55 mm

April–Oktober. 2–3 Generationen pro Jahr. Überwinterung als Falter.

Groß, unverkennbar. Grundfarbe schwarz, mit roten Bändern und weißen Flecken. Hinterflügelunterseiten graubraun marmoriert.

Verschiedene saumreiche Lebensräume.

Zürich: Je nach Anzahl im Frühling einwandernder Falter unterschiedlich häufig, ist in günstigen Jahren im ganzen Stadtgebiet.

Besiedelt Waldränder, Waldlichtungen, Hecken, Bach- und Grabenufer sowie Gärten, auch im Siedlungsgebiet anzutreffen. Sehr mobiler Wanderfalter, der jedes Jahr aus dem Süden über die Alpen zuwandert und im Winter normalerweise wieder ausstirbt oder in den Süden zurückwandert. In jüngster Zeit scheint der Admiral zunehmend erfolgreich nördlich der Alpen überwintern zu können. Falter überwintert in Wurzelstöcken oder Holzbeigen.
Eier werden einzeln an die Blattunterseite von Brennnesseln gelegt, der Futterpflanze der Raupen. Verpuppung in zusammengesponnenen Blättern. Falter saugen bevorzugt an Wasserdost, Efeu, Sommerflieder oder überreifem Obst.
Braucht blütenreiche Staudenfluren mit vielen Brennnesseln.

Distelfalter

Vanessa cardui

Sehr mobiler Wanderfalter; wandert wie der Admiral jedes Jahr aus dem Süden über die Alpen zu, im Winter stirbt er normalerweise wieder aus oder fliegt in den Süden zurück. Möglicherweise können die Falter teilweise nördlich der Alpen erfolgreich überwintern. Besiedelt Krautsäume, Wiesen, Weiden, Waldränder, Hecken und Gärten. In der Stadt Zürich ist der Distelfalter je nach Anzahl im Frühling einwandernder Tiere unterschiedlich häufig, in günstigen Jahren im ganzen Stadtgebiet anzutreffen (Frühling 2009 beim Beatenplatz: über 150 Tiere in einer Stunde).

Raupenfutterpflanzen: verschiedene Distelarten, Brennnessel, viele weitere, auch Kulturpflanzen (Soja). Verpuppung an der Futterpflanze. Falter gerne an Wasserdost, Disteln, Buddleja.

Flügelspannweite ca. 55 mm

April–Oktober. 2–3 Generationen pro Jahr.

Groß, unverkennbar. Flügeloberseiten orange mit schwarzen Flecken und schwarz-weiß gefleckten Flügelspitzen. Hinterflügelunterseiten braun-weiß marmoriert, mit 4–5 kleinen Augenflecken.

Verschiedenartige Lebensräume.

Zürich: In günstigen Jahren flächendeckend verbreitet.

Kleiner Fuchs

Aglais urticae

Der Kleine Fuchs kann im Gebiet der Stadt Zürich an Waldrändern, in Waldlichtungen, an Hecken, in Feuchtgebieten und an Flussufern, in Wiesen und Weiden, in Familiengärten und anderen Gärten sowie auf Friedhöfen und in Parkanlagen beobachtet werden. Mobile, vagabundierende Art.

Eiablage an die Blattunterseite von Brennnesseln, die auch dieser Art als Raupenfutterpflanze dient. Raupen bedornt, schwarz mit gelben Längsbinden, verpuppen sich an der Futterpflanze oder an Felsen, Steinen und Wurzelstöcken. Die Falter sind wenig wählerisch und saugen an vielen verschiedenen Blüten.

Auch diese Art kann durch die Erhaltung und Anlage von blütenreichen Staudenfluren mit vielen Brennnesseln gefördert werden.

Flügelspannweite ca. 45 mm

März–Oktober. 2–3 Generationen pro Jahr. Überwinterung als Falter.

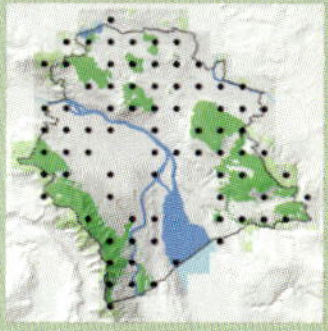

Mittelgroß, Flügeloberseiten orangebraun mit schwarzen Flecken, Flügelsaum mit blauen Halbmondflecken. Flügelunterseiten dunkelbraun marmoriert mit gelblichen Stellen. Stark abgedunkelte Basis der Hinterflügeloberseite.

Verschiedene gehölz- und saumreiche Lebensräume.

Zürich: Nahezu flächendeckend verbreitet.

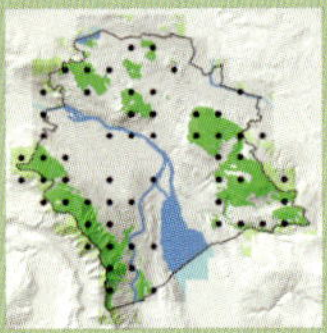

Flügelspannweite ca. 50 mm

März–Oktober. Eine Generation pro Jahr. Überwinterung als Falter.

Mittelgroß, Flügeloberseiten orangebraun mit schwarzen Flecken, Flügelunterseiten braun marmoriert. Weißer Fleck in Form eines «C» auf der Hinterflügelunterseite. Flügelsaum auffallend formenreich geschwungen, wirkt wie ausgefranst.

Verschiedene gehölz- und saumreiche Lebensräume.

Zürich: Verbreitet im Wald und in gut durchgrünten Stadtteilen.

C-Falter

Polygonia c-album

Der C-Falter ist in der Stadt Zürich weit verbreitet und lebt in Waldlichtungen, an Waldrändern, an Flussufern, in Familiengärten, ebenso auf Friedhöfen und in Parkanlagen. Mäßig mobile Art.

Die Eier werden einzeln an die Futterpflanze gelegt. Die Nahrung der Raupen besteht aus Brennnesseln, Hopfen und Laubgehölzen wie Salweide, Ulme, Stachel- und Johannisbeere. Verpuppung an Pflanzenstängeln. Falter besuchen gerne Disteln, Wasserdost, Staudenholunder.

Profitiert von der Erhaltung und Förderung blütenreicher Staudenfluren mit vielen Brennnesseln und Salweiden.

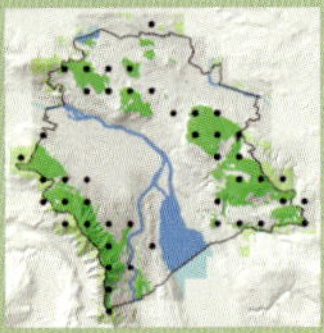

Flügelspannweite ca. 35 mm

April–Oktober. 2–3 Generationen pro Jahr. Überwinterung als Puppe.

Kleiner Falter mit 2 unterschiedlich gefärbten Generationen. Flügelunterseiten bei beiden Generationen ähnlich bunt gemustert und mit einer weißen Netzzeichnung überzogen.

Feuchte, gehölz- und saumreiche Lebensräume.

Zürich: Nicht selten, in allen größeren Waldgebieten.

Landkärtchen

Araschnia levana

Bildet 2 unterschiedlich gefärbte Generationen aus: Flügeloberseiten bei der Frühlingsgeneration orangebraun mit vielen großen schwarzen Flecken, bei der Sommergeneration schwarz, mit breiten weißen Bändern und schmalen orangefarbenen Linien.

Bewohnt lichten Wald, Waldränder, Waldlichtungen und Gewässerufer. Mäßig mobile Art, im Siedlungsgebiet eher selten anzutreffen.

Die Eier werden zu Stäbchen aufeinander getürmt auf die Blattunterseite der Futterpflanze (Brennnessel) gelegt. Verpuppung an Pflanzenstängeln. Die Falter saugen gerne an Wiesenkerbel und anderen weißen Doldenblütlern, Disteln, Wasserdost und Staudenholunder.

Kaisermantel

Argynnis paphia

Größter der orangefarbenen Falter mit schwarzer Fleckung. Männchen mit 4 streifenförmigen braunschwarzen Duftschuppenflecken auf der Vorderflügeloberseite, an denen die von Drüsen hervorgebrachten Duftstoffe zur Anlockung der Weibchen austreten. Weibchen legen ihre Eier einzeln an die Stämme von grobborkigen Bäumen im Waldrand. Raupen ernähren sich von Wald- und Hundsveilchen und verpuppen sich am Fuß von Baumstämmen oder an der Futterpflanze. Die Falter saugen gerne an Wiesenkerbel und anderen weißen Doldenblütlern, an Disteln, Wasserdost, Staudenholunder, Flockenblumen, Skabiose und Dost.
Förderung durch Erhaltung und Entwicklung blütenreicher Staudenfluren an Waldrändern und in lichten Waldstellen.

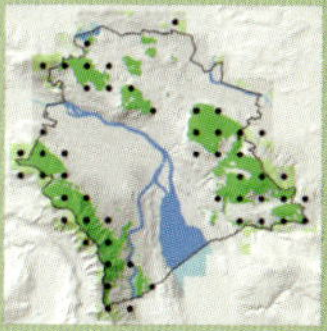

Flügelspannweite ca. 60 mm

Juli–Mitte September. Eine Generation pro Jahr. Überwinterung als Raupe.

Großer Falter. Flügeloberseiten orange mit braunschwarzer, aufgelöster Fleckenzeichnung. Hinterflügelunterseite mit perlmutterfarbenen Streifen.

Lichter Wald, Waldränder, Waldlichtungen und gehölzreiche Feuchtgebiete. Mäßig mobile Art.

Zürich: Nicht selten; lebt in allen größeren Waldgebieten.

Märzveilchenfalter

Argynnis adippe

Der Märzveilchenfalter kommt auf dem Gebiet der Stadt Zürich nur in den Waldlichtungen und lichten Wäldern am Üetliberg vor. Die Männchen der Märzveilchenfalter tragen 2 streifenförmige braunschwarze Duftschuppenflecke auf der Vorderflügeloberseite, die Sexualpheromone abgeben. Eiablage an die Blattunterseite verschiedener Veilchenarten, die auch als Raupenfutterpflanzen dienen. Die Verpuppung erfolgt am Fuß von Baumstämmen oder an anderen Pflanzenteilen. Disteln, Flockenblumen und Brombeeren zählen zu den von den Faltern bevorzugt besuchten Blüten.
Profitiert von der Erhaltung und Förderung lichter Wälder und gehölz- und saumreicher Mager- und Riedwiesen.

Flügelspannweite ca. 57 mm

Juni–September. Eine Generation pro Jahr. Überwinterung als Raupe in der Eihülle.

Groß, Flügeloberseiten orange mit braunschwarzer, aufgelöster Fleckenzeichnung. Hinterflügelunterseite mit perlmutterfarbenen Flecken und im Saumbereich mit rotbraunen Ringen und Winkeln.

gefährdet

Lichter Wald, busch- und saumreiche Mager- und Riedwiesen. Mäßig mobile Art.

Zürich: Selten; am Üetliberg.

Kleiner Perlmutterfalter

Issoria lathonia

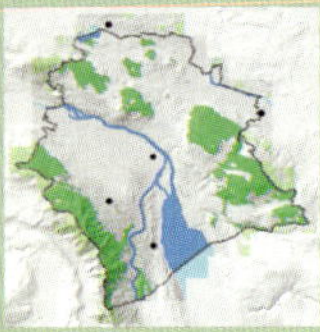

Flügelspannweite ca. 45 mm

Juni–September. 3–4 Generationen pro Jahr. Überwinterung als Raupe, vermutlich auch als Puppe und möglicherweise auch als Falter.

Mittelgroß, Flügeloberseiten orange mit braunschwarzer, aufgelöster Fleckenzeichnung. Hinterflügelunterseite mit großen perlmutterfarbenen Flecken und im Saumbereich mit rotbraunen Ringen.

Verschiedenartige Lebensräume.

Zürich: Selten.

Mobile, vagabundierende Art, die teilweise auch aus dem Süden zuwandert. Lebt an Feldrändern, auf Ruderalflächen, in Wiesen, Weiden und Gärten. Auch im Siedlungsgebiet anzutreffen, in Zürich jedoch selten, aktuell nur in wenigen Gebieten nachgewiesen: in der ehemaligen Lehmgrube Binz, am Oberen Letten, auf der Allmend Stettbach, bei den Katzenseen, im Muggenbühl und im Wehrenbachtobel.
Eiablage an die Nahrungspflanzen der Raupen: Feld-Stiefmütterchen und Rauhaariges Veilchen, evtl. auch weitere Veilchenarten. Die Verpuppung findet in Bodennähe an Pflanzenteilen statt. Die Falter saugen bevorzugt an Disteln und Flockenblumen.
Förderung durch Erhaltung und Förderung von Buntbrachen, Ruderalflächen, extensiv genutzten Wiesen und Weiden sowie von naturnahen Gärten.

Violetter Silberfalter

Brenthis ino

gefährdet

Flügelspannweite ca. 40 mm

Juni–September. Eine Generation pro Jahr. Überwinterung als Ei.

Mittelgroßer Falter. Flügeloberseiten orange mit braunschwarzer, aufgelöster Fleckenzeichnung. Hinterflügelunterseite mit einem violetten Band.

Flachmoorspezialist. Hochstaudenfluren und Riedwiesen, Bachufer. Standorttreue Art.

Zürich: Selten, nur 3 Gebiete.

Der Violette Silberfalter wurde auf dem Gebiet der Stadt Zürich aktuell nur in 3 Gebieten nachgewiesen: in einem Ried im Albisgüetli, in den Waldrieden am Üetliberg und im Wehrenbachtobel.
Seine Raupen ernähren sich von Spierstauden *(Filipendula ulmaria)*, wo auch die Eier einzeln auf die Blattunterseite gelegt werden. Verpuppung an Pflanzenstängeln. Falter saugen bevorzugt an Disteln und Flockenblumen.
Kann durch die Erhaltung und Förderung alternierend und abschnittweise gemähter Riedwiesen, Hochstaudenfluren und Bachufer gefördert werden.

Veilchenperlmutterfalter

Boloria euphrosyne

Standorttreue Art. Die Eier des Veilchenperlmutterfalters werden einzeln auf die Raupenfutterpflanze oder in deren Nähe gelegt. Raupenfutterpflanzen sind Wald- und Hundsveilchen, vermutlich auch noch andere Veilchenarten. Die Verpuppung erfolgt in Bodennähe an Pflanzenstängeln. Die Falter können oft beim Besuch von Blüten des Kriechenden Günsels, von Storchschnabelarten, Margeriten, Braunellen und Flockenblumen beobachtet werden. Eine Generation pro Jahr, in günstigen Jahren in tiefen Lagen 2 Generationen.
Förderung durch Erhaltung und Förderung ungedüngter Wald- oder Waldrandwiesen und lichter Wälder.

Flügelspannweite ca. 40 mm

Mai–Juli. Raupe überwintert.

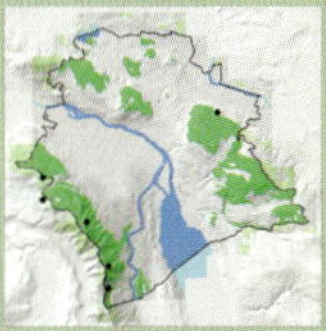

Mittelgroß, Flügeloberseiten orange mit braunschwarzer, aufgelöster Fleckenzeichnung. Hinterflügelunterseite mit Perlmutterflecken und rostbraunen Winkeln am Flügelsaum.

Waldränder, Waldlichtungen, lichter Wald, busch- und saumreiche frische Wiesen und Weiden oder Flachmoore.

Zürich: Selten, fliegt nur in den Waldlichtungen am Üetliberg und an einer Stelle am Zürichberg.

Hainveilchenperlmutterfalter

Boloria dia

Der in der Schweiz stark gefährdete Hainveilchenperlmutterfalter lebt in busch- und saumreichen, extensiv genutzten, trockenen Magerwiesen und gilt als standorttreue Art. Auf Stadtgebiet fliegt er nur in der Ankenweid am Üetliberg (oberhalb Leimbach). Ein einzelnes Tier wurde in einer Buntbrache am Katzenbach beobachtet.
Die Nahrung der Raupen besteht aus Wohlriechendem und Rauhaarigem Veilchen, vermutlich auch noch aus weiteren Veilchenarten, Eiablage (einzeln) auf die Raupenfutterpflanze oder in deren Nähe, Verpuppung in Bodennähe an Pflanzenstängeln. Falter saugen gerne an Blüten von Hornklee, Witwenblumen, Skabiose und Flockenblumen.

Flügelspannweite ca. 35 mm

April–Mitte Juni und August–Mitte September. 2 Generationen pro Jahr. Überwinterung als Raupe.

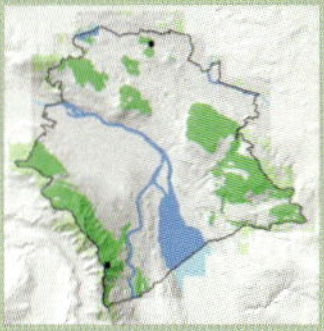

Klein, Flügeloberseiten orange mit braunschwarzer, aufgelöster Fleckenzeichnung. Hinterflügelunterseite mit Silberflecken und violettroten Ringen und Winkeln am Flügelsaum. Eckiger Flügelschnitt des Hinterflügels.

stark gefährdet

Typische Art der trockenen Saumgesellschaften.

Zürich: Sehr selten.

Wachtelweizen-scheckenfalter

Melitaea athalia

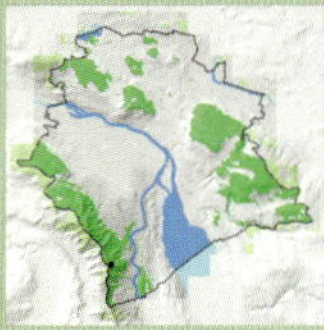

gefährdet

Flügelspannweite ca. 40 mm

Mitte Mai–Mitte August. Eine Generation pro Jahr. Überwinterung als Raupe.

Mittelgroßer Falter. Flügeloberseiten orange mit braunschwarzer, zusammenhängender Netzzeichnung. Hinterflügelunterseite ohne Perlmutterflecke.

Typische Art der trockenen Magerwiesen.

Zürich: Sehr selten, fliegt nur in der Ankenweid am Üetliberg.

Bewohnt extensiv genutzte, blütenreiche, trockene Mager- und seltener auch Riedwiesen. Standorttreue Art. Die Eier werden einzeln auf die Blattunterseite der Raupenfutterpflanze gelegt. Neben Spitzwegerich können – je nach Region – auch Gelber Fingerhut, Gemeines Leinkraut, Baldrian sowie weitere Arten als Raupenfutterpflanze in Frage kommen. Verpuppung in Bodennähe an Pflanzenstängeln, Falter saugen besonders gerne an gelben und violetten Korbblütlern (Witwenblumen, Skabiose und Flockenblumen).

Im Kanton Zürich selten noch eine weitere ähnliche Art, in den Alpen sogar mehrere sehr ähnliche, die teilweise nur durch die Untersuchung der Geschlechtsorgane unterschieden werden können.

Schachbrettfalter

Melanargia galathea

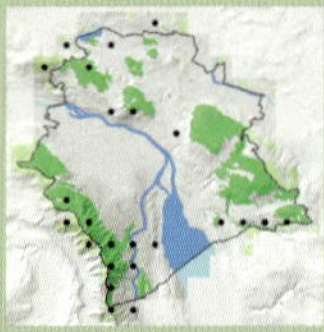

Flügelspannweite ca. 45 mm

Mitte Mai–Ende August. Eine Generation pro Jahr. Überwinterung als Raupe.

Mittelgroßer, unverkennbarer Falter. Schachbrettartig schwarz-weiß gemustert.

Typische Art der trockenen Magerwiesen. Extensiv genutzte, blütenreiche trockene Magerwiesen. Standorttreue Art.

Zürich: Relativ selten.

Der Schachbrettfalter, eine Charakterart trockener Magerwiesen, ist in der Stadt Zürich relativ selten und fliegt nur in den Waldlichtungen am Üetliberg und im Wehrenbachtobel noch häufig. Einzelne Nachweise stammen vom Riedweg (Höngg), von der Waid, Irchelpark, Albisgüetli und dem Gebiet Burgreben (Burghölzli).

Die Weibchen des Schachbrettfalters lassen ihre Eier auf den Boden fallen. Die Raupen entwickeln sich an verschiedenen Grasarten wie Aufrechte Trespe, Fiederzwenke und Schafschwingel, die Verpuppung findet anschließend an der Basis der Futterpflanze statt. Bevorzugte Falterblüten: Disteln, Witwenblumen, Skabiose und Flockenblumen.

Artförderung durch Erhaltung und Förderung extensiv genutzter, blumenreicher Magerwiesen.

Milchfleck, Waldmohrenfalter

Erebia ligea

Dieser standorttreue Augenfalter besiedelt Waldlichtungen, Waldränder, Schlagfluren und lichte Waldstellen. Der früher weit verbreitete Milchfleck ist aus den Wäldern des Mittellands fast völlig verschwunden und konnte sich in der Schweiz nur in höher gelegenen Waldgebieten halten. Auf dem Gebiet der Stadt Zürich ist er nur noch in der Fallätsche relativ häufig. Einzelne Nachweise stammen von weiteren lichten Waldstellen am Üetliberg (Rossweidliegg).
Eiablage in Bodennähe an dürre oder lebende Pflanzenteile, Raupenentwicklung an Waldsegge, vermutlich auch an weiteren Gräsern und Seggen. Verpuppung in Grasbüscheln oder in der Bodenstreu. Falter an Witwenblumen, Skabiose, Flockenblumen, Distelarten und Habichtskraut.

Flügelspannweite ca. 45 mm

Ende Juni–Ende August. Eine Generation pro Jahr. 2-malige Überwinterung als Raupe.

Mittelgroßer Falter. Grundfarbe dunkelbraun mit orangebraunen Bändern und schwarzen, weiß gekernten Augenflecken. Flügelfransen schwarz-weiß gescheckt. Weißer «Milchfleck» auf der Hinterflügelunterseite.

Typische Art der lichten Wälder.

Zürich: Selten am Üetliberg.

Waldteufel

Erebia aethiops

Standorttreue Art, bewohnt extensiv genutzte Waldlichtungen, Waldränder mit angrenzenden Ried- oder Magerwiesen, Schlagfluren und lichte Waldstellen.
Wie der Milchfleck war auch der Waldteufel früher im Flachland weit verbreitet, ist aber heute im Mittelland praktisch ausgestorben. Im Bergland noch häufiger. Auf Stadtgebiet fliegt der Waldteufel nur noch in einigen Waldlichtungen am Üetliberg relativ häufig. Einzelne Nachweise stammen von lichten Waldstellen am Üetliberg.
Legt Eier auf die Blätter der Raupenfutterpflanzen: an verschiedene Grasarten wie Aufrechte Trespe, Fiederzwenke und Schafschwingel. Verpuppung in der Bodenstreu. Falter saugen bevorzugt an Witwenblumen, Skabiose, Flockenblumen, Distelarten und Wasserdost.

Flügelspannweite ca. 40 mm

Anfang Juli–Mitte September. Eine Generation pro Jahr. Überwinterung als Raupe.

Mittelgroß, Grundfarbe dunkelbraun mit orangebraunen Bändern und schwarzen, weiß gekernten Augenflecken. Flügelfransen schwarz-weiß gescheckt. Schmutzig weißes Band auf der Hinterflügelunterseite.

gefährdet

Typische Art der lichten Wälder.

Zürich: Selten, am Üetliberg.

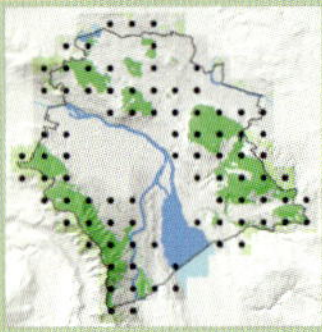

Flügelspannweite ca. 45 mm

Ende Juni–Anfang Oktober. Eine Generation pro Jahr. Überwinterung als Raupe.

Mittelgroß, Grundfarbe dunkelbraun. Vorderflügel beidseits mit einem unterschiedlich großen orangebraunen Fleck, der mit einem schwarz-weißen Augenfleck besetzt ist. Vorderflügelunterseite mehrheitlich orangebraun.

Generalist. Typische Art der 2-schürigen Wiesen.

Zürich: Häufig an Waldrändern und Wiesen.

Großes Ochsenauge

Maniola jurtina

Das Große Ochsenauge lebt auf feuchten bis trockenen, mäßig intensiv genutzten Wiesen, in lichtem Wald, an Waldrändern und Krautsäumen. Eher standorttreu, fliegt in Zürich an jedem Waldrand, in fast jeder Waldlichtung und in vielen landwirtschaftlich genutzten Gebieten. Auch innerhalb des Siedlungsgebiets, sofern entsprechende Lebensräume vorhanden sind (z. B. Botanischer Garten, Magerwiese an der Gloriastrasse).

Eiablage an Raupenfutterpflanzen oder an dürres Gras nahe am Boden. Raupenentwicklung an verschiedenen Gras- und Seggenarten (Aufrechte Trespe, Fiederzwenke, Roter Schwingel). Verpuppung in Bodennähe an Pflanzenstängeln. Falter besuchen gerne violette und lilafarbene Korbblütler wie Witwenblumen, Skabiose, Flockenblumen und Disteln.

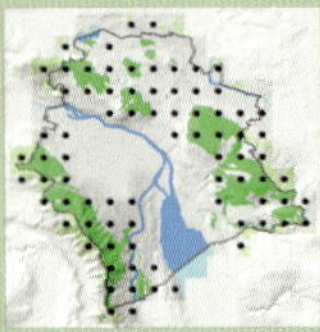

Flügelspannweite ca. 42 mm

Juni–August. Eine Generation pro Jahr. Überwinterung als Raupe.

Mittelgroß. Grundfarbe dunkelbraun, mit einer Reihe gelb umringter schwarzer Augenflecke auf den Flügelunterseiten und etwas schwächer gezeichnet auch auf den Flügeloberseiten.

Generalist. Typische Art der 2-schürigen Wiesen.

Zürich: Häufig, v. a. am Stadtrand.

Brauner Waldvogel

Aphantopus hyperantus

Besiedelt feuchte bis trockene, mäßig intensiv genutzte Wiesen, lichten Wald, Waldränder und Krautsäume. Wie Großes Ochsenauge eher standorttreu, fliegt in Zürich ebenfalls an jedem Waldrand, in fast jeder Waldlichtung, in vielen landwirtschaftlich genutzten Gebieten oder an Bahnböschungen. Im Siedlungsgebiet etwa in der ehemaligen Lehmgrube Binz, im Schipfer (Wollishofen) oder entlang von Bahnlinien.

Lässt Eier ins Gras fallen. Raupen leben an verschiedenen Gras- und Seggenarten wie Aufrechte Trespe, Fiederzwenke und Roter Schwingel, Verpuppung an der Basis von Grashorsten. Falter an violetten und lilafarbenen Korbblütlern (Witwenblumen, Skabiose und Flockenblumen) sowie weißen Doldenblütlern (Bärenklau, Wilde Möhre und Zwergholunder).

Perlgrasfalter

Coenonympha arcania

In der Stadt Zürich ist der auf der Alpennordseite praktisch verschwundene Perlgrasfalter, der landesweit als stark gefährdet gilt, sehr selten und fliegt nur noch in einer Waldlichtung und einem angrenzenden lichten Wald am Üetliberg.

Legt seine Eier einzeln an Grasblätter. Raupen leben nicht nur an Perlgras, sondern auch an verschiedenen weiteren Grasarten wie Rispengras, Aufrechte Trespe, Fiederzwenke, Schwingelarten, vermutlich auch an Strandpfeifengras. Verpuppung an Grashalmen. Falter suchen gerne die Blüten von Liguster, Thymian, Dost und Brombeere auf.

Flügelspannweite ca. 34 mm

Anfang–Ende Juni. Eine Generation pro Jahr. Überwinterung als Raupe.

Kleiner Falter. Grundfarbe Hinterflügel dunkelbraun, Vorderflügel orangebraun. Hinterflügelunterseite mit einer Reihe gelb umringter, schwarzer Augenflecke und unregelmäßigem, cremefarbenem Band.

Typische, aber in der Nordschweiz sehr selten gewordene Art des lichten Waldes und der gebüsch- und saumreichen Wiesen tiefer Lagen

stark gefährdet

Zürich: Sehr selten.

Kleines Wiesenvögelchen

Coenonympha pamphilus

Das Kleine Wiesenvögelchen lebt an mäßig intensiv genutzten Wiesen, Krautsäumen, Waldrändern und Bahnböschungen. Standorttreu, kommt selten auch im Siedlungsgebiet vor, sofern entsprechende Lebensräume vorhanden sind, so etwa um die Kantonsschule Rämibühl und im Schipfer (Wollishofen).

Die grasgrünen Raupen entwickeln sich an verschiedenen Grasarten wie Rispengras, Ruchgras oder Roter Schwingel. Auch die Eiablage erfolgt an Grashalmen. Verpuppung an Grashalmen oder anderen Pflanzenteilen. Falter an verschiedenen Blüten von Kleearten, Flockenblumen, Margerite, Schafgarbe usw.

Flügelspannweite ca. 30 mm

Anfang–Ende Juni. Eine Generation pro Jahr. Überwinterung als Raupe.

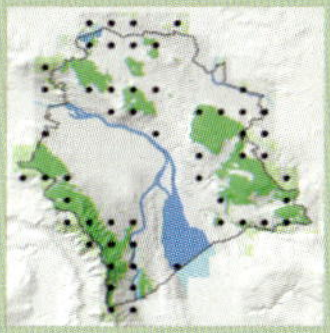

Kleiner Falter. Flügeloberseiten hellbraun. Hinterflügelunterseite braun, Vorderflügelunterseite orangebraun mit einem Augenfleck.

Typische Art der 2-schürigen Wiesen. Feuchte bis trockene, mäßig intensiv genutzte Wiesen.

Zürich: Ziemlich häufig, fliegt in den meisten naturnahen oder mäßig intensiv genutzten Gebieten.

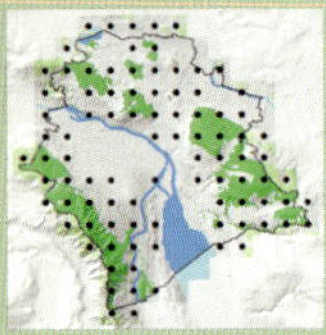

Flügelspannweite ca. 40 mm

Ende März–September. 2 Generationen pro Jahr. Überwinterung als Puppe.

Mittelgroß, unverkennbar. Grundfarbe braun mit hellgelben, schachbrettartigen Flecken und einer Reihe Augenflecke.

Waldart. Verschiedene, bevorzugt laubholzreiche und warme Wälder mit lichten Stellen, Waldränder. Auch im Siedlungsgebiet. Eher standorttreu.

Zürich: In entsprechenden Lebensräumen sehr häufig.

Waldbrettspiel

Pararge aegeria

Das Waldbrettspiel ist eine typische Art der Laub- und Mischwälder und fliegt in jedem Wald, an jedem Waldrand der Stadt Zürich. Gelegentlich ist dieser Falter auch in entsprechenden Parkanlagen im Siedlungsraum anzutreffen, so im Alten Botanischen Garten im Stadtzentrum oder auf dem Friedhof Sihlfeld.
Die Eier werden einzeln an meist dürre Grashalme gelegt. Wie bei anderen Augenfaltern leben die grünen, fein gestreiften Raupen an verschiedenen Gras- und Seggenarten, etwa an Waldsegge, Riesenschwingel Fiederzwenke. Verpuppung an Grashalmen oder anderen Pflanzenteilen in Bodennähe. Falter besuchen Blüten von Kreuzkraut, Goldrute, Hahnenfuß usw., saugen auch gerne an feuchten Bodenstellen.

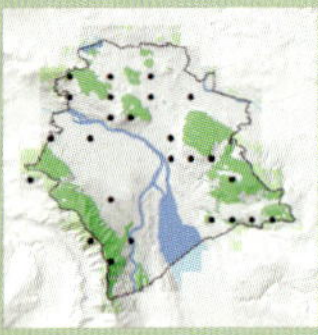

Flügelspannweite ca. 40 mm

April–August. 2 Generationen pro Jahr. Überwinterung als Raupe.

Mittelgroß, Flügeloberseiten orangebraun mit dunkelbrauner, netzartiger Zeichnung. Vorderflügel mit einem großen, Hinterflügel mit einer Reihe kleinerer Augenflecke. Hinterflügelunterseite graubraun marmoriert.

Typische Art der trockenen Magerwiesen.

Zürich: Kommt erst seit einigen Jahren vor, wird immer häufiger.

Mauerfuchs

Lasiommata megera

Der Mauerfuchs lebt in extensiv genutzten Magerwiesen mit offenen Bodenstellen, Felsen oder Mauern, an Bahnborten und in Rebbergen. Gilt als eher standorttreu. In Zürich in Waldlichtungen, an Waldrändern, in einigen Magerwiesen am Stadtrand, daneben auch an Bahnböschungen und in innerstädtischen Gebieten wie auf dem Friedhof Nordheim, in der Binz und regelmäßig in einem naturnahen Garten in der Waid.
Eiablage einzeln an meist grüne oder dürre Grashalme oder Grasblätter in Bodennähe, Raupen an Gräsern wie Aufrechte Trespe oder Schwingelarten. Verpuppung an dürren Grashalmen, Steinen oder Holzstücken. Falter zeigen eine Vorliebe für Flockenblumen. Scheint von der Klimaerwärmung zu profitieren.

Gelbringfalter

Lopinga achine

Typische, aber schweizweit sehr selten gewordene Art der lichten Wälder tiefer Lagen. Besiedelt werden Wälder mit üppiger Strauch- und Krautschicht und lückiger Baumschicht, kleinen Lichtungen oder zerklüfteter Waldrandlinie, z. B. Pfeifengras-Föhrenwälder oder Wälder im Pionierstadium.

Der standorttreue Gelbringfalter wird vereinzelt in den lichten Wäldern am Üetliberg beobachtet. Er lässt die Eier ins Gras fallen, die Raupen leben an verschiedenen Grasarten wie Fiederzwenke oder Strandpfeifengras und verpuppen sich an Grasstängeln. Die Falter saugen eher an Baumsäften und Straßenpfützen als an Blüten.

Artförderung durch Erhaltung und Anlage entsprechender lichter Wälder in eher feuchten oder wechselfeuchten Lagen.

Flügelspannweite ca. 50 mm

Juni–Mitte Juli. Eine Generation pro Jahr. Überwinterung als Raupe.

Mittelgroß, unverkennbar. Grundfarbe dunkelbraun, mit einer Reihe großer, gelb umringter Augenflecke auf beiden Flügelseiten. Flügelunterseiten mit einem gelblich weißen, unregelmäßigen Band.

Lichte Wälder.

Zürich: Sehr selten am Üetliberg.

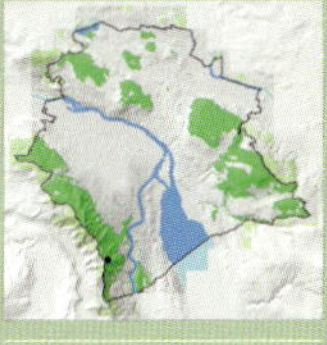

stark gefährdet

Birkenzipfelfalter, Nierenfleck

Thecla betulae

Heimliche Art, in der Stadt Zürich zwar ziemlich häufig, als Falter aber nur relativ selten beobachtet. Eher lassen sich die überwinternden Eier an Zweiggabeln der Futterpflanze auffinden (*Prunus*-Arten: Schwarzdorn, seltener Pflaumen, Zwetschgen). Der Nierenfleck kommt an vielen besonnten Waldrändern und Hecken der Stadt vor, nicht nur am Stadtrand, sondern auch an geeigneten Stellen innerhalb des bebauten Gebiets. Birkenzipfelfalter fliegen zum Beispiel auf dem Gelände des Schulhauses Ilgen (Römerhof) und leben freiwillig im Zoo. Im Werkhof Albisgüetli (Grün Stadt Zürich) können – mit etwas Glück oder gezielter Auswahl – mit Nierenfleck-Eiern belegte Schwarzdornpflanzen in Töpfen erworben werden.

Flügelspannweite ca. 36 mm

Juli–Anfang Oktober. Überwinterung als Ei.

Klein bis mittelgroß, mit Zipfeln an den Hinterflügeln. Flügeloberseiten einfarbig dunkelbraun, beim Weibchen mit orangefarbenem nierenförmigem Fleck auf den Vorderflügeln. Flügelunterseiten orange mit weißen Linien.

Besonnte Hecken- und Waldränder. Auch im Siedlungsgebiet. Standorttreue Art.

Zürich: Ziemlich häufig.

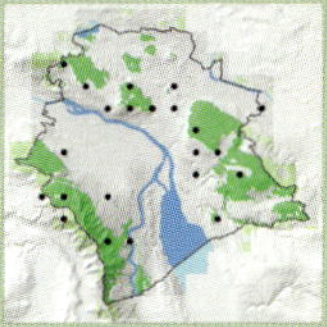

Blauer Eichenzipfelfalter

Neozephyrus quercus

In den Wäldern Zürichs ist der Blaue Eichenzipfelfalter zwar häufig, wird aber als Falter nur sehr selten beobachtet, da er um die Baumkronen fliegt. Als Ei dagegen lässt sich dieser Bläuling bei der Überwinterung leicht nachweisen. Kommt mit Sicherheit in den Wäldern am Üetliberg, entlang der Zürichbergkette, vermutlich aber in allen Wäldern der Stadt vor.

Die Eier werden einzeln zwischen kräftige Blütenknospen an den Triebspitzen von Eichen gelegt. Die Raupen leben an Stiel- und Traubeneichen. Zur Verpuppung lassen sich die Raupen zu Boden fallen und verpuppen sich in der Streuschicht. Die Falter saugen an Blüten von Faulbaum, Engelwurz, Bärenklau und Staudenholunder, wahrscheinlich aber auch noch an weiteren Blüten.

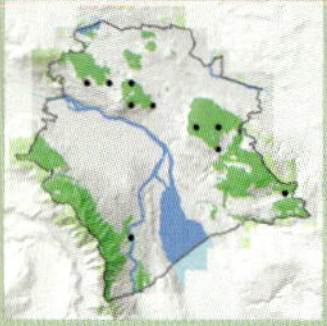

Flügelspannweite ca. 35 mm

Juli–August. Eine Generation pro Jahr. Überwinterung als Ei an blühfähigen Eichen.

Kleiner bis mittelgroßer Falter mit Zipfeln an den Hinterflügeln. Flügeloberseiten dunkelblau bis schwarz, Flügelunterseiten grau mit weißen Linien und orangefarbenem Augenfleck.

Eichenreiche Laubmischwälder und Waldränder. Standorttreue Art.

Zürich: Häufig in Wäldern mit Eichen.

Ulmenzipfelfalter

Satyrium w-album

Lebt heimlich, wie die anderen Zipfelfalter nur selten als Falter zu beobachten. Nachweis eher bei der Überwinterung als Ei. Nachgewiesen am Sagentobelbach, im Wehrenbachtobel, in den Wäldern am Üetliberg und entlang der Zürichbergkette. Bisher keine Nachweise im Siedlungsgebiet.

Die Eier werden einzeln an die Endknospen (Blattknospen) von blühfähigen Ulmentrieben gelegt, v. a. an Bergulmen, der wichtigsten Futterpflanze der Raupen. Verpuppung an Zweigen und in Rindenrissen oder aber in der Streuschicht am Boden, wohin sich ein Teil der Raupen fallen lässt.

Lässt sich durch die Pflanzung von Bergulmen fördern, die weniger von der gefürchteten Ulmenkrankheit (Pilze der Gattung *Ophiostoma*) betroffen sind als Feldulmen.

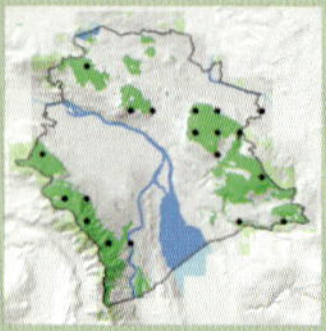

Flügelspannweite ca. 30 mm

Juni–Anfang September. Eine Generation pro Jahr. Überwinterung als Ei an blühfähigen Ulmen.

Kleiner Falter mit Zipfeln an den Hinterflügeln. Grundfarbe dunkelbraun, mit weißer, W-förmiger Linie, orangefarbenem Band und kleinem blauen Fleck auf der Hinterflügelunterseite.

Ulmenreiche Lebensräume wie Laubmischwälder und Waldränder.

Zürich: Relativ häufig in Wäldern.

Kleiner Feuerfalter

Lycaena phlaeas

Vagabundierende Art, die in günstigen Jahren aus dem Süden oder dem Jura einwandert. In Zürich bisher nur einmal am Stadtrand beobachtet. Zählt wie die Zipfelfalter zur Familie der Bläulinge – trotz oranger Färbung. Raupenfutterpflanzen: Wiesensauerampfer und Kleiner Sauerampfer, Eiablage einzeln an Blattunterseite der Futterpflanze, wo auch die Verpuppung stattfindet. Feuerfalter saugen gerne an Blüten von Thymian und Rossminze.

Flügelspannweite ca. 26 mm

Juni–Anfang September. 2–3 Generationen pro Jahr. Überwinterung als Raupe.

Sehr klein. Vorderflügel beidseits leuchtend orange mit dunkelbraunen Flecken. Hinterflügel oben braun mit orangefarbenem Band, unten graubraun mit auffallend undeutlichen und kleinen schwarzen Flecken.

Frische, halbtrockene oder trockene, wenig intensiv genutzte Wiesen.

Zürich: Nur Einzelbeobachtung.

Brauner Feuerfalter

Lycaena tityrus

Das vorwiegend braune Männchen des Braunen Feuerfalters ist oft nicht leicht als Feuerfalter zu erkennen. Charakteristisch für Feuerfalter ist die meist orange Bestäubung der Flügelunterseiten, während andere Bläulinge unterseits oft blau bestäubt sind. Der Braune Feuerfalter besiedelt frische und halbtrockene, wenig intensiv genutzte Wiesen, wo sich seine Raupen an Wiesensauerampfer und Kleinem Sauerampfer entwickeln. Die Falter sind an Blüten von Thymian, Dost und Margeriten zu finden. Auch im Siedlungsgebiet, standorttreu. In der Stadt Zürich relativ selten: in waldnahen Wiesen am Üetliberg, an den Katzenseen, am Riedweg (Höngg), im Schipfer (Wollishofen), im Giblen (Höngg) und beim Schulhaus Buhnrain (Seebach).

Flügelspannweite ca. 30 mm

Mitte April–Anfang September. Überwinterung als Raupe.

Kleiner Falter. Flügeloberseiten dunkelbraun mit orangen Flecken am Saum, beim Weibchen Vorderflügel leuchtend orange mit dunkelbraunen Flecken. Flügelunterseiten grau, stellenweise mit oranger Bestäubung und kleinen schwarzen und einer Reihe oranger Flecke.

Wenig intensiv genutzte Wiesen.

Zürich: Recht selten, am Stadtrand, auch im Siedlungsgebiet.

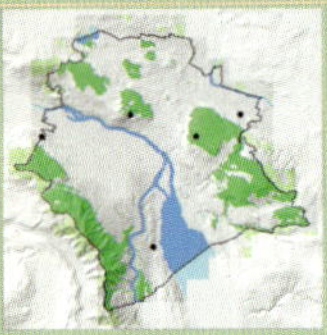

Flügelspannweite ca. 33 mm

Juni–Oktober. Eine Generation pro Jahr. Überwinterung als Ei, Raupe und Puppe.

Klein, Zipfel an den Hinterflügeln. Flügeloberseiten blau (Männchen) oder dunkelbraun mit blauer Basis (Weibchen). Flügelunterseiten: hellgrau bis hellbraun, weiße Linien und orange-blauer Augenfleck am Hinterflügelende.

Trockene Buschgesellschaften, Gärten.

Zürich: Unregelmäßig.

Geschwänzter Blasenstrauchbläuling

Lampides boeticus

Die Verbreitung des Geschwänzten Blasenstrauchbläulings erstreckt sich von Europa, Afrika und Asien bis nach Australien. Der auch als Großer Wanderbläuling bekannte Falter wandert bei uns in günstigen Jahren aus dem Mittelmeerraum ein. In Zürich wurden im Jahr 2003 ein Dutzend Geschwänzte Blasenstrauchbläulinge an verschiedenen Stellen beobachtet, u. a. auch auf einem Zierrasen in Schwamendingen.

Eiablage an die Blütenkelche der Futterpflanze. Raupen leben in den Blüten und später in den Schoten von Blasenstrauch, Glyzinie und Besenginster, vermutlich aber noch an weiteren verholzten Schmetterlingsblütlern. Verpuppung am Boden.

Zürich: erst seit 2007

Flügelspannweite ca. 25 mm

Juni–Oktober. Eine Generation pro Jahr. Überwinterung als Ei, Raupe und Puppe.

Sehr kleiner Falter mit Zipfeln an den Hinterflügeln. Flügeloberseiten dunkelbraun mit schwarz-weiß gescheckten Flügelsaum. Flügelunterseiten braunweiß marmoriert.

Geranienkisten auf Balkonen, Dachterrassen und Gärten.

Zürich: Erst seit 2007, nicht häufig.

Geranienbläuling

Cacyreus marshalli

Ursprünglich aus Südafrika stammender Wanderfalter, der vom Mittelmeerraum her einwandert und seit einigen Jahren dauerhafte Populationen im Tessin und neuerdings scheinbar auch auf der Alpennordseite gründen kann. Die sich gegen Norden ausbreitende Art hat die Stadt Zürich im Sommer 2007 erreicht und wurde seither an verschiedenen Stellen beobachtet. Es ist unklar, ob sich die Art hier halten kann.

Die Eier werden einzeln an die Blüten der Futterpflanze gelegt. Die Raupen leben an Geranien und Pelargonien. Die Verpuppung findet vermutlich am Boden statt. Die Falter besuchen verschiedene Blüten.

Zwergbläuling

Cupido minimus

Fliegt auf dem Gebiet der Stadt Zürich auf einigen trockenen Magerwiesen, Bahnböschungen und Ruderalflächen, auch im Siedlungsgebiet, so auf den Friedhöfen Enzenbühl und Witikon, in der ehemaligen Lehmgrube Binz, in der Wohnsiedlung der Familienheimgenossenschaft am Hegianwandweg, beim Bahnhof Affoltern, im Irchelpark, am Sihlufer und am Binzmühlebach.

Der Zwergbläuling ist auf das Vorhandensein von Wundklee angewiesen, Förderung dementsprechend durch die Erhaltung und Anlage von trockenen Magerwiesen und Ruderalflächen mit Wundklee, der Raupenfutterpflanze. Auch die Falter besuchen am liebsten die Blüten des Wundklees, saugen aber ebenso gerne an feuchten Bodenstellen. Eiablage an die Blütenkelche der Futterpflanze, Verpuppung am Boden (*Cupido argiades* s. S. 18).

Flügelspannweite ca. 22 mm

Juni–Oktober. 2 Generationen pro Jahr. Überwinterung als Raupe.

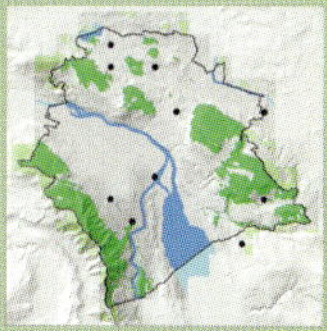

Sehr kleiner Falter. Flügeloberseiten dunkelbraun, beim Männchen mit blau bestäubter Flügelbasis. Flügelunterseite graubraun mit bläulicher Flügelbasis und einer einfachen schwarzen Punktreihe.

Trockene, lückige Magerwiesen mit reichlich Wundklee. Auch im Siedlungsgebiet. Standorttreue Art.

gefährdet

Zürich: Relativ selten.

Faulbaumbläuling

Celastrina argiolus

In der Stadt Zürich zählt der Faulbaumbläuling mit dem Hauhechelbläuling zu den häufigsten Bläulingen. Bis ins Stadtzentrum verbreitet, kommt etwa an Sihl- und Limmatufer vor, am Oberen Letten, bei der Kantonsschule Rämibühl, der Wohnsiedlung der Familienheimgenossenschaft, im Botanischen Garten und auf dem Friedhof Sihlfeld. Standorttreue Art.

Eiablage einzeln an die Blütenknospen der Futterpflanzen – Faulbaum, Hartriegel, Honigklee, Brombeere und Blutweiderich. Verpuppung auf der Blattunterseite. Falter oft an Wasserdost und Staudenholunder zu beobachten, besuchen aber auch andere Blüten und nehmen Honigtau auf.

Förderung durch Anlage und Erhaltung von Hecken und Waldrändern mit Faulbaum und Hartriegel.

Flügelspannweite ca. 30 mm

Juni–Oktober. 2–3 Generationen pro Jahr. Überwinterung als Puppe.

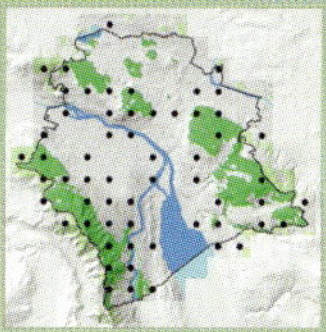

Klein. Flügeloberseiten blau, beim Männchen mit dunklem Flügelsaum. Flügelunterseite hellblau bis weiß mit schwarzen Punkten. Strichförmige Punkte auf der Vorderflügelunterseite.

Hecken, Waldränder, lichter Wald, naturnahe Gärten und Parkanlagen. Auch im Siedlungsgebiet.

Zürich: Häufig; bis ins Stadtzentrum verbreitet.

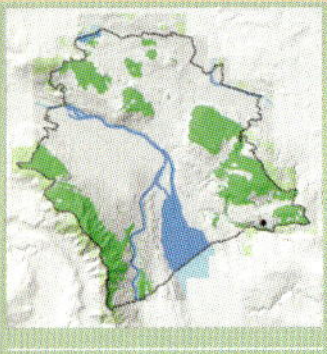

vom Aussterben bedroht

Flügelspannweite ca. 32 mm.

Ende Juni–Mitte August. Eine Generation pro Jahr. Überwinterung als Raupe in Ameisennestern.

Klein. Flügeloberseiten blau, Flügelunterseiten graubraun mit schwarzen Punkten. Schwarze Fleckenreihe am Saum der Flügelunterseiten.

Flachmoorspezialist. Magere Riedwiesen mit Lungen- oder Schwalbenwurzenzian und Vorkommen bestimmter Ameisenarten.

Zürich: Sehr selten, nur aus dem Wehrenbachtobel bekannt.

Kleiner Moorbläuling

Phengaris alcon

Der Kleine Moorbläuling legt seine Eier einzeln an die Blüten und Blütenkelche von Schwalbenwurz- und Lungenenzian. Die Raupen durchleben zuerst eine herbivore Phase. Nach einigen Tagen lassen sie sich mithilfe von Pheromonen von der Ried-Knotenameise *(Myrmica scabrinodis)* adoptieren und ins Nest tragen, wo sie in die carnivore Phase treten und sich von Ameisen füttern lassen, gelegentlich auch ein wenig von der Ameisenbrut naschen. Verpuppung und Überwinterung im Inneren des Ameisennests. Falter saugen bevorzugt an Blutweiderich, Wasserminze, Teufelsabbiss, Flockenblumen und Disteln. Standorttreu.
Schutz durch Erhaltung und Förderung spät geschnittener Riedwiesen mit Vorkommen der Raupenfutterpflanzen und Wirtsameisenarten.

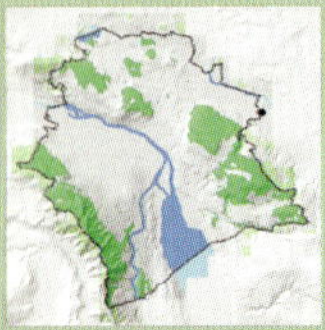

gefährdet

Flügelspannweite 25–30 mm

Ende Juni–Mitte August. 2 Generationen pro Jahr. Überwinterung als Ei.

Klein. Flügeloberseiten blau, beim Weibchen mit oranger Zeichnung am Flügelsaum. Flügelunterseiten graubraun mit schwarzen Punkten, einer orangen Fleckenreihe und meist mehreren kleinen, blaumetallisch schillernden Augenflecken auf der Hinterflügelunterseite.

Trockene, steinige Magerwiesen, Ruderalflächen und Kiesgruben.

Zürich: Sehr selten.

Idas-Bläuling

Plebeius idas

In Zürich nur aus der Allmend Stettbach bekannt. Der Idas-Bläuling legt seine Eier einzeln an die Blüten und Stängel der Futterpflanze. Raupen entwickeln sich an Hufeisenklee, Hornklee, Honigklee, Luzerne, Besenginster und weiteren Schmetterlingsblütlern. Verpuppung unter Steinen, meist auf einem Ameisennest. Falter saugen gerne an verschiedenen Schmetterlingsblütlern. Standorttreue Art.
Artförderung durch Erhaltung und Förderung von Ruderalflächen sowie steinigen, trockenen Magerwiesen mit Hufeisenklee und anderen Schmetterlingsblütlern.

Brauner Bläuling

Aricia agestis

Der Braune Bläuling kann leicht mit dem Weibchen des Hauhechelbläulings verwechselt werden. Ein wichtiges Bestimmungsmerkmal ist der Verlauf der Postdiskalpunktreihe (schwarze Punktreihe basiswärts der orangen Fleckenreihe) auf der Hinterflügelunterseite. Diese ist im Gegensatz zum Hauhechelbläuling nicht regelmäßig geschwungen, sondern abgetreppt.
Eiablage an die Triebspitzen der Futterpflanze, Raupen an Sonnenröschen, Reiherschnabel und Storchschnabelarten. Verpuppung in der Streuschicht. Falter oft an Dost, Thymian, Flockenblumen, Skabiose und Disteln.
Profitiert von der Erhaltung und Förderung trockener Magerwiesen und von Krautsäumen mit Sonnenröschen, Reiherschnabel oder Storchschnabelarten.

Flügelspannweite ca. 26 mm

Ende Juni–Mitte August. 2–3 Generationen pro Jahr. Überwinterung als Raupe.

Sehr klein. Flügeloberseiten dunkelbraun, mit einer orangen Fleckenreihe am Flügelsaum. Flügelunterseiten hellbraun mit schwarzen Punkten und einer orangefarbenen Fleckenreihe.

Trockene, saumreiche Magerwiesen, Rebberge. Standorttreue Art.

Zürich: Selten, nur aus vier Gebieten bekannt: Friedhof Witikon, Riedweg, Waidspital und Uitikon-Waldegg.

gefährdet

Violetter Waldbläuling

Polyommatus semiargus

Verschiedene Bläulingsarten sind oft recht schwierig auseinanderzuhalten – kleine Weibchen des Violetten Waldbläulings können leicht mit dem Zwergbläuling verwechselt werden. In Zürich kommt der Violette Waldbläuling innerhalb des Siedlungsgebiets etwa bei der Epilepsieklinik, in der ehemaligen Lehmgrube Binz, auf den Geleisefeldern des Hauptbahnhofs, am Binzmühlebach, in den Friedhöfen Schwandenholz und Witikon, am Kirchenhügel Witikon und bei der Kehrichtverbrennungsanlage Hagenholz vor.
Falter oft an Rot-, Horn- und Hufeisenklee, Luzerne, Esparsette und weiteren Schmetterlingsblütlern zu beobachten. Raupen an Rotklee, vermutlich auch an weiteren Schmetterlingsblütlern. Verpuppung am Boden. Standorttreu.

Flügelspannweite ca. 33 mm

Ende Juni–Mitte August. 3 Generationen pro Jahr. Überwinterung als Raupe.

Klein. Flügeloberseiten beim Männchen blau, beim Weibchen braun. Flügelunterseiten graubraun mit einfacher schwarzer Punktreihe.

Wenig intensiv genutzte, trockene bis feuchte Wiesen. Auch im Siedlungsgebiet.

Zürich: Häufig; dringt auch ins Siedlungsgebiet vor.

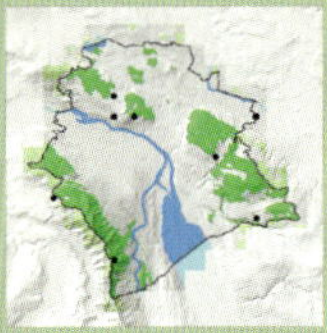

Flügelspannweite ca. 32 mm

Mai–Juni und August–Anfang Oktober. 2 Generationen pro Jahr. Überwinterung als Raupe.

Klein. Flügeloberseiten Männchen leuchtend himmelblau, Weibchen braun. Unterseiten graubraun mit schwarzen Punkten, Reihe oranger Flecke am Saum. Schwarz-weiß gescheckte Flügelfransen und Basalfleck (einzelner oder doppelter schwarzer Fleck nahe der Flügelbasis) auf der Vorderflügelunterseite.

Magerwiesenspezialist.

Zürich: Sehr selten.

Himmelblauer Bläuling

Polyommatus bellargus

Standorttreue Art, in Zürich nur aus wenigen Gebieten bekannt, etwa der Fallätsche, der Waid und von der ETH Hönggerberg. Besiedelt trockene Magerwiesen oder seltener auch lichten Wald mit Hufeisenklee.

Eier werden einzeln an die Stiele und Blätter der Futterpflanze gelegt. Raupen ernähren sich von Hufeisenklee. Verpuppung am Boden. Falter saugen bevorzugt an Hufeisenklee und Hornklee.

Artförderung durch Erhaltung und Förderung von trockenen Magerwiesen mit Hufeisenklee, Förderung von lichten Wäldern in trockenen, exponierten Lagen.

Ähnliche Art: Silbergrüner Bläuling (*Polyommatus coridon,* gefährdet), Männchen mit sehr heller, silbrig- bis grünblauer Oberseite, Weibchen kaum von Himmelblauem Bläuling unterscheidbar. Trockene, fast ruderale Standorte, Nachweis im Irchelpark 2009.

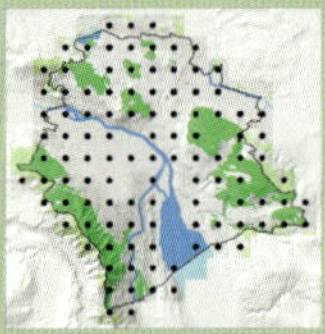

Flügelspannweite ca. 29 mm

Mai–Juni und August–Anfang Oktober. 3 Generationen pro Jahr. Überwinterung als Raupe.

Klein. Flügeloberseiten Männchen blau, Weibchen braun, selten auch blau mit Reihe oranger Flecke am Saum. Unterseiten: graubraun, schwarze Punkte und orange Fleckenreihe am Saum. Weiße Flügelfransen, schwarzer Basalfleck auf Vorderflügeln.

Mäßig intensiv bewirtschaftete Wiesen, Ruderalflächen.

Zürich: Häufig, bis ins Zentrum.

Hauhechelbläuling

Polyommatus icarus

Eine der häufigsten Bläulingsarten auf Stadtgebiet, besiedelt mäßig intensiv genutzte, trockene bis feuchte Wiesen und Ruderalflächen. Standorttreue Art, in naturnahen Gärten, Familiengartenarealen, auf Friedhöfen, in Parkanlagen und auf Bahnarealen bis ins Stadtzentrum verbreitet.

Raupen hellgrün mit hellen Längslinien, maximal 13 mm, ernähren sich nicht nur von Hauhechel, sondern auch von Luzerne und verschiedenen Kleearten. Die Eier werden einzeln an die Stiele und Blätter der Futterpflanze gelegt. Verpuppung am Boden. Falter besuchen Schmetterlingsblütler, Kuckuckslichtnelke, Wasserdost und Margerite, aber auch viele andere Blüten.

Malvendickkopffalter

Carcharodus alceae

Mobile, vagabundierende Art, die in Ausbreitung begriffen ist. Der Malvendickkopffalter fliegt in Zürich an den Katzenseen und in einer Waldlichtung am Üetliberg (Rossweidliegg), innerhalb des Siedlungsgebiets in der ehemaligen Lehmgrube Binz, beim Bahnhof Affoltern, in Familiengärten am Käferberg und Waidberg sowie am Limmatufer.
Als Vertreter der Familie der Dickkopffalter klein, mit etwas gedrungenem Körper und deutlich verdickten Fühlerspitzen. Falter bevorzugt an Kriechendem Günsel, Ackertaubnessel und Waldimmergrün. Raupen ernähren sich von verschiedenen Malvenarten und der Stockrose. Eiablage einzeln an die Blätter und Blütenstände der Futterpflanze. Verpuppung in der Streuschicht.

Flügelspannweite ca. 32 mm

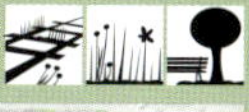

März–Anfang Oktober. 2–3 Generationen pro Jahr. Überwinterung als Raupe.

Klein. Flügel beidseits graubraun marmoriert, mit mehreren transparenten Fensterflecken in den Vorderflügeln.

Trockene Magerwiesen, trockenwarme Krautsäume, Ruderalflächen, Buntbrachen, Gärten. Auch im Siedlungsgebiet.

vom Aussterben bedroht

Zürich: Relativ selten nachgewiesen, scheint häufiger zu werden.

Gelbwürfliger Dickkopffalter

Carterocephalus palaemon

Der Gelbwürflige Dickkopffalter wurde außerhalb der bewaldeten Üetlibergflanke im nicht weit davon entfernten Gebiet der ehemaligen Lehmgrube Binz beobachtet, ein einzelnes Tier konnte an einem an einem Waldrand am Zürichberg festgestellt werden.
Eiablage einzeln an Grasbüscheln. Raupen entwickeln sich an verschiedenen Grasarten wie Fiederzwenke, Honiggras oder Knaulgras. Verpuppung im Grashorst. Falter besonders an Kriechendem Günsel.
Eine der zahlreichen Arten, für die die Erhaltung und Förderung von extensiv genutzten Waldlichtungen, saumreichen Waldrändern und lichten Wäldern von großer Bedeutung ist.

Flügelspannweite 25–29 mm

Mai–Anfang Juli. Eine Generation pro Jahr. Überwinterung als Raupe.

Kleiner Falter. Flügel beidseits schachbrettartig braun-gelb gezeichnet. Hinterflügelunterseite mit gelblich weißen Flecken.

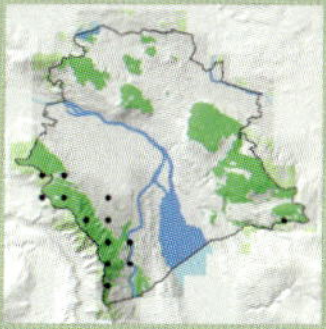

Waldlichtungen, Waldränder und lichte Wälder. Standorttreue Art.

Zürich: Fast ausschließlich in den Waldlichtungen und an Waldrändern des Üetlibergs, wo sie recht häufig ist.

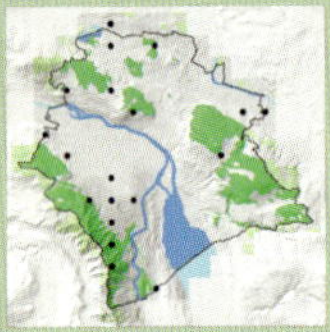

Flügelspannweite ca. 27 mm

Mai–Anfang Juli. 2 Generationen pro Jahr. Überwinterung als Raupe.

Kleiner Falter. Flügeloberseiten dunkelbraun mit schmutzig weißen Flecken und Bändern. Flügelunterseiten hellbraun mit hellen Flecken.

Wenig intensiv genutzte, trockene bis feuchte Wiesen, auch im Siedlungsgebiet.

Zürich: Relativ häufig, am Stadtrand, auch im Siedlungsgebiet vorhanden (Friedhof Sihlfeld, ehemalige Lehmgrube Binz, Filteranlage Moos).

Dunkler Dickkopffalter

Erynnis tages

Standorttreue Art, deren Raupen sich an Hornklee, Hufeisenklee und Bunter Kronwicke entwickeln. Die Eier werden einzeln auf die Blattoberseite der Futterpflanze gelegt. Die Verpuppung erfolgt in der Streuschicht. Der Dunkle Dickkopffalter setzt sich im Gegensatz zu vielen anderen Arten seiner Familie mit flach ausgebreiteten Vorder- und Hinterflügeln ab und saugt gerne an Kriechendem Günsel und Frühlings-Fingerkraut.

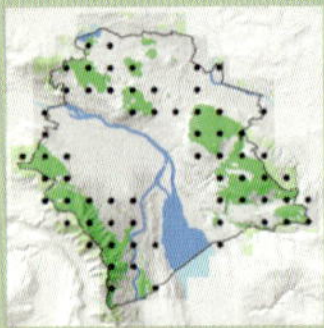

Flügelspannweite ca. 30 mm

Mai–Anfang Juli. Eine Generation pro Jahr. Überwinterung als Raupe.

Kleiner Falter. Flügeloberseiten orange mit braunen Flügelbasen und Flecken. Flügelunterseiten orange mit graugrünen Stellen und hellen, aber niemals weißen Flecken.

Waldränder, buschreiche oder waldnahe, wenig intensiv genutzte, trockene bis feuchte Wiesen, Ruderalflächen.

Zürich: In Waldlichtungen und an Waldrändern häufig, gelegentlich auch im Siedlungsraum.

Mattfleckiger Kommafalter

Ochlodes venata

Der Mattfleckige kann mit dem Weißfleckigen Kommafalter (*Hesperia comma*, mit schneeweißen Flecken auf den Flügelunterseiten, fliegt erst ab August, in Zürich noch nicht nachgewiesen) verwechselt werden. Außer Waldwiesen und Waldrändern bewohnt der Mattfleckige Kommafalter in Zürich den Bughölzlihügel sowie einige naturnahe Gärten und Anlagen. Die hellgrünen Raupen haben eine schwarze Kopfkapsel und ernähren sich von Aufrechter Trespe, Knaulgras, Fiederzwenke und anderen Grasarten. Verpuppung im Grashorst. Falter, in für viele Dickkopffalter typischer Ruhehaltung mit flach ausgebreiteten Hinterflügeln und angewinkelten, hochgestellten Vorderflügeln, saugen bevorzugt an Skabiose, Flockenblumen, Disteln und Wasserdost. Standorttreu.

Kleiner Würfelfalter

Pyrgus malvae

In der Stadt Zürich ist der Kleine Würfelfalter relativ selten und kommt nur in Waldlichtungen und an Waldrändern am Üetliberg und Adlisberg, im Wehrenbachtobel sowie in den Friedhöfen Witikon, Enzenbühl und der ehemaligen Lehmgrube Binz vor.

Raupen entwickeln sich an Frühlings-Fingerkraut, Blutwurz und anderen Fingerkrautarten, ebenso an Walderdbeere, Odermennig, Spierstaude und Kleinem Wiesenknopf. Verpuppung anschließend an der Basis der Futterpflanze. Falter an Eisenhutblättrigem Hahnenfuß, Löwenzahn, Hornklee, Mehlprimel und anderen Blüten. Standorttreu. Im Mittelland einige ähnliche Arten der Gattungen *Pyrgus* und *Spialia*.

Flügelspannweite ca. 25 mm

April–Mitte August. Eine Generation pro Jahr. Überwinterung als Puppe.

Sehr kleiner Falter. Flügeloberseiten schwarz mit schneeweißen Flecken auf den Vorder- und Hinterflügeln. Flügelunterseiten grau mit weißen Flecken.

Extensiv genutzte, trockene bis feuchte Wiesen, Flachmoore, Waldlichtungen und Schlagfluren. Auch im Siedlungsgebiet.

Zürich: Recht selten.

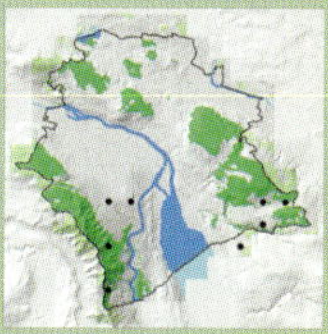

gefährdet

Braunkolbiger Braundickkopffalter

Thymelicus sylvestris

Die Fühlerkolben des Braunkolbigen Braundickkopffalters sind von unten gesehen rostbraun gefärbt – im Gegensatz zur auf Stadtgebiet noch nicht nachgewiesenen Zwillingsart Schwarzkolbiger Braundickkopffalter *(Thymelicus lineola)* mit schwarzer Fühlerkolbenunterseite. *Thymelicus sylvestris* besiedelt im Gebiet der Stadt Zürich Waldlichtungen und -ränder am Üetliberg und am Gubrist (Riedweg) sowie geeignete Stellen im Siedlungsgebiet (Friedhöfe, Bahnlinien, Filteranlage Moos).

Eiablage zu mehreren in die Blattscheiden der Futterpflanze. Entwicklung an Gräsern wie Wolliges Honiggras, Knaulgras, Aufrechter Trespe, Kammgras, Ruchgras, Perlgras. Verpuppung an der Futterpflanze. Falter bevorzugen Korb- und Schmetterlingsblütler. Standorttreu.

Flügelspannweite ca. 28 mm

Mitte Juni–Ende August. Eine Generation pro Jahr. Überwinterung als Raupe.

Klein. Flügeloberseiten orangebraun mit dunkelbraunem Flügelsaum, Männchen mit strichförmigem Duftschuppenfleck auf Vorderflügel. Flügelunterseiten orangebraun mit gräulich grünen Stellen.

Extensiv genutzte, trockene bis feuchte Wiesen, Flachmoore, Waldlichtungen und Schlagfluren.

Zürich: Relativ selten.

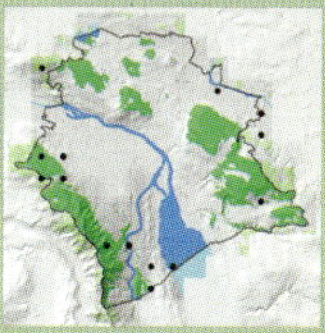

Sumpfhornklee-Widderchen

Zygaena trifolii

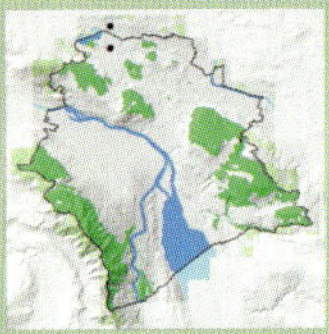

Flügelspannweite ca. 30 mm

Mitte Juni–Mitte August. Überwinterung als Raupe.

Sehr kleiner Falter. Vorderflügel schwarz mit fünf roten Flecken. Hinterflügel rot mit schwarzem Saum.

Flachmoorspezialist: feuchte und nasse Wiesen sowie Flachmoore. Standorttreue Art.

Zürich: Sehr selten, nur von den Katzenseen bekannt.

In der Stadt Zürich kommt noch ein zweites Rotwidderchen mit 5 roten Flügelflecken vor: das Kleine Fünffleckwidderchen *(Zygaena viciae)*, das noch etwas kleiner ist und durchscheinende Vorderflügel besitzt.
Raupen des Sumpfhornklee-Widderchens grünlich, mit gelben und schwarzen Fleckenreihen, ernähren sich von Sumpfhornklee *(Lotus uliginosus)*. Eiablage in kleinen Häufchen an die Futterpflanze. Verpuppung ebenfalls am Stängel der Raupenfutterpflanze. Falter gerne an Skabiose, Disteln und Blutweiderich. Eine Generation pro Jahr, ein Teil der Raupen scheint eine 2-jährige Entwicklung zu durchlaufen.
Z. trifolii ist auf die Erhaltung und Förderung von extensiv genutzten, feuchten und nassen Wiesen und Rieden angewiesen.

Gewöhnliches Widderchen

Zygaena filipendulae

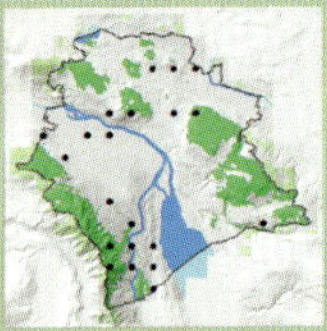

Flügelspannweite 30–38 mm

Juni–September. Eine Generation pro Jahr. Überwinterung als Raupe.

Sehr klein. Vorderflügel schwarz mit sechs roten Flecken. Hinterflügel rot mit schwarzem Saum.

Wenig intensiv genutzte, feuchte bis trockene Wiesen, Flachmoore und Ruderalflächen. Auch im Siedlungsgebiet.

Zürich: Gebietsweise häufig, fehlt aber auch in vielen Gebieten.

Das «Bluettröpfli» fliegt auf Stadtgebiet noch häufig am Üetliberghang und am Waidberg und kommt in anderen Gebieten nur vereinzelt vor. Stellenweise auch im Siedlungsgebiet, etwa in der Binz, im Irchelpark, im Geleisedreieck Seebach und am Binzmühlebach.
Eiablage in kleinen Häufchen an Pflanzen wie Hornklee und Strauchwicke, an denen sich die Raupen entwickeln. Verpuppung am Stängel der Futterpflanze. Falter oft an Knautien, Flockenblumen, Skabiose, Disteln, Teufelsabbiss, Luzerne und Wasserdost. Standorttreu. Verwechslung möglich mit weiterer im Kanton Zürich vorhandener sechsfleckiger Rotwidderchenart (Hufeisenklee-Widderchen, *Zygaena transalpina*), die jedoch auf Stadtgebiet noch nie nachgewiesen wurde.

Kleines Fünffleckwidderchen

Zygaena viciae

Verwechslung möglich mit dem etwas größeren, ebenfalls fünffleckigen Sumpfhornklee-Widderchen *(Zygaena trifolii)*, das in der Stadt Zürich auch vorkommt.
Die hellgrünen, mit gelben und schwarzen Punktreihen gezeichneten Raupen des Kleinen Fünffleckwidderchen fressen v.a. abends an Hornklee, an bedeckten Tagen auch tagsüber. Verpuppung an dürren Grashalmen. Falter saugen bevorzugt an Blüten von Flockenblumen, Skabiose, Distelarten und Wasserdost.
Artförderung durch Erhaltung und Förderung von extensiv genutzten Wiesen und Rieden.

Flügelspannweite ca. 25 mm

Mitte Juni–Mitte Juli. Eine Generation pro Jahr. Überwinterung als Raupe.

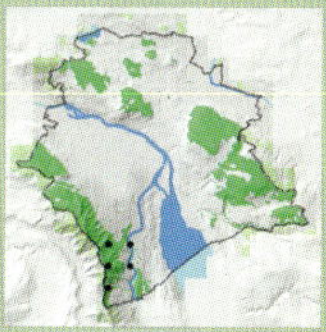

Sehr kleiner Falter. Vorderflügel schwarz, aber durchscheinend, mit fünf roten Flecken. Hinterflügel rot mit schwarzem Saum.

Extensiv genutzte, feuchte bis trockene Wiesen, sowie Flachmoore. Standorttreue Art.

Zürich: Selten, nur vom Üetliberg und dem Albisgüetli bekannt.

Lindenschwärmer

Mimas tiliae

Nachtaktive Art, die als Schmetterling wahrscheinlich keine Nahrung aufnimmt. Weibchen legt Eier hauptsächlich auf Linden ab, aber auch auf Birken und verschiedenen weiteren Laubbäumen.
Die Raupen sind von Juni bis August zu finden, grün gefärbt mit rötlich eingefassten, weißen Schrägstreifen und tragen wie viele andere Raupen aus der Familie der Schwärmer ein langes, gebogenes Horn am Hinterleibsende (Afterhorn). Nach ca. 4–5 Wochen sind sie bis 7 cm lang und ausgewachsen. Sie verfärben sich rötlich und machen sich auf die Suche nach einem geeigneten Verpuppungsort. Die Verpuppung erfolgt in einem leichten Gespinst auf dem Boden unter Laub oder an einer ähnlichen Stelle.

Flügelspannweite 55–75 mm

Flugzeit April–Mai. Überwinterung als Puppe.

Grundfarbe variabel: grün, rot, braun oder grau. Außenrand der Flügel gezackt. Vorderflügel mit kräftiger Mittelbinde sowie Schattierungen.

Lichte mit Sommerlinde durchmischte Laubwälder, auch Gärten und Parkanlagen.

Zürich: Nahezu flächendeckend, dringt bei geeigneten Lebensräumen weit ins Siedlungsgebiet vor.

Mittlerer Weinschwärmer

Deilephila elpenor

Flügelspannweite 60–70 mm

Flugzeit Mai–Juli. Überwinterung als Puppe.

Grundfarbe olivgrün. Vorderflügel mit rosarotem Flügelsaum und mehreren Schrägstreifen. Hinterflügel rot mit breitem schwarzem Band an der Basis.

Bachufer, Waldränder, Waldwege und Lichtungen, ebenso in Gärten und Parkanlagen.

Zürich: In naturnahen Gärten und Parks mit entsprechenden Futterpflanzen häufig.

Dämmerungs- und nachtaktiv, trinkt gerne an Weidenröschen, Springkraut und Nachtkerze, oft auch an Phlox und Buddleja. Die Raupe (Juli–September) frisst u. a. an Weidenröschenarten, Springkraut, Fuchsia und Reben. Raupe in den frühen Stadien grün gefärbt, mit dünnen weißen Längsstreifen und einem kleinen Horn am Körperende. Mit der letzten Häutung verändert die bis zu 8 cm lange Raupe ihr Aussehen, ist dann von brauner Grundfarbe und trägt 2 auffällige Augenflecke auf dem 1. und 2. Hinterleibssegment. Bei Gefahr zieht sie ihren Körper zusammen und bringt die Augenflecke zur Geltung. Verpuppung in selbst gegrabener Erdhöhle.
Auch der rot-orange gefärbte Kleine Weinschwärmer (*Deilephila porcelleus*) ist in Zürich nachgewiesen.

Taubenschwänzchen

Macroglossum stellatarum

Flügelspannweite 45 mm

Flugzeit Mai–Ende Oktober in mehreren Generationen. Überwinterung als Falter.

Grundfarbe von Körper und Vorderflügel grau, Hinterflügel gelb-orange. Auffälliges Haarbüschel an der Spitze des Hinterleibs.

Vorwiegend sonnige Stellen mit gutem Angebot an Nektarpflanzen.

Zürich: Nicht bodenständig, wandert jedes Jahr aus Südeuropa in großer Zahl bei uns ein. In der ganzen Stadt, auch an Balkonpflanzen.

Taubenschwänzchen sind tagaktiv und können oft beim Nektarsaugen beobachtet werden. Sie stehen dann wie Kolibris im Schwirrflug vor der Blüte und tauchen ihren langen Rüssel in deren Kelch. Blaue und rotviolette Blüten werden bevorzugt.
Die Weibchen kleben ihre grünen Eier an sonnenexponiertes Labkraut (*Galium* sp.), oftmals in der Nähe von guten Nektarplätzen. Raupe bis 45 mm lang, Grundfarbe grün oder grüngrau mit weißer Seitenlinie, Afterhorn spitz, blauschwarz mit gelber Spitze. Raupen von Juni bis Oktober, Verpuppung in einem lockeren Gespinst am Erdboden.
Einer der bekanntesten Wanderfalter, fliegt jedes Jahr aus seinen mediterranen Ursprungsgebieten zur Fortpflanzung über die Alpen bis nach Skandinavien.

Hummelschwärmer

Hemaris fuciformis

Wie das ähnliche, aber weitaus häufigere Taubenschwänzchen fliegt der pelzige Hummelschwärmer tagsüber und besucht gerne Blüten wie Wiesensalbei, Knautie und Günsel, in Gärten und Parks auch an Buddleja zu beobachten.

Die grünen Eier werden an sonnenexponierte Geißblatt- (*Lonicera*-Arten) und Schneebeerenbüsche *(Symphoricarpus rivularis)* abgelegt. Raupe (Juni–August) grün mit weißer Längslinie, Bauchseite und Stigmen (Atemöffnungen) dunkel, Gesamtlänge bis 50 mm. Afterhorn braun und gekörnt. Verpuppung am Boden.

Förderung durch Anlage und Erhaltung blumenreicher Magerwiesen sowie von Geißblatt- und Schneebeerenbeständen.

Flügelspannweite bis 45 mm

Flugzeit Mai/Juni, manchmal 2. Generation Juli/August. Überwinterung als Puppe.

Grundfarbe oliv, mit einem roten und einem gelben Hinterleibsring. Flügel in der Mitte durchsichtig, mit rötlichem Saum.

Sonnige Randbereiche, Kahlschläge und Lichtungen.

Zürich: Regelmäßig an Waldrändern (z. B. Leimbach), in Parks und naturnahen Gärten mit Nektarpflanzen und Heckenkirschen.

Windenschwärmer

Agrius convolvuli

Die auffallend großen Windenschwärmer sind dämmerungs- und nachtaktiv und können beim Nektartrinken an Nachtkerze, Phlox, Tabak u. a. beobachtet werden.

Die Weibchen legen ihre blaugrünlichen Eier an Ackerwinden und anderen Windengewächsen ab. Grundfarbe der Raupen (Juli–September) variabel, von braun über ocker bis grün, mit schwarz-weißen, schrägen Seitenstreifen. Stigmen schwarz. Am Hinterleibsende haben auch die Windenschwärmerraupen ein langes, gebogenes, schwarzes oder oranges Afterhorn. Mit einer Länge von bis 120 mm gehören sie ausgewachsen zu den längsten Raupen der Schweiz. Verpuppung in der Erde.

Mehrere weitere Schwärmer in Zürich nachgewiesen, so Kiefernschwärmer *(Hyloicus pinastri)* und Labkrautschwärmer *(Hyles galii)*.

Flügelspannweite 80–120 mm

Flugzeit Juni–Oktober, wandert in mehreren Wellen ein. Überwinterung als Puppe, überlebt unsere Winter nicht.

Grundfarbe der Flügel unregelmäßig hell- und dunkelbraun, maseriert, mit graubraunen, gezackten Linien gezeichnet. Auffällig große, schwarze Augen.

Windenschwärmer sind Einwanderer aus dem Süden, sehr kräftige Flieger, die überall im Siedlungsgebiet einfliegen.

Zürich: In guten Einflugjahren auch in der Innenstadt.

Nagelfleck, Nagelfleckfalter

Aglia tau

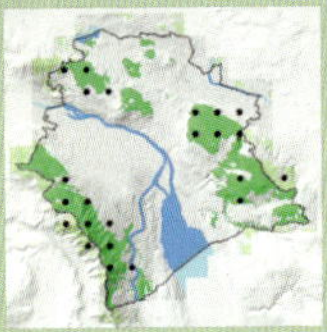

Flügelspannweite 50–65 mm

Flugzeit April/Mai. Überwinterung als Puppe.

Männchen mit orangebrauner Grundfarbe, Hinter- wie Vorderflügel mit je einem großen, dunklen Fleck mit einem weißen Komma (Name!). Weibchen ähnlich, etwas größer, braune Grundfarbe.

Laubholzreiche Wälder, feuchte bis trockene Standorte, hauptsächlich Buchenwälder.

Zürich: In den Wäldern häufig, v. a. am Üetliberg.

Die Männchen sind tagaktiv. Auf der Suche nach im Unterholz sitzenden Weibchen fliegen sie knapp über dem Boden in langsamem Zickzackflug durch den Wald. Männchen nehmen die Lockstoffe der Weibchen mit ihren federförmigen Fühlern wahr. Beide Geschlechter nehmen keine Nahrung zu sich und leben nur wenige Tage. Männchen auf dem Suchflug verirren sich manchmal in waldnahe Gärten.
Raupe (Mai–August) grün mit weißem Seitenstreifen. Jungraupen mit 5 charakteristischen, rotgelb geringelten, beborsteten Dornfortsätzen. Raupen entwickeln sich an Buche und anderen Laubbäumen. Die verpuppungsreifen, bis 40 mm langen Raupen verfärben sich rot und klettern am Stamm nach unten, um sich in Erdlöchern zu verpuppen.

Kleines Nachtpfauenauge

Saturnia pavonia

Flügelspannweite Männchen 50 mm, Weibchen bis 65 mm.

Flugzeit April/Mai. Überwinterung als Puppe.

Auffällige Augenflecke auf Vorder- und Hinterflügeln, Männchen mit orangebrauner Grundfarbe, Weibchen graubraun.

Mager- und Trockenrasen, Feuchtwiesen, Waldränder, Schlagfluren, auch in naturnahen Gärten und Parks.

Zürich: Vorhanden, am ehesten in naturnahen Gärten, auf Brachflächen und an Hecken.

Das Männchen des Kleinen Nachtpfauenauges fliegt tagsüber und sucht ein im Unterwuchs sitzendes, paarungsbereites Weibchen. Die Weibchen legen nachts Eier ab. Da sie – wie die ebenfalls zur Familie der Augenspinner zählenden Nagelfleckfalter – keine Nahrung aufnehmen können, leben die voll entwickelten Nachtpfauenaugen nur wenige Tage.
Grundfarbe der Jungraupen ist schwarz, ausgewachsen sind die Raupen jedoch grün mit schwarzen Segmentringen und orangen Warzen. Sie leben in Gruppen an verschiedenen Pflanzen wie Salweide, Brombeere und Weißdorn. Raupenzeit Mai–Juli. Verpuppung in einem an Pflanzen festgesponnenen, sehr dichten Kokon.

Schönbär

Callimorpha dominula

Dieser sehr auffällige Falter aus der nach ihren behaarten Raupen benannten Familie der Bären (Arctidae) ist tagaktiv und trinkt gerne an Dost, Disteln und anderen Nektarpflanzen. In Ruhestellung ist das Rot der Hinterflügel des Schönbärs meist versteckt.

Die Eier werden auf Brennnesseln, Taubnesseln, aber auch an Himbeere abgelegt. Die Raupe (August–Mai) kann sich jedoch auch an Hasel, Heckenkirsche und weitere Gewächsen entwickeln. Sie ist schwarz gefärbt und trägt gelbe, unterbrochene Längsstreifen. Zwischen den Segmenten Querbänder von Knopfwarzen mit schwarzen, recht langen Stacheln. Die Schönbärenraupen werden bis 40 mm lang und verpuppen sich in einem Gespinst auf dem Boden.

Flügelspannweite 45–60 mm

Flugzeit Mitte Juni–Juli. Überwintert als Raupe

Vorderflügel schwarz mit gelben Flecken, Hinterflügel rot mit schwarzen Flecken. Körper schwarz, Hinterleib mit roten Seitenstreifen.

Feuchte Laub- und Nadelwälder sowie Bach- und Flussränder.

Zürich: Besonders im Üetlibergwald immer wieder zu beobachten. Höchstens in Waldnähe auch in naturnahen Gärten.

Roseneule

Thyatira batis

Roseneulen sind nachtaktiv und besuchen die Blüten von Brombeerstauden und anderen Gewächsen. Sie kommen gerne ans Licht.

Eiablage an Brombeere und Himbeere, die Jungraupen sitzen auf den Blättern ihrer Futterpflanze und ahmen in Haltung und Farbe täuschend echt Vogelkot nach. Die erwachsenen Raupen sind graubraun mit auffälligen Höckern auf dem Rücken. Sie werden bis 30 mm lang und verpuppen sich in einem leichten Gespinst zwischen zusammengesponnenen Blättern. Raupen sind von Juli bis September zu finden.

Flügelspannweite bis 40 mm

Flugzeit April–September in 2 Generationen, Überwinterung als Puppe.

Unverwechselbar: Vorderflügel dunkelbraun mit 4 großen rosa Flecken mit braunem Zentrum. Hinterflügel graubraun, Körper braun.

Himbeerfluren an Waldwegen oder Waldrändern, auch in naturnahen Gärten und Parks mit genügend Futterpflanzen.

Zürich: In Gärten und Siedlungen in Waldnähe häufig.

Flügelspannweite 35–45 mm

Flugzeit April–Juni, manchmal 2. Generation Juli–August. Überwinterung als Puppe.

Vorderflügel weißlich mit grauer Mittelbinde. Hinterflügel grauweiß, Körper weißlich, dicht behaart.

Lichtungen und Ränder der Auenwälder, gebüschreiches Offenland, ebenso in Parkanlagen und naturnahen Gärten mit Weiden und Pappeln.

Zürich: Vorhanden, Verbreitung kaum bekannt.

Kleiner Gabelschwanz

Furcula furcula

Grundfarbe der Raupen hellgrün. Typisch ist ein brauner, gelbumrandeter Sattel, der sich vom Kopf bis zum Körperende erstreckt. Das Hinterleibsende mündet in 2 Schwanzgabeln mit langen Spitzen. Mit einer Länge von 25 mm ist die Raupe ausgewachsen und verpuppt sich in einem sehr harten Kokon an einem Ast der Futterpflanze (Weide, Pappel). Raupenzeit Juli–Mitte September.

Der Kleine Gabelschwanz ist gefährdet, da Auenwälder, sein ursprünglicher Lebensraum, weitgehend verschwunden sind.

Flügelspannweite 55–67 mm

Flugzeit Mai–Juli. Überwinterung als Puppe, manchmal mehrmals.

Braungraue Vorderflügel, übersät mit silbernen Schuppen. Vorderflügelspitzen (Mondfleck!) und Kopfpartie hellbraun.

Lichtungen in Laubmisch- und Buchenwäldern, Waldränder, in naturnahen Gärten und Parkanlagen.

Zürich: Wälder, als typischer Kulturfolger auch im mit einheimischen Laubbäumen durchgrünten Siedlungsgebiet recht häufig.

Mondfalter

Phalera bucephala

Der auch als Mondvogel oder Mondfleck bekannte Falter ist nachtaktiv und kommt gerne ans Licht. In Ruhestellung mit angelegten Flügeln sieht er (tagsüber) einem abgebrochenen Zweig verblüffend ähnlich.

Raupen (Juli–August) sind sehr auffällig gefärbt: Grundfarbe schwarz mit orangen Quer- und gelben Längsstreifen. Kopf recht groß, schwarz mit gelber V-Zeichnung. Mondfalterraupen sind polyphag – nicht auf eine bestimmte Futterpflanze spezialisiert – und fressen an vielen heimischen Laubgehölzen wie Eiche, Buche, Weide und Birke. Junglarven leben gesellig, nach der letzten Häutung werden sie zu Einzelgängern. Ausgewachsene Raupen bis 60 mm lang. Verpuppung in der Erde.

Hornissenschwärmer

Sesia apiformis

Hornissenschwärmer (oder Hornissen-Glasflügler) sind Tagflieger und gleichen, wie der Name sagt, Hornissen, weshalb sie von Fressfeinden vermutlich gemieden werden. Ruhende Falter sitzen früh morgens oft an Baumstämmen. Die Falter nehmen keine Nahrung auf.
Raupen weißlich mit braunem Kopf. Sie leben im Holz verschiedener Pappelarten und brauchen für ihre Entwicklung 3–4 Jahre. Verpuppung unmittelbar beim Ausgang ihres Fraßgangs im Holz der Wirtspflanze. Wenn die Zeit zum Schlüpfen gekommen ist, winden sich die sehr beweglichen Puppen aus der Puppenkammer ins Freie, wo die Falter schlüpfen.

Flügelspannweite 35–45 mm

Flugzeit Mai–Juli. Überwinterung mehrmals als Raupe.

Hornissenähnlich, Hinterleib behaart und gelb-schwarz geringelt, Flügel durchsichtig, nur Flügeladern und Rand bräunlich beschuppt.

Offene Landschaften mit älteren Pappelgruppen, Bach- und Flussläufe.

Zürich: In alten Pappelbeständen etwa an der Limmat (Fischerweg), auch in Parkanlagen, wahrscheinlich weit verbreitet, gilt als Kulturfolger.

Schlehenspinner, Bürstenspinner

Orgyia antiqua

Weibchen bleiben normalerweise beim Kokon, aus dem sie geschlüpft sind, und locken mit Duftstoffen paarungsbereite Männchen an. Nach der Paarung legt das Weibchen alle seine Eier direkt auf den Kokon und stirbt. Die Falter nehmen keine Nahrung auf.
Jungraupen haben überlange Haare und werden vom Wind verbreitet. Dementsprechend sind sie polyphag, können sich also auf ganz verschiedenartigen einheimischen Pflanzen entwickeln (Gehölze und Kräuter). Raupe (Mai–August, bis 40 mm) mit grau-schwarzer Grundfarbe und einer Reihe roter, behaarter Punktwarzen auf jedem Segment. Sehr auffällig sind 2 nach vorne gerichtete schwarze Haarbüschel beim Kopf, 4 gelbe Haarbürsten auf dem Rücken und ein nach hinten gerichtetes Haarbüschel am Körperende.

Flügelspannweite Männchen 25–30 mm, Weibchen fast flügellos.

Flugzeit 1. Generation Juni/Juli, 2. Generation August/September. Eier überwintern.

Männchen rostbraun mit weißem Fleck im Vorderflügel, Weibchen grau, dicht behaart, plump und fast flügellos.

Praktisch in allen laubholzreichen Gebieten.

Zürich: Häufig in Gärten und Parkanlagen.

Streckfuß

Calliteara pudibunda

Flügelspannweite Männchen bis 35 mm, Weibchen bis 57 mm.

Flugzeit Mai/Juni. Überwinterung als Puppe.

Vorderflügel hellgrau mit grauem Muster und mehreren gezackten Binden. Vorderbeine dicht behaart, in Ruhestellung meist nach vorne gestreckt.

Laubholzreiche Wälder, Parkanlagen und Gärten.

Zürich: Im Wald und bis weit ins Siedlungsgebiet, gilt als Kulturfolger.

Der nach der Stellung seiner Vorderbeine benannte Streckfuß ist nachtaktiv und nimmt keine Nahrung auf. Seine Raupen (Juli–Oktober) sind sehr auffällig und oft zu sehen. Vor allem die ausgewachsenen, 4 cm langen Tiere gelbgrüner Grundfarbe fallen durch ihre Haartracht auf: neben den langen, hellen Haaren entlang des ganzen Körpers 4 auffällige gelbweiße Haarbürsten auf dem Rücken und ein rotes, nach hinten gerichteten Haarbüschel auf dem 11. Segment, das dem Streckfuß auch den Namen «Rotschwanz» eingetragen hat. Auf verschiedenen Laubbäumen, z. B. Rotbuche, Hainbuche und Eiche. Verpuppung am Boden, etwa unter Steinen. Benötigt wie so viele Falterraupen einheimische Gewächse in Park und Garten.

Brombeerspinner

Macrothylacia rubi

Flügelspannweite 38–70 mm

Flugzeit Mai–Juli. Überwinterung als ausgewachsene Raupe.

Vorderflügel der etwas größeren Weibchen graubraun, die der Männchen rötlich braun bis graubraun, bei beiden Geschlechter mit 2 schmalen, hellgelben Querbinden.

Magerrasen und extensiv bewirtschaftete Fettwiesen, Feuchtgebiete, Waldlichtungen.

Zürich: Nicht häufig, an Bahndämmen, Wiesenböschungen, Wegrändern und auf Brachen.

Die Männchen fliegen schon am späten Nachmittag und in der Dämmerung und suchen paarungsbereite Weibchen. Eiablage nachts an verschiedene Pflanzen wie Brombeere oder Schlehe. Die Falter nehmen keine Nahrung zu sich.
Die Raupen (August–April) sind bis 80 mm lang: Grundfarbe fast schwarz, dichte schwarz-rote Behaarung. Haare können bei Berührung allergische Reaktionen hervorrufen. Raupe überwintert und ist im Frühjahr auf der Suche nach einem geeigneten Verpuppungsplatz herumkriechend zu sehen. Verpuppung in einem dichten tonnenförmigen Kokon in der Vegetation.
In Zürich weitere Vertreter der Familie der Glucken, z. B. Grasglucke oder Trinkerin *(Euthrix potatoria)*, deren Raupen gelegentlich beim Trinken von Wassertropfen beobachtet werden können.

Hausmutter

Noctua pronuba

Weit verbreitet, von Ägypten bis Island, in Nordamerika eingeschleppt und in Ausbreitung begriffen. Die Hausmutter ist nachtaktiv und kommt gern in die Häuser. Tagsüber aufgeschreckte Tiere fliegen sofort und ohne eine bei anderen Faltern übliche Aufwärmphase blitzschnell weg.
Die Raupen werden bis 50 mm lang. Färbung variabel von dunkelbraun bis grün mit 2 dunklen Längsstrichen beidseits der Rückenlinie. Hausmutterraupen sind haarlos und ernähren sich hauptsächlich von Gräsern. Raupenzeit August–Mai.
Dieser auffällige und große Eulenfalter ist ein guter Flieger und in naturnahen Gärten und Parkanlagen der Stadt oft zu beobachten.

Flügelspannweite 50–60 mm

Flugzeit Mai–September. Überwinterung als ausgewachsene Raupe.

Grundfarbe der Vorderflügel variiert von hellbraun bis dunkelbraun mit dunklen Flecken und einem dunklen Ring. Hinterflügel gelb mit schwarzem Außenrand. Männchen dunkler als die Weibchen.

Viele Lebensräume wie Waldränder, Wiesen, Brachland, naturnahe Gärten und Parks.

Zürich: Weit verbreitet.

Brauner Mönch

Cucullia verbasci

Nachtaktiver Eulenfalter, selten zu sehen.
Umso auffälliger sind die Raupen: Auf weißer Grundfarbe trägt jedes Segment 3 schwarze Punktringe und einen gelben, breiten Mittelring. Kopf gelb mit schwarzen Punkten. Mönchsraupen fressen an Königskerzen und anderen Gewächsen und sitzen oft offen auf den Blättern der Futterpflanze. Die Verpuppung erfolgt in der Erde. Raupenzeit Mai–Juli.
Der auch Königskerzen-Mönch genannte Falter ist noch weit verbreitet und nicht selten. Er folgt seiner recht häufigen Raupenfutterpflanze weit ins Siedlungsgebiet. Förderung wie bei anderen Faltern durch Angebot geeigneter Futterpflanzen, in diesem Fall von Königskerzen.

Flügelspannweite 35–40 mm

Flugzeit Mitte April–Juni. Überwinterung als Puppe, oft mehrmals.

Vorderflügel braungrau bis ledergelb, brauner Vorderrand. Saum deutlich gewellt. Körper dunkel behaart, Kopf mit nach vorne gerichteter Haube aus längeren grauen Haaren.

Ruderalflächen mit Königskerzen.

Zürich: Naturnahe Parkanlagen und Gärten, Bahndämme und Industriegelände mit Königskerze.

Flügelspannweite 35–40 mm

Flugzeit Mai–Ende September, in mehreren Generationen. Zusätzlich wandern jedes Jahr Tiere bei uns ein. Überwinterung als Raupe.

Vorderflügel mit graubrauner Grundfarbe und charakteristischem weißen Fleck, der dem griechischen Buchstaben Gamma ähnelt.

Überall, vorwiegend in offenem Gelände.

Zürich: Überall, in guten Flugjahren oft massenhaft, auch an Balkonblumen, verirrt sich oft in Häuser.

Gammaeule

Autographa gamma

Gammaeulen sind mehrheitlich nachtaktiv, können aber auch tagsüber und in der Dämmerung beim Saugen an Blüten beobachtet werden. Sie stehen dann im Schwirrflug vor den Blüten und halten sich mit ihren Vorderbeinen an diesen fest.

Grundfarbe der Raupen sehr variabel, von gelbgrün bin graugrün. Haarlos, fressen an so verschiedenen Pflanzen wie Taubnessel, Klee, Löwenzahn oder Salat. Die Raupen sind fast das ganze Jahr über zu finden, werden etwa 25 mm lang und verpuppen sich eingesponnen zwischen Pflanzenteilen.

Häufigster Wanderfalter in Mitteleuropa, die sich hier entwickelnden Bestände werden jährlich durch aus Südeuropa einfliegende Tiere ergänzt.

Flügelspannweite 55–65 mm

Flugzeit Juli–September. Überwinterung als Raupe oder Falter.

Groß, dunkelbraune Vorderflügel mit schwarzbraunem Mittelfeld. Hell geränderte Flecke. Hinterflügel schwarzgrau mit einem breiten schwarzen Band.

In der Nähe von Wasser, in Flussniederungen und an Ufern von Gewässern.

Zürich: An naturnahen und renaturierten Bach- und Flussläufen, auch in Parkanlagen und Gärten mit entsprechenden Futterbäumen.

Schwarzes Ordensband

Mormo maura

Nachtaktiver Eulenfalter, ernährt sich von Baumsäften, die bei Verletzungen austreten (blutende Bäume).

Grundfarbe der Raupen braun. Sie sind haarlos und fressen nachts an verschiedenen krautigen Pflanzen wie Löwenzahn, später an Erle und Weide. Sie verpuppen sich in einem dichten Gespinst am Boden.

Im Mittelmeergebiet häufiger als nördlich der Alpen, regelmäßige Falterfunde im Botanischen Garten lassen vermuten, dass die Art in der Stadt weit verbreitet ist.

Braune Tageule

Euclidia glyphica

Die Braune Tageule ist – was für Vertreter der Familie der Eulenfalter untypisch ist – tagaktiv und kann oft beim Nektarsaugen an Wiesenblumen beobachtet werden. Kulturfolger, Förderung durch die Anlage von Blumenwiesen. Die Raupen der Tageule entwickeln sich an verschiedenen Schmetterlingsblütlern wie Rotklee, Hornklee oder Vogelwicke. Raupe von Juni bis Oktober, Grundfarbe gelbbraun mit mehreren dunkelbraunen Längslinien und unterhalb der Stigmen (Atemöffnungen) einem etwas breiteren, gelblichen Längsband. Verpuppung in der Erde.

Flügelspannweite 25–30 mm

Flugzeit in 2 Generationen von April bis August. Überwinterung als Puppe.

Vorderflügel graubraun mit 2 dunkel- oder rotbraunen Querbinden, weitere Binde am Flügelaußenrand. Hinterflügel an der Basis dunkelbraun, im äußeren Drittel gelb.

Moorwiesen, Feuchtwiesen und Trockenrasen, generell auf Wiesen mit gutem Angebot an Nektarpflanzen.

Zürich: Auf allen Blumenwiesen, auch mitten im Siedlungsgebiet.

Birkenspanner

Biston betularia

Nachtaktiv und deshalb nicht oft zu sehen. Besonders an Birkenstämmen sitzend sind Birkenspanner perfekt getarnt. Da sich im Verlauf der Industrialisierung seit dem 19. Jh. besonders in England auf rußgeschwärzten Birken dunkle Formen des Birkenspanners durchsetzten, gilt die farbliche Anpassung des Birkenspanners als Paradebeispiel der Evolution (Industriemelanismus).

Eiablage auf verschiedene Laubbäume wie Birke, Weide, Pappel und Eiche. Die Raupen (Juli–Oktober) haben eine für die Familie der Spanner typische Reduzierung der mittleren Beinpaare. Dies bedingt die «spannerartige» Fortbewegung. Färbung variabel von grün über oliv bis grau, Kopf braun. Birkenspannerraupen verpuppen sich in einem Gespinst in der Erde.

Flügelspannweite bis 55 mm

Flugzeit Mai–Juli. Überwinterung als Puppe.

Grundfarbe der Hinter- wie der Vorderflügel weiß, mit schwarzer Zeichnung.

Auen- und Laubmischwälder und deren buschreiche Randregionen, auch im Siedlungsraum.

Zürich: Verbreitet in Wald, Park und Garten, gilt als Kulturfolger, der sich auch in der Stadt wohl fühlt.

Kleiner Frostspanner

Operophthera brumata

Flügelspannweite bis 25 mm, Weibchen mit stark reduzierten Flügeln.

Flugzeit Oktober–Dezember. Eier überwintern.

Grundfarbe der Vorderflügel der Männchen graugelb bis beige, bräunliche Querlinien und dunkleres Querband in der Mitte. Hinterflügel blassgelb bis grau.

Weit verbreitet in unterschiedlichsten laubholzreichen Lebensräumen.

Zürich: Wälder, Parkanlagen und Gärten, häufig.

Falter schlüpfen nach den ersten Frösten im Oktober. Weibchen mit stark reduzierten Flügeln, können sich nur laufend fortbewegen. Männchen flugfähig, fliegen gerne ans Licht, sitzen im Spätherbst oft neben Lampen an Hauswänden. Weibchen klettern am Wirtsbaum hoch und locken Männchen mit Duftstoffen an. Eiablage in Rindenritzen.
Jungraupen schlüpfen im Frühling, spinnen Fliegfäden, um sich vom Wind verbreiten zu lassen. Entwicklung an mindestens 50 verschiedenen Pflanzenarten (Salweide, Winterlinde, Hasel, Apfelbaum usw.). Typische Spannerraupe, die sich bei der Fortbewegung in der Mitte bogenförmig hochkrümmt. Raupe (April–Juni) lindengrün mit feinen weißen Längslinien, bis 30 mm lang, verpuppt sich in der Erde. Forst- und Obstbauschädling.

Holunderspanner

Ourapteryx sambucaria

Flügelspannweite 40–50 mm

Flugzeit Juni–August. Überwinterung als Raupe.

Flügel cremeweiß bis gelb, Vorderflügel mit 2 geraden, braunen oder olivfarbene Querlinien. Auf den Hinterflügeln nur eine solche Querlinie. Auffällig schwanzartig verlängerten Hinterflügelspitzen.

Auen- und Laubmischwälder und deren buschreiche Randregionen, auch in naturnahen Gärten und Parks.

Zürich: In Wäldern, oft in Waldnähe anzutreffen, bei Straßenlampen.

Der Holunderspanner oder Nachtschwalbenschwanz ist nachtaktiv und wird vom Licht angezogen.
Die Weibchen des Falters legen ihre Eier an verschiedene Laubhölzer ab (Schwarzer Holunder, Waldrebe, Efeu, Schlehe usw.). Raupe braun, ähnelt täuschend echt einem Ästchen. Sehr schlank, wird bis 50 mm lang. Verpuppung in einem an Zweigen freihängenden, mit Blattresten versehenen Gespinst.
Der Holunderspanner ist in den Wäldern um Zürich weit verbreitet. Er dringt aber auch ins Siedlungsgebiet vor und kann bei Straßenlaternen sitzend gefunden werden. Auch diese Art ist auf einheimische Laubgehölze angewiesen.

Gespinstmotte

Yponomeuta sp.

Dämmerungsaktiv, nimmt als Schmetterling keine Nahrung auf. Mehrere nah verwandte Arten, die jeweils auf bestimmte Gehölze spezialisiert sind: *Y. mallinelus* auf Apfel, *Y. padella* auf Schlehe, Pflaume und Kirsche, *Y. cagnagella* auf Pfaffenhütchen und *Y. evonymella* auf Traubenkirsche.

Raupen von April bis Juni, je nach Art weißgelb, grün bis dunkelgrau mit einer Seitenlinie schwarzer Punkte, ein Punkt auf jedem Segment. Sie leben gemeinsam in ausgedehnten, dichten Gespinsten. In guten Jahren können ganze Büsche völlig eingesponnen werden. Die Verpuppung erfolgt in einem dichten, weißen Kokon im Gemeinschaftsgespinst. Erstaunlicherweise erholen sich die kahlgefressenen Gehölze meist wieder und treiben nach dem Befall neue Blätter aus.

Flügelspannweite bis 27 mm

Flugzeit Juni–August. Überwinterung als Eiraupe.

Grundfarbe weiß, je nach Art mit unterschiedlicher Anzahl Längsreihen schwarzer Punkte. Hinterflügel grau. Körper weiß mit schwarzen Punkten. Feine, sehr lange, weiße Fühler.

Lichtungen, Waldränder, Bahndämme, Hecken aber auch Gärten und Parkanlagen mit einheimischen Laubgehölzen.

Zürich: Nahezu flächendeckend, dringt bei geeigneten Lebensräumen weit ins Siedlungsgebiet vor.

Dörrobstmotte

Plodia interpunctella

Nachtaktiv, nimmt als Schmetterling keine Nahrung auf. Eiablage an Lebensmitteln wie Schokolade, Guetsli, Trockenfrüchten, Nüssen, Mehlprodukten. Frisch geschlüpfte Larven sind sehr klein, dringen durch jedes noch so kleine Loch auch in ungeöffnete Packungen ein. Raupen weißlich gelb, haarlos, mit braunem Kopf, sitzen meist in selbst gefertigten Gespinströhren im Futter. Oft werden sie erst dank dieser Gespinste entdeckt. Ausgewachsene Raupen (bis 17 mm) verlassen die befallenen Vorräte gerne und verpuppen sich in einem dichten weißlichen Kokon in Ritzen und Spalten.

Entwicklung vom Ei zum Falter je nach Temperatur in nur 35 Tagen möglich. Vorbeugung: Esswaren in wirklich dicht schließenden Gefäßen aufbewahren.

Flügelspannweite 13–20 mm

Flugzeit im Haushalt ganzjährig. Mehrere Generationen pro Jahr.

Grundfarbe: Heller oder dunkler kupferfarben mit gezackten, schwarzen Querlinien. In der Flügelbasis befindet sich ein etwa ein Drittel der Flügel bedeckendes hellgraues bis gelbliches Feld.

Überall, wo getrocknete Nahrungsvorräte gelagert werden.

Zürich: Flächendeckend, kommt in jedem noch so sauber geführten Haushalt vor. Nahrungsmittelschädling.

Flügelspannweite bis 32 mm

Flugzeit Mai–September. Überwinterung als Raupe.

Grundfarbe weiß. Die Vorderflügel sind in 2, die Hinterflügel in 3 Federn mit feinen Seitenfransen unterteilt.

Waldränder, Ruderalflächen, Hecken, aber auch Gärten und Parkanlagen.

Zürich: Dringt bei geeigneten Lebensräumen weit ins Siedlungsgebiet vor.

Federgeistchen

Pterophorus pentadactylus

Nacht- und dämmerungsaktiver Kleinschmetterling, der keine Nahrung aufnimmt. In Ruhestellung werden die Flügel eng zusammengelegt und stehen im rechten Winkel vom Körper ab. Federgeistchen – zur Abgrenzung von anderen Kleinschmetterlingen mit ebenfalls federartigen Flügeln auch Schlehengeistchen genannt – sitzen tagsüber gern im Gras und in Gebüschen und ruhen an Halmen oder Zweigen. Dank ihrer außergewöhnlichen Form und Farbe sind sie recht auffällig.
Das Weibchen legt seine Eier hauptsächlich auf Windenarten (Acker- und Zaunwinde), aber auch auf Schlehen und Rosen ab. Die Raupen sind hellgrün und behaart und ab August zu finden. Sie überwintern und verpuppen sich im Frühjahr.

Flügelspannweite bis 7 mm

Flugzeit meistens in 3 Generationen Mai–September. Überwinterung als Puppe.

Grundfarbe: Fuchsbraun mit 3 weißen Querbändern auf den Vorderflügeln. Beine und Fühler schwarz-weiß beringt. Auffällig ist das federartige Ende der grauen Hinterflügel.

Anlagen und Alleen mit Rosskastanie.

Zürich: An praktisch sämtlichen Rosskastanien.

Rosskastanien-miniermotte

Cameraria ohridella

Die nachtaktive Rosskastanienminiermotte wanderte in den 1990er-Jahren aus dem Balkan in die Schweiz ein. Ursprünglich wahrscheinlich aus Asien. Erstfund in Zürich 2000 beim Carparkplatz. Da bei uns keine natürlichen Feinde vorhanden sind, vermehrt sich die Miniermotte unkontrolliert und explosionsartig. Die Larven, die in den Blättern der Rosskastanie in selbst gefressenen Gängen (Minen) leben, bewirken eine Gelb- und Braunfärbung der Blätter schon im Sommer. Die Bäume werden geschwächt und damit anfälliger auf Pilze und andere Schädlinge. Maßnahmen zur Bekämpfung sind sehr aufwendig. Die Verpuppung erfolgt in den Blättern. Die letzte Generation überwintert als Puppe im Falllaub. Verbrennen des Falllaubs im Herbst kann die Art eindämmen.

Fische

In der Schweiz leben insgesamt 45 einheimische Knochenfischarten (Teleostei). Charakteristische Merkmale dieser Wirbeltiergruppe sind die mit Knochen- oder Knorpelstrahlen verstärkten Flossen. Typisch für Knochenfische sind paarige Brust- und Bauchflossen sowie unpaarige Rücken-, Schwanz- und Afterflossen. Anhand von Form und Position der Flossen am Körper lassen sich alle einheimischen Fischarten gut bestimmen. Der Körper der meisten Fische ist mit kleinen Knochenplättchen, den Schuppen, bedeckt. Über den Schuppen liegt eine empfindliche Schleimhaut, die den Fisch vor bakteriellen Infektionen schützt.

Den Auftrieb im Wasser erhalten die Fische (außer einiger bodenlebender Arten) durch eine Schwimmblase. Mit dem Seitenlinienorgan, das als horizontale Linie von gelochten Schuppen an den Flanken erkennbar ist, können die Fische kleinste Druckschwankungen im Wasser feststellen. Die Nasenlöcher enthalten Sinnesorgane, mit denen der Fisch Geruchsstoffe im Wasser wahrnehmen kann. Die Atmung erfolgt über Kiemen, indem Wasser mit dem Maul eingesaugt und durch die Kiemen gepresst wird.

Alle einheimischen Fische pflanzen sich durch Laichablage fort. Fische ernähren sich entweder räuberisch von anderen Fischen oder von Kleintieren. Nahrungsspezialisten wie die Felchen fressen ausschließlich Zooplankton, die Nase schabt mit ihren verhornten Lippen Algenaufwuchs von Steinen ab. Daneben gibt es auch Generalisten, die ein breites Nahrungsspektrum nutzen. Im Laufe ihres Lebens wechseln viele Fischarten die bevorzugte Nahrung.

In den Gewässern der Stadt Zürich sind mit 27 Arten knapp zwei Drittel der einheimischen Fischarten vertreten. Diese Vielfalt lässt sich einerseits mit der Lage der Stadt an einem Seeausfluss erklären. In der Übergangszone zwischen See und Fluss leben typischerweise Seefische, aber auch viele Fließgewässerarten fühlen sich hier wohl. Neben der bevorzugten Lage der Stadt ist die gute Wasserqualität ein weiterer Grund für den bemerkenswerten Fischreichtum. Die großen Anstrengungen zur Verbesserung der Wasserqualität kommen nicht nur den Menschen, sondern auch den Fischen und anderen Wasserlebewesen zu gute.

Ohne direkte menschliche Hilfe könnten sich aber manche Fischarten in Zürich kaum halten. Seit Jahrzehnten werden Fischeier künstlich erbrütet und Jungfische aufgezogen, die danach in die Gewässer freigesetzt werden. Ohne solche Besatzmaßnahmen wären manche Arten wahrscheinlich längst verschwunden. Neben den fischereilich interessanten Arten werden seit 1992 auch nicht nutzbare Arten (z. B. der Schneider) durch Besatz gefördert. Gerade bei den Flussfischen gibt es besonders anspruchsvolle Arten, die saubere Kiesbänke für die Laichablage, flache Uferbuchten für die Jungfische und tiefe, kühle Zonen mit Versteckmöglichkeiten für die erwachsenen Tiere benötigen. Außerdem müssen auch die Nährtiere der Fische (Kleinkrebse, Insektenlarven, Schnecken) geeignete Lebensräume vorfinden. Eine gute strukturelle Vielfalt ist in unseren Gewässern jedoch Mangelware: Die Ufer sind oft begradigt und verbaut, die Sohle häufig monoton und ohne Strukturen, der Kies verschlammt und verdichtet. Neben den Bemühungen zur Verbesserung der Wasserqualität muss daher auch der strukturellen Vielfalt der Gewässer mehr Beachtung geschenkt werden.

Wer den täglich stattfindenden Zürcher Fischmarkt besuchte, glaubte sich laut Hans Erhard Eschers «Beschreibung des Zürich Sees» (1692) eher «an den Fischreichen Nordwegischen Meerküsten/als aber in einer/an einem von süssen Wasseren bestehenden See ligenden/Statt».

Fischtafeln, 1709 von Johann Melchior Füssli gemalt, um auf dem Zürcher Fischmarkt über die Fischarten und deren Schonzeiten während der ersten (oben) und der zweiten Jahreshälfte zu informieren. Heute im Foyer des Zürcher Rathauses.

Aal

Anguilla anguilla

Im Alter von 10–15 Jahren wandern die jugendlichen «Gelbaale» aus unseren Gewässern ab und ziehen flussabwärts. Beim Abstieg werden viele Aale in den Turbinen von Flusskraftwerken getötet, nur ein geringer Anteil erreicht das Meer. Als geschlechtsreife «Blankaale» ziehen diese in den Atlantik hinaus ins Sargassomeer östlich von Florida. Dabei keine Nahrungsaufnahme. Tod nach dem Laichen im Sargassomeer. Junge Aallarven schwimmen dann an die europäische Küste und als «Steigaale» die Flüsse hinauf bis in unsere Gewässer. Während des Aufstiegs wachsen sie zu 30–60 cm langen «Gelbaalen» heran, fressen Krebse, Schnecken und Fische. Bei größeren Wasserfällen und Staustufen können die Aale das Wasser verlassen und die Hindernisse landseitig umgehen.

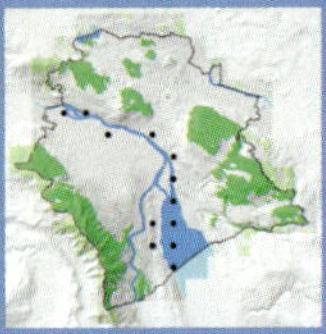

verletzlich

Bis 130 cm, 3–4 kg

Ganzjährig

Unverwechselbar; schlangenähnlicher bronzebrauner Körper, umlaufender Flossensaum an Bauch und Rücken.

Seeabflüsse, Stauhaltungen, große Flüsse. Nachtaktiver Jäger, tagsüber in Spalten und Höhlen oder in dichten Wasserpflanzen versteckt.

Zürich: Limmat, v. a. im Bereich des Seeausflusses, gelegentlich auch im Zürichsee. In Sommernächten in der Limmat in Ufernähe zu beobachten.

Brachsen, Brachsmen

Abramis brama

In den 1960er- und 1970er-Jahren nahmen die Brachsenbestände aufgrund der Überdüngung stark zu. Die Senkung der Phosphor-Einträge in die Gewässer und verstärkte Fangbemühungen führten dann zu einer Reduktion der sehr hohen Bestände. Nach wie vor häufig. Von Fischern erhielt der Brachsen in der Region Zürich aufgrund seiner Größe und Körperform den nicht sehr schmeichelhaften Beinamen «Schiissideckel», was auf die geringe fischereiliche Wertschätzung hindeutet.

Große Brachsen saugen mit dem vorstülpbaren Maul Schlamm vom Boden auf und sieben Kleinmuscheln, Wasserschnecken, Insektenlarven und Würmer aus. Junge Brachsen ernähren sich zunächst von Plankton. Brachsen laichen im Mai/Juni in dichten Pflanzenwäldern in Ufernähe.

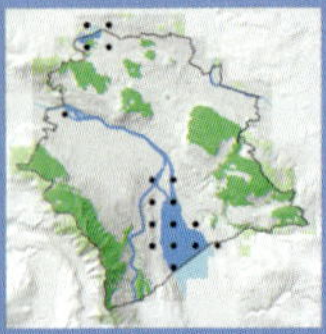

Bis 70 cm, 9 kg. Max. ca. 20 Jahre.

Im Sommer in pflanzenreichen, schlammigen Uferzonen und Weihern.

Silbrig-grauer hochrückiger Körper, kleiner Kopf mit vorstülpbarem Maul, spitze Rückenflosse, langezogene Afterflosse.

In vegetationsreichen stehenden Gewässern mit schlammigem Boden und warmen Sommertemperaturen.

Zürich: An flachen Uferzonen im Zürichsee und Katzensee sowie in größeren Teichen und Weihern. Auch im Limmatstau beim Höngger Wehr.

Schneider, Flussläugel

Alburnoides bipunctatus

Die doppelte Punktereihe entlang der Seitenlinie ähnelt einer Naht (daher «Schneider»). Ernährt sich von Plankton, Würmern, Kleinkrebsen und Insektenlarven. Kann aus dem Wasser springend auch kleine landlebende Tiere am Ufer erbeuten. Während Laichzeit sehr kontrastreich gefärbt. Die bis zu 8000 Eier pro Weibchen werden in mehreren Etappen auf überströmten sauberen Kiesflächen abgelegt. Fischereilich bedeutungslos.
Indikatorart für guten Gewässerzustand. Gefährdet durch Flussverbauungen und möglicherweise durch Raubfischbesatz (Forellen). Die Bestände haben in den letzten Jahren wieder leicht zugenommen.
Förderungsmöglichkeiten: Revitalisierung von verbauten Fließgewässern, Erhaltung und Neuschaffung sauberer Kiesbänke in Flüssen.

Bis 16 cm, 30 g. Max. 6 Jahre.

Zur Laichzeit im Mai/Juni an kiesigen Stellen im Flussbett.

Mit typischer stark gebogener, dunkel gezeichneter Seitenlinie.

Flussfisch. Liebt strukturreiche, schnell fließende Stellen. Meist in Gruppen oder kleinen Schwärmen in der Strömung stehend. Fehlt in Stillwasserzonen und Seen.

Zürich: Gute Bestände an stark strömenden Stellen in Limmat, Sihl und Glatt.

verletzlich

Laube, Läugel, Ukelei

Alburnus alburnus

Der Läugel wurde ab 1960 zunehmend seltener und galt zuletzt in einigen Gewässern sogar als verschollen. Aufgrund der Überdüngung der Gewässer und des dadurch verstärkten Algenwachstums wurden die zur Laichablage benötigten Kiesflächen vielerorts mit Schlamm und faulenden Algenmassen bedeckt, was den Fortpflanzungserfolg massiv einschränkte. Seit Mitte der 1990er-Jahre Erholung der Bestände, heute können überall im Zürichsee und auch in der Limmat (z. B. bei der Werdinsel) wieder große Schwärme von Läugeln beobachtet werden.
Ernährt sich von Plankton, wasserlebenden Insektenlarven und auch von fliegenden Insekten, die er springend erbeutet. Weißfisch, fischereilich unbedeutend. Früher oft als Köderfisch zum Fang von Egli oder Hechten verwendet.

15–20 cm, 60 g. Höchstalter: 7 Jahre.

Im Sommer oft größere Schwärme am Ufer und in Hafenanlagen. Laichzeit April–Juni.

Schlanker Fisch mit metallisch grünlichem Schimmer am Rücken.

Flachwasserzonen in großen Seen und langsam fließenden Flüssen.

Zürich: Zürichsee, Limmat.

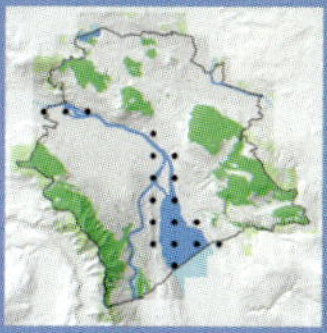

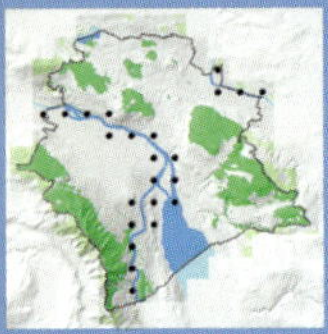

potenziell gefährdet

Bis 120 cm, 10–12 kg. Höchstalter: 15 Jahre.

Im Frühling/Sommer hinter Brückenpfeilern.

Schlanker Fisch, spitzer Kopf, 4 kurze Barteln am Maul. Spitze 3-eckige Rückenflosse.

Leitart der Barbenregion: langsam fließende, sommerwarme Flüsse mit kiesigen und sandigen Stellen. Steht gern in Gruppen im Strömungsschatten von Brückenpfeilern oder großen Steinen.

Zürich: Limmat, unterster Bereich der Sihl, Schanzengraben.

Barbe

Barbus barbus

Bodenorientierter, eher träger Fisch, der kaum größere Strecken im freien Wasser schwimmt. Vor allem dämmerungs- und nachtaktiv. Mit ihren Barteln spüren Barben bodenlebende Tiere auf (Kleinkrebse, Würmer, Schnecken, Insektenlarven). Im Winter suchen sie tiefere strömungsgeschützte Senken auf, in denen sie manchmal zu Tausenden dicht zusammengedrängt ruhen. Zur Laichzeit (Mai–Juli) ziehen die Barben flussaufwärts und legen ihre klebrigen Eier über steinigem Grund ab. Die frisch geschlüpften Jungfische halten sich während etwa 2 Wochen in den Zwischenräumen der steinigen Flusssohle auf. Auch während ihres ersten Sommers verstecken sie sich oft unter großen Steinen. Die Barbe wird von Fischern nur selten gefangen (zu viele Gräten).

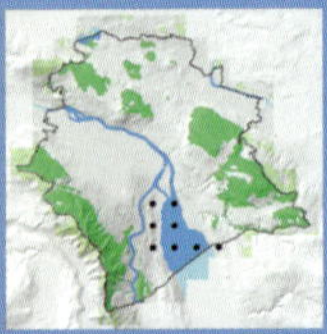

potenziell gefährdet

Bis 35 cm, 1 kg.

Im Sommer in pflanzenreichen Uferzonen. Laicht im Mai/Juni an pflanzenreichen Stellen in Ufernähe.

Ähnelt dem Brachsen, ist aber deutlich kleiner, hat größere Augen und kein vorstülpbares Maul wie der Brachsen.

Pflanzenreiche warme Uferzonen von Seen, größere Stillwasserbereiche und Staustufen in Flüssen.

Zürich: Pflanzenreiche Uferabschnitte im Zürichsee.

Blikke, Blicke

Blicca bjoerkna (syn. *Abramis bjoerkna*)

Die Blikke kann sich mit dem Karpfen und auch mit anderen karpfenartigen Fischen kreuzen und Mischlinge bilden. Die Lebensweise der Blikke ist ähnlich wie die des Brachsen, mit dem sie auch oft gemeinsam vorkommt. Fischereilich ist die Blikke wie auch alle übrigen Karpfenartigen in Zürich und in der ganzen Deutschschweiz von geringer Bedeutung.
Die Blikke wird oft mit dem Brachsen verwechselt. Dadurch könnten die effektiven Bestandsgrößen der Blikke unterschätzt werden. In Zürich gilt die Blikke als nicht gefährdet. Förderungsmaßnahmen werden keine unternommen.

Goldfisch

Carassius auratus

Anspruchslose und konkurrenzstarke Fischart. Allesfresser. Heimat der Naturform des Goldfischs ist vermutlich Ostasien. Durch jahrhundertelange Züchtungen entstanden unzählige Formen und Varietäten, die in ganz Eurasien verbreitet wurden. Als Zierfisch hat der Goldfisch bei uns keine Bedeutung für die Fischerei. Das Aussetzen von Goldfischen in öffentliche Gewässer ist verboten. Große Populationen von Goldfischen können in Kleingewässern Amphibienbestände, andere Fischarten und Kleintiere dezimieren. In gewissen Fällen können gezielte Abfischungen von Goldfischen zum Schutz der einheimischen Fauna beitragen; ist allerdings mit großem Aufwand verbunden und gewünschter Erfolg wird meist nicht erreicht.

Bis 55 cm, 3 kg, meistens kleiner. Höchstalter: 40 Jahre.

Im Sommer in pflanzenreichen Uferzonen.

Unverwechselbare orange bis gelbe Färbung, manchmal mit weißen oder schwarzen Flecken und Sprenkeln, vielfach auch grau, braun, sogar weiß.

Vegetationsreiche stehende Gewässer. Keine hohen Ansprüche an Lebensraum und Wasserqualität.

Zürich: Katzensee, viele Teiche und Weiher.

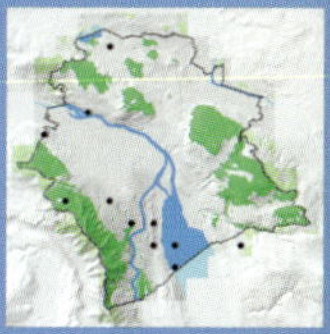

Neozoon

Nase

Chondrostoma nasus

Früher war die Nase in manchen Flüssen einer der häufigsten Fische. In der ganzen Schweiz sind die Bestände seit mehreren Jahrzehnten stark rückläufig, manche Populationen sind ganz erloschen. In Zürich kam die gegenüber Gewässerverschmutzung und Verschlammung des Kiesbetts sehr empfindliche Nase während der letzten Jahrzehnte nur noch in sehr geringen Restbeständen in der Limmat vor. Vor Kurzem wurden aber plötzlich auch wieder Nasen im Schanzengraben und im unteren Sihllauf beobachtet.

Jungfische fressen zunächst Plankton und verdriftete Kleintiere, später wechseln sie zu vegetarischer Ernährungsweise und schaben mit dem verhornten Maul den Kieselalgenaufwuchs von Steinen ab. Als Ruheplätze braucht die Nase tiefere und ruhigere Zonen.

Bis 50 cm, 1,5 kg. Max. 15 Jahre.

Zur Laichzeit (März–Mai) an kiesigen, stark umströmten Stellen im Flussbett.

Schlanker, silbriger Fisch. Unterständiges Maul mit dicken, verhornten Lippen («Nase»).

Reich strukturierte Flüsse mit stark strömenden steinigen Stellen, tieferen ruhigen Senken und kiesigen Flachwasserzonen.

Zürich: Limmat, Sihl, Schanzengraben; sehr selten.

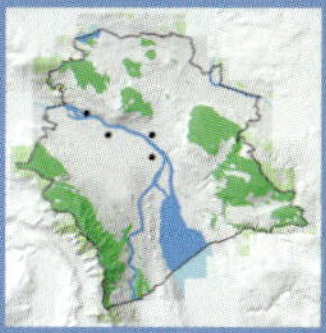

stark gefährdet

Karpfen

Cyprinus carpio

Der Karpfen war vor der letzten Eiszeit in Europa heimisch, sein Verbreitungsgebiet hat sich während der Vergletscherung nach Osten zurückgezogen. Von den Römern dann wieder nach Europa gebracht. Viele Zuchtformen: Lederkarpfen (ohne Schuppen), Spiegelkarpfen (mit nur einer Schuppenreihe am Rücken und an der Seite) oder Schuppenkarpfen, der der Wildform am nächsten steht. Die Lebensweise des Karpfens ähnelt derjenigen von Brachsen und Blikke. Er gräbt mit seinem vorstülpbaren Maul Schnecken, Würmer und Insektenlarven aus dem Bodenschlamm.

In der Schweiz wird der Karpfen als Speisefisch nicht besonders geschätzt, im Gegensatz zu vielen anderen europäischen Ländern, wo er in Teichanlagen gezüchtet und zur Weihnachtszeit gegessen wird.

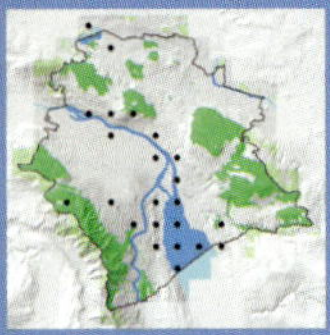

Bis 120 cm, bis 40 kg, meist deutlich kleiner. Max. 38 Jahre.

Im Sommer in pflanzenreichen Uferzonen.

Hochrückiger massiger Fisch mit lang gezogener Rückenflosse und kleinem Kopf mit wulstigen Lippen.

Stehende und langsam fließende sommerwarme Gewässer mit schlickigem Boden und üppigem Pflanzenbewuchs.

Zürich: Flache Uferzonen im Zürich- und Katzensee, größere Teiche und Weiher.

Gründling, Gressling

Gobio gobio

Wie sein Name andeutet, ist der Gründling ein bodenorientierter Fisch, der im Flachwasser im Sand und im lockeren Kies nach Nahrung sucht. Im Sommer können an solchen Stellen oft größere Gruppen von hektisch wühlenden Gründlingen beobachtet werden. Sie fressen Kleintiere und abgerissene Pflanzenstücke

Der Gründling benötigt lockere Kiesbänke zur Laichablage. Durch Revitalisierung von hart verbauten Ufern und Gerinnesohlen können geeignete Laichplätze geschaffen werden. Im Kanton Zürich wurden in früheren Jahren erfolgreiche Besatzmaßnahmen durchgeführt, um die Gründlingsbestände zu stützen und wieder zu vergrößern.

10–15 cm. Höchstalter: 8 Jahre.

Im Sommer oft in Gruppen im seichten Wasser umherziehend.

Schlanker, grau-schwarz gesprenkelter bodenlebender Kleinfisch, 2 kurze Barteln am Maul.

An sandigen und kiesigen Flachuferzonen in Flüssen und Seen. An hart verbauten oder verschlammten Stellen kommt der Gründling nicht vor.

Zürich: Zürichsee, Limmat, Schanzengraben, Sihl.

Alet, Döbel

Leuciscus cephalus

Der Alet wird manchmal mit dem Hasel verwechselt, insgesamt jedoch eine massigere Erscheinung. Allesfresser. Die Jungfische halten sich im ersten Sommer gern in großen Schwärmen in Ufernähe auf. Ältere Tiere bilden kleine Gruppen oder sind Einzelgänger. Die Laichablage (April–Juni) findet in Gruppen in fließendem Wasser statt. In der Limmat kann die Laichablage im Frühling von der Gemüsebrücke aus gut beobachtet werden.

Wie die meisten Weißfische (Karpfenartige) wird der Alet als Speisefisch nicht geschätzt, v. a. wegen der für Weißfische typischen feinen Gräten im Fleisch.

40–50 cm, maximal 80 cm, bis 9 kg. Höchstalter: 22 Jahre.

Im See im Frühling und Sommer in Ufernähe. In Flüssen ganzjährig.

Runder Körperquerschnitt, Afterflosse mit ausgebuchtetem Hinterrand, Schwanzflosse oft mit dunklem Rand. Großer, breiter Kopf.

Keine besonderen Ansprüche an Lebensraum und Wasserqualität. Lebt v. a. in fließenden, aber auch in stehenden Gewässern.

Zürich: Limmat, Sihl, Glatt, Zürichsee.

Hasel

Leuciscus leuciscus

Geselliger Fisch, meistens in Schwärmen anzutreffen. Keine besonderen Lebensraumansprüche, reagiert aber empfindlich auf niedrigen Sauerstoffgehalt. Ernährt sich von Kleintieren im Wasser und fliegenden Insekten, die er springend schnappt. Zuweilen verschmäht er auch pflanzliche Nahrung nicht. Der Hasel ist ein guter Schwimmer, der im Frühling längere Laichwanderungen unternimmt. Die Männchen bekommen in dieser Zeit einen auffälligen weißen Laichausschlag am Kopf, ein Merkmal, das auch andere karpfenartige Fische (z. B. Rotauge, Alet, Brachsen, Karpfen, Nase) ausbilden. Die Eier werden am Ufer an Steine und Kies angeklebt. Weißfisch, wie die meisten Vertreter der Karpfenartigen wegen seiner Gräten als Speisefisch nicht beliebt.

15–20 cm, maximal 40 cm, bis 1 kg. Höchstalter: 16 Jahre.

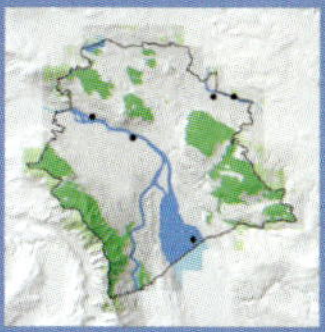

Zur Laichzeit von März bis Mai in Schwärmen am Ufer.

Schlank, Körperquerschnitt oval, Kopf kleiner und spitzer als beim Alet. Afterflosse mit eingebuchtetem Rand. Flossen und Augen meistens ohne orange Färbung.

Seeufer, größere Flüsse mit steinigem und kiesigem Grund.

Zürich: Limmat, Glatt, Zürichsee; nicht häufig.

Bartgrundel, Schmerle

Noemacheilus barbatulus (syn. *Barbatula barbatula*)

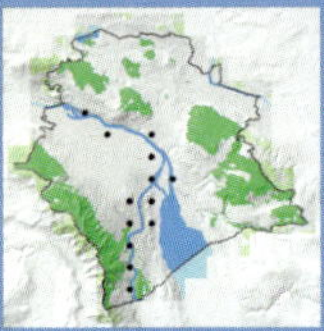

8–12 cm. Höchstalter: 7 Jahre.

Zur Laichzeit (April–Juni) an kiesigen Stellen im Flussbett. Nachtaktiv. Tagsüber unter Steinen versteckt.

Schlanker, dunkelbrauner Kleinfisch mit vielen hellen Sprenkeln. 6 dicke Barteln am Maul.

Klare Bäche, Flüsse und Seen mit sandigem und kiesigem Grund und Pflanzenbewuchs. Auch im Uferbereich von Seen.

Zürich: Limmat, Sihl, Glatt. Im Zürichsee eher selten.

Die Bartgrundel ist ein bodenortientierter nachtaktiver Kleinfisch, der im Sand und Kies nach Insektenlarven und Kleinkrebsen sucht. Bei der Fortpflanzung werden vom Weibchen mehrere 10 000 Eier portionenweise an Steine geklebt, wo sie vom Männchen befruchtet und bis zum Schlüpfen der Larven bewacht werden.
Die Bartgrundel kann künstliche Hindernisse in Flüssen und Bächen schlecht überwinden. Eine Schwelle von 20 cm Höhe ist flussaufwärts bereits kaum mehr passierbar. Zur Förderung der Schmerle müssen Verbauungen in Fließgewässern fischgängig gemacht werden.

Elritze

Phoxinus phoxinus

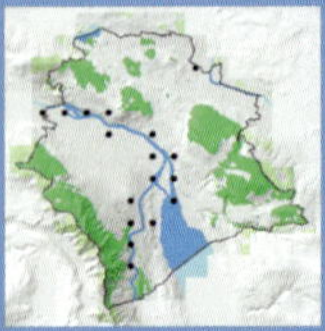

10–14 cm. Höchstalter: 11 Jahre.

Im Sommer an kiesigen Stränden in der Sihl und Limmat.

Lebhafter Kleinfisch, in Schwärmen im Flachwasser, Färbung goldbraun, dunkler Seitenstreifen. Männchen zur Laichzeit mit rotem Bauch.

In kalten, klaren und sauerstoffreichen Berggewässern, aber auch in Seen und Bächen im Flachland.

Zürich: Sihl, Limmat, Glatt, einzelne Tiere manchmal im Zürichsee in der Nähe von Bachmündungen.

Die Elritze ernährt sich von Kleintieren im Wasser und fliegenden Insekten an der Oberfläche, hin und wieder auch von Laich und Larven anderer Fischarten. Die Elritzenlarven schlüpfen bereits 5–10 Tage nach der Laichablage. Die ersten Tage verbringen sie an dunklen Stellen, später bilden sie Schwärme im Flachwasser.
Elritzen sind eine wichtige Beute für große Forellen. Früher wurden sie von Fischern deshalb oft als Köderfische benutzt. In Osteuropa und Russland wird die Elritze sauer eingelegt genossen.
Die Elritze kann gut in Kaltwasseraquarien gehalten werden und wird als Laborfisch für physiologische Versuche und Verhaltensstudien verwendet. Bei solchen Versuchen hat sich die Elritze als sehr lernfähig erwiesen.

Rotauge, Schwale, Plötze

Rutilus rutilus

In den 1970er-Jahren als Profiteur der damaligen Überdüngung häufigster Fisch im ganzen Zürichsee. Die Reduktion der übergroßen Rotaugenbestände wurde mit Bundessubventionen an die Berufsfischer unterstützt. Seit den 1990er-Jahren ist der Bestand rückläufig, das Rotauge ist aber immer noch häufig. Parallel dazu konnte der Läugel im Zürichsee wieder stark zulegen. Möglicherweise führte die Verbesserung der Wasserqualität dazu, dass nun beide Arten wieder nebeneinander existieren können.
Offenbar reagiert das Rotauge sehr empfindlich auf hormomähnliche Substanzen, die mit dem Abwasser in die Gewässer gelangen: Schon geringe Konzentrationen solcher Stoffe können bei Männchen eine Verweiblichung der Geschlechtsorgane hervorrufen.

Bis 40 cm, 1,5 kg. Max. 14 Jahre.

Zur Laichzeit im April/Mai in Schwärmen am Ufer. Im Sommer oft große Jungfischschwärme in Hafenanlagen.

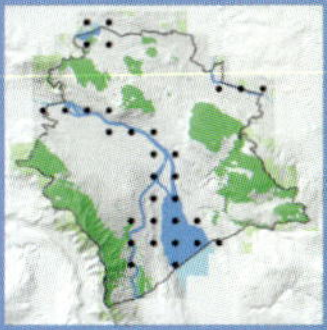

Rückenflosse direkt über den Bauchflossen. Augen meist orangerot. Bauch- und Afterflossen orange, die übrigen Flossen durchsichtig grau.

Seen, Teiche und große Flüsse.

Zürich: Alle Seen und Flüsse, Schanzengraben, auch in Fischteichen und Weihern.

Rotfeder

Scardinius erythrophthalmus

Toleriert Überdüngung, hohe Temperaturen und niedrigen Sauerstoffgehalt, reagiert empfindlich auf anorganische Verschmutzung. Die Bestände der Rotfeder waren im Kanton Zürich bis in die 1990er-Jahre rückläufig. Durch Besatzmaßnahmen der Fischerei- und Jagdverwaltung konnte diese Entwicklung offenbar gestoppt und die Bestände stabilisiert werden. Noch ist aber unklar, ob sich die Bestände künftig durch Naturverlaichung selbst erhalten können.
Nahrung: Wasserpflanzen, Plankton, Kleintiere und Anfluginsekten, die an der Oberfläche geschnappt werden. Die Rotfeder kann sich mit dem Rotauge kreuzen, laicht aber meistens später als diese, weshalb Mischlinge eher selten sind. Im Gegensatz zum Rotauge meist nur in geringen bis mittleren Dichten.

25–35 cm, maximal 45 cm, bis 2 kg. Höchstalter: 10 Jahre.

Im Sommer in warmen, pflanzenreichen Uferzonen.

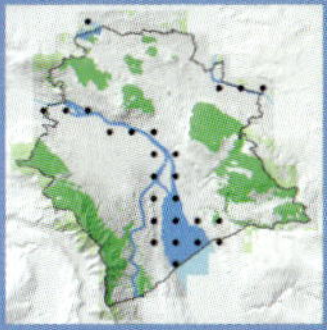

Flossenfärbung variabel, oft aber leuchtend orangerot. Rückenflosse im Vergleich zum Rotauge weiter hinten. Hochrückiger als Rotauge. Mundspalte nach oben gerichtet.

Pflanzenreiche, langsam fließende und stehende Gewässer, auch in Fischteichen und Weihern.

Zürich: Limmat, Zürichsee, Katzensee, größere Teiche und Weiher.

Schleie

Tinca tinca

Die Schleie stellt geringe Ansprüche an Wasserqualität und Sauerstoffgehalt. Ihre Nahrung besteht aus Wasserpflanzen, Würmern und Schnecken. Sie erträgt hohe Wassertemperaturen bis 30 °C. Die Fortpflanzung findet erst bei Temperaturen ab 19–20 °C statt. Ein großes Weibchen kann bis zu 300 000 kleine und klebrige Eier ablaichen, die an Wasserpflanzen haften bleiben. Bei großer Kälte, Hitze oder Sauerstoffmangel gräbt sich die Schleie im Bodenschlamm ein und verfällt in eine Starre. In diesem Zustand kann sie sogar einige Zeit ohne Sauerstoff überleben. Schleien sind eher Einzelgänger, im Sommer kann man aber an schattigen Stellen (z. B. unter umgestürzten Bäumen oder unter Schiffstegen) auch größere Gruppen oder ganze Schwärme antreffen.

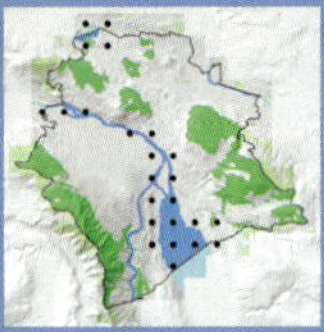

60–70 cm, 5–8 kg, meist kleiner.

Im Sommer in Uferzonen.

Großer oliv- oder bronzefarbiger Fisch mit kleinen Schuppen, plumpe Gestalt, alle Flossen abgerundet, Maul mit wulstigen Lippen und 2 kurzen Barteln.

Vegetationsreiche, sommerwarme Flachwasserzonen mit schlammigem Grund in Seen und größeren Weihern, Stillwasserzonen in großen Flüssen.

Zürich: Zürichsee, Katzensee, an ruhigen Stellen auch in der Limmat.

Hecht

Esox lucius

Raubfisch, lauert unbeweglich zwischen Wasserpflanzen oder Zweigen von umgestürzten Bäumen. Wenn Beute in Reichweite schwimmt, stößt er blitzschnell hervor. Große Hechte fressen im Frühsommer neben Fischen oft auch junge Enten. Junghechte stellen ihre Ernährung bereits im Alter von 4–5 Wochen von Kleinkrebsen auf kleine Fische um.

Im Zürichsee wurde Ende der 1990er-Jahren eine starke Zunahme des Hechtbandwurms *(Triaenophorus nodulosus)* festgestellt. Als Zwischenwirte dieses Parasiten waren auch die Egli betroffen. Die Fischerei- und Jagdverwaltung hat daraufhin Maßnahmen zur vorübergehenden Reduktion der Hecht- und Eglibestände angeordnet. Die Situation hat sich wieder entschärft und die Sondermaßnahmen wurden 2005 aufgehoben.

Bis 160 cm und 40 kg. Max. 40 Jahre.

Im Sommer lauernd in Schilfbeständen und Laichkrautwäldern in Ufernähe.

Unverwechselbar. Jungtiere kontrastreich getupft oder gestreift, mit zunehmendem Alter verblasst das Muster.

Strukturreiche Stellen in Seen und Stillwasserzonen in Flüssen.

Zürich: Zürichsee, Katzensee, Limmat, Schanzengraben, Glatt, vereinzelt auch in der Sihl. In größeren Teichen oft eingesetzt.

Trüsche, Rutte, Quappe

Lota lota

Die einzelne Kinnbartel ist ein Familienmerkmal der Dorsche. Die Trüsche ist der einzige Vertreter der Dorsche in unseren Gewässern. Alle Verwandten leben im Meer.
Die Trüsche bevorzugt kaltes Wasser und ist v. a. im Winter aktiv. Den Sommer verbringt sie meist ruhend in Höhlen und Spalten in tiefen und kühlen Zonen des Zürichsees oder unter Steinen versteckt in Limmat und Sihl. Zur Laichablage versammeln sich Dutzende bis Hunderte von Trüschen an einer Stelle und bilden einen dichten Klumpen. Die Weibchen legen bis zu 1 Mio. Eier pro kg Körpergewicht. Die winzigen Eier schweben bis zum Schlüpfen der Larven etwa 2 Monate im Wasser.

Bis ca. 100 cm, ca 8 kg. Höchstalter: 20 Jahre.

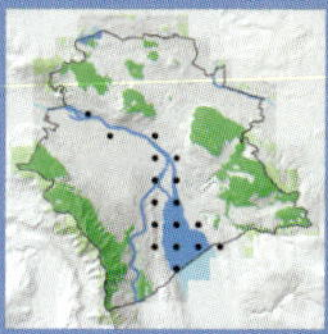

Nachts auch in Ufernähe. Zur Laichzeit (November–März) manchmal größere Versammlungen im Schanzengraben.

Unverwechselbar. Schlangenartiger länglicher Fisch mit umlaufendem Flossensaum am Hinterleib. Leopardartiges Farbmuster. Einzelne Bartel vorne am Kinn.

Seen und Flüsse.

Zürich: Zürichsee, Limmat, Schanzengraben, Sihl.

Dreistachliger Stichling

Gasterosteus aculeatus

Stichlinge ernähren sich von Wasserinsekten und Kleinkrebsen. Sie werden ihrerseits oft von Raubfischen und fischfressenden Vögeln gejagt. Im Frühsommer baut das Männchen ein Nest aus Wasserpflanzen, in das mehrere Weibchen nacheinander ihre Eier legen können. Vor der Eiablage vollführt das Paar einen Hochzeitstanz, der nach einem festen Schema abläuft. Das Nest mit den Eiern und das umgebende Revier wird vom Männchen bewacht und sehr aggressiv gegen Eindringlinge verteidigt. Auch die Weibchen werden nach der Eiablage nicht mehr am Nest geduldet.

6–8 cm. Höchstalter: 8 Jahre.

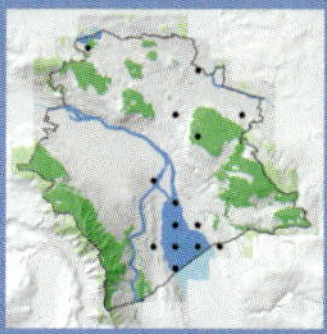

Besonders von April bis Juni gut zu beobachten (Balzspiel und Revierverteidigung der Männchen).

3 spitze Stacheln auf dem Rücken. Männchen zur Laichzeit auffällig bunt gefärbt.

Kleingewässer wie Weiher, manchmal auch in Stillwasserbereichen von großen Fließgewässern.

Zürich: Verbreitet in Teichen und Weihern, z. B. im Irchelpark, Resiweiher, Katzensee. Auch in Waldweihern und im Schanzengraben. Selten im Zürichsee.

potenziell gefährdet

Kaulbarsch

Gymnocephalus cernuus

15–18 cm. Höchstalter: 10 Jahre.

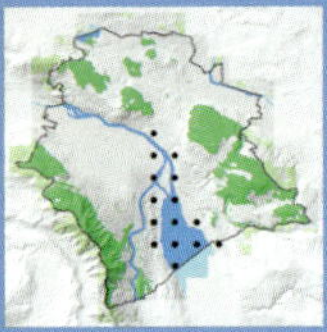

Lebt eher in tieferen Zonen und versteckt.

Silbrig bis bräunlich, mit schwarzen Sprenkeln. 1. Rückenflosse mit langen spitzen Strahlen, 2. Rückenflosse direkt an die erste anschließend, mit weichen Strahlen.

Seen und größere Flüsse, meidet Stellen mit dichtem Pflanzenbewuchs oder starker Strömung.

Zürich: Zürichsee und Limmat; seit den 1980er-Jahren häufig.

Der Kaulbarsch laicht zwischen März und Juni im Flachwasser an steinigen Stellen, Wurzeln und untergetauchten Ästen. Fischereilich ist er wegen seiner geringen Größe uninteressant und unbeliebt. Die spitzen Flossenstrahlen können schmerzende Verletzungen verursachen, was die Handhabung versehentlich gefangener Kaulbarsche sehr erschwert. Oft wird der Kaulbarsch auch als Konkurrent anderer Fischarten und als Laichräuber verdächtigt. Schädliche Einflüsse auf andere Fischarten konnten aber zumindest in der Schweiz nicht nachgewiesen werden. Der Kaulbarschbestand in Zürich hat sich in den 1980er-Jahren stark vergrößert und ist heute mehr oder weniger stabil.

Sonnenbarsch

Lepomis gibbosus

10–20 cm. Höchstalter: 12 Jahre.

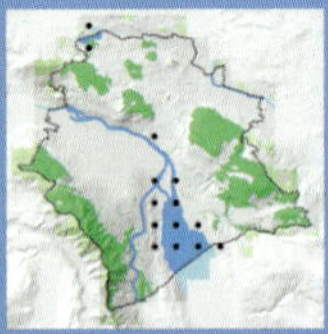

Zürich: seit ca. 30 Jahren

Im Sommer an sandigen und steinigen Stellen am Ufer. Sehr standorttreu.

Körperform hochrückig. 2 zusammengewachsene Rückenflossen. Grundfarbe braun-oliv, leuchtend hellblau gezackten Linien und Sprenkel, schwarzer Punkt am Kiemendeckel.

Seeufer mit sandigen Böden und Pflanzenbewuchs.

Zürich: Katzensee, Zürichsee. In den letzten 10 Jahren häufiger geworden.

Der aus Nordamerika stammende Sonnenbarsch breitet sich in unseren Gewässern seit etwa 30 Jahren langsam aus. Er laicht zwischen Mai und Juli in Ufernähe auf Sand und Kies. Das Männchen baut eine Nestgrube im sandigen Boden und verteidigt sein Revier sehr aggressiv, auch gegen badende Menschen. Der kleine Fisch kann schon mal kräftig in den Unterschenkel zwicken, wenn sich ein im Wasser watender Mensch seinem Nest nähert. Auch der Sonnenbarsch wird oft als Laichräuber und Konkurrent einheimischer Fischarten verdächtigt, ein Beweis dafür steht aber hier ebenfalls noch aus. Fischereilich ist der Sonnenbarsch nicht von Bedeutung. Als nicht einheimische Art wird er auch nicht gefördert.

Egli, Flussbarsch

Perca fluviatilis

Sehr starke Bestandsschwankungen. Innerhalb weniger Jahre können nach dramatischen Bestandseinbrüchen wieder Rekordbestände heranwachsen. Als Generalist und Opportunist sehr anpassungsfähig, ernährt sich wahlweise von Plankton, Wirbellosen oder kleinen Fischen. Laichablage im April/Mai in ca. 3 m Tiefe. Die Eier werden als strumpfartiges Laichband (mit bis über 200 000 Eiern) an Pflanzen und untergetauchten Ästen aufgehängt. Neben den Felchen ist der Egli die wichtigste fischereilich genutzte Art im Zürichsee. Wird nicht durch Besatzmaßnahmen gefördert. Die Aufzucht von Eglilarven ist sehr schwierig und im großen Stil nicht möglich. Glücklicherweise reicht die Naturverlaichung aber aus, um die Bestände zu halten.

20–30 cm, größte Exemplare bis 55 cm, bis 4,5 kg. Höchstalter: 22 Jahre.

Im Sommer in Ufernähe (in Hafenanlagen, unter Schiffstegen und Booten).

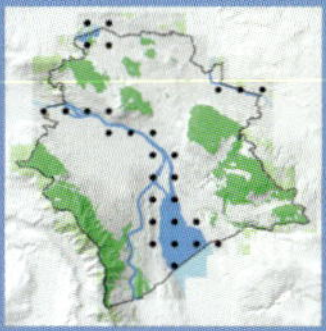

2 Rückenflossen, die vordere mit harten Strahlen und einem schwarzen Punkt, die hintere weich. Schwarze Querstreifen auf braun-grünlicher Grundfarbe. Orange Bauch-, After- und Schwanzflosse.

Verschiedene Bereiche von Seen und Flüssen.

Zürich: Zürichsee, Katzensee, Limmat, Sihl, Schanzengraben, größere Teiche und Weiher.

Felchen, Balle, Balig, Albeli

Coregonus sp.

Viele lokale Formen und Unterarten, die sich in Körperform und Ökologie unterscheiden. Im Zürichsee: Sandfelchen (Balle, Balig) in großen Tiefen über dem Grund, kleinwüchsige Schwebfelchen (Albeli) im offenen Wasser. Felchen fressen Plankton, die bodenlebenden Formen auch kleine Wirbellose. Laichablage (November–Februar) an sandigen Stellen, oft in großer Tiefe. Die Eier benötigen viel Sauerstoff, was in der Vergangenheit die natürliche Fortpflanzung stark beeinträchtigt hat, weil die Eier im damals sauerstoffarmen Sediment zugrunde gingen. Dank verbesserter Wasserqualität an vielen Orten heute wieder natürliche Vermehrung möglich. Felchen werden stark befischt, daher immer noch zusätzliche Besatzmaßnahmen zur Stützung der Bestände.

Bis 55 cm, 2 kg. Höchstalter: 15 Jahre.

Während der Laichwanderung in der Limmat, sonst v. a. im offenen Wasser des Zürichsees.

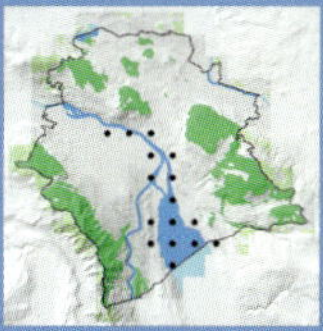

Kleines Maul, Fettflosse am Rücken vor dem Schwanz, große Schuppen. Rücken-, Schwanz- und Bauchflossen spitz zulaufend. Einheitlich silbrig-graue Färbung.

Im offenen Wasser kühler und sauerstoffreicher Seen. Nur selten am Ufer.

potenziell gefährdet

Zürich: Zürichsee, Limmat

Regenbogenforelle

Oncorhynchus mykiss

Die aus Nordamerika stammende Regenbogenforelle erträgt höhere Temperaturen und einen geringeren Sauerstoffgehalt als die einheimische Bachforelle. Daher auch in Gewässern, wo die Bachforelle bereits nicht mehr vorkommt. Die Regenbogenforelle wurde früher durch Besatzmaßnahmen gefördert. Seit 1995 keine Fördermaßnahmen mehr, um einer allfälligen Konkurrenz zwischen der einheimischen Bachforelle und den «Regenböglern» entgegenzuwirken. Nach dem Besatzstopp nahmen die Bestände ab. Es sind aber immer noch Exemplare anzutreffen. Die Regenbogenforelle laicht zwischen Dezember und März an kiesigen Stellen. Das Weibchen schlägt eine Laichgrube in den Kies, darin werden die Eier abgelegt.

Neozoon

Bis 70 cm, 6 kg. Max. 11 Jahre.

Ganzjährig

Unterständiges Maul, Fettflosse, kleine Schuppen. Färbung am Rücken dunkel, an den Flanken mit rosa bis grünlichem Schimmer (Regenbogen!). Schwarze Tupfen an Kopf, Rücken, Flanken und auch an der Rückenflosse.

Stehende und langsam fließende größere Gewässer (Staustufen).

Zürich: Limmat, Schanzengraben, vereinzelt im Zürichsee im Bereich des Ausflusses.

Bachforelle

Salmo trutta fario

Die Bachforelle ist bei Sportfischern sehr begehrt und wird deshalb seit langer Zeit in vielen Gewässern stark gefördert. Ohne Besatzmaßnahmen wäre die Bachforelle in Zürich und den meisten umliegenden Gewässern viel seltener oder bereits verschwunden. Nicht die Fischerei macht ihr zu schaffen, sondern v. a. die durch Gewässerkorrekturen entstandene Strukturarmut. Für die Laichablage und die Jungtiere wird ein lockeres, gut durchlüftetes Kiesbett benötigt. Zudem reagiert die Bachforelle sehr empfindlich auf Gewässerverschmutzungen und erträgt keine hohen Sommertemperaturen. Seit einigen Jahren macht der Bachforelle auch ein neu eingeschleppter Parasit zu schaffen, der die Proliferative Nierenkrankheit (PKD) hervorruft.

potenziell gefährdet

Bis 80 cm, 7–9 kg, meist deutlich kleiner. Höchstalter: 8 Jahre.

Ganzjährig

Schlank, unterständiges großes Maul, Fettflosse, kleine Schuppen. Färbung variabel, meist braungrau mit schwarzen Punkten an Kopf und Rücken und kleinen roten Tupfen an den Flanken.

Kühle, rasch fließende, sauerstoff- und strukturreiche Bäche.

Zürich: Limmat, Sihl. Jungfische auch in kleineren Seitengewässern der beiden Flüsse. Katzenbach

Seeforelle

Salmo trutta lacustris

Junge Seeforellen verbringen die ersten 2 Jahre im Geburtsgewässer, dann Abwanderung in den See. Geschlechtsreife Männchen entwickeln wie Lachse einen aufwärts gerichteten Haken am Unterkiefer. Zur Laichablage suchen die Seeforellen saubere Kiesbänke in Flüssen und Bächen auf, meist in ihrem ursprünglichen Geburtsgewässer.

Die Seeforelle wird seit 1970 in Zürich gefördert. Besatzmaßnahmen mit Brütlingen im Linthkanal und in Bächen am Zürichsee, um den Jungfischen die nötige Prägung auf ihr späteres Laichgewässer zu geben. Da die Seeforelle ausgedehnte Laichwanderungen unternimmt, müssen Staustufen mit geeigneten baulichen Maßnahmen fischgängig gemacht werden (richtig konstruierte Fischtreppen oder Umgehungsgerinne).

Bis 120 cm, max. 30 kg. Höchstalter: 7 Jahre.

Auf Laichwanderung in Flüssen und Bächen, sonst nur im See.

Körperform ähnlich Bachforelle. Färbung blass silbriggrau, schwarze Sprenkeln an Kopf, Rücken und Flanken. Keine roten Tupfer wie bei Bachforelle.

Tiefe Zonen in kühlen und sauberen Seen, Laichgebiete in sauberen und lockeren Kiesbänken in Flüssen.

Zürich: Zürichsee, Limmat. Jungfische in Seitenbächen am Zürichsee. Selten.

stark gefährdet

Seesaibling, Rötel

Salvelinus alpinus

Der Seesaibling wurde in viele Schweizer Gewässer eingesetzt. Es ist heute nicht mehr nachvollziehbar, wo der Seesaibling ursprünglich vorkam und welche lokalen Formen in den Gewässern natürlicherweise lebten. Viele der heutigen Seesaiblingsbestände in der Schweiz können nur mittels Besatzmaßnahmen erhalten werden, so auch der kleine Bestand im Zürichsee. Seit den 1980er-Jahren ermöglicht die verbesserte Wasserqualität dem Seesaibling zwar wieder die natürliche Fortpflanzung im Zürichsee, er wird aber weiterhin gefördert. Der Zürichsee ist kein typisches Saiblingsgewässer, daher auch kein großer natürlicher Bestand zu erwarten.

Bis 60 cm, 8 kg, meist deutlich kleiner. Höchstalter: 40 Jahre.

Tiefere Seeregionen, kaum zu beobachten.

Fettflosse, Rücken dunkel, mit hellen Tupfen und Sprenkeln. Bauch v. a. beim Männchen zur Laichzeit leuchtend orange.

Kühle, gut durchlüftete und tiefgründige Seen. Benötigt saubere Kiesflächen zur Laichablage.

Zürich: Kleiner Bestand im Zürichsee. Im Bereich der Stadt Zürich sehr selten, weiter seeaufwärts etwas häufiger.

verletzlich

Äsche

Thymallus thymallus

50–60 cm, 6 kg. Max. 14 Jahre.

Ganzjährig an kiesigen Stellen in Limmat und Sihl. Recht scheu.

Schlank, kleines Maul, große Schuppen, Fettflosse. Unverwechselbare Rückenflosse (Fahne), v. a. beim Männchen zur Laichzeit im Frühling prächtig rotblau mit schwarzen Tupfen.

In Seeabflüssen und großen, kühlen, sauerstoffreichen Flüssen. Leitart der Äschenregion.

Zürich: Limmat, Sihl, vereinzelt im untersten Teil des Zürichsees.

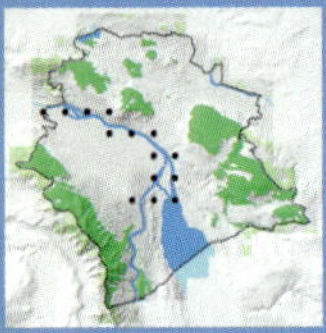

verletzlich

Infolge der Gewässerverschmutzung in vergangenen Jahrzehnten stark zurückgedrängt. Viele Bestände in der Schweiz haben sich dank Verbesserung der Wasserqualität, intensiven Besatzmaßnahmen und fischereilichen Regulierungen wieder stabilisiert. Außergewöhnlich hohe Sommertemperaturen in den letzten Jahren haben manchen Äschenbeständen jedoch wiederum stark zugesetzt.
Laicht von März bis April an kiesigen Stellen im Flussbett. Das Weibchen schlägt eine Laichgrube, darin werden die Eier abgelegt und von einem oder mehreren Männchen besamt. Die Jungfische stehen zunächst im flachen Wasser am Ufer, im Laufe des Sommers begeben sie sich in stärker strömende Zonen in der Gewässermitte. Die Äsche ist bei Anglern sehr begehrt.

Groppe, Koppe, Mühlkoppe, Kaulkopf

Cottus gobio

8–12 cm. Höchstalter: 10 Jahre.

Ganzjährig. Meist versteckt, nie im freien Wasser.

Dicker Kopf mit wulstigem Maul. Körper braun-grau marmoriert.

Bäche, Flüsse und Seen mit steinigen, gut strukturierten Uferbereichen. Indikator für saubere, sauerstoffreiche Gewässer.

Gute Bestände in Zürichsee, Limmat, Schanzengraben, Sihl. Auch in kleineren Bächen. In der Glatt nur ganz vereinzelt.

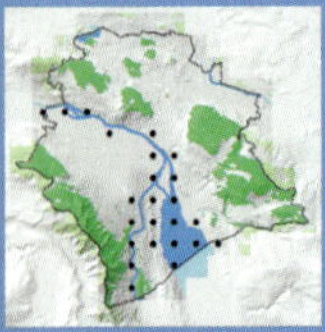

potenziell gefährdet

Die Groppe ist in unseren Gewässern der einzige Vertreter der Panzerwangen, zu denen auch die Steinfische und Drachenköpfe der Meere zählen. Im Gegensatz zu ihren marinen Verwandten hat die Groppe aber keine Giftstacheln. Sie hat keine Schwimmblase und lebt permanent am Boden des Gewässers. Nahrung: Insektenlarven, Flohkrebsen und andere Wirbellose. Laichzeit Februar–Mai, Ablage in kleinen Höhlen und unter Steinen. Das walnussgroße orangefarbene Gelege enthält etwa 100–200 Eier und wird an die Höhlendecke geklebt. Das Männchen bewacht die Eier bis zum Schlupf der Larven. Uferverbauungen und Schwellen in Fließgewässern beeinträchtigen den Lebensraum der Groppe. Früher als Speisefisch sehr geschätzt, heute ohne fischereiliche Bedeutung.

Amphibien

Wie Fische, Reptilien, Vögel und Säugetiere zählen die Amphibien – auch Lurche genannt – zu den Wirbeltieren. In der Schweiz kommen zwei Amphibienordnungen vor: die Schwanzlurche, zu denen Salamander und Molche gehören, und die Froschlurche mit den Familien der Scheibenzüngler, Kröten, der Echten Frösche und der Laubfrösche. Von den in der Schweiz vorkommenden insgesamt 23 Arten und Unterarten sind im Kanton Zürich noch sechs Schwanzlurch- und zehn Froschlurcharten vertreten. Davon sind in den letzten Jahren zwölf auch auf dem Gebiet der Stadt Zürich nachgewiesen worden – fast die Hälfte davon allerdings in verschwindend kleinen Beständen. Als ans Wasser und an feuchte Lebensräume gebundene Tiere sind Amphibien weniger in trockenwarmen, urbanen Stadtzonen zu finden, besiedeln eher schattigere, naturnahe Lebensräume am Stadtrand.
Mit Ausnahme des lebend gebärenden Alpensalamanders, der auf Zürcher Stadtgebiet fehlt, benötigen die heimischen Amphibien Wasser für die Entwicklung ihrer Larven. Schwanzlurche setzen ihre Eier (Laich) zumeist einzeln zwischen zuvor mit den Hinterfüßen zusammengefalteten Pflanzenteilen ab, während die Froschlurche im Allgemeinen ihren Laich in Form von Ballen oder Schnüren im Wasser absetzen. Ausnahmen bilden die sich an Land paarenden Arten Feuersalamander und Geburtshelferkröte. Der Feuersalamander setzt bereits fertig entwickelte Larven an geeigneten Stellen ins Wasser ab, und das Männchen des «Glögglifroschs» trägt die Eischnüre um die Hinterbeine gewickelt mit sich herum, bis die schlupfreifen Kaulquappen in ein Gewässer gegeben werden.
Schwanzlurchlarven ähneln schon schnell ihren Eltern und tragen beidseits an den hinteren Kopfseiten geweihartige Kiemenäste, mit denen sie dem Wasser Sauerstoff entnehmen. Die Kaulquappen («Rossköpfe») der Froschlurche besitzen einen rundlich ovalen Rumpf mit einem mit Flossen gesäumten Schwanz. Sie atmen mit inneren Kiemen. Erst nach der Umwandlung (Metamorphose) in landbewohnende Vierbeiner mit Lungenatmung beginnen die Jungtiere, ihren Eltern ähnlich zu sehen.
Die sehr dünne, nackte und ungeschützte Haut der Amphibien ist reich an Schleim- und Giftdrüsen. Die Schleimabsonderungen halten die Haut stets feucht, machen sie gegen Verletzungen widerstandsfähiger und schützen sie vor Infektionen und Pilzerkrankungen. Die unterschiedlich starken Giftsekrete der verschiedenen Arten schützen sie mehr oder weniger effizient vor einigen Fressfeinden.
Die meisten Amphibienarten sind in der Dämmerung und der Nacht aktiv, bei Regenwetter auch tagsüber. Als wie die Reptilien wechselwarme Tiere suchen Lurche im Winter einen frostfreien Überwinterungsplatz auf. Während der Winterruhe sind sie inaktiv und zehren von ihren Fettreserven.

Feuersalamander

Salamandra salamandra terrestris

Der Feuersalamander paart sich im Spätsommer an Land und überwintert unter Holzhaufen, Wurzelstöcken oder auch in Fuchs- und Dachsbauten. Weibchen erscheinen schon zeitig im Frühjahr (ab 2–5 °C), nachts aktiv, v. a. bei Regenwetter («Rägemolli»). Sie setzen bereits voll entwickelte Junglarven in kolkenartige Vertiefungen sauerstoffreicher Bäche ab, manchmal auch in schattigere, kühle Weiher. Während der trockeneren Sommermonate verkriechen sich Feuersalamander und ruhen bis zur nächsten Regenperiode. Ihre starken Hautgifte dienen nicht nur zum Schutz der empfindlichen Haut, sondern werden auch sehr effizient gegen Fressfeinde eingesetzt (starke Reizungen an den Schleimhäuten und in den Augen). Nahrung: Würmer, Schnecken und Kerbtiere.

Bis um 18 cm

Anfang März–Mitte / Ende November

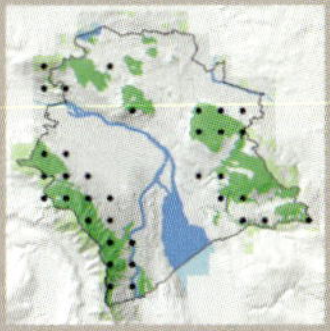

Schwarz glänzend mit leuchtend gelber, meist bandartiger Fleckenmusterung auf der Oberseite und den Flanken (Warnfärbung). Musterung individuell verschieden. Große paarige Ohrdrüsen hinter den Augen an den Kopfseiten.

Landbewohner; besiedelt eher schattige Mischwälder mit feuchten Bachtobeln und Waldbächen.

verletzlich

Zürich: In allen größeren Waldgebieten mit Bachsystemen, besonders am Üetliberghang.

Bergmolch

Triturus alpestris

Erscheint gegen Ende Februar oft zur Laichzeit des Grasfroschs, dessen Eier Bergmolche mit Vorliebe fressen. Während der Balz im Wasser fächelt das Männchen mit seitlich eingeklapptem Schwanz dem Weibchen Duftstoffe zu. Dieses nimmt mit ihrer Kloake ein vom Männchen ausgesetztes, längliches Spermapaket auf. Nach wenigen Tagen werden 100–600 Eier einzeln in zuvor mit den Hinterfüßen zusammengefalteten Blättchen von Wasserpflanzen und Gräsern abgelegt. Larven mit Kiemenästen hinter dem Kopf, räuberisch. In kühlen Gewässern können Larven überwintern. Adulte Molche ebenfalls räuberisch, meist bis Juni im Wasser, später gerne im näheren Umfeld des Weihers an Land. Überwinterung in Erdspalten am Ufer und unter Falllaub-, Ast- und Steinhaufen.

Männchen bis 8 cm, Weibchen bis 12 cm.

Ende Februar–Mitte Oktober

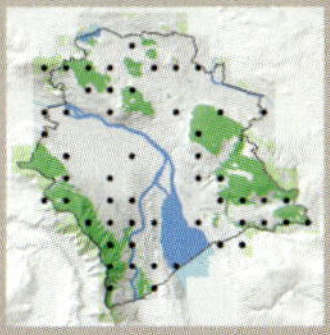

Unterseite leuchtend orange. Weibchen mit dunkel marmoriertem Fleckenmuster, Männchen mit blaugrauer bis schwärzlicher Oberseite und weißlichem, schwarz geflecktem Rumpf-Seitenband.

Vorwiegend in stehenden Gewässern, in Wäldern, Rieden, Kulturland und Gärten, sofern Laichgewässer vorhanden.

Zürich: Weit verbreitet.

Fadenmolch

Triturus helveticus

Erscheint gegen Anfang März in den Laichgewässern. «Brautwerbung» ähnlich wie beim Bergmolch, mit dem der konkurrenzschwächere Fadenmolch oft vergesellschaftet ist. Die Fadenmolchlarven sind sehr klein (bis 3 cm) und fallen häufiger Beutejägern zum Opfer. In verkrauteten Gewässern mit besseren Deckungsstrukturen haben die Larven jedoch größere Überlebenschancen. Die Fadenmolche bleiben oft bis Ende Mai im Gewässer und beziehen danach ufernahe Landhabitate, können aber auch im weiteren Umfeld beispielsweise unter morschen Holzhaufen gefunden werden. Überwinterung ab Oktober mehrheitlich am Lande unter morschem Holz, in Erdspalten, Ast-, Falllaub- und Steinhaufen.

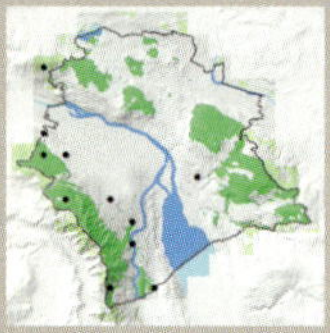

verletzlich

Männchen bis 7 cm, Weibchen bis 9 cm.

Anfang März–Mitte Oktober

Unterseite fleischfarben, fahlgelber Bauchstreifen. Oberseite gelbocker bis dunkelbraun mit dunkler Fleckenmusterung. Wassertracht des Männchens mit fadenförmiger Verlängerung an gestutzter Schwanzspitze.

Stehende, eher kleine Gewässer, v. a. in waldigem, hügeligem Gelände.

Zürich: Vornehmlich am Üetliberghang, Allmend Brunau, Friedhof Eichbühl.

Geburtshelferkröte (Glögglifrosch)

Alytes obstetricans

Landbewohnerin, nachtaktiv, hält sich gerne in Rutschhanggebieten und in Steinmauern auf («Steichrötli»). Wegen ihres glockenähnlichen Tons auch «Glögglifrosch» genannt. Geschlechter schwer zu unterscheiden, auch Weibchen können rufen. Nach der Paarung an Land (April–August) wickelt sich das Männchen die Eischnüre wie eine Perlenkette um die Hinterbein-Fersengelenke und trägt sie anschließend 3–7 Wochen mit sich herum. Die schlupfreifen Larven werden vom Männchen an einer geeigneten Uferstelle abgesetzt. Späte Larven überwintern häufig in kühleren Gewässern und können so im nächsten Frühling 7–9 cm groß werden. Geburtshelferkröten fressen Insekten, Spinnen und Ähnliches. Überwinterung häufig auch in den Sommerverstecken.

stark gefährdet

3,5–5 cm

Anfang März–Ende Oktober

Gedrungen, gräulich bis graubraun. Mit vielen kleinen Warzen, auffällige Warzenreihe seitlich hinter den Augen bis über die Flanken. Iris weißgolden mit senkrechter Pupille.

Wald, waldnahe Kiesgruben und Steinbrüchen, sonnigere Bachgebiete mit Steil- und Rutschhängen, Uferzonen langsamer Fließgewässer, auch Tümpel und Weiher.

Zürich: Am Stadtrand; selten.

Gelbbauchunke

Bombina variegata

Einst war im Tiefland und in Hügelgebieten, auch in lichten Wäldern, fast jede Art von Kleintümpeln von der Gelbbauchunke besiedelt. Die veränderliche Dynamik von Gruben und Militärplätzen entsprach ihren Vorzugslebensräumen. Selbst Pfützen in Baustellen wurden schnell von dieser Spontanbesiedlerin besiedelt. Die Männchen hupen ein dumpfes «uh uh» und umklammern die Weibchen bei der Paarung in den Lenden. Die traubenartigen Eier werden an diversen Gegenständen im Gewässer angeheftet. Die Larvenentwicklung erfolgt im warmen Wasser rasch und kann bereits nach einem Monat abgeschlossen sein. Überwinterung am Land in Erdspalten und Erdlöchern und in anderen Verstecken Die Gelbbauchunkenbestände sind in der Region vielerorts stark rückläufig.

3–5 cm

April–Mitte Oktober

Grau bis lehmfarben, Unterseite gelb, grauschwarz gefleckt (Warnfärbung). Augen mit herzförmiger Pupille.

Typische Pionierart, besiedelt auch kleinste Temporärfeuchtstellen bis hin zu wassergefüllten Karrenspuren. In Kies- und Sandgruben, Truppenübungsplätzen, auch im Mischwald.

Zürich: Sihl, waldige Hänge im Süden, in Schrebergärten und Bahnarealen; selten.

stark gefährdet

Erdkröte

Bufo bufo

Bei ihrer Frühjahrswanderung zum Laichgewässer legt die Erdkröte oft bis über 3 km zurück und wird dabei – auch wegen ihrer Langsamkeit – häufig überfahren oder fällt in Dolenschächte. Ruf der Männchen: metallische «öök»- und «ük»-Laute. Die Weibchen spannen ihre in 2 Strängen austretenden Laichschnüre mit bis zu 4000 schwarzen Eiern an Schilf oder Ästen auf. Larven bilden besonders bei Fischbesatz sehr dichte Schwärme. Nach ca. 2 Wochen Rückwanderung der Adulten in ihre Sommerlandlebensräumen (Mischwälder, Heckensäume, auch Gärten). Frisst Insekten und andere Kerbtiere, Schnecken und Würmer. Versteckt sich in Stein-, Ast- und Wurzelstockhaufen oder selbst gegrabenen Höhlen. Winterruhe ab Mitte Oktober an Land. Bestände rückläufig.

Männchen bis 7,5 cm, Weibchen bis 10 cm.

Anfang/Mitte März–Mitte Oktober

Braun bis gräulich und rötlich. Haut warzig, 2 bohnenförmige Ohr-Drüsen hinter den Augen. Iris rötlich orange mit waagerechter Pupille.

Laicht in Waldnähe in besonnten Tümpeln, Weihern und an Seeufern. Auch in Fischteichen (Larven mit Abwehrsekreten), meist starke Bindung zum Laichgewässer.

Zürich: Zerstreut, vorzugsweise in Mischwaldgebieten mit Laichgewässern.

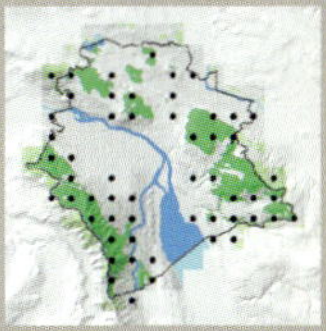

verletzlich

Kreuzkröte

Bufo calamita

 stark gefährdet

5–7,5 cm

Mitte März–Ende Oktober

Cremefarben mit oliver bis brauner Marmorierung, warzig, gelbe Rückenlinie. Hinterbeine sehr kurz, daher nur krabbelnde, mausartige Fortbewegung. Iris gelb, Pupille waagerecht.

Dynamische Pionierlebensräume an Flussläufen; heute mehrheitlich in verschiedenartigen Temporärfeuchtstellen, flachen, gut besonnten Tümpel, Pfützen und Karrenspuren.

Zürich: Praktisch verschwunden.

Die nachtaktive Kreuzkröte ist ein Vagabund, der vom April bis zum Sommer stets auf der Suche nach neuen Pionierlebensräumen mit als Laichplätze geeigneten Kleintümpeln ist. Entwicklungszeit der Larven beträgt nur 3–4 Wochen. Konkurrenzschwach, tritt aber häufig zusammen mit der Gelbbauchunke auf.

Die Kreuzkröte war in der ehemaligen Lehmgrube Binz recht zahlreich vertreten, ist aber mit der Überbauung des Areals verschwunden. Anschließend trat sie zeitweise kurzfristig in der Umgebung auf, etwa auf Baustellen mit Tümpeln. Letzte Beobachtung 1998 in einem neu angelegten Flachtümpel in der Allmend Brunau, wo sie dann aber aufgrund des Konkurrenzdrucks und des Mangels an neu geschaffenen Pionierlebensräumen verschwand.

Laubfrosch

Hyla arborea

 stark gefährdet

Bis 5 cm

Anfang April–Mitte Oktober

Meist leuchtend Grün, Unterseite weißlich. Farbwechsel (zu cremefarben, grau, bräunlich bis olivschwarz) wird über Umweltreizungen, Witterung und Stimmungen gesteuert

Dynamische Flussauenlandschaften mit gut besonnten Tümpeln; heute als Pionierart auch in Kiesgruben und Flachmoorgebieten.

Zürich: Nur noch in der Allmend Brunau.

Der Laubfrosch braucht weiträumige, von der natürlichen Dynamik (z. B. Hochwasser) beeinflusste Feuchtgebiete. Als konkurrenzschwache Art und um dem Feinddruck entgegenzuwirken, ist er zusätzlich auf spontan entstehende Laichgewässer angewiesen. Die Männchen eröffnen mit ihrer kehlständigen, gut körpergroßen Schallblase ihr lautstarkes Abendkonzert (Ruf: «äpp äpp»). Hauptlaichzeit Mitte April–Mai. Weibchen kleben ihre höchstens walnussgroßen Laichballen an Wasserpflanzen. Kletterfrosch, sitzt tagsüber gerne an der prallen Sonne im Krautsaum und Gebüsch (Brombeeren) im Gewässerumfeld, wandert aber auch recht weit. Früher im Katzenseegebiet, heute nur noch eine kleine Population in der Allmend Brunau, die von eingesetzten Tieren abstammt.

Kleiner Wasserfrosch und Teichfrosch

Rana lessonae und *Rana esculenta*

Der Kleine Wasserfrosch und der Teichfrosch besiedeln Weiher, Sümpfe, Moore, Gräben und Flutmulden, auch Kiesgruben und flache, gut bewachsene Seeufer. Wasserfrösche sind in Weihern und Kleingewässern mit Torfböden und krautigem Bewuchs häufig stärker vertreten als der Teichfrosch, der aber in allen übrigen Gewässertypen meist dominiert und den konkurrenzschwächeren Wasserfrosch oft verdrängt.

Bei Teichfröschen handelt es sich um Bastarde, die durch die Kreuzung des einheimischen Kleinen Wasserfroschs und des eingeschleppten Seefroschs entstehen. Für den Fortbestand ist der Teichfrosch auf den Wasserfrosch angewiesen. Teichfrösche können sich untereinander im Allgemeinen nicht fortpflanzen, und wenn dies doch gelingt, so entstehen als Nachkommen weibliche Seefrösche.

Sowohl Wasser- wie Teichfrosch sind hauptsächlich an Wasserflächen und Uferzonen gebunden, können aber auch erstaunlich große Distanzen über Land bewältigen, etwa auf der Suche nach neuen Lebensräumen. In der Fortpflanzungszeit (Mitte Mai–Juni) bilden die Männchen Reviere (Arenen), die sie heftig verteidigen. Die Weibchen setzen mehre Laichpakete ab, die 1000–10 000 Eier enthalten. Diese sind anfangs oberseits dunkelbraun, unterseits weißlich. Die Larven können 6–9 cm groß werden.

Beide Grünfrösche fressen fast alles Lebendige, das sie überwältigen können und das höchstens die Hälfte der eigenen Körpergröße erreicht. Auch Kannibalismus kommt vor. Vor allem große Teichfrosch-Populationen können anderen Amphibien-Arten ernstlich zusetzten und diese stark konkurrenzieren und dezimieren.

Kleiner Wasserfrosch: 5,5–7,5 cm

Ende März–Mitte Oktober

Gedrungener Körper, meist leuchtend grün bis türkis, Gliedmaßen und Hinterrücken oft bronzebräunlich. Bräunliche oder schwarze Flecke auf dem Rücken. Schallblasen (Männchen) leuchtend weiß. Stimme: weiches, fast schnurrendes «oäh-chrr-chrr».

Verschiedene Gewässertypen.

Zürich: Zerstreut, seltener in Park- und Gartenteichen. Seltener als Teichfrosch, eher in Wald und Ried.

verletzlich

Teichfrosch: 9–12 cm

Ende März–Mitte Oktober

Körper und Gliedmaßen meist einheitlich grün, olivgrün, manchmal auch braun. Hinterbeine etwas länger als beim Wasserfrosch. Männchen mit leicht gräulichen Schallblasen. Stimme: raues lautes «oäh-ä-ä-ä».

Verschiedene Gewässertypen.

Zürich: Zerstreut, auch in Park- und Gartenteichen, gerne auch in revitalisierten Bachläufen und offenen Kanälen.

Verbreitungskarte für beide, schwierig zu trennende Formen

Seefrosch

Rana ridibunda

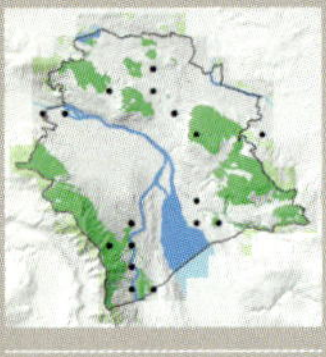

Zürich: seit ca. 1970, Fremdart ohne Schutzstatus

9–13 cm, selten größer.

Anfang April–Mitte Oktober

Sehr variabel. Grundfarbe lehmfarben, braun, oliv bis moosgrün, mit zahlreichen dunkelbraunen oder olivfarbenen. Hinterbeinschenkel gebändert und gefleckt. Haut warziger als bei Wasser- und Teichfrosch; meist deutlich gelbgrüner Rückenstreifen.

Verschiedenartige Gewässer.

Zürich: Allmend Brunau, Limmat Altstetten, Botanischer Garten, Katzenbach, Leutschenbach, Glatt und viele weitere Stellen.

Der Seefrosch stammt aus Osteuropa und dem Balkan, wurde zu Speise- und Forschungszwecken eingeführt, ist entwichen und wurde absichtlich ausgesetzt. Im Kanton Zürich erstmals 1967 nachgewiesen. Große Bestände im Flughafengebiet und bei Weiningen. Heute hat sich der gefräßige Räuber erfolgreich ausgebreitet, vielfach zulasten einheimischer Amphibienarten. Über Gartenteichbesitzer gelangt der Seefrosch bedauerlicherweise in neue Gebiete, wo er oft entweicht und auf dem Landweg auch über große Distanzen wieder weitere Gewässer in der Umgebung besiedelt. Stimme: sehr lautes, meckerndes «oäh-mä-ä-ä». Frisst praktisch alles Lebendige, was halb so groß ist wie er selbst, auch andere Amphibien, für die er eine große Gefahr darstellt.

Grasfrosch

Rana temporaria

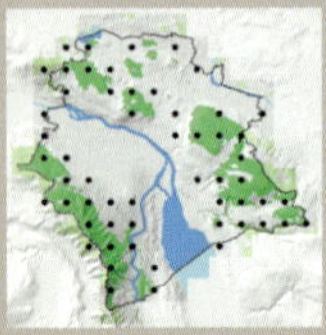

6,5–10 cm

Mitte/Ende Februar–Mitte November

Färbung variabel, meist bräunlich, schwarz gefleckt. Schläfenfleck braun oder schwarz. Haut eher glatt. Hinterbeine lang, meist dunkel gebändert. Augen goldgelb, Pupille queroval.

Moore, Mischwälder und weitere feuchte Lebensräume, auch Gärten. Laicht in Kleingewässern oder Flachwasserbereichen.

Zürich: V.a. in Mischwäldern und waldnahen Siedlungsgebieten, an Bachläufen (Wanderkorridore).

Der Grasfrosch tritt schon früh im Jahr (ab +4 °C) häufig in Massen an seinen Laichgewässern auf. Bei den jährlichen Wanderzügen fallen mancherorts viele Tiere dem Straßenverkehr zum Opfer. Recht starke Bindung zum Geburtsgewässer, aber auch neue Gewässer werden spontan besiedelt. Männchen haben 2 innere Schallblasen und rufen leise und tief gurrend oder knurrend. Das Weibchen setzt in der Regel einen Laichballen meist in der seichten Verlandungszone ab. Die großen Laichklumpen beinhalten bis zu 2500 Eier, manchmal auch mehr. Im Juni verlassen die Jungfrösche das Wasser und beziehen die Landhabitate. Überwinterung teils im Gewässer, teils in Verstecken am Lande und im Boden. Frisst Insekten und andere Kerbtiere, Schnecken und Würmer.

Reptilien

Reptilien (Kriechtiere) bilden wie Fische, Amphibien (Lurche), Vögel und Säuger eine Klasse der Wirbeltiere. In der Schweiz sind die Reptilien mit Echsen (Schleichen, Eidechsen), Schlangen (Nattern, Vipern) und Schildkröten (Sumpfschildkröten) vertreten.

Im Gegensatz zu Vögeln und Säugetieren sind Reptilien wechselwarm, ihre Körpertemperatur schwankt demnach mit der ihrer Umgebung. Bei Kälte drohen sich ihre Bewegungen so sehr zu verlangsamen, dass sie Feinden nicht mehr entkommen können. Um dies zu verhindern, müssen sich Reptilien an der Sonne aufwärmen oder sich in einem Versteck verkriechen können. Daher benötigen sie offene, sonnige Lebensräume, die viele Versteckmöglichkeiten bieten. Bei schlechtem Wetter kommen Reptilien nicht zum Vorschein. Werden Eidechsen und Blindschleichen am Schwanz festgehalten, so werfen sie diesen ab. Während er bei Eidechsen wieder nachwächst, ist dies bei der Blindschleiche nicht der Fall.

Die einheimischen Reptilien paaren sich im April und vor allem im Mai. Einige unserer Kriechtiere legen Eier, bebrüten sie aber nicht, sondern vergraben sie an warmen Stellen. Andere Arten halten die Eier bis zum Schlupf der Jungtiere im Bauch zurück, sind also lebend gebärend. Diese Arten sind auf nassen oder kühlen Moor- und Waldböden im Vorteil, wo sich Reptilieneier nicht entwickeln könnten. Ein lebend gebärendes Weibchen hingegen trägt seine Eier im Bauch stets mit, wenn es in seinem Lebensraum die gemäß Sonnenstand wechselnden wärmsten Stellen aufsucht. Reptilien legen ihre Eier meistens im Juni (Echsen) oder Juli (Schlangen) ab, lebend gebärende Reptilien werfen ihre Jungen gewöhnlich im August (Echsen) oder September (Schlangen).

Nach Geburt oder Schlupf sind die Jungen auf sich allein gestellt. Jungtiere werden bei Eidechsen in ihrem zweiten oder dritten Frühling geschlechtsreif, bei Schlangen dagegen meist erst im vierten oder fünften. Alle einheimischen Reptilien fallen in Winterstarre und ziehen sich von etwa Oktober bis März in geeignete Verstecke zurück.

Sumpfschildkröten sind Allesfresser, unsere übrigen Reptilien dagegen fressen ausschließlich andere Tiere. Echsen ernähren sich von allerlei Gliederfüßern, Würmern und selbst Schnecken. Schlangen erbeuten je nach Art Fische, Amphibien, Echsen oder Kleinsäuger.

Von 130 in Europa lebenden Reptilarten leben lediglich 15 auch in der Schweiz und nur deren 6 in Zürich. Dazu kommt gelegentlich noch die eine oder andere widerrechtlich ausgesetzte amerikanische Schmuckschildkröte. Die Reptilien zählen zu den ersten Artengruppen, deren Lebensräume im Auftrag der Stadt systematisch inventarisiert wurden (1985).

Ringelnatter

Natrix natrix helvetica

Günstig sind Amphibiengewässer in naturnaher, halboffener Landschaft (ab 1 km^2), die keineswegs feucht sein muss. In solchen Lebensräumen rund 5 geschlechtsreife Ringelnattern pro Hektar. Nach der Paarungszeit (April–Mai) legen die Weibchen meist im Juli etwa 10–30 weißliche Eier (25–35 mm) in gärungswarme Kompost-, Mist-, oder Schnittguthaufen. Die Jungen (14–18 cm, 3–4 g) schlüpfen ca. Ende August. Nach 4–5 Jahren sind sie geschlechtsreif und kennen mittlerweile mehrere Gewässer, auch Gartenweiher, in denen sie schwimmend und tauchend Amphibien und Fische jagen. Auch Wälder werden gelegentlich nach Amphibien abgesucht. Im Jahr bewegt sich ein Tier auf einer Fläche von bis zu 15 ha, im Extremfall sogar bis zu 60 ha. Bester Beobachtungsort: Weiher des Botanischen Gartens.

Bis 130 cm, selten bis 180 cm.

März–Oktober

Gekielte Schuppen. Gelbe Halbmonde am Hinterkopf. Flanken mit schwarzen Barrenflecken. Mitunter ganz schwarze Tiere. Weder giftig noch bissig.

Auen, Kiesgruben sowie Landschaftsmosaike von Gewässern, Feuchtgebieten, extensiver Kulturlandschaft und sonnigen Waldrändern

verletzlich

Zürich: V. a. Wehrenbachgebiet, Katzen- und Büsisee, Sihltal mit Üetliberghang, Umgebung Zoo.

Schlingnatter

Coronella austriaca

In großflächig günstigen, ergiebigen Eidechsenlebensräumen von über 0,5 km^2 kann mit einer Dichte von bis zu 10 geschlechtsreifen Schlingnattern pro Hektar gerechnet werden. Lebend gebärend, Weibchen verpaaren sich meist nur alle 2 Jahre (April–Mai) und werfen dann im August oder September 2–16 Junge (12–17 cm, 2,5 g). Ein geschlechtsreifes Tier (ab 3.–5. Lebensjahr) bleibt in der Regel einem Wohngebiet (bis 3 ha) treu, das sich mit denen anderer Individuen beliebig stark überschneiden kann. Die auch Glattnatter genannte Schlange jagt v. a. Eidechsen und Blindschleichen, auch Mäuse und Spitzmäuse werden aufgespürt und erdrosselt. Schlingnattern sind schwierig zu entdecken, weil gut getarnt. Sie verharren oft lange und fliehen leise.

Bis 75 cm, selten bis 92 cm.

März–Oktober

Glatte Schuppen. Kopfzeichnung mit dunklem Augenstreif. Jungtiere mit ziegelrotem Bauch. Bissig (wenn gefangen), aber ungiftig.

Felsfluhen, Geröllhalden, Trockenauen, Heiden, lichte Föhrenwälder, Steinbrüche, Dämme, Eisenbahngelände, terrassierte Rebberge, auch Magerwiesen und Waldränder

verletzlich

Zürich: Fallätsche, sonst nur Einzelfund (1989) auf dem Parkplatz der Saalsporthalle.

Waldeidechse

Zootoca vivipara

Gesamtlänge bis 18 cm

Tagaktiv; März–Oktober.

Nie grün. Schwanz bleibt bis über seine Mitte hinaus gleich dick. Jungtiere düster, fast schwarz. Achtung: Schwanz bricht ab, wenn angefasst!

Moore und Waldschläge (ab 0,2 ha).

Zürich: Bestände in Stadtwäldern nach 1985 mangels Schlagflächen zusammengebrochen. Ansonsten eher selten auf Moorflächen (Katzenseegebiet, Wehrenbachtobel, Üetliberg).

Bevorzugt frische bis feuchte Lebensräume. Weibchen lebend gebärend, wirft im Spätsommer 5–8 Junge, die frühestens im übernächsten Jahr geschlechtsreif werden. Nahrung: Wolfsspinnen, Waldgrillen und andere Wirbellose. In optimalen Lebensräumen über 500 Tiere/ha. Wo Waldschläge zuwachsen, ohne dass neue entstehen, können Waldeidechsen höchstens an Waldränder ausweichen, wo Zauneidechsen jedoch konkurrenzstärker sind. In Stadtwäldern drastischer Rückgang seit der Umstellung vom Femelschlag- (kleinräumiger Waldschlag von 0,2–1 ha) zum Plenterwaldbetrieb (Einzelstammnutzung) vor ca. 20 Jahren. Zuvor konnten Waldeidechsen nach Regenschauern in Femelschlägen beobachtet werden, wo sie sich auf Baumstrünken sonnten, die aus der Krautschicht ragten.

Zauneidechse

Lacerta agilis

Gesamtlänge bis 28 cm

Tagaktiv; März–Oktober.

Finger relativ kurz, sichelförmig gebogen. Schwanz verjüngt sich gleichmäßig. Jungtiere hellbraun. Achtung: Schwanz bricht ab, wenn angefasst!

Wiesen, Weiden, Waldränder, sehr lichte Wälder, Trockenauen, Kiesgruben, Bahnlinien, Hecken, Böschungen.

verletzlich

Zürich: Am häufigsten im Gebiet Albisgüetli – Allmend – Fallätsche sowie längs Bahnlinie Seebach – Regensdorf. Restbestand Letten. Ansonsten seit 1985 im Rückgang.

Optimal sind sonnige Hangwiesen mit verfilzter Altgrasunterschicht sowie Lesestein-, Holzhaufen und Buschgruppen. In solchen Lebensräumen leben bis zu 500 adulte Eidechsen/ha. Männchen grün gemustert. Weibchen braun, legen von Juni–Juli 1- oder 2-mal je 9–14 Eier in lockeren, wasserdurchlässigen Boden. Junge schlüpfen im August/September, werden erst im übernächsten Jahr geschlechtsreif. Zauneidechse frisst Insekten, Spinnen, Würmer und andere Wirbellose. Verdrängt Waldeidechse von Waldrändern, unterliegt aber Mauereidechse in Gärten und Bahnarealen. Fällt öfter Hauskatzen zum Opfer als Mauereidechse.
Bester Beobachtungsort: Damm zwischen Fabrikkanal und Sihl (Allmend Brunau).

Mauereidechse

Podarcis muralis

Ursprünglich in Zürich nicht vorhanden. Spätestens in erster Hälfte des letzten Jahrhunderts in den weitläufigen Rangierbahnhof Zürich durch Materialtransport aus dem Süden oder entlang der Eisenbahnstrecke Baden–Zürich aus dem Aargauer Jura eingewandert, wo die Mauereidechse Felsfluhen und Schutthalden besiedelt. Noch 1985 fast nur im Bahnhofareal, seither aber sich besonders entlang des Schienennetzes ausbreitend sowie auch längs von Limmat und Lettenkanal.

Wie geschaffen für Mauereidechsen sind Ruderalfluren auf Bahnschotter (Ersatz für Schutthalden) sowie sonnige Gartenlandschaften mit vielen spaltenreichen Mauern (Ersatz für Felsfluhen). Weibchen legen zwischen Mai und Juli ein 1- bis 3-mal je 2–9 mattweiße, pergamentschalige Eier in lockeren Boden oder sandhaltige Mauerspalten. Junge schlüpfen im Juli/August. Geschlechtsreife Tiere beanspruchen Wohnflächen von je 15–60 m², wo sie nach Spinnen, Insekten, Asseln und anderen Wirbellosen jagen. Da sich Wohnflächen – trotz zeitweiliger Rivalenkämpfe während der Paarungszeit – überschneiden, können in einem optimalen Lebensraum pro Hektar deutlich über 500 geschlechtsreife Tiere vorkommen. Im Siedlungsraum kann sich die flinkere Mauereidechse den allgegenwärtigen Katzen meist besser entziehen als die plumpere Zauneidechse.

Mauereidechsen lassen sich in südexponierten, sonnigen Haus- und Schrebergärten leicht fördern, indem man spaltenreiche Legesteinmauern anlegt, Lesesteinhaufen und Holzstapel aufschichtet und für Bretterverschläge unbehandeltes Holz verwendet. Bester Beobachtungsort: Oberer Letten, wo die erwähnten Fördermaßnahmen bereits umgesetzt worden sind.

muralis

nigriventris

Gesamtlänge bis 23 cm

Tagaktiv; März–Oktober.

Gestalt abgeflacht, spitzschnauzig. Finger lang, gestreckt. Schwanz verjüngt sich gleichmäßig. Jungtiere braun. Achtung: Schwanz bricht ab, wenn angefasst!

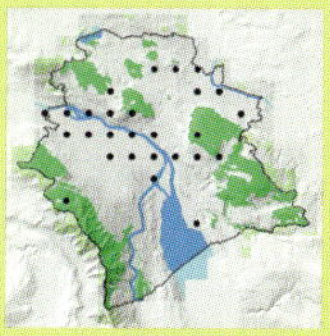

2009

Eindeutig grün gemusterte Tiere (Unterart *nigriventris*) aus Mittelitalien eingeschleppt. Einheimische Tiere aus dem Jura (Unterart *muralis*) stets braun, aus dem Tessin (Unterart *maculiventris*) mitunter grünlich schimmernd.

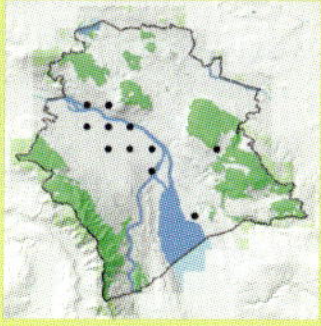

1985

Felsfluhen, Steinbrüche, Schutthalden, Eisenbahnareale, terrassierte Rebberge und mauerreiche Siedlungsbereiche

Zürich: Große, aber abnehmende Population im Rangierbahnhof Zürich. Im übrigen Stadtgebiet seit 1985 auf Kosten der Zauneidechse im Vormarsch. – Tiere im Park zur Katz, im Botanischen Garten und beim Zoo stammen aus Mittelitalien.

Blindschleiche

Anguis fragilis

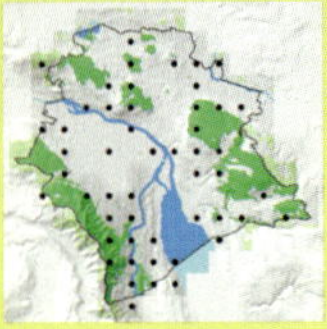

Gesamtlänge bis 53 cm, meist kürzer.

März–Oktober

Augenlider vorhanden. Bauchschuppen mehrreihig, so klein wie Rückenschuppen. Manchmal mit blauen Tupfen. Achtung: Schwanz bricht ab, wenn angefasst!

Feldgehölze, Säume, lichte Wälder, Ruderalfluren, extensiv genutzte Wiesen, Weiden und Gärten, auch trockenere Bereiche von Mooren. Meidet verdichtete Böden.

Zürich: Wohl in allen Quartieren, nicht selten auch in Gärten.

Günstig sind giftfreie Naturgärten mit verkrauteten Beet- und Wegrändern, flachen Trittsteinen und Versteckstrukturen wie Holz- oder Lesesteinhaufen an sonniger Lage. Blindschleichen sind lebend gebärend. Die Weibchen verpaaren sich nur alle 2 Jahre (April/Mai) und werfen im August/September meist 4–12 Junge (7–9 cm). Diese werden erst in ihrem 3. Frühling geschlechtsreif. Die langlebigen Tiere (bis 46 Jahre) jagen unterirdisch kleine Nacktschnecken und v. a. Regenwürmer. Ab und zu kommen sie hervor, um sich zu sonnen oder fortzubewegen. Dann droht Gefahr v. a. von Mähmaschinen, Hauskatzen und Vögeln. Überwinterung oft gemeinschaftlich in Kleinsäugerbauten. Am leichtesten zu finden sind Blindschleichen in Komposthaufen.

Rotwangen-Schmuckschildkröte

Trachemys scripta elegans

Neozoon

Bis 29 cm

Tagaktiv; März–Oktober.

Kopf und Hals gelb gestreift, auffälliger roter Kopfstreif hinter dem Auge.

Stillgewässer und sehr ruhige Fließgewässer mit reichlichem Wasserpflanzenbewuchs und schlammigem Untergrund. Heimat: südöstliches Nordamerika (USA, Mexiko).

Zürich: Widerrechtlich ausgesetzt in den Teichen von Irchelpark, Botanischem Garten und in einigen anderen Teichen.

Lebensraumansprüche ähnlich wie Europäische Sumpfschildkröte *(Emys orbicularis)*, reagiert aber empfindlicher auf verregneten Frühling. Paarungszeiten in Herbst und Frühling, Eiablage (2–20 Eier) von Frühling bis Frühsommer in sandigen Uferpartien. Junge schlüpfen in Nordamerika nach 70 Tagen, überwintern meist im «Nest», Geschlechtsreife nach 2–8 Jahren. Alttiere überwintern unter Wasser oder graben sich ein. Lebensdauer bis 75 Jahre, bei uns im Freiland bislang aber noch ohne Fortpflanzungserfolg. Als Jungtiere räuberisch, dann zunehmend alles fressend.

Bei uns unerwünscht, da sie in kleinen Weihern alles kahl frisst, in größeren Stillgewässern aber der schützenswerten einheimischen Sumpfschildkröte den Lebensraum streitig macht.

Vögel

An die 100 Vogelarten brüten jährlich auf dem Gebiet der Stadt Zürich. Das entspricht etwa der Hälfte aller Brutvogelarten der Schweiz. Diese große Artenvielfalt erklärt sich durch die Vielfalt an unterschiedlichen Lebensräumen, zu denen auch das Feuchtgebiet am Katzensee gehört.

Charakteristisch für eine Stadt ist das bebaute Siedlungsgebiet. In der Innenstadt leben Vogelarten, die sich an das urbane Leben angepasst oder – wie die Felsenbewohner – hier einen Ersatz für ihren ursprünglichen Lebensraum gefunden haben. Die Vogelwelt des Stadtkerns ist verarmt. In innerstädtischen Grünflächen treten Allerweltsarten auf; größere, naturnah gestaltete Friedhöfe und Gärten tragen jedoch zur Bereicherung der Vogelwelt bei.

Die zunehmend verdichtete Bauweise und die Tendenz, mit dem attraktiven Baumaterial Glas mehr Licht in die Gebäude zu bringen, ist für viele Vögel ein großes Problem. Jährlich kollidieren Tausende Vögel an solchen Glasfronten. Um dies zu verhindern können gestalterisch geschickt eingesetzte Strukturen in den Gläsern Abhilfe schaffen.

Im Jahresverlauf ändert sich die Zusammensetzung der Zürcher Vogelwelt. Vom Frühling bis zum Sommer nisten die Brutvögel und ziehen ihre Jungen hier auf. Einige der Brutvogelarten bleiben das ganze Jahr bei uns, andere – hauptsächlich Insektenfresser – ziehen im Herbst weg und verbringen die Wintermonate in wärmeren Regionen, etwa im Mittelmeergebiet (Kurzstreckenzieher) oder im tropischen Afrika (Langstreckenzieher). Während uns die einen Vögel verlassen, bereichert sich unsere Vogelwelt durch den Zuflug von Wintergästen aus dem Norden. Wasservögel finden am nördlichen Alpenrand ideale Überwinterungsgewässer und so versammeln sich in der kalten Jahreszeit auch auf dem Zürichsee große Trupps von Reiherenten, Lachmöwen und anderen Wasservögeln. Während der Zugzeit im Frühling und Herbst überqueren selbst seltene Vogelarten wie der Wiedehopf das Stadtgebiet.

Die Zusammensetzung der Vogelwelt in der Stadt Zürich ist gut dokumentiert. Aus den Jahren 1986 und 2004–2009 liegen Kartierungen von Grün Stadt Zürich vor, die das ganze Stadtgebiet (2005) oder große Teilflächen umfassen. Seit 1975 wird die Avifauna in den kantonalen Schutzgebieten am Katzensee (mit Hänsiried und Allmend) jährlich kartiert. Die Vogelwarte Sempach zählt im November und Januar den Winterbestand der Wasservögel im Zürichseebecken, am Katzensee sowie an Glatt, Limmat und Sihl. Die hier publizierten Angaben zu Verbreitung und Bestand der in der Stadt Zürich beobachteten Vogelarten leiten sich aus den jüngsten Kartierungen ab. Die Zahlen der überwinternden Wasservögel beziehen sich auf Maximalwerte der Wasservogelzählungen aus den Jahren 2000–2008.

Zwergtaucher

Tachybaptus ruficollis

Brutvogel und Wintergast. Als Wintergast in den letzten Jahren seltener geworden. Die Wintergäste kommen v. a. aus Deutschland und Osteuropa. Ernährt sich von Insekten und deren Larven, Flohkrebsen, Kaulquappen, Wasserschnecken und kleinen Fischen. Taucht bis 2 m tief, bleibt bis 20 Sek. unter Wasser. Zur Brutzeit ist regelmäßig der Balztriller, ein auffälliges Duett beider Partner, zu hören. Baut Schwimmnest in Ufervegetation. Brütet im Gegensatz zum Haubentaucher einzeln. Hat 1987 im Teich des neuen Botanischen Gartens gebrütet. Gehört wie Haubentaucher zu den Lappentauchern, die ausschließlich auf dem Wasser leben und sich an Land kaum fortbewegen können.

23–29 cm

Ganzjährig

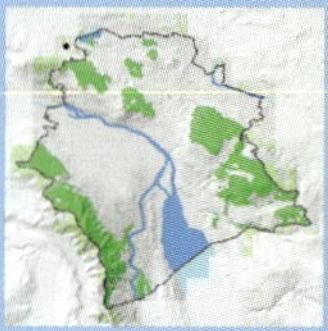

Prachtkleid: kastanienbrauner Vorderhals, grün-gelbliche Schnabelwinkel. Ruhekleid: oberseits dunkelbraun; Hals, Brust und Flanken hellbraun.

Brütet meist an Kleinstgewässern, zur Brutzeit scheu, in Ufervegetation versteckt. Im Winter leichter zu beobachten.

Zürich: Brutvogel im Hänsiried. Im Winter hauptsächlich im Seebecken, auch im Katzensee, an Limmat, Glatt und Sihl. Höchstwerte auf Stadtgebiet im Januar bis 30 Individuen.

Haubentaucher

Podiceps cristatus

Seltener Brutvogel und häufiger Wintergast. Die Wintergäste kommen von der Nord- und Ostsee. Fischfresser, Tagesbedarf: 200 g. Tauchtiefe bis 40 m; kann bis 50 Sek. unter Wasser bleiben. Im 19. Jh. war der Haubentaucher selten, da er intensiv bejagt wurde. Im 20. Jh. hat der Bestand stark zugenommen wegen des Schutzes und weil die Bestände an Weißfischen als Folge hoher Phosphateinträge (Überdüngung) in die Gewässer zugenommen haben. Die auffällige Balz (Pinguintanz) beginnt bereits im Spätwinter. Schwimmnest im Schilf, Partner wechseln sich alle 3 Stunden mit Brüten ab. Die Jungen haben einen schwarz-weiß gestreiften Kopf und verkriechen sich gerne im Federkleid der Eltern und reiten so mit.

46–51 cm

Ganzjährig

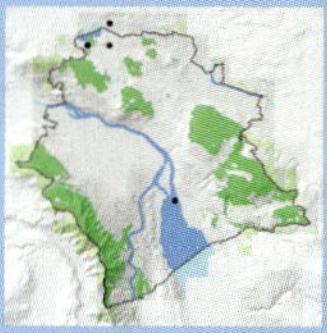

Schlanker Körper, dünner Hals. Im Prachtkleid auffällige 2-spitzige Federhaube und kastanienfarbene Krause an den Kopfseiten.

An stehenden Gewässern und großen Flüssen.

Zürich: Brütet in Schilfinseln im unteren Seebecken (Enge) und am Katzensee. Als Wintergast im ganzen Seebecken; im Januar bis über 300 Individuen.

77–94 cm

November–März

Schwarz mit grünlichem Schimmer. Weißer Gesichtsfleck, gelber Schnabelgrund. Jungvögel unterseits ausgedehnt schmutzig weiß.

Auf Bäumen entlang von Seen und Flüssen.

Zürich: Im Januar im Seebecken (Springbrunnen; auf Röhre Strandbad Mythenquai) und Limmat bis 360 Individuen.

Kormoran

Phalacrocorax carbo

Wintergast v. a. aus Dänemark und den Niederlanden. Taucht 15–60 Sek., bis 16 m tief. Trocknet nach Wasseraufenthalt Gefieder mit halb ausgestreckten Flügeln. Weil die Flügel nass werden, hat er weniger Auftrieb unter Wasser. Gesellig. Versammelt sich abends an traditionellen Schlafplätzen. Bis 19. Jh. seltener Wintergast. In der 2. Hälfte des 20. Jh. erhöhte sich der Winterbestand stark dank europaweitem Schutz und Zunahme der Fischbestände infolge Nährstoffanstieg in den Gewässern. 2001 erste Brut (Fanel BE/NE) in der Schweiz. Nächstgelegener Brutplatz am Oberen Greifensee (Neuansiedlung 2007). Konflikte mit der Fischerei bestehen an begradigten und strukturarmen Fließgewässern, insbesondere, wenn er die in ganz Europa gefährdete Äsche bejagt.

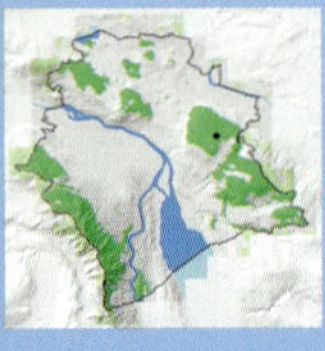

84–102 cm

Ganzjährig

Sehr groß, oberseits mittelgrau, unterseits grauweiß. Fliegt mit eingezogenem Hals.

Sucht Nahrung im seichten Wasser, auf Feldern und Wiesen, brütet in Kolonien auf Bäumen.

Zürich: Nur eine Kolonie im und angrenzend an den Zoo Zürich: 1985 erste Brut, Höchstwert 1991 mit 32 Horsten, 2004–2006 keine Brut, seit 2007 wieder regelmäßig 1–3 Brutpaare.

Graureiher

Ardea cinerea

Wurde als Fischfresser von den Menschen verfolgt und zu Beginn des 20. Jh. beinahe ausgerottet. Bestände haben sich durch Unterschutzstellung (1926) erholt. Ernährt sich vorwiegend von Fischen, aber auch Mäusen, Fröschen, großen Insekten und Würmern. Brütet in Kolonien. Die Horste befinden sich in Baumkronen. Brütete 1980/90 noch mitten in der Stadt im alten Botanischen Garten und im Entlisberg; seither nur noch beim Zoo. Im Zoo zuerst Paarung von zugeflogenen Wildtieren und flugunfähigen Zootieren, danach erstmals erfolgreiche Brut freifliegender Graureiher. Im Winter fliegen bis 25 Individuen aus der Umgebung an die Sihl, Limmat, Glatt und den Katzensee zu, wo sie regungslos auf Beute lauern, um dann blitzschnell zuzustoßen.

Zwergdommel

Ixobrychus minutus

Die Zwergdommel ist unsere kleinste Reiherart und landesweit ein seltener Brutvogel. Klettert versteckt im Gebüsch und Schilf, fliegt niedrig über dem Schilf und fällt nach kurzer Flugstrecke wieder in Deckung. Streckt bei Gefahr den Kopf nach oben und verharrt regungslos, bis sich der Feind verzogen hat (Pfahlstellung). Ernährt sich von Fischen, Insekten, Fröschen, Kaulquappen, Würmern und Schnecken. Diese erbeutet sie, indem sie durch das Schilf klettert oder bewegungslos darauf wartet, dass sich Beute zeigt. Nest ist eine Plattform im Schilf oder Gebüsch. Langstreckenzieherin, überwintert in Ost- und Südafrika. Zwischen Oktober und März ist hingegen die Rohrdommel *(Botaurus stellaris)* am Katzensee ein regelmäßiger Wintergast.

33–38 cm

Mai–September

Scheitel und Oberseite schwarzbraun beim Weibchen, schwarz beim Männchen. Beide mit beige-braunem Flügelfeld.

Bewohnt Schilfflächen, vegetationsreiche Weiher und Gräben, die störungsfrei sind und ein reiches Nahrungsangebot aufweisen.

Zürich: Brütet am oberen Katzensee (jährlich ein Brutpaar).

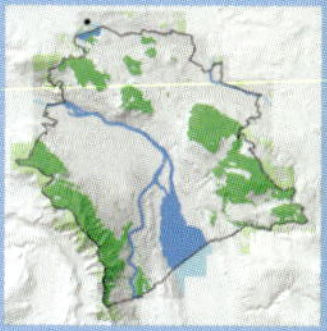

stark gefährdet

Weißstorch

Ciconia ciconia

Bis ins späte 18. Jh. war der Weißstorch Brutvogel in der Stadt Zürich. In der Mitte des 20. Jh. starb er jedoch in der ganzen Schweiz aus. Seit 1960 hat der Zoo Zürich immer wieder einzelne westeuropäische Weißstörche erworben, die ab 1967 zu brüten begannen. Ab 1989 flogen regelmäßig Störche anderer Kolonien aus der Schweiz und aus dem grenznahen Deutschland zu. Die Weißstörche ziehen im Winter weg, überqueren das Mittelmeer an der Meerenge zu Gibraltar und überwintern in der Sahelzone. Die Altvögel kehren jedes Jahr wieder zum selben Horst zurück. Der Weißstorch ist in der Stadt Zürich der Brutvogel mit dem längsten Schnabel, dieser misst 18 cm. Er ernährt sich von Insekten (Käfer, Heuschrecken, Raupen), Regenwürmern, Mäusen und Fröschen.

95–110 cm

Mitte Februar–Anfang September

Sehr groß, schwarz-weiß, mit langem Hals und langen, roten Beinen und rotem Schnabel.

Besiedelt offene und halboffene Landschaften, insbesondere feuchte und wasserreiche Gegenden. Braucht Bäume, Gebäude oder Strommasten als Horststandort.

Zürich: Seit 1967 regelmäßig erfolgreiche Bruten im Zoo, in den letzten fünf Jahren jährlich 5–9 Horste. 2009 spontaner Horstbau beim Katzensee.

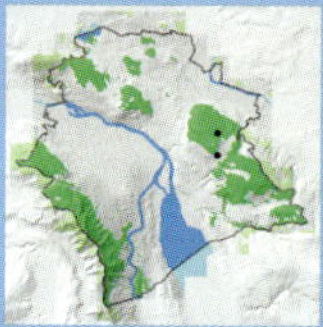

verletzlich

Höckerschwan

Cygnus olor

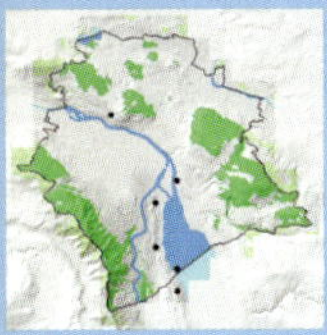

140–160 cm

Ganzjährig

Weißes Gefieder, orangefarbener Schnabel mit schwarzem Schnabelgrund und Höcker. Langer, meist S-förmig gebogener Hals, beim Flug pfeifendes Geräusch.

Auf Seen und Flüssen.

Zürich: Im Seebecken und in der Limmat jährlich 10–25 Brutpaare. Als Wintergast bis zu 300 Individuen im Seebecken und in der Limmat.

Größte Stadtzürcher Vogelart, Flügelspannweite 2,3 m, Gewicht 14 kg. Stammt ursprünglich aus Nordosteuropa. Erstes Paar wurde 1925 auf dem Zürichsee ausgesetzt. Ernährt sich von verschiedenen Wasser- und Landpflanzen. Im Seebecken an Menschen gewöhnt und zahm durch die Fütterung. Dauerehe. Großes Nest am Ufer aus Pflanzenmaterial, auch in der Nähe von regelmäßig begangenen Wegen (z. B. beim Ruderclub). Eier und Junge werden durch Greifvögel, Hechte und Ratten stark dezimiert. Jährlich rückt die Seepolizei 10- bis 25-mal wegen verletzter oder toter Höckerschwäne aus. Häufigste Unfallursache ist eine Kollision auf der Quaibrücke (Tramfahrleitungen, Fahrzeuge).

Stockente

Anas platyrhynchos

50–60 cm

Ganzjährig

Schillernder, tiefblauer Flügelspiegel. Männchen im Prachtkleid mit metallisch grünem Kopf und weißem Halsring. Weibchen dunkelbraun gefleckt.

An Gewässern aller Art. Brütet unter Gebüschen, in Baumhöhlen oder an Gebäuden (z. B. auf begrünten Vordächern, auf Balkonen in Blumenkisten).

Zürich: Schanzengraben, entlang Limmat, Höngg. Regelmäßig überwintern bis 1600 Stockenten im Seebecken, am Katzensee, in der Glatt, Limmat und Sihl.

Brutvogel und Wintergast. Häufigste Entenart. Stammform der Hausente. Wie alle Entenvögel legt sie viele Eier, im Durchschnitt schlüpfen ungefähr 8 Küken. Wegen großer Verluste durch Feinde und Kälte erreichen nur wenige das Erwachsenenalter. Ernährt sich von Gras, Wasserpflanzen, Weich- und Krebstieren sowie Insekten. Lässt sich im Winter häufig von Menschen füttern. Zu ihrem Namen kam sie, weil sie zuweilen auf Kopfweiden brütet, die man auf den «Stock» gesetzt hat. Als Gründel- oder Schwimmente schwimmt sie hoch auf dem Wasser, der Schwanz ist gut sichtbar, sie kann im Gegensatz zu den Tauchenten direkt vom Wasser auffliegen. Die Seepolizei und der Wildhüter evakuieren pro Jahr über 50 Familien von Balkonen oder Flachdächern.

Kolbenente

Netta rufina

Brutvogel und Wintergast. Ursprünglich in Zentralasien und Südrussland beheimatet. Beliebter Parkvogel. Besiedelt Mitteleuropa erst seit 20. Jh. Unklar, ob es sich bei den in Zürich brütenden Kolbenenten um Wildvögel oder entwichene Parkvögel handelt. Die Zahl der überwinternden Kolbenenten ist in den 1990er-Jahren stark angestiegen. Aufgrund der verbesserten Wasserqualität konnten sich die Armleuchteralgen, die Hauptnahrung der Kolbenente, stark vermehren. Brütet an stehenden, langsam fließenden Gewässern mit dichter Ufer- und Unterwasservegetation. Der Begriff «Kolben» bedeutet Keule, klumpiger Gegenstand. Die Kolbenente fällt durch den im Vergleich zu anderen Enten ziemlich großen «klumpenförmigen» Kopf auf.

53–57 cm

Ganzjährig

Großer, runder Kopf. Männchen im Prachtkleid rostoranger Kopf, korallenroter Schnabel.

Nährstoffreiche Gewässer mit schilfbestandenen Ufern.

Zürich: 2008 und 2009 erfolgreiche Bruten im Seebecken. Im Winter bis über 200 Kolbenenten in der Seebucht.

stark gefährdet

Tafelente

Aythya ferina

Wintergast aus dem Baltikum und Russland. Dehnt ihr Brutareal in Europa langsam nach Westen aus. Tauchente, liegt wie Reiherente tiefer im Wasser als Schwimmenten. Weil die Beine weit hinten am Körper ansetzen, gehen Tafelenten schwerfällig an Land und halten sich dort selten auf. Tauchenten rennen eine längere Strecke übers Wasser, bis sie auffliegen. Ernährt sich im Winter v. a. von Wandermuscheln *(Dreissena)*, lässt sich auch mit Brot füttern. Frisst 1 kg (= 4000 Stück) Wandermuscheln pro Tag. Taucht bis 5 m tief, bleibt bis 25 Sek. unter Wasser. Wurde wegen des besonders schmackhaft geltenden Wildbrets gejagt. Deutscher Name «Tafel» (= Tisch) und lateinischer Name «ferina» (= Wildbret) deuten auf die ehemalige Verwendung hin.

42–49 cm

Juli–April

Kopf 3-eckig. Männchen im Prachtkleid mit kastanienbraunem Kopf; Flanken und Oberseite grau meliert, Brust und Steiß schwarz.

Im Winter auf Seen und großen Flüssen an eher seichten Gewässerabschnitten.

Zürich: Im Januar bis über 800 Tafelenten im Seebecken (v. a. Bürkliplatz bis Hafenanlage Mythenquai und vor Seefeld-Quai) und in der Limmat.

verletzlich

40–47 cm

Juli–April

Federschopf am Hinterkopf. Männchen im Prachtkleid mit schwarzem Gefieder und weißen Flanken.

Überwintert in seichten Abschnitten von eisfreien Gewässern aller Art.

Zürich: Im Januar bis 1200 Reiherenten im Seebecken (Bürkliplatz bis Hafenanlage Mythenquai, vor Seefeld-Quai) und in der Limmat.

potenziell gefährdet

Reiherente

Aythya fuligula

Wintergast aus Russland und Skandinavien. Im Winter häufigste Wasservogelart. Gesellig, oft in dichten Trupps. Reiherente weidet zusammen mit Blässhuhn und Tafelente tauchend Muschelbänke ab. Frisst 850 g (3500 Stück) Wandermuscheln *(Dreissena)* pro Tag. Taucht tiefer (bis 8 m tief, bleibt bis 30 Sek. unten) als Tafelente. Die ursprünglich im Schwarzen Meer beheimatete Wandermuschel hat sich mit der Schifffahrt nach Norden und Westen ausgebreitet. Ab den 1960er-Jahren besiedelte sie den Zürichsee, seit den 1970er-Jahren tritt sie massenhaft auf. Seitdem überwintern Reiherenten in großer Zahl im Zürichseebecken. In der Mitte des 18. Jh. war die Reiherente noch ein spärlicher Wintergast. Sie hat ihren Namen vom Reiherschopf am Hinterkopf.

58–68 cm

Ganzjährig

Stromlinienförmiger Körper mit langem, schmalem Hakenschnabel. Kopf bei Männchen im Prachtkleid grün, bei Männchen im Schlichtkleid und Weibchen braun.

An Seen und Flüssen.

Zürich: Seit wenigen Jahren ganzjährig beim Fabrikkanaleinfluss in Limmat beim Werdhölzli zu beobachten. Im Winter bis 70 Gänsesäger in der Limmat, Glatt und Sihl (oberhalb Stauffacherbrücke).

verletzlich

Gänsesäger

Mergus merganser

Wintergast aus Skandinavien und Sibirien. Auf Limmat und Sihl ganzjährig anzutreffen, jedoch bisher kein Brutnachweis auf Stadtgebiet. Ansiedlung wird durch Grün Stadt Zürich in den nächsten Jahren mittels Nistkästen gefördert. Nistet in Baumhöhlen, Felsnischen, an Gebäuden sowie in Nistkästen, meist nahe am Wasser. Größer als Schwimm- und Tauchenten. Ernährt sich hauptsächlich von Fischen, daneben Krebsen, Insekten und Ringelwürmern. Lässt sich mit Brot füttern. Sucht Fische optisch, indem er mit eingetauchtem Gesicht schwimmt («Lugen»). Taucht bis 4 m tief, bleibt bis 35 Sek. unter Wasser. Spezielle Schnabelmorphologie: schmaler Sägeschnabel mit spitzen Hornzähnen und scharfhakigem Nagel zum Fangen und Festhalten der erbeuteten Fische.

Rotmilan

Milvus milvus

Mit einer Spannweite von 160 cm ist der Rotmilan der größte Greifvogel im Stadtgebiet. Stundenlang in der Luft auf Suche nach Beute (Kleinsäuger, auch Regenwürmer von frisch gepflügten Äckern, Aas und Abfälle). Als Allesfresser für Vergiftungen anfällig (vergiftete Regenwürmer und Mäuse). Milane «schmücken» ihren Horst mit aufgelesenen Lumpen, Papier- und Plastikfetzen. In der 2. Hälfte des letzten Jahrhunderts erweiterte er sein Brutareal von Westen (Jura) her bis in die Ostschweiz. Jungvögel verbringen Winter in Frankreich und Spanien, Altvögel hingegen bleiben mehrheitlich in der Nähe des Brutgebiets. Seit den 1970er-Jahren bilden Rotmilane im Winter Schlafgemeinschaften, in denen Hunderte zusammen nächtigen (Kanton Zürich: Neerach, Flaach).

61–72 cm

Ganzjährig

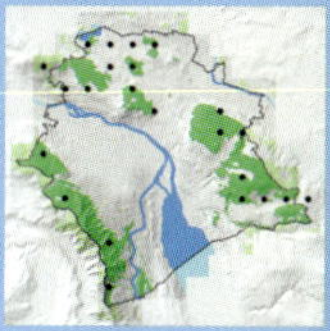

Langer, tief gegabelter Schwanz, der häufig wie ein Ruder gekippt wird. Brust, Bauch und Schwanzoberseite rotbraun, Kopf grau.

Brütet an Waldrändern, jagt über offener Kulturlandschaft.

Zürich: Brütet seit Jahren regelmäßig in den Randzonen größerer Wälder (Zürichberg: Vorder Adlisberg und unterhalb Betriebsgelände Zoo) und in kleinen Gehölzen (Hürstholz, Schwandenholz, Riedenholz).

Schwarzmilan

Milvus migrans

Mit einer Flügelspannweite von 150 cm etwas kleiner als der Rotmilan. Stärker ans Wasser gebunden als der Rotmilan. Seine Beute besteht aus toten und kranken Fischen, die er von der Wasseroberfläche greift, aber auch aus (oft toten oder verletzten) Kleintieren und Regenwürmern, die er auf dem Feld oder frisch gemähten Wiesen sammelt. Sucht an Autobahnen nach überfahrenen Tieren, wird dabei manchmal selbst Verkehrsopfer. Als Aasfresser trägt er den Ruf eines Gesundheitspolizisten. Baut Horst oft auf alten Nestern anderer Greif- oder Rabenvögel. Im Gegensatz zum Rotmilan ein ausgesprochener Zugvogel, der in Westafrika überwintert.

48–58 cm

Mitte März–Ende August

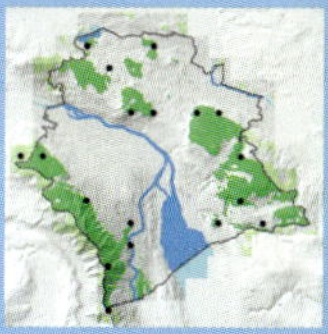

Leicht gegabelter Schwanz. Dunkles Gefieder.

Bevorzugt Wassernähe und offenes Gelände (Kulturland, Feuchtgebiete).

Zürich: Brütet regelmäßig im Hänsiried. Brütet auch am Üetliberg. Nahrungsflüge über Katzensee und Zürichsee.

Habicht

Accipiter gentilis

Spannweite Männchen 95 cm, Weibchen 110 cm. Kräftigster Greif auf Stadtgebiet, wendiger Flieger. Ergreift Beute (Kleinvögel bis Krähe, Maus bis Eichhörnchen) meist im Flug. Wurde lange verfolgt («Hüenerdieb»), muss auch heutzutage hin und wieder sein Leben im Hühnerhof lassen. In der 2. Hälfte des 20. Jh. Bestandsrückgänge als Folge des Pestizids DDT, das sich im Habicht über vergiftete Beutetiere anhäufte und zu Fortpflanzungsstörungen (Eierschalenbruch) führte. Dank des Verbots der gefährlichsten Gifte und verbesserter Schutzmaßnahmen hat sich der Bestand seither wieder erholt. Horst in hohen Bäumen. Belegt Nest mit grünen Zweigen. Am einmal gewählten Nistort hält er jahrelang fest. Einmal verpaarte Vögel halten lebenslange Treue.

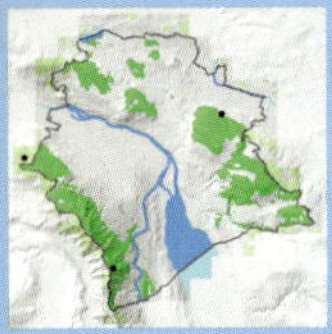

49–56 cm

Ganzjährig

Alterskleid: Querbänderung auf heller Unterseite, Oberseite bläulich grau; im ersten Lebensjahr unterseits rötlich weiß, grob braun gefleckt («Rothabicht»).

Größere Waldkomplexe, lockere Altholzbestände. Selten in Siedlungsnähe anzutreffen, ist scheuer und lebt versteckter als Sperber.

Zürich: In den letzten Jahren Bruten im Zürichbergwald, im Nordwesten der Stadt und am Üetliberg.

Sperber

Accipiter nisus

Wie bei Habicht und Wanderfalke ist das Männchen bei Sperbern einen Drittel kleiner als das Weibchen. Wegen dieser Größenunterschiede nennen Jäger Greifvogelmännchen «Terzel» (lat. Drittel). Wie beim Habicht mausert das Weibchen seine Schwungfedern während der Bebrütungszeit. Weil die Flugfähigkeit in dieser Zeit stark eingeschränkt ist, versorgt das Männchen das Weibchen mit Nahrung. Die abgeworfenen Schwungfedern sind in Horstnähe zu finden. Aufgrund des individuellen Musters der Federn lässt sich die Anwesenheit eines Weibchens über Jahre verfolgen. Wegen des Pestizids DDT kam es beim Sperber zu ähnlichen Problemen wie beim Habicht. Mit seiner ungestümen Jagdart auf Kleinvögel kollidiert der Sperber oft mit Hindernissen wie Glasfronten.

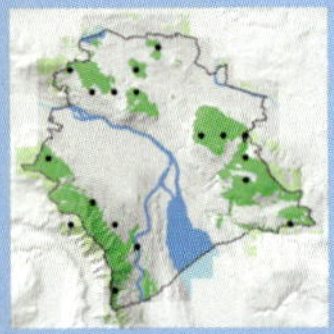

29–34 cm

Ganzjährig

Im Gegensatz zum etwas größeren, aber ähnlichen Habicht sind beim Sperber auch die Jungen gebändert («gesperbert»).

Halboffene Landschaften mit genügend Deckung und freien Flächen. Waldränder, Lichtungen, Siedlungen mit genügend Hecken, Büschen und Bäumen.

Zürich: In Stadtwäldern regelmäßiger Brutvogel. Horste vorwiegend in Fichtenaufforstungen mit halbwüchsigem Baumbestand (Stangenholz).

Mäusebussard

Buteo buteo

Spannweite 130 cm, 1 kg schwer. Ernährt sich von Mäusen und anderen Kleintieren, gelegentlich von Vögeln oder Amphibien, seltener von Aas. Sucht Beute meist auf offenem Gelände. Beim Kreisen V-förmige Flügelstellung. Rüttelt selten. Sitzt häufig auf Warten (Wartenjäger), im Winter oft an Autostraßen. Wurde wie alle Greife früher rücksichtslos verfolgt. Heute ist der Mäusebussard landesweit der häufigste Greifvogel. Im Winter Zuzug von Mäusebussarden aus Osteuropa. Dafür wandern vorwiegend jüngere Tiere der hiesigen Population nach Südfrankreich und Italien, um dort zu überwintern. Horst aus Ästen und Zweigen, mit Gras und Moos ausgepolstert, meist auf Bäumen am Waldrand, in Feldgehölzen, seltener auf einzeln stehenden Bäumen.

46–58 cm

Ganzjährig

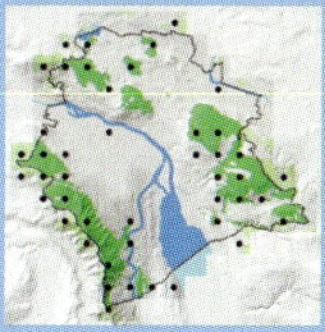

Breitflügeliger, mittelgroßer Greifvogel mit fächerförmig gespreiztem Schwanz. Sehr unterschiedlich gefärbt, meist aber dunkelbraun mit hellerem Brustband.

Benötigt Wälder und große Feldgehölze als Brutplatz und angrenzende offene Kulturlandschaft als Jagdhabitat.

Zürich: In allen Stadtwäldern regelmäßiger Brutvogel.

Wanderfalke

Falco peregrinus

Größter einheimischer Falke. Spannweite beim Männchen 95 cm, beim Weibchen 110 cm. Hauptbeute: Straßentauben, Lachmöwen, Stare und Drosseln, die er im Sturzflug in der Luft erbeutet. Dabei kann er Spitzengeschwindigkeiten bis 180 km/h erreichen. Baut wie alle Falken keine Nester; brütet in Felswänden, Steinbrüchen oder in Kolkrabenhorsten. Nimmt in der Stadt Nistkästen an. Bestandszusammenbruch um 1950: Verfolgung durch Taubenzüchter, Aushorsten der Jungen durch Falkner, Beeinträchtigung der Fortpflanzung durch DDT und andere Pestizide. Im Jahr 1971 war in der Schweiz außerhalb der Alpen nur noch ein Brutpaar bekannt. Mittlerweile hat sich der Bestand in ganz Europa gut erholt.

Falkenkamera: www.stadt-zuerich.ch/falken

38–45 cm

Ganzjährig

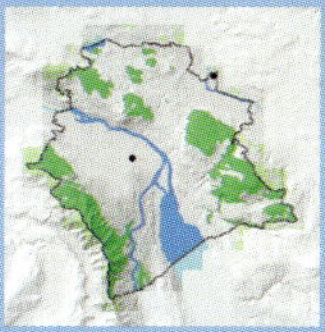

Dunkler Wangenstreif. Altvögel: helle Unterseite quer gebändert, Oberseite schiefergrau. Jungvögel: Unterseite leicht rostfarbig und kräftige braune Längsstreifen.

Naturnahe Habitate mit geeigneter Nistgelegenheit (Steinbrüche, Hochhäuser).

Zürich: Seit 2002 brüten 1–2 Brutpaare in der Stadt Zürich (Hochkamine der KHKW Josefstrasse und Hagenholz).

verletzlich

Baumfalke

Falco subbuteo

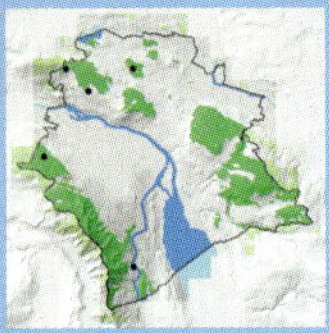

potenziell gefährdet

29–35 cm

Mitte April–Ende September

Altvögel mit auffällig, rötlicher Beinbefiederung («Hosen»). Oberseite dunkelgrau, Körperunterseite hell mit Längsstreifen.

Abwechslungsreiches Kulturland mit angrenzenden Wäldern und Gewässern.

Zürich: Im Hürstholz und Entlisberg seit vielen Jahren Brutvogel, daneben unregelmäßig auch am Hönggerberg und Katzensee. Sichtbeobachtungen vom Rosshau, Chäferberg und Schwandenholz.

Lange, schmale, sichelförmige Flügel machen ihn zu einem hervorragenden Flieger (Flugbild erinnert an Segler). Kann Schwalben und Segler im Flug ergreifen. Große Insekten, Libellen und Käfer machen einen Großteil der Beute aus. Kann Libellen bis zu einer Entfernung von 200 m wahrnehmen. Langstreckenzieher, der im Herbst ins südliche Afrika zieht und Mitte April mit den Rauchschwalben ins Brutgebiet zurückkehrt. Im tropischen Afrika bilden Termiten und Heuschrecken seine Hauptnahrung. Zum Brüten benützt er in der Regel hoch in den Nadelbäumen gelegene alte Krähennester, die einen hindernisfreien Anflug gewähren. Als Nistbaum bevorzugt er die Föhre. Kollision mit Glasflächen und Fahrzeugen ist eine regelmäßige Todesursache.

Turmfalke

Falco tinnunculus

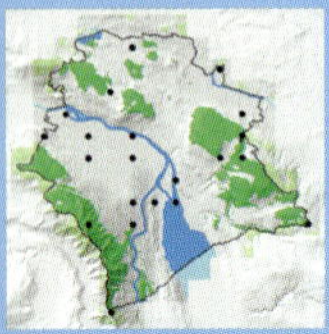

potenziell gefährdet

31–37 cm

Ganzjährig

Beide Geschlechter mit rötlich braunem, dunkel gepunkteten Rücken und Oberflügeldecken. Männchen mit grauem Kopf und grauem Schwanz mit schwarzer Endbinde. Weibchen mit gebändertem Schwanz.

Offene und halboffene Kulturlandschaft sowie Siedlungen.

Zürich: V.a. in Kirchtürmen (ref. Kirche Fluntern), auch in Hochkaminen und weiteren Gebäuden (Reckenholz, Schule Herostrasse, Seehof Katzensee).

Spannweite 70 cm. Beide Geschlechter fast gleich groß. Fleißiger Mäusejäger. Nebst Kleinsäuern schlägt er auch Vögel. Häufig angewendete Jagdmethode ist das Rütteln («Rüttelfalke»). Dabei steht er mit gefächertem Schwanz und heftig schlagenden Schwingen am gleichen Ort in der Luft, bis er ein Opfer erblickt und es im Sturzflug zu ergreifen versucht. Sieht wie andere Greifvögel auch im UV-Bereich, damit kann er Harnspuren von Beutetieren erkennen und abschätzen, ob eine Fläche ein gutes Jagdgebiet ist. Zur Fortpflanzung benützt er Krähennester, andere Nistplattformen und auch Nistkästen. Dem Menschen gegenüber wenig scheu. Als Stadtbewohner plündert er Spatzennester oder ergreift noch nicht flügge Tauben.

Wasserralle

Rallus aquaticus

Die Wasserralle bewegt sich gewandt in dichter Vegetation und hält sich meist gut versteckt im Schilfröhricht auf, sodass man sie kaum je sieht. Einzig im Winter, wenn Gewässerteile zufrieren und sie offene Wasserflächen aufsucht, ist sie zuweilen zu entdecken. Auffällig ist jedoch ihr Ruf, der wie ein Quieken eines Ferkels klingt und ganzjährig zu vernehmen ist. Das Nest ist in Seggenbulten oder im Röhricht gut versteckt. Die Jungen sind Nestflüchter und haben ein kohlenrabenschwarzes Dunenkleid. Die Nahrung der Wasserralle besteht aus Insekten und deren Larven, kleinen Schnecken, Würmern, Krebsen sowie kleinen Wirbeltieren (Amphibien, Fische, Kleinvögel, Kleinsäuger). Zur Nahrungssuche bohrt sie den Schnabel in den weichen Boden.

23–26 cm

Ganzjährig

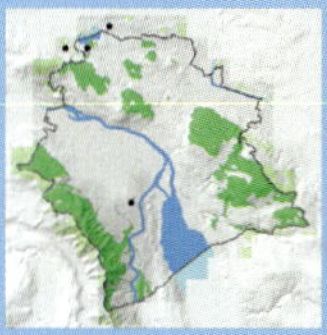

Birnenförmige Gestalt. Langer, dünner, leicht abwärts gebogener Schnabel. Oberseite olivbraun mit schwarzen Flecken, Flanken auffällig schwarz-weiß gestreift.

Dichte, ungestörte Röhrichte mit offenen Wasserflächen.

Zürich: Im Hänsiried (jährlich bis 3 Brutpaare) und am oberen Katzensee (jährlich bis 2 Brutpaare).

Teichhuhn

Gallinula chloropus

Kann sich dank der langen Zehen auf Schwimmblättern fortbewegen. Auf dem Wasser und an Land bewegt es sich ruckartig und zuckt dabei mit dem Schwanz, sodass die weiße Zeichnung der Unterschwanzdecken aufleuchtet. Nickt beim Schwimmen mit dem Kopf. Ist im Winter leichter zu beobachten, wenn es seinen deckungsreichen Lebensraum verlässt und auf Flöße und Bootstege geht. Ernährt sich von Wasserpflanzen, Insekten, Weichtieren und Kaulquappen. Liest Nahrung schwimmend von der Wasseroberfläche ab, pickt sie von Pflanzen weg oder liest sie vom Boden auf. Korbförmiges Nest aus Wasserpflanzen in der Ufervegetation versteckt oder in Büschen über dem Wasser. Das Teichhuhn gehört wie das Blässhuhn zur Familie der Rallen.

27–31 cm

Ganzjährig

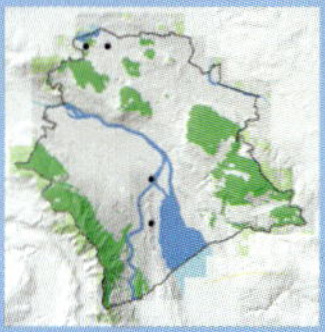

Gefieder schieferschwarz mit weißer Flankenlinie, oberseits braun, lange grüne Beine und Zehen. Rotes Stirnschild.

An stehenden und langsam fließenden Gewässern (Seen, Weiher, Flüsse) mit schützender Vegetation.

Zürich: Brut im Hänsiried (jährlich bis 3 Brutpaare) und am Büsisee (jährlich bis 2 Brutpaare). Im Winter bis 30 Tiere verteilt im Seebecken auf Stegen und Floßen (Utoquai, Mythenquai), in Hafenanlage, am Katzensee, an Glatt und Limmat.

Blässhuhn

Fulica atra

Schwimmt mit nickender Kopfbewegung, taucht mit kleinem Sprung. Muss zum Auffliegen übers Wasser laufend Anlauf nehmen. Nahrung: verschiedene Pflanzenteile, Weichtiere, Insekten; lässt sich häufig füttern. Seit den 1970er-Jahren ist Wandermuschel *Dreissena* eine wichtige Nahrungsquelle. Davon profitieren zwischen Oktober und März große Trupps nordischer Wintergäste im Seebecken. Taucht im Gegensatz zum Teichhuhn zur Nahrungssuche. Taucht bis 2 m tief, bleibt bis 20 Sek. unter Wasser. Nest aus Schilf, oft frei sichtbar, in Ufervegetation schwimmend, selten auf fester Unterlage. Als Blässe bezeichnet man den weißen Fleck oberhalb des Schnabelansatzes.

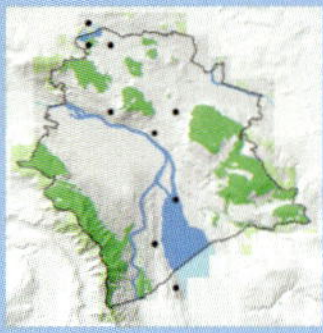

36–42 cm

Ganzjährig

Gefieder rußgrau mit schwarzem Kopf, weißes Stirnschild und weißer Schnabel.

In nährstoffreichen Gewässern mit offener Wasserfläche und schützender Vegetation.

Zürich: Brütet in Parkteichen (Irchelpark), am Katzensee, im Seebecken und an der Limmat. Häufiger Wintergast: Im Januar bis 2800 Blässhühner hauptsächlich im Seebecken und auf der Limmat.

Flussregenpfeifer

Charadrius dubius

Der Flussregenpfeifer lebte ursprünglich auf Kiesbänken unverbauter Flüsse, er weicht jedoch auch auf vom Menschen geschaffene kiesige Flächen aus (Kiesgruben, Bauplätze). Gehört zu den Watvögeln (Limikolen). Brütet am Boden und legt vier gut getarnte Eier in eine kleine Bodenmulde. Die Jungen verlassen sofort nach dem Schlüpfen das Nest (Nestflüchter) und suchen selbstständig nach Nahrung. Kommt ein Feind den Jungen zu nah, stellt sich der Altvogel flügellahm und zieht dadurch alle Aufmerksamkeit auf sich. Dieses Verhalten nennt man Verleiten. Ernährt sich von Insekten, teilweise auch Spinnen, Krustentieren und Würmern. Langstreckenzieher, der bis 7000 km entfernt in Afrika südlich der Sahara überwintert.

verletzlich

15,5–18 cm

Mitte März–Mitte Oktober

Oberseite erdbraun, Unterseite weiß, schwarzes Kehlband, schwarzes Stirnband, schwarzes Band vom Schnabel durch das Auge.

Offene, fast vegetationslose Kiesbänke entlang großer Flüsse oder Kiesgruben.

Zürich: Brütete 2005–2008 in der Allmend Brunau (Bauinstallationsplatz); 2009 eine Familie mit drei Jungen in Flutmulde an der Sihl beim neuen Autobahnanschluss der Westumfahrung.

Sturmmöwe

Larus canus

Wintergast. Vielfältige Nahrung wie Lachmöwe, gegenüber Menschen scheuer als diese. Bei Fütterung schnappen Lachmöwen das Brot in der Luft, Sturmmöwen hingegen verfolgen die Lachmöwen im rasanten Flug und versuchen, ihnen die Nahrungsbrocken abzujagen. Großmöwen wiederum jagen manchmal den Sturmmöwen das Fressen ab. Neben der kleinen Lachmöwe und der mittelgroßen Sturmmöwe kommen am Zürichsee auch Großmöwenarten wie die Mittelmeermöwe, Steppenmöwe (seit 2006), Silbermöwe und Heringsmöwe vor. Zur Mittelmeermöwe *(Larus michahellis)*: 5–20 Individuen zwischen August und März; beliebte Aufenthaltsorte: Strandbad Mythenquai, Springbrunnen, Pfosten Schifflände und Lampenpfähle entlang Bellevue sowie auf Schiffen.

40–46 cm

Ende Dezember–Ende Februar

Größer als Lachmöwe, Altvögel ohne Schwarz am Kopf, gelber Schnabel und gelbgrüne Beine.

Auf Seen, an größeren Fließgewässern. Tagsüber auf Anlegestellen, Dämmen, Bojen, Floßen.

Zürich: Sitzt unter den Lachmöwen v. a. in der Seebucht, vereinzelt in Strandbädern. Bis 150 Individuen im Januar/Februar, vorher und nachher nur vereinzelt.

stark gefährdet

Lachmöwe

Larus ridibundus

Wintergast. Größte Ansammlungen im Seebecken zwischen Dezember und Februar. Diese Wintergäste kommen aus Osteuropa. Die Schweizer Brutvögel ziehen hingegen nach Südwesten weg und überwintern meist im Mittelmeerraum. Die nächstgelegenen Brutkolonien befinden sich im Neeracherried, am Greifensee und Pfäffikersee, am Oberen Zürichsee bei Rapperswil-Jona und im Nuolener Ried. Der Schweizer Brutbestand leidet unter dem Prädationsdruck und der Konkurrenz durch die Mittelmeermöwe. Nahrung: Insekten, Fische, Abfälle, Aas; lässt sich häufig füttern. Auf frisch gepflügten Äckern holt sie gerne Regenwürmer. Die Möwen fliegen jeweils bei Einbruch der Dunkelheit weg und kommen morgens wieder. Sie übernachten schwimmend auf dem See im unteren Seebecken.

35–39 cm

Juli–Mai

Schlichtkleid mit dunklem Ohrfleck, Prachtkleid schokoladebrauner Kopf. Weißer Vorderflügelkeil im Flug charakteristisch.

An Seen und langsam fließenden Gewässern. Sitzt tagsüber bei Anlegestellen, auf Dämmen, Bojen, Floßen.

Zürich: Im Januar in Seebucht, Limmat, Sihl, Glatt und Katzensee bis 4000 Individuen. Überfliegt regelmäßig in Gruppen die Stadt.

stark gefährdet

33 cm

Ganzjährig

Stark variierende Gefiederfärbung. Stammform Felsentaube: grau, mit schillerndem Halsgefieder und zwei dunklen Flügelbändern.

Städte, Dörfer.

Zürich: Marktplätze, Bahnhöfe, Parkanlagen, City und Quartierzentren, überall, wo Essensreste anfallen.

→ Wildhüter Spezialgebiet Vögel (früher Taubenwart) bei Grün Stadt Zürich

Straßentaube

Columba livia

Die Straßen- oder Stadttaube stammt von der Felsentaube ab. Diese im Mittelmeergebiet und am Atlantik natürlicherweise an Felsen brütende Taube wurde schon im Altertum domestiziert. Bei Straßentauben handelt es sich um Nachkömmlinge verwilderter Haustauben. Die Straßentaube ernährt sich von Sämereien, Getreide und Abfällen, in der Stadt bildet sie große Fressschwärme. Sie kann stundenlang dasitzen und auf fütternde Personen warten. Eine Tagesration beträgt ca. 30 g Futter.

Die Stadttaube kann während des ganzen Jahres brüten und Junge aufziehen. Sie nistet einzeln in Nischen und Höhlen an Gebäuden. Trägt nur wenig Nistmaterial ein, in der Stadt manchmal ausschließlich Nägel oder Kabelbinder. Legt normalerweise zwei, in Zürich immer häufiger auch drei Eier. Brutzeit ca. 17 Tage, beide Elterntiere brüten. Auch Schachtelbruten sind möglich. Die Nestlingszeit beträgt ca. vier Wochen. Die Jungtauben werden in den ersten zwölf Tagen mit Kropfmilch aufgezogen. Nach dem Ausfliegen folgen die Jungen zuerst noch einige Zeit den Eltern.

In Zürich leben mehrere Tausend Straßentauben, besonders in der Innenstadt. Verschmutzung und Beschädigung von Gebäuden durch Kot, jedes Tier erzeugt im Jahr etwa 12 kg Kot. Durch Fütterung wird der Bestand künstlich erhöht, die natürliche Selektion ausgeschaltet und Bruten werden auch im Winter möglich. Kontrolle durch Vergitterung von Nistplätzen, Verstellen von Sitzplätzen, Abschuss, Wegfangen und kontrollierte Taubenschläge ist nur lokal möglich. Der Gesamtbestand wird durch Futterangebot bestimmt. Taubenfütterung ist durch Information und Vorschriften kaum einzudämmen.

Hohltaube

Columba oenas

Scheuer Waldbewohner, der in Baumhöhlen brütet. Weil sie nicht fähig ist, selber eine Höhle zu zimmern, ist die Hohltaube als Nachmieterin auf alte Schwarzspechthöhlen angewiesen. Zur Nahrungssuche fliegt sie in die offene Kulturlandschaft. Dort sucht sie ihre Nahrung am Boden und ernährt sich hauptsächlich von Früchten und Samen krautiger Pflanzen, Blättern, Beeren und Baumsamen. Im Herbst gesellen sich einzelne Hohltauben gerne in die großen Ringeltaubentrupps, die südwestwärts ziehen. Den Winter verbringt die Hohltaube in Südwesteuropa. Ihr Ruf ist ein eintöniges «oo-ou». Durch einen abgestoßenen, feinen Puder wirkt das Gefieder aller Tauben wachsartig bereift.

28–32 cm

Mitte Februar–Ende Oktober

Größe und Gestalt ähnlich Straßentaube. Kopf und Rücken einheitlich blaugrau und ohne weißen Bürzel.

Lichte Laub- und Mischwälder mit ausreichendem Baumhöhlenangebot.

Zürich: Vereinzelte Beobachtungen während der Brutzeit in den Wäldern am Üetliberg.

Ringeltaube

Columba palumbus

In den 1990er-Jahren brütete die Ringeltaube im Kanton Zürich noch fast ausschließlich in den Wäldern. Inzwischen ist sie auch in der Stadt Zürich als Brutvogel bis in die Siedlung vorgedrungen. Das Nest ist eine lose Ansammlung trockener Zweige. Wie bei allen anderen Tauben enthält ein Gelege immer nur zwei Eier. Die Nahrung, die aus Sämereien und grünen Pflanzenteilen besteht, sucht sie auf Wiesen und Feldern. Beim Balzen fliegen Taubenmännchen steil hinauf und klatschen oben mit den Flügeln. Der Revierruf ist ein dumpfes, rhythmisches, meist fünfsilbiges «ruguhgu-gugu». Im Oktober ziehen die Ringeltauben in oft großen Schwärmen nach Südwesteuropa, wo sie überwintern.

38–43 cm

Mitte Februar–Ende Oktober

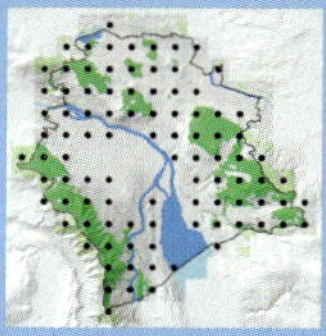

Weißer Halsring. Im Flug weiße Zeichnung auf Flügeln erkennbar.

In Wäldern mit Lichtungen, Feldgehölzen und zunehmend im Siedlungsraum.

Zürich: In allen Wäldern der Stadt Zürich und im Siedlungsraum mit Ausnahme des dicht bebauten Stadtzentrums und der Industriegebiete.

Türkentaube

Streptopelia decaocto

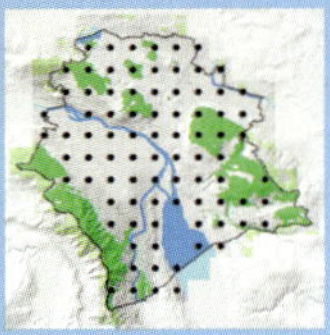

31–34 cm

Ganzjährig

Beigebraune Taube mit schwarzem Halsring. Im Flug auffällige, breite, weißgraue Schwanzspitzen.

In Siedlungen mit Bäumen zum Nisten sowie offenen Flächen (Rasen) zur Nahrungssuche.

Zürich: Überall im Siedlungsbereich, sogar in der dicht bebauten Innenstadt.

Die Türkentaube stammt ursprünglich aus der Kulturlandschaft Kleinasiens. Bereits dort lebte sie in enger Nachbarschaft mit dem Menschen, auch bei uns ist sie eine ausgeprägte Kulturfolgerin. Erster sicherer Brutnachweis 1955 in Zürich-Altstetten, 1978 bereits 320 Brutpaare in der Stadt Zürich, seither hat sich der Bestand nochmals um einen Viertel erhöht. Nahrung: Samen, Früchte, Knospen, grüne Blätter und Abfälle. Aufzucht der Jungen wie bei den anderen Tauben mit Kropfmilch, einem Sekret aus Wasser, Eiweiß und Fett, das die Altvögel im Kropf, einer 2-seitigen Aussackung der Speiseröhre, produzieren. Sitzt häufig auf Straßenlaternen, Antennen und Dächern. 3-silbiger Ruf «huhu-hu» manchmal bereits ab Januar zu hören.

Kuckuck

Cuculus canorus

32–36 cm

Mitte April–August

Oberseite, Kopf, Brust und Flügel blaugrau (selten braun), Bauch weißlich mit schwarzer Querbänderung. Sitzend bananenförmige Körperhaltung mit hängenden Flügeln.

Vielfältige Landschaft mit Kleinstrukturen, gebüschreiche Feuchtgebiete.

potenziell gefährdet

Zürich: Oberer Katzensee, Rosshau Altstetten, Käferberg.

Einzige Vogelart Mitteleuropas, die ihre Eier nicht selber ausbrütet, sondern ins Nest anderer Arten legt (Brutparasitismus). Ein Weibchen legt bis 25 Eier einzeln in Nester von meist nur einer Wirtsart (bei uns v. a. Teichrohrsänger), frisst dabei ein Ei des Wirts. Bemerken die Wirtseltern das fremde Ei, werfen sie es hinaus oder geben das Nest auf. Nach zwölf Tagen Bebrütungszeit schlüpft der Kuckuck, der die anderen Eier aus dem Nest wirft und von den Stiefeltern intensiv gefüttert wird. Der Brutparasitismus des Kuckucks war schon dem Zürcher Stadtarzt und Zoologen Konrad Gessner im 16. Jh. bekannt. Der Kuckuck frisst hauptsächlich behaarte Raupen, die von anderen Vögeln verschmäht werden. Er verbringt den Winter im tropischen Afrika.

Schleiereule

Tyto alba

Nachtaktiv. Starke Populationsschwankungen je nach Wühlmausbestand und Schneedecke im Winter. Im Winter regelmäßig im Stadtgebiet auf Nahrungssuche und zur Übernachtung in Scheunen. Kann im Dunkeln Beute mit hoher Präzision nach dem Gehör orten. Weil ihre Ohren asymmetrisch liegen, hört sie Laute auf einem Ohr um Sekundenbruchteile früher als auf dem anderen. Fast lautloser Flug. Eulen verspeisen Beutetiere oft als Ganzes. Unverdauliche Teile werden als Gewölle ausgewürgt. Die Eier werden im Abstand von zwei Tagen gelegt und ab dem ersten Ei bebrütet. Die Jungen schlüpfen im gleichen Zeitabstand, in dem die Eier gelegt worden sind. Das Junge aus dem letzten Ei kann bis 2 Wochen jünger sein als sein ältestes Geschwister.

33–39 cm

Ganzjährig (v. a. Winterhalbjahr)

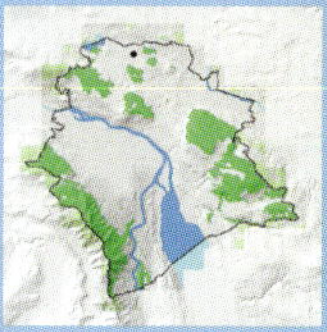

Sehr helle Unterseite, dunkle Iris und markanter herzförmiger Gesichtsschleier. Oberseite grau meliert mit goldbraunen Flecken und weißen Punkten.

Abwechslungsreiche Kulturlandschaft mit Nistgelegenheiten in Gebäuden. Jagdgebiet: Brachflächen, Ackerrandstreifen und Weiden.

Zürich: Früher regelmäßiger Brutvogel. 2008 erstmals seit 26 Jahren wieder Brut (Reckenholz). Jagt im Winter im Gebiet Rieden- und Schwandenholz.

potenziell gefährdet

Waldkauz

Strix aluco

Nachtaktiv, schläft tagsüber. Reagiert weniger stark auf Schwankungen der Kleinsäugerpopulationen als Schleiereule. In der Dämmerung ist oft schon im Spätherbst sogar mitten in der Stadt sein «Huuh-hu-huuuuh» zu hören. Kann wie alle Eulen den Kopf bis 270° drehen. Nest meist in Baumhöhlen, auch auf Dachböden und in Nistkästen. Bei knapper Nahrung wird nur ältestes Junges gefüttert und die jüngeren Geschwister sterben. Wird von Kleinvögeln gehasst. Das von Konrad Lorenz beschriebene Hassen (Gruppenangriff auf potenzielle Feinde) wurde als «mobbing» ins Englische übersetzt. Bekannt in der heutigen Bedeutung wurde der Begriff in den 1980er-Jahren als «Mobbing» in Bezug auf das Arbeitsleben auch auf menschliches Verhalten übertragen wurde.

37–43 cm

Ganzjährig

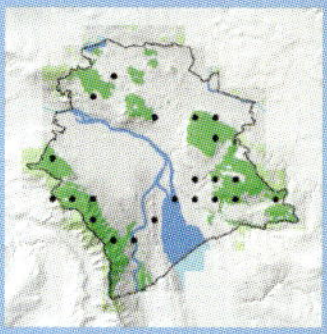

Oberseite bräunlich oder gräulich. Hellere Unterseite mit dunklen Längsflecken mit feinen Querästen. Rundlicher Kopf mit großen, dunklen Augen.

In Wäldern, die nicht zu dicht sind und Altholz enthalten. Auch in Parkanlagen und Friedhöfen mit altem Baumbestand.

Zürich: Alle Wälder um Zürich, bis in die Siedlung (Waid, Stadelhofen, Enge).

Segler fördern

Alpen- und Mauersegler suchen ihre Nistplätze fast ausschließlich an Gebäuden. Haben sie einmal einen Nistplatz gefunden, kehren sie jedes Jahr wieder in das gleiche Nest zurück, bessern dieses aus und brüten wieder darin. Heute fallen ihre Nistplätze oft Umbauten und Renovationen zum Opfer, weil sich die von ihnen benötigten dunklen Nischen und Winkel vorwiegend an älteren Gebäuden befinden. Renovationsarbeiten erfolgen oft im Sommer, wenn die Segler Junge aufziehen. Meist werden dabei Eier und Junge zerstört. Beide Seglerarten tun sich jeweils schwer damit, wenn ihre bisherigen Brutplätze nicht mehr erreichbar sind. Das vergebliche Anfliegen am alten Brutplatz, das Suchen nach einem Ersatz und das Bauen eines neuen Nestes kann sie dann eine ganze Brutsaison oder mehr kosten. Dieses Verschwinden von Brutplätzen wird heute gesamtschweizerisch als ein Hauptgrund für den tendenziellen Rückgang der Seglerpopulationen betrachtet.

Eine Überprüfung in der Stadt Zürich hat ergeben, dass für die Erhaltung von Nistplätzen bei Renovationen folgende Faktoren wichtig sind:

- bestehende Nistplätze möglichst unverändert erhalten
- falls dies nicht möglich ist: Ersatz schaffen (möglichst nahe)
- Bauarbeiten (auch Gerüstbau) im Bereich der Nistplätze außerhalb der Brutzeit durchführen

Auch bei Neubauten und an Gebäuden, wo bisher keine Segler nisteten, können Nistplätze für Segler geschaffen werden:

- Nistkästen anbringen (erhältlich z. B. bei Vogelwarte Sempach)
- in Neubauten geeignete Hohlräume einbauen

Oft werden neu angebotene Nistgelegenheiten erst nach einigen Jahren angenommen. Segler benötigen einen von Flughindernissen freien Anflug an ihren Nistplatz und eine raue Fläche unterhalb der Einflugöffnung, um sich gut festhalten zu können. Es bestehen aber auch Unterschiede zwischen den beiden Arten: Bei Mauerseglern, für die etwas kleinere Einfluglöcher (∅ 5 cm) ausreichen, braucht jedes Paar ein eigenes Einflugloch und einen eigenen Brutraum, während Alpensegler sowohl in Einzelnistkästen wie in gemeinsam benutzten Räumen brüten können. Grün Stadt Zürich betreibt seit Ende der 1980er-Jahre aktive und erfolgreiche Seglerförderung. So werden bei Renovationen nach Möglichkeit Brutzplätze erhalten und für jeden wegrenovierten Brutplatz wird ein Ersatznistplatz erstellt. Die Renovationen von Großmünster und Fraumünster gehören dabei zu den eindrücklichsten Beispielen. Auch an Neubauten werden zum Teil neue Nistplätze eingebaut.

www.stadt-zuerich.ch/gsz → Natürliche Vielfalt → Tiere → Vögel

Mauersegler

Apus apus

Mauersegler gelten in der Stadt als eigentliche Sommerboten, sie werden oft mit Schwalben verwechselt. Mauersegler sind jedoch immer in der Luft, nie auf Ästen oder Dächern. Nahrung: Insekten und Spinnen. Nahrung, Nistmaterial und Wasser wird im Flug aufgenommen. Monogam. Nistplatz in dunklen Höhlen und Nischen, hoch oben an Gebäuden, oft im Traufbereich, im Unterdach oder in Rollladenkästen. Mauersegler übernachten oft in der Luft bis auf 3000 m Höhe. Machen Wetterfluchten, größere Junge können bei schlechtem Wetter Körpertemperatur senken und ohne Nahrung bis zehn Tage überleben. Überwinterung in Afrika, dort ortsunabhängig, Segler folgen dank optimaler Anpassung an das Leben in der Luft den Insektenschwärmen. Belegtes Höchstalter 21 Jahre.

16,5 cm

Ende April–Ende Juli

Dunkelbraun, heller Kehlfleck, Jungvögel helle Federsäume und oft helle Stirn und heller Flügelbug. Ruf: «Sriie, sriie».

Siedlungsraum, Insektenjagd im Flug.

Zürich: Ca. 4000 Brutpaare, ganzes Stadtgebiet, vorwiegend Altbauten.

Alpensegler

Apus melba

Auch der Alpensegler wird ähnlich wie der kleinere Mauersegler oft mit Schwalben verwechselt. Im Gegensatz zu Schwalben ist der Alpensegler immer in der Luft, er sitzt nie auf Ästen oder Dächern. Ernährt sich von Insekten und Spinnen. Nahrungs- und Wasseraufnahme im Flug, auch Nistmaterial wird fliegend gesammelt. Monogam. Nistet in Höhlen und Nischen möglichst hoch oben an Gebäuden und Brücken, der Anflug muss hindernisfrei sein. Wie beim Mauersegler sind Junge sofort nach dem Ausfliegen selbstständig. Belegtes Höchstalter 26 Jahre. Übernachtet am Brutplatz oder an geschützten Stellen unter Vordächern, Felsvorsprüngen. Überwinterung in Afrika südlich der Sahara.

22 cm

Ende März / Mitte April–September / Oktober

Oberseite braun, Bauch und Kehle weiß, braunes Brustband. Leicht erkennbar am hellen Triller. Jungtiere: weiße Federsäume, heller Flügelbug.

Städte, Dörfer mit hohen Gebäuden, hohe Brücken, Felswände im Wallis

Zürich: Nistet an rund 100 Gebäuden, so an Großmünster, Fraumünster (unter Zifferblatt), am Landesmuseum und an zahlreichen Geschäfts- und Wohngebäuden.

potenziell gefährdet

Eisvogel

Alcedo atthis

Brütet in selbst gegrabenen Erdhöhlen in steilen Uferpartien, nimmt selten auch künstlich erstellte Bruthöhlen an. Ernährt sich v. a. von kleinen Fischen, daneben auch von Insekten, kleinen Fröschen und Kaulquappen. Nimmt Beute optisch war, fängt sie durch Stoßtauchen von einer Sitzwarte oder aus dem Rüttelflug. Taucht bis 1 m tief, packt Fische am Rücken oder spießt sie an den Flanken auf und tötet sie, indem er sie auf eine Unterlage schlägt. Er frisst sie mit dem Kopf voran. Sein täglicher Bedarf beträgt 20–30 g Nahrung, was etwa 17–20 kleinen Fischchen entspricht, die er in 70–150 Tauchgängen erbeutet. Eisvögel werden nicht alt. Die mittlere Lebenserwartung beträgt nur 2 Jahre. Vor allem in harten Wintern sterben viele.

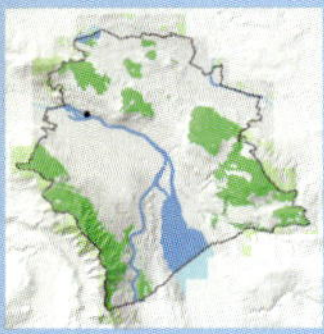

verletzlich

17–19,5 cm

Ganzjährig

Oberseite blau, Wangen und Unterseite orangebraunrot. Langer Schnabel.

Fischreiche, nicht zu schnell fließende Flüsse mit senkrechten Uferpartien und Sitzwarten.

Zürich: Seit 2003 jährlich eine Brut in künstlicher Brutwand am Hauserkanal. Weitere Brutwände gebaut oder in Planung (Sihl, Katzenbach). Im Winter regelmäßig an Limmat, Sihl, Schanzengraben, Seeufer, Glatt und Katzenbach.

Grünspecht

Picus viridis

Erdspecht, der die Nahrung am Boden sucht. Ernährt sich einseitig v. a. von Ameisen. Bohrt Loch in Ameisenhaufen und holt mit seiner über 10 cm langen, klebrigen Zunge, die an der Spitze mit Widerhaken versehen ist, Ameisen und deren Puppen aus den Gängen heraus. In sehr kalten Wintern verhungern viele Grünspechte. Übernimmt bestehende Höhlen oder zimmert in morsches Holz selber eine neue. Übernachtet in Schlafhöhlen und klettert wie alle anderen Spechte mit Stützschwanz senkrecht auf- und abwärts. Typisch ist die lachende Gesangsstrophe «gjügjügjügjü...», die von Februar bis April sehr oft zu hören ist. Wellenförmiger Flug wie fast alle Spechte.

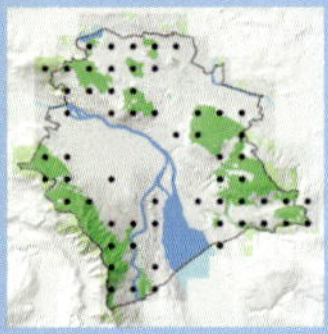

30–36 cm

Ganzjährig

Roter Scheitel und schwarze Räubermaske ums weiße Auge. Im Flug grüne Oberseite mit gelbem Bürzel erkennbar.

Halboffene Lebensräume wie aufgelockerte Laubwälder, Obstgärten, Friedhöfe und Parks.

Zürich: Häufig. Entlang aller Waldränder der Stadt Zürich, in Parks und Friedhöfen (Witikon, Rehalp, Fluntern, Nordheim, Sihlfeld, Eichbühl), Burghölzliwald.

Grauspecht

Picus canus

Seltenste Spechtart der Stadt Zürich. Erdspecht, der seine Nahrung wie der nah verwandte Grünspecht auf dem Boden sucht. Nahrung hauptsächlich Ameisen und deren Puppen, aber auch andere Insekten, Spinnen, Samen, Beeren, Obst und im Winter in Baumrinden verborgene Insekten. Besucht Futterstellen, hat Vorliebe für Meisenknödel. Zimmert Höhle in morsche Laubbäume, übernimmt gelegentlich auch Höhlen anderer Spechte. Übernachtet in Schlafhöhlen. Abfallende, langsamer werdende, melancholische Rufreihe «gügügü...». Trommelt im Gegensatz zum nah verwandten Grünspecht häufig. Bestand des Grauspechts ist im Kanton Zürich und in der Stadt Zürich in den letzten 20 Jahren zurückgegangen, die Ursachen dafür sind unklar.

27–32 cm

Ganzjährig

Weniger Schwarz ums Auge als Grünspecht und schmalerer schwarzer Bartsteif. Grauer Kopf. Männchen mit rotem Stirnfleck.

Aufgelockerte, strukturreiche Laub- und Mischwäldern mit Altholz.

Zürich: Pro Jahr höchstens 1–2 Brutpaare. In Eichenwäldern des Hönggerbergwalds; auch Hürstholz und im Katzenseegebiet.

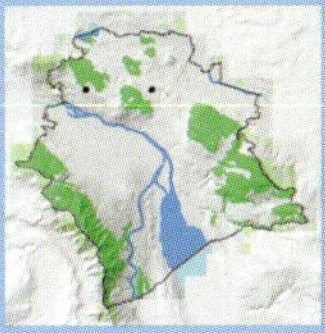

verletzlich

Schwarzspecht

Dryocopus martius

Größte europäische Spechtart («Holzkrähe»). Hackspecht, ernährt sich von im Holz lebenden Insekten wie Ameisen und Käfern, daneben auch von Spinnen und Beeren. Bearbeitet morsche Baumstrünke; entrindet von Insekten befallene Bäume. Zimmert Höhle meist in über 100-jährige, leicht geschwächte Buchen. Ovales Einflugloch. Baut jedes Jahr neue Bruthöhle, alte Höhlen sind wichtige Brutstandorte für Dohlen, Hohltauben und Fledermäuse. Übernachtet in Höhlen. Der häufigste Ruf «Kliöö», ist über 2 km zu hören; Flugruf «grügrügrü», lachender Reviergesang auf gleicher Tonhöhe. Trommelt sehr laut und kräftig. Bestand hat in den letzten 20 Jahren zugenommen, u. a. dank veränderter Waldbewirtschaftung, die vermehrt Alt- und Totholz stehen lässt.

40–46 cm

Ganzjährig

Krähengroßer, schwarzer Vogel mit weißem Auge und großem, hellen Schnabel. Männchen mit rotem Scheitel, Weibchen hat nur roten Hinterscheitelfleck. Geradliniger Flug mit flatternden, unregelmäßigen Flügelschlägen.

Wälder mit alten Bäumen, v. a. Laub- und Mischwald mit Buchen und Kiefern.

Zürich: Häufig; in allen großen Wäldern der Stadt Zürich.

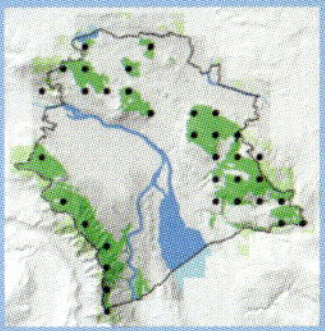

Buntspecht

Dendrocopos major

Häufigste Spechtart der Stadt Zürich. Hackspecht. Ernährt sich im Sommer v. a. von Insekten, die er aus dem Holz hackt. Der Buntspecht schlägt im Frühling gerne Löcher in die Rinde austreibender Bäume («ringeln») und leckt den süßen, austretenden Saft ab. Ernährt sich im Winter von Fichten- und Kiefernsamen. Um an die Samen zu kommen, klemmt er die Zapfen in natürliche Baumspalten. Diese «Spechtschmieden» sucht er regelmäßig auf, sodass darunter viele ausgefressene Zapfen liegen. Er baut jedes Jahr eine neue Höhle und hinterlässt so Wohnraum für andere Höhlenbrüter wie Meisen und Kleiber, die selber keine Höhlen bauen. Verrät sich durch gereihte «Kick»-Rufe. Das Trommeln ist bereits im zeitigen Frühling zu hören.

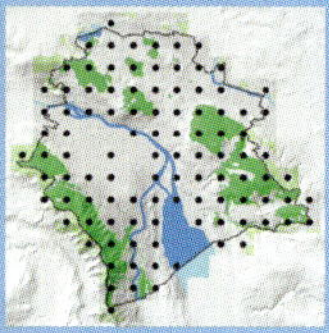

23–26 cm

Ganzjährig

Schwarz-weiß-rot. Große, ovale, weiße Schulterflecke, ungemusterte Flanke, kräftig roter Steiß. Männchen mit rotem Fleck am Hinterkopf.

Brütet in allen Waldtypen und in Baumgruppen im Siedlungsbereich.

Zürich: Häufig im Wald wie auch im Siedlungsbereich, fehlt nur im dicht überbauten Stadtkern. Zimmert Bruthöhle auch in Fassaden und Isolierungen von Altbauten.

Kleinspecht

Dendrocopos minor

Kleinste Spechtart. Sucht v. a. auf Zweigen und Blättern in Baumkronen nach Insekten und deren Larven (Suchspecht). Frisst selten Beeren, Früchte und Samen. Winternahrung v. a. unter der Rinde überwinternde Käfer und holzbohrende Larven. Der Kleinspecht kommt an Futterstellen. Schließt sich im Winter gerne umherstreifenden Trupps von Meisen, Kleibern, Baumläufern und Goldhähnchen an. Selten am Boden anzutreffen. Hackt Bruthöhle oft in schwache Seitenäste. Nächtigt in selbst gezimmerten Höhlen. Klettert gewöhnlich senkrecht, kann auch nach Meisenart quer an dünnen Zweigen hängen und an Astunterseiten klettern. Sein hohes, durchdringendes «Kie-kie» kann man mit dem des Turmfalken verwechseln. Beide Geschlechter trommeln regelmäßig.

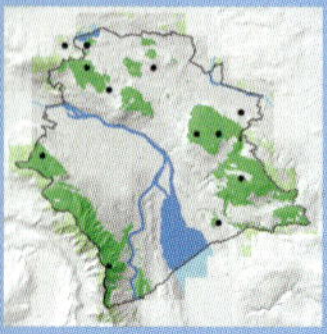

14–16,5 cm

Ganzjährig

Kurzer, spitzer Schnabel. Oberseite schwarz mit weißer Querbänderung. Flanken fein gestrichelt. Männchen mit rotem Scheitel. Weibchen völlig ohne Rot im Gefieder.

In Laub- und Mischwäldern mit hohem Anteil an Alt- und Totholz. Auch in Parks und auf Friedhöfen.

Zürich: Regelmäßig im Zürichberg- und Hönggerbergwald, beim Katzensee und auf Friedhöfen (Schwandenholz).

Feldlerche

Alauda arvensis

Charakterart der Kultursteppe, stammt ursprünglich aus den natürlichen Steppengebieten Zentralasiens. Leidet als Bodenbrüter in Wiesen und Äckern besonders unter der intensiven Landwirtschaft und der Bestand geht stark zurück. Für eine erfolgreiche Brut sind oft mehrere Brutversuche nötig, da durch Nesträuber, Überflutungen, Frost und Pflug viele Bruten verloren gehen. Ernährt sich vielseitig von Insekten, Spinnen, kleinen Schnecken, Regenwürmern, Samen und grünen Pflanzenteilen. Männchen macht zur Reviermarkierung einen Singflug von mehreren Minuten: Es steigt fast senkrecht einige Meter empor, dann Spiralflug bis 60 m, bleibt flatternd an Ort und gleitet wie ein Fallschirm zur Erde zurück. Kurzstreckenzieher, überwintert in Südwesteuropa.

16–18 cm

Ende Februar–Ende November

Braun gestrichelter Vogel mit kurzer Kopfhaube.

Offenes Gelände (häufig Äcker) mit niedriger Vegetation und offenen Stellen sowie weitgehend freiem Horizont.

Zürich: Katzensee, Allmend Büsisee (jährlich bis 3 Brutpaare).

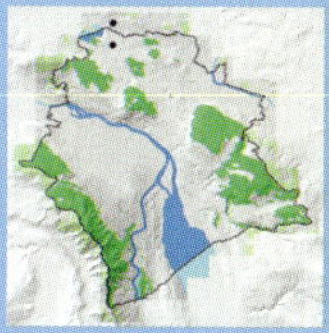

potenziell gefährdet

Rauchschwalbe

Hirundo rustica

Braucht Ställe mit dauernd offenen Einfluglöchern und offene, feuchte Bodenstellen für Nistmaterial. Nest nach oben offen, aus Erdklümpchen, gemischt mit Speichel und Grashalmen, meist auf Balken und Vorsprüngen im Innern von Viehställen. Brütet in lockeren Kolonien. Altvögel sind sehr ortstreu und kehren Jahr für Jahr an denselben Brutplatz zurück. Jagt niedrig über dem Boden Insekten, bei schlechtem Wetter gerne über Gewässern. Braucht 120 000 Stück (entspricht 1,2 kg) Insekten für Aufzucht von 4–6 Jungen. Langstreckenzieher, der südlich der Sahara überwintert. Bestand rückgängig wegen Strukturwandels in der Landwirtschaft, Dürren, Verfolgung auf dem Zug und in Winterquartieren. Verschwand um 1923 aus dem Kernbereich der Stadt.

17–21 cm

Mitte März–Ende Oktober

Oberseite stahlblau, Stirn und Kehle kastanienbraun, gegabelter Schwanz mit langen Spießen.

In offener Kulturlandschaft. Brütet im Innern von Scheunen, Ställen; auch in Bootshäusern.

Zürich: In Kuh- und Pferdeställen in Unter-Affoltern, Reckenholz, Hönggerberg, Probstei Schwamendingen, Chlösterli, Adlisberg, Tobelhof, Waidberg, Burghölzli, Friesenberg, Wollishofen.

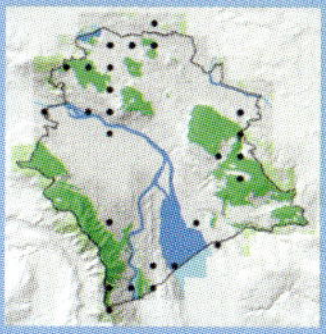

Mehlschwalbe

Delichon urbicum

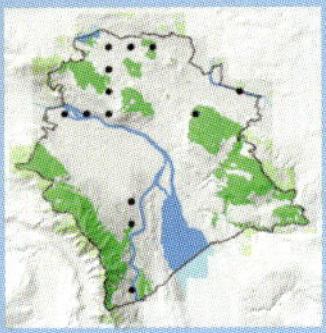

13,5–15 cm

Anfang April–Mitte Oktober

Blauschwarz glänzende Oberseite, kreideweißer Bürzel, weiße Unterseite. Kurzer, leicht gegabelter Schwanz.

Im Siedlungsbereich. Brütet an der Außenseite von Gebäuden.

Zürich: Mehrere Kolonien in Höngg, Affoltern, auch an der Frohburgstrasse oberhalb Irchelpark, Schwamendingen und im Giesshübelquartier.

Häufigste Schwalbenart der Stadt Zürich. Kunstvoll aus Lehmkügelchen gemauertes geschlossenes Viertelkugelnest mit halbrundem Einflugloch am oberen Rand, außen an Gebäuden im Winkel zwischen Mauer und Dach, meist in Kolonien. Nimmt künstliche Nisthilfen an; Brett darunter kann Kot auffangen, damit Fassade nicht verschmutzt wird. Nestlinge werden mit Futterballen versorgt, die aus dem Kehlsack ausgewürgt werden, diese enthalten durchschnittlich 57 (bis max. 388) Insekten. 4 Junge verzehren während der Nestlingszeit rund 150 000 Insekten. Insektenjagd fast ausschließlich in der Luft, oft in großer Höhe. Langstreckenzieherin, die südlich der Sahara überwintert. Schwalben versammeln sich v. a. im Herbst gerne auf Leitungsdrähten.

Pirol

Oriolus oriolus

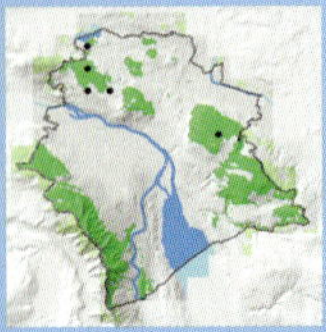

22–25 cm

Ende April–Mitte September

Männchen leuchtend gelb mit schwarzen Flügeln und schwarzem Schwanz. Weibchen grünlich gefärbt.

Hochstämmiger, offener Laubwald, v. a. Auenwälder.

Zürich: Hönggerberg und Katzensee (jährlich bis 3 Brutpaare).

Der Pirol ist in Europa der einzige Vertreter einer sonst vorwiegend tropisch verbreiteten Familie. Sein wohlklingender Flötengesang wird vom Star oft imitiert. Kunstvolles Nest hoch in Laubbäumen, aus Gras und Bast geflochten, hängt in einer Astgabel. Nahrung: Insekten und deren Larven, im Sommer fleischige Früchte (Kirschen) und Beeren. Auch den Jungen werden Kirschen verfüttert, falls die Frucht noch zu groß ist, pressen die Altvögel den Saft in den Rachen der Jungen. Langstreckenzieher, Winterquartier in Afrika südlich der Sahara. Im 16. Jh. nannte der Zürcher Konrad Gessner den Pirol «Wittewal», aber auch «Kersenrife», weil er reife Kirschen frisst, und «Goldmerlein», weil er den Amseln gleicht und goldfarben ist.

Kolkrabe

Corvus corax

Größte Singvogelart. War früher im gesamten mitteleuropäischen Raum verbreitet. Dann begannen ihn die Menschen zu verfolgen, weil sie meinten, er töte Weidetiere und Wild. Allesfresser, der sich v. a. von Aas (auch schwachen oder verletzten Tiere und Nachgeburten) sowie von Abfällen ernährt. Zu Beginn des 20. Jh. brütete der Kolkrabe in der Schweiz nur noch im Alpenraum. Erst ab 1950 siedelte er sich wieder im Mittelland an. Der Legende nach wurde der hl. Meinrad von Einsiedeln 861 von 2 Räubern erschlagen, die beiden zahmen Kolkraben des Eremiten verfolgten die Mörder bis nach Zürich, wo diese dank dem Geschrei der Vögel festgenommen und hingerichtet werden konnten. Die beiden Raben zieren noch heute das Wappen von Einsiedeln.

54–67 cm

Ganzjährig

Schwarzes Gefieder mit Metallglanz. Sehr kräftiger Schnabel. Im Flug leicht erkennbar am keilförmigen Schwanz.

Brütet im Wald, Nahrungssuche in offener Landschaft.

Zürich: V. a. entlang Üetliberg, Entlisberg, auch Zürichberg, Hürstholz.

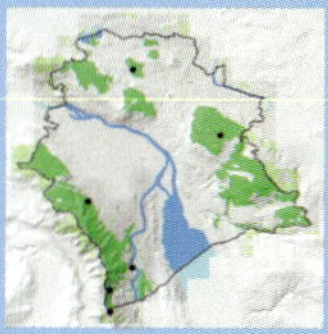

Turmdohle, Dohle

Corvus monedula

Lebt meist in größeren Gemeinschaften. Monogam. Nest in Höhlen an Gebäuden und Türmen, seltener in Schwarzspechthöhlen in Wäldern. Allesfresser, lebt von Insekten und anderen Kleintieren, Körnern, Früchten und Siedlungsabfällen, selten von Kleinvogelbruten. 4–6 Eier, Brutdauer 17–19 Tage, Nestlingszeit knapp 40 Tage. Braucht zur Jungenaufzucht Insekten und deren Larven. Eine Jahresbrut. Bruterfolg in Zürich meist schlecht. Junge werden nach dem Ausfliegen noch mehrere Wochen von den Eltern geführt. Im Sommer ziehen die Dohlen zusammen mit Rabenkrähen über die Felder. Ein Teil der Dohlen kehrt im Herbst zum Brutplatz zurück, andere ziehen für den Winter in etwas wärmere Regionen. Die Stadt Zürich betreibt seit vielen Jahren aktive Förderung.

33 cm

Ganzes Jahr, Juli–September oft auf Feldern, zusammen mit Raben- und Saatkrähen; Teilzieher.

Schwarz, graue Augen, grauer Nacken, graue Ohrdecken.

Parklandschaften, Städte, Ruinen, Felsen, Wälder.

Zürich: Vor 1997 Jahrzehnte lang ausschließlich am Großmünster, seither auch an anderen Türmen: Predigerkirche, St. Jakob, Kirche Enge, Kirche Altstetten.

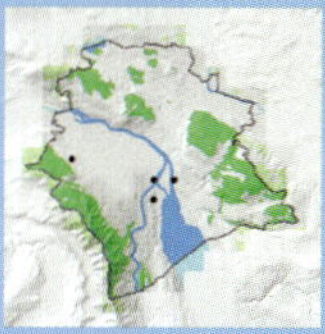

verletzlich

Rabenkrähe

Corvus corone

44–51 cm

Ganzjährig

Schwarzes Gefieder, schwacher Metallglanz.

Brütet in Einzelpaaren in Gehölzen der offenen Kulturlandschaft sowie im Siedlungsbereich.

Zürich: Territoriale Krähen in der ganzen Stadt, Nichtbrüterschwärme auf landwirtschaftlichen Flächen sowie mitten in der Stadt (über 100 Rabenkrähen am Bellevue).

Während der Brutzeit bilden nicht alle Rabenkrähen territoriale Brutpaare. Rabenkrähen, die zum Brüten noch zu jung sind, keinen Brutpartner oder kein geeignetes Territorium gefunden haben, bilden Schwärme, die bei der Nahrungssuche sehr mobil sind. Diese Schwärme suchen gerne Gegenden mit intensiver landwirtschaftlicher Nutzung und wenig Strukturen auf. Schäden an landwirtschaftlichen Kulturen werden meist von solchen Nichtbrüterschwärmen verursacht. Betroffen sind v. a. Mais-, Gemüse- und Getreidefelder. Territoriale Rabenkrähen hingegen sind diskret und verjagen Nichtbrüterschwärme aus dem Gebiet. Sie richten zur Brutzeit keine oder kaum messbare Schäden an.

Noch kein Stadtzürcher Brutvogel ist die Saatkrähe *(Corvus frugilegus)*. Sie unterscheidet sich durch die nackte, helle Schnabelbasis von der Rabenkrähe, zudem ist ihr Schnabel schlanker und das Gefieder hat einen stärkeren bläulichen Glanz. Im Gegensatz zur Rabenkrähe brütet die Saatkrähe in Kolonien. In der Schweiz brüten $\frac{2}{3}$ der Saatkrähen in Städten der westlichen Landeshälfte (Basel, Bern, Genf, Murten, Freiburg, Zofingen, Prontrut und Thun). 2007 brütete erstmals im Kanton Zürich eine Kolonie am Bahnhof Thalwil, eine Besiedlung der Stadt Zürich in nächster Zeit ist wahrscheinlich. Die Nester werden vorzugsweise in Parks und Alleen auf Platanen errichtet. Anwohner der äußerst geselligen Vögel beklagen sich oft während der Nistphase und bei der Aufzucht der Jungvögel über Verschmutzungen durch herabfallenden Kot sowie Lärm.

Elster

Pica pica

Bestand der Elstern hat in den letzten 20 Jahren in der Stadt Zürich wie auch im Kanton zugenommen. Untersuchungen haben jedoch ergeben, dass die Zunahme der Elstern keinen Einfluss auf den Bestand der Singvögel hat und dort, wo die Elstern zunahmen, auch der Bestand an Kleinvögeln zunahm. Allesfresser. Wie andere Rabenvögel neigt die Elster dazu, Nahrung zu verstecken, nutzt jedoch die gespeicherte Nahrung im Gegensatz zum Eichelhäher nach kurzer Zeit wieder. Das Gehirn der Elster zählt zu den höchst entwickelten unter den Singvögeln. Dass sie glitzrigen Schmuck stiehlt oder in ihr Nest trägt («diebische Elster») wurde ihr angedichtet, weil sie neugierig Gegenstände mit dem Schnabel untersucht und damit wegfliegt, wenn sie gestört wird.

40–51 cm

Ganzjährig

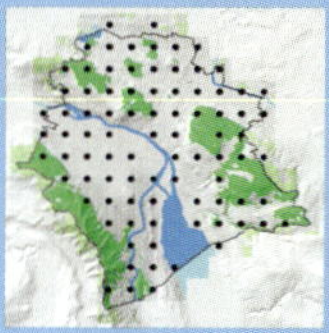

Schwarz-weißer Vogel mit sehr langem, metallisch grün glänzendem Schwanz.

In Gärten und Parks im Siedlungsgebiet sowie in Feldgehölzen und Obstgärten am Siedlungsrand.

Zürich: Überall in der Siedlung außer im dicht bebauten Stadtkern.

Eichelhäher

Garrulus glandarius

Der Eichelhäher kann andere Vogelstimmen täuschend echt imitieren, besonders die «Hiää»-Rufe des Mäusebussards. Er ernährt sich von Insekten, Eiern, Jungvögeln, Samen und Früchten. Ab August bis in den Frühwinter versteckt er Eicheln, Bucheckern und Haselnüsse einzeln in kleinen Löchern und Spalten am Boden, unter Baumwurzeln und im Laub. Bis zu 10 Eicheln kann der Eichelhäher in seinem Kehlsack transportieren. Zum Sammeln fliegt er bis 8 km weit. Im Herbst versteckt ein einzelner Eichelhäher mindestens 3000 Eicheln, das entspricht ca. 15 kg. Etwa einen Fünftel der versteckten Samen nutzt er im Hochwinter/Frühling, die restlichen Samen keimen aus. Damit leistet der Eichelhäher einen wichtigen Beitrag zur Verbreitung der Eiche.

32–35 cm

Ganzjährig

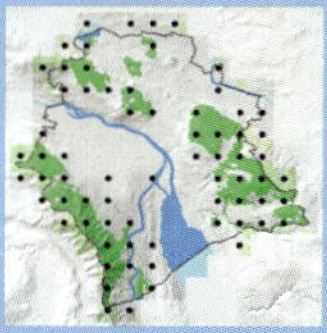

Rötlich braunes Gefieder mit schwarzem Bartstreif und schwarzem Schwanz. Am Flügelbug hellblaues, fein schwarz gebändertes Feld.

Bewohner von Laub- und Mischwäldern, ausnahmsweise auch in Feldgehölzen.

Zürich: In allen Wäldern der Stadt, gelegentlich in Gehölzgruppen im Siedlungsbereich (Friedhof Sihlfeld). Im Herbst/Winter zuweilen auf Nahrungssuche in der Siedlung.

Kohlmeise

Parus major

Geschickt, akrobatisch, erfinderisch. Vielseitige Nahrung: Insekten, Spinnen, Samen, Obst, Knospen. Nahrungserwerb eher in Stammnähe, auch im Falllaub am Boden oder an Hausmauern. Legt keine Nahrungsvorräte an, plündert jedoch Verstecke von Sumpf- und Tannenmeise. Füttert ihre Jungen mit Raupen des Frostspanners und anderer Schmetterlinge. Eine Kohlmeisenfamilie vertilgt während der 3-wöchigen Jungenaufzucht schätzungsweise 7000–8000 Raupen und andere Insekten. Im Winter Stammgast an Futterhäuschen. Nest in Nistkästen, Baumhöhlen, Wurzelausläufern, Ritzen, Feldspalten, Briefkästen, Löchern in Bauten. Übernachtet einzeln in Höhlen. Im Winter tagsüber in kleinen Trupps mit anderen Meisen, Baumläufern und Kleibern unterwegs.

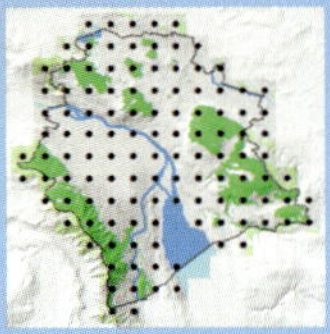

13,5–15 cm

Ganzjährig

Glänzend schwarzer Kopf und Hals, weiße Wangen, gelbe Brust mit schwarzem Mittelstreif. Rücken grünlich.

Laub- und Nadelwälder, lichte offene Bestände, Gebüsche und kleine Baumbestände aller Art.

Zürich: Vierthäufigste Singvogelart (ca. 3900 Brutpaare). Die über 1000 Nistkästen der Naturschutzvereine der Stadt Zürich sind zu einem Drittel bis zur Hälfte von Kohlmeisen besetzt.

Blaumeise

Parus caeruleus

Nahrungserwerb in Bäumen und Sträuchern, selten am Boden. Dabei geht sie bis in die äußersten Zweigspitzen und hängt sich akrobatisch daran. Nahrung: kleine Insekten und Spinnen; im Spätsommer und Herbst Obst, Beeren, Samen; im Spätwinter Knospen; im Frühling Blüten, Weidennektar. Samen hält sie mit beiden Füßen fest und bearbeitet sie mit Schnabelhieben. Von Spätsommer bis Vorfrühling zuweilen an Schilfhalmen, wo sie Insekten und deren Larven heraus hackt. Besucht Futterhäuschen. Nest bevorzugt in Baumhöhlen oder Nistkästen, besteht aus feinem Moos und vergilbten Grashalmen, gepolstert mit Wolle, Haaren und Federn. Nester auch in Hausmauern und unter Ziegeln. Übernachtet einzeln in Höhlen.

10,5–12 cm

Ganzjährig

Blaue Kappe und schwarzer Latz, grüner Rücken und blaue Flügel, einfache weiße Flügelbinde, schwarzer Streif durch das Auge.

Typische Laubwaldbewohnerin (Eichenwälder und Auenwälder), offene Baumbestände, Feldgehölze, Parks, Gärten, Baum- und Gebüschstreifen im offenen Gelände.

Zürich: Häufig in Stadt und Wald. Bestand hat in den letzten 20 Jahren tendenziell zugenommen.

Tannenmeise

Parus ater

Nahrungserwerb im oberen, äußeren Bereich von Nadelbäumen durch Absuchen dicht benadelter Äste. Nahrung im Sommer Insekten und Spinnen; im Winter Samen von Nadelbäumen und Bucheckern. Hält Samen mit beiden Füßen fest und bearbeitet sie mit dem Schnabel. Versteckt Samen und tierische Beute in äußeren Ästen zwischen den Nadeln. Besucht gerne Futterhäuschen, trägt Nahrungsbrocken zum Fressen in Deckung. Brütet in Baumwurzelhöhlen, Stümpfen, Mauern, Nistkästen, selten unter Dachziegeln und in Rollladenkästen. Nest besteht aus Moosen, Haaren und Tierwolle. Übernachtet alleine in dichten Fichtenästen mit herabhängenden Zweigen. Wie Kohl- und Blaumeise fliegen auch Tannenmeisen in strengen Wintern in großen Massen (Invasion) bei uns ein.

10–11,5 cm

Ganzjährig

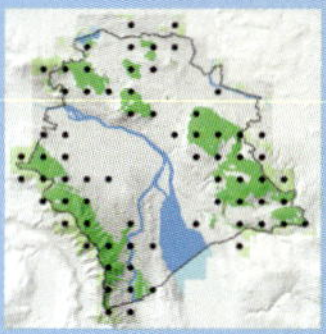

Schwarzer Kopf mit weißem Nackenfleck und weißen Wangen. Doppelte weiße Flügelbinde. Dünner Schnabel. Ohne schwarzen Mittelstreif auf Brust.

Misch- und Nadelwälder. Stärker an Nadelwälder gebunden als Haubenmeise. Bei ausreichendem Höhlenangebot auch in Laubwäldern, Parkanlagen und großen Gärten.

Zürich: Häufig in allen Wäldern. In großen Gärten mit Nadelbaumgruppen: Seefeld, Witikon, Zürichberg.

Haubenmeise

Parus cristatus

Sucht Nahrung in der Kronenregion oder oberen Baumhälfte von Nadelbäumen. Nahrung im Sommer: Insekten, deren Larven und Spinnen, im Winter Samen von Nadelbäumen. Größere Objekte hält sie mit den Zehen fest und bearbeitet sie mit dem Schnabel. Versteckt Nahrung zwischen Flechten und Zweigen. Hackt Nisthöhle meist selbst in vermodernde Baumstrünke oder Stämme. Nest besteht aus Moosen, Tier- und Pflanzenwolle und ist oft mit vielen Daunen und Federn ausgelegt. Nimmt auch Nistkästen an. Übernachtet in dichter Vegetation. Meist in Bewegung. Hüpft und klettert von Ast zu Ast. Die Haubenmeise hat von Förderung der Fichte profitiert und konnte sich vom subalpinen Fichtenwald in die Niederungen ausbreiten.

10,5–12 cm

Ganzjährig

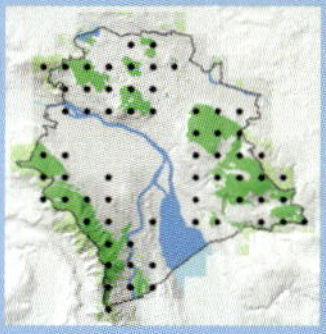

Spitze schwarz-weiße Haube, schwarzbrauner Augenstrich, der sich nach hinten halbkreisförmig fortsetzt. Brauner Rücken.

Fichten- oder Kieferwälder, Mischwälder mit ausreichendem Nadelbaumanteil. Parks und Friedhöfe mit Nadelbaumgruppen.

Zürich: In allen Wäldern verbreitet, ebenso in Gärten mit Nadelbaumgruppen. Weniger als 50 Brutpaare in der Stadt Zürich.

Sumpfmeise

Parus palustris

Ernährt sich von Insekten und Spinnen, ab Spätsommer von Samen von Blütenpflanzen und Nadelbäumen. Klemmt Samen mit beiden Füßen ein und hackt sie mit dem Schnabel auf. Legt Samenvorräte an, versteckt diese einzeln in Rindenspalten. Kommt im Winter regelmäßig an Futterstellen. Holt sich v. a. Hanfsamen, die sie auf einem Ast zwischen den Zehen festhält und mit dem Schnabel aufklopft. Brütet in bestehenden Höhlen, nimmt auch gerne Nistkästen an. Napfförmiges Nest aus Moos und Tierhaaren. Im Konkurrenzkampf um geeignete Höhlen unterliegt sie anderen Arten. Die Sumpfmeise ist ein ausgesprochener Standvogel, der sich kaum von seinem Revier entfernt. Sumpfmeisen haben große Territorien, weil sie sich auch im Winter darin ernähren müssen.

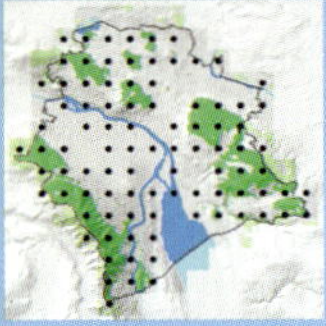

11,5–13 cm

Ganzjährig

Kopf mit glänzend schwarzer Kappe und kleinem schwarzen Kinnfleck. Oberseite graubraun, Unterseite grauweiß.

Laub- und Mischwälder, Ufergehölze, Obstgärten, Parks, Hecken, Feldgehölze. Trotz ihres Namens bewohnt sie nicht Sumpfgebiete.

Zürich: In der ganzen Stadt, wird jedoch oft übersehen. Über 250 Brutpaare in der Stadt Zürich.

Schwanzmeise

Aegithalos caudatus

Rastlose Nahrungssuche von hohen Wipfeln bis in niedrige Büsche, bis in die äußersten Zweigspitzen. Ernährt sich von kleinen Insekten, kleinen Knospen und Teilen von Früchten. Mag an Futterstellen das Kleie-Fettgemisch. Nahrungserwerb turnend und hängend, dabei fungiert der lange Schwanz als Balancierstange. Größere Nahrung frisst sie hängend aus dem Fuß. Eiförmiges Kugelnest aus Spinnweben, Moos, getarnt mit Flechten und gepolstert mit über 2000 Federn. Eingangsloch an der Seite oben. Um ins Nest hineinzukommen, muss die Schwanzmeise ihren langen Schwanz über den Rücken zum Kopf zurückschlagen. Außerhalb der Brutzeit fast ausnahmslos in kleinen Trupps unterwegs. Übernachtet dicht zusammen, in kalten Nächten mit Körperkontakt.

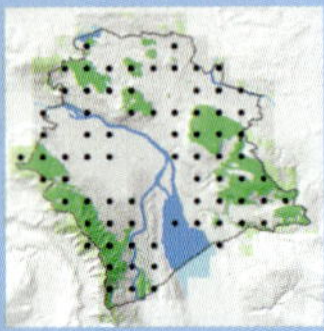

13–15 cm

Ganzjährig

Langer, schwarzer Schwanz mit weißen Kanten. Kleiner, rundlicher Körper, mit kurzem, dickem Schnabel.

Laub- und Mischwälder, Gehölze, Parks, große Gärten mit dichtem Unterholz.

Zürich: An Waldrändern und im Siedlungsbereich verbreitet. Bestand schwierig zu schätzen, da meist in Trupps unterwegs. Vermutlich über 50 Brutpaare in der Stadt Zürich.

Kleiber

Sitta europaea

«Spechtmeise». Einziger Vogel Europas, der kopfüber den Stamm hinunterklettern kann. Ernährt sich von Insekten, Spinnen und Samen von Nadel- und Laubbäumen. Sprengt auf der Suche nach Insekten Rindenstücke weg. Harte Insekten und Samen klopft er weich. Legt Vorräte in Spalten an und bedeckt sie mit Rinde, Moos oder Flechten. Kommt an Futterhäuschen. Brütet in Baumhöhlen. Wenn er eine Höhle findet, deren Eingangsloch zu groß ist, verklebt er den Eingang mit Lehm, bis die Größe stimmt. Auch scharfe Kanten und Hohlräume in der Höhle verklebt er mit feuchter Erde oder Lehm. Das hat ihm seinen Namen («Kleber») eingetragen. Die Bruthöhlen füllt er mit grober Kiefernrinde oder morschen Holzstücken. Übernachtet einzeln in Höhlen.

12–14,5 cm

Ganzjährig

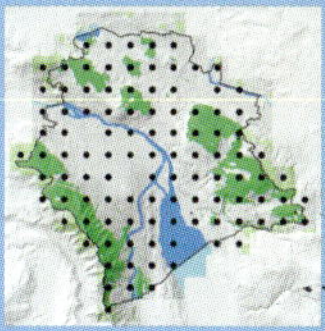

Gedrungene Gestalt mit großem Kopf und kurzem Hals und kurzem Schwanz. Rücken und Kopf blaugrau, orangebeige Unterseite und schwarzer Augenstreif. Kräftiger, dunkler Dolchschnabel.

Lichte Laub- und Mischwälder, Park, Garten, Alleen.

Zürich: Häufig in der ganzen Stadt Zürich, fehlt einzig in dicht bebauten Gebieten. Über 600 Brutpaare in der Stadt Zürich.

Waldbaumläufer

Certhia familiaris

Gesang hohe, abfallende, an Blaumeise erinnernde Strophe mit Endschnörkel. Baut sein Nest in schmalen Nischen hinter abstehenden Baumrinden, in Spalten oder Löchern meist von Nadelbäumen oder Mauern. Nimmt wie der Gartenbaumläufer auch spezielle Baumläufer-Nistkästen an. Nahrung wie der Gartenbaumläufer. Baumläufer klettern spiralig, ruckartig an grobborkigen Stämmen empor und suchen dabei Insekten, fliegen dann zum Fuß des nächsten Baums. Stützen sich mit dem kräftigen Stützschwanz auf. Klettern an waagrechten Ästen auch auf der Unterseite. Anders als der Gartenbaumläufer übernachtet der Waldbaumläufer in der Regel einzeln, nur in sehr kalten Nächten gemeinsame Schlafplätze mit Körperkontakt der Tiere untereinander.

12,5–14 cm

Ganzjährig

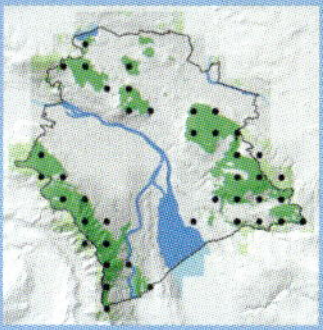

Spitzer, gebogener Schnabel. Gefleckter Mantel und Scheitel, unterseits weiß. Vom Gartenbaumläufer nur durch Gesang sicher zu unterscheiden.

Vorwiegend Nadel- und Mischwald, teilweise auch in Laubwald.

Zürich: In allen Stadtzürcher Wäldern mit Nadelholz, Altholzbeständen und Totholz (Zürichberg, Üetliberg, Käferberg, Hönggerberg).

Gartenbaumläufer

Certhia brachydactyla

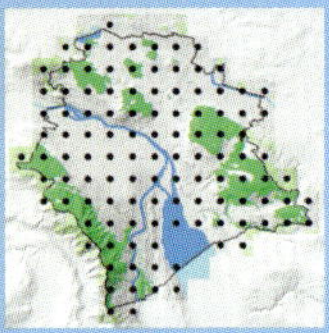

12–13,5 cm

Ganzjährig

Sieht dem Waldbaumläufer sehr ähnlich und ist von diesem nur durch den Gesang sicher zu unterscheiden.

In lichten Laubwäldern, Parks, Gärten, Obstgärten.

Zürich: In lichten Wäldern, an Waldrändern, in Parks und Gärten der Stadt, sofern es alte, grobborkige Bäume gibt. Viel häufiger als Waldbaumläufer.

Hoher, kurzer holpriger Gesang («I bli-be de-bi»). Nest v. a. in Ritzen alter Bäume, hinter abstehender Rinde, an Gebäuden (Dachritze an Hauserstrasse). Ernährt sich von kleinen Insekten in allen Entwicklungsstadien und Spinnen, die er mit dem Schnabel aus der Baumrinde holt. Sucht Nahrung v. a. am Stamm von alten Bäumen. An einem Wintertag können bis 300 Bäume abgesucht werden, dabei legt er eine Kletterstrecke bis 3 km zurück. Übernachtet einzeln oder paarweise mit Körperkontakt in geschützten Nischen; im Winter gemeinsam in Schlaftrauben bis zu 20 Individuen, diese wechseln häufig ihre Position, damit während der Nacht jeder einmal zuinnerst in der Schlafgemeinschaft war und sich aufwärmen konnte.

Wasseramsel

Cinclus cinclus

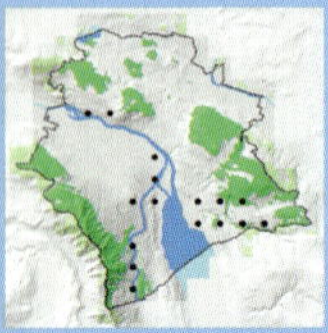

17–20 cm

Ganzjährig

Braunes Gefieder mit großem weißem Brustlatz.

An schnell fließenden, klaren, mit Steinen durchsetzten Bächen und Flüssen mit Versteckmöglichkeiten am Ufer, stellenweiser geringer Wassertiefe und strukturreichem Lauf.

Zürich: Wehrenbach/Stöcktobelbach/Wildbach (ca. 7 Brutpaare), Sihl (ca. 6 Brutpaare), Limmat (ca. 1 Brutpaar). Seit 2005 regelmäßig an der Sihl unter dem Hauptbahnhof brütend.

Einziger einheimischer Singvogel, der regelmäßig schwimmt und taucht. Bis 1,5 m Tauchtiefe und 20 m Tauchstrecke. Die Jungen können früher tauchen als fliegen. Die Wasseramsel hat eine große Bürzeldrüse, die ein öliges Sekret absondert, welches das Gefieder wasserabstoßend macht. Nasenlöcher und Ohröffnungen sind verschließbar, die kurzen, gerundeten Flügel dienen als Ruder unter Wasser. Beim Schwimmen liest die Wasseramsel im Wasser treibende Insekten auf, unter Wasser stochert sie bei der Suche nach Insekten in Ritzen und dreht Steine um. An den Stützmauern der Sihl sucht die Wasseramsel erfolgreich Insekten. Ihr Kugelnest aus Moos baut sie über Wasser, an einem dunklen, meist überdeckten Ort (oft unter Brücken in speziellen Nistkästen).

Zaunkönig

Troglodytes troglodytes

Schlüpft wie eine Maus durchs Dickicht. Das Männchen baut mehrere halbfertige Nester, von denen das Weibchen eines auswählt und mit Federn, Haaren und Wolle auspolstert. Das gut versteckte, ovale Backofennest besteht aus Moos, dürrem Laub und Halmen und hat ein Loch auf der Vorderseite. Nach der Eiablage versucht das Männchen, weitere Weibchen anzulocken. Ein Männchen kann gleichzeitig mit bis 4 Weibchen verpaart sein. Ernährt sich von Insekten, Spinnen, Würmern, im Herbst/Winter von kleinen Beeren und Sämereien. Der Kleinheit zum Trotz ist der Gesang, der fast das ganze Jahr zu hören ist, auffallend laut. Singt aus der Deckung oder von einer niedrigen Warte aus. Die nächsten Verwandten des Zaunkönigs leben alle in Amerika.

9–10,5 cm

Ganzjährig

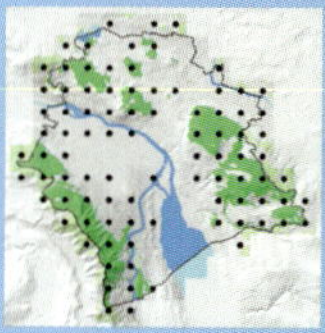

Kurzer, oft gestelzter Schwanz. Oberseits rotbraun, unterseits braun-weiß mit feiner, dunkler Querbänderung. Abgesehen von Goldhähnchen kleinste Vogelart.

In vielstufigen, unterholzreichen Wäldern, aber auch in Feld- und Bachgehölzen im Kulturland. Im Winter auch in der Siedlung.

Zürich: In allen Wäldern, entlang der Bachtobel bis in den Siedlungsraum vordringend.

Rotkehlchen

Erithacus rubecula

Obwohl das Rotkehlchen in unseren Wäldern ein häufiger Brutvogel ist, fällt es während des Sommerhalbjahrs weniger auf als im Winter, wo es sogar in der Stadt singt. Teilzieher, nur 5–10 % der einheimischen Rotkehlchen überwintern in der Schweiz, die übrigen ziehen in die Mittelmeerländer. Dafür überwintern von Oktober bis März wenig scheue Rotkehlchen aus Nordosteuropa bei uns. Das Rotkehlchen singt während des ganzen Jahres in unterschiedlicher Aktivität. Der gepresste, perlende Gesang wird hauptsächlich während der Dämmerung frühmorgens und spätabends vorgetragen. Im Unterschied zu vielen anderen Singvögeln singen beim Rotkehlchen auch die Weibchen. Wird wegen des nächtlichen Gesangs manchmal mit der Nachtigall verwechselt.

12,5–14 cm

Ganzjährig

Oberseite bräunlich; Stirn, Kehle und Brust orangerot. Große Augen.

Bewohnt alle Waldtypen, vorzugsweise solche mit viel Unterholz.
In geringer Dichte auch in Feldgehölzen, Bachgehölzen und Parkanlagen in Siedlungen.

Zürich: In allen Wäldern der Stadt Zürich und entlang von Bachgehölzen, im Siedlungsbereich in buschreichen Gärten. Im Winter häufig in der Stadt.

Nachtigall

Luscinia megarhynchos

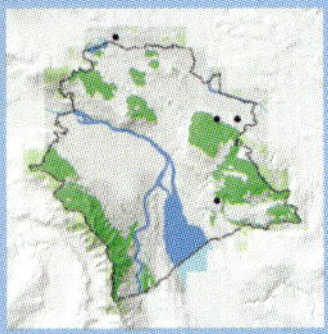

potenziell gefährdet

15–16,5 cm

April–September

Oberseite rötlich braun mit kastanienbraunem Oberschwanz, Unterseite weiß bis fahl graubraun.

In Laub- und Mischwäldern mit dichtem Unterholz, insbesondere Auenwälder.

Zürich: Schwamendingen, Witikon, Allmend Büsisee (alljährlich bis 3 Brutpaare).

Die Nachtigall ist durch ihren Gesang berühmt geworden. Ungeachtet ihres Namens singt sie am intensivsten am Morgen und Abend, mitten in der Nacht singen v.a. unverpaarte Männchen. Bis zu 260 unterschiedliche Strophentypen, kann in einer Stunde mehr als 400 Strophen nacheinander vortragen. Die rhythmisch wiederholten, ratternden Strophen werden als «Nachtigallenschlag» bezeichnet. Oft trägt der Vogel eine Serie von weichen, wehmütigen Pfeiftönen vor, die wie ein Schluchzen klingen. Konrad Gessner erkannte bereits im 16. Jh., dass nicht alle Nachtigallen gleich singen, sondern jede über einen individuellen Gesang verfügt. Langstreckenzieher, überwintert im tropischen Afrika.

Hausrotschwanz

Phoenicurus ochruros

13–14,5 cm

Anfang März–Ende Oktober

Männchen rostoranger Schwanz, rauchgraue bis rußschwarze Unterseite, grauer Rücken. Weibchen mausgrau mit rostorangem Schwanz.

Ursprünglich in Felswänden und Felsblöcken in den Bergen. Heute ebenso in Siedlungen und Industriegebieten.

Zürich: Überall im Siedlungsbereich. In dicht bebauten und versiegelten Quartieren (Altstadt) neben Seglern oft als einzige Vogelart noch anzutreffen.

Kulturfolger. Ursprünglich Gebirgsvogel, seit dem 19. Jh. in den Kunstfelsen der Siedlungen. Kommt selbst auf 100 % versiegelten Flächen vor, auch bei starken Lärm- und Geruchsimmissionen. Kurzstreckenzieher, überwintert im Mittelmeerraum. Fällt nicht auf, bis er ein Nest in Storen, unter Ziegeln, auf Fenstersimsen oder Dachbalken gebaut hat. Nest aus Halmen, Moos, Haaren und Federn meist in Höhle. Wartenjäger, pickt Nahrung (Spinnen, Insekten) vom Boden auf oder fängt sie in der Luft. Singt schon vor der Dämmerung gerne auf Warten (Dachfirst, Antenne, Kamin). Späte Partygänger hören ihn in den Straßenschluchten. 3-teiliger Gesang mit gepresstem Knirschen, auch Herbstgesang. Zittert wie Gartenrotschwanz fast ständig mit dem Schwanz.

Gartenrotschwanz

Phoenicurus phoenicurus

Bis in die 1930er-Jahre charakteristischer Brutvogel in Obstgärten, Parkanlagen, Gärten und Alleen bis in die Innenstadt (Sihl beim Bahnhof). Damals sogar häufiger als Hausrotschwanz. Heute selten wegen Verlust des Lebensraums und als Folge mehrjähriger Dürren (wie 1968) im Überwinterungsgebiet. Überwintert in der Sahelzone West- und Zentralafrikas. Männchen kehrt einige Tage vor dem Weibchen aus dem Winterquartier zurück und präsentiert ihm potenzielle Bruthöhlen. Weibchen trifft endgültige Wahl der Nisthöhle. Ist eine geeignete Bruthöhle bereits von einem Vogel einer anderen Art (z. B. Sperling) besetzt, so wird dieser kurzerhand vertrieben. Singt von erhöhter Warte, sehr früh am Morgen. Unverpaarte Männchen singen den ganzen Tag.

13–14,5 cm

April–Anfang Oktober

Männchen: Brust und Schwanz orange-rot, Kehle schwarz, Stirn weiß, Rücken grau. Weibchen mattbraun, Brust leicht orange getönt, Schwanz rot.

In reich strukturierten Hochstammobstgärten mit vielfältigem Unternutzen.

potenziell gefährdet

Zürich: Nur noch vereinzelt, v. a. in Familiengärtenarealen (Waid, Rebhüsli). 1984 noch 47 Brutpaare, 2005 9, seither jährlich weniger als 5.

Amsel

Turdus merula

Ursprünglich ausgesprochener Waldvogel, der bis Ende des 18. Jh. nur gelegentlich im Winter in den Gärten der Stadt Zürich zu beobachten war. Mit den englischen Gartenanlagen kam im 19. Jh. auch die Amsel vermehrt in die Siedlungen. Um 1850 wird sie Brutvogel in Parkanlagen der Stadt Zürich und in der Folge brüten immer mehr Amseln in der Stadt. Nahrung im Frühling/Sommer Regenwürmer und Insekten; im Herbst/Winter Beeren und andere Früchte. Besucht Futterstellen und frisst Küchenabfall. Nimmt Laub in Schnabel, wirft es auf, dreht es und sucht nach Wirbellosen. Hüpft bei der Nahrungssuche beidbeinig. Singt in der Dämmerung an exponierter Stelle (Dachfirsten, Baumwipfeln). Singt schon im Januar. Sesshaft, hohe Brutortstreue.

23,5–29 cm

Ganzjährig

Männchen ist pechschwarz («Schwarzdrossel»), Schnabel und Lidring gelb, Weibchen dunkelbraun. Auch teilweise oder ganz weiße (albinotische) Amseln.

Alle Waldtypen, Gebüsche, Hecken, Feuchtgebiete, Obstgärten, Gärten, Parks und Friedhofe.

Zürich: Zweithäufigste Singvogelart der Stadt (ca. 5700 Brutpaare), brütet sowohl im Siedlungsbereich als auch im Wald. Auch Albino-Amseln (z. B. ETH-Zentrum).

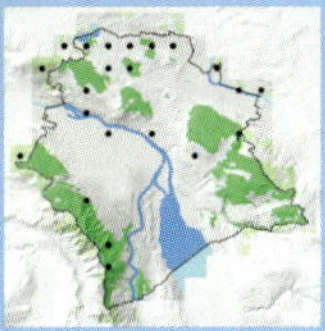

22–27 cm

Ganzjährig

Große, langschwänzige, robuste Drossel, hellgrauer Bürzel, weiße Unterflügeldecken, Mantel rotbraun.

Halboffene Landschaft.

Zürich: Schwerpunkt in Affoltern, in den durch Feldgehölzen durchsetzten landwirtschaftlichen Flächen. Entlang von Waldrändern und Baumreihen an Flussläufen (Limmat, Glatt, Katzenbach). Bestand seit 1988 rückläufig (weniger als 30 Brutpaare).

Wacholderdrossel

Turdus pilaris

Kam ursprünglich nur in Osteuropa vor und hat Mitteleuropa erst zu Beginn des 19. Jh. erreicht. 1923 erster Brutnachweis in der Schweiz (Pfäffikersee). Brütet im Gegensatz zu den anderen Drosselarten in lockeren Kolonien, oft mehrere Nester auf demselben Baum. Im Bereich der Brutkolonien sehr angriffslustig gegenüber Krähen, Milanen oder Mäusebussarden. Diese werden mit Kot bespritzt, gelegentlich verenden kotverschmierte Vögel, weil sie nicht mehr fliegen können. Sucht Nahrung auf gemähten Wiesen, Rasen, Äckern, an Waldrändern, in Hecken, Obstkulturen und Parks. Nahrung Regenwürmer und Insekten, ab Mitte Juni zunehmend Beeren und andere Früchte. Außerhalb der Brutzeit in meist artreinen, lärmigen («Tschack-Tschack») Scharen unterwegs.

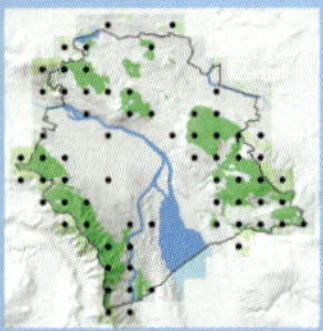

20–22 cm

Mitte Februar–Anfang November

Gedrungen, kurzschwänzig. Oberseite braun, Unterseite weiß-gelblich mit schwarzen umgekehrt V-förmigen Flecken, Unterflügeldecken rostrot.

In geschlossenen Mischwäldern mit dichtem Unterholz. In anderen Waldtypen, sofern genügend Unterholz vorhanden.

Zürich: In allen Wäldern der Stadt Zürich, in Gehölzgruppen bis in den Siedlungsbereich (Wehrenbach-, Stöcken-, Wolfbachtobel, Gänziloo).

Singdrossel

Turdus philomelos

Während die Singdrossel in England, den Niederlanden und Nordwestdeutschland schon lange in menschliche Siedlungen vorgedrungen ist, ist sie in Zürich ein Waldvogel geblieben. In jüngster Zeit vermehren sich allerdings auch bei uns Beobachtungen von Singdrosseln in Parks mitten in der Stadt, was auf eine Entwicklung in Richtung Verstädterung hindeuten könnte. Nackt- und Gehäuseschnecken spielen eine bedeutende Rolle bei Ernährung. Zertrümmert Schneckengehäuse auf Steinen («Drosselschmiede»). Reviergesang ist wechselndes, 2- bis 4-mal wiederholtes Motiv («Phi-lip, Phi-lip, Phi-lip»). Unverpaarte Männchen singen intensiv, während die Gesangsaktivität verpaarter Männchen stark nachlässt. Kurzstreckenzieher, Winterquartier im Mittelmeerraum.

Misteldrossel

Turdus viscivorus

Die Misteldrossel hat eine Vorliebe für Misteln. Für die Verbreitung und Keimung ist die Mistel auf Vögel angewiesen, denn durch das Abzupfen der Beere wird die zähe Fruchtwand verletzt, die der Mistelkeimling sonst nicht durchdringen könnte. Die Misteldrossel (wie auch der Seidenschwanz) schluckt die Beere als Ganzes und scheidet den unverletzten Mistelsamen mit Beerenhäuten als Exkrement aus. Im Gegensatz dazu frisst die Mönchsgrasmücke nur die Fruchtwand und den süßlichen Schleim und streift den Samen vom Schnabel an einem Zweig ab. Hauptsächlich ernährt sich die Misteldrossel von Regenwürmern, Schnecken, Insekten und Früchten. Der Gesang gleicht demjenigen der Amsel, aber kürzer, melancholischer und wird später am Morgen vorgetragen.

26–29 cm

Ganzjährig

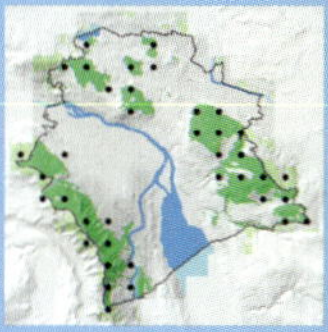

Ähnlich Singdrossel, aber etwas größer, unregelmäßig verteilte, runde Flecke auf der Brust, weiße Unterflügeldecken.

Hochstämmige Nadelwälder, Laub- und Mischwald.

Zürich: 1986 noch kaum in Stadtzürcher Wäldern, heute in geringer Dichte (weniger als 100 Brutpaare) in allen großen Wäldern entlang des Üetlibergs und der Zürichbergkette.

Feldschwirl

Locustella naevia

Singt am Tag und in der Nacht oft minutenlang ohne Unterbrechung. In ruhigen Nächsten bis 1 km weit zu hören. Gesang wie ablaufende Angelschnur oder zirpende Heuschrecke («Heuschreckenrohrsänger»). Hat Angewohnheit, beim Singen den Kopf zu drehen, wodurch die Lautstärke an- und abschwillt und der Gesang sehr schwierig zu lokalisieren ist. Führt ein verborgenes Leben in der dichten Vegetation, wobei er sich oft auch laufend fortbewegt. Pickt Nahrung (Insekten und deren Larven, Spinnen) am Boden auf. Nest zwischen Grashorsten, Stauden oder Seggenbulten versteckt, mit dürren Halmen und Blättern gebaut, mit feinen Gräsern ausgelegt, oft führt eine Rampe zum Nest. Langstreckenzieher, überwintert südlich der Sahara im tropischen Afrika.

12,5–13,5 cm

Mitte April–Anfang Oktober

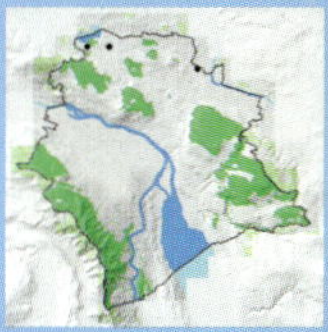

Dunkle Striche auf olivbrauner Oberseite, schmutzig weiße Unterseite. Breiter, gerundeter Schwanz.

Offene oder halboffene Landschaft mit mind. 20–30 cm hoher, dichter Krautschicht, sowie einzelnen Stauden, Sträuchern oder dürren Ästen als Singwarten.

Zürich: Alljährlich bis 4 Brutpaare (Hänsiried, Oberer Katzensee, Allmend Büsisee).

verletzlich

Teichrohrsänger

Acrocephalus scirpaceus

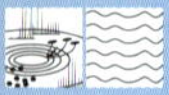

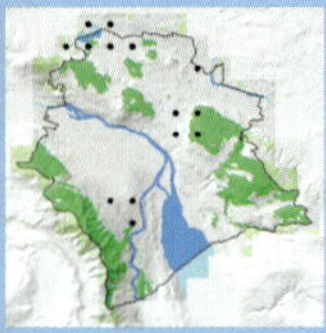

12,5–14 cm

Ende April–Anfang Oktober

Oberseite braun, Unterseite bräunlich weiß, weiße Kehle. Von Sumpfrohrsänger nur durch Gesang sicher zu unterscheiden.

Röhricht, auch in kleinsten Schilfflecken. Während des Zugs auch in Gebüschen und Hochstaudenfluren fernab von Gewässern.

Zürich: Jährlich bis 40 Brutpaare, hauptsächlich im Hänsiried, oberen Katzensee, in der Allmend Büsisee und im Irchelpark.

Stark rhythmisch gegliederter Gesang mit vielen mehrmals wiederholten Elementen (Metronomsänger). Bester Kletterer unter den Rohrsängern: Rutscht Schilfhalme hinauf und herunter, hüpft von einem Halm zum anderen. Nahrung: kleine Gliederfüßer und Schnecken. Etwa 10 cm hohes Nest zwischen 2–8 Schilfhalmen aufgehängt, meist 60–80 cm über Boden oder seichtem Wasser. Weibchen baut zuerst Plattform aus losen, um die Schilfstängel gedrehten Halmen, legt dann mit elastischerem Material Schleifen um die Trägerhalme und steckt deren Enden in die Nestwand der Nestinnenseite. Die Mulde entsteht durch Stemmbewegungen des Weibchens. Langstreckenzieher mit Winterquartier in der Feuchtsavanne und Feuchtwaldzone von West- und Zentralafrika.

Sumpfrohrsänger

Acrocephalus palustris

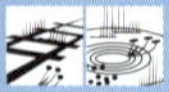

13–15 cm

Mitte Mai–September

Oberseite olivbraun, unterseits gelblich braun. Von Teichrohrsänger nur durch Gesang sicher zu unterscheiden.

Dichte Hochstaudenvegetation (Brennnessel, Spierstaude, Weidenröschen) mit einzelnen Sträuchern als Singwarte, entlang von Gräben und Gewässern, auch an Bahnböschungen.

Zürich: Hänsiried, Allmend Büsisee, oberer Katzensee. Jährlich etwa 20 Brutpaare.

Bester Spötter unter den einheimischen Vogelarten: Bisher wurden in seinem Gesang nachgeahmte Motive von 212 Vogelarten festgestellt, darunter 113 von afrikanischen Arten. Meidet im Gegensatz zum Teichrohrsänger reine Schilfbestände. Nahrung: Insekten und Spinnen, gelegentlich kleine Weichtiere. Hängendes Nest meist in Brennnesseln oder Spierstauden. Langstreckenzieher, der im Winter bis nach Südostafrika (Kenia bis Südafrika) zieht, Distanz zwischen Brutgebiet und Winterquartier bis 9000 km. Ist die jahreszeitlich am spätesten aus dem Winterquartier zurückkehrende Vogelart und verbringt nur etwa 3 Monate bei uns. Zieht anders als die meisten Singvögel in südöstlicher Richtung über Kleinasien ins Überwinterungsgebiet.

Mönchsgrasmücke

Sylvia atricapilla

Zwitschernder, kräftiger Gesang. Warnruf lässt sich durch aneinander geschlagene Kieselsteine leicht nachahmen. Brütet niedrig im dichten Gebüsch. Ernährt sich in der Brutzeit von Insekten und deren Larven sowie von Spinnen. Lebt versteckt im Laub von Büschen und Bäumen. Vor dem Wegzug im Herbst leichter zu beobachten, wenn die Tiere Beeren und Früchte zu sich nehmen. Kurzstreckenzieher, überwintert meist im Mittelmeerraum. Im Frühjahr gerne auf Efeu, dessen Beeren zwischen Februar und April reif sind und deren Samen von Mönchsgrasmücke und anderen Vögeln verbreitet werden. Dank Franz Hohlers Erzählung «Die Mönchsgrasmücke» (in «Die Torte», 2004), die die Lebensweise des Vogels genau wiedergibt, in die Zürcher Literatur eingegangen.

13,5–15 cm

Ende März–Oktober

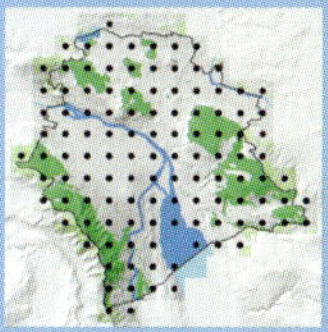

Graubraune Oberseite, Unterseite heller. Männchen mit schwarz glänzender Kopfplatte, Weibchen mit rotbrauner.

Mischwälder mit Gebüschanteil, Hecken, Parks und Gärten in der Siedlung. Halbschattige Stellen.

Zürich: Häufig, im Wald und allen durchgrünten Stadtteilen. Fehlt nur dort, wo der Bodenversieglungsgrad durch Gebäude über 30 % liegt. Bestand ca. 1500 Brutpaare.

Gartengrasmücke

Sylvia borin

Unscheinbarer, meist versteckt lebender Vogel, ausgezeichneter Sänger. Männchen baut an verschiedenen Orten im Gebüsch Wahlnester, die nur aus ein paar Halmen bestehen. In der Nähe dieser Wahlnester trägt es einen Werbegesang vor. Das Weibchen wählt schlussendlich den Neststandort aus und baut das napfförmige, aus Gräsern und Halmen bestehende Nest fertig. Die Gartengrasmücke ernährt sich von verhältnismäßig kleinen Insekten und deren Larven sowie von Spinnen. Vor dem Wegzug im Spätsommer/Frühherbst verzehrt sie auch verschiedene Beeren, um Fettreserven für den Zug aufzubauen. Ausgeprägte Langstreckenzieherin, die südlich der Sahara in West- und Zentralafrika überwintert (Zuggeschwindigkeit bis 85 km/Tag).

13–14 cm

Ende April–Anfang Oktober

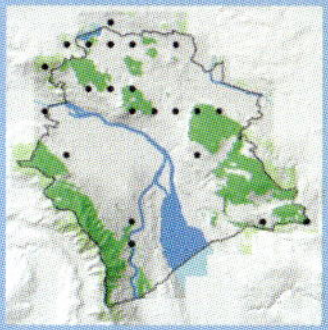

Unscheinbar, kontrastarm mit beigebrauner Oberseite und rahmfarbener Unterseite.

Lebt an Waldrändern, in Hecken, Feld- und Ufergehölzen oder in ausgedehnten Jungwuchsflächen im Wald, jedoch kaum in Gärten.

Zürich: Katzensee (Allmend und Hänsiried), Jungwuchsfläche Herrenholz Witikon, Gaswerk, Allmend Brunau. Insgesamt weniger als 20 Brutpaare.

Dorngrasmücke

Sylvia communis

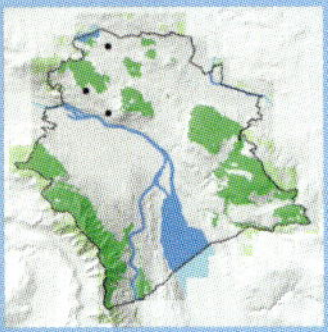

verletzlich

13–15 cm

Mitte April–Mitte September

Flügel kastanienbraun, Kopfplatte beim Männchen grau, beim Weibchen graubraun, weiße Kehle.

Halboffene Gebiete mit Hecken und Büschen, an Bahndämmen, in Kiesgruben.

Zürich: Brütet unregelmäßig am Hönggerberg und in der Allmend Katzensee.

Gesang kurze, kratzige Strophen, z. T. Singflug. Brütet in Bodennähe in Gebüschen mit Krautsaum sowie im dornigen Gestrüpp. Die Dorngrasmücke war schon im frühen 20. Jh. in der Stadt selten, da in Ziergärten der Unterwuchs der Gebüsche fehlte und die Nester Katzen zum Opfer fielen. Ernährung ähnlich wie die anderen Grasmücken, lebt jedoch weniger versteckt. Überwintert südlich der Sahara, zieht wie andere Grasmücken nachts. Bestandseinbruch in den 1960er-Jahren, wegen damaliger Dürre in der Sahelzone. Im Stadtgebiet seit den 1980er-Jahren nur noch vereinzelte Bruten am Hönggerund Käferberg sowie beim Katzensee. Profitiert in der Landwirtschaft von ökologischen Ausgleichsflächen (Hecken, Buntbrachen).

Fitis

Phylloscopus trochilus

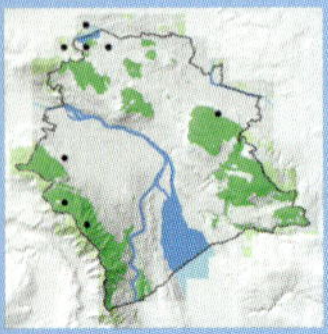

potenziell gefährdet

11–12,5 cm

Mitte März–Mitte Oktober

Kehle und Brust gelblich. Vom sehr ähnlichen Zilpzalp nur am Gesang sicher zu unterscheiden.

Weichholzauen, in Jungwuchsflächen innerhalb von Laubmischwäldern oder selten an verbuschten Waldrändern.

Zürich: Bestand weniger als 10 Brutpaare (Katzensee, Üetliberg, Friedhof Schwamendingen). Während des Frühjahrszugs (Ende März–Mitte Mai) überall in der Stadt (v. a. auf blühenden Birken).

Langstreckenzieher, überwintert südlich der Sahara. Ist in der Schweiz an der Südgrenze seines Brutareals. Bestand seit Jahren rückläufig, möglicherweise aufgrund von Problemen im Überwinterungs- und Durchzugsgebiet. Ringfunde zeigen, dass Altvögel ortstreu sind und alljährlich in ihr angestammtes Revier zurückkehren. Backofennest aus grobem Laub, Blättern, Moos und feinem Gras gebaut, mit Federn ausgekleidet. Das Nest hat eine seitliche ovale Eingangsöffnung und befindet sich in einer Vertiefung im dichten Bodenbewuchs, Laub oder dornigen Gestrüpp. Ernährt sich von Insekten und Spinnen, zu geringem Anteil von kleinen Gehäuseschnecken und Beeren. Fängt Beute im Gebüsch, in Baumkronen, im Röhricht und in der Krautschicht.

Zilpzalp

Phylloscopus collybita

Kurzstreckenzieher, der im Mittelmeerraum überwintert. Ist als einer der ersten Zugvögel zurück. Die ersten Ankömmlinge im Frühling halten sich gerne in blühenden Weiden entlang von Gewässern auf. Gesang von erhöhter Sitzwarte. Singt im Gegensatz zum Fitis auch auf dem Herbstzug. Der Zilpzalp ist bei der Wahl seines Lebensraums wenig anspruchsvoll. Das Weibchen baut alleine ein Backofennest aus dürren Halmen, trockenen Blättern, etwas Moos und Wurzeln. Nest wird mit feinen Blättern ausgekleidet, hat querovalen Seiteneingang und liegt auf dem Boden oder dicht darüber im Gestrüpp. Ernährt sich von Insekten, Spinnen und Schnecken. Zur Brutzeit häufig in Baumkronen, liest Beutetiere von den Blättern ab oder fängt sie in kurzen Flugjagden.

10–12 cm

Anfang März–Ende Oktober

Vom sehr ähnlichen Fitis leicht anhand des Gesangs zu unterscheiden («Zilpzalp-zilp-zalp»).

In allen Wäldern mit dichtem Unterholz, im Feldgehölz, Jungwuchs, Fichtendickicht und auf Schlagflächen. In Friedhöfen, buschreichen Gärten und Parks.

Zürich: Häufig in der ganzen Stadt, v. a. im Wald und in gut durchgrünten Quartieren. Bestand über 800 Paare.

Berglaubsänger

Phylloscopus bonelli

Langstreckenzieher, der in der südlichen Sahelzone überwintert. Die Schweiz befindet sich am Nordrand des Brutareals des Berglaubsängers. Hält sich meist in den Baumkronen auf und verrät sich nur durch seinen Gesang. Singt in den Kronen und beim Flug zwischen Ästen. Ernährt sich in Baumkronen von Insekten, deren Larven und Spinnen, frisst gelegentlich Beeren. Sucht den Boden nur zur Brut auf. Baut wie alle anderen Laubsänger ein ovales Backofennest mit einem seitlichen Schlupfloch in einer Vertiefung im Boden, versteckt unter der Vegetation. Das Nest besteht aus Laub, Moos, dürren Gräsern und feinen Wurzelfasern. Für die Partnerwahl spielt ein geeigneter Nistplatz eine entscheidende Rolle.

10,5–12 cm

Mitte April–Mitte September

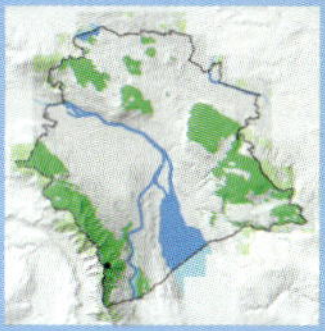

Wirkt unterseits auffällig weiß. Bestimmung anhand des Gesangs: kurzes, stimmloses Schwirren, ähnlich dem des Waldlaubsängers.

In lichten Wäldern mit gut ausgebildeter Strauch- und Krautschicht, an eher trockenen Standorten. Oft an steilen Berghängen.

Zürich: Brütet unregelmäßig in der Fallätsche.

Waldlaubsänger

Phylloscopus sibilatrix

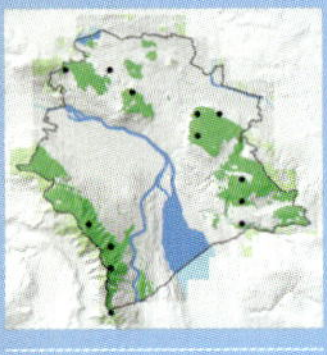

11–12,5 cm

Mitte April–Mitte September

Gelbe Kehle, weißer Bauch. Gelber Überaugenstreif und dunkler Augenstreif. Bestimmung anhand des 2-strophigen Gesangs.

Charakterart des Hallenbuchenwalds (eher dunkel mit wenig Unterwuchs).

Zürich: Während des Frühjahrszugs (Mitte–Ende April) singend in allen Wäldern der Stadt, alljährlich brüten jedoch höchstens etwa 10 Paare auf Stadtgebiet (Zürichberg, Waidberg, Üetliberg).

potenziell gefährdet

Langstreckenzieher, überwintert in den Feuchtsavannen und in den tropischen Regenwäldern West- und Zentralafrikas. Markanter Bestandsrückgang ab den 1990er-Jahren, höchstwahrscheinlich als Folge erhöhter Sterblichkeit auf dem Zug und / oder Lebensraumzerstörung im Überwinterungsgebiet. Singt 2 wechselnde Strophen: Wenn er im Balzflug von Baum zu Baum nach unten gleitet, ertönt ein immer schneller werdendes «Sib», das in ein Schwirren wie ein anspringendes Velosolex übergeht. Die andere Strophe ist ein klangvolles, melancholisches «Djüh-Djüh-Djüh», das er nur im Sitzen singt. Kugeliges Backofennest auf dem Boden oder dicht darüber im niedrigen Bewuchs. Ernährt sich von Insekten und deren Larven, Spinnen, Beeren.

Wintergoldhähnchen

Regulus regulus

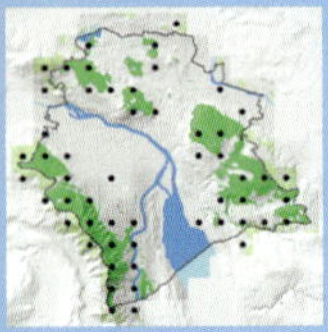

8,5–9,5 cm

Ganzjährig

Grüne Ober- und schmutzig weiße Unterseite. Gelber, schwarz begrenzter Scheitelstreif. Auch durch Gesang vom Sommergoldhähnchen zu unterscheiden.

In Nadelwäldern (Fichte) und Mischwäldern. Hält sich meist in den Kronen auf.

Zürich: In von Nadelbäumen dominierten Waldbereichen am Zürichberg, Üetliberg, Chäferberg, Hönggerberg.

Kleinste europäische Singvogelart (zusammen mit Sommergoldhähnchen). Einer der wenigen Insektenfresser, der bei uns überwintert. Als sehr kleines Tier braucht das Goldhähnchen pro Tag Nahrung im Umfang seines Körpergewichts (4–7 g), deshalb ist es ständig in Bewegung und auf Nahrungssuche. Es hüpft Ästen entlang, klettert an hängenden Zweigen und macht zur Nahrungssuche in der Krone auch Schwirrflüge zum Ablesen kleiner Insekten. Im Frühling nimmt es auch Nektar und Pollen zu sich. Das Nest, eine Kugel aus Moos, Flechten und Spinnweben, wird an dünnen Fichtenästen angewoben und ist mit vielen Federn gepolstert. Der Gesang, ein rhythmisch wiederholtes auf- und absteigendes Lied, wird v. a. in der Morgendämmerung vorgetragen.

Sommergoldhähnchen

Regulus ignicapilla

Weniger als das Wintergoldhähnchen an die Fichte gebunden, hält sich öfters als dieses im lockeren Geäst auf, in dem es sich schnell bewegen kann. Turnt weniger als das Wintergoldhähnchen, macht dafür häufiger einen Schwirrflug und sucht etwas größere Insekten. Nest in Nadelbäumen, ähnlich dem des Wintergoldhähnchens, aber weniger gepolstert (knapp 300 bis knapp 800 Federn beim Sommergoldhähnchen; 1100 bis mehr als 2600 Federn beim Wintergoldhähnchen). Gesang sehr hoch, gegen Ende der Strophe wird er lauter, bleibt jedoch auf gleicher Tonhöhe. Mit dem Nachlassen des Gehörs können viele ältere Menschen den sehr hohen Gesang der Goldhähnchen nicht mehr hören. Kurzstreckenzieher, überwintert bis 2000 km weit weg im Mittelmeergebiet.

9–10 cm

Anfang März–Ende Oktober

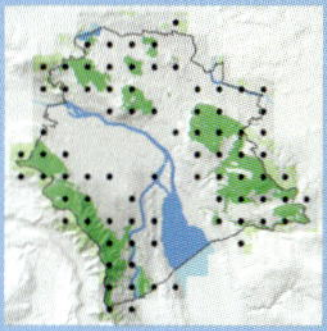

Ähnlich Wintergoldhähnchen, aber mit schwarzem Augenstreif und breitem, weißem Überaugenstreif. Vom Wintergoldhähnchen auch durch Gesang zu unterscheiden.

Nadel-, Misch- und Laubwälder, in Parks.

Zürich: In allen Wäldern der Stadt, dringt in große Parks (z. B. Rieterpark) im Siedlungsraum vor.

Grauschnäpper

Muscicapa striata

Der Grauschnäpper ist ein unauffälliger Vogel, dessen hoher, leiser Gesang, ein wiederholtes «ziht», oft überhört wird. Er ernährt sich hauptsächlich von fliegenden Insekten. Als Wartenjäger sitzt er unbeweglich an einer exponierten Stelle (häufig ein dürrer Ast), fliegt plötzlich auf und fängt ein Insekt. Danach kehrt er meist an den Ausgangspunkt zurück oder sucht in der Nähe einen neuen Ansitz. Fängt er ein Insekt, ist oft das Knacken seines Schnabels zu hören. Er baut sein Nest aus Halmen, kleinen Wurzeln und Moos und polstert es mit Tierhaaren aus. Die Neststandorte sind vielfältig (Nischen, Halbhöhlen, Astgabeln, Holz- und Steinbauten, hinter Fensterläden, in Blumenkisten). Langstreckenzieher, überwintert in Afrika.

13,5–15 cm

Mai–Anfang September

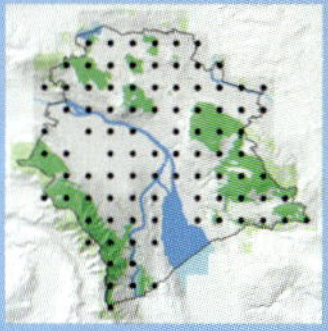

Graubrauner Vogel, mit schwarzen Augen, Schnabel und Beinen.

Vor allem in Gärten, Friedhöfen und Parks im Siedlungsraum, auch in Feldgehölzen und an Laubwaldrändern.

Zürich: In der ganzen Stadt Zürich in geringer Dichte (jährlich weniger als 200 Brutpaare).

Trauerschnäpper

Ficedula hypoleuca

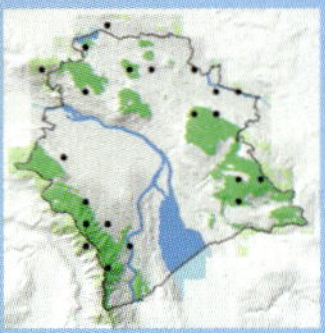

12–13,5 cm

April–Mitte Oktober

Männchen schwarz-weißes Gefieder, Weibchen bräunlich. Beide haben weißes Feld auf dunklem Flügel.

Besiedelt Laub- und Mischwälder, Feldgehölze, Obstgärten sowie Parks und Gärten im Siedlungsraum.

Zürich: Wälder am Üetliberg, Hürstholz, Hönggerberg, Adlisberg. Bestand: ca. 10 Brutpaare.

Der Gesang des Trauerschnäppers lässt sich lautmalerisch mit «züri-zyttig-züri-zyttig» umschreiben. Die Männchen singen sehr ausdauernd bis zur Verpaarung, danach ist der Gesang nur noch selten zu hören. Ernährt sich von Insekten, im Spätsommer manchmal auch von Beeren. Fängt Insekten meist von erhöhter Sitzwarte aus. Bei schlechtem Wetter Nahrungssuche vermehrt auf dem Boden. Sein Nest aus Halmen, Gräsern, Moos und Wurzeln, das mit Haaren ausgekleidet ist, baut er in Baumhöhlen oder Nistkästen. Der Trauerschnäpper hat vom Aufhängen von Nistkästen in den 1950er und 1960er-Jahren stark profitiert. Langstreckenzieher, der südlich der Sahara in der Savannenzone West- und Zentralafrikas überwintert.

Heckenbraunelle

Prunella modularis

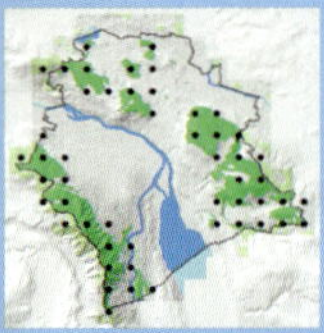

13–14,5 cm

Ganzjährig

Unauffällig. Grauer Kopf und Unterseite. Spatzenähnliche, braun gestreifte Oberseite.

Jungwuchsflächen, Baumschulen, Sturmflächen, Gehölzdickicht mit kleinen freien Flächen, Lichtungen, Fichten- und Fichtenmischwälder. Selten in Gärten und Parks.

Zürich: In allen Zürcher Wäldern, häufig in Jungwuchsflächen wie im Öschbrig in Witikon.

Häufiger, unauffälliger Vogel, der sich meist versteckt im Dickicht aufhält. Nur singende Männchen, die auf dem Wipfel einer Jungfichte sitzen, sind leicht zu entdecken. Insektenfresser mit feinem Schnabel, der seine Nahrung auf dem Boden sucht. Frisst auch Samen von Mohn, Knöterich, Nelken und Seggen. Verschmäht Beeren. Napfförmiges Nest meist im dichten Gestrüpp in Bodennähe, aus Moos, Zweigen, trockenen Fasern und Haaren. Flexibles Paarungssystem: Weibchen kann sich mit mehreren Männchen, Männchen mit mehreren Weibchen verpaaren. Alle Männchen, die mit dem Weibchen kopuliert haben und als mögliche Väter in Frage kommen, helfen bei der Jungenaufzucht mit. Männchen und Weibchen haben voneinander unabhängige, sich überlagernde Reviere.

Bachstelze

Motacilla alba

Weniger ans Wasser gebunden als die Bergstelze. Die Bachstelze ist eine Kulturfolgerin und besiedelt Grünlandflächen in Siedlungen, Agrarlandschaften und Industrieanlagen. Außerhalb der Brutzeit ist sie gesellig und v.a. an Gewässern und auf frisch umgebrochenen Äckern anzutreffen. Ernährt sich ganzjährig von Insekten. Nest in Halbhöhlen oder Nischen v.a. von menschlichen Bauten (Dachträger, Mauerlücken, Holzbalken, Brücken). Napfförmiges Nest aus trockenem Pflanzenmaterial, mit Federn, Haaren und Wollfäden ausgepolstert. Kurzstreckenzieherin, die im Mittelmeerraum überwintert. Wenige Individuen überwintern alljährlich in der Schweiz und sind dann v.a. an Gewässerufern anzutreffen.

16,5–19 cm

Ganzjährig

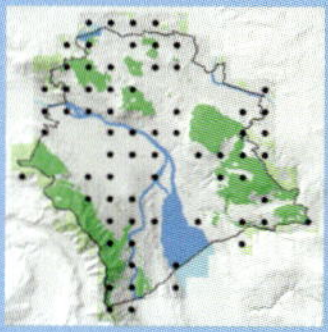

Schwarz-weißes Gefieder, grauer Rücken, langer Schwanz.

Offene und halboffene Kulturlandschaft, kommt auch im Siedlungsraum vor.

Zürich: In Außenquartieren (z. B. Leimbach, Höngg, Affoltern), um Gleisfelder und in Industriegebieten im Stadtzentrum.

Bergstelze

Motacilla cinerea

Von allen Stelzenarten am meisten ans Wasser gebunden. Ernährt sich von Insekten und deren Larven, auch Flohkrebsen und Spinnen. Fängt Nahrung aus der Luft im Rüttelflug oder durch Hochspringen, pickt diese vom Boden auf oder fängt sie im seichten Wasser. Gerne im Siedlungsbereich, wo die Gewässer nie gefroren sind und es immer genügend Nahrung gibt. Meidet Stellen mit Algen und Sand. Nest in der Nähe von Wasser in Löchern, Spalten, Nischen, Uferabbrüchen und Uferverbauungen. Innovativ in Bezug auf Nestplatzwahl, z. B. Brut in Meteorwasserröhre an Sihlbrücke. Wippt wie Bachstelze ständig mit Schwanz und Hinterkörper. Flug wellenförmig.

17–20 cm

Ganzjährig

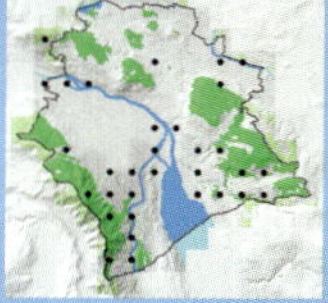

Unterseits gelb, Oberseite und Kopf grau, schwarzer Kehllatz. Sehr langer Schwanz.

An schnell fließenden Bächen und Flüssen mit Steinen und Versteckmöglichkeiten am Ufer.

Zürich: Wehrenbach/Stöckentobel (alljährlich bis 11 Brutpaare), Sihl und Zuflüsse, Limmat. Alljährlich bis 30 Brutpaare auf Stadtgebiet.

15–16 cm

Ende März–Anfang Oktober

Unterseits satt gelb, Oberseite graugrün, Kopf graublau. Deutlich kürzerer Schwanz als Bergstelze.

Offene und halboffene Lebensräume wie Wiesen, Äcker und Brachland.

Zürich: Unregelmäßig Brutzeitbeobachtungen in Affoltern.

verletzlich

Schafstelze

Motacilla flava

Ursprünglich brütete die Schafstelze in Riedwiesen, doch sie hat sich erfolgreich auf Äcker (Kartoffel-, Rüben- und Gemüsefelder) umgestellt. In der ganzen Schweiz war die Schafstelze lange Zeit nur als Durchzügler bekannt, erst in der Mitte des 20. Jh. kam es zu ersten Bruten. Im Kanton Zürich gelang 1972 der erste Brutnachweis (Stadlersee). Für die Stadt Zürich liegen zwar Beobachtungen während der Brutzeit vor, jedoch gibt es keinen Brutnachweis. Ernährt sich von Fliegen, Mücken, Käfern, Heuschrecken und vereinzelt Spinnen, Schnecken und Würmern. Fein und sorgfältig ausgekleidetes Nest in einer Mulde unter dichtem Bodenbewuchs. Langstreckenzieherin, die im tropischen Afrika südlich der Sahara überwintert.

18–21 cm

Mitte Dezember–Mitte März

Beige-lachsfarbige Scheitelhaube, schwarze Kehle und Augenumrandung, gelbe Bänder am Schwanzende und an den Flügeln. Rote Wachsplättchen an den Armschwingen.

Im Winter in Gebüschen und Baumgruppen mit reichlich Früchten.

Zürich: Sehr unregelmäßiger Wintergast. Große Invasion 2004/05 (ca. 10 000 Individuen in der ganzen Schweiz); kleinere Invasion 2008/09 (Irchelpark, Wiedikon).

Seidenschwanz

Bombycilla garrulus

Galt früher als Vorzeichen für Krieg, Hungersnöte und Pest. Der Chronist Johannes Stumpf beschreibt das Auftreten von Seidenschwänzen vor dem Aufstand gegen den Zürcher Bürgermeister Hans Waldmann 1489. Weitere Invasion vor Pest 1519. Der Zürcher Pfarrer Johann Jakob Wick dokumentierte Invasion 1570/71 (Wickiana). Damals wurden Seidenschwänze scharenweise gefangen und auf dem Markt verkauft. Brütet in Nadelwäldern der Taiga von Skandinavien bis Ostasien. Wandert im Herbst je nach Nahrungsangebot und Individuendichte unterschiedlich weit und gelangt so manchmal bis zu uns. Nahrung: Beeren und Früchte, im Frühling Knospen. Frisst täglich mehr als sein eigenes Körpergewicht (50–60 g), da der Energiegehalt der gefressenen Früchte gering ist.

Neuntöter

Lanius collurio

Charaktervogel der Dornenhecken, in die er sein Nest baut. Der Hauptteil der Nahrung besteht aus Großinsekten. Er kann auch junge Kleinsäuger, Jungvögel und Eidechsen überwältigen. Seine Beute erspäht er meist von einer exponierten Warte aus (Gebüschspitzen, Pfosten) und spießt sie oft auf Dornen auf, um diese zu zerkleinern oder als Vorrat aufzubewahren. Der Volksglaube besagt, dass er zuerst 9 Beutetiere aufspieße, bevor er sie verspeise. Weil Dornenhecken, Großinsekten und Ansitzwarten durch die Intensivierung der Landwirtschaft seltener wurden, nahm auch der Bestand des Neuntöters ab. Langstreckenzieher, der in Ost- und Südafrika überwintert. Er legt von unseren Zugvögeln den weitesten Weg zurück (eine Strecke bis 9000 km).

16–18 cm

Mai–September

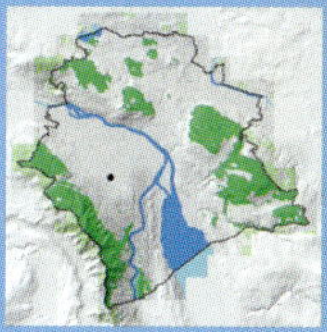

Männchen: Rücken rotbraun, Scheitel und Bürzel aschgrau, schwarze Augenmaske, Unterseite rosa. Weibchen: Oberseite braun, Unterseite gebändert.

Offene Kulturlandschaft mit Hecken und Dorngebüschen (Schwarzdorn, Weißdorn, Rose).

Zürich: Regelmäßiger Durchzügler, vereinzelt während Brutzeit beobachtet (Friedhof Sihlfeld, Rütihof).

Star

Sturnus vulgaris

Der Star ist ein ausgezeichneter Stimmenimitator und kann auch Geräusche nachahmen. Beim Singen rudert er mit den Flügeln und stellt das Gefieder der Kehle auf. Brütet in Baumhöhlen, Mauerlöchern, unter Ziegeln, in Nistkästen. Bereits im Mai schließen sich die Jungen von frühen Bruten zu Jungvogelschwärmen zusammen. Der Star ernährt sich von Würmern und Insekten, im Herbst von Obst und Beeren. Zur Nahrungssuche ist er oft in Trupps unterwegs. Im Herbst bildet der Star wie keine andere Vogelart regelmäßig große Schwärme, diese sammeln sich vor Einbruch der Dunkelheit, um an einem Schlafplatz gemeinsam zu übernachten. Den Winter verbringen unsere Stare im Mittelmeerraum und kehren als erste Zugvögel bereits Anfang Februar wieder zurück.

19–22 cm

Anfang Februar–November

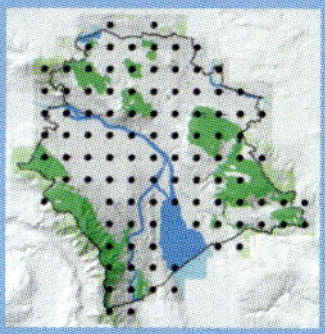

Federn mit grün-violettem Metallglanz und gelb-weißen Flecken. Kurzschwänzig. Im Flug spitze, 3-eckige Flügel.

Lebt in der Kulturlandschaft und in Siedlungen, brütet gerne an Waldrändern.

Zürich: Im Seidlungsraum und an den Waldrändern der ganzen Stadt Zürich.

Haussperling

Passer domesticus

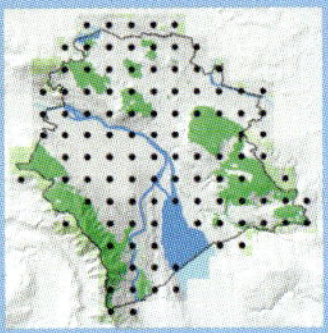

14–16 cm

Ganzjährig

Männchen mit schwarzer Kehle und breit kastanienbraun eingefasstem, grauem Scheitel, Weibchen mit schmutzig brauner, schwarz gestreifter Ober- und grauweißer Unterseite.

Als Kulturfolger eng an den Siedlungsbereich des Menschen gebunden.

Zürich: Oft in dichten Büschen in Kleinanlagen in der Innenstadt (Pestalozzi-Anlage, Milchbuck, Bürkliplatz). Im Hauptbahnhof.

Der Haussperling ist die erste Stadtzürcher Vogelart, der man nach Ankunft im Hauptbahnhof begegnet. Im Sommer pickt er oft bei den einfahrenden Zügen die toten oder verletzten Insekten von der Stirnseite der Lokomotiven, zur Säuberung des Gefieders nimmt er gerne unmittelbar neben den Schienen ein Staubbad («Dreckspatz»). Zudem findet er viele geschützte Brutnischen unter der Gleisüberdachung und wird mit Fastfood-Abfällen der Reisenden verwöhnt. Er fliegt bis in die Bahnhofrestaurants hinein und lebt gar 2 Stockwerke unter Tag im Shopville.

Ursprünglich war der Hausspatz ein Bewohner baumarmer Steppenlandschaften Asiens, in denen er von Grassamen lebte. Als der Mensch vor 10 000–15 000 Jahre sesshaft wurde und mit dem Ackerbau begann, folgte ihm der Haussperling. Mit ihm verbreitete er sich über fast die ganze Welt.

Seit Jahrzehnten ist in Mitteleuropa ein gravierender Rückgang der Haussperlinge zu verzeichnen, in der Stadt Zürich gingen die Bestände in den letzten 20 Jahren um 21 % zurück. Trotzdem ist der Haussperling mit ca. 11 000 Brutpaaren die häufigste Brutvogelart der Stadt. Als Gründe für den Bestandsrückgang vermutet man ein verringertes Nahrungsangebot (Körner) im Winter, Nahrungskonkurrenz mit der Türkentaube, weniger Insekten zur Jungenaufzucht sowie den Verlust von Nistplätzen (in modernen Gebäuden fehlen Nischen). Zudem wird der Hausspatz häufig Beute von Hauskatzen und Sperber. Der Hausspatz nistet in Höhlen, Spalten, Nischen in Bauwerken, Nistkästen und Überdachungen verschiedenster Art. In der Stadt Zürich bauen Haussperlinge ihre Nester oft in Straßenlampen. Führt meist monogame Dauerehe, Neuverpaarungen v.a. bei Tod eines Partners.

Feldsperling

Passer montanus

Weniger als der Haussperling an menschliche Siedlungen gebunden. In der Stadt Zürich dringt der Feldsperling immer mehr vom Stadtrand in den Siedlungsraum ein. Ernährt sich hauptsächlich von Sämereien (Gras und Getreidesamen), für die Jungenaufzucht braucht er Insekten. Insbesondere außerhalb der Brutzeit in Trupps und Schwärmen unterwegs. Sucht seine Nahrung am Boden in der Nähe einer Deckung, bei Störung fliegen die Feldspatzen in Deckung und kehren anschließend einzeln nach und nach wieder zum Nahrungsplatz zurück. Der Feldsperling brütet in Höhlen (Baumhöhlen, Nistkästen, Mauerlöcher, unter Dächern). Monogame Saisonehe; bei störungsfreiem Nistplatz Dauerehe wegen lebenslanger Nistplatztreue von Paaren.

12,5–14 cm

Ganzjährig

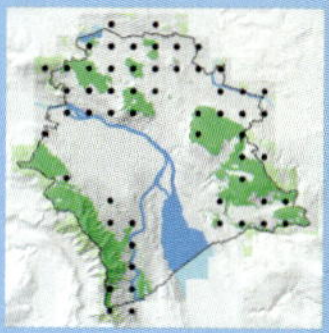

Im Gegensatz zum Haussperling sind Männchen und Weibchen gleich gefärbt. Rotbraune Kopfplatte, reinweiße Kopfseiten mit großem, schwarzem Wangenfleck.

Kulturlandschaft, brütet in Feldgehölzen und Obstgärten.

Zürich: In Familiengärten (z. B. Balgristweg) und locker bebauten Siedlungen (z. B. Leimbach, Affoltern, Adlisberg, Witikon, Schwamendingen).

Kernbeißer

Coccothraustes coccothraustes

Ruf durchdringendes «Zik», meist von Baumkronen. Im Sommer sucht er seine Nahrung in Baumkronen, Sträuchern und in der Krautschicht; im Winter am Boden. Frisst vorwiegend Samen von Buche, Ahorn, Kirsche, Kornellkirsche, Traubenkirsche und Nadelbäumen, im Winter und Frühling Hauptnahrung Knospen und Triebe, zusätzlich auch Insekten (Raupen). Kann unter den samenfressenden Vögeln die größten und härtesten Samen knacken (wie Steinobstfrüchte). Zum Öffnen eines Kirschkerns ist ein Druck von 40 kg erforderlich, was er ohne Weiteres schafft. Das Fruchtfleisch isst er nicht. Kommt zu Futterstellen. Brütet meist einzeln. Voluminöses Nest aus Zweigen, Wurzeln und Halmen, meist relativ hoch in der Krone eines Laubbaums. Wellenförmiger Flug wie alle Finken.

16,5–18 cm

Ganzjährig

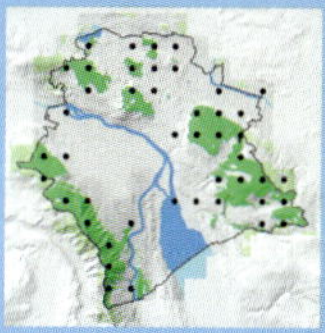

Großer Kopf mit sehr kräftigem Kegelschnabel. Männchen bunt braunrotes Gefieder, Weibchen schlichter gefärbt.

Laub- und Mischwälder mit hohen, alten Bäumen; im Winter auch in Obstgärten, Parks und großen Gärten.

Zürich: Brütet in allen Wäldern der Stadt Zürich, kommt im Winter und Frühling häufig bis in den Siedlungsbereich.

Grünfink

Carduelis chloris

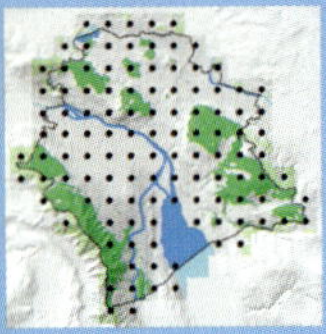

14–16 cm

Ganzjährig

Kräftiger, gelbgrüner Fink mit dickem Schnabel. Im Flug leuchtend gelbe Flügel- und Schwanzabzeichen. Weibchen graugrünlich, unscheinbarer.

Ursprünglich an Waldrändern, in Lichtungen und lockeren Gehölzen. Heute auch in Parks, Hecken, Gärten, auf Friedhöfen und in Alleen bis in den Stadtkern.

Zürich: Häufig (ca. 2000 Brutpaare). Überall anzutreffen, außer im geschlossenen Wald.

Gesang von Warte oder im fledermausartig gaukelndem Singflug vorgetragen. Nahrung: hauptsächlich pflanzlich (Samen, Knospen, Beeren und andere Pflanzenteile), selten Insekten. Im Herbst und Winter auf Stoppelfeldern und Ödlandflächen. Kommt gerne an Futterstellen, ist den meisten Singvögel überlegen und vertreibt diese. Gegen Artgenossen ist er an der Futterstelle aggressiv, wenn diese seine Individualdistanz nicht respektieren. Grünfinken sind sehr gesellig und nisten gern in aufgelockerten Kolonien in benachbarten Büschen. Nest in Bäumen oder Büschen, gelegentlich auch in Balkonpflanzen; besteht aus Halmen, dünnen Zweigen, Würzelchen und Moos, innen mit Federn und Tierhaaren weich ausgepolstert. Grünfinken verteidigen kein Revier.

Distelfink

Carduelis carduelis

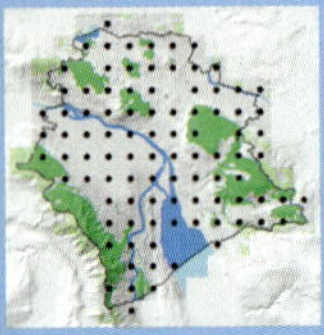

12–13,5 cm

Ganzjährig

Rot-schwarz-weiße Kopfzeichnung. Im Flug breiter, gelber Flügelstreif.

Brütet im abwechslungsreichen Kulturland mit hohen Bäumen, in Parks und auf Friedhöfen. Außerhalb Brutzeit streifen Familientrupps zu Wegrändern, Brachflächen und Wiesen mit Disteln.

Zürich: In allen Quartieren, besonders in Alleen (entlang Sihl in Wiedikon, Pfingstweidstrasse), in Familiengärten und auf Friedhöfen.

Nach dem Flugruf «tiglit» auch «Stieglitz» genannt. Ernährt sich von feinen Samen, im Frühjahr auch von Knospen; zur Jungenaufzucht benötigt der Distelfink Insekten. Macht weite Nahrungsflüge und verteidigt deshalb kein Territorium. Außerhalb der Brutzeit versammeln sich die Vögel in kleinen Trupps. Wer im Garten Sonnenblumen, Karden und andere Blütenpflanzen nach dem Verblühen stehen lässt, erhält möglicherweise Besuch einer Schar Distelfinken. Brütet in Bäumen und Sträuchern. Verfilztes Nest aus feinen Halmen, Würzelchen und Moos, außen mit Flechten und anderem Material getarnt, innen mit Pflanzenwolle und Haaren gepolstert. Wegen seiner Farbenpracht und seines Gesangs war er früher ein beliebter Käfigvogel.

Hänfling

Carduelis cannabina

Wie Distelfink ein Kulturfolger. Er ist von den Finkenvögeln derjenige, der am meisten von den Samen der Ackerbegleitflora («Unkräuter») abhängig ist. Frisst Sämereien von krautigen Pflanzen und Bäumen, zur Brutzeit kleine Insekten. Verschmäht von anderen Finken geschätzte Beeren und fleischige Früchte. Durch den Einsatz von Herbiziden hat sich die Ernährungsgrundlage der Hänflinge verschmälert. Sucht im Herbst auf Stoppelfeldern, Äckern, Wiesen, in Brachland und Kiesgruben nach Nahrung. Hänflinge nisten oft in lockeren Kolonien. Sie bevorzugen Orte mit vielen niedrigen Büschen, Hecken, Baumschulen, Parks, Friedhöfe und große Gärten. Nest aus Halmen, Würzelchen und Haaren relativ niedrig in Büschen an dunklem, gut versteckten Ort.

12,5–14 cm

Ganzjährig

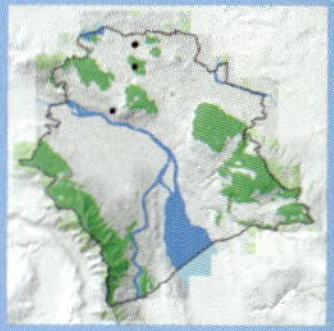

Männchen im Prachtkleid mit kräftigem Rot auf Stirn und Brust, grauem Kopf, zimtbraunem Mantel. Weibchen ohne Rot; Brust, Scheitel und Mantel leicht gestreift.

Typischer Kulturlandvogel in offener und halboffener Landschaft.

Zürich: Brütet unregelmäßig auf den landwirtschaftlichen Flächen in Affoltern und am Hönggerberg. In den 1980er-Jahren noch in Obstgärten in Stettbach und am Friesenberg.

Girlitz

Serinus serinus

Gesang erinnert an ein nicht geöltes Rad, wird auch «Glasschneider» genannt. Singt von erhöhter Warte oder im fledermausartigen Balzflug. Nahrung: kleine, weiche Samen, im Sommer auch kleine Insekten. Liest heruntergefallene Samen am Boden auf. Seine Jungen füttert er mit einem vorverdauten, herausgewürgten Futterbrei, der hauptsächlich aus Sämereien besteht. Verteidigt zur Brutzeit sein Territorium. Nest ist ein Napf in Bäumen und Sträuchern. Besteht aus Würzelchen, Halmen, Gräsern, Moos und Flechten, innen ist es mit Pflanzenwolle, Federn und Haaren ausgepolstert. Der Girlitz war ursprünglich im Mittelmeerraum beheimatet, dehnte sein Areal im 19. und 20. Jh. nach Norden aus. Kurzstreckenzieher, Winterquartier in West- und Südeuropa.

11–12 cm

Ende März–Anfang November

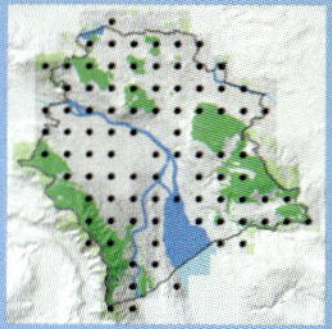

Kleinster, einheimischer Finkenvogel. Leuchtend gelber Bürzel. Winziger Kegelschnabel.

Abwechslungsreiche Kulturlandschaft, Siedlungen, Obstgärten, Friedhöfe, Parks und Gärten, auch in lichten Wäldern.

Zürich: Punktuell in locker überbauten Quartieren mit vielen Gärten und Obstbäumen (z. B. Fluntern, Witikon, Höngg), auf Friedhöfen und entlang von Waldrändern.

Gimpel

Pyrrhula pyrrhula

15,5–17,5 cm

Ganzjährig

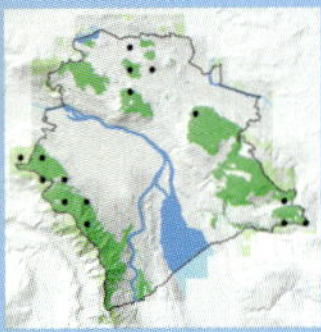

Wegen der schwarzen Kopfkappe und der roten Unterseite des Männchens auch Dompfaff genannt. Wirkt halslos. Bürzel und Flügelbinde weiß, grauer Mantel. Kräftiger, kurzer Schnabel. Weibchen matter gefärbt.

Vorwiegend im Nadel- und Mischwald, auch Feldgehölze, Parks, Friedhöfe und Gärten mit Bäumen und Büschen.

Zürich: Bestand weniger als 10 Brutpaare (Rosshau, Waldegg, Öschbrig, Chäferberg und Hürstholz).

Der Ruf besteht aus einem melancholischen «pjüü». Nahrung: Samen, Knospen und Beeren verschiedener Pflanzen, gelegentlich Insekten. Zwickt zwischen Januar und April auch Knospen von Obstbäumen und Ziersträuchern ab. Kommt ans Futterhäuschen. Im Winter auffällig, jedoch während der Brutzeit sehr unauffällig. Gimpel brüten einzeln und verteidigen kein Revier. Das Nest befindet sich meist in einem Nadelbaum nahe am Stamm. Das Paar bleibt das ganze Jahr über zusammen, im Gegensatz zu den anderen Finkenarten, die zur Schwarmbildung neigen. Mit «Gimpel» wird auch ein leichtgläubiger Mensch bezeichnet, weil sich der Vogel durch Nachahmung des Rufs oder durch einen Lockvogel leicht fangen lässt. Der Gimpel ist eine häufige Beute des Sperbers.

Fichtenkreuzschnabel

Loxia curvirostra

15–17 cm

Ganzjährig

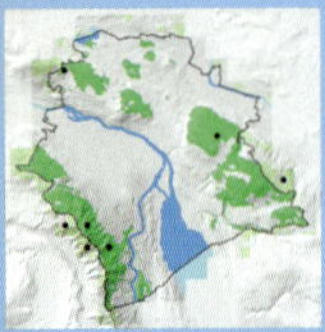

Kräftiger Schnabel mit übereinander gekreuzten Spitzen. Männchen mit ziegelrotem Gefieder, Weibchen und einjährige Männchen matt gelbgrünlich.

Typischer Nadelwaldbewohner. Streift außerhalb der Brutzeit umher und ist auch in Parks und Gärten mit hohen Fichten anzutreffen.

Zürich: In den Wäldern v.a. am Üetliberg, auch im Hönggerberg-, Chäferberg- und Geerenwald.

Flugruf «gip». Fichtensamen sind Hauptnahrung, gelegentlich werden auch Früchte und Insekten verzehrt. Schnabel mit überkreuzten Schnabelspitzen, mit denen er bei Fichtenzapfen jede Schuppe spaltet und die Samen zwischen den Schuppen herausholt. Zapfen am Boden mit gespaltenen Schuppen deuten auf den Fichtenkreuzschnabel hin. Nimmt kleine Steinpartikel auf, um das Zermahlen der Samen im Magen zu unterstützen. Brütet zu allen Zeiten des Jahres, also auch im Winter. Vagabundierende Lebensweise, deshalb starke Bestandsschwankungen. Ist gesellig und nistet oft in lockeren Kolonien auf Nadelbäumen. Stabiles Nest aus Zweigen, Moos und Flechten, manchmal mit Federn und Wolle ausgekleidet.

Buchfink

Fringilla coelebs

Typischer Gesang ist der «Buchfinkenschlag», den die Männchen ab Ende Februar vortragen. Ernährt sich von Samen, Insekten und Spinnen. Finkenart, die am häufigsten am Boden anzutreffen ist. Außerhalb der Brutzeit oft gesellig. Teilzieher: Weibchen überwintern im Mittelmeerraum, Männchen verbringen den Winter meist im Brutgebiet (lat. «coelebs» = ehelos). Der Bestand des Buchfinks, wie auch derjenige anderer Finkenvögel, ist rückläufig. Alle diese Freibrüter, die ihr Nest auf Ästen und nicht in Nischen oder Höhlen bauen, erleiden möglicherweise häufiger Brutausfälle, weil das Kronendach in den letzten Jahrzehnten lichter geworden ist und deshalb den Nestinhalt schlechter vor Witterungseinflüssen und Räubern abschirmt.

14–16 cm

Ganzjährig

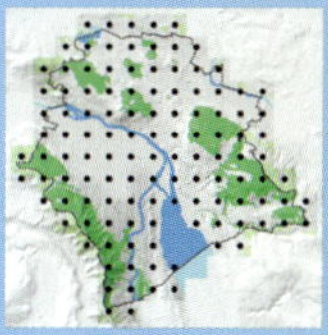

Männchen im Prachtkleid graublauer Kopf und Nacken; Brust und Wangen rostrot. Bürzel graugrün. Weibchen: Oberseits graubraun und unterseits hellbeige gefärbt.

Wälder aller Art, Parks, Gärten, Baumgruppen auch mitten in der Siedlung. Häufigster Brutvogel der Schweiz (2 Mio. Brutpaare).

Zürich: Dritthäufigste Singvogelart (ca. 4200 Brutpaare), überall wo es Bäume gibt.

Bergfink

Fringilla montifringilla

Brütet in der nördlichen Waldzone von Norwegen bis Ostasien. Bei uns häufiger Wintergast (große Invasion z. B. im Winter 2003/04). Tritt meist in Schwärmen auf. Einflug abhängig von Nahrungsangebot im Brut-, Durchzugs- und Überwinterungsgebiet. Bergfinken fressen bei uns Bucheckern und im Frühjahr Knospen. Kommen auch gerne an Futterstellen. Der Bergfink ist der ausgeprägteste Zugvogel unter den Finken; Ringfunde zeigen, dass die Vögel nicht jedes Jahr das gleiche Winterquartier aufsuchen. Bergfinken bilden im Winter große Gemeinschafts-Schlafplätze, die manchmal Millionen von Vögeln umfassen können. Früher, als die Schweine im Wald mit Eicheln und Bucheckern gemästet wurden, löste der Einflug der Bergfinken Existenzsorgen aus.

14–16 cm

Ende September–Mitte April

Weißer Bürzel. Vorderbrust und Schultern orangefarben. Weibchen matter gefärbt.

Im Winter in Buchenwäldern, halboffenen Landschaften und Parks.

Zürich: Stärke des Einflugs variiert von Winter zu Winter sehr stark (z. B. Belvoir-Park gut 1000 Individuen Ende Dezember 2003). In Wäldern (z. B. Zürichberg), in der Siedlung (z. B. um Schulhaus Neubühl Wollishofen).

Goldammer

Emberiza citrinella

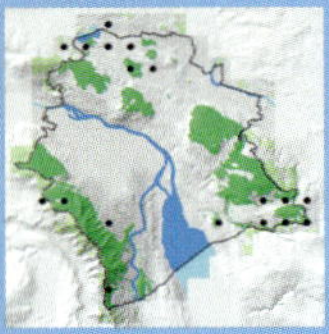

15,5–17 cm

Ganzjährig

Gefieder gelb, Bürzel rotbraun, Mantel olivbraun mit schwarzen Streifen.

In Kulturlandschaft mit Hecken und Feldgehölzen, an Waldrändern, auf Kahlschlägen und Waldlichtungen.

Zürich: Hauptsächlich Witikon und Affoltern (im gesamten Stadtgebiet jährlich ca. 40 Brutpaare). Große Dichten auf frisch geholzten Flächen (z. B. Herrenholz Witikon).

Charakteristischer Vogel der strukturreichen Kulturlandschaft sowie von Waldrändern und -lichtungen. Nest auf dem Boden in der Vegetation versteckt, in Böschungen, unter Grasbulten, in niedrigen Gebüschen. Ernährt sich von verschiedenen Samen, im Sommer aber hauptsächlich von Insekten und Spinnen. Sucht Nahrung oft auf dem Boden in niedriger Vegetation oder auf vegetationslosen Flächen. Nach der Brutzeit, von Ende August bis Anfang März, bilden sich Trupps, die oft auf abgeernteten Getreidefeldern zu beobachten sind. Singt von erhöhter Warte. Den Gesang «wie, wie, wie, hab ich dich lieb» hat Beethoven in seine 5. Symphonie aufgenommen. Ein Großteil der Goldammern bleibt über den Winter bei uns, ein Teil der Population zieht nach Südwestfrankreich.

Rohrammer

Emberiza schoeniclus

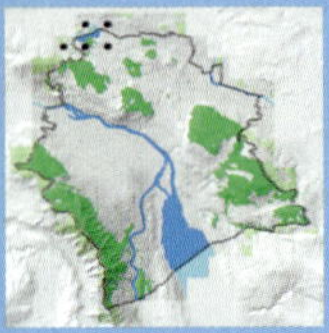

13,5–15,5 cm

Ganzjährig

Gefieder braun mit dunklen Streifen. Männchen: Kopf und Kehle schwarz, breites weißes Nackenband und weißer Bartstreif.

Verlandungszonen, landseitige Schilfgebiete, Feuchtgebiete mit Gebüschen.

Zürich: Hänsiried, unterer Katzensee, oberer Katzensee, Allmend Büsisee. Gesamter Brutbestand auf Stadtgebiet max. 15–20 Brutpaare.

Charakteristischer Vogel der Feuchtgebiete. Baut Nest aus Blättern und Halmen, kleidet es mit Grashalmen und Haaren aus. Nest v. a. in Altschilfbeständen, durch überhängende Blätter und Halme von oben verdeckt, mit den Trägerpflanzen nicht verflochten. Männchen hat gelegentlich 2 Weibchen. Die Rohrammer ernährt sich von reifen und halbreifen Samen, im Sommer auch von Insekten, Spinnen und kleinen Schnecken. Klettert auf senkrechten Halmen, meist in kleinen Sprüngen. Gesang von erhöhter Warte (Büsche, Stauden, Schilfhalme). Während Männchen und Altvögel bei uns überwintern, ziehen Weibchen und Erstjährige über den Winter nach Südfrankreich, Spanien, Nord- und Mittelitalien.

Säugetiere

Die Säugetiere (Mammalia), zu denen auch der Mensch gehört, sind eine Klasse der Wirbeltiere. Sie säugen ihre Jungen mit Milch, die in den Milchdrüsen der Weibchen produziert wird, und besitzen ein Haarkleid, das dazu beiträgt, die Körpertemperatur konstant zu halten. Je nach lokalem Klima, Nahrungsangebot und Speisezettel verbringen einzelne Arten die kalte Jahreszeit im Winterschlaf oder in einer Winterruhe. Säugetiere haben vier Extremitäten mit je fünf Finger- und Zehenstrahlen, die bei manchen Arten allerdings reduziert sind (z. B. Paarhufer).
In der Schweiz kommen rund neunzig Säugetierarten vor, in der Stadt Zürich vierzig Arten. Sie zählen zu den Ordnungen Hasentiere, Nagetiere, Raubtiere, Huftiere, Insektenfresser und Fledermäuse. Der Schwerpunkt ihres Verbreitungsgebiets liegt bei einigen Arten im Siedlungsraum (Kulturfolger, z. B. Igel), andere haben den Siedlungsraum erst in den letzten Jahrzehnten erobert, weil sie von den fressbaren Abfällen des Menschen (z. B. Rotfuchs) oder vom warmen Stadtklima (z. B. Weißrandfledermaus) profitieren, ein Phänomen, das Franz Hohler in seiner 1982 erschienenen Erzählung «Die Rückeroberung» vorwegzunehmen scheint. Zusätzlich wandern Exoten wie die Bisamratte oder der Waschbär ein, die ursprünglich in unseren Breiten nicht heimisch waren. Neben den wild lebenden Säugetierarten spielen im Siedlungsraum auch domestizierte Arten eine Rolle, da sie im Freien unterwegs sind und dort auch jagen. Dazu gehören Hauskatzen und Haushunde. Zum Vergleich: Zusammen mit 380 000 Menschen leben in der Stadt Zürich rund 40 000–50 000 Katzen, 3000–5000 Igel und rund 1200 Rotfüchse. Von vielen Arten sind die aktuellen Bestandsgrößen jedoch nicht bekannt.
Säugetiere finden sich in sämtlichen Biotopen – an und teilweise in Gewässern, in Wäldern und auf Wiesen ebenso wie im Siedlungsraum, in und an Gebäuden. Viele Säuger leben sozial. Die Aktivitätsgebiete der einzelnen Arten variieren stark, umfassen wenige Quadratmeter bis zu einigen Hundert Quadratkilometern. Einige Arten verteidigen ihre Territorien gegenüber Artgenossen. Jungtiere wandern oft aus den Aktivitätsgebieten der Eltern aus und suchen neue Gebiete auf (Dispersion).
Viele größere Säugetiere waren in der Schweiz Mitte des 19. Jh. wegen der starken Übernutzung der Wälder und der intensiven Jagd fast oder ganz verschwunden: Hirsch und Steinbock waren ausgerottet, Reh und Gämse eine Rarität. Damit fehlte den Großraubtieren wie Bär, Wolf und Luchs die Lebensgrundlage, der Mensch gab ihnen dann den Rest. Erst mit dem eidgenössischen Waldgesetz und der Regelung der Jagd gegen Ende des 19. Jahrhunderts konnten sich die Huftierbestände wieder erholen, was in jüngster Zeit auch die Rückkehr der Großraubtiere ermöglicht.

Feldhase

Lepus europaeus

Der Feldhase ist dank seines Körperbaus (stark entwickelte Hinterpfoten, großes Herz) ein Ausdauerläufer; hohe Spitzengeschwindigkeiten (70 km/h). Kann sich bei Gefahr auch bewegungslos auf den Boden ducken und bleibt dank Tarnfärbung oft vollkommen unbemerkt. Gräbt keine Baue, sondern ruht in Gebüschen oder Bodenmulden. Vegetarische Ernährung. Fortpflanzungszeit von Februar bis in den Herbst, 3–5 Würfe pro Jahr mit 2–4 Jungen pro Wurf. Keine Territorien, Aktionsgebiete 10–20 ha, z. T. bis 500 ha. Bestand schwindet in der Schweiz markant, in erster Linie wegen der Intensivierung der Landwirtschaft und der Zerstückelung des Lebensraums durch Straßen und andere Hindernisse. Auch um Zürich rückläufig, trotz ökologischer Aufwertungen.

Kopf-Rumpf-Länge 48–67 cm, Ohren 8–10 cm, Gewicht 3–5 kg.

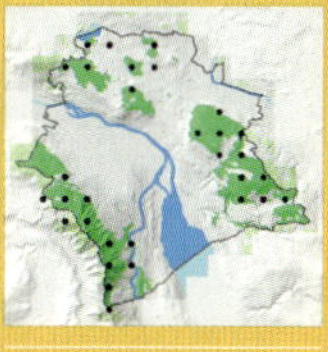

Ganzjährig aktiv, vorwiegend in der Dämmerung und nachts.

Braungraues, auf der Bauchseite helles Fell. Ohren mit schwarzen Spitzen. Schwanzoberseite schwarz.

In lichten Wäldern, auf Waldlichtungen, in offenem Gelände und landwirtschaftlich genutzten Flächen an Waldrändern und Hecken, auf Brachflächen.

verletzlich

Zürich: In fast allen Zürcher Waldgebieten.

Eichhörnchen

Sciurus vulgaris

Lebt mehrheitlich auf Bäumen, sucht z. T. auch am Boden nach Nahrung. Klettert und springt geschickt, klettert senkrechte Stämme kopfvoran hinunter. Vor allem am Morgen aktiv, im Sommer nach Ruhephase auch am Nachmittag. Nahrung: Baumsamen, Bucheckern, Eicheln, Haselnüsse, Knospen, Pilze, Insekten, Schnecken, Jungvögel. Legt Vorrat an, indem es Nüsse und Samen einzeln vergräbt oder in Baumhöhlen versteckt. Kugelförmiges, mit Moos und Gras ausgepolstertes Nest («Kobel») aus verflochtenen Ästen im oberen Kronenbereich, dicht beim Stamm, bevorzugt in Fichten. Fortpflanzung beginnt im Januar/Februar, meist 2 Würfe pro Jahr, 2–5 Junge pro Wurf. Junge sind Nesthocker und kommen nackt, blind und taub zur Welt, verlassen das Nest nach 7 Wochen.

Kopf-Rumpf-Länge 20–25 cm, Schwanz 15–20 cm, Gewicht 300–400 g.

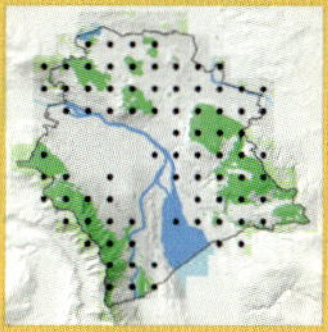

Ganzjährig tagaktiv

Färbung variabel, von hellrot bis fast schwarz mit allen Übergängen. Unterseite rein weiß. Im Winterpelz mit Ohrbüscheln.

Alte Waldbestände mit geschlossenen Baumkronen, Eichen-, Hagenbuchenwälder. Parks, Friedhöfe und Gärten mit großem, verbundenem Baumbestand.

Zürich: In allen Wäldern und Stadtquartieren mit genügend großer Anzahl alter Bäume.

vom Aussterben bedroht

Kopf-Rumpf-Länge 83–100 cm, Schwanz 30–38 cm lang, Gewicht bis 35 kg.

Ganzjährig aktiv, im Winter jedoch wochenlang im Bau oder in der Burg.

Grau bis dunkelbraun, Bauch heller. Schwanz («Kelle») platt, mit Schuppen bedeckt. Hinterfüße mit Schwimmhäuten.

Stets in Wassernähe. Uferbereiche, Flussauen mit Wald.

Zürich: Biberfamilie lebt in und an der Glatt an der Stadtgrenze zu Wallisellen. Einzelnachweis im Sihlhölzli.

Biber

Castor fiber

Größtes einheimisches Nagetier, vorwiegend dämmerungs- und nachtaktiv. Hinterlässt durch seine ausgeprägte Nage- und Bautätigkeit auffällige Spuren: Biberburgen, Dämme, kegelförmig abgenagte Baumstämme und Äste mit deutlichen Kerben der kräftigen Nagezähne. Die Biberburg besteht aus aufgeschichteten Ästen, abgedichtet mit Schlamm, Erde, Schilf und Gräsern; bis 1,5 m hoch. Mehrere Kammern (Schlaf-, Brutkammern), mehrere Zugänge, die unter Wasser münden. Auch Erdbaue am Ufer sind möglich, deren Ein- und Ausgänge ebenfalls unter Wasser münden. Nahrung rein pflanzlich: Rinde, dünne Zweige, Wurzeln, Blätter. Biber leben territorial in Kolonien von einem Paar und dessen Nachkommen bis zum Alter von 3 Jahren. Alter: bis 30 Jahre.

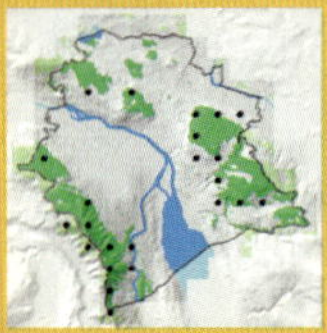

Kopf-Rumpf-Länge 13–19 cm, Schwanz 11–15 cm, Gewicht 80–120 g.

Winterschlaf Oktober–Mai versteckt in Erdboden, natürlichen Höhlen oder Häusern.

Auffällig buschiger Schwanz, große Augen und abgerundete Ohren. Rücken graubraun, Bauch silbergrau.

Laubmischwälder, auch Obstgärten, Parkanlagen, Gärten und dichte Hecken. Bevorzugt Gelände mit dichtem Gebüsch und Grasbewuchs.

Zürich: Sicher am Üetliberghang und auf dem Hönggerberg.

Siebenschläfer

Glis glis

Ausschließlich nachtaktiv, baut kugeliges Nest aus Laub, Moos und Rindenteilen oder lebt in Höhlen, auch in Nistkästen, Scheunen oder Waldhütten. Bei Störung recht geräuschvolle Lautäußerungen. Der Siebenschläfer verbringt den Großteil seines Lebens auf Bäumen. Ernährt sich von pflanzlicher Kost (Obst, Beeren, Samen, Blätter- und Blütenknospen und Pilzen), aber auch von Insekten, Schnecken und Jungvögeln. Fortpflanzungszeit Mai–August, 5–7 Junge nach einer Tragzeit von ungefähr 30 Tagen in einem einzigen Wurf pro Jahr. Junge nach 7 Wochen selbstständig. Ab Herbst oft in Nistkästen, verlässt diese aber wieder für den Winterschlaf, der mindestens bis Mai dauert. Das Höchstalter wird auf 9 Jahre geschätzt.

Haselmaus

Muscardinus avellanarius

Mausgroß, vorwiegend dämmerungs- und nachtaktiv, manchmal mit kurzen Aktivitätsphasen während des Tages (v. a. im Herbst). Haselmäuse klettern flink und gewandt entlang von dünnen Ästen auf Büschen und niedrigen Bäumen. Kugelförmige Nester aus Gras, Blättern und Rindenstreifen in niedrigem Gestrüpp, ⌀ ca. 12 cm, bis ca. 2 m über Boden. Ein Tier hat mehrere Nester. Gelegentlich in Vogelnistkästen. Nahrung: Samen, Früchte, Beeren, Knospen, Rinde, Blätter, im Sommer auch Insekten und Weichtiere. Beträchtliche Gewichtszunahme vor dem Winterschlaf: Durchschnittsgewicht im Juni/Juli 17,5 g, im Oktober 27,5 g. Während des Winterschlafs erwachen Haselmäuse ca. alle 15 Tage und wechseln dabei oft das Winternest.

Kopf-Rumpf-Länge 6–9 cm,
Schwanz 5,5–7,5 cm, Gewicht 15–40 g.

Winterschlaf Oktober–April

Fell braun, Unterseite gelblich weiß, rundlicher Kopf mit großen Augen. Schwanz buschig mit schwarzbrauner Endquaste.

Unterholzreiche Laubwälder, Hecken, dichte Gebüsche, Gebiete mit Haselbeständen und Beerensträuchern.

Zürich: Einzelnachweise, aktuelle Verbreitung unklar.

verletzlich

Rötelmaus

Clethrionomys glareolus

Typische Wühlmaus mit Bauten in der Erde, Gänge verlaufen allerdings nahe der Oberfläche oder ganz in der Krautschicht. Keine Erdhaufen, klettert oft auch auf Bäume oder Sträucher. Nahrung besteht v. a. aus Kräutern, Gräsern, Samen, Früchten, Pilzen, aber auch aus Baumrinden und Kleintieren, im Herbst oft auch aus Nüssen; legen Vorräte an. Tag- und nachtaktiv, mit abwechselnden aktiven Phasen und Ruhephasen. Fortpflanzungszeit von März bis Oktober oder sogar Dezember. Tragzeit etwa 20 Tage, Wurfgröße 1–6 Junge. Größte Dichten im Herbst. Während der Fortpflanzungsperiode sind v. a. die sexuell aktiven Weibchen territorial, Männchen überlappen mit ihren Territorien mehrere Weibchengebiete. Sucht im Winter z. T. Gebäude auf.

Kopf-Rumpf-Länge 8,5–10,5 cm,
Schwanz 5–6,5 cm. Gewicht 18–30 g.

Ganzjährig aktiv

Farbige Wühlmaus, Oberseite rotbraun, Bauch grauweiß, Flanken graubraun. Schwanz länger als bei übrigen Wühlmäusen.

Typischer Waldbewohner, aber auch in Hecken und Parkanlagen mit guter Krautschicht.

Zürich: Nur wenige Nachweise, jedoch gut verbreitete und stellenweise häufigste Maus in Gärten, Hecken oder Wäldern.

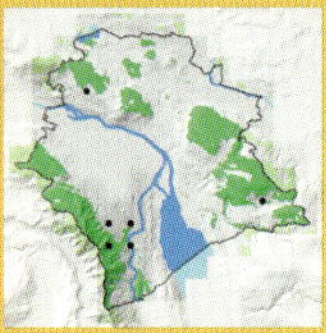

Kopf-Rumpf-Länge 9–11,5 cm, Schwanz 2,4–4 cm, Gewicht 20–50 g.

Ganzjährig aktiv

Wühlmaus mit feinem Kopf und lang gestrecktem Körper. Fell hell graubraun, Bauchseite graubeige, auffallend kurzer Schwanz.

Vorwiegend Wiesen und Weiden, eher trockene Standorte mit guter Bodendeckung.

Zürich: Nachgewiesen auf dem Hönggerberg (Schießstand) und in der Allmend Brunau, auch an weiteren Stellen möglich.

Feldmaus

Microtus arvalis

Ehemaliges Steppentier, bewohnt offene, trockene Flächen in Kolonien. Eingänge der Bauten sind oberirdisch durch Wegnetz verbunden. Keine Erdhügel, Erde wird bei den Eingängen lose verstreut. Lebt im Winter auch direkt unter dem Schnee. Feldmaus frisst vorwiegend Pflanzenstängel, Blätter, Samen und Baumrinden. Weist größte Vermehrungsrate unserer Kleinsäuger auf: nach ca. 20-tägiger Tragzeit werden 4–10 Junge geworfen, Weibchen nach Werfen sofort wieder befruchtungsfähig. Hohe Dichten mit bis über 2500 Tiere/ha möglich. Beutetier für Bussard, Turmfalke, Eulen, Hermelin, Fuchs und Katze.

An feuchteren Standorten kommt die nah verwandte Erdmaus *(Microtus agrestis)* vor, im Stadtgebiet vermutlich entlang von Gewässern mit guter Bodendeckung.

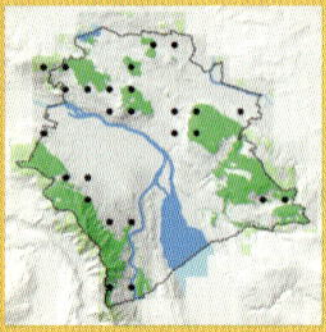

Kopf-Rumpf-Länge 13,5–16,5 cm, Schwanz 5,5–7 cm.

Ganzjährig aktiv, unterirdische Lebensweise.

Gedrungener Körper mit stumpfer Schnauze, breitem Kopf und dickem Hals. Kleine Ohren kaum sichtbar. Färbung variabel.

In offenem Gelände, Wiesen oder Weiden, oft in Obstanlagen, auch in Gärten, selten im Wald.

Zürich: Vermutlich gut verbreitet auf Wiesen und in Gärten in und um Zürich.

Schermaus

Arvicola terrestris

Auffallend große Wühlmaus, lebt fast ausschließlich im Boden, nur ausnahmsweise an der Erdoberfläche. Gangsystem weit verzweigt, mit Nest und Vorratskammern. Erde wird – im Unterschied zum Maulwurf – zu flachen Erdhügeln ausgeworfen mit Öffnung seitlich und schräg nach oben. Lebt im Winter auch direkt zwischen Schnee und Erdoberfläche. Nahrung Wurzeln, Pflanzenstängel und Blätter. Fortpflanzung in der warmen Jahreszeit, große Schwankungen in der Populationsdichte. Hauptfeind ist das Hermelin, aber auch viele Greifvögel und andere Raubtiere, besonders der Fuchs, fressen Erdmäuse, die durch starkes Benagen der Wurzeln große Schäden in Kulturen wie Obstbäumen oder Ackerfrüchten anrichten können. Hauptzwischenwirt des Fuchsbandwurms.

Bisamratte

Ondatra zibethicus

Die Bisamratte gehört zu den Wühlmäusen. Sie stammt ursprünglich aus Nordamerika, in Europa Anfangs des 20. Jh. eingeführt. Doppelt so groß wie Schermaus. Die Bisamratte wird wegen ihres dichten, seidigen Pelzes in Pelzfarmen gehalten. Taucht gut (bis zu 15 Min.). Mundrand verschließt Mundhöhle hinter den Schneidezähnen, was Nagen und Fressen unter Wasser ermöglicht. Frisst vorwiegend Pflanzen wie Schilfrohr, Ufergräser, Kräuter, aber auch wirbellose Wassertiere. Gräbt Röhren in der Uferböschung mit Zugängen unter Wasser. Burgen v. a. im Winter aus Wasserpflanzen, nicht aus Ästen wie beim Biber, bis 1 m hoch. Neben der Wohnburg werden manchmal mehrere kleinere Flucht- oder Futterburgen angelegt. Lebt in Familienverbänden.

Kopf-Rumpf-Länge 30–36 cm, Schwanz 20–25 cm, Gewicht 0,8–1,6 kg.

Ganzjährig aktiv, vorwiegend dämmerungs- und nachtaktiv.

Fell meist braun, Färbung variabel, Zehen der Hinterfüße mit Schwimmborsten, Schwanz seitlich abgeplattet.

Stets am oder im Wasser, bevorzugt freie oder leicht verkrautete Wasserflächen mit ausreichender Ufervegetation.

Zürich: Nachweise an der Glatt und an Seitenbächen in Schwamendingen und Affoltern.

Neozoon

Waldmaus

Apodemus sylvaticus

Nachtaktiv, klettert und springt sehr geschickt, Stabilisierung mithilfe des langen Schwanzes. Sehr mobil, besitzt großen Aktionsradius. Ernährt sich hauptsächlich von Samen, Früchten, Knospen und grünen Pflanzenteilen, zeitweise aber auch von Insekten. Niedrigste Populationsdichten im Frühjahr, maximale Dichten nach Fortpflanzung im Sommer und Herbst. Feinde sind v. a. Eulen, aber auch andere Fleischfresser.

In der Stadt Zürich kommt auch die nah verwandte Gelbhalsmaus *(Apodemus flavicollis)* vor. Diese hat, wie der Name schon sagt, ein geschlossenes gelbes Halsband, eine klarere Abgrenzung des braunen Rückens vom hellen Bauch als die Waldmaus und einen etwas längeren Schwanz. Unterscheidung allerdings nicht immer ganz eindeutig.

Kopf-Rumpf-Länge 8,5–10,5 cm, Schwanz 8–9,5 cm, Gewicht 20–30 g.

Ganzjährig aktiv

Sehr langer, 2-farbiger Schwanz, heller Bauch und braun-rötlicher Rücken. Starke Hinterfüße und auffallend große Ohren und Augen.

Verschiedenartige Lebensräume wie Hecken, Waldränder, Wald, Parks und Gärten, im Winter gerne auch in Häusern und Ställen.

Zürich: Vermutlich in der ganzen Stadt verbreitet und häufig, auch auf Plätzen in der City.

Kopf-Rumpf-Länge 17–27 cm, Schwanz 16–20 cm, Gewicht 230–500 g.

Ganzjährig aktiv

Größte der einheimischen Mausarten.

Im Freien in der Nähe von Gewässern, in Abwasserkanälen.

Zürich: Seeufer und naturnahe Flussufer von Sihl, Limmat und Schanzengraben. Auch entlang von Eisenbahnlinien, wo Abfälle in die Böschung geworfen werden.

Wanderratte

Rattus norvegicus

Die Wanderratte stammt aus dem asiatischen Raum, breitet sich seit dem 18. Jh. in Europa aus, seit ca. 1850 in Zürich. Besiedelt auch unterirdische Kanalnetze und kann sich dort dank der Speiseabfälle, die die Toilette heruntergespült werden, ernähren und vermehren. Im Gegensatz zu vielen anderen Großstädten wird in Zürich seit 15 Jahren ohne nachteilige Folgen auf die Bekämpfung in der Kanalisation verzichtet. Bei Brüchen oder Lecks im Kanalisationssystem können Ratten über das Erdreich in Keller oder ins Freie gelangen. Wenn sie Futter (Vogelfutter) oder offene Abfälle finden, können sie sich oberirdisch ansiedeln und stark vermehren. Die Bekämpfung im Freien ist nötig wegen der Übertragungsgefahr von Krankheiten auf die Menschen.

Kopf-Rumpf-Länge 7–10 cm, Schwanz 7–10 cm, Gewicht 20–25 g.

Oft ganzjährig aktiv

Körperlanger, nie 2-farbiger Schwanz, kleinere Hinterfüße als die Waldmaus. Rückenfärbung dunkel, variabel, Bauch hell bis weiß.

In oder bei menschlichen Siedlungen, da auf konstantes Nahrungsangebot angewiesen. Eher dunkle und ruhige Bauten, oft in Tierställen mit genügend Futter.

Zürich: Vermutlich nur noch selten in älteren Häusern und Ställen.

Hausmaus

Mus musculus

Hausmäuse leben eng mit dem Menschen zusammen und ernähren sie sich von seinen Nahrungsvorräten. Sie fressen alles Mögliche, von Getreide bis zu Früchten, auch Insekten werden vertilgt. Nachtaktiv und heimlich. Fortpflanzung das ganze Jahr über möglich, Wurfgröße 5–6, Tragzeit etwa 3 Wochen. Hausmäuse leben in hierarchisch geordneten Familienverbänden. Die Hausmaus stammt ursprünglich aus Asien und breitete sich seit der Jungsteinzeit mit dem Menschen aus. Typischer Kulturfolger, infolge der modernen Bauweise allerdings selten geworden. Bei Mäusen, die heute im Stadtgebiet in Häusern angetroffen werden, handelt es sich meistens um Waldmäuse, die nur im Winter auftauchen und im Frühjahr wieder verschwinden.

Waschbär

Procyon lotor

Ursprünglich aus Nord- und Mittelamerika, im 20. Jh. in Europa eingeführt, z. T. aus Pelzfarmen entwichen. Im Kanton Zürich erstmals 1988 nachgewiesen. Tagesquartiere in großen Baumhöhlen, in Höhlen zwischen Steinen und Felsen, in alten Gebäuden (Schuppen, Scheunen, Estriche). Sehr anpassungsfähiger Allesfresser. Hände mit langen Fingern, sehr greif- und manipulierfähig. Waschbären klettern und schwimmen gut. Nicht territorial, Größe der Wohngebiete variabel. In Deutschland (z. B. Kassel) z. T. in beachtlichen Dichten. Ähnliche Art: Marderhund *(Nyctereutes procyonoides)*, eher fuchsartig, undeutliche Gesichtsmaske, Ohren kurz und rundlich, kurze Beine, Schwanz nicht geringelt. In Zürich bisher wenige, ungesicherte Beobachtungen.

Kopf-Rumpf-Länge 40–70 cm, Gewicht 3,5–9 kg.

Ganzjährig nacht- und dämmerungsaktiv. Winterruhe bei Schnee.

Runder Kopf mit spitzer Schnauze, schwarze, weiß umrandete Gesichtsmaske, schwarz-weiß geringelter, buschiger Schwanz. Langhaariger Pelz mit variabler Färbung, vorwiegend grau.

Waldgebiete mit Altholz, auch im Siedlungsraum.

Zürich: Bisher Einzelbeobachtungen, Zürichberg, Katzensee, City.

Neozoon

Europäischer Dachs

Meles meles

Größter einheimischer Marderartiger. Körperbau mit Anpassungen an Grabtätigkeit und zeitweises Leben unter der Erde. Typische Spuren sind Trittsiegel mit Krallenabdruck, häufig begangene Wechsel, Kratzbäume, Latrinen mit mehreren Kotgruben. Jungenaufzucht in selbst gegrabenen, über mehrere Generationen benutzten Bauen. Fraßspuren auf Wiesen in Form von Grablöchern (Käferlarven, Mäuse-, Wespennester) oder an Kulturen (Mais). Opportunistischer Allesfresser mit Vorliebe für Regenwürmer, auch Insekten, Schnecken, Amphibien, Früchte, Getreide. Sammler, kein Jäger. Lebt in Familiengruppen von 2–20 Tieren je nach Bestandsdichte und Nahrungsverfügbarkeit. In der Schweiz kleine Familiengruppen (2–5 Tiere) mit Streifgebieten von etwa 100 bis 300 ha.

Kopf-Rumpf-Länge 65–90 cm, Schwanz 10–20 cm, Gewicht 15–20 kg.

Nachtaktiv. Winterruhe in kalten Wintern und bei hohem Schnee.

Plump, kurze, kräftige Beine, auffallende Kopfzeichnung.

Baue v. a. an Hanglagen in Laubwäldern. Nahrungssuche im Wald, auf Wiesen und Feldern, auch im Siedlungsraum in Bachtobeln und Gärten.

Zürich: In fast allen Wäldern, auch in waldnahen, durchgrünten Wohnquartieren wie Albisrieden, Friesenberg, Zürichberg, Schwamendingen.

Hermelin

Mustela erminea

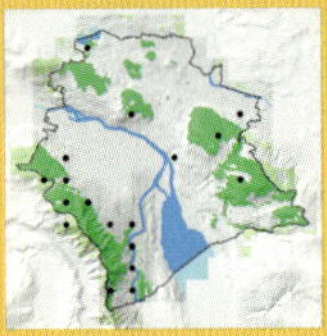

Kopf-Rumpf-Länge 21–37 cm, Schwanz 7–13 cm.

Ganzjährig aktiv, tag- und nachtaktiv.

Lang gestreckter Körper, kurze Füße, schwarzes Schwanzende. Fell rotbraun auf dem Rücken, Bauchseite weiß bis gelb. Im Winter weißes Fell, Schwanzspitze bleibt schwarz.

Bevorzugt Wiesen und Gebüsche, selten im Wald.

Zürich: Punktuelle Beobachtungen Allmend, Üetliberghang, Hönggerberg. Vermutllich weiter verbreitet.

Lebt einzelgängerisch und territorial. Paarungszeit April–Juli, anschließend Keimruhe, Geburt der Jungen erst im kommenden Frühling. Wurfgröße 3–4 Junge, bis zu 12 in günstigen Jahren. Nahrung besteht größtenteils aus Wühlmäusen, auch aus anderen Nagern, Vögeln, Amphibien und Wirbellosen. Populationsdichte schwankt mit Beuteangebot. Bewegt sich springend auf dem Boden vorwärts, oft auch in den Gangsystemen der Wühlmäuse. Stellt sich gerne auf die Hinterpfoten, um die Gegend auszukundschaften. Natürliche Feinde sind Fuchs, Katze, Greifvögel und Eulen.

In höheren Lagen kommt das Mauswiesel *(Mustela nivalis)* vor. Dieses ist kleiner und hat nur vereinzelte schwarze Schwanzhaare an der Schwanzspitze. Vorkommen am Uetliberg nicht auszuschließen.

Iltis

Mustela putorius

verletzlich

Kopf-Rumpf-Länge 31–46 cm

Ganzjährig aktiv, mit reduzierter Aktivität während des Winters.

Lang gestreckter Körper, kurze Beine, buschiger Schwanz. Typische Gesichtszeichnung: weißer Fleck um die Schnauze, Ohrränder und Augenumgebung heller als übriges Gesicht.

Mit Wiesen und Feldern aufgelockerte Waldgebiete. Kehrichtdeponien. Auch im Siedlungsraum, in Familiengärten.

Zürich: In fast allen Waldgebieten, am Katzensee, im Zürichbergquartier.

Dämmerungs- und nachtaktiver Einzelgänger, jedes Tier mit individuellem Aktivitätsgebiet. Verstecke im Winter in Scheunen, Ställen, Heuhaufen, Erd- und Felshöhlen. Ruheplätze im Sommer auch unter Wurzeln und in Holzstößen. Der Iltis ernährt sich hauptsächlich von Amphibien (Frösche, Kröten), ebenso von Nagetieren und Vögeln. Klettert selten, kann gut schwimmen und tauchen, jagt auch in Gewässern. Jungtiere öffnen ihre Augen erst im Alter von 30 Tagen, wenn sie schon mit Fleisch gefüttert werden. Starker Rückgang der Iltispopulationen in der Schweiz wegen abnehmender Amphibienbestände, Verlust von gedeckten Verbindungswegen (Gehölze, Bachufer) in landwirtschaftlichen Gebieten, vielleicht auch wegen der Pestizidbelastung der Beutetiere.

Baummarder

Martes martes

Einzelgänger. Der Baummarder klettert gut, ist aber mehrheitlich am Boden unterwegs, auch zum Jagen und für die Futtersuche. Legt pro Nacht mehrere Kilometer zurück. Reviergröße 1–30 km^2, Dichte gering (0,1–0,8 Individuen/km^2 im Jura). Paarung von Juni bis August, nach Keimruhe entwickeln sich die Jungen, die Mitte März bis Ende April zur Welt kommen (1–6 Junge pro Wurf). Vielseitige Nahrung, sowohl tierisch als auch pflanzlich: kleine Nager, Insekten, Vogelbeeren, Hagenbutten, Vögel. Ruheplätze (Lager) in Bäumen, in Krähennestern, Baumhöhlen, Eichhörnchennester oder Erdhöhlen.

Kopf-Rumpf-Länge 40–48 cm, Schwanz 20–26 cm.

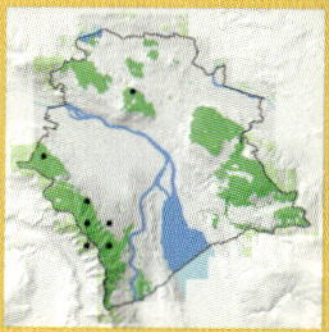

Ganzjährig aktiv, mehrheitlich nachtaktiv. Vereinzelt auch am Tag unterwegs.

Fell dunkel- bis kastanienbraun, gelblicher, orangefarbener oder weißlicher Brustfleck. Nase braun.

Hauptsächlich Waldbewohner. Nur ausnahmsweise in Häusern. Offenes Gelände wird entlang von Hecken, Wäldchen und Gemäuern überquert.

Zürich: Einzelnachweise am Üetliberg und Käferberg.

Steinmarder

Martes foina

Guter Kletterer, kann auch Mauern erklimmen. Tagesverstecke oft in Gebäuden (Dachböden, Scheunen, Ställe). Schädigt gelegentlich Isolation, die er als Nestmaterial nutzt, muss dann tiergerecht ausgeschlossen oder mit Elektroschutz ferngehalten werden. Vielseitige Nahrung: Nager, Vögel, Insekten, Regenwürmer, Früchte (z. B. Kirschen), Speiseabfälle. Revier 80–150 ha. Seit Ende der 1970er-Jahre stellt man fest, dass Steinmarder aus Plastik oder Gummi bestehende Teile von Automobilen, z. B. Bremskabel, zerbeißen («Automarder»). Frisch abgestellte Autos werden regelmäßig «kontrolliert» (Revierverhalten), vermutlich, weil sie fremde Duftmarken tragen.

Den Mardern fehlen zunehmend geeignete Unterschlüpfe in Folge der baulichen Verdichtung.

Kopf-Rumpf-Länge 40–56 cm, Schwanz 20–32 cm, Gewicht 0,8–2,5 kg.

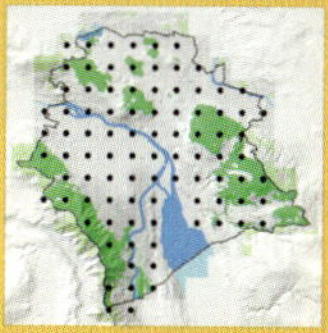

Ganzjährig nachtaktiv

Braunes bis gräuliches Fell, weißer Brustlatz, welcher nach hinten meist gegabelt ist. Nase rosa.

Ursprünglich Felsenbewohner (im Süden). Im Wald, im Siedlungsraum von Dörfern und Städten.

Zürich: Häufig, in allen Stadtquartieren.

Fuchs

Vulpes vulpes

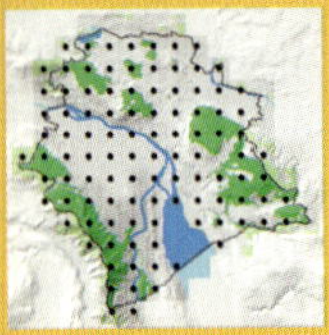

Kopf-Rumpf-Länge 50–90 cm, Schwanz 30–60 cm, Gewicht 4–10 kg.

Ganzjährig aktiv. Mehrheitlich nachtaktiv, z. T. auch am Tag unterwegs.

Rostrote Körperfärbung, Farbvarianten von hellgrau bis dunkelgrau. Vorderseiten der Beine sowie Hinterseiten der Ohren schwarz, Kehle, Brust und Bauch von rötlich über grau bis weiß. Buschiger Schwanz mit weißer Spitze, große Ohren.

Deckungsreiches Gelände, Wald, landwirtschaftliche Gebiete, Siedlungsraum von Dörfern, Agglomerationen und Städte.

Zürich: In der ganzen Stadt verbreitet, hohe Dichten in durchgrünten Wohnquartieren wie Zürichberg, Affoltern, Friesenberg, Wiedikon.

→ www.fuchsratgeber.ch

→ www.swild.ch/Fuchsprojekt

→ www.zor.ch

* Das IFP ist ein interdisziplinäres Forschungs- und Kommunikationsprojekt, das sich mit den Auswirkungen hoher Fuchsbestände, insbesondere in Siedlungsräumen, befasst.

Lange Zeit galten Füchse als Einzelgänger. Erst in den 1970er-Jahren entdeckten britische Wissenschaftler, dass Füchse in günstigen Lebensräumen in Familiengruppen leben, was später auch im Schweizer Jura und in der Stadt Zürich beobachtet werden konnte. Dabei sind Füchse für die Jagd und die Nahrungssuche alleine unterwegs, nutzen aber mit anderen Familienmitgliedern ein gemeinsames Territorium. Schlaf- und Ruheplätze werden häufig gewechselt und befinden sich oft an geschützten Stellen im Freien, z. B. in Gebüschen, im Siedlungsraum häufig auch in Hohlräumen unter Gebäuden (Baracken, Gartenhäuschen). Während der Paarungszeit (Dezember–Februar) sind oft heisere Schreie zu hören. Nach 50–60-tägiger Tragzeit kommen im März und April 3–5 Junge blind zur Welt. Sie werden meist in Erdbauen geboren und aufgezogen und erscheinen nach 3–4 Wochen vor dem Bau. Im Herbst sind die Jungtiere ausgewachsen. Vor allem die jungen Rüden verlassen dann das elterliche Territorium und suchen sich im Verlauf des Winters ein eigenes Gebiet. Aktivitätsgebiete von sesshaften Füchsen in Zürich 30–40 ha.

Nach den Untersuchungen des Integrierten Fuchsprojektes IFP* stammt die Nahrung von Stadtfüchsen zu mehr als der Hälfte direkt oder indirekt vom Menschen: fressbare Abfälle von Komposthaufen oder aus Abfallsäcken, weggeworfene Essensreste auf Straßen und Plätzen, Fallobst, Früchte, Beeren und Nüsse aus Gärten sowie Futter, das Haustieren oder Füchsen im Freien bereitgestellt wird. Das Füttern von Füchsen sollte unterlassen werden, da sie dabei ihre natürliche Scheu vor Menschen verlieren, was zu Problemen führt. Füchse sind hervorragende Mäusejäger, erbeuten aber auch Hühner und Meerschweinchen. Bei nassem Wetter «jagen» Füchse gerne Regenwürmer.

Füchse sind Träger des Kleinen Fuchsbandwurms *Echinococcus multilocularis* (Länge ca. 3 mm), der im Darm des Fuchses lebt. Bandwurmeier gelangen über den Fuchskot in die Umgebung. Nehmen z. B. Mäuse Bandwurmeier auf, entwickeln sich die Eier in deren Leber zu Larven, die das Lebergewebe schädigen. Frisst ein Fuchs eine infizierte Maus, ist der Lebenszyklus geschlossen: Im Darm des Fuchses entwickeln sich die Larven zu Bandwürmern. Der Mensch kann sich in seltenen Fällen (3–4 Fälle pro Jahr und Million Einwohner in der Schweiz) anstecken, indem er Bandwurmeier aufnimmt und dann an einer Leberkrankheit, der Alveolären Echinokokkose erkrankt. Die seltene, aber ernste und oft chronische Erkrankung manifestiert sich erst 5–15 Jahre nach der Ansteckung. Die Behandlungsmöglichkeiten haben sich stark verbessert. Es empfiehlt sich, Rohgemüse und Beeren sowie die Hände nach Arbeiten im Freien gut zu waschen. Da auch mausende Hunde Fuchsbandwurmeier ausscheiden können, sollten diese regelmäßig, am besten monatlich, entwurmt werden.

Luchs

Lynx lynx

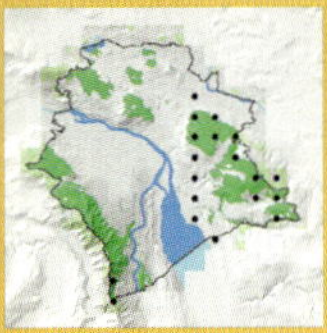

vom Aussterben bedroht

Kopf-Rumpf-Länge ca. 100 cm, Schwanz 20 cm, Gewicht 15–25 kg.

Ganzjährig aktiv. In ungestörten Gebieten zu allen Tageszeiten aktiv, am häufigsten in der Dämmerung.

Fell mit individueller schwarzer Fleckung. Backenbart, Haarbüschel auf den Ohren («Pinsel»).

Gebieten mit genügend Waldanteil, meidet Querung von Offenland. Auch in Kulturlandschaften in der Nähe des Menschen.

Zürich: Luchs Turo 2003 im Zürichbergwald, Aika später am Üetliberg.

Einzelgänger mit sehr großen Aktionsgebieten (100–400 km²). Territorien, wobei nur die Kerngebiete (50–200 km²) exklusiv genutzt werden. Territorien von Männchen und Weibchen überlappen sich.

Im Gebiet der Stadt Zürich im Jahr 2003 Beobachtungen des Luchses Turo aus dem Ostschweizer Projekt LUNO (Luchsumsiedlung Nordostschweiz): Turo, mit Sender markiert, hielt sich während Monaten im Zürichbergwald auf, ohne dass er gesehen wurde. Unternahm beim Versuch, westwärts zurückzuwandern, einige Ausflüge ins Siedlungsgebiet, wurde in Oerlikon gesehen und wagt sich vom Dolder via Bahnhof Stadelhofen ans Seeufer. In Zürich ernährte sich Turo von Rehen und erlegte gelegentlich Stadtfüchse. Auch am Üetliberghang wurde schon ein Luchs nachgewiesen.

Wildschwein

Sus scrofa

Kopf-Rumpf-Länge 130–140 cm

Ganzjährig aktiv; eher nachts, gelegentlich auch am Tag unterwegs.

Fell grau, braun oder schwarz. Jungtiere (Frischlinge) längs gestreiftes Erstlingskleid, ab 4 Monaten rotbraunes Fell.

Bevorzugt in Wäldern mit Buchen, Eichen und Kastanien. In Landwirtschaftsgebieten.

Zürich: Rotte, die zwischen Hönggerberg und Gubrist wechselt. Am Katzensee. Vereinzelte Beobachtungen im Osten der Stadt.

Soziale Tiere, nur Männchen (Keiler) leben einzelgängerisch. Familienverbände (Rotten) aus Mutter, Töchter und den Nachkommen. Ältestes Weibchen (Bache) übernimmt die Führung (Matriarchat). Rotte bewohnt ein Gebiet von 8–30 km² (Angaben aus dem Jura). Innerhalb des Heimgebiets befinden sich Wechsel, Suhlen, Schlaf- und Wurfkessel, Latrinen. Brunft von Dezember bis Februar, Junge kommen von April bis Juni zur Welt (Frischzeit). Frischlinge begleiten die Mutter bereits nach wenigen Tagen auf ersten Streifzügen. Allesfresser, bevorzugen pflanzliche Kost. Waldmast: Bucheckern, Gräser, Wurzeln, Kastanien, Eicheln. Feldmast: Mais, Weizen, Hafer, Kartoffeln. Wildschweine können an landwirtschaftlichen Kulturen beträchtliche Schäden anrichten.

Reh

Capreolus capreolus

Sozialleben vielfältig: Rehe leben einzeln, in matriarchalen Gemeinschaften oder in Familien. Im Winter, außerhalb der Fortpflanzungszeit, Tendenz zur Geselligkeit. Bock ab April territorial, Geiß vor der Setzzeit, Rehkitze kommen im Mai und Juni zur Welt. 1–3, meist 2 Kitze pro Wurf. Geißen setzen Kitze oft in Wiesen, was zu Problemen mit Mähmaschinen und frei laufenden Hunden führt. Das Reh gilt als Feinschmecker und frisst Gräser, Kräuter, Knospen und Triebe von Bäumen und Sträuchern, auch Rosenknospen in Gärten. In Zürich Lebensraumverluste v. a. durch Überbauung von Wiesen und Einzäunung von Wiesen für die Schafhaltung. Der größere Rothirsch (*Cervus elaphus*) wird bisher nur ganz vereinzelt an der Üetlibergflanke beobachtet.

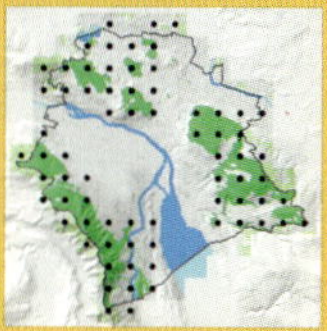

Kopf-Rumpf-Länge 95–135 cm, Risthöhe 60–85 cm, kein Schwanz; Gewicht 15–30 kg.

Ganzjährig aktiv

Rehbock mit Geweih, das im Herbst abgeworfen wird. Fell im Sommer rostbraun, im Winter graubraun. Haare des Hinterteils weiß («Spiegel»). Kitze braun mit weißen Flecken.

Bewaldete Gebiete und angrenzende Wiesen. Zur Nahrungssuche auch in Parks und Gärten.

Zürich: In allen Wäldern; Bestandsschätzung 2005: 240 Tiere.

Gämse

Rupicapra rupicapra

Lebt in Gruppen wechselnder Größe und Zusammensetzung. Größere Rudel bestehen aus Geißen, Jährlingen und Kitzen. Junge Böcke bilden im Sommer kleinere Gruppen. Ältere Böcke sind oft alleine unterwegs und schließen sich während der Brunftzeit (November/Dezember) den Geißenverbänden an. Zum Setzen (Mai/Juni) trennen sich die Geißen vom Rudel. Während der Brunftzeit häufig Auseinandersetzungen zwischen den Böcken. Platzböcke vertreiben andere Böcke und versuchen, Geißen in ihrem Territorium zurückzuhalten. Geiß setzt nach einer Tragzeit von 23 Wochen ein Kitz. Einem harten Winter fallen v. a. Kitze und durch Paarungszeit geschwächte Böcke zum Opfer. Nahrung: Kräuter, Blätter, Triebe von Nadel- und Laubhölzern, Zwergsträucher.

Kopf-Rumpf-Länge 120–150 cm, Risthöhe 70–85 cm, Gewicht 30–50 kg.

Ganzjährig aktiv

Beide Geschlechter gehörnt (Krickel, Krucken), Sommerfell hellgrau bis hellbraun, Winterfell dunkelbraun.

Hauptverbreitungsgebiet im Bereich der Waldgrenze an Steilhängen, in Felspartien, in aufgelockertem Wald. Auch in tieferen Lagen.

Zürich: Gelegentlich einzelne Tiere in unzugänglichen Gebieten im Üetlibergwald.

Hausspitzmaus

Crocidura russula

Kopf-Rumpf-Länge 6,4–8,4 cm, Schwanz 3,3–4,6 cm, Gewicht 7–15 g.

Ganzjährig aktiv, Ruhephasen bei schlechter Witterung.

Pelz grau bis braun, Bauch hellgrau. Ohrmuscheln frei, nicht im Pelz versteckt. Zähne weiß.

Gärten, Parkanlagen, Hecken, Waldränder, Brachen, Steinhaufen, im Herbst auch in Häusern und Ställen.

Zürich: Wohl verbreitet, nur vereinzelte Nachweise; besonders reich strukturierte Naturgärten sind sehr wertvoll.

Schwanz der Hausspitzmaus mit einzelnen langen Wimperhaaren (im Unterschied zu Rotzahnspitzmäusen). Bewegt sich in der Laubschicht, Unterschlupf in Mauselöchern, Mauerspalten, Kompost- und Reisighaufen. Täglich mehrere Aktivitätsphasen, dazwischen kurze Schlafperioden. Spitzmäuse fressen täglich fast ihr eigenes Körpergewicht an wirbellosen Bodentieren. Feinde: Eulen, Wiesel. Viele andere Fleischfresser verschmähen die nach Moschus riechenden Tiere. Katzen töten Spitzmäuse, fressen sie aber nicht. Zwischen Februar und Oktober 3–4 Würfe von 2–7 zunächst nackten Jungen. Nach einer Woche folgen die nun behaarten Jungtiere der Mutter in einer Karawane, in der sich die Tiere im Rückenfell des vor ihnen eingereihten Tiers festbeißen.

Wasserspitzmaus

Neomys fodiens

Kopf-Rumpf-Länge 7,2–9,6 cm, Schwanz 4,7–7,7 cm, Gewicht 15–20 g.

Ganzjährig aktiv

Rücken schiefergrau bis glänzend schwarz, Bauch weiß. Sehr dichtes Fell. Rotbraune Zahnspitzen.

Wasserläufe, stehende Gewässer mit gut bewachsenen Uferbereichen, welche Grabtätigkeit erlauben.

verletzlich

Zürich: Vermutlich an Wiesenbächen oder naturnah gestalteten, ausgedolten Bachläufen, auch an Teichen und anderen Gewässern. Kaum Nachweise bekannt.

Größte einheimische Spitzmaus. Jagt wirbellose Wassertiere, taucht bis zu 50 cm tief und 20 Sek. lang. Eines der wenigen giftigen Säugetiere: Giftdrüsen unter der Zunge produzieren Gift, das für Tiere bis Mausgröße tödlich wirkt; so werden auch größere Fische erbeutet. Weibchen verteidigen Territorien, Männchen streifen umher und suchen fortpflanzungswillige Weibchen. 2–3 Würfe von 4–8 Jungen zwischen März und August. Junge werden 4 Wochen gesäugt und nach 50 Tagen von der Mutter aus dem Nest gejagt. Geschlechtsreife im nächsten Frühjahr. Stirbt normalerweise im folgenden Herbst im Alter von höchstens anderthalb Jahren. Keine Winterruhe, bei schlechter Witterung Größeneinbuße der Organe und anderer Körperteile.

Schabrackenspitzmaus

Sorex coronatus

Breites Nahrungsspektrum, v. a. verschiedene Wirbellose, wobei Regenwürmer die wichtigste Nahrungsquelle darstellen. Lebt somit mehr als andere Spitzmausarten auch unterirdisch. Verbringt viel Zeit mit Suche nach geeignetem Territorium und verteidigt dieses anschließend gegenüber Rivalen, sichert sich damit genügend Nahrungsreserven für die kalte und nahrungsarme Winterzeit. Zum Nahrungserwerb und zum Schutz vor Feinden auf Boden bedeckende Pflanzenschicht oder gut nutzbares Spaltensystem angewiesen. Schwierig zu unterscheiden von Waldspitzmaus (*S. araneus*, in der Schweiz meist über 1000 m). Auch die Zwergspitzmaus *(Sorex minutus)*, das kleinste Säugetier der Schweiz, ist sehr ähnlich und kommt in Zürich vermutlich ebenfalls vereinzelt vor.

Kopf-Rumpf-Länge 6,8–8 cm, Schwanz 3,8–5,7 cm, Gewicht bis ca. 10 g.

Ganzjährig aktiv

Rückenfärbung eher dunkelbraun, der Bauch hellgrau. Der weiche und glänzende Pelz verdeckt die Ohren teilweise. Rotbraune Zahnspitzen.

Unterschiedliche Lebensräume mit guter pflanzlicher Bodenbedeckung. Wiesen, Wälder, Parks, auch Gewässerböschungen.

Zürich: Wenig bekannt, nur vereinzelte bekannte Funddaten, wird aber oft von Katzen in Wohnungen gebracht.

Maulwurf

Talpa europaea

Kleine Augen im Fell versteckt, äußeres Ohr fehlt. Selten auf der Erdoberfläche, nur stark aufgeworfene, vulkanähnliche Erdhügel deuten auf seine Präsenz hin. Unterscheidung zu den Erdhügeln der Schermaus ist nicht ganz einfach, Gangdurchmesser beim Maulwurf 2 Finger breit, Ausgangsloch senkrecht in der Mitte des Hügels. Oft wohnen beide Arten im gleichen Gangsystem. Der Maulwurf verbringt praktisch ganzes Leben unterirdisch, im selbst gegrabenen Gangsystem. Populationsdichte je nach Lebensraumqualität um die 4–5 Tiere pro Hektar. Ernährt sich fast ausschließlich von Regenwürmern, legt z. T. Nahrungsvorräte für schlechte Witterung an. Wird von Fuchs, Hermelin, Eulen und Greifvögeln, sowie Graureiher und Menschen gejagt.

Kopf-Rumpf-Länge 12,4–14,2 cm, Schwanz 2,7–3,8 cm, Gewicht 60–120 g.

Ganzjährig aktiv

Dunkles Fell, übergroße Vorderfüße (Grabschaufeln), fleischfarbige Schnauze.

Auf Böden, die tief genug zum Graben und fruchtbar sind. In Wiesen, Parks, Gärten, Äcker und Wäldern.

Zürich: Nachweise in der Allmend, Witikon, Hönggerberg, Friedhof Sihlfeld – vermutlich aber noch weiter verbreitet, besonders in Wäldern und Parks.

Igel

Erinaceus europaeus

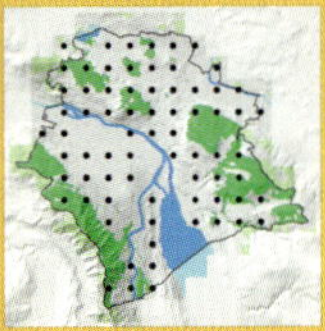

Kopf-Rumpf-Länge 25–30 cm, Schwanz 2,5–3 cm, Gewicht 800–1700 g.

Winterschlaf Ende Oktober–März

Typisches Stachelkleid. Unverwechselbar.

Gärten, Parkanlagen, Wiesen mit Hecken, Waldränder, Brachen.

Zürich: Weit verbreitet an Waldrändern, in der Kulturlandschaft und besonders im Siedlungsraum. Meidet dicht bebaute Stadtteile mit geringem Grünanteil.

→ Beratungsstelle und Pflegestation für Igel: Igelzentrum Zürich (www.izz.ch). Igel- & Naturpfad beim Igelzentrum (Hochstrasse 13). Igelfreundlicher «Mustergarten» im Familiengartenareal Susenberg.

Dämmerungs- und nachtaktiv, kann bis zur Morgendämmerung mehrere Kilometer zurücklegen. Fast ausschließlich tierische Kost, verzehrt gerne Insekten, besucht Komposthaufen, vertilgt Schnecken, geht auch an herumstehendes Katzen- und Hundefutter. Einzelgänger, deren Aktionsräume sich überschneiden können. Tagsüber in manchmal nestartig ausgepolstertem Unterschlupf (in Hecke, Bodenbedeckern wie Efeu, Asthaufen, Hohlräumen unter Gebäuden), Schlafplätze werden oft gewechselt. Hält Winterschlaf, im ersten Winter stirbt ein Großteil der Jungtiere. Ab 2. Jahr geschlechtsreif, Paarungszeit April–August. Vor der Paarung «Igelkarussell»: Männchen umkreisen die zuerst abweisend schnaubenden Weibchen oft stundenlang. Zum Schutz vor Feinden rollt sich der Igel zur Stachelkugel ein. Ausgewachsene, gesunde Igel haben von Füchsen nichts zu befürchten, Dachse hingegen können ihnen gefährlich werden. Große Verluste durch Verkehr.

Igel erreichen in der Stadt eine 2- bis 3-mal höhere Bestandsdichte als im Umland (nach Untersuchungen in Zürich während der frühen 1990er-Jahre). Sie schätzen reich gegliederte Gärten mit einer Vielfalt von Strukturen, die ihnen Unterschlupf und Nahrung bieten: von krautiger Vegetation begleitete Hecken, Kompost-, Laub- und Asthaufen, vielfältige Wiesen. Auch Zierrasen werden auf der Suche nach Insekten und Regenwürmern aufgesucht, können jedoch ohne naturnahe Umgebung keinen vollständigen Lebensraum bilden. Da Insekten sich kaum an exotischen Gartengewächsen entwickeln können, profitieren als Insektenfresser auch Igel von der Pflanzung einheimischer Gehölze. Der Verzicht auf chemische Schädlingsbekämpfungsmittel wirkt sich für Igel ebenfalls positiv aus. Gefährlich ist der Einsatz von Motorsensen (Fadenmähern) und anderen Mähgeräten unter Büschen, wo tagsüber ruhende Igel verletzt oder getötet werden können. Mauern und Hindernisse, die höher als 20 cm sind, können Igel nicht überwinden. Schwimmbecken können für Igel lebensgefährliche Fallen sein, obwohl sie gut schwimmen. Wasserbecken und Schächte, die nicht abgedeckt werden, sollten mit Ausstiegshilfe versehen werden (Hühnerleiter). Fütterung von Igeln ist nicht empfehlenswert, als Wildtier sind Igel im Allgemeinen fähig, sich selbstständig zu ernähren. Bei Zufütterung besteht das Risiko, dass sich an viel besuchten Futterstellen Krankheiten ausbreiten oder Nahrungsmittel wie Milch den Organismus überfordern.

Fledermäuse

Die Fledermäuse (Chiroptera) sind eine Ordnung der Säugetiere. Ihre Mittelhand- und Fingerknochen sind extrem verlängert und bilden mit der Flughaut, die zwischen den Fingern und dem Körper aufgespannt ist, die Flügel. Wie bei allen Säugetieren kommen ihre Jungen – nur ein bis zwei pro Jahr – lebend zur Welt und werden von der Mutter mit Milch gesäugt. Alle Fledermäuse bei uns sind Insektenfresser, einige Arten fressen auch Spinnen und Wasserfledermäuse ausnahmsweise einen kleinen Fisch. Da die Nahrungstiere in der kalten Jahreszeit nicht in genügender Menge vorkommen, machen alle in der Schweiz heimischen Fledermausarten einen Winterschlaf. Dazu suchen sie unterirdische Quartiere oder Hohlräume von Bäumen mit konstanter Temperatur von 4 bis 12 °C auf.
In der Schweiz sind dreißig Fledermausarten bekannt, die alle nachtaktiv sind und sich mittels Ultraschall orientieren. Verschiedene Arten haben einen Verbreitungsschwerpunkt im Siedlungsgebiet und scheinen dabei vom warmen Stadtklima, der dichten Bebauung, vom Stadtgrün, von der Ansammlung von Beuteinsekten an künstlicher Beleuchtung und dem Angebot an Versteckmöglichkeiten an Gebäuden zu profitieren. In der Stadt Zürich sind 14 Arten nachgewiesen, mehrheitlich Arten, die im freien Luftraum jagen. In den letzten Jahren wurde erkannt, dass es sich bei gewissen Fledermausarten um zwei Arten handelt, die äußerlich kaum unterscheidbar, jedoch in Verhalten und Bedürfnissen verschieden sind. So wurde in der Schweiz die seltene Mückenfledermaus entdeckt, deren Vertreter bisher zur Zwergfledermaus, der häufigsten einheimischen Art, gerechnet wurden.
Fledermäuse kommen in sämtlichen Biotopen vor, über Gewässern, Wäldern und Wiesen ebenso wie im Siedlungsraum. Tagesquartiere befinden sich in Estrichen oder Spalten von Gebäuden, in Höhlen von Bäumen oder anderen Spalten. Die Weibchen bilden im Frühsommer sogenannte Wochenstuben, Gruppen von einigen bis zu mehreren Hundert Individuen. Außer in der Paarungszeit im Herbst leben die Männchen einzeln, bei bestimmten Arten auch in Verbänden. Die Aktivitätsgebiete sind erstaunlich groß, von einem Quartier aus wird die Umgebung im Umkreis von 1 km (Mückenfledermaus) bis zu 25 km (Großes Mausohr) genutzt. Bei verschiedenen Fledermausarten erfolgen jahreszeitliche Wanderungen (Migration) bis zu einigen Hundert Kilometern.
Nach einem massiven Rückgang der Bestände in der Mitte des 20. Jahrhunderts ist die Mehrzahl der einheimischen Fledermausarten heute stark bedroht. Bei manchen Arten ist in den letzten Jahrzehnten wieder ein Aufwärtstrend zu beobachten, der wegen des geringen Populationswachstums bei Fledermäusen jedoch sehr langsam fortschreitet.

Wasserfledermaus

Myotis daubentonii

Wasserfledermäuse verbringen den Tag in Höhlen und Spalten von Bäumen oder Gebäuden. Auf Flugrouten entlang von Waldrändern, Hecken und Baumreihen fliegen sie am Abend in Richtung des nächsten Gewässers, der zurückgelegte Weg beträgt oft 1–2 km. Diese Fledermäuse jagen knapp über der Wasseroberfläche von stehenden oder ruhig fließenden Gewässern (Seen, Teichen, Flüssen) nach Wasserinsekten, die sie mit den großen Füßen teilweise von der Wasseroberfläche fischen. Paarung im Herbst und im Winterquartier. Junge kommen im Sommer zur Welt, in Wochenstubenkolonien von 20–50 Tieren. Quartier wird häufig gewechselt. Zwischen Sommer- und Überwinterungsquartieren können Dutzende Kilometer liegen.

Kopf-Rumpf-Länge 4,5–5,5 cm, Flügelspannweite 24–28 cm, Gewicht 7–15 g.

Winterschlaf; von Frühling bis Herbst dämmerungs- und nachtaktiv.

Rötlich- bis dunkelgraubraunes Fell, Unterseite silbergrau. Auffallend große Füße. Kurze Ohren.

Jagt über Gewässern; Quartiere in Baumhöhlen und -rissen, Gebäudespalten.

Zürich: Kleine Anzahl jagender Wasserfledermäuse über der Sihl (Allmend) und beim Werdhölzli über dem Kanal des Kraftwerks.

gefährdet

Großes Mausohr

Myotis myotis

Größte einheimische Fledermausart. Typische Dachstockfledermaus, die in großen, warmen, ungestörten Dachstöcken in Gruppen kopfüber an den Dachbalken und -latten hängt. Fassadenbeleuchtung vertreibt Mausohren, da sie beim Ausflug im Licht ungeschützt vor Feinden (z. B. Waldkauz) sind. Im Juni und Juli bringen die Weibchen in Wochenstubenkolonien, die mehrere Hundert Weibchen umfassen können, je ein Jungtier zur Welt. Geeignete große und ungenutzte Dachstöcke (in Kirchen usw.) sind selten geworden und durch Renovationen gefährdet. Große Mausohren jagen in Wäldern und über Wiesen im tiefen Flug nach bodenbewohnenden Insekten, meist Käfer oder Schnaken, die sie aufgrund ihrer Geräusche entdecken. Verschlafen den Winter in frostsicheren Höhlen und Stollen.

Kopf-Rumpf-Länge 6,7–7,9 cm, Flügelspannweite 35–43 cm, Gewicht 28–40 g.

Winterschlaf; während der Sommermonate nachtaktiv.

Haarbasis schwarzbraun, Oberseite hellgrau-braun, Unterseite weißgrau.

Wälder ohne Unterwuchs, Weideland und frisch geschnittene Wiesen. Sommerquartiere (Wochenstuben) in warmen Dachböden, Kirchenestrichen.

Zürich: Einzelbeobachtungen, Winterquartiere in Höhlen am Üetliberg.

stark gefährdet

potenziell gefährdet

Kopf-Rumpf-Länge 4,1–5,8 cm, Flügelspannweite 25–29 cm, Gewicht 5–13 g.

Winterschlaf; während der Sommermonate nachtaktiv.

Auffällig lange Ohren, werden im Schlaf eingerollt. Fell lang, meist grau.

Vielfältige Kulturlandschaften, oft an menschliche Siedlungen gebunden, in Gärten, entlang von Hecken und Alleen, in Obstgärten. Sommerquartiere (Wochenstubenquartiere) in Spalten von Gebäuden und Dachstöcken.

Zürich: Einzelne akustische Nachweise.

Graues Langohr

Plecotus austriacus

Graue Langohren sind ortstreu und unternehmen nur kurze Wanderungen. Wochenstubenkolonien während des Sommers mit kleinen Gruppen von 10–25 Tieren in Spaltenquartieren. In den Wochenstubenkolonien werden die Jungen zur Welt gebracht, die bereits nach wenigen Wochen selbstständig sind. Männchen mehrheitlich solitär. Jagen vorwiegend nach freifliegenden, größeren Insekten, bevorzugt große Eulen- und Schwärmerfalter, auch Junikäfer, die oft an Fraßplätzen verzehrt werden. Die Fledermaus hängt sich dafür an einem geschützten Ort kopfunter auf und frisst die Beutetiere, wobei sie ungenießbare Teile (Flügel, Beine) abbeißt und fallen lässt. Ähnliche Art: Braunes Langohr *(P. auritus)* jagt im Wald.

Kopf-Rumpf-Länge 3,6–5,1 cm, Flügelspannweite 18–24 cm, Gewicht 4,5–7 g.

Winterschlaf; während der Sommermonate dämmerungs- und nachtaktiv.

Fell braun, Unterseite gelbbraun bis graubraun.

Vorwiegend Hausfledermaus. In Spaltquartieren. Siedlungsraum, Dörfer, Städte, auch Zentren von Großstädten, in Parks, Alleen, Obstgärten, Hinterhöfe, jagt um Straßenlampen.

Zürich: Kommt überall vor; häufig (Karte unvollständig).

Zwergfledermaus

Pipistrellus pipistrellus

Häufigste Fledermausart, eine der kleinsten einheimischen Arten. Tagesschlafquartiere und Wochenstuben in von außen zugänglichen Spaltquartieren an Gebäuden, z. B. in Rollladenkästen, unter Holzverkleidungen von Fassaden oder Dachunterzügen. Auch an neuen, modernen Gebäuden. Bevorzugt enge Quartiere, sodass Rücken und Bauch Kontakt zur Unterlage haben. Jungenaufzucht (1–2 Junge pro Weibchen pro Jahr) im Mai und Juni in Wochenstubenkolonien von bis zu mehreren Dutzend Individuen. Im Juli sind die Jungtiere bereits ausgewachsen und selbstständig. Zwergfledermäuse wechseln oft das Quartier. Sie fressen kleine Insekten und jagen im schnellen Zick-Zack-Flug um Bäume, Straßenlampen oder nahe an Gebüschen.

Mückenfledermaus

Pipistrellus pygmaeus

Kleinste einheimische Fledermausart. Wurde erst in den 1990er-Jahren als eigene Art erkannt, bis dahin zu den Zwergfledermäusen gerechnet. Äußerlich sind die beiden Arten kaum voneinander zu unterscheiden, die Mückenfledermaus hat teilweise ein helleres Gesicht. Die beiden Arten rufen aber auf unterschiedlichen Frequenzen (Mückenfledermaus auf ca. 55 kHz, Zwergfledermaus auf ca. 45 kHz). Im Gegensatz zur Zwergfledermaus ist die Mückenfledermaus in der Schweiz selten. Bis 2009 konnten nur wenige Orte mit Jungenaufzucht (Wochenstuben im Mai und Juni) gefunden werden. Bildet große Kolonien (häufig mehr als 100 Tiere). Eher in tiefen Lagen, nahe von Gewässern.

Kopf-Rumpf-Länge ca. 30–50 cm, Flügelspannweite bis 20 cm, Gewicht 4–6 g.

Winterschlaf; während der Sommermonate nachtaktiv.

Kleinste Fledermausart, von der Zwergfledermaus äußerlich kaum zu unterscheiden.

Siedlungsgebiet und Vegetationsränder, Landschaften in der Nähe von Flüssen oder Seen. Auenwälder. Quartiere in Gebäudespalten.

Zürich: Einzelnachweise im Siedlungsgebiet und bei der Limmat.

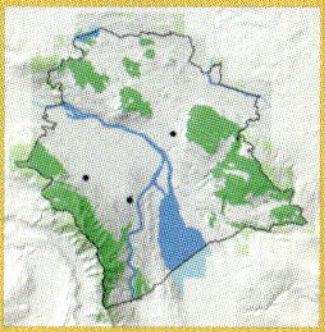

stark gefährdet

Rauhautfledermaus

Pipistrellus nathusii

Die Rauhautfledermaus ist die kleinste einheimische Fledermausart, die migriert. Wintergast, verbringt Herbst (Paarungszeit), Winter und Frühling in der Schweiz. Balzquartiere im Herbst in Baumhöhlen und Fassadenhohlräumen. Winterschlafquartiere oft in Holzbeigen. Zieht im Frühling Richtung Nordosteuropa, wo die Jungen zur Welt gebracht und bis im Herbst großgezogen werden. Jagt im gradlinigen Flug entlang von Waldrändern, Hecken, Baumalleen oder Ufergehölzen kleine bis mittelgroße Fluginsekten. Oft gleichzeitige Ankunft vieler Tiere im Herbst.

Kopf-Rumpf-Länge 4,6–5,5 cm, Flügelspannweite 2,3–2,5 cm, Gewicht 6–15,5 g.

Winterschlaf; während der Sommermonate nachtaktiv.

Fell dunkelbraun bis kastanienbraun, Unterseite hellbraun bis gelbbraun.

Baumhöhlenreiche Laubwälder mit viel Totholz, in Siedlungen, Parks, bevorzugt im Tiefland.

Zürich: Wintergast, z. B. in Rollladenkästen der ETH Zürich.

gefährdet

Weißrandfledermaus

Pipistrellus kuhlii

Die Weißrandfledermaus trägt am Hinterrand der Armflughaut meist einen scharf begrenzten, weißen Rand. Sie hat ihr Hauptverbreitungsgebiet im Mittelmeerraum. Seit 1980er-Jahre Ausbreitung in Gebiete nördlich der Alpen. In der Schweiz sind auf der Alpennordseite Quartiere mit Jungenaufzucht (Wochenstuben, Mai, Juni) zum Beispiel in Zürich, Luzern und Chur nachgewiesen (warmes Stadtklima). In Zürich nach starker Zunahme nun recht häufig. Sommerquartiere vorwiegend in Spalten an und in Gebäuden und in Neubauten (ähnlich wie Zwergfledermaus). Jagt kleine Fluginsekten. Fliegt schnell und wendig. Jagd in mittlerer Höhe in Gärten, entlang Straßenlaternen und Alleen, an Wasserstellen.

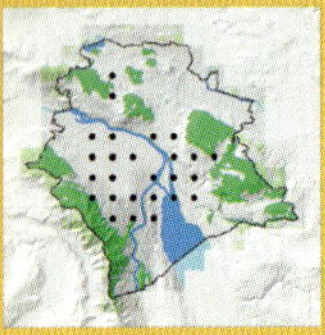

Zürich: seit 1980er-Jahren

Kopf-Rumpf-Länge 4–4,7 cm, Flügelspannweite 21–22 cm, Gewicht 5–10 g.

Winterschlaf; während der Sommermonate nachtaktiv.

Fellfärbung variabel, Oberseite mittelbraun, Unterseite hellgrau bis grauweiß.

Fledermaus des Mittelmeerraums, nördlich der Schweizer Alpen Fortpflanzungsnachweise in Siedlungsräumen.

Zürich: Inzwischen recht häufig im ganzen Siedlungsgebiet, besonders im Zentrum (Nachweise unvollständig).

Alpenfledermaus

Hypsugo savii

Kleine Fledermausart mit mediterranem Verbreitungsschwerpunkt, deutscher Name ist daher irreführend. In der Schweiz bisher hauptsächlich in südlichen Alpentälern. Fliegt gradlinig, ruhig, z. T. oberhalb von Baumkronen und Häusern. Paarungszeit im Herbst, Jungenaufzucht in Fortpflanzungskolonien (Wochenstuben) im Juni/Juli. Sommerquartiere häufig in Spalten in und an Gebäuden (Dachstuhl, Mauerrisse, Hohlräume zwischen Ziegeln). In der Stadt Zürich lebt die Alpenfeldermaus erst in jüngster Zeit, bereits an überraschend vielen Orten.

potenziell gefährdet

Zürich: seit wenigen Jahren

Kopf-Rumpf-Länge 4–5,4 cm, Flügelspannweite 2,2–2,25 cm, Gewicht 5–10 g.

Winterschlaf; während der Sommermonate nachtaktiv.

Haarbasis schwarzbraun, Oberseite variabel von gelbbraun oder gold- bis dunkelbraun mit goldglänzenden Spitzen, Unterseite grauweißlich bis weißgelblich, deutlicher Kontrast zur Oberseite.

Hauptverbreitungsgebiet Südeuropa.

Zürich: Seit Kurzem im Siedlungsgebiet (Nachweise unvollständig).

Nordfledermaus

Eptesicus nilssonii

Die Nordfledermaus lebt, wie das ihr Name sagt, im Norden Europas, aber auch in den kühleren, höheren Lagen des Juras und der Alpen. Flug schnell und geschickt, mit raschen Wendungen. Jagt in freiem Luftraum, über Wasser, Straßenlampen und in der Höhe der Baumkronen. Sommerquartiere hinter Blechabdeckungen oder Holzverschalungen oder im Zwischendach.

Kopf-Rumpf-Länge 5,4–6,4 cm, Flügelspannweite 24–28 cm, Gewicht 8–18 g.

Winterschlaf; während der Sommermonate dämmerungs- und nachtaktiv.

Ohren relativ kurz, Haarbasis dunkelbraun, Oberseite mit typisch goldglänzenden Haarspitzen, gelbbraune Unterseite.

Sommerquartiere (Wochenstuben) häufig in Spalten in und an Gebäuden. Einzeltiere auch in Baumhöhlen.

Zürich: Einzelnachweise.

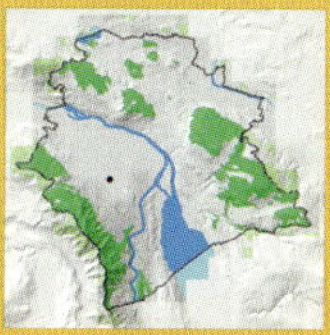

potenziell gefährdet

Großer Abendsegler

Nyctalus noctula

Bei uns mehrheitlich Wintergast. Junge kommen in Wochenstuben in Baumhöhlen Nordosteuropas zu Welt, der Große Abendsegler zieht dann zur Paarungszeit südwärts ins Schweizer Mittelland. Überwintert hier in Baumhöhlen, auch in Fassadenhohlräumen und Fledermauskästen. Paarungswillige Männchen sitzen am Ausgang einer Baumhöhle und locken mit gut hörbaren, zwitschernden Tönen Weibchen an. Teil der Männchen bleibt während des ganzen Jahres in der Schweiz. Bewohnt Baumhöhlen in Wäldern, Allee- und alten Park- und Gartenbäumen, auch Spalten an Gebäuden. Jagt mit tiefen Ultraschallrufen (für Kinder noch hörbar) im offenen Gelände, oft über Gewässern. Rasanter, wendiger Flug. Jagt größere, schwärmende Insekten wie Köcher- oder Eintagsfliegen, auch Käfer.

Kopf-Rumpf-Länge 6–8,2 cm, Flügelspannweite 32–40 cm, Gewicht 19–40 g.

Winterschlaf; im Sommer dämmerungs- und nachtaktiv.

Groß, braun, Ohren kurz, rundlich.

Baumhöhlenreiche Wälder; jagt über Wiesen, Gewässern, entlang von Verkehrsträgern und Industriegebieten über Straßenlampen.

Zürich: Überwinterungsgebiet von internationaler Bedeutung. Quartiere in Wäldern, Alleen, im Werdhölzli, Rieterpark. Wichtiges Jagdgebiet über der Limmat bei der Werdinsel.

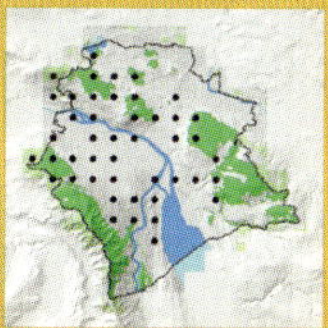

gefährdet

Anhang

Glossar

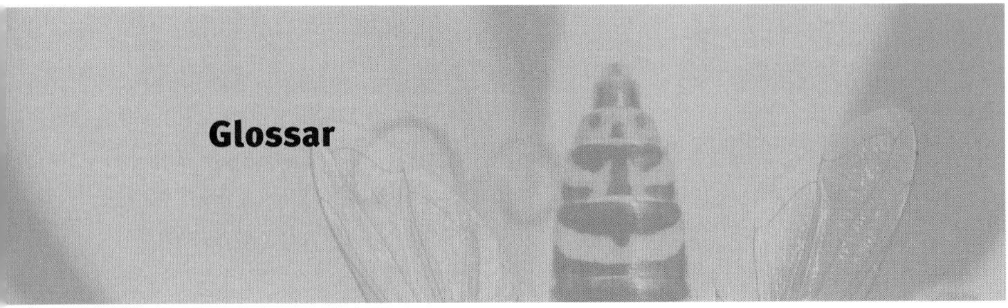

Abdomen Hinterleib (bei Insekten und anderen Gliederfüßern)

Archäophyt Alteinwanderer unter den Pflanzen, ursprünglich nicht einheimische Art, die sich schon vor ca. 1500 etablieren konnte.

Archäozoon Alteinwanderer unter den Tieren, ursprünglich nicht einheimische Art, die sich schon vor ca. 1500 etablieren konnte.

Art Kleinste systematische Einheit, eine Fortpflanzungsgemeinschaft bildend.

Adhäsionskräfte Oberflächenhaftung

adult Voll entwickelt, ausgewachsen

Aggregation Anhäufung, Ansammlung

Altarm Heute noch sichtbare Überreste eines ehemaligen Flusslaufes

Altgrasbestand Bei Mahd stehen gelassene Grasfläche, welche erst mit nächster Mahd geschnitten wird.

Altholz Noch stehende, uralte Bäume

Antenne Fühler (bei Gliederfüßern)

Auenwald Periodisch überschwemmter Wald entlang eines Flusses

autochthon Einheimisch; Art, die im aktuellen Verbreitungsgebiet entstanden ist.

Avifauna Gesamtheit der in einer Region vorkommenden Vogelarten

Bahnbort Bahnböschung

BiodiverCity Nationales Forschungsprojekt zur Untersuchung der Biodiversität und ihrer Akzeptanz in städtischen Räumen

Biodiversität Biologische Vielfalt auf allen Ebenen: genetische Vielfalt (innerhalb einer Art), Artenvielfalt, Vielfalt von Ökosystemen

Bioindikator Organismus, der bestimmte Standort- und Umweltbedingungen anzeigt.

Biolumineszenz Erzeugung von kaltem Licht in biochemischen Prozessen

Biomasse Gesamtheit an organischem Material, umfasst sowohl lebende wie abgestorbene Organismen.

bodenständig Art, die sich hier fortpflanzt und nicht z. B. auf Einflug aus anderen Regionen angewiesen ist.

Brache Nicht mehr genutztes Grundstück

Brackwasser Meerwasser mit geringem Salzgehalt

Brandungszone Von Wellen oder Gezeiten stark überspülte Uferzone

Bruchwald Sumpfiger Wald an Orten mit hohem Grundwasserspiegel

Buntbrache Mehrjährige Streifen auf stillgelegtem Ackerland, Ansaat mit einheimischen Wildkräutern

Bürzel Partie zwischen Rücken und Schwanz bei Vögeln (Schwanzwurzel)

carnivor Fleischfressend (Gegensatz zu herbivor = vegetarisch)

Chitin Zelluloseähnliche Substanz, Bestandteil des Außenskeletts von Insekten u. a. Gliederfüßern

Denaturierung Irreversible Veränderung von Körpereiweißen (Proteinen)

Destruenten Abbauende Organismen der Nahrungskette, ernähren sich von toter organischer Substanz.

Detritus Feines Material aus abgestorbenen, sich zersetzenden Tier- und Pflanzenresten (z. B. unter älterem Falllaub oder am Grund von Gewässern)

dorsal Auf dem Rücken befindlich

Drohne Männliche Biene

Emergenz Schlupf zur Imago, bei Insekten mit wasserbewohnenden Larven mit dem Übergang an Leben in der Luft und an Land verbunden.

extensiv Hier: schwache Nutzung von Grünland – Gegensatz zu intensiver, hochproduktiver landwirtschaftlicher Nutzung

Exuvie Leere Larvenhaut, die nach der Emergenz (Schlupf) zurückbleibt.

Facettenauge Auge, das sich aus vielen Einzelaugen zusammensetzt (Komplexauge).

Fischtreppen Entlang eines Fließgewässers seitlich angelegtes Gewässer ohne unüberwindliche Stufen, um Fischen und andern Wassertieren flussaufwärts die Überwindung von Hindernissen (Staustufen) zu ermöglichen.

Flachmoor Von Grundwasser gespiesene Riedfläche

Gattung Systematische Kategorie, welche mehrere Arten zusammenfasst.

gestaffelte Mahd, Pflege Zeitlich verschobenes Mähen gewisser Teilflächen

Gliederfüßer Stamm des Tierreiches, zu dem Krebstiere, Spinnentiere, Tausendfüßer und Insekten zählen (Arthropoda).

Gliedertiere Gliederfüßer und Ringelwürmer

Grubengewässer Gewässer in Kiesgruben

Halbtrockenrasen Spezielle Ausbildung von sehr mageren und ziemlich trockenen Wiesen

Hämolymphe Körperflüssigkeit verschiedener Wirbelloser («Insektenblut»)

Hangried Geneigte Riedflächen mit Quellaustritten

Habitat Lebensraum einer Art

Hochmoor Von Grundwasser unabhängiges, nur von Regenwasser gespiesenes Moor

Hochstaudenflur Vegetationstyp mit hohen, meist mehrjährigen Pflanzen auf eher feuchten, nährstoffreichen Böden

Hochwasserrückhaltebecken Künstlich angelegtes Wasserbecken, in dem schwallartig auftretendes Hochwasser zeitlich zurückbehalten werden kann, sodass andernorts Überschwemmungen verhindert werden.

Honigtau Zuckerhaltige Ausscheidung von Blattläusen und weiteren Pflanzenläusen

Imago (f.), **Imagines** (Pl.) Voll entwickeltes, ausgewachsenes Insekt

Indikator Art, die den Zustand eines Lebensraumes anzeigt (Bioindikator).

invasive Art Nichteinheimische Art, die in natürlichen oder halbnatürlichen Ökosystemen oder Habitaten etabliert ist, Veränderungen verursacht und die heimische Biodiversität bedroht.

Insektizid Chemisches Mittel zur Bekämpfung von Insekten

KHKW Kehrichtheizkraftwerk

Kiemen Organ meist am Kopf von Wassertieren, das der Aufnahme von im Wasser gelöstem Sauerstoff dient.

Kleinseggenried Nährstoffarme Riedflächen mit kleinwüchsigen Sauergräsern

Knospung Form der ungeschlechtlichen Vermehrung, Bildung von Tochterorganismen durch Abschnürung von Zellkomplexen

Kokon Hülle, die eine sich verpuppende Insektenlarve oder Eier (z. B. von Ringelwürmern) umschließt.

Komplexauge Aus zahlreichen Einzelaugen zusammengesetztes Auge vieler Insekten

Kosmopolit Art mit nahezu weltweiter Verbreitung

Kulturfolger Art, die geeignete Lebensräume im menschlichen Kulturbereich findet und ihre Verbreitung weitgehend dem Menschen verdankt.

Kurzstreckenzieher Vögel (und andere flugfähige Tiere), deren Winterquartiere wenige Hundert Kilometer vom Brutgebiet entfernt liegen.

Langstreckenzieher Vögel, die während ihrer saisonalen Wanderung bis zu mehrere Tausend Kilometer zurücklegen (vgl. Kurzstreckenzieher).

Larve Jungtier vor Metamorphose

Magerwiese Nährstoffarmer und in der Regel auch trockener Wiesentyp, sehr artenreich

Membran Bei Wanzen: hinterer Teil der Vorderflügel, bedeckt oft die Hinterleibsspitze.

Metamorphose Umwandlung vom Larven- zum Erwachsenenstadium (z. B. bei Insekten, Amphibien)

monogam Andauernde Fortpflanzungsgemeinschaft der gleichen Partner (z. B. bei gewissen Vögeln)

montan Höhenstufe (Buchen-Weißtannen-Stufe), schließt an die kolline Stufe an, die in Südlagen bis auf den Üetliberg reicht, in Nordlagen bis ca. 600 m.

Mulm Holz, dessen Zersetzung eingesetzt hat; faules Holz.

Nektar Süße Ausscheidung im Blütenbereich von Pflanzen, welche von Insekten, die zur Bestäubung angelockt werden, aufgenommen wird.

neolithisch Jungsteinzeitlich

Neophyt Neueinwanderer unter den Pflanzen, ursprünglich nicht einheimische Art, die sich in der Neuzeit (nach ca. 1500) etablieren konnte.

Neozoon Neueinwanderer unter den Tieren, ursprünglich nicht einheimische Art, die sich in der Neuzeit (nach ca. 1500) etablieren konnte.

Nymphe Entwicklungsstadium noch nicht voll entwickelter Tiere (gewisser Insekten, Spinnentiere), das der ausgewachsenen Form ähnelt und wenig larvenartige Merkmale aufweist.

Ocelle Einzelauge

ökologischen Ausgleichsflächen Flächen in Landwirtschaft oder Siedlung, die hauptsächlich zur Förderung der Biodiversität dienen.

ovovivipar Jungtiere entwickeln sich in Eiern, die im Mutterleib ausgebrütet werden, und schlüpfen noch im Muttertier aus (oder unmittelbar nach der Eiablage).

Parthenogenese Eingeschlechtliche Fortpflanzung (Jungfernzeugung), Nachkommen entstehen ohne vorgängige Paarung aus unbefruchteten Eizellen.

Permanenter Sozialparasitismus Bei Ameisen: Sozialparasitische Arten, die permanent von anderen Ameisenarten abhängig sind, etwa durch den Raub von deren Puppen, aus denen im Raubameisennest Sklavenarbeiterinnen schlüpfen.

Pheromon Botenstoff, chemische Substanz, die abgegeben wird, um Signale an Artgenossen zu senden.

Pionierart Rasch in noch kaum besiedeltem Gebiet auftretende Art

Pionierstadium Noch kaum bewachsener, neu entstandener Lebensraum

Plache Plane

Plankton Im Wasser schwebende und treibende Lebewesen, die keine (oder nur geringe) Eigenbewegung haben.

polyphag Nutzt verschiedene Nahrungsquellen (z. B. unterschiedliche Pflanzenarten).

Population Gesamtheit von sich selbstständig fortpflanzenden Individuen einer Art in einem geografisch begrenzten Verbreitungsgebiet

Pseudotuberkulose Bakterielle Infektionskrankheit bei Schafen und Ziegen

Puppenstadium Dem Larvenstadium folgende Phase bei Insekten mit vollständiger Entwicklung, während der der Umbau der Larve zur Imago erfolgt.

Quellflur Vegetation rund um Quellen

Reviergesang Gesang von Vögeln, um das Brutterritorium abzustecken.

Revitalisierung Wiederbelebung etwa von Fließgewässern, die wieder in einen naturnahen Zustand gebracht werden.

Riedwiese Sehr feuchte bis nasse Wiesen, auf denen u. a. Sauergräser (Seggen) wachsen.

Röhricht Mit Schilf oder Rohrkolben bewachsene Uferzone

Ruderalfläche Rohbodenfläche (mit Kies, Schotter, Schutt)

Ruderalfluren Vegetation auf Ruderalflächen

Salmonellose Durch Salmonellen ausgelöste bakterielle Erkrankung

Saum, Krautsaum Krautige Vegetation entlang von Hecken, Wald- und Wegrändern, Äckern usw., die längere Zeit stehen bleibt.

Schildchen Bei Wanzen: An Halsschild angeschlossene, dreieckige Partie, bei einigen Arten groß und leicht erkennbar.

Schlagfluren Spontan aufkommende Vegetation auf kahlen Stellen im Wald, entstanden durch Windwurf oder Kahlschlag.

Schlenke Wassergefüllte Vertiefung in Mooren

Segmenten Körperabschnitte von Gliedertieren

Sickerquellaufstöße Quellen, deren Wasser sofort wieder versickert.

solitär Einzellebende Tierart, nicht staatenbildend.

Sozialparasitismus Bei Ameisen: Sozialparasitische Arten machen sich das Sozialsystem anderer Arten zunutze und treten mit diesen in Kommunikation.

Standvogel Vogel, der höchstens lokale jahreszeitliche Wanderungen unternimmt oder stets in der gleichen Umgebung verweilt.

Streuschicht Bestandsabfall (Laub, Nadeln), der auf der Bodenoberfläche liegt.

Superkolonie Aus zahlreichen Einzelnestern bestehende Ameisenkolonie, deren Arbeiterinnen untereinander keine Aggression zeigen, sondern vielmehr miteinander kooperieren können.

Symbiose Zusammenleben zweier Organismen, die beiden Partnern Vorteile bringt.

Temporärer Sozialparasitismus Sozialparasitismus bei Ameisenarten, die nur während der Koloniegründungsphase von der Wirtsameisenart abhängig sind. Parasitenkönigin dringt in Wirtsnest ein, Wirtskönigin wird beseitigt.

Tentakel Fangarm

Territorium Gebiet, das gegen Artgenossen verteidigt wird.

Thermokomposter Plastikbehälter, in dem organisches Material bei relativ hohen Temperaturen rasch verrottet.

Thorax Brustteil von Insekten (und anderen Gliederfüßern)

Totholz Abgestorbene Bäume oder Teile von Bäumen, stehend oder liegend.

Tracheen Kanäle zur Versorgung des Gewebes mit Luft (bei Gliederfüßern)

Tracheenkiemen Sackartige Ausstülpungen der Haut, die der Atmung dienen.

Trockenrasen Sehr trockene, magere Wiesen

Tularämie Durch Bakterien verursachte tödliche Erkrankung bei Nagetieren

vegetative Vermehrung Vermehrung von Organismen durch ungeschlechtliche Fortpflanzung

ventral Zum Bauch gehörig, bauchwärts

versiegelte Fläche Überbaute, nicht mehr bepflanzbare oder bewuchsfähige Fläche, die Regenwasser nicht mehr versickern lässt.

Wartenjäger Auf einer erhöhten Stelle sitzender Vogel, der auf Beute lauert.

Wirtspflanzen Nahrungspflanze etwa von Schmetterlingsraupen, auf der oft auch die Eier abgelegt werden.

Wochenstube Raum, in dem Fledermäuse ihre Jungen aufziehen.

Zooplankton Tierische Organismen des Planktons

Zwischenwirt Für die Vermehrung gewisser Parasiten benötigter zusätzlicher Wirt

Zwitter Doppelgeschlechtlicher Organismus, mit sowohl männlicher als auch weiblicher Geschlechtsausprägung

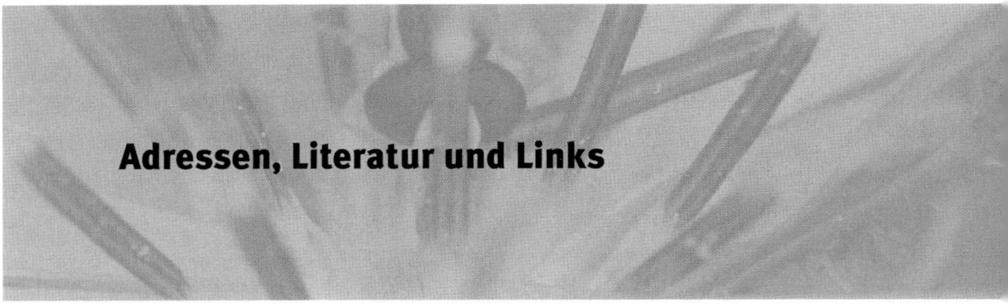

Adressen, Literatur und Links

Adressen, Kontaktstellen Stadt Zürich

Grün Stadt Zürich (Tiefbau- und Entsorgungsdepartement): gsz-info@zuerich.ch
Stadtnatur: www.stadt-zuerich.ch/natur
Publikationen zu Tieren (Igel, Füchse, Steinmarder, Stadttaube, Mauer- und Alpensegler, Tiere an Gebäuden), zu Pflanzen (Blumenwiesen, Wildsträucher, Obstbäume) und zu Naturschutzgebieten sowie Magazin «Grünzeit» (4 × jährlich): www.stadt-zuerich.ch/gsz ⇢ Angebote und Beratung

Fachbereich Naturschutz

Natur- und Landschaftsschutz, Ökologischer Ausgleich, UVP: Stefan Hose (044 412 46 22)
Ökologische Baubegleitung bei Großbaustellen: Max Ruckstuhl (044 412 46 25)
Nistplätze an Gebäuden, Vögel und Glas: Karin van der Schaar (044 412 46 44)
Dachbegrünungen: Bettina Tschander (044 412 27 15)
Obstbäume: Marianne Fritzsche (044 412 46 09)

Wildhüter

Wildschonrevier Hönggerberg: Erwin Nüesch (079 219 91 03)
Wildschonrevier Uetliberg: Stefan Dräyer (079 219 91 05)
Wildschonrevier Zürichberg: Bruno Zweifel (079 219 91 04)
Wildhüter/Fachbereich Vögel: This Schenkel (079 219 91 02)

Beratungsstelle Schädlingsbekämpfung

(Gesundheits- und Umweltdepartement): Umwelt- und Gesundheitsschutz Zürich, Walchestrasse 31, Postfach 3251, 8021 Zürich.
Telefonische (044 412 28 38) und persönliche Beratung für BewohnerInnen der Stadt Zürich: Mo–Fr 13:30–14:30 Uhr
Information und Merkblätter zu zahlreichen Arten: www.stadt-zuerich.ch/schaedlingsbekaempfung

Literatur und Links
Benutzte Quellen und weiterführende Werke

Einleitung, allgemein

Bircher, U., Landolt-Dunster, H., Lüchinger, G., Pfaffen, P. & Ribi, F. (2000): Nachhaltiger Umgang mit Grüngut im Siedlungsgebiet. Projektarbeit NDS Umweltwissenschaften, Institut für Umweltwissenschaften der Universität Zürich

Brohmer, P., Schaefer, M. & al. (2000): Fauna von Deutschland. Ein Bestimmungsbuch unserer heimischen Tierwelt. Quelle & Meyer, Wiebelsheim

Bürki, M., Gut, P. & Schloz, W. (2007): Bildatlas Pflanzenschutz an Zier- und Nutzpflanzen. Krankheiten und Schädlinge erkennen, vorbeugen und richtig behandeln, neuzeitlicher Nützlingseinsatz. Ulmer, Stuttgart

Carle, C. (2009): Artenvielfalt erwünscht. Tec21 11, 18–22

Di Giulio, M., Holderegger, H., Bernhardt, M. & Tobias, S. (2008): Zerschneidung der Landschaft in dicht besiedelten Gebieten. Eine Literaturstudie zu den Wirkungen auf Natur und Mensch und Lösungsansätze für die Praxis. Haupt, Bern

Escher, H.E. (1692): Beschreibung des Zürichsees. Simler, Zürich. Reprint Juris Truk 1980

Forum Biodiversität Schweiz (Hrsg.) (2004): Biodiversität in der Schweiz. Zustand, Erhaltung, Perspektiven. Haupt, Bern

Gleich, M., Maxeiner, D., Miersch, M. & Nicolay, F. (2000): Life Counts. Eine globale Bilanz des Lebens. Berlin Verlag, Berlin

Hantke, R. & al. (1979): Der Zürichsee und seine Nachbarseen. Office du Livre, Buchverlag Neue Zürcher Zeitung, Fribourg

Höhn-Ochsner, W. (1976): Tierwelt in Zürcher Mundart und Volksleben. Zürcher Volkstierkunde. Rohr, Zürich

Home, R. (2009): The Social Value of Urban Nature in Switzerland. Dissertation, vorgelegt der Mathematisch-naturwissenschaftlichen Fakultät der Universität Zürich (⇢ BiodiverCity)

Ineichen, S. (1997): Die wilden Tiere in der Stadt. Zur Naturgeschichte der Stadt. Die Entwicklung städtischer Lebensräume in Mitteleuropa, verfolgt am Beispiel von Zürich. Waldgut, Frauenfeld

Klausnitzer, B. (1987): Verstädterung von Tieren. Ziemsen, Wittenberg Lutherstadt

Klausnitzer, B. (1987): Ökologie der Großstadtfauna. Fischer, Stuttgart

Knopfli, W. (1971): Die Vogelwelt der Limmattal- und Zürichseeregion. Studien in ausgewählten Biotopen. Ornithol. Beob. Beiheft zu Bd. 68/1971 (Beiheft 2)

Kowarik, I. (2003): Biologische Invasionen: Neophyten und Neozoen in Mitteleuropa. Ulmer, Stuttgart

Landolt, E. (2001): Flora der Stadt Zürich (1984–1998). Birkhäuser, Basel

Lubini, V. (2008): Die Wirbellosenfauna im Unterlauf der Sihl. Pro Sihltal Jahrheft 58: 17–18

Nenniger, C. (2002): Spinnen- und Käferfauna als Bioindikatoren für den Lebensraum «Dachbegrünung». Ökologische Erfolgskontrolle der begrünten Dachflächen des Seewasserwerks Moos in Wollishofen (Zürich). Diplomarbeit Hochschule Wädenswil

Parlow, E., Scherer, D., Fehrenbach, U. (2008): Klimaanalyse der Stadt Zürich (KLAZ). Abschlussbericht Phase 1. Erstellt im Auftrag des Umwelt- und Gesundheitsschutzes der Stadt Zürich, unveröffentlicht

Reichholf, J. H. (2007): Stadtnatur. Eine neue Heimat für Tiere und Pflanzen. Oekom, München

Sattler, T. (2009): Biodiversity in urban landscape matrices: from species richness to functional community structure. Inauguraldissertation der Philosophisch-naturwissenschaftlichen Fakultät der Universität Bern (⇢ BiodiverCity)

Schinz, H. (1842): Der Kanton Zürich in naturgeschichtlicher und landwirthschaftlicher Beziehung dargestellt. Meyer & Zeller, Zürich

Sedlag, U. (2000): Tiergeographie. Die grosse farbige Enzyklopädie Urania-Tierreich. Urania, Berlin

Streit, B. (2007): Was ist Biodiversität? Erforschung, Schutz und Wert biologischer Vielfalt. C. H. Beck, München

Stresemann, E. (2005): Exkursionsfauna von Deutschland. Bd. I–III. Spektrum, Heidelberg

Sukopp, H. & Wittig, R. (Hrsg.) (1998): Stadtökologie. Ein Fachbuch für Studium und Praxis. Fischer, Stuttgart

Wild, D. (2008): Die Zürcher City unter Wasser. Interaktion zwischen Natur und Mensch in der Frühzeit Zürichs. Bericht Archäologie und Denkmalpflege Stadt Zürich 2006–2008: 21–23

Wittenberg, R. (Hrsg.) (2005): Invasive alien species in Switzerland. An inventory of alien species and their threat to biodiversity and economy in Switzerland. CABI Bioscience Switzerland Centre report to the Swiss Agency for Environment, Forests and Landscape. The environment in practice no. 0629. Federal Office for the Environment (FOEN/BAFU), Bern

www.biodivercity.ch (zum Forschungsprojekt BiodiverCity: Ökologische und soziale Werte der städtischen Natur – Identifizierung, Erhalt und Förderung der Biodiversität und ihre Akzeptanz im städtischen Entwicklungsprozess)

www.helldunkel.ch (Ökologische Auswirkungen künstlicher Beleuchtung)

www.stadt-zuerich.ch/ted/de/index/gsz/planung_u_bau/inventare_und_grundlagen/naturschutz-inventar_und_kartierungen.html: Inventar der kommunalen Natur- und Landschaftsschutzobjekte (KSO), Biotopkartierungen und faunistische Kartierungen

Schädlinge (und vermeintliche Schädlinge)

Bürki, M., Gut, P. & Schloz, W. (2007): Bildatlas Pflanzenschutz an Zier- und Nutzpflanzen. Ulmer, Stuttgart

Lachmuth, U. (2006): Hausschädlinge. Vorbeugung und Abwehr. Schweizerischer Hauseigentümerverband

Weidner, H., Sellenschlo, U. (2003): Vorratsschädlinge und Hausungeziefer. Spektrum, Heidelberg

www.stadt-zuerich.ch/schaedlingsbekaempfung (Merkblätter zu zahlreichen Arten)

Wassertiere, Bärtierchen, Ringelwürmer

Grabow, K. (2000): Farbatlas Süßwasserfauna, Wirbellose. Ulmer, Stuttgart

Engelhardt, W., Rehfeld, K. & Martin, P. (2008): Was lebt in Tümpel, Bach und Weiher? Pflanzen und Tiere unserer Gewässer. Eine Einführung in die Lehre vom Leben der Binnengewässer. Kosmos, Stuttgart

Nesemann, H., Neubert, E. (1999): «Annelida, Clitellata: Branchiobdella, Acanthobdellea, Hirudinea». In: Süßwasserfauna von Mitteleuropa (Hrsg.: Schwoerbel, J., Zwick, P.). Spektrum, Heidelberg. Bd. 6/2

Timm, T. (2009): A guide to the freshwater Oligochaeta and Polychaeta of Northern and Central Europe. Lauterbornia 66: Dinkelscherben

http://homepage.bluewin.ch/hvicentini/

www.baertierchen.de

Weichtiere

Glöer, P., Meier-Brook, C. (2003): Süßwassermollusken. Ein Bestimmungsbuch für die Bundesrepublik Deutschland. DJN, Hamburg

Hausser, J. (2005): Bestimmungsschlüssel der Gastropoden der Schweiz. Fauna Helvetica 10. Centre Suisse de Cartographie de la Faune (CSCF), Neuchâtel (erhältlich bei www.cscf.ch)

Kerney, M. P., Cameron, R. A. D., Jungbluth, J. H. (1983): Die Landschnecken Nord- und Mitteleuropas, Bestimmungsbuch für Biologen und Naturfreunde. Parey, Hamburg & Berlin

Turner, H., Kuiper, J. G. J., Thew, N., Bernasconi, R., Rüetschi, J., Wüthrich, M. & Gosteli, M. (1998): Atlas der Mollusken der Schweiz und Lichtensteins. Fauna Helvetica 2. Centre Suisse de Cartographie de la Faune (CSCF), Neuchâtel (erhältlich bei www.cscf.ch)

Spinnentiere, Krebstiere, Tausendfüsser

Bader, C. (1989): Milben. Veröffentlichungen aus dem Naturhistorischen Museum Basel Nr. 22, Basel

Bellmann, H. (2006): Kosmos Atlas Spinnentiere Europas. Extra: Süßwasserkrebse, Asseln und Tausendfüßer. Kosmos, Stuttgart

Pedroli-Christen, A. (1993): Faunistik der Tausendfüssler der Schweiz. Documenta Faunistica Helvetiae 14. Centre Suisse de Cartographie de la Faune (CSCF), Neuchâtel

Stucki, P. & Zaugg, B. (2005): Decapoda. Fauna Helvetica 15. Centre Suisse de Cartographie de la Faune (CSCF), Neuchâtel (erhältlich bei www.cscf.ch)

www.diplopoda.de

Insekten

Amann, G. (2003): Kerfe des Waldes. Taschenbildbuch der beachtenswertesten Käfer, Schmetterlinge und sonstigen Kerfe des mitteleuropäischen Waldes, ihrer Entwicklungsstufen und Fraßbilder mit Textteil über Bau und Leben. Neumann-Neudamm, Melsungen

Bellmann, H. & Honomichl, K. (2007): Jacobs/Renner. Biologie und Ökologie der Insekten. Spektrum, München

Schäffer, A. & Schäffer, N. (2009): Schmetterlinge, Libellen und andere Wirbellose im Garten. Bestimmen – Beobachten – Schützen. Aula, Wiebelsheim

Eintagsfliegen

Sartori, M. & Landolt, P. (1999): Atlas de distribution des Ephemères de Suisse (Insecta, Ephemeroptera). Fauna Helvetica 3. Centre Suisse de Cartographie de la Faune (CSCF), Neuchâtel (erhältlich bei www.cscf.ch)

Libellen

Bellmann, H. (2007): Der Kosmos Libellenführer: Die Arten Mitteleuropas sicher bestimmen. Kosmos, Stuttgart

Dijkstra, K.-D. B., Lewington, R. (2006): Field Guide to the Dragonflies of Britain and Europe. British Wildlife Publishing, Dorset

Pro Natura (Hrsg.) (2009): Libellen schützen, Libellen fördern. Leitfaden für die Naturschutzpraxis. Beiträge zum Naturschutz in der Schweiz Nr. 31. Pro Natura, Basel

Wildermuth, H., Gonseth, Y. & Maibach, A. (2005): Odonata. Die Libellen der Schweiz. Fauna Helvetica 11 & 12. Centre Suisse de Cartographie de la Faune (CSCF), Neuchâtel (erhältlich bei www.cscf.ch)

Heuschrecken

Baur, B., Baur, H., Roesti, C. & Roesti, D. (2006): Die Heuschrecken der Schweiz. Haupt, Bern

Röösli, T., Steffen, M. & Cigler, H. (2004): Die einheimischen Heuschrecken in Wort und Bild. Biologie, Lebensweise und Vorkommen. SVS, Zürich (erhältlich bei www.birdlife.ch)

Roesti, C. & Keist, B. (2009): Die Stimmen der Heuschrecken. Mit DVD. Haupt, Bern

Ohrwürmer

Kölliker, M. (2007): Benefits and costs of earwig (Forficula auricularia) family life. Behavioral Ecology and Sociobiology 61, 1489–1497 (s. auch: http://evolution.unibas.ch/koelliker/)

Suter H., Keller S. (1990): Blattläuse und Blattlausfeinde. Bubenberg, Bern, S. 34–36

Lahusen, A., Höhn, H. & Gasser, S. (2006): Der Birnenblattsauger und ein in Vergessenheit geratener Gegenspieler, Schweiz. Zeitschrift für Obst- und Weinbau Nr. 4/06, S. 10–13

Wanzen

McGavin, G. C. (1999): Bugs of the World. Blandford Press, London

Sauer, F. (1996): Wanzen und Zikaden: nach Farbfotos erkannt. Fauna Verlag, Karlsfeld

Schuh, R. T. & Slater, J. A. (1995): True Bugs of the World (Hemiptera: Heteroptera): Classification and Natural History. Cornell University Press, Ithaca New York

Wachmann, E., Melber, A. & Deckert, J. (2004–2008): Wanzen, Bde. 1–4. Goecke & Everts, Keltern

Zikaden

Biedermann, R. & Niedringhaus, R. (2004): Die Zikaden Deutschlands. Bestimmungstafeln für alle Arten. WABV Fründ, Scheeßel

Günthart, H. & Mühlethaler, R. (2002): Provisorische Checklist der Zikaden der Schweiz (Insecta: Hemiptera, Auchenorrhyncha). Denisia 04: 329–338

Hertach, T. (2007): Three species instead of only one: Distribution and ecology of the Cicadetta montana species complex (Hemiptera: Cicadoidea) in Switzerland. Mitteilungen der Schweiz. Entomologischen Gesellschaft 80: 37–61

Mühlethaler, R. (2001): Untersuchungen zur Zikadenfauna der Lebensraumtypen von Basel (Hemiptera, Auchenorrhyncha). Beiträge zur Zikadenkunde 4: 11–32.

Remane, R. & Wachmann, E. (1993): Zikaden: kennenlernen – beobachten. Naturbuch-Verlag, Augsburg

Pflanzenläuse

Bährmann, R. (2002): Die Mottenschildläuse. Neue Brehm-Bücherei Bd. 664. Westarp, Hohenwarsleben

Schmutterer, H. (2008): Die Schildläuse. Neue Brehm-Bücherei Bd. 666. Westarp, Hohenwarsleben

Tierläuse

www.kopflaus.ch

Netzflügler

Aspoeck, H., Aspoeck, U., Hölzel, H. (1980): Die Neuropteren Europas. 2 Bde. Goecke & Ewers, Krefeld

Käfer

Harde, K. W. & Severa, F. (2006): Der Kosmos Käferführer. Kosmos, Stuttgart

Ettmüller, W. (2007): Die faszinierende Welt einheimischer Käfer. Neujahrsblatt der Naturforschenden Gesellschaft (erhältlich bei www.ngsh.ch)

www.gluehwuermchen.ch

Wildbienen

Müller, A., Krebs, A. & Amiet, F. (1997): Bienen. Mitteleuropäische Gattungen, Lebensweise, Beobachtung. Naturbuch-Verlag, München

Westrich, P. (1990): Die Wildbienen Baden-Württembergs. Ulmer, Stuttgart

Witt, R. (1998): Wespen beobachten, bestimmen. Naturbuch-Verlag, München

www.wildbienen.info

www.wwf-zh.ch/regizh (auch Bezugsquelle Nisthilfen)

Ameisen

Neumeyer, R. & Seifert, B. (2005): Kommentierte Liste der frei lebenden Ameisen in der Schweiz. Mitteilungen der Schweiz. Entomologischen Gesellschaft 78 (1–2): 1–17

Seifert, B. (2007): Die Ameisen Mittel- und Nordeuropas. Lutra, Görlitz/Tauer

Zweiflügler

Haupt, J. & Haupt H. (1998): Fliegen und Mücken. Beobachtung, Lebensweise. Naturbuch (Weltbild), Augsburg

Merz, B., Bächli, G., Haenni, J.-P. & Gonseth Y. (Hrsg.) (1998): Diptera – Checklist. Fauna Helvetica 1. Centre Suisse de Cartographie de la Faune (CSCF), Neuchâtel (erhältlich bei www.cscf.ch)

Schiegg, K., Obrist, M., Duelli, P., Merz, B. & Ewald, K. C. (1999): Diptera and Coleoptera collected in the forest reserve Sihlwald ZH. Mitteilungen der Schweiz. Entomologischen Gesellschaft 72: 289–302

Schmetterlinge

Bellmann, H. (2003): Der neue Kosmos-Schmetterlingsführer. Schmetterlinge, Raupen und Futterpflanzen. Kosmos, Stuttgart

Bühler-Cortesi, T. (2009): Schmetterlinge. Tagfalter der Schweiz. Haupt, Bern

Hermann, G. (2007): Tagfalter suchen im Winter. Books on Demand, Norderstedt

Lepidopterologen-Arbeitsgruppe (1987–2000): Schmetterlinge und ihre Lebensräume. Bd. 1–3. Pro Natura, Basel

Rey, A. & Wiedemeier, P. (2004): Beiträge zum Naturschutz: Tagfalter als Ziel- und Leitarten. Pro Natura, Basel

www.schmetterlinge-raupe.de

Fische

Bachmann, S., Glauser, C., Inderwildi, E. & Müller, K. (2007): Fische der Schweiz. SVS, Zürich (erhältlich bei www.birdlife.ch)

Zaugg, B., Stucki, P., Pedroli, J.-C., Kirchhofer, A. (2003): Pisces, Atlas. Fauna Helvetica 7. Centre Suisse de Cartographie de la Faune (CSCF), Neuchâtel (erhältlich bei www.cscf.ch)

Amphibien, Reptilien

Cigler, H. (2002): Amphibien der Schweiz. SVS, Zürich (erhältlich bei www.birdlife.ch)

Dusej, G. & Cigler, H. (2000): Reptilien der Schweiz. SVS, Zürich (erhältlich bei www.birdlife.ch)

Meyer, A., Zumbach, S., Schmidt, B. & Monney, J.-C. (2009): Auf Schlangenspuren und Krötenpfaden. Amphibien und Reptilien der Schweiz. Haupt, Bern

Vögel

Bezzel, E. (1985): Kompendium der Vögel Mitteleuropas: Nonpasseriformes – Nichtsingvögel. Aula, Wiesbaden

Bezzel, E. (1993): Kompendium der Vögel Mitteleuropas: Passeres – Singvögel. Aula, Wiesbaden

Burkhardt, M., Marti, C. & Tobler, F. (2009): Vogelführer Schweiz. Schweizer Vogelwarte, Sempach

Maumary, L., Vallotton, L. & Knaus, P. (2007): Die Vögel der Schweiz. Schweizer Vogelwarte, Sempach

Müller, W. (2003): Vögel der Schweiz. Die 120 häufigsten Vogelarten der Schweiz in Bild und Text. SVS, Zürich (erhältlich bei www.birdlife.ch)

Schäffer, A. & Schäffer, N. (2006): Gartenvögel. Naturbeobachtungen vor der eigenen Haustür. Mit Vogelstimmen-CD. Aula, Wiebelsheim

Svensson, L. (1999): Der neue Kosmos-Vogelführer. Alle Arten Europas, Nordafrikas und Vorderasiens. Kosmos, Stuttgart

www.birdlife-zuerich.ch ····› unter «Zürcher Vogelfinder» Vogelporträts, Verbreitungskarten, Hotspots, Veränderungskarten, Gemeindekarten, interaktive Abfragemöglichkeit nach Adresse und Vogelart

www.stadt-zuerich.ch/falken (Falken am Hochkamin)

www.vogelwarte.ch (mit Artporträts der Vögel der Schweiz)

www.voliere.ch (Voliere am Mythenquai, HelpBird-Vogelpflegestation für aufgefundene Jungvögel sowie für verletzte oder erkrankte Wildvögel, 365 Tage im Jahr geöffnet)

Säugetiere

Aulagnier, S., Haffner, P., Mitchell-Jones, A. J. & Moutou, F. (2009): Die Säugetiere Europas, Nordafrikas und Vorderasiens: Der Bestimmungsführer. Haupt, Bern

Gloor, S., Bontadina, F. & Hegglin, D. (2006): Stadtfüchse. Ein Wildtier erobert den Siedlungsraum. Haupt, Bern

Haffner, M., Stutz, H.-P., B., Moeckli, M. & Holderegger, R. (1995): Fledermaus-Lebensräume am Zürichsee. Th. Gut, Stäfa (erhältlich bei www.fledermausschutz.ch)

Hausser, J. (Hrsg.) (1995): Säugetiere der Schweiz: Verbreitung, Biologie, Ökologie. Schweiz. Akademie der Naturwissenschaften, Birkhäuser

Marchesi, P., Blant, M. & Capt, S. (2008): Bestimmungsschlüssel der Säugetiere der Schweiz. Fauna Helvetica 21 & 22. Centre Suisse de Cartographie de la Faune (CSCF), Neuchâtel (erhältlich bei www.cscf.ch)

Siemers, B. & Nill, D. (2000): Fledermäuse: Das Praxisbuch. Echoortung, Jagdverhalten, Winterquartiere, Schutz, Fledermaus-Kästen und -Detektoren, Bat Nights, Experten-Interviews. BLV, München

www.fledermausschutz.ch

www.fuchsratgeber.ch

www.izz.ch (Igelzentrum Zürich)

www.kora.ch (Koordinierte Forschungsprojekte zur Erhaltung und zum Management der Raubtiere in der Schweiz)

www.swild.ch/Fuchsprojekt

www.zor.ch (Integriertes Fuchsprojekt)

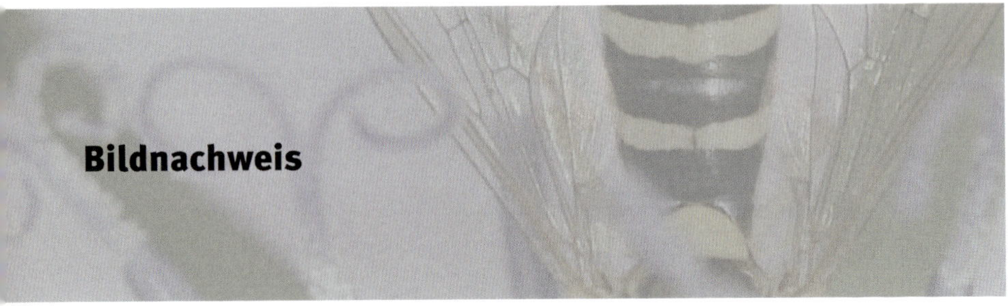

Bildnachweis

This Schenkel 10 l
Stefan Ineichen 10 r, 25, 39, 41 o, 43, 195 u, 196 u, 198 o, 199 u, 200 u, 201, 239 u, 242 o
Klimaanalyse der Stadt Zürich 17
André Rey 18 l, 125 u, 126 o, 127, 128, 129, 130, 131 u, 132 o, 133, 134, 136 o, 137, 138 u, 139 o, 140, 141 u, 142 o, 143 o, 155, 156 u, 157, 158 u, 159, 160, 161, 162 o, 163, 164, 165, 166, 167, 168, 169, 261, 262, 263, 264, 265, 266 o, 267 o, 268, 269, 270 u, 271, 272, 273, 274, 275, 276, 277, 278 u, 279, 280, 281, 282, 283, 284, 285, 286, 287, 288, 289, 290, 291 o
Christine Dobler Gross 18 r, 38 r, 59 u, 93, 96, 97, 98, 99, 100, 101, 102 o, 103 o, 104, 105 o, 106 o, 152 u, 173 o, 177, 178 u, 179, 180, 181, 183 u, 184 u, 185 o, 192 u, 202, 205 u, 206, 207, 208, 211, 212, 213 u, 214, 215, 217 u, 218, 219 u, 220, 221, 222, 223, 224, 225, 226, 227 u, 229, 232, 233, 234 o, 235, 236 u, 239 o, 240 o, 243, 244 u, 245, 249 u, 259 o, 300 o, 304, 336 o, 419
Grün Stadt Zürich 22, 23, 24, 30, 347 u
Max Ruckstuhl 34, 41 u, 59 o, 113 o, 188 o, 189, 195 o, 278 o, 311 o, 330 u, 411
Topos 35
Stefan Hose 38 l, 126 u, 263 u
BiodiverCity (Bildmontage Roland Hausheer) 46, 47
Patrick Steinmann 49, 51, 53, 55, 60 u, 85 o, 88, 89, 90 u, 91, 92, 156 o, 200 o, 305 o, 308 o, 309 o, 310 o, 313 o, 314 u, 315 o, 316, 317 o, 318, 319 o, 320, 322
Heinrich Vicentini 57, 61, 83, 84, 119, 251 u, 295 u
www.biopix.dk 60 o, 87 o, 213 o, 219 o, 301, 302 u, 409 u
Martin Mach 62
Peter Müller 63, 65 o, 66, 67, 68 u, 69, 70 o, 71 o, 72, 73, 74, 75, 76, 77 o, 78, 79
Max Brunner 65 u
Naturhistorisches Museum der Burgergemeinde Bern 68 o, 70 u, 71 u, 77 u
Fischerei- und Jagdverwaltung Kanton Zürich 90 o
Jørgen Lissner 95, 102 u, 111, 114 o
Patrick Wiedemeier 103 u
Johann Häußler 105 u
Beat Wermelinger 106 u, 108, 109, 173 o, 174 u, 176 o, 176 u, 178 o, 188 u, 241 o, 296 u, 297 o, 297 u, 298 u, 299 o, 300 u, 302 o, 303 o, 303 u
Frithjof Kohl 107 o
Jean-Yves Pierquin 107 u
© Clouds Hill Imaging/ www.lastrefuge.co.uk 110 o
Keystone 110 u
Christian Reiter 113 u
Peter Decker 114 u
Verena Lubini 118, 121, 122, 123, 145, 146, 147, 240 u, 253, 254, 255, 256, 257
Hansruedi Wildermuth 125 o, 131 o, 134 u, 135 o, 138 o, 139 u, 141 o, 142 u, 143 u
Stefan Kohl 132 u, 136 u, 158 o
Anja Lahusen, Agroscope, ACW 148, 149
Beratungsstelle Schädlingsbekämpfung Zürich UGZ 151, 152 o, 170, 171, 175, 231, 234 u, 237, 400 o
Astrid Hauzenberger 174 o
Thomas Hertach 183 o, 335 u

Autorinnen und Autoren

Claudia Baumberger (1966): Biologiestudium Universität Bern. Begeisterte Vogelbeobachterin. Hat im Auftrag von Grün Stadt Zürich von 2005 bis 2009 jährlich die Brutvögel der Stadt Zürich kartiert.
www.orniplan.ch, baumberger.claudia@gmail.com
→ Vögel (alle Arten außer Stadttaube, Segler und Turmdohle)

Beratungsstelle Schädlingsbekämpfung der Stadt Zürich
«Wir bieten einen Bestimmungs- und Beratungsdienst für die Bevölkerung, Schädlingsbekämpfungsfirmen und stadtinterne Stellen, führen in Gebäuden mit Schädlingsproblemen Inspektionen durch und können bei Bedarf Bekämpfungsmaßnahmen verfügen. Wir bekämpfen Ratten auf öffentlichem Grund und halten Schulungen und Vorträge zu Schädlingsthemen. Wir wissen, dass die Einteilung Schädling/Lästling/Nützling etc. sehr subjektiv ist, versuchen dies unseren KundInnen so zu vermitteln und freuen uns über jedes Hornissenvolk, das an seinem Platz bleiben darf.»
Dr. Gabi Müller, Biologin; Isabelle Landau Lüscher, Biologin; Marcus Schmidt, Agronom
ugz-bsb@zuerich.ch
→ Holzbock, Silberfischchen, Springschwänze, Schaben, Staubläuse, Tierläuse, Bettwanze, Flöhe, Wanderratte

Fabio Bontadina (1963), **Sandra Gloor** (1964): Dr. phil. nat und Dr. sc. nat., Wildtierbiologe und Wildtierbiologin, Arbeitsgemeinschaft SWILD, Zürich, mit Arbeits- und Forschungsschwerpunkten in Siedlungsökologie, Wildtierforschung und Kommunikation.
www.swild.ch, fabio.bontadina@swild.ch, sandra.gloor@swild.ch
→ Feldhase, Eichhörnchen, Biber, Haselmaus, Bisamratte, Waschbär, Fuchs, Iltis, Baummarder, Steinmarder, Luchs, Huftiere, Igel, Fledermäuse

Harald Cigler (1959): Wissenschaftlicher Zeichner und Naturschutzbeauftragter, Projekte in der Stadt Zürich und in verschiedenen Gemeinden des Kantons Zürich.
harald.cigler@bluewin.ch
→ Amphibien

Peter Duelli: Passionierter und seit 2008 pensionierter Insektenforscher; zuvor Abteilungsleiter Biodiversität an der Eidg. Forschungsanstalt WSL, Dozent an der Universität Basel und der ETH, Ko-Präsident Forum Biodiversität der scnat.
peter.duelli@wsl.ch, google: Peter Duelli
→ Netzflügler, Schnabelfliegen

Christine Dobler Gross (1951): Psychomotorik-Therapeutin; seit 2006 Dokumentation der Fauna im eigenen, naturnah gestalteten Garten in Zürich mit Makrofotografie; Studien der Zusammenhänge von Gartenstrukturen, Flora und Fauna. Engagement im Projekt Wildbienenförderung der Regionalgruppe WWF Zürich.
doblergross@sunrise.ch
→ Wildbienen fördern

Marianne Fritzsche (1953): Zürich. Gartenbauingenieurin FH, Nachdiplom Umweltlehre. Projektleiterin Fachbereich Naturschutz bei Grün Stadt Zürich. Haupttätigkeitsfelder: Obstbaumförderung, Betreuung und Aufwertung von Naturschutzgebieten.
marianne.fritzsche@zuerich.ch
→ Ohrwürmer (fachliche Beratung durch Heinrich Höhn, Agroscope ACW)

Thomas Hertach: Wohnhaft in Otelfingen, 38-jährig. Dipl. Umweltnaturwissenschafter ETH, elf Jahre Geschäftsführer von Pro Natura Schwyz, seit 2009 an einer Dissertation über Singzikaden (Cicadoidea), daneben selbstständig erwerbend im Naturschutz.
www.biogeography.unibas.ch/mitarbeiter.htm
→ Bergzikade

Karin Hindenlang (1965): Zürich. Biologin, Fachrichtung Zoologie. Geschäftsleitungsmitglied Grün Stadt Zürich. Leiterin Geschäftsbereich Naturförderung mit den Fachbereichen Naturschulen, Naturschutz, Sukkulenten-Sammlung, Wildschonrevier.
karin.hindenlang@zuerich.ch
⇢ Regen- und Kompostwurm, Dachs

Stefan Hose (1959): Zürich. Landschaftsarchitekt HTL, Projektleitung Fachbereich Naturschutz bei Grün Stadt Zürich. Haupttätigkeitsfelder: Artenschutz, Inventare, Bauberatung.
stefan.hose@zuerich.ch
⇢ Verbreitungskarten

Stefan Ineichen
⇢ Einleitung, Schneckenexport, Milben (ohne Holzbock, Kugelmilbe), Schabengschichte, Käfer (mit fachlicher Beratung durch Walter Ettmüller), Zweiflügler (mit fachlicher Beratung durch Gerhard Bächli)

Verena Lubini-Ferlin (1948): Dr. phil II mit eigenem Beratungsbüro für Gewässerökologie in Zürich seit 1987. Spezialgebiet wirbellose Wassertiere, speziell Wasserinsekten wie Eintags-, Stein- und Köcherfliegen.
lubini@sunrise.ch
⇢ Eintagsfliegen, Steinfliegen, Köcherfliegen

Thomas Maag (1959): Assistent für Biologie an der Kantonsschule Rämibühl Zürich, ursprünglich gelernter Chemielaborant. Langjährige Arbeit in lokalen Naturschutzprojekten, seit einigen Jahren Gebietsbetreuer des Gubel-Naturschutzgebiets in Bassersdorf.
thomas.maag@hispeed.ch
⇢ Nachtfalter und Kleinschmetterlinge (Lindenschwärmer – Rosskastanienminiermotte)

Dr. Roland Mühlethaler (1974): Studium in Geografie, Naturschutzbiologie/Biogeografie, Meteorologie und Zoologie an der Universität Basel. Seit Ende 2009 am Museum für Naturkunde in Berlin in der Arbeitsgruppe Biosystematik (Schwerpunkt Bioakustik von Zikaden) tätig.
www.museum.hu-berlin.de, oncopsis@gmail.com
⇢ Zikaden (außer Bergzikade)

Peter Müller (1963): Freiberuflicher Zoologe: Kartierung und Schutz von einheimischen Weichtieren, Reptilien, Amphibien. Projektleiter Reptilieninventar beider Basel 1994–2000, Koprojektleiter der zweiten Roten Liste der Landschnecken der Schweiz 2004–2010.
⇢ Schnecken

Rainer Neumeyer (1952): Biologiestudium Universität Zürich: Diplomarbeit (Kreuzotter), Dissertation (Ernteameisen). Eigenes Ökobüro (Oekoservice N & F). Verheiratet, zwei Kinder.
neumeyer.funk@bluewin.ch
⇢ Ameisen, Reptilien

André Rey (1970): Landschaftsarchitekt und Tierökologe aus Zürich, spezialisiert auf Fragestellungen in Zusammenhang mit der einheimischen Fauna: Inventarisieren, Beobachten, Bewerten, Fördern, Schützen, Wiedereinbürgern.
www.andre-rey.ch, ar@andre-rey.ch
⇢ Libellen, Heuschrecken, Schmetterlinge (Tagfalter, Dickkopffalter, Widderchen)

Max Ruckstuhl
⇢ Pflanzenläuse (Birnblattsauger: fachliche Beratung durch Heinrich Höhn, Agroscope ACW)

Iris Scholl: Lic. phil. I, hat in Zürich Verhaltensforschung studiert. Arbeitet seit 1990 im Bereich Artenschutz im Siedlungsraum, vorwiegend Dohlen und Seglerförderung.
www.veroek.ch; iris.scholl@bluewin.ch.
⇢ Stadttaube, Mauer- und Alpensegler, Segler fördern, Turmdohle

Dr. Patrick Steinmann (1968): Arbeitete von 2006 bis 2009 als selbstständiger Gewässerbiologe an ökologischen Zustandserfassungen und an Projekten zur Aufwertung und Neugestaltung von aquatischen Lebensräumen. Seit Februar 2010 ist er beim AWEL in der Abteilung Gewässerschutz tätig.
www.psteinmann.net.
⇢ Süßwasserschwämme, Nesseltiere, Moostierchen, Bärtierchen, Krebse, Kugelmilbe, Fische

Dr. Heinrich Vicentini (1946): Zoologe. Spezialgebiete: Großmuscheln, Köcherfliegen, aquatische Oligochaeta, Egel. Lehrtätigkeit an Mittelschulen, Universität Zürich und Fachhochschulen. Seit 1995 eigenes Büro für Gewässerökologie.
http://homepage.bluewin.ch/hvicentini,
h.vic@bluewin.ch
⇢ Strudelwürmer, Ringelwürmer (ohne Regen- und Kompostwurm), Muscheln

Patrik Wiedemeier (1955): Aufgewachsen in Zürich-Seebach. Zoologiestudium an der Uni Zürich, Vertiefung Ökologie. Seit 1986 verschiedene Lehraufträge für Tierökologie an Hochschulen sowie Dozent für Fotografie an der Zürcher Hochschule der Künste. Seit 1986 eigenes Ökologiebüro, seit 1998 Büro für Studienreisen (www.naturatours.ch).
⇢ Spinnen, Bücherskorpion, Zimmermann, Tausendfüßer, Hautflügler

Matthias Wüst (1968): Wildbiologe und Umweltpädagoge, Kleinsäugerspezialist und Ornithologe, spezialisiert in Umweltbildung. Reiseleiter für diverse naturkundliche Touren. Mitarbeiter der Rucksackschule und bei Pro Natura Zürich.
www.rucksackschule.ch, matthias.wuest@sunrise.ch
⇢ Siebenschläfer, Rötel-, Feld-, Ostscher-, Wald- und Hausmaus, Hermelin, Spitzmäuse, Maulwurf

Dr. Denise Wyniger: Konservatorin Natur-Museum Luzern, Zoologin mit Spezialgebiet Wanzen (besonders Weichwanzen Miridae). Faunistische Studien in der Zentralschweiz und schweizweit, Forschungsschwerpunkt Systematik (weltweit).
www.naturmuseum.ch, denise.wyniger@lu.ch
⇢ Wanzen (außer Bettwanze)

Dank

Die Herausgeber möchten allen danken, die in irgendeiner Weise zum Gelingen der «Stadtfauna» beigetragen haben: Gerhard Bächli, BirdLife Zürich, Hans-Jürg Bosshard, Centre Suisse de Cartographie de la Faune, Peter Decker, Curdin Derungs, Stefan Dräyer, Walter Ettmüller, Ruth Genner, Lukas Handschin, Rolf Hangartner, Daniel Hegglin, Heinrich Höhn, Robert Home, Silvia Jundt, Josef Kaufmann, Daniel Keller, Christian Komposch, Andreas Motschi, Christoph Nenniger, Erwin Nüesch, Robert Pfeifle, Theres Renner, Christian Roesti, Christoph Rohrer, Thomas Sattler, Sibylle Sautier, This Schenkel, Björn Scheppler, Heinrich Schiess, Willi Schlosser, Axel Schönhofer, Bettina Tschander, Ernst Tschannen, Karin van der Schaar, Vogelwarte Sempach, Kuno von Wattenwyl, Martin Weggler, Ernst Weiss, Michael Widmer, Hansruedi Wildermuth und Bruno Zweifel.
Spezieller Dank gebührt allen Autorinnen und Autoren der Fachbeiträge sowie denjenigen, die Fotografien für diese Publikation zur Verfügung gestellt haben, ebenso Regine Balmer, Gabriela Bortot und dem Haupt-Team sowie Laura Del Ben und Christoph Settele, Pool Design.

Register der deutschen Namen

Register der wissenschaftlichen Namen

Erläuterungen

Auswahl der Arten: Vorgestellt werden sämtliche Libellen, Heuschrecken, Tagfalter, Fische, Amphibien, Reptilien, Vögel und Säugetiere, die in den letzten Jahren im Gebiet der Stadt Zürich beobachtet werden konnten. Andere Artengruppen sind durch eine Auswahl der in Zürich nachgewiesenen Arten vertreten.

Piktogramme: Dienen als Orientierungshilfe und geben an, wo die beschriebene Art beobachtet werden kann.

- Gebäude
- Ruderalflächen, Verkehrswege, offene Flächen
- Garten und Park
- Wiesen, Obstgärten und Felder
- Hecken und Waldränder
- Wald
- Feuchtgebiet
- Gewässer
- überall

Systematik: Systematische Übersicht der hier aufgeführten Arten, Familienzugehörigkeit und Synonyme unter www.haupt.ch/stadtfauna

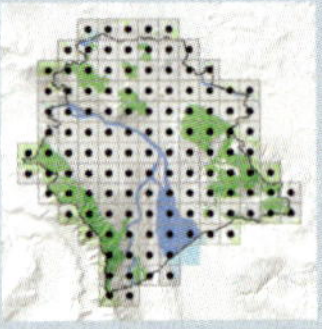

Verbreitungskarten: Nur für Arten erstellt, für welche die Datengrundlage eine aussagekräftige Darstellung erlaubt. Die Karten basieren auf der Fauna-Datenbank von *Grün Stadt Zürich*. Berücksichtigt sind Einträge aus den Jahren 1997–2009. Erfasst sind sämtliche verzeichneten Beobachtungen der jeweiligen Tierart – außer bei Vögeln und Fledermäusen, wo nur Brutplätze bzw. Quartiere eingezeichnet sind. Daher fehlen in den Karten etwa zahlreiche Stellen, wo regelmäßig jagende Fledermäuse oder Wasservögel, die sich als Wintergäste in Zürich aufhalten, beobachtet werden können. Das Stadtgebiet ist in Rasterfelder von 1 km² unterteilt, in deren Mitte ein Punkt gesetzt wird, wenn die Art mindestens einmal innerhalb des Quadratkilometers nachgewiesen werden konnte. Dementsprechend können Vorkommen von Fischen und anderen Wassertieren auch durch einen Punkt repräsentiert werden, der etwas außerhalb eines Gewässers liegt. In Feldern, die über die Stadtgrenzen reichen, sind Nachweise außerhalb des Stadtgebiets mitberücksichtigt.

Gefährdungskategorie: Nach Roten Listen des Bundesamtes für Umwelt BAFU, Stand 2009.
Vermerkt sind folgende Kategorien: potenziell gefährdet, verletzlich, stark gefährdet, vom Aussterben bedroht. Nicht gefährdete Arten sind nicht gekennzeichnet. Für zahlreiche Artengruppen fehlen Rote Listen, für einige Gruppen liegen bereits 2010 neue bzw. revidierte Listen vor.